高等学校教材

有 机 化 学

(第五版)

汪小兰　编
蒋腊生　修订

高等教育出版社·北京

内容提要

本书是为综合性大学和师范院校生物学类各专业编写的有机化学教科书。根据近年来有机化学和生物学科的发展，本书在第四版的基础上作了适当修改和增删，对个别章节的安排有所调整，增加了一些反应实例、重大新进展介绍，以及一些习题及部分参考答案，并保持第四版"少而精，使用面广，便于自学"的特色。

本书也可供其他专业用于少学时有机化学教材。

图书在版编目（CIP）数据

有机化学 / 汪小兰编. -- 5 版. -- 北京：高等教育出版社，2017.3（2020.12 重印）

ISBN 978-7-04-047331-5

Ⅰ.①有… Ⅱ.①汪… Ⅲ.①有机化学-高等学校-教材 Ⅳ.①O62

中国版本图书馆 CIP 数据核字（2017）第 020781 号

YOUJI HUAXUE

| 策划编辑 | 郭新华 | 责任编辑 | 曹 瑛 | 封面设计 | 于文燕 | 版式设计 | 马 云 |
| 插图绘制 | 杜晓丹 | 责任校对 | 刘春萍 | 责任印制 | 田 甜 | | |

出版发行	高等教育出版社	网 址	http://www.hep.edu.cn
社 址	北京市西城区德外大街 4 号		http://www.hep.com.cn
邮政编码	100120	网上订购	http://www.hepmall.com.cn
印 刷	北京市鑫霸印务有限公司		http://www.hepmall.com
开 本	787mm×1092mm 1/16		http://www.hepmall.cn
印 张	27	版 次	1979 年 6 月第 1 版
字 数	650 千字		2017 年 3 月第 5 版
购书热线	010-58581118	印 次	2020 年 12 月第 7 次印刷
咨询电话	400-810-0598	定 价	45.00 元

本书如有缺页、倒页、脱页等质量问题，请到所购图书销售部门联系调换
版权所有 侵权必究
物 料 号 47331-00

第五版前言

进入 21 世纪以来,全球化学发现呈大幅增长趋势,有机化学学科也得到持续飞速发展,有机化合物的种类更以惊人的速度增长。为适应当前学科的发展和我国高等教育改革与人才培养的需要,受汪小兰教授的委托,对《有机化学》(第四版)进行修订。

本次修订,在保持原书特色与风格的基础上,结合现代教学的发展与特点,进行了适当的修改、删减和调整:

1. 对一些在有机合成中有重要应用的有机反应,在原反应通式的基础上,增加了反应实例,如 Diels–Alder 反应、羰基化合物及羧酸衍生物与格氏试剂等的反应。

2. 根据原书的特色,鉴于一些有机化合物在生命科学和生活中的重要性,通过文献调研,对合成橡胶、有机磷农药、染料和糖精等内容进行了更新,增加了对水果催熟剂——乙烯利,抗氧化剂——BHT 及酚类抗氧化剂的介绍。

3. 增加了有机化学方面具有重要意义的新进展的介绍,如石墨烯、青蒿素和不对称合成。

4. 为方便学生检验自己对有机化学知识的理解与掌握,适当增加了习题的答案与提示。

本次修订得到了汪小兰教授的精心指导;华南师范大学有机化学研究所全体同事对本次修订提出了许多宝贵的意见与建议;修订稿经北京师范大学尹冬冬教授审阅,并提出修改意见,在此一并表示衷心的感谢。

鉴于本人水平所限,书中错误和不妥之处,敬请读者批评指正。

蒋腊生
2016 年 9 月

第四版前言

根据化学与相关学科的发展及深化教学改革,培养高素质人才的需要,对本书第三版再次进行修订。

此次修订在保留本书原有特色及不增加过多篇幅的原则上,进行了修改、删减、增加及调整,并增加了部分习题的参考答案或提示。

鉴于光谱法的应用已非常广泛,故将"光谱法在有机化学中的应用"一章提前至第七章,并对内容进行了调整。在该章中,对红外光谱、紫外光谱及 ^1H 核磁共振谱进行了一般讨论。对羟基、羰基、羧基、氨基等官能团的红外光谱分别在有关章节再作具体讨论以加深印象;并在这些章中附有习题以巩固所学知识。

随着有机化学学科的发展及生物学科的实际需要,删去了一些应用已逐渐减少的反应,增加了一些立体化学的内容。

为适应双语教学的需要,将有机化学中最基本的名词、术语以及与生物密切相关的化合物等的英文名称,均附在正文中。并增加了以小字编排的几类主要化合物的最基本的英文命名原则。

为拓宽知识面,增加了一些近年来有机化学与相关学科间的联系及有机化学在生产与生活中应用方面的内容,这些内容大都可以自学。

由于有机化学的习题常常不只有一种解法,故书后所附习题答案仅为参考答案。此次修订对习题作了少量的增删。如果希望做更多的习题,可以参阅由高等教育出版社出版,王长凤、曹玉蓉编写的《有机化学例题与习题》第二版。

北京师范大学尹冬冬教授、首都师范大学吴毅为教授、天津师范大学冯金城教授、南开大学曹玉蓉教授等,对本书的修订提出过许多宝贵的意见与建议;修订稿经南开大学唐士雄及曹玉蓉二位教授审阅,并提出修改意见,在此一并表示衷心的感谢。

书中错误或不妥之处,恳请读者批评指正。

汪小兰

2004 年岁末

第三版前言

  本书第一版是为生物系非生化专业编写的少学时的有机化学教科书,但多年来,第一版及第二版除生物系外,还被许多院校的非生物专业采用,许多院校的老师曾对本书提出过不少很好的建议与意见。

  近年来有机化学的发展是惊人的,但作为非化学专业的基础课,只需要掌握有机化学的最基本知识点。此次修订,虽对第二版的内容未做过多的变动,但更新一些知识是必要的。为了基本保持原来的篇幅,根据学科的发展及当前教育教学改革的形势,删去了一些与无机化学重复的内容,或不属于有机化学的基本知识点的内容,或现今已显得有些过时的内容。而对某些理论问题、反应机理等有所修改或加深;用较少的篇幅增加了一些对拓宽知识面可能是有益的内容;对文字叙述进行了全面、仔细的修订;某些化合物的物理性质等,按 The Merck Index 10 th Ed 进行了校正。

  由于从生化角度考虑,将第二版中的第十五章及第十六章合并为类脂化合物,基本内容未做变动。

  每章之后附有相当数量的习题,难易程度不同,以便根据需要选择。在学习上潜力较大的学生,如希望做更多的习题,可以选用王长凤、曹玉蓉编写的《有机化学例题与习题》。

  本修订稿经唐士雄教授审阅、习题经曹玉蓉副教授审阅,提出了很多宝贵意见。在此对他们以及过去对本书提出过意见与建议的老师们表示由衷的谢意。

  错误及不妥之处,恳切希望读者批评指正。

汪小兰

1996.7.

第二版前言

　　近年来有机理论方面的发展极为迅速。有机理论已不再只是用来解释已知的实验事实,而是可以用来指导实践,探索新的合成途径,设计新的分子,因此有机理论在有机化学中应该占有相当的地位。再者,生物学科的发展对有机化学的要求也愈来愈深,仅仅掌握各类官能团的性质,显然已不能适应发展的需要,而必须对反应机理、立体化学等方面的内容有较为深入的了解,才能更好地理解与研究生物体内的化学变化。因此,这次修改的一个方面是,增加或加深了与生化过程有关的某些反应机理的论述。但这本教材是为非生化专业编写的,而且由于学时所限,这部分内容不可能过多,过深。

　　分子轨道理论问题在有机化学理论中日趋重要,学习一些简单的概念,看来是有必要的。因此增加了"分子轨道理论简介"一章。考虑到目前的实际需要及学时,该章的内容是基于在无机及分析化学中已学过一些有关价键理论的基本知识的基础上,仅对乙烯、1,3-丁二烯及苯的结构作一些定性的介绍。

　　应用近代物理方法研究有机分子的结构,已是有机化学中极为重要的一个方面。此次修订,增加了"光谱法在有机化学中的应用"一章,简单地介绍了紫外、红外及核磁共振谱。

　　为了使不同学校便于根据自己的具体情况灵活处理,所以将分子轨道理论及光谱法作为单独的两章,而没有分散在有关章节中。同时在第十一章的偶氮化合物及染料一节中仍保留了与光谱法一章有些重复的内容。

　　各类有机化合物的制备是有机化学中极为重要的一个方面,但鉴于某一类化合物的性质,往往就是另一类化合物的制备方法,又由于考虑到生物系的实际需要及篇幅,所以第一版以至此次修订,都没有将制备列入。但在习题中将尽可能地反映这方面的内容,并且也为此增加了一些有机合成中极为重要的反应。

　　书中所编内容,较目前教学学时为多,可根据情况自行取舍,或做学生自学内容。

　　为有助于加深理解并牢固掌握所学内容,多做习题是极为必要的。由于本书修订后习题增加量较多,故不再附于本书末。已由王长凤及曹玉蓉编写了与本书配合的《有机化学例题与习题》,另行出版。

　　书中所列出的物理常数,绝大部分摘自 CRC Handbook of Chemistry and Physics,63rd Ed,

1982~1983，CRC Press，Inc．其他一些摘自顾庆超等编．化学用表．江苏科学技术出版社，1979；Heilbron 等．Dictionary of Organic Compounds，4th Ed；The Merck Index，9th Ed 以及［英］斯塔克 J G，华莱士 H G 著．化学数据手册．杨厚昌译．石油工业出版社，1980 年版。

  本书在编写过程中，得到我校王积涛、唐士雄、刘靖疆、王长凤、曹玉蓉等老师的指导与帮助。由北京大学等十六所院校组成的审稿小组对修改稿提出了许多宝贵意见，在此一并表示衷心的谢意。

  限于编者水平，错误之处，恳切希望读者批评指正。

汪小兰
1985.

第一版《序》

本书是根据1977年10月在武昌召开的全国高等学校理科化学类教材编写会议上制订的生物系各专业用的有机化学教材编写大纲编写的。

由于近年来有机化学及分子生物学的迅速发展，1965年所编的生物系用《有机化学简明教程》已不能满足当前的需要，也不是在原基础上稍加修改就能适用的，因而，此次编写作了较大的变动。

书中突出了结构与性质的关系，由结构的角度阐述各类化合物的物理化学性质。对于一些成熟的电子理论、反应机理如共轭效应、诱导效应、亲电加成、亲核加成、亲电取代、亲核取代等都做了一定的介绍；增加了瓦尔登转化、外消旋化、构象等立体化学的内容并且尽量联系到有机物或有机反应与生物体间的关系。关于有机物的合成方法，除在讲述某些反应时适当提及外，没有单独讨论。

考虑到教材除应适应教学计划的需要外，还应对学生有一定参考价值，因此书中所编内容较目前教学学时为多，各校可根据需要自行取舍。

本书在编写过程中得到北京大学张滂教授，南开大学高振衡教授、王积涛教授，南开大学有机化学教研室周秀中、唐士雄、薛价猷、苏正元、蒿怀桐、王长凤以及生物系的许多老师的指导与帮助。由复旦大学丁新腾、孙猛，中山大学郑懿雅、胡蕲慧，四川大学陈翌清、陈希颖，武汉大学张静卿，南京大学区兆华等老师组成的审稿小组对本书初稿进行了仔细的审阅。此外，山东大学、山西大学、新疆大学、内蒙古大学、厦门大学、辽宁大学、暨南大学、天津师范学院、河北师范大学、无锡轻工业学院以及厦门水产学院的许多老师也参加了审稿会，并提出了许多宝贵的修改意见，谨在这里向他们表示衷心的谢意。

限于水平，加之时间紧迫，书中难免存在错误及不足之处，望读者提出批评指正。

汪小兰
1978.12 天津

目录

第一章　绪论 ·········· 1
　　有机化学的研究对象与任务 ······ 1
　　化学键与分子结构 ············ 2
　　共价键的键参数 ·············· 3
　　分子间的力 ·················· 5
　　有机化合物的一般特点 ········ 6
　　有机反应的基本类型 ·········· 7
　　研究有机化学的方法 ·········· 8
　　有机化合物的分类 ············ 9
　习题 ·························· 11

第二章　饱和烃(烷烃) ······ 12
　　同系列和同分异构 ············ 12
　　命名 ························ 14
　　烷烃的结构 ·················· 17
　　乙烷和丁烷的构象 ············ 19
　　物理性质 ···················· 22
　　化学性质 ···················· 23
　　　1. 氯化 ···················· 23
　　　2. 氧化和燃烧 ·············· 27
　　自然界的烷烃 ················ 28
　习题 ·························· 28

第三章　不饱和烃 ············ 31
　Ⅰ. 烯烃 ······················ 31
　　乙烯的结构 ·················· 31
　　命名和异构 ·················· 32
　　物理性质 ···················· 34
　　化学性质 ···················· 35
　　　1. 加成反应 ················ 35
　　　　(1) 催化加氢 ·············· 35
　　　　(2) 与卤素加成 ············ 36
　　　　(3) 与卤化氢加成 ·········· 37
　　　　(4) 与水加成 ·············· 38
　　　　(5) 与硫酸加成 ············ 38
　　　　(6) 与次卤酸加成 ·········· 39
　　　　(7) 与烯烃加成 ············ 39
　　　　(8) 硼氢化反应 ············ 40
　　　2. 氧化 ···················· 40
　　　　(1) 与高锰酸钾的反应 ······ 40
　　　　(2) 臭氧化 ················ 41
　　　　(3) 环氧乙烷的生成 ········ 41
　　　3. 聚合 ···················· 41
　　　4. α-氢的卤化 ········ 42
　　自然界的烯烃 ················ 42
　Ⅱ. 炔烃 ······················ 43
　　乙炔的结构 ·················· 43
　　命名和异构 ·················· 44
　　物理性质 ···················· 44
　　化学性质 ···················· 45

1. 加成反应 ·················· 45
   (1) 催化氢化 ············· 45
   (2) 与卤化氢加成 ········ 46
   (3) 与水加成 ············· 46
   (4) 与氢氰酸加成 ········ 46
2. 金属炔化物的生成 ········ 46

Ⅲ. 双烯烃 ······················ 47
   1,3-丁二烯的结构 ········· 47
   1,3-丁二烯的化学性质 ····· 48
   1. 1,4-加成作用 ·········· 48
   2. 双烯合成反应 ·········· 49
   异戊二烯和橡胶 ·············· 50

习题 ····························· 51

第四章　环烃 ·················· 54

Ⅰ. 脂环烃 ······················ 54
   环烷的结构 ·················· 56
   环己烷及其衍生物的构象 ······ 57
   脂环烃的性质 ················ 58
   1. 催化氢化 ················ 59
   2. 与溴的反应 ·············· 59
   金刚烷 ······················ 60

Ⅱ. 芳香烃 ······················ 60
   芳香烃的分类及命名 ·········· 61
   一、单环芳香烃 ··············· 63
   苯的结构 ···················· 63
   物理性质 ···················· 65
   化学性质 ···················· 66
   1. 取代反应 ················ 66
      (1) 卤化 ················ 66
      (2) 硝化 ················ 66
      (3) 磺化 ················ 67
      (4) 傅氏反应 ············ 67
   2. 加成反应 ················ 68
   3. 氧化 ···················· 68
   4. 烷基侧链的卤化 ·········· 69
   亲电取代反应的机理 ·········· 69

1. 卤化 ····················· 70
2. 硝化 ····················· 70
3. 磺化 ····················· 71
4. 傅氏反应 ················· 71
苯环上取代基的定位规律(定位
效应或称取向效应) ············ 72
   1. 邻对位定位基(第一类
      定位基) ················ 72
   2. 间位定位基(第二类定位基) ··· 72
定位规律与电子效应 ············ 74
   1. 诱导效应 ················ 74
   2. 共轭效应 ················ 75

二、稠环芳香烃 ················· 76
   萘 ························· 77
   1. 萘的取代反应举例 ········ 77
   2. 加氢 ···················· 78
   3. 氧化 ···················· 79
   蒽和菲 ······················ 79
   致癌烃 ······················ 80
   石墨、C_{60}与石墨烯 ········ 80

Ⅲ. 煤焦油和石油 ················ 81
习题 ····························· 82

第五章　旋光异构 ·············· 85

偏振光和旋光活性 ·············· 85
比旋光度 ······················ 86
分子的对称性、手性与旋光
活性 ························ 87
含一个手性碳原子的化合物 ······ 88
构型的表示方法 ················ 89
费歇尔投影式 ·················· 90
含两个不相同手性碳原子的
化合物 ······················ 91
含两个相同手性碳原子的
化合物 ······················ 92
不含手性碳原子的化合物的旋光
异构现象 ···················· 93

环状化合物的立体异构 …………… 93
旋光异构体的性质 ………………… 94
不对称合成,立体选择反应与立体
　专一反应 ………………………… 95
分子的前手性和前手性碳原子 … 98
外消旋体的拆分 …………………… 98
　1. 化学分离法 ………………… 98
　2. 生物分离法 ………………… 99
　3. 柱层析法 …………………… 99
习题 ………………………………… 100

第六章　卤代烃 …………………… 103

命名 ………………………………… 103
物理性质 …………………………… 104
化学性质 …………………………… 105
　1. 亲核取代反应 ……………… 105
　　（1）被羟基取代 ……………… 106
　　（2）被烷氧基取代 …………… 106
　　（3）被氨基取代 ……………… 106
　　（4）被氰基取代 ……………… 106
　2. 消除反应 …………………… 106
　3. 与金属的反应 ……………… 107
脂肪族亲核取代反应的机理 …… 108
　1. 单分子机理 ………………… 108
　2. 双分子机理 ………………… 108
不同卤代烃对亲核取代反应的
　活性比较 ……………………… 109
亲核取代反应的立体化学 ……… 110
亲核取代与消除反应的关系 …… 110
多卤代烃的性质 ………………… 112
卤代烃的生理活性 ……………… 112
重要代表物 ……………………… 113
　1. 三氯甲烷 …………………… 113
　2. 四氯化碳 …………………… 113
　3. 氯乙烯及聚氯乙烯 ………… 114
　4. 几种重要的含氟化合物 …… 114
习题 ………………………………… 114

第七章　光谱法在有机化学中的
　　　　　应用 …………………… 117

Ⅰ. 红外光谱 ……………………… 118
Ⅱ. 紫外光谱 ……………………… 122
Ⅲ. 核磁共振谱 …………………… 124
　化学位移 ……………………… 125
　自旋耦合,裂分 ……………… 128
习题 ………………………………… 133

第八章　醇、酚、醚 ………………… 138

Ⅰ. 醇 ……………………………… 138
命名 ………………………………… 138
物理性质 …………………………… 139
化学性质 …………………………… 141
　1. 似水性 ……………………… 141
　2. 与无机酸的作用 …………… 142
　3. 脱水反应 …………………… 144
　　（1）分子内脱水 ……………… 144
　　（2）分子间脱水 ……………… 145
　4. 氧化或脱氢 ………………… 145
　5. 邻二醇与高碘酸的作用 …… 145
重要代表物 ……………………… 147
　1. 甲醇 ………………………… 147
　2. 乙醇 ………………………… 147
　3. 正丁醇 ……………………… 148
　4. 乙二醇 ……………………… 148
　5. 丙三醇 ……………………… 148
　6. 环己六醇 …………………… 149
　7. 苯甲醇 ……………………… 149

Ⅱ. 酚 ……………………………… 149
命名 ………………………………… 150
物理性质 …………………………… 151
化学性质 …………………………… 151
　1. 酸性 ………………………… 151
　2. 酚醚的生成 ………………… 152
　3. 与三氯化铁的显色反应 …… 153

4. 氧化 ················ 153
5. 芳环上的取代反应 ········ 154
   (1) 卤化 ············ 154
   (2) 硝化 ············ 154
重要代表物 ················ 155
1. 苯酚 ················ 156
2. 甲苯酚 ·············· 156
3. 苯二酚 ·············· 156
4. 萘酚 ················ 156
5. 抗氧剂 BHT ·········· 157
醇和酚的红外光谱 ·········· 157

Ⅲ. 醚 ······················ 158
命名 ······················ 158
物理性质 ·················· 159
化学性质 ·················· 160
1. 醚键的断裂 ·········· 160
2. 形成锌盐与络合物 ···· 161
3. 形成过氧化物 ········ 161
环醚 ······················ 162
1. 环氧乙烷 ············ 162
2. 1,4-二氧六环与四氢呋喃 ··· 162
3. 冠醚 ················ 163

习题 ······················ 163

第九章 醛、酮、醌 ········ 167

Ⅰ. 醛和酮 ·················· 167
命名 ······················ 168
物理性质 ·················· 169
化学性质 ·················· 171
1. 羰基上的加成反应 ···· 171
   (1) 与氢氰酸的加成 ····· 171
   (2) 与格氏试剂的加成 ··· 172
   (3) 与氨的衍生物的加成缩合 ··· 172
   (4) 与醇的加成 ········ 173
2. 还原 ················ 175
3. 氧化 ················ 175
4. 烃基上的反应 ········ 176

(1) α-氢的活性 ········ 176
(2) 芳香环的取代反应 ······ 179
5. 歧化反应 ············ 179
亲核加成的立体化学 ········ 180
α,β-不饱和羰基化合物的亲核加成 ········ 180
重要代表物 ················ 181
1. 甲醛 ················ 182
2. 乙醛及三氯乙醛 ······ 183
3. 丙酮 ················ 184
4. 苯甲醛 ·············· 184
醛和酮的红外光谱 ·········· 184

Ⅱ. 醌 ······················ 186
命名与结构 ················ 186
对苯醌的化学性质 ·········· 187
1. 羰基的加成 ·········· 187
2. 烯键的加成 ·········· 187
3. 1,4-加成作用 ········ 187
4. 还原 ················ 188
自然界的醌 ················ 188

习题 ······················ 189

第十章 羧酸及其衍生物 ······ 194

Ⅰ. 羧酸 ···················· 194
命名 ······················ 194
物理性质 ·················· 197
化学性质 ·················· 197
1. 酸性 ················ 197
2. 羧基中羟基的取代反应 ··· 199
   (1) 酸酐的生成 ········ 199
   (2) 酰卤的生成 ········ 199
   (3) 酯的生成 ·········· 199
   (4) 酰胺的生成 ········ 200
3. 还原 ················ 200
4. 烃基上的反应 ········ 201
   (1) α-卤化作用 ········ 201
   (2) 芳香环的取代反应 ··· 201

5. 二元羧酸的受热反应 ………… 201
羧酸的结构对酸性的影响 ………… 202
重要代表物 ………………………… 204
 1. 甲酸 …………………………… 204
 2. 乙酸 …………………………… 205
 3. 苯甲酸 ………………………… 205
 4. 乙二酸 ………………………… 205
 5. 丁二酸 ………………………… 206
 6. 邻苯二甲酸及对苯二甲酸 … 206
 7. 丁烯二酸 ……………………… 207
Ⅱ. 羧酸的衍生物 ……………………… 208
命名 ………………………………… 208
物理性质 …………………………… 209
化学性质 …………………………… 209
 1. 水解 …………………………… 210
 2. 醇解 …………………………… 210
 3. 氨解 …………………………… 211
 4. 酯缩合反应 …………………… 212
 5. 与格氏试剂反应 ……………… 212
 6. 酰胺的酸碱性 ………………… 213
自然界的羧酸衍生物 ……………… 213
羧酸及其衍生物的红外光谱 ……… 215
Ⅲ. 碳酸的衍生物 ……………………… 216
 1. 光气 …………………………… 216
 2. 尿素 …………………………… 217
 3. 胍 ……………………………… 218
习题 …………………………………… 218

第十一章　取代酸 ………………… 222

Ⅰ. 羟基酸 ……………………………… 222
一、醇酸 ……………………………… 222
物理性质 …………………………… 223
化学性质 …………………………… 223
 1. 酸性 …………………………… 223
 2. α-羟基酸的氧化 ……………… 224
 3. α-羟基酸的分解反应 ………… 224
 4. 失水反应 ……………………… 224

自然界的醇酸 ……………………… 225
 1. 乳酸 …………………………… 225
 2. 苹果酸 ………………………… 225
 3. 酒石酸 ………………………… 226
 4. 柠檬酸 ………………………… 226
二、酚酸 ……………………………… 227
 1. 水杨酸 ………………………… 227
 2. 五倍子酸和五倍子丹宁 …… 227
Ⅱ. 羰基酸 ……………………………… 228
 1. 乙醛酸 ………………………… 228
 2. 丙酮酸 ………………………… 229
 3. 乙酰乙酸及其酯 ……………… 229
  (1) 乙酰乙酸乙酯的分解反应 … 230
  (2) 互变异构现象 ……………… 230
  (3) 乙酰乙酸乙酯在有机合成
   中的应用 ………………… 232
 4. 丙二酸二乙酯在有机合成
  中的应用 ……………………… 233
习题 …………………………………… 234

第十二章　含氮有机化合物 ……… 236

Ⅰ. 硝基化合物 ………………………… 237
物理性质 …………………………… 237
化学性质 …………………………… 238
 1. 还原 …………………………… 238
 2. 脂肪族硝基化合物的酸性 … 238
 3. 硝基对芳环上邻、对位基团
  的影响 ………………………… 238
  (1) 对于邻、对位上卤原子的
   影响 ……………………… 238
  (2) 对酚的酸性的影响 ………… 239
Ⅱ. 胺 …………………………………… 239
结构与命名 ………………………… 239
物理性质 …………………………… 241
化学性质 …………………………… 242
 1. 碱性 …………………………… 242
 2. 氧化 …………………………… 243

3. 烷基化 …………… 244
4. 酰基化 …………… 244
5. 磺酰化 …………… 245
6. 与亚硝酸作用 …………… 246
　(1) 伯胺 …………… 246
　(2) 仲胺 …………… 246
　(3) 叔胺 …………… 247
7. 芳香胺的取代反应 …………… 247
重要代表物 …………… 248
1. 甲胺、二甲胺、三甲胺 …………… 248
2. 己二胺 …………… 249
3. 胆碱 …………… 249
4. 苯胺 …………… 249
胺的红外光谱 …………… 249
Ⅲ. 偶氮化合物及染料 …………… 250
物质的颜色与结构的关系 …………… 251
染料和指示剂举例 …………… 253
1. 甲基橙 …………… 253
2. 刚果红 …………… 254
3. 酚酞 …………… 254
4. 结晶紫和甲基紫 …………… 255
5. 孔雀(石)绿 …………… 255
6. 曙红 …………… 256
7. 亚甲基蓝 …………… 256
习题 …………… 256

第十三章　含硫和含磷有机化合物 …………… 260

Ⅰ. 含硫有机化合物 …………… 260
一、硫醇、硫酚、硫醚及二硫化物 …………… 261
物理性质 …………… 262
化学性质 …………… 262
1. 硫醇、硫酚的酸性 …………… 262
2. 氧化 …………… 263
自然界的含硫化合物 …………… 264
二、磺酸 …………… 264
物理性质 …………… 264

化学性质 …………… 265
1. 磺酸基中羟基的取代反应 …………… 265
2. 磺酸基的取代反应 …………… 265
磺胺类药物 …………… 265
离子交换树脂 …………… 266
Ⅱ. 含磷有机化合物 …………… 267
有机磷农药简介 …………… 269
1. 敌百虫 …………… 270
2. 敌敌畏 …………… 270
3. 对硫磷 …………… 270
4. 久效磷 …………… 271
5. 乐果 …………… 271
6. 马拉硫磷 …………… 271
7. 草甘膦 …………… 271
8. 异稻瘟净 …………… 272
习题 …………… 272

第十四章　糖类 …………… 274

相对构型与绝对构型 …………… 275
Ⅰ. 单糖 …………… 276
单糖的构型 …………… 277
单糖的环形结构 …………… 280
物理性质 …………… 284
化学性质 …………… 285
1. 氧化 …………… 285
2. 还原 …………… 286
3. 成脎反应 …………… 286
4. 差向异构化 …………… 287
5. 莫利施反应 …………… 288
6. 形成缩醛 …………… 288
半缩醛环的大小的测定 …………… 289
1. 甲基化法 …………… 289
2. 高碘酸法 …………… 290
重要的单糖及其衍生物 …………… 290
1. D-核糖及D-2-脱氧核糖 …………… 290
2. D-葡萄糖 …………… 291

  3. D-果糖 ······ 291
  4. D-半乳糖 ······ 291
  5. D-甘露糖 ······ 292
  6. 维生素 C ······ 292
  7. 氨基己糖 ······ 292
 Ⅱ. 糖苷 ······ 293
 Ⅲ. 双糖 ······ 295
  还原性双糖 ······ 296
   1. 麦芽糖和纤维二糖 ······ 296
   2. 乳糖 ······ 297
  非还原性双糖 ······ 297
 Ⅳ. 多糖 ······ 298
  1. 淀粉 ······ 298
  2. 糖原 ······ 301
  3. 纤维素 ······ 301
  4. 半纤维素 ······ 302
 习题 ······ 302

第十五章　氨基酸、多肽与蛋白质 ··· 306

 Ⅰ. 氨基酸 ······ 306
  氨基酸的构型 ······ 308
  物理性质 ······ 308
  化学性质 ······ 308
   1. 两性 ······ 309
   2. 与亚硝酸的作用 ······ 310
   3. 与甲醛作用 ······ 310
   4. 络合性能 ······ 310
   5. 氨基酸的受热反应 ······ 310
   6. 茚三酮反应 ······ 311
   7. 失羧作用 ······ 311
   8. 失羧和失氨作用 ······ 312
  个别 α-氨基酸举例 ······ 312
   1. 甘氨酸 ······ 312
   2. 半胱氨酸和胱氨酸 ······ 313
   3. 色氨酸 ······ 313
   4. 谷氨酸 ······ 313
   5. 蛋氨酸 ······ 313

 Ⅱ. 多肽 ······ 314
  多肽结构的测定 ······ 316
   1. 2,4-二硝基氟苯法 ······ 316
   2. 异硫氰酸酯法 ······ 316
  多肽的合成 ······ 317
 Ⅲ. 蛋白质 ······ 319
 习题 ······ 321

第十六章　类脂化合物 ······ 323

 Ⅰ. 油脂 ······ 323
  物理性质 ······ 325
  化学性质 ······ 326
   1. 皂化 ······ 326
   2. 加成 ······ 326
    (1) 氢化 ······ 327
    (2) 加碘 ······ 327
   3. 干性 ······ 327
   4. 酸败 ······ 327
 Ⅱ. 肥皂及合成表面活性剂 ······ 327
  肥皂的组成及乳化作用 ······ 327
  合成表面活性剂举例 ······ 328
   1. 阴离子型表面活性剂 ······ 328
   2. 阳离子型表面活性剂 ······ 329
   3. 非离子型表面活性剂 ······ 329
 Ⅲ. 蜡 ······ 330
 Ⅳ. 磷脂 ······ 330
 Ⅴ. 萜类化合物 ······ 332
  单萜 ······ 333
   1. 开链萜 ······ 333
   2. 单环萜 ······ 334
   3. 双环萜 ······ 334
  倍半萜 ······ 336
  二萜 ······ 337
  三萜 ······ 338
  四萜 ······ 339
 Ⅵ. 甾族化合物 ······ 340
  1. 胆固醇 ······ 342

2. 7-脱氢胆固醇、麦角固醇和
维生素 D ·················· 342
3. 胆酸 ························ 343
4. 甾族激素 ··················· 344
   (1) 肾上腺皮质激素 ······ 344
   (2) 性激素 ··················· 344
5. 强心苷、蟾毒与皂角苷 ··· 345
Ⅶ. 萜类与甾族化合物的生物
   合成 ························ 346
习题 ····························· 348

第十七章　杂环化合物 ··········· 351

分类和命名 ····················· 352
1. 五元杂环 ··················· 352
2. 六元杂环 ··················· 353
3. 稠杂环 ······················ 353
几种重要环系的结构与性质 ····· 353
1. 呋喃、噻吩、吡咯、吡啶的
   结构 ························ 353
2. 呋喃、噻吩、吡咯、吡啶的
   性质 ························ 354
   (1) 亲电取代反应 ········· 354
   (2) 氧化 ······················ 355
   (3) 还原 ······················ 355
   (4) 吡咯及吡啶的碱性 ···· 356
与生物有关的杂环及其衍生物
举例 ···························· 356
1. 呋喃及 α-呋喃甲醛 ······ 356
2. 吡咯、叶绿素、血红素及
   维生素 B_{12} ·············· 357
3. 吡啶、维生素 PP、维生素 B_6

及雷米封 ··················· 359
4. 维生素 B_1 ··············· 361
5. 吲哚及 β-吲哚乙酸 ······ 361
6. 花色素 ······················ 362
7. 嘌呤及核酸 ················ 362
8. 维生素 B_2 及叶酸 ······ 365
生物碱 ··························· 366
1. 烟碱 ························ 367
2. 颠茄碱 ······················ 367
3. 麻黄碱 ······················ 367
4. 金鸡纳碱 ··················· 368
5. 喜树碱 ······················ 368
6. 吗啡碱 ······················ 369
7. 小檗碱 ······················ 369
8. 咖啡碱 ······················ 369
习题 ····························· 370

第十八章　分子轨道理论简介 ······ 373

量子力学与原子轨道 ········· 373
共价键的理论 ·················· 374
1. 价键法 ······················ 374
2. 分子轨道法 ················ 374
   (1) 乙烯 ······················ 376
   (2) 1,3-丁二烯 ············· 377
   (3) 苯 ························ 378
分子轨道对称性与协同反应的
关系 ···························· 378

部分习题参考答案或提示 ········· 380

索引 ···································· 392

第一章 绪论

有机化学的研究对象与任务

有机化学是碳化合物的化学,它与生命科学及人民生活密切相关,是化学中最大的一个分支学科。

有机化合物大量存在于自然界,如粮食、油脂、丝、毛、棉、麻、糖、药材、天然气和石油等。两千多年以前,人们就知道利用和加工这些由自然界取得的有机化合物。例如,我国古代就有关于酿酒、制醋、制糖及造纸术等的记载。19 世纪初期,当化学刚刚成为一门科学的时候,由于那时的有机化合物都是从动植物即有生命的物体中取得的,而它们与由矿物界得到的矿石、金属和盐类等物质在组成及性质上又有较大的区别,因此便将化学物质根据来源分成无机物与有机化合物两大类。"有机"(organic)一词来源于"有机体"(organism),即有生命的物质。这是由于当时人们对生命现象的本质缺乏认识而赋予有机化合物的神秘色彩,认为它们是不能用人工方法合成的,而是"生命力"所创造的。随着科学的发展,越来越多的原来由生物体中取得的有机化合物,可以用人工的方法来合成,而无须借助于"生命力"。但"有机"这个名称却被保留下来。由于有机化合物数目繁多,而且在结构和性质上又有许多共同的特点,所以有机化学便逐渐发展成为一门独立的学科。

通过对众多有机化合物结构的研究发现,有机化合物的共同特点是,它们都含有碳原子,所以现代有机化学的定义是"碳化合物的化学"。但一氧化碳、二氧化碳、碳酸盐及金属氰化物等含碳的化合物仍属无机化学研究的范畴。有机化合物分子中除含有碳外,绝大多数还含有氢,而且许多有机化合物分子中还常含有氧、氮、硫、卤素等其他元素,所以也常把有机化学叫作"碳氢化合物及其衍生物的化学"。有机化学学科发展迅速,有机化合物的种类也以惊人的速度增长。2015 年 6 月,美国化学文摘社(CAS)在 CAS 物质数据库中收录的物质已突破一亿大关,而有机化合物的总数目已超过了 8 000 万种。

有机化学的研究任务之一是分离、提取自然界存在的各种有机化合物,测定它们的结构和性质,以便加以利用。例如,从中草药中提取其有效成分,从昆虫中提取昆虫信息素,等等。从复杂的生物体中分离并提纯所需的某一个化合物往往是相当艰巨的工作。例如,由 7 万多只某种雌蟑螂中才分离出不到 1 mg 的该蟑螂信息素,并花费了 30 多年时间才确定其结构。由于近代分离技术及实验物理学的发展，为分离、提纯及结构测定提供了许多快速、有效而准确的方法。

物理有机化学研究是有机化学研究中的另一项重要任务，也就是研究有机化合物结构与性质间的关系、反应过程的途径和影响反应的因素等，以便控制反应向人们需要的方向进行。

有机化学研究第三项任务便是，在确定了分子结构并对许多有机化合物的反应有相当了解的基础上，以由石油或煤焦油中取得的许多简单有机化合物为原料，通过各种反应，合成人们所需要的自然界存在的，或自然界不存在的全新的有机化合物，如维生素、药物、香料、食品添加剂、染料、农药、塑料、合成纤维和合成橡胶等各种工农业生产和人民生活的必需品。

组成生物体的物质除了水和种类不多的无机盐以外绝大部分是有机化合物，它们在生物体中有着各种不同的功能。例如，构成动植物结构组织的蛋白质与纤维素；植物及动物体中储藏的养分——淀粉、肝糖、油脂；使花、叶及昆虫翅膀呈现各种鲜艳颜色的物质；花或水果的香气；黄鼠狼放出的臭气；葱、蒜的特殊气味；昆虫之间传递信息的物质，等等。

生物的生长过程实际上是无数的有机分子的合成与分解的过程，正是这些连续不断并互相依赖的化学变化构成了生命现象。生物体中进行的许许多多化学变化与实验室中进行的有机反应在一定程度上有其相似性，所不同的是催化生化反应的是结构极为复杂的蛋白质——酶。所以有机化学的理论与方法，是研究生物学的必要基础。只有对组成生物体的物质分子的结构和化学变化有所了解，才能弄清生物过程的机理。至今几乎所有生物化学的重要突破，都包含了大量化学、物理学等方面的研究工作。例如，作为生命现象物质基础的蛋白质，是结构极为复杂的有机高分子化合物，随着物理学、化学等多种学科的发展成就，对核酸、蛋白质等复杂分子的结构有了相当的认识，并且了解到核酸及蛋白质在遗传信息传递的控制，各种不同的酶在机体中的专一作用等，都与它们的结构密切相关。彻底揭开蛋白质结构的奥秘，将对生物学的研究有着极为重要的意义。因此，研究有机化学的深远意义之一在于研究生物体及生命现象。

化学键与分子结构

讨论分子结构就是讨论原子如何结合成分子、原子的连接顺序、分子的大小及立体形状，以及电子在分子中的分布等问题。首先涉及的就是将原子结合在一起的电子的作用，即化学键。

化学键的两种基本类型，就是离子键与共价键，离子键是由原子间电子的转移形成的，共价键则是原子间共用电子形成的。

无机物大部分是以离子键形成的化合物。如氯化钠是典型的离子化合物，在氯化钠晶体中，每一个钠离子被六个氯离子包围，同样，每一个氯离子又被六个钠离子包围着。"NaCl"这个式子，只代表在晶体中有等量的正离子（Na^+）及负离子（Cl^-）。

有机分子中的原子主要是以共价键相结合的。一般说来，原子核外未成对的电子数，也就是该原子可能形成的共价键的数目。例如，氢原子外层只有一个未成对的电子，所以它只能与另一个氢原子或其他一价的原子结合形成双原子分子，而不可能再与第二个原子结合，这就是共价键有饱和性。

量子力学的价键理论认为，共价键是由参与成键原子的电子云重叠形成的，电子云重叠越多，则形成的共价键越稳定，因此电子云必须在各自密度最大的方向上重叠，这就决定了共价键有方向性。

共价键的饱和性和方向性决定了每一个有机分子都是由一定数目的某几种元素的原子按特定的方式结合形成的,所以它们不同于氯化钠晶体,每一个有机分子都有其特定的大小及立体形状。分子的立体形状与分子的物理性质、化学性质都有很密切的关系,尤其是生理活性,分子在立体形状上的微小差异,常能给生理活性带来极大的影响。有机化合物中的立体化学是近代有机化学的重要研究课题之一。

相同元素的原子间形成的共价键没有极性。不同元素的原子间形成的共价键,由于共用电子对偏向于电负性较强的元素的原子而具有极性。

共价键的键参数

在描述以共价键形成的分子时,常要用到键长、键角、键能、键的极性等表征共价键性质的物理量,叫作共价键的键参数。

(1) 键长　两个原子形成共价键,是由于两个原子借助原子核对共用电子对的吸引而联系在一起的,但两个原子核之间还有很强的斥力,使两原子核不能无限靠近,而保持一定的距离。实际上成键的吸引力与核间的斥力是相互竞争的,这就使得两核之间的距离有时较远,有时较近,这种变化叫作键的伸缩振动。键长是两核之间最远与最近距离的平均值,或者说是两核之间的平衡距离。同一种键,在不同化合物中,其键长的差别是很小的。例如,C—C 键在丙烷中为 0.154 nm,在环己烷中为 0.153 nm(1 nm$=10^{-9}$ m)。

(2) 键角　分子中某一原子与另外两个原子形成的两个共价键在空间形成的夹角叫作键角。键长与键角决定着分子的立体形状。由图 1-1 可看出,在不同化合物中由相同原子形成的键角不一定完全相同,这是由于分子中各原子或基团相互影响所致。

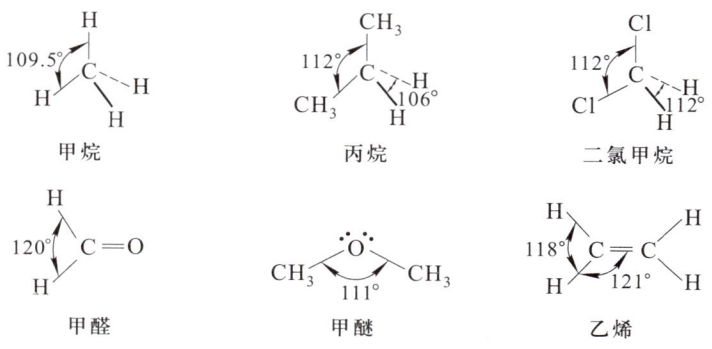

图 1-1　某些分子中的键角

(3) 键能　原子结合成稳定的分子时要放出能量;相反,如果将分子拆开成原子,则必须给以相同的能量。以双原子分子 AB 为例,将 1 mol 气态的 AB 拆开成气态的 A·及 B·所需的能量,叫作 A—B 键的解离能,通常就叫作键能。但对于多原子分子来说,键能与键的解离能是不同的。例如,将 1 mol 甲烷分解为 4 个氢原子及 1 个碳原子,亦即打开 4 个 C—H 键,需要吸收

1 660 kJ 能量,常简单地认为打开 1 个 C—H 键所需的热量为 $\frac{1\ 660\ \text{kJ}}{4}=415$ kJ。实际每打开 1 个 C—H 键所需的热量不是完全相同的:

$$\text{CH}_4 \longrightarrow \cdot\text{CH}_3 + \text{H}\cdot \qquad 键的解离能 = 435\ \text{kJ}\cdot\text{mol}^{-1}$$

$$\cdot\text{CH}_3 \longrightarrow \cdot\ddot{\text{C}}\text{H}_2 + \text{H}\cdot \qquad 键的解离能 = 443\ \text{kJ}\cdot\text{mol}^{-1}$$

$$\cdot\ddot{\text{C}}\text{H}_2 \longrightarrow \cdot\ddot{\text{C}}\text{H} + \text{H}\cdot \qquad 键的解离能 = 443\ \text{kJ}\cdot\text{mol}^{-1}$$

$$\cdot\ddot{\text{C}}\text{H} \longrightarrow \cdot\ddot{\ddot{\text{C}}}\cdot + \text{H}\cdot \qquad 键的解离能 = 339\ \text{kJ}\cdot\text{mol}^{-1}$$

因此 415 kJ 这个数值是一个平均值,即平均键能,通常就叫作 C—H 键的键能。

键能是化学键强度的主要标志之一,它在一定程度上反映了键的稳定性,相同类型的共价键中,键能越大,键越稳定。表 1-1 列出了常见共价键的键长与键能。

表 1-1 常见共价键的键长与键能

键	键长/nm	键能/(kJ·mol^{-1})	键	键长/nm	键能/(kJ·mol^{-1})
C—H	0.105 6～0.111 5	415.0	C=C	0.133 7±0.000 6	610.0
C—N	0.147 2±0.000 5	304.6	C≡C	0.120 4±0.000 2	835.0
C—O	0.143±0.001	357.7	C=O	0.123±0.001	736.4
C—S	0.181(5)±0.001	272.0	C=N	0.127	748.9
C—F	0.183 1±0.000 5	485.3	C≡N	0.115 8±0.000 2	880.2
C—Cl	0.176 7±0.000 2	338.6	O—H	0.096 0±0.000 5	462.8
C—Br	0.193 7±0.000 3	284.5	N—H	0.103 8	390.8
C—I	0.213±0.001	217.6	S—H	0.135	347.3
C—C	0.154 1±0.000 3	345.6			

(4) 键的极性 由电负性差别较大的原子形成的共价键由于成键的电子对在电负性较强的原子周围出现的概率较大,而使得这样形成的键有极性,键的极性以偶极矩(μ)表示,其单位为库仑·米(C·m)。偶极矩是一个向量,通常用 ⟶ 表示其方向,箭头指向的是负电荷中心。有机物中一些常见的共价键的偶极矩在 $1.3\times10^{-30}\sim11.7\times10^{-30}$ C·m,偶极矩越大,键的极性越强。对于双原子分子来说,键的偶极矩就是分子的偶极矩,但对于多原子分子来说,分子的偶极矩是各键的偶极矩的向量和,也就是说多原子分子的极性不只决定于键的极性,也决定于各键在空间分布的方向,亦即决定于分子的形状。例如,四氯化碳分子中 C—Cl 键是极性键,偶极矩为 4.9×10^{-30} C·m,但由于分子呈四面体形,4 个氯原子对称地分布于碳原子的周围(见图 1-2),分子的正电荷中心与负电荷中心重合,或说四个键的偶极矩相互抵消,所以四氯化碳分子没有极性。对于水分子来说,其极性一方面是由于 H—O—H 不在一条直线上,所以 H—O 键的偶极矩不能相互抵消;再者,带有未共用电子对的分子,其未共用电子对也影响分子的偶极矩,所以水分子的偶极矩为两个 H—O 键的偶极矩与由两对未共用电子对产生的偶极矩的向量和(见图 1-2)。

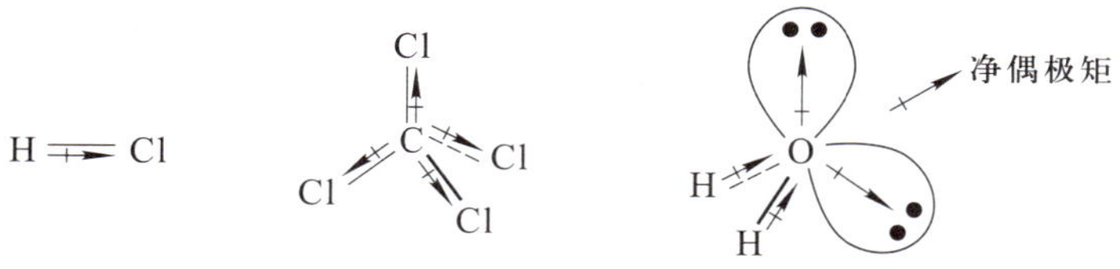

$\mu = 3.43 \times 10^{-30}$ C·m $\mu = 0$ $\mu = 6.13 \times 10^{-30}$ C·m

图 1-2　一些分子的偶极矩

键的极性是决定分子的物理及化学性质的重要因素之一。

分子间的力

化学键是分子内部原子与原子间的作用力，这是一种相当强的作用力，一般的键能至少有 $100\ kJ \cdot mol^{-1}$。化学键是决定分子化学性质的重要因素。

除了高度分散的气体之外，分子之间也存在一定的作用力，这种作用力较弱，要比键能至少小一个数量级。分子间的作用力也叫范德华力(van der Waals forces)，是决定物质物理性质(如沸点、熔点和溶解度等)的重要因素，对于生物体来说，分子间的作用力对细胞功能有着极为重要的作用，它是生命现象中分子之间相互作用的特殊选择性、专一性的基础之一。

分子间的作用力从本质上说都是静电作用力，主要来自分子的偶极间的相互作用。分子间作用力有以下三种：

(1) 偶极-偶极作用力(dipole-dipole interactions)　这种力产生于具有永久偶极的极性分子之间。分子之间以正、负相吸定向排列，所以这种力也叫定向力。

(2) 色散力(dispersion forces 或 London forces)　非极性分子中由于电子运动可能形成暂时偶极，分子间由暂时偶极产生的极弱的引力叫色散力。有时常将色散力叫作范德华力。极性分子间也同样存在色散力。

色散力的作用范围较小，只在分子间靠得很近的部分才起作用，也就是它和分子的接触面积有关，色散力虽然很弱，但它在生物体中却起着相当重要的作用。

(3) 氢键(hydrogen bond)　当氢原子与一个原子半径较小、而电负性又很强并带未共用电子对的原子 Y(Y 主要是 F、O、N 等原子)结合时，由于 Y 极强的吸电子作用，使得 H—Y 间电子出现的概率密度主要集中在 Y 一端，而使氢原子几乎成为裸露的质子而显正性，带部分正电荷的氢便可与另一分子中电负性强的 Y 相互吸引而与其未共用电子对以静电引力相结合，这种分子间的作用力叫做氢键，氢键以虚线表示。例如：

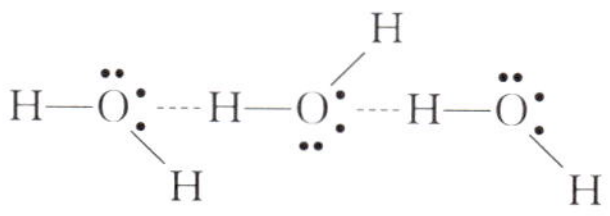

$$H-\overset{H}{\underset{H}{N}}\cdots H-\overset{H}{\underset{H}{N}}\cdots H-\overset{H}{\underset{H}{N}}$$

氢键实际上也是偶极-偶极作用力,它是分子间作用力中最强的,但最高不过约 25 kJ·mol^{-1}。在特定情况下,分子内也能形成氢键。

氢键不仅对物质的物理性质有很大的影响,而且对于蛋白质、核酸和多糖等许多生物高分子化合物的分子形状、生物功能等也有着极为重要的作用。

有机化合物的一般特点

离子型化合物与共价化合物由于它们的化学键本质不同,所以在性质上有较大的区别。

以共价键形成的化合物,虽然有的具有极性,但不是离子型的物质,而是中性分子,分子之间只存在着较弱的分子间作用力,而不是正、负离子间的较强的静电引力。基于结构上的这种差异,有机化合物与无机物在物理性质(如熔点、沸点和溶解度等)方面有较大区别。总的说来,由离子形成的结晶具有较大的硬度、相当高的熔点及水溶性,这就是一般无机盐的通性。而有机化合物中液体较多,固体有机化合物的晶体较软,熔点较低,水溶性较差。

在离子型晶体中,作为结构单元的质点是正、负离子,它们彼此依靠较强的静电引力相互约束在一定的位置上。当将晶体加热时,质点吸收的热能大到足以克服约束它们成规则排列的作用力时,这种有秩序的排列就被破坏,晶体便熔化成液态。显然要克服离子间的较强的静电引力是需要相当高的温度的,如氯化钠的熔点是 801 ℃。

对于非离子型的有机化合物晶体来说,作为结构单元的质点是分子,要克服分子之间的作用力不需很高的能量,所以一般有机化合物的熔点较低,除个别例外,一般不超过 300 ℃。

离子化合物在液态时它的结构单元仍是离子,虽然它们排列得并不规则,而且运动比较自由,但正、负离子之间仍然相互制约着,所以要克服液态内这种作用力仍然需要相当能量,如氯化钠的沸点就高达 1 413 ℃。非离子型化合物在液态时其结构单元是分子,所以它们的沸点要比离子型化合物低很多。在非离子型化合物中,极性分子间的作用力要比非极性分子强,所以极性分子的沸点较高。例如,乙醛(CH_3CHO)的沸点为 20.8 ℃,比相对分子质量相同非极性的丙烷($CH_3CH_2CH_3$,沸点 -42.1 ℃)的沸点要高 63 ℃。有机化合物的沸点大都在 400 ℃以下。一些高熔点或高沸点的有机化合物,在加热到它们的熔点或沸点时,分子内部的共价键便开始断裂,分子分解。

"相似相溶"是物质溶解性能中的一个经验规律。其本质是极性强的化合物易溶于极性强的溶剂中,而弱极性或非极性化合物则易溶于弱极性或非极性的溶剂中。例如,氯化钠可溶于水,而不溶于汽油,但石蜡则不溶于水,而溶于汽油。物质的溶解过程是溶质分子间(或离子间)的作用力,被溶质与溶剂间的作用力所代替,从而溶质分散于溶剂中。例如,氯化钠溶于水是由于水是极性分子,它可以借助偶极的力量去拆散氯化钠晶格,氯离子与钠离子分别被水分子以其偶极的正端或负端包围而分散于水中,这种作用叫作溶剂化。汽油是非极性分子,它不具备拆散离子晶格的能力,所以氯化钠不溶于汽油中。石蜡也是非极性分子,分子间只有较弱的色散力,它不能分散于具有较强的氢键及偶极－偶极作用力的水分子间,所以石蜡不溶于水中,但汽油分子之间与石蜡分子之间的作用力相似,所以石蜡与石蜡分子之间的作用力可被汽油与石蜡之间的作用力所代替,从而可使石蜡分散于汽油中。乙醇可以与水互溶不仅由于它们都是极性分子,又都具有相同的基团—OH,更主要的是乙醇与水分子间能形成氢键:

$$C_2H_5-\overset{..}{\underset{..}{O}}\cdots H-\overset{H}{\underset{H}{O}}\cdots H-\overset{..}{\underset{..}{O}}-C_2H_5$$

在化学性质方面,典型的离子化合物在水溶液中以离子存在,离子之间的反应速率快。例如,Ag^+ 遇 Cl^- 立刻形成氯化银沉淀;而大多数有机化合物以分子状态存在,分子之间发生化学反应,必须使分子中的某个键破裂才能进行。所以一般说来,大多数有机反应速率慢,需要一定的时间,有的可长达几十小时才能完成。此外,由于有机化合物分子大都是由多个原子形成的复杂分子,所以当与另一试剂作用时,分子中易受试剂影响的部位较多,而不是只局限于某一特定部位,因此在主反应之外,常伴随着不同的副反应,从而得到的产物往往是混合物,这就给研究有机反应及制备纯的有机化合物带来了许多麻烦。

有机化合物与无机化合物的另一点区别是有机化合物对热不稳定,受热后往往容易分解甚至炭化而变黑,而多数无机化合物即使加热至几百摄氏度高温也无变化。此外,绝大部分有机化合物可以燃烧,燃烧时,分子中的碳变成二氧化碳,氢生成水;不含金属元素的有机化合物燃烧后不留残渣。所以常常利用这种性质来区别有机化合物与无机化合物。

同分异构现象(isomerism)是有机化学中极为普遍而又很重要的问题。所谓同分异构是指具有相同分子式而结构不同的化合物,如乙醇和甲醚,具有相同的分子式 C_2H_6O,但它们的结构全然不同,它们互为同分异构体(isomer)。分子的结构决定分子的性质,乙醇与甲醚具有完全不同的物理性质和化学性质,它们分属于两类化合物:

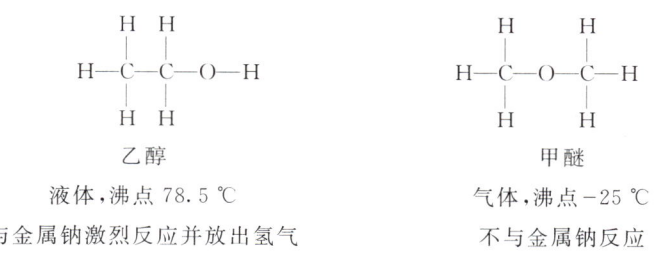

乙醇　　　　　　　　　　　　甲醚

液体,沸点 78.5 ℃　　　　　　气体,沸点 −25 ℃

与金属钠激烈反应并放出氢气　　不与金属钠反应

有机反应的基本类型

有机分子之间发生化学反应,必然包含着这些分子中某些化学键的断裂和新的化学键的形成,从而形成新的分子。

有机化合物绝大多数是共价化合物,以碳原子与其他非碳原子 Y 间以两个电子形成的一个共价键的断裂为例,其断裂方式有两种:一种叫做均裂(homolysis 或 homolytic cleavage),也就

是断裂时,组成该键的一对电子由键合的两个原子各留一个[①]:

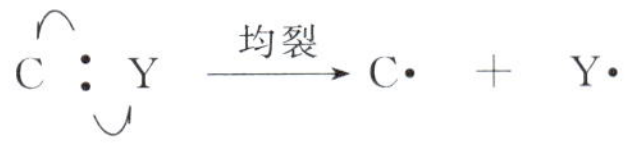

$$C:Y \xrightarrow{均裂} C\cdot + Y\cdot$$

另一种断裂方式是,成键的一对电子保留在一个原子上,这叫异裂(heterolysis 或 heterolytic cleavage):

$$C:Y \longrightarrow C^+ + :Y^-$$
碳正离子
(carbocation)

$$C:Y \longrightarrow C:^- + Y^+$$
碳负离子
(carbanion)

断裂方式决定于分子结构和反应条件。

均裂产生的带单电子的原子或基团叫游离基或自由基(free radical 或简称 radical),按均裂进行的反应叫游离基反应。一般游离基反应多在高温、光照或过氧化物存在下进行。

异裂产生的则是离子,按异裂进行的反应叫离子型反应。它不同于无机化合物的离子反应,有机化学中的"离子型"反应一般是在酸或碱的催化下,或在极性介质中,有机分子是通过共价键的异裂而形成正、负离子的。

共价键均裂产生的游离基,或异裂生成的正、负离子,一般都只有瞬间寿命,它们都叫作反应活性中间体。

还有一类反应叫作协同反应,它不同于上述两类反应,在反应过程中不生成游离基或离子型活性中间体,其特点是,反应过程中键的断裂与生成是同时发生的。

研究有机化学的方法

从事有机化学研究工作,不外由自然界取得或是用人工方法合成人们所需要的有机化合物,研究它们的性质,测定它们的结构等。但由自然界或是合成得到的有机化合物总是掺杂着许多其他物质的混合物,首先必须经过分离提纯,才能得到需要的物质。分离提纯的方法很多,根据不同的物质及需要,可以选择萃取、重结晶、蒸馏、升华和色谱分离等方法。得到了纯的有机化合物后,如果是未知物,则需要研究其物理、化学性质并确定其结构。结构的测定是相当复杂的,首先要通过元素定性及定量的方法求出未知物的分子式,更重要的是要知道分子中各原子的结合方式,这就需要通过各种化学反应来确定分子中可能存在的基团,把它降解为比较简单的化合物或制成某些衍生物与已知物进行比较,最后还要设计一定的路线去合成可能结构的化合物与被研究的未知物比较来验证所得结构的准确性,所以这是相当烦琐的工作。20世纪中期以来由于将许多实验物理方法应用于化学分析,给有机化合物结构的测定带来了比较简便而准确的方法。

---

① 在描述有机反应经历的途径时,常用弯箭头表示电子转移的方向,单箭头(⌒)(也叫"鱼钩"箭头,英文叫作 fishhook arrow)表示一个电子转移,双箭头(⌢)表示两个电子转移。

例如，利用红外光谱分析，可以确定分子中某些基团（主要是官能团）的存在；通过紫外光谱可以确定化合物中有无共轭体系；¹H 核磁共振谱可以提供分子中氢原子结合方式的信息；质谱分析可以推断化合物的相对分子质量及结构等。但无论是物理方法或化学方法都各有一定的局限性，所以在实际工作中，物理和化学方法常要结合运用才能确定一个物质的结构。因而从事有机化学研究，必须掌握合成及分析的手段。

有机化合物的分类

数以千万计的有机化合物，可以按照它们的结构分成许多类。一般的分类方法有两种，即根据分子中碳原子的连接方式（碳的骨架），或按照决定分子主要化学性质的特殊原子或基团即官能团（functional group）来分类。

根据碳的骨架可以把有机化合物分成以下三类：

(1) 开链化合物 (open chain compounds, acyclic compounds) 这类化合物中的碳架成直链（或称正链，即不带有支链），或为带有支链的开链。例如：

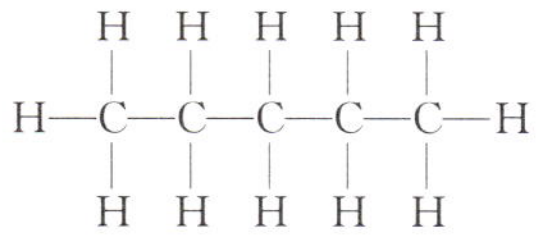

戊烷 ($CH_3-CH_2-CH_2-CH_2-CH_3$)

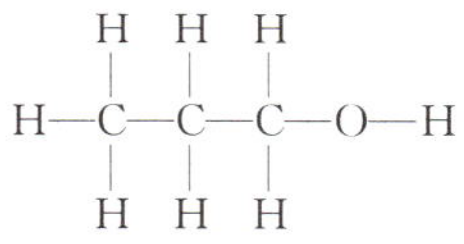

1-丙醇 ($CH_3-CH_2-CH_2-OH$)

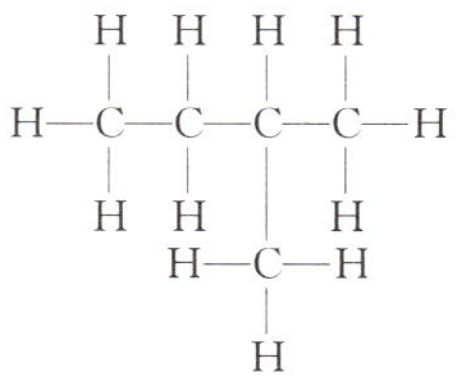

2-甲基丁烷 ($CH_3-CH_2-CH-CH_3$)
                                CH_3

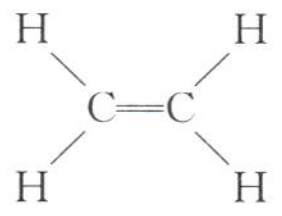

乙烯 ($CH_2=CH_2$)

一般在书写结构式时，常将 C—H 间的键省略，写成括号中的结构简式。

由于长链状的化合物最初是在油脂中发现的，所以开链化合物也叫脂肪族化合物。

(2) 碳环化合物 (carbocyclic compounds) 这类化合物分子中含有完全由碳原子组成的环。根据碳环的特点它们又可分为以下两类：

(a) 脂环族化合物 (alicyclic compounds)。性质与脂肪族化合物相似，在结构上也可看作是由开链化合物关环而成的。例如：

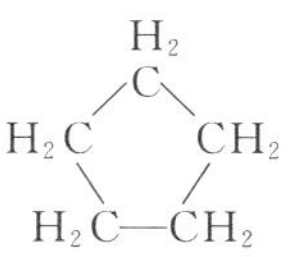

环戊烷

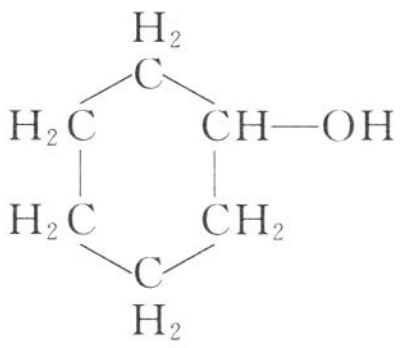

环己醇

(b) 芳香族化合物(aromatic compounds)。这类化合物分子中都含有一个由碳原子组成的在同一平面内的环闭共轭体系,它们在性质上与脂肪族化合物有较大区别,其中一大部分化合物分子中都含有一个或多个苯环。例如:

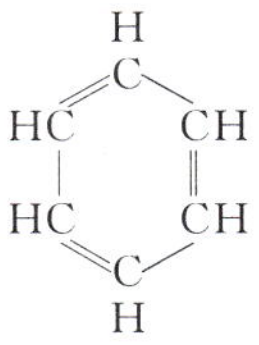

苯 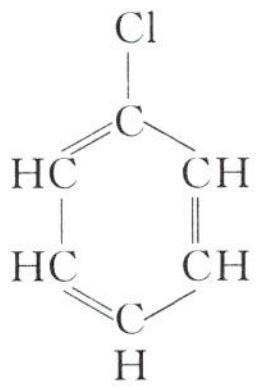　　　氯苯 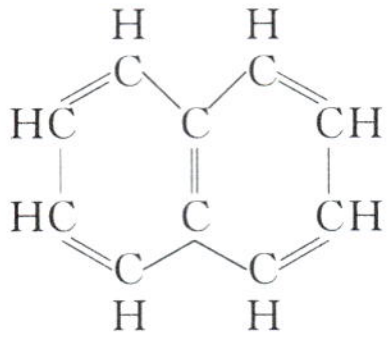　　　萘 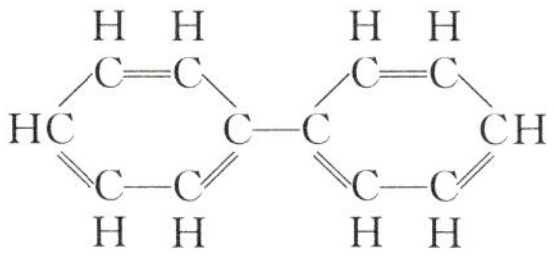　　　联苯

(3) 杂环化合物(heterocyclic compounds)　这类化合物分子中的环是由碳原子和其他元素的原子组成的。例如:

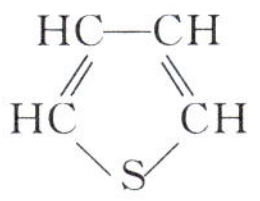

噻吩 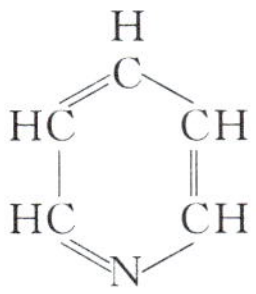　　　吡啶 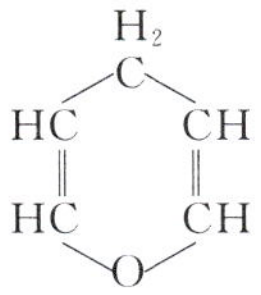　　　吡喃

按官能团分类的方法,是将含有同样官能团的化合物归为一类,因为一般来说,含有同样官能团的化合物在化学性质上是基本相同的。几类比较重要的化合物和它们所含的官能团列于表1-2中。

表1-2　主要的官能团及其结构

化合物类别	官能团名称(结构)	具体化合物举例(名称)
烯烃	碳-碳双键($\diagup$C=C$\diagdown$)	$H_2C=CH_2$　　　(乙烯)
炔烃	碳-碳三键(—C≡C—)	HC≡CH　　　(乙炔)
卤代烃	卤基或原子(—X)	CH_3—X(X=F,Cl,Br,I)　　　(卤代甲烷)
醇及酚	羟基(—OH)	CH_3CH_2—OH　　　(乙醇)
醚	醚键(—C—O—C—)	CH_3CH_2—O—CH_2CH_3　　　(乙醚)
醛	醛基(—CHO)	CH_3—CHO　　　(乙醛)
酮	酮基(—CO—)	CH_3—CO—CH_3　　　(丙酮)
羧酸	羧基(—COOH)	CH_3—COOH　　　(乙酸)

化合物类别	官能团名称（结构）	具体化合物举例（名称）	
胺	氨基（—NH$_2$）	CH$_3$—NH$_2$	（甲胺）
硝基化合物	硝基（—NO$_2$）	 C$_6$H$_5$—NO$_2$	（硝基苯）
磺酸	磺（酸）基（—SO$_3$H）	 C$_6$H$_5$—SO$_3$H	（苯磺酸）

习　　题

1.1　扼要归纳典型的以离子键形成的化合物与以共价键形成的化合物的物理性质，以及有机化合物的特性。

1.2　NaCl 及 KBr 各 1 mol 溶于水中所得的溶液与 NaBr 及 KCl 各 1 mol 溶于水中所得溶液是否相同？ 如将 CH$_4$ 及 CCl$_4$ 各 1 mol 混在一起，与 CHCl$_3$ 及 CH$_3$Cl 各 1 mol 的混合物是否相同？ 为什么？

1.3　碳原子核外及氢原子核外各有几个电子？ 它们是怎样分布的？ 画出它们的轨道形状。当四个氢原子与一个碳原子结合成甲烷（CH$_4$）时，碳原子核外有几个电子是用来与氢成键的？ 画出它们的轨道形状及甲烷分子的形状。

1.4　假若下列化合物完全是共价化合物，除氢以外，每个原子外层是完整的八隅体，并且两个原子间可以共用一对以上的电子，写出它们价电子层的路易斯（Lewis）结构式。
　　　a. C$_2$H$_4$　　b. CH$_3$Cl　　c. NH$_3$　　d. H$_2$S　　e. HNO$_3$
　　　f. CH$_2$O　　g. H$_3$PO$_4$　　h. C$_2$H$_6$　　i. C$_2$H$_2$　　j. H$_2$SO$_4$

1.5　下列各化合物哪个有偶极矩？ 画出其方向。
　　　a. I$_2$　　b. CH$_2$Cl$_2$　　c. HBr　　d. CHCl$_3$　　e. CH$_3$OH　　f. CH$_3$OCH$_3$

1.6　根据 S 与 O 的电负性差别，H$_2$O 与 H$_2$S 相比，哪个有较强的偶极-偶极作用力或氢键？

1.7　下列分子中，哪个可以形成氢键？
　　　a. H$_2$　　b. CH$_3$CH$_3$　　c. SiH$_4$　　d. CH$_3$NH$_2$　　e. CH$_3$CH$_2$OH　　f. CH$_3$OCH$_3$

1.8　醋酸分子式为 $CH_3-\underset{\underset{\parallel}{O}}{C}-OH$，它是否能溶于水？ 为什么？

第二章 饱和烃（烷烃）

由碳和氢两种元素形成的有机物叫作烃（hydrocarbon），也叫碳氢化合物。根据分子中的碳架，可以把烃分成开链烃与环烃两大类。前者是指分子中的碳原子相连成链状（非环状）而形成的化合物，开链烃也叫脂肪烃（aliphatic hydrocarbon）。根据分子中碳原子间的结合方式，又可分为饱和烃（saturated hydrocarbon）和不饱和烃（unsaturated hydrocarbon）。

开链的饱和烃叫作烷烃（alkane）。烷烃是指分子中的碳原子以单键（single bond）相连，其余的价键都与氢结合而成的化合物。例如：

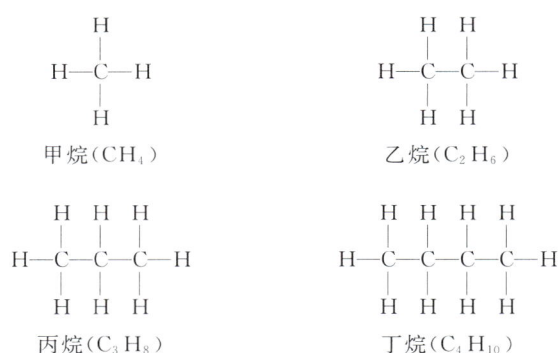

饱和意味着分子中的碳原子与其他原子的结合达到了最大限度。

同系列和同分异构

烷烃中最简单的是含一个碳原子的化合物，叫作甲烷，分子式是 CH_4。含两个碳原子的是乙烷，分子式为 C_2H_6。碳原子数目逐渐增多，可以得到一系列的化合物。由上面列出的四个化合物可以看出，从甲烷开始，每增加一个碳原子，就相应地增加两个氢原子。因此可以用 C_nH_{2n+2} 这样一个式子来表示这一系列化合物的组成，这个式子就叫作烷烃的通式。这些结构相似，而在组成上相差 CH_2 或它的倍数的许多化合物，组成一个系列，叫同系列（homologous series)。同系列中的各化合物叫作同系物(homolog 或 homologue)。

如果把甲烷分子中的任一个氢去掉而换成碳，这个碳上其余的价键再与氢相连，就得到乙烷。用同样方法从乙烷可以导出一个含三个碳原子的烷烃叫作丙烷。但从丙烷再按这种方法导出含四个碳原子的丁烷时，便会发现，碳取代第一或第三两个碳原子上的任一个氢，得到(Ⅰ)，而取代当中碳原子上的氢则得(Ⅱ)：

丙烷

(Ⅰ) 丁烷(正丁烷，n-butane)
$$\left[\begin{array}{l}CH_3-CH_2-CH_2-CH_3\\ \text{或 }CH_3CH_2CH_2CH_3\\ \text{或 }CH_3(CH_2)_2CH_3\end{array}\right]$$

(Ⅱ) 2-甲基丙烷(异丁烷，isobutane)
$$\left[\begin{array}{l}CH_3-CH-CH_3\\ |\\ CH_3\\ \text{或}(CH_3)_3CH\end{array}\right]$$

(Ⅰ)和(Ⅱ)的分子式相同，而原子的连接次序不同，(Ⅰ)是直链的化合物，(Ⅱ)则带有支链，它们是同分异构体，简称异构体。国际纯粹与应用化学联合会(international union of pure and applied chemistry, IUPAC)建议：这种由于原子的连接次序不同而产生的异构体叫作 constitutional isomers，中文译作构造异构体(在中文中常将"体"字省略)。有机化合物的异构现象有多种形式，但总的说来分为两大类，即构造异构与立体异构。对于正丁烷与异丁烷来说，它们属于构造异构中的碳链异构。

更简便而常用的结构简式是将 C—C 间键线也省略，并可将相同的结构单元合并，如前面丁烷及 2-甲基丙烷括号中的几种缩写式。

由两种不同的丁烷，再按上述方法可以导出三种含五个碳原子的烷烃，它们也互为异构体：

$$^aCH_3\!-\!^bCH_2\!-\!^bCH_2\!-\!^bCH_2\!-\!^aCH_3$$

戊烷(正戊烷，n-pentane)

$$^aCH_3\!-\!^bCH_2\!-\!^cCH\!-\!^aCH_3$$
$$|$$
$$^aCH_3$$

2-甲基丁烷(异戊烷，isopentane)

$$^aCH_3$$
$$|$$
$$^aCH_3\!-\!^dC\!-\!^aCH_3$$
$$|$$
$$^aCH_3$$

2,2-二甲基丙烷(新戊烷，neopentane)

由此可见，组成烷烃的碳原子数目增加，异构体的数目也随之增多。含十个碳原子的烷烃，理论上可有 75 种异构体，但常见的只是其中少数几个。

在上述几个结构式中，用 a,b,c,d 标出的碳原子是有区别的。以 a 标记的碳原子，只与另一个碳原子相连,其他三个键都与氢结合,这种碳原子叫一级碳原子或伯碳原子(以 1°表示一级)。以 b 标记的碳原子,则与两个碳原子相连,叫二级(2°)碳原子或仲碳原子。c 则是与三个碳原子相连的碳,叫三级(3°)碳原子或叔碳原子。d 标记的碳原子叫四级(4°)碳原子或季碳原子,它与四个碳原子相连。(英文中一、二、三、四级分别以 primary、secondary、tertiary 及 quarternary 表示。)

命 名

由于有机化合物的数目繁多,而且很多化合物的结构又很复杂,为了便于有机化学工作者的交流,并避免造成混乱,自 1892 年以来,IUPAC 等国际化学组织对有机化合物的命名原则进行过多次讨论、修订与补充。目前为各国普遍采用的是 IUPAC 于 1979 年公布的命名原则,简称 IUPAC 原则。一般书刊中使用的有普通命名法(common name)及系统命名法(亦称 IUPAC 命名法)。对于某些天然产物及用系统名称过于复杂的化合物则习惯采用俗名(根据来源或某种性质命名)。我国给予各类有机化合物以相应的中文名称并根据 IUPAC 原则命名具体化合物。烷烃的命名主要有以下两种。

(1) 普通命名法 用甲、乙、丙、丁、戊、己、庚、辛、壬、癸十个字分别表示十个以下碳原子的数目,十个以上的碳原子就用十一、十二、十三等数目字表示。用正、异、新等前缀区别同分异构体,然后加上"烷"字就是全名。如上节中列举的两个丁烷和三个戊烷括号中的名称就是按普通命名法命名的。普通命名法中,"正"代表不含支链的化合物,分子中碳链一端的第二位碳原子上带有一个甲基的化合物用"异"字表示,而"新"字是指具有叔丁基(见表 2-1)结构的含五个或六个碳原子的链烃。这种命名方法,除"正"字可用来表示所有不含支链的烷烃外,"异"和"新"二字只适用于少于七个碳原子的烷烃。

(2) 系统命名法 直链烷烃的系统命名法与普通命名法相同,只是把"正"字取消。对于带有支链的烷烃则按以下原则命名:

(a) 在分子中选择一条最长的碳链作主链,根据主链所含的碳原子数叫作某烷。将主链以外的其他烷基看作是主链上的取代基(或叫支链)。

所谓烷基(alkyl group)是指由烷烃分子中除去一个氢原子后余下的部分,通常用 R— 表示。对于具体的烷基,则按相应的母体烷烃命名。例如,CH_3— 叫甲基,CH_3CH_2— 叫乙基等(见表 2-1)。

(b) 由距离支链最近的一端开始,将主链上的碳原子用阿拉伯数字编号,支链所在的位置就以它所连接的碳原子的号数表示。

(c) 支链烷基的名称及位置写在母体名称的前面,主链上连有多个不同支链时,根据中国化学会制定的《有机化学命名原则(1980)》,支链(或取代基)的排列顺序按立体化学中的"次序规则"(sequence rule,次序规则将在下面讨论),将"较优"基团列在后面,下例中乙基为较优基团,故应排于甲基之后:

表 2-1 某些烷基的名称①

烷 基	名 称 中文	名 称 英文(简写)	烷 基	名 称 中文	名 称 英文(简写)
$CH_3—$	甲基	methyl(Me)	$CH_3CH_2CHCH_3$	仲丁基	sec-butyl(s-Bu)
$CH_3CH_2—$	乙基	ethyl(Et)	$CH_3CHCH_2—$ | CH_3	异丁基	isobutyl(i-Bu)
$CH_3CH_2CH_2—$	丙基	propyl(Pr)	CH_3 | $CH_3C—$ | CH_3	叔丁基	$tert$-butyl(t-Bu)
$CH_3CH—$ | CH_3	异丙基	isopropyl(i-Pr)	$CH_3CHCH_2CH_2—$ | CH_3	异戊基	isopentyl
$CH_3CH_2CH_2CH_2—$	丁基	butyl(Bu)			

$$^1CH_3-^2CH_2-^3CH-^4CH-^5CH_2-^6CH_2-^7CH_3$$
$$\quad\quad\quad\quad\quad\quad | \quad\quad |$$
$$\quad\quad\quad\quad\quad CH_2 \quad CH_3$$
$$\quad\quad\quad\quad\quad |$$
$$\quad\quad\quad\quad\quad CH_3$$

4-甲基-3-乙基庚烷(3-ethyl-4-methylheptane)

最长的碳链是含七个碳原子的链,所以叫作庚烷。编号应由左向右。支链甲基和乙基分别连在第四和第三个碳原子上,这个化合物的全名是 4-甲基-3-乙基庚烷。

在英文书刊文献中,IUPAC 规定支链是按基团名称最前一个字母的顺序排列,由表 2-1 可看出乙基应在甲基之前。

(d) 当主链上有几个支链时,从主链的任一端开始编号,可得到两套表示取代基的位置的数字,这时应采取"最低系列"的编号方法。即逐个比较两种编号法中表示取代基位置的数字,最先遇到位次较小者,定为"最低系列"。例如:

$$\quad\quad\quad\quad\quad\quad CH_3$$
$$\quad\quad\quad\quad\quad\quad |$$
$$CH_3-^3CH-^2C-^1CH_3$$
$$\quad\quad\quad (4) \quad (5)(6)$$
$$\quad\quad\quad | \quad\quad |$$
$$\quad\quad\quad ^4CH_2 \quad CH_3$$
$$\quad\quad\quad (3)$$
$$CH_3-^5CH$$
$$\quad\quad\quad |$$
$$\quad\quad\quad ^6CH_3$$
$$\quad\quad\quad (1)$$

2,2,3,5-四甲基己烷(2,2,3,5-tetramethylhexane②)

---

① 英文命名中"alkane"为烷烃的类名。"-ane"词尾表示"烷"。直链烷烃的名称见表 2-2。即以不同词头代表分子中碳原子数,C_1~C_4 分别以 meth,eth,prop,but 表示,自 C_5 开始则用源于希腊的表示不同数目的构词成分,即 pent,hex,hept,oct,non,dec,⋯来表示,加上"ane"即为全名。"烷基"的英文名称为"alkyl group",具体烷基的名称是将相应的烷烃的"ane"改为"yl"而得(见表 2-1)。以"n-"(即 normal 的第一个字母)代表"正"。"iso"表示"异","新"以"neo"表示,"仲"与"叔"则分别以"sec-"(secondary)及"$tert$-"(tertiary)表示。应该注意的是 n、sec 及 $tert$ 后均要加一短线,而 iso 及 neo 则与具体名称连写。

② IUPAC 命名法规定,简单取代基的数目分别用如下的相应倍数词头:di(二),tri(三),tetra(四),penta(五),hexa(六),hepta(七),octa(八),nona(九),deca(十)⋯⋯表示。

按照不加括号的顺序编号时,取代基的位置分别为 2,2,3,5;而按括号中的顺序编号,则取代基的位置分别为 2,4,5,5;逐个比较每个取代基的位置,第一个均为 2,第二个取代基在前一种编号中为 2,而在第二种编号中为 4,故应取不加括号的编号法。又如:

$$^{11}\text{CH}_3\!-\!^{10}\text{CH}\!-\!^{9}\text{CH}_2\!-\!^{8}\text{CH}\!-\!^{7}\text{C}\!-\!^{6}\text{CH}_2\!-\!^{5}\text{CH}_2\!-\!^{4}\text{CH}_2\!-\!^{3}\text{CH}\!-\!^{2}\text{CH}\!-\!^{1}\text{CH}_3$$
$$\underset{(1)}{} \underset{(2)}{} \underset{(4)}{} \underset{(5)}{} \underset{}{} \underset{}{} \underset{}{} \underset{(9)}{} \underset{(10)}{} \underset{(11)}{}$$

以及侧链 CH_3, CH_3, CH_3 (在7位上两个), CH_3, CH_3

2,3,7,7,8,10-六甲基十一烷

(2,3,7,7,8,10-hexamethylundecane①)

按不加括号的顺序编号,则取代基的位置分别为 2,3,7,7,8,10;而按加括号的顺序编号,则取代基的位置分别为 2,4,5,5,9,10,故应取不加括号的编号法。

中文命名中阿拉伯数字表示取代基的位置,汉文数字表示取代基的数目,两者不可混淆。在读时,可在表示位置的数字之后加一"位"字,以资区别。同时阿拉伯数字与汉字之间必须用短线分开。连续表示位置的阿拉伯数字之间必须用逗号隔开。

所谓"次序规则"是在立体化学中,为了确定原子或基团在空间排列的先后顺序而制定的规则。有关立体化学的内容将在第五章讨论,目前只说明排列较优基团的方法:

(a) 将各取代基中与母体相连的原子按原子序数大小排列,原子序数大的,为较优基团,孤对电子的原子序数记为 0。如 Cl>O>C>H>孤对电子。若两个原子为同位素,如 D 与 H,则质量高的为较优基团,即 D>H。

(b) 如各取代基中与母体相连的第一个原子相同时,则比较与该第一个原子相连的第二个原子,仍按原子序数排列,若第二个原子也相同,则比较第三个原子,依次类推。

对于烷烃来说,在主链上连接的都是烷基,如下列结构式中,主链上连有甲基与乙基,即与主链相连的第一个原子都是碳原子,则比较与第一个碳原子相连的其他原子的原子序数,在甲基中与碳原子相连的分别为 H、H、H,而在乙基中与碳原子相连的分别为 C、H、H;C 的原子序数大于氢,所以乙基与甲基相比,乙基为"较优"基团,因此乙基应排在甲基之后。

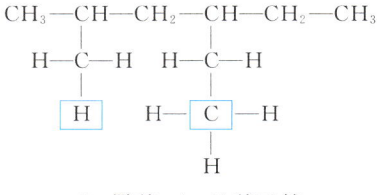

2-甲基-4-乙基己烷

在下例中正丙基与异丙基相比,它们的第一个原子都是碳原子,在正丙基中与第一个碳原子相连的是 C、H、H;而在异丙基中与第一个碳原子相连的是 C、C、H,所以异丙基是"较优"基团,应排在正丙基之后。而按 IUPAC 规定,在英文命名中与烷基连写的前缀如 iso,neo 等,也计入字母排列,所以 isopropyl 应在 propyl 之前。

---

① IUPAC 命名法规定,简单取代基的数目分别用如下的相应倍数词头:di(二),tri(三),tetra(四),penta(五),hexa(六),hepta(七),octa(八),nona(九),deca(十)……表示。

```
C—C—C—C      C—C—C—C—C
    |            |
  H—C—H        H—C—H
    |            |
    C            C
    |
    C
```

4-丙基-6-异丙基壬烷(6-isopropyl-4-propyl nonane)

烷烃的结构

前面所写化合物的结构式[①]，只能说明分子中原子之间的连接次序。例如，甲烷的结构式只能说明分子中有四个氢原子与碳原子直接相连，而没有表示出氢原子与碳原子在空间的相对位置，也就是不能说明分子的立体形状。实验证明甲烷的分子不是像结构式画的那样一个平面四方形，而是正四面体形的，即四个氢原子在正四面体的四个顶点，碳原子在正四面体的中心，四个 C—H 键长完全相等，H—C—H 间夹角都是 109.5°[见图 2-1(c)]。

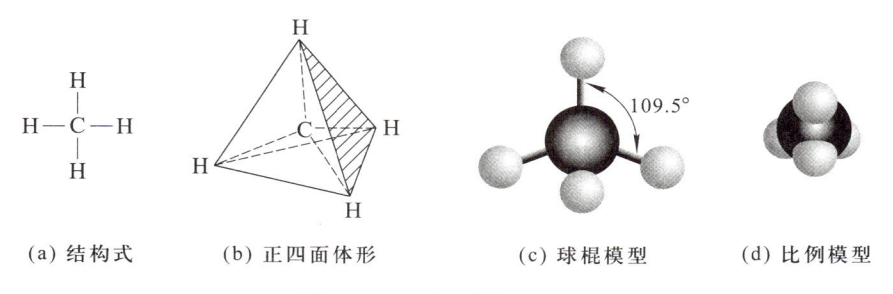

(a) 结构式　　(b) 正四面体形　　(c) 球棍模型　　(d) 比例模型

图 2-1　甲烷的结构示意图

为了更好地观察分子的立体形状，常用球棍模型(也叫 Kekulé 模型)或比例模型(外文书中叫作 spacefilling model)。球棍模型是用不同颜色的球代表不同的原子，以小棍表示原子之间的键。它只能说明原子在空间的相对位置，因为微观的原子不能完全等同于宏观的球，而且原子间的距离并不是像模型中表示的那样远和一成不变，价键也不是一根棍。比例模型则是按照原子半径和键长的比例制成的，所以它表示的分子的立体形状比球棍模型要更真实些。但它所表示的价键的分布却不如球棍模型明显，因此这两种模型各有长处。

---

① 近年国内教材中常将上述"结构式"称为"构造式"(按我国现行汉英对照习惯，前者为 structural formula，后者为 constitutional formula)。但在 IUPAC 推荐的专门名词纲要(IUPAC Compendium of Chemical Terminology，IUPAC recommendations，Complied by Alan D.McNaught and Andrew Wilkinson. The Royal Society of Chemistry Cambridge，U K 2nd Ed.1997)中并无"constitutional formula"一词，而只有"structural formula"。此外，关于 structure 及 constitution 二字的中译名称及含义目前尚未统一与规范化(见[1]~[4])，故本书仍保留原来的习惯用法。

[1] 国际纯粹与应用化学联合会. 有机化学命名法 A，B，C，D，E，F 和 H 部(1979). 北京：科学出版社，1987：580.
[2] 汪巩编. 有机化合物的命名. 北京：高等教育出版社，1983：292.
[3] Milton Orchin，Fred Kaplan，Roger S.Macomber，R.Marshall Wilson，Hans Zimmer. The Vocabulary of Organic Chemistry. John Wiley & Sons，1980：119，120.
[4] 英汉化学化工词汇. 4 版. 北京：科学出版社，2002.

为了清楚地表示分子三维空间的立体形状，IUPAC 建议用如下的方法书写结构式：正常粗细的线表示在纸的平面上，粗线表示伸出纸面向前，虚线表示在纸面的后面，这样，甲烷的立体形状可用（Ⅰ）表示；在某些结构复杂的分子中，可用楔（音 xiē）形表示原子或基团在空间的相对位置，楔形的宽头表示接近读者，虚楔形表示伸向纸后如（Ⅱ）。这种写法相当麻烦，只在必要时才使用，一般仍用平面结构式。通常所写的平面结构式[见图 2-1(a)]，相当于立体模型的投影式（见第五章费歇尔投影式）。

甲烷的正四面体形结构必须由碳原子轨道的杂化来加以解释。碳原子在以四个单键与其他四个原子或基团结合时，一个 s 轨道与三个 p 轨道经过杂化后，形成四个等同的 sp^3 杂化轨道，四个 sp^3 杂化轨道的轴在空间的取向相当于从正四面体的中心伸向四个顶点的方向，只有这样，价电子对间的互斥作用才最小，所以各轴之间的夹角，即键角均为 109.5°。图 2-2 为碳与氢形成甲烷的示意图。

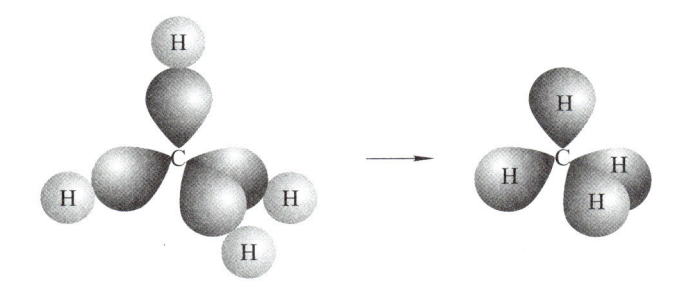

图 2-2　碳的 sp^3 杂化轨道与氢的 1s 轨道重叠示意图

乙烷分子中的 C—C 键是由两个 sp^3 杂化轨道形成的，如图 2-3 所示。

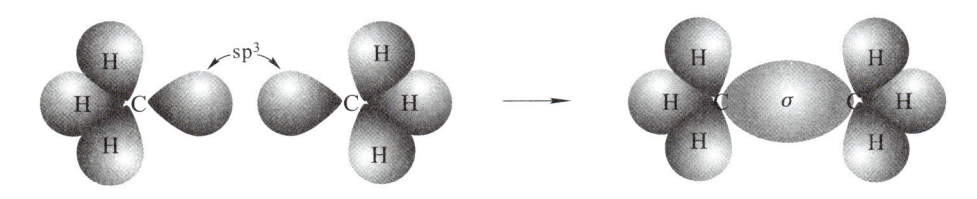

图 2-3　乙烷分子中原子轨道重叠示意图

从上述原子轨道重叠示意图中可以看出，C—H 键或 C—C 键中成键原子的电子云是沿着它们的轴向重叠的，这样形成的键叫 σ 键。成键原子绕键轴作相对旋转时，并不影响电子云的重叠程度，也就是不会破坏 σ 键，这就是说单键可以绕键轴自由旋转。

由于碳的价键分布呈四面体形，而且碳-碳单键可以自由旋转，所以三个碳以上烷烃分子中的碳链不是像结构式那样表示的直线形，而是以如下的锯齿形或其他可能的形式存在：

丙烷   C–C–C

丁烷   C–C–C–C   C–C–C–C
                        |
                        C

戊烷   C–C–C–C–C   C–C–C–C   C–C–C
                           | | |
                           C   C C

所以所谓"直链"烷烃，"直链"二字的含义仅指不带有支链。

丁烷分子的球棍模型及比例模型如图 2-4 所示。

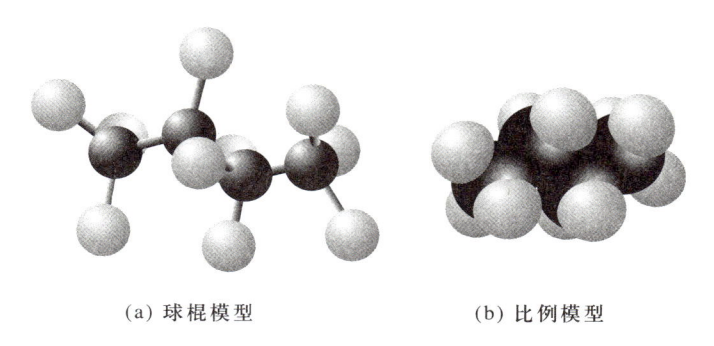

(a) 球棍模型　　　　(b) 比例模型

图 2-4　丁烷分子的模型

碳–碳单键的键长是 0.154 nm，键能为 345.6 kJ·mol^{-1}。

乙烷和丁烷的构象

乙烷是最简单的含有 C—C 单键的化合物。单键是可以自由旋转的，如果使乙烷分子中一个碳原子不动，另一碳原子绕 C—C 键轴旋转，则一个碳原子上的三个氢相对于另一碳原子上的三个氢，可以有无数的空间排列形式，这种由于围绕单键旋转而产生的分子中的原子或基团在空间的不同排列形式叫作构象(conformation)。每一种特定的构象就叫作一种构象异构体(conformer 或 conformational isomer)，它们不属于构造异构而属于立体异构，因为不同的构象异构体中，原子的连接顺序是相同的。

由于 C—C 键的自由旋转，乙烷可以有无限数目的构象，但从能量上来说只有一种构象的热力学能最低，因而稳定性也最大，这种构象就叫作优势构象。乙烷的优势构象是交叉式构象。

表示构象可以用透视式[也叫锯架式(sawhorse formula)，见图 2-5(a)]或投影式[因为最初是由纽曼(Melvin S Newman)提出的，所以常叫纽曼投影式(Newman projection formula)，见图 2-5(b)]，透视式比较直观，所有的原子和键都能看见，但较难画好。投影式则是在 C—C 键的延长线上观察，用圆圈表示距眼睛远的一个碳原子，其上连接的三个氢画于圆外。

在交叉式构象中，两个碳原子上的氢原子间的距离最远，相互间的排斥力最小，因而分子的热力学能最低。热力学能最高的一种构象则是重叠式构象(见图 2-6)。在重叠式构象中两个碳原子上的氢原子两两相对,距离最近,相互间的排斥作用最大,因而热力学能最高,也就最不稳定。交叉式构象与重叠式构象是乙烷的两种极端构象,其他构象的热力学能都介于这二者之间。

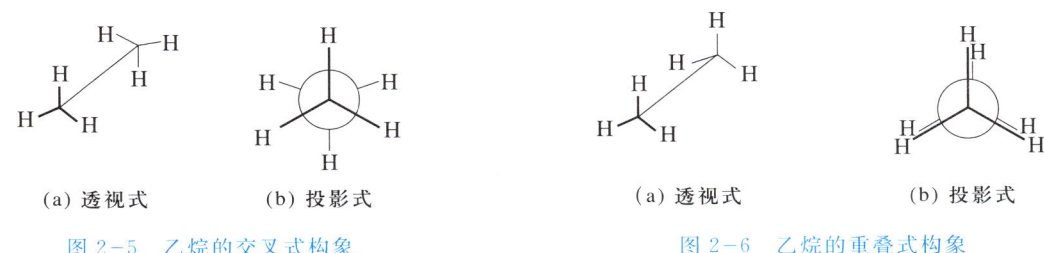

(a) 透视式　　(b) 投影式

图 2-5　乙烷的交叉式构象
(staggered conformation)

(a) 透视式　　(b) 投影式

图 2-6　乙烷的重叠式构象
(eclipsed conformation)

交叉式构象与重叠式构象的热力学能虽不同,但差别较小,约为 12.5 kJ·mol^{-1}。在接近绝对零度的低温时,分子都以交叉式热力学存在,而在室温情况下的热能就足以使两种构象之间以极快的速率互相转化,因此在室温时,可以把乙烷看作是交叉式热力学与重叠式热力学及介于这二者之间的如图 2-7(Ⅱ)所代表的无数构象异构体的平衡混合物,而不可能分离出构象异构体。但假若某一化合物的两种构象之间的热力学能差别较大,由一种构象转变为另一种构象需要较大的能量时,就有可能用一定的方法分离出不同的构象异构体。由于不同构象的热力学能不同,构象之间相互转化是需要克服一定能障的,所以所谓单键的自由旋转,并不是完全自由的。

使构象之间转化所需要的能量叫作扭转能(torsional energy),重叠式构象或其他非交叉式构象之所以不稳定是由于分子中存在着扭张力(torsional strain),具有这种构象的分子有转化成最稳定构象而消除张力的趋势。

乙烷分子中碳-碳键相对旋转时,分子热力学能的变化如图 2-7 所示。

丁烷可以看作是乙烷的二甲基衍生物,用如下投影式表示全重叠式的丁烷及其四个碳原子:

全重叠式

由全重叠式构象开始,固定 C^1 与 C^2,而使 C^3 绕 C^2—C^3 间的键轴作相对旋转,则每旋转 $60°$,可以得到一种有代表性的构象,旋转 $360°$ 则复原:

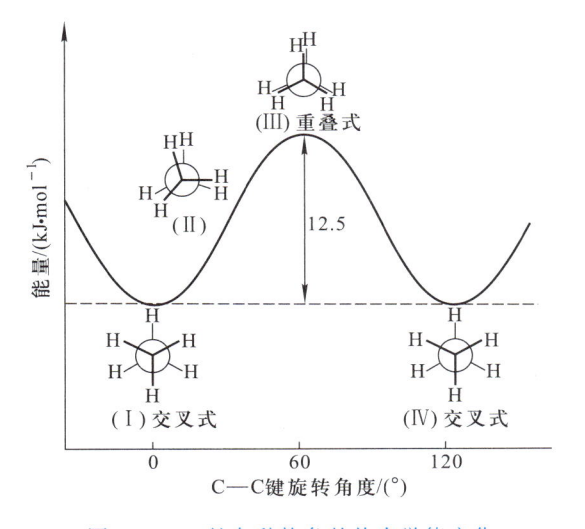

图 2-7　乙烷各种构象的热力学能变化

(Ⅰ) 全重叠式　　　　　(Ⅱ) 邻位交叉式　　　　(Ⅲ) 部分重叠式
(eclipsed conformation)　(gauche conformation)　(eclipsed conformation)

(Ⅳ) 对位交叉式　　　　(Ⅴ) 部分重叠式　　　　(Ⅵ) 邻位交叉式
(anti conformation)

在上述六种构象中，(Ⅱ)与(Ⅵ)相同，(Ⅲ)与(Ⅴ)相同，所以实际上有代表性的构象为(Ⅰ)、(Ⅱ)、(Ⅲ)、(Ⅳ)四种。它们分别叫作全重叠式构象、邻位交叉式构象、部分重叠式构象及对位交叉式构象。这几种构象的热力学能由高到低的顺序为全重叠式构象＞部分重叠式构象＞邻位交叉式构象＞对位交叉式构象。但它们之间的能量差别仍是不大的，因此不能分离出构象异构体。由于甲基比氢原子的体积大得多，所以丁烷的全重叠式构象与对位交叉式构象间的能量差要比乙烷的重叠式构象与交叉式构象间的能量差高（见图2-8）。

由于对位交叉式是最稳定的构象，所以三个碳以上烷烃的碳链应以锯齿形为最稳定。

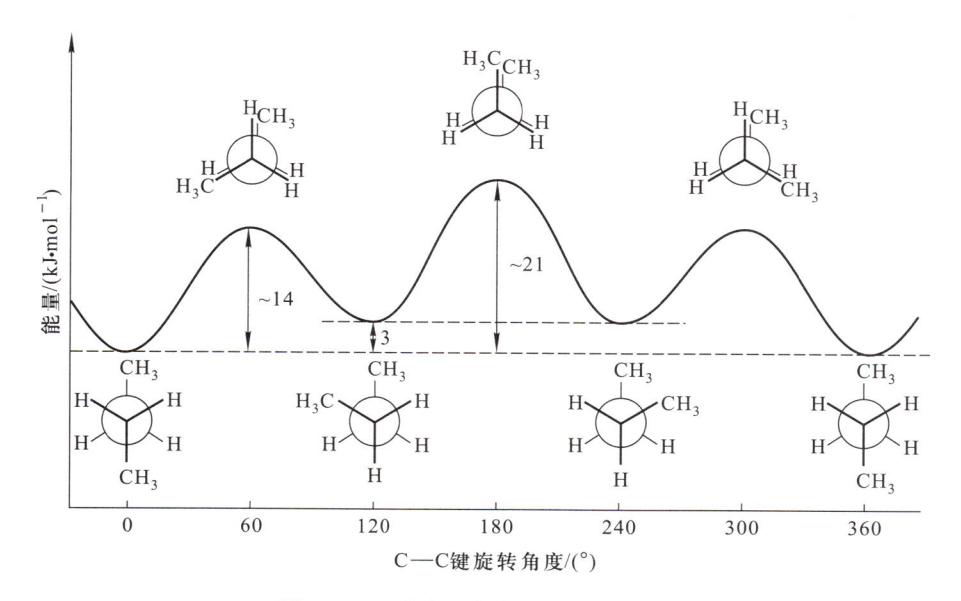

图 2-8　丁烷各种构象的热力学能变化

物 理 性 质

纯物质的物理性质在一定条件下都有固定的数值,所以也常把这些数值称作物理常数,通过物理常数的测定,可以鉴定物质的纯度或鉴别个别的化合物。

一般说来,同系列中各物质的物理常数是随相对分子质量的增加而递变的。例如,烷烃的沸点和相对密度都随相对分子质量的增加而升高。在室温下,烷烃系列中前四个化合物是气体,由戊烷开始是液体,十八烷以上是固体,表 2-2 列出某些直链烷烃的物理常数。物质的沸点、熔点随相对分子质量增加而升高是因为它与分子间作用力有关。烷烃分子中只含有 C—C 键或 C—H 键,它们没有极性或仅有极弱的极性,所以分子间只有极弱的色散力,而色散力与分子的接触面积有关,分子越大,分子的表面积就越大,分子之间接触的部分就增多,从而分子间的作用力也增强。另一方面,分子越大,相对分子质量越大,使分子运动所需的能量也增高,所以沸点、熔点也随之增高。从戊烷开始,每增加一个碳原子,使沸点升高 20~30 ℃,随相对分子质量的进一步增加,相邻两个化合物沸点的差别逐渐减小;此外,在同分异构体中,分支程度越高的异构体,沸点越低(见表 2-3)。因为分支程度增高,则分子间的接触面积减小,从而使分子间的作用力减小。这些规律也同样表现于其他系列的有机物中。

表 2-2 某些直链烷烃的物理常数

结 构 式	名 称		沸点/℃	熔点/℃	相对密度*
	中文	英文(IUPAC 命名)			
CH_4	甲烷	methane	−161.4	−182.6	0.466(−164 ℃)
CH_3CH_3	乙烷	ethane	−88.0	−172.0	0.572(−100 ℃)
$CH_3CH_2CH_3$	丙烷	propane	−42.1	−187.7	0.585 3(−45 ℃)
$CH_3(CH_2)_2CH_3$	丁烷	butane	−0.5	−138.4	0.578 8
$CH_3(CH_2)_3CH_3$	戊烷	pentane	36.1	−130.0	0.626 2
$CH_3(CH_2)_4CH_3$	己烷	hexane	69.0	−95.0	0.660 3
$CH_3(CH_2)_5CH_3$	庚烷	heptane	98.4	−90.6	0.683 7
$CH_3(CH_2)_6CH_3$	辛烷	octane	125.7	−56.8	0.702 5
$CH_3(CH_2)_7CH_3$	壬烷	nonane	150.8	−51.0	0.717 6
$CH_3(CH_2)_8CH_3$	癸烷	decane	174.1	−29.7	0.730 0
$CH_3(CH_2)_9CH_3$	十一烷	undecane	196.0	−25.6	0.740 2
$CH_3(CH_2)_{10}CH_3$	十二烷	dodecane	216.3	−9.6	0.748 7
$CH_3(CH_2)_{11}CH_3$	十三烷	tridecane	235.4	−5.5	0.754 6
$CH_3(CH_2)_{12}CH_3$	十四烷	tetradecane	253.7	5.9	0.762 8
$CH_3(CH_2)_{18}CH_3$	二十烷	icosane	340.0	36.8	0.788 6

* 除注明者外,其余物质的相对密度均为 20 ℃时的数据。

表 2-3　己烷各异构体的沸点

结　构　式	沸点/℃
CH₃—CH₂—CH₂—CH₂—CH₂—CH₃	69.0
CH₃—CH₂—CH₂—CH—CH₃ 　　　　　　　　｜ 　　　　　　　　CH₃	60.3
CH₃—CH₂—CH—CH₂—CH₃ 　　　　　　｜ 　　　　　　CH₃	63.3
CH₃ 　　　　　　　｜ CH₃—CH₂—C—CH₃ 　　　　　　　｜ 　　　　　　　CH₃	49.7
CH₃—CH—CH—CH₃ 　　　｜　｜ 　　　CH₃ CH₃	58.0

烷烃的相对密度也随相对分子质量的增加而增高，但都小于 1。烷烃没有极性或仅有很弱的极性，所以不溶于水及其他极性强的溶剂中，而易溶于氯仿、乙醚、四氯化碳和苯等弱极性或非极性溶剂中。反之，如以烷烃作溶剂时，它只能溶解非极性或弱极性的物质。

化　学　性　质

结构是决定性质的内在因素。同系列中各化合物的结构是相似的，因此它们的化学性质也基本相似。所以在每一个系列的有机物中，虽然可以有几十或几百个化合物，却不需要逐个地去研究它们的性质，只要通过对某几个化合物的研究，便可了解一般。但在应用同系列这一特点推测同系物的性质时，不可简单化，因为结构上的某些差异，能导致反应速率的不同，如不同的异构体间，或是同系列中碳原子数差别较大的同系物间，反应速率会有较大区别。在某些情况下，这种反应速率上的量的变化，有可能引起质的改变，以致不发生同样反应。另外，每一个系列中，往往由于第一个化合物与其他同系物在结构上有较大的区别，因而常表现出某些特殊性。

烷烃由于分子中只含有 C—C 键及 C—H 键，这两种键的强度都很大，而且碳和氢的电负性相差很小，所以 C—H 键极性很小，因此相对于其他有机物来说，烷烃对离子型试剂有相当大的化学稳定性，在一般情况下，烷烃与大多数试剂，如强酸、强碱、强氧化剂等都不起反应。但在一定条件下，如在高温或有催化剂存在时，烷烃也可以和一些试剂作用。

1. 氯化 (chlorination)

烷烃于室温并且在黑暗中与氯气不反应，但在日光或紫外光照射（以 $h\nu$ 表示光照）或在高温下，能发生取代反应，烷烃分子中的氢原子能逐步被氯取代，得到不同氯代烷的混合物。例如，甲烷的氯化：

$$CH_4 + Cl_2 \xrightarrow{h\nu} CH_3Cl + HCl$$
氯甲烷

$$CH_3Cl + Cl_2 \xrightarrow{h\nu} CH_2Cl_2 + HCl$$
二氯甲烷

$$CH_2Cl_2 + Cl_2 \xrightarrow{h\nu} CHCl_3 + HCl$$
三氯甲烷

$$CHCl_3 + Cl_2 \xrightarrow{h\nu} CCl_4 + HCl$$
四氯化碳

产物中除上述四种甲烷的氯化产物外，还含有乙烷、乙烷的氯化产物，甚至有时还含有碳原子数更多的烷烃及它们的氯化产物。从上面的反应式无法看出反应物是经历什么途径转化为生成物的，也无法解释为什么会有上述这些产物生成。这就是反应机理（或称反应历程、反应机制）所要解决的问题。所谓反应机理（reaction mechanism）是对由反应物至产物所经历的途径的详细描述，它是在大量同一类型的实验事实基础上总结出的一种理论假设，这种假设必须符合并能说明已经发现的实验事实。一种反应机理只适用于某一类型的反应。

一个反应的机理通常用一系列详细的反应式及反应过程中的能量变化图来加以描述。在需要时，这些反应式中还应包括分子的几何形状，并指出键的断裂与形成过程中电子转移的情况。

实验事实表明，烷烃的氯化是按游离基机理进行的。首先是氯分子在光照下分解为氯原子：

$$Cl:Cl \xrightarrow{h\nu} 2Cl\cdot \qquad \Delta H = +242.4 \text{ kJ}\cdot\text{mol}^{-1} \tag{1}$$

氯原子具有未成对的单电子，很活泼，它有获取一个电子形成八隅体的倾向，所以一经生成便要夺取甲烷中的氢，结合成氯化氢，而产生甲基游离基：

$$Cl\cdot + H:CH_3 \longrightarrow CH_3\cdot + HCl \qquad \Delta H = +4.2 \text{ kJ}\cdot\text{mol}^{-1} \tag{2}$$

甲基游离基也同样活性很高，它可以和氯分子作用，生成氯甲烷和氯原子：

$$\cdot CH_3 + Cl:Cl \longrightarrow CH_3Cl + Cl\cdot \qquad \Delta H = -108.7 \text{ kJ}\cdot\text{mol}^{-1} \tag{3}$$

氯原子除可以继续夺取未反应的甲烷分子中的氢外，也可夺取新生成的氯甲烷分子中的氢，生成氯化氢和氯甲基游离基：

$$H:CH_2Cl + \cdot Cl \longrightarrow \cdot CH_2Cl + HCl \tag{4}$$

氯甲基游离基再与 Cl_2 作用，生成二氯甲烷及氯原子：

$$\cdot CH_2Cl + Cl:Cl \longrightarrow CH_2Cl_2 + Cl\cdot \tag{5}$$

如此循环,可以得到三氯甲烷及四氯化碳。这种反应叫作连锁反应[或链式反应(chain reaction)],反应物中一旦有少量游离基生成,便可连续进行反应。除了上述几个反应外,反应物中的游离基还可互相结合形成稳定的化合物从而使反应终止。例如:

$$Cl· + Cl· \longrightarrow Cl_2 \tag{6}$$

$$CH_3· + CH_3· \longrightarrow CH_3CH_3 \tag{7}$$

$$CH_3· + Cl· \longrightarrow CH_3Cl \tag{8}$$

$$·CH_2Cl + ·CH_2Cl \longrightarrow ClCH_2CH_2Cl \tag{9}$$

所以反应最终产物是多种卤代烷及烷烃的混合物。

连锁反应可分为引发(initiation)、增长(或增殖 propagation)及终止(termination)三个阶段。上述反应中,(1)为引发阶段。增长阶段是连锁反应的重复步骤,如(3)中生成的 Cl· 又可重复反应(2),所以(2)、(3)为增长阶段中的一个循环过程。同样(4)、(5)是增长阶段中的另一个循环过程。增长阶段中,每一步都消耗一个游离基而产生另一个游离基。反应混合物中的游离基间彼此结合,亦即游离基被消耗掉而不再生成,反应便终止,所以(6)~(9)为终止阶段的反应。

以甲烷生成一氯甲烷的(1)、(2)、(3)三步反应为例,说明反应中的能量变化。反应的第一步氯分子均裂,需要吸收 242.4 kJ·mol^{-1} 的能量,所以在无光照的情况下,必须在高温才能进行。反应(2)中,断裂 CH$_3$—H 键需要 434.7 kJ·mol^{-1} 能量,而生成 H—Cl 键则放出 430.5 kJ·mol^{-1} 能量,所以反应(2)应该只需要 4.2 kJ·mol^{-1} 的能量。而反应(3)是放热的,放出 108.7 kJ·mol^{-1} 能量。如果只由键的解离能看,则一旦形成了氯原子,链反应便应能顺利进行。但实际甲烷的氯化并不完全取决于氯分子的均裂。实验表明,要使反应(2)得以进行,还需 16.7 kJ·mol^{-1} 的能量,叫作反应(2)的活化能(energy of activation),以 E_{act} 或 E_a 表示。一般说来,有键的断裂的反应,必需一定的活化能。反应(3)虽是放热反应,但也需要一定的活化能。

化学反应是一个由反应物逐渐变为产物的连续过程,在反应(2)中,Cl· 与 CH$_4$ 中的一个氢逐渐靠近,H 与 Cl 间逐渐开始成键,则该 H 与 C 间键便被拉长,但尚未断裂,体系的能量逐渐上升,达到最高点时的结构叫作过渡态,通常以虚线表示这种键的断裂与形成的中间过程:

$$Cl· + CH_4 \longrightarrow [Cl\text{---}H\text{---}CH_3] \longrightarrow HCl + ·CH_3$$
过渡态

(2)、(3)两步反应的连续过程中能量的变化通常用图 2-9 表示:
横坐标表示反应进程,纵坐标表示反应中的能量变化。当 CH$_4$ 与 Cl· 靠近时,体系能量逐渐上升,至过渡态时达到最高点,然后随着 H—Cl 键的形成,体系的能量逐渐降低。过渡态与反应物间的能量差即为活化能。由图还可看出,反应(3)同样要经过过渡态[CH$_3$---Cl---Cl],此步反应的活化能比反应(2)要低。活化能越高,这步反应越难进行,也就是反应速率越慢。显然,在一个多步骤的反应中,反应速率最慢的一步将对整个反应速率起决定作用,所以常将这步反应叫作速率决定步骤。在 CH$_4$ 与 Cl· 生成 CH$_3$Cl 的反应中,生成 CH$_3$· 的一步是慢步骤,亦即生成 CH$_3$· 的一步是速率决定步骤。

甲烷的氯化在强光的直射下,极为激烈,以致发生爆炸产生碳和氯化氢。

$$CH_4 + 2Cl_2 \longrightarrow C + 4HCl$$

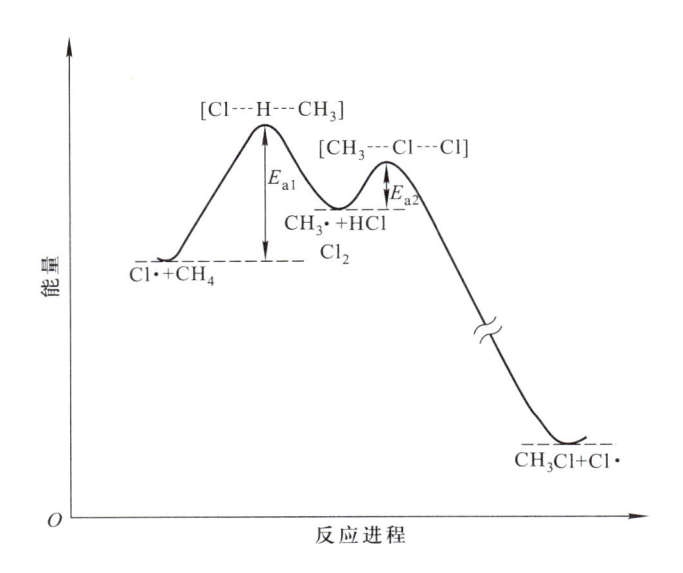

图 2-9 甲烷氯化生成氯甲烷的反应势能变化图

丙烷（$CH_3CH_2CH_3$）分子中有六个一级氢（与一级碳原子相连的氢），两个二级氢。按理一级氢被取代的产物与二级氢被取代的产物的比例应为 3∶1，但实际产物比约为 1∶1。异丁烷（CH_3CHCH_3，CH_3）中，一级氢与三级氢之比为 9∶1，而一级氢与三级氢被取代的产物比约为 2∶1。

$$CH_3CH_2CH_3 \xrightarrow{Cl_2} CH_3CH_2CH_2Cl + CH_3CHCH_3$$
$$\underset{Cl}{}$$
$$1 : 1$$

$$CH_3CHCH_3 \xrightarrow{Cl_2} CH_3CHCH_2Cl + CH_3CCH_3$$
$$CH_3 \qquad\qquad CH_3 \qquad\qquad CH_3$$
$$2 : 1$$

由此说明，三级氢被取代的速率最快，一级氢最慢。这和反应中产生的游离基的稳定性有关，含单电子的碳上连接的烷基越多，这样的游离基越稳定①。越稳定的游离基，在相同条件下越容易生成，所以反应速率越快。几种游离基的稳定性顺序为

$$CH_3-\underset{CH_3}{\overset{CH_3}{C}}\cdot \quad > \quad CH_3-\underset{CH_3}{\dot{C}H} \quad > \quad CH_3-\dot{C}H_2 \quad > \quad \cdot CH_3$$

---

① 不同 C—H 键的解离能顺序为：三级 C—H 键 < 二级 C—H 键 < 一级 C—H 键，所以三级碳游离基最容易生成。

高级烷烃的氯化产物就更为复杂,异构的氯化物很多,一般不易控制得到某一个产物,异构体也难于分离。高级烷烃氯化产物的混合物,在工业上无须分离,可直接作为溶剂使用。

2. 氧化和燃烧

在催化剂存在下,烷烃在其着火点以下,可以被氧气氧化。氧化的结果是,碳链在任何部位都有可能断裂,不但碳-氢键可以断裂,碳-碳键也可以断裂,生成含碳原子数较原来烷烃为少的含氧有机物如醇、醛、酮和酸等。反应产物复杂,不能用一个完整的反应式来表示,只能分别简单表示如下:

$$RCH_2CH_2R' + O_2 \longrightarrow \underset{醇}{RCH_2OH} + \underset{醇}{R'CH_2OH}$$

$$RCH_2CH_2R' + O_2 \longrightarrow \underset{酸}{\overset{O}{\underset{\|}{RCOH}}} + \underset{酸}{\overset{O}{\underset{\|}{R'COH}}}$$

在无机化学中,以电子的得失或价的变化来衡量氧化还原反应,这种概念是基于电子的完全得失而来的。把这种概念直接用到以共价键形成的有机物中并不完全适宜,如在上述烷烃的氧化反应中,碳原子的价数并未改变。实际上,在绝大多数有机物的氧化还原反应中,有机分子的电子完全得失的情况是不多的,往往是部分电子的得失,也就是共用电子对的偏移,但是在这些反应中,因为常常用到一般无机的氧化剂或还原剂,从这些无机的氧化剂或还原剂的变化看,这些反应确实属于氧化还原反应。

基于上述情况,有机化学的氧化还原反应,有一个比较简单的概念,就是在有机分子中加入氧或去掉氢叫作氧化;反之加氢或去氧则叫还原。实际上在有机反应中,分子中的碳与电负性比碳强的元素如 N、O、X 等结合形成新键的反应都是氧化。例如,甲烷的氯化,分子中的 C—H 键换成了 C—Cl 键,氯的电负性比碳强,C—Cl 键间共用电子对偏向了氯一边,所以可以看作是氧化,而其逆反应[即断裂 C—X(或 C—O、C—N)键,形成 C—H 键,亦即碳上电子密度增加]则属还原。

高级烷烃的氧化是工业上制备高级醇和高级脂肪酸常用的方法。高级醇和高级脂肪酸是制造合成表面活性剂及肥皂的原料。

烷烃在高温和足够的空气中燃烧(实际是激烈的空气氧化),则完全氧化,生成二氧化碳和水,并放出大量的热能:

$$C_nH_{2n+2} + \left(\frac{3n+1}{2}\right)O_2 \longrightarrow nCO_2 + (n+1)H_2O + 热能$$

这就是汽油在内燃机中发生的基本反应。作为燃料使用,其重要性并不在于烷烃燃烧后能生成二氧化碳和水,而在于它所产生的热能。在燃烧时所放出的热能叫燃烧热,单位为 $kJ \cdot mol^{-1}$。通过实验可以准确地测定 1 mol 烷烃燃烧后所放出的热能。例如,甲烷的燃烧热为 890 $kJ \cdot mol^{-1}$。

甲烷的控制氧化可以制备氢、一氧化碳和乙炔等,这些物质是制备许多有机物的重要原料。

低级烷烃($C_1 \sim C_6$)蒸气与空气混合至一定比例时,遇到明火或火花便燃烧而放出大量热能，从而使生成的 CO_2 及 H_2O 急剧膨胀而发生爆炸，这是煤矿中发生爆炸事故的原因。甲烷的爆炸极限(体积分数)是 5.53%～14%，也就是说，甲烷在空气中的比例在此范围内时遇到火花则爆炸，而低于 5.53% 或高于 14% 时遇到火花只是燃烧而不爆炸。

自然界的烷烃

甲烷是木星、土星等行星表面大气层的主要组分，也是早期地球表面大气层的主要组分之一，至今大气层中仍有极少量的甲烷。有人认为早期地球表面大气层中的甲烷、氢、水和氨在光照及闪电下被分解为活泼的游离基，这些游离基结合并连续反应形成许多复杂的有机化合物，最终形成了活的生物体。诺贝尔奖获得者美国的 Harold Clayton Urey 于 1953 年和他的学生 Stanley Miller 的试验支持了这种学说，他们发现甲烷、氢、水和氨的混合物在电火花的作用下，能生成氨基酸等构成生物体的许多有机化合物。

甲烷是沼气的主要组分，沼气是由沼泽地或湖底冒出的气体，沼气中的甲烷是由腐烂的植物受厌氧菌的作用而产生的。甲烷也是产生温室效应的气体之一，其温室效应比 CO_2 要大很多。天然气和石油是烷烃的主要来源。天然气的主要成分是甲烷，我国四川的天然气中甲烷的含量高达 95% 以上，有些地区的天然气中还同时含有乙烷、丙烷和丁烷等。某些高级烷烃构成一些植物的叶或果实(如烟叶、苹果等)表面防止水分蒸发的保护层。有些烷烃是某些昆虫的信息素(pheromone)。所谓"昆虫信息素"是同种昆虫之间借以传递各种信息而分泌的有气味的化学物质。例如，有一种蚁，它们分泌的传递警戒信息的物质中含有正十一烷及正十三烷。又如，雌虎蛾引诱雄虎蛾的性信息素是 2-甲基十七烷，这样，人们就可合成这种昆虫性信息素，并利用它将雄虎蛾引至捕集器中而将它们杀死。昆虫信息素的作用往往是很专一的，所以可以利用它只杀死某一种昆虫而不伤害其他昆虫。这便是近些年发展起来的第三代农药。

烷烃除能被少数细菌或微生物代谢外，绝大部分生物是不能吸收或使它们代谢的，这和烷烃对大多数试剂的相对稳定性是一致的。

习 题

2.1 卷心菜叶表面的蜡质中含有 29 个碳的直链烷烃，写出其分子式。

2.2 用系统命名法(如果可能的话，同时用普通命名法)命名下列化合物，并标出 c 和 d 中各碳原子的级数。

a. $CH_3(CH_2)_3CH(CH_2)_3CH_3$
    $\quad\quad\quad\quad\quad\quad\quad |$
    $\quad\quad\quad\quad\quad\quad\quad C(CH_3)_2$
    $\quad\quad\quad\quad\quad\quad\quad |$
    $\quad\quad\quad\quad\quad\quad\quad CH_2CH(CH_3)_2$

b.
```
    H   H   H   H
    |   |   |   |
H — C — C — C — C — H
    |   |   |   |
    H   H   H   H
            |
        H — C — H
            |
            H
```

c. $CH_3CH_2C(CH_2CH_3)_2CH_2CH_3$

d. $CH_3-CH_2-\underset{\underset{\underset{CH_3}{|}}{CH_2-CH_3}}{\overset{\overset{CH_3}{|}}{CH}}-CH_2-\overset{\overset{CH_3}{|}}{CH}-CH_3$

e. $CH_3-\underset{\underset{CH_3}{|}}{\overset{\overset{CH_3}{|}}{C}}-H$

f. $(CH_3)_4C$

g. $CH_3\underset{\underset{C_2H_5}{|}}{CH}CH_2CH_3$

h. $(CH_3)_2CHCH_2CH_2CH(C_2H_5)_2$

2.3 下列各结构式共代表几种化合物？用系统命名法命名。

a. $CH_3-\overset{\overset{CH_3}{|}}{CH}$
   $\quad CH_2-CH-CH_3$
   $\qquad\quad \underset{CH_3}{|} \ \underset{CH_3}{|}$

b. $CH_3CHCH_2\overset{\overset{CH_3}{|}}{CH}CHCH_3$
   $\quad \underset{CH_3}{|} \qquad \underset{CH_3}{|}$

c. $CH_3\underset{\underset{CH_3}{|}}{\overset{\overset{CH_3}{|}}{CH}}CH\underset{\underset{CH_3}{|}}{\overset{\overset{CH_3}{|}}{CH}}CH_3$

d. $CH_3\overset{\overset{CH_3}{|}}{CH}CH_2\underset{\underset{CH_3}{|}}{\overset{\overset{}{}}{CH}}CH_3$
   $\qquad\qquad\quad CHCH_3$

e. $CH_3\overset{\overset{CH_3}{|}}{CH}CHCH_2\overset{\overset{CH_3}{|}}{CH}CH_3$
   $\qquad \underset{CH_3}{|} \qquad \underset{CH_3}{|}$

f. $CH_3-\overset{\overset{CH_3}{|}}{CH}-\overset{\overset{CH_3}{|}}{CH}-\overset{\overset{}{}}{CH}$
   $\qquad\quad \underset{CH_3}{|} \ \underset{CH-CH_3}{|}$
   $\qquad\qquad\qquad\ \underset{CH_3}{|}$

2.4 写出下列各化合物的结构式，假如某个名称违反系统命名原则，予以更正。
   a. 3,3-二甲基丁烷
   b. 2,4-二甲基-5-异丙基壬烷
   c. 2,4,5,5-四甲基-4-乙基庚烷
   d. 3,4-二甲基-5-乙基癸烷
   e. 2,2,3-三甲基戊烷
   f. 2,3-二甲基-2-乙基丁烷
   g. 2-异丙基-4-甲基己烷
   h. 4-乙基-5,5-二甲基辛烷

2.5 写出分子式为 C_7H_{16} 的烷烃的各种异构体，用系统命名法命名，并指出含有异丙基、异丁基、仲丁基或叔丁基的分子。

2.6 写出符合以下条件的含 6 个碳的烷烃的结构式：
   a. 含有两个三级碳原子的烷烃
   b. 含有一个异丙基的烷烃
   c. 含有一个四级碳原子及一个二级碳原子的烷烃

2.7 用 IUPAC 建议的方法，画出下列分子三维空间的立体形状：
   a. CH_3Br b. CH_2Cl_2 c. $CH_3CH_2CH_3$

2.8 下列各组化合物中，哪个沸点较高？说明原因。
   a. 庚烷与己烷   b. 壬烷与3-甲基辛烷

2.9 将下列化合物按沸点由高至低排列(不要查表)。
   a. 3,3-二甲基戊烷   b. 正庚烷   c. 2-甲基庚烷   d. 正戊烷   e. 2-甲基己烷

2.10 写出正丁烷、异丁烷的一溴代产物的结构式。

2.11 写出 2,2,4-三甲基戊烷进行氯化反应可能得到的一氯代产物的结构式。

2.12 假定碳-碳单键可以自由旋转,下列哪一对化合物是等同的?

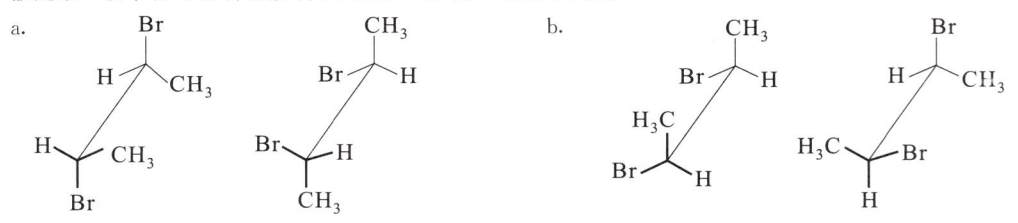

a.

b.

2.13 用纽曼投影式画出 1,2-二溴乙烷的几个有代表性的构象。下列势能图中的 A,B,C,D 各代表哪一种构象的热力学能?

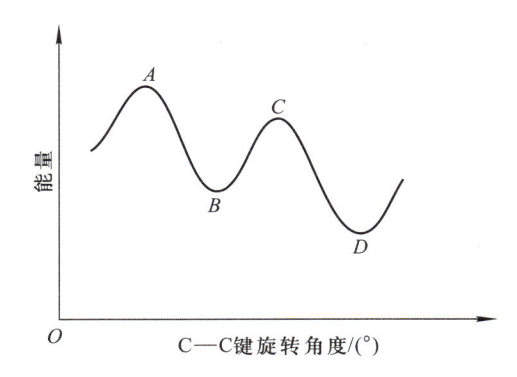

2.14 按照甲烷氯化生成氯甲烷及二氯甲烷的机理,继续写出生成三氯甲烷及四氯化碳的反应机理。

2.15 分子式为 C_8H_{18} 的烷烃与氯在紫外光照射下反应,产物中的一氯代烷只有一种,写出这个烷烃的结构。

2.16 将下列游离基按稳定性由大至小排列:

a. $CH_3CH_2CH_2\overset{\bullet}{C}HCH_3$ b. $CH_3CH_2CH_2CH_2\overset{\bullet}{C}H_2$ c. $CH_3CH_2\overset{\bullet}{C}CH_3$
$\qquad\qquad\qquad\qquad\qquad\qquad\qquad\qquad\qquad\qquad\qquad\qquad\quad\ \ |$
$\qquad\qquad\qquad\qquad\qquad\qquad\qquad\qquad\qquad\qquad\qquad\qquad CH_3$

# 第三章　不饱和烃

Ⅰ. 烯　　烃

分子中含有碳-碳双键（C=C double bond）的烃，叫作烯烃(alkene)[①]。例如：

$CH_2=CH_2$　　　$CH_3CH=CH_2$　　　$CH_3CH_2CH=CH_2$　　　$CH_3\underset{\underset{CH_3}{|}}{C}=CH_2$　　　$CH_3CH_2CH=CHCH_3$

乙烯　　　　　丙烯　　　　　1-丁烯　　　　　2-甲基丙烯　　　　　2-戊烯

烯烃是不饱和烃的一种。"不饱和"意味着它能够再与其他原子结合生成饱和的化合物。

烯烃的同系列中，最简单的一个是乙烯。由上面例子可以看出，含一个 C=C 的烯烃比相应的烷烃少两个氢原子，所以它们的通式是 C_nH_{2n}。

碳-碳双键是烯烃的官能团。

乙烯的结构

当碳原子以双键和其他原子结合时，其价电子采取 sp^2 杂化方式，即由一个 s 轨道与两个 p 轨道进行杂化，组成三个完全等同的 sp^2 杂化轨道，余下一个 p 轨道不参加杂化。三个 sp^2 杂化轨道的轴在一个平面上，键角都是 120°，只有这样，三个杂化轨道才能彼此相距最远，从而互斥作用最小。余下的一个 p 轨道保持原来的形状，其轴垂直于三个 sp^2 杂化轨道形成的平面。

两个碳原子结合成乙烯时，彼此各用一个 sp^2 杂化轨道互相结合形成 C—C σ 键，每个碳原子上所余的两个 sp^2 杂化轨道分别与氢结合。碳-碳之间的第二个键是由未参加杂化的 p 轨道重叠形成的[见图 3-1(a)]。两个 p 轨道只有在相互平行时，才能达到最大程度的重叠，所以乙烯分子中，所有的原子都在同一平面上（见图 3-2）。两个 p 轨道平行重叠（或说侧面重叠）形成

[①] alkene 为烯烃的类名。烯烃的 IUPAC 命名法是以对应于烷烃的词头表示主链碳原子数，将烷的词尾"ane"换成"ene"而成。通常习惯将乙烯叫作 ethylene 而不是 ethene。ethylene 是被 IUPAC 认可的通用名称。

的键叫 π 键。π 键的电子云分布在分子平面的上下两侧[见图 3-1(b)]，通常说 π 键垂直于由 σ 键所形成的平面。

(a) 两个 sp² 杂化碳原子　　　　(b) π 键以两瓣分布于分子平面的上下两侧

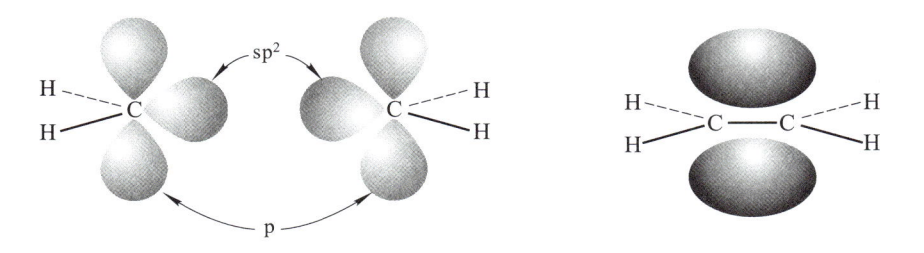

图 3-1　乙烯分子的形成及 π 键示意图

由电子衍射及光谱实验也证明乙烯分子确实为平面形（见图 3-2），分子中的键角接近 120°，碳－碳间的距离即碳－碳双键的键长为 0.134 nm，比碳－碳单键短，这是由于碳－碳之间共用电子对的数目增多所致。碳－碳双键的键能为 610 kJ·mol⁻¹，比碳－碳单键的键能大，但比两倍碳－碳单键的键能 691.2 kJ·mol⁻¹ 要小，这也说明碳－碳双键不等于两个碳－碳单键。

如果组成碳－碳双键的碳原子绕 σ 键轴作相对的旋转，则必然使两个 p 轨道离开平行状态，从而使重叠程度降低，所以 π 键形成以后，就限制了以双键相连的碳原子的自由旋转。图 3-3 是乙烯分子的两种模型。

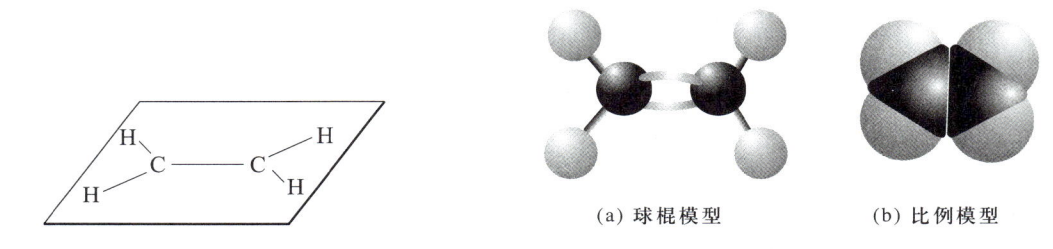

图 3-2　乙烯分子中各原子在空间的分布

(a) 球棍模型　　　　(b) 比例模型

图 3-3　乙烯分子的模型

命名和异构

烯烃的命名原则和烷烃基本相同，也有普通命名法（如下面括号中的名称）及系统命名法。系统命名法选择的主链是包含双键的最长碳链[包含双键的最长碳链，有时可能不是该化合物分子中最长的碳链，如(Ⅳ)]。主链碳原子的编号由距离双键最近的一端开始。三个碳原子以上的烯烃，分子中碳－碳双键的位置可以有所不同，所以命名时必须注明双键的位置，其位置以双键所在碳原子的号数中较小的一个表示，把它写在母体名称之前。

$$^4CH_3-^3CH_2-^2CH=^1CH_2 \qquad\qquad ^3CH_3-^2C=^1CH_2$$
$$\qquad\qquad\qquad\qquad\qquad\qquad\qquad\qquad\qquad\qquad\qquad |$$
$$\qquad\qquad\qquad\qquad\qquad\qquad\qquad\qquad\qquad\qquad\quad CH_3$$

1-丁烯 　　　　　　　　　2-甲基丙烯（异丁烯）
（Ⅰ）　　　　　　　　　　　　　（Ⅱ）

$$^1CH_3-^2CH=^3CH-^4CH_3 \qquad CH_3-CH_2-^3C=^2CH-^1CH_3$$
$$\qquad\qquad\qquad\qquad\qquad\qquad\qquad\qquad\qquad\qquad |$$
$$\qquad\qquad\qquad\qquad\qquad\qquad\qquad\qquad\quad ^4CH_2-^5CH_2-^6CH_2-^7CH_3$$

2-丁烯　　　　　　　　　　3-丙基-2-庚烯
（Ⅲ）　　　　　　　　　　　　　（Ⅳ）

含四个或四个以上碳原子的烯烃有碳链异构，如（Ⅰ）与（Ⅱ），还有由于双键位置不同而产生的异构，如（Ⅰ）与（Ⅲ），叫作官能团位置异构，为构造异构中的一种。

除上述两种异构现象外，由于以双键相连的两个碳原子不能绕σ键轴作相对的自由旋转，所以当这两个碳原子上各连有两个不同的原子或基团时，如2-丁烯，双键上的四个基团在空间就可以有两种不同的排列方式，叫作两种构型（configuration）：

顺-2-丁烯　（沸点 3.7 ℃）　　　反-2-丁烯　（沸点 0.9 ℃）

"构型"与"构象"都是用来描述分子中各原子或基团在空间的不同排列的，但其含义不同。经典的解释是，分子中各原子或基团在空间的不同排列可以通过单键的旋转而相互转化的，叫作构象。例如，重叠式乙烷和交叉式乙烷是乙烷的两种不同构象，它们之间的转化不需很高的能量，因此一般说来，不能分离得到不同构象的分子。构型虽然也是指分子中各原子或基团在空间的不同排列，但它们之间的相互转化必须通过键的断裂和再形成。例如，顺-2-丁烯与反-2-丁烯，是2-丁烯的两种不同的构型异构体，它们之间的转化需要相当高的活化能，因此不同构型的分子是可以稳定存在的。

2-丁烯的两个异构体在原子或基团的连接顺序及官能团的位置上均无区别，它们的区别仅在于基团在空间的排列方式不同。在前一个化合物中，相同的基团——两个甲基或两个氢原子——在双键的同侧，叫作顺式异构体，而后者的两个甲基（或两个氢）则在双键的反侧，所以叫作反式异构体。这种异构现象叫作顺反异构，也叫几何异构，属于立体异构的一种。

分子产生顺反异构现象，必须在结构上具备两个条件：首先，分子中必须有限制旋转的因素，如碳-碳双键；其次，对于烯烃来说以双键相连的每个碳原子，必须和两个不同的原子或基团相连。例如，具有下列（Ⅰ），（Ⅱ）或（Ⅲ）结构形式的物质，都有顺反异构现象：

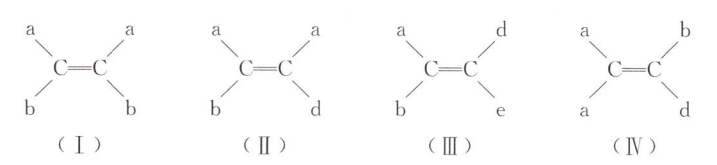

（Ⅰ）　　（Ⅱ）　　（Ⅲ）　　（Ⅳ）

如果组成双键的碳原子之一所连的两个基团是相同的［如（Ⅳ）］，就没有这种异构现象。

当碳-碳双键上连接的四个基团完全不同时，对于如何确定顺、反，国际上做了统一的规定。

其原则是,将每个以双键相连的碳原子上的两个原子或基团按次序规则定出较优基团,该两个碳原子上的较优基团在双键的同侧者,以字母 Z 表示;反之,则以字母 E 表示。(Z 和 E 分别是德文的 zusammen 及 entgegen 的第一个字母,前者意思是"在一起",后者意思是"相反,相对"。)例如,当 C=C 上分别连有 a,b 及 d,e 四个不同基团时,其两个顺反异构体可以写成:

$$\underset{(Ⅰ)}{\overset{a}{\underset{b}{>}}C=C\overset{d}{\underset{e}{<}}} \qquad \underset{(Ⅱ)}{\overset{a}{\underset{b}{>}}C=C\overset{e}{\underset{d}{<}}}$$

假设 a>b,d>e,即 a 及 d 分别为较优基团,按上述原则,则(Ⅰ)应以 Z 表示,(Ⅱ)以 E 表示。

对于 2-丁烯而言,与组成双键的碳原子相连的分别为 H 与 CH_3 中的 C,按上述原则,C 的原子序数大于 H,所以顺-2-丁烯应以(Z)-2-丁烯表示,而反-2-丁烯以(E)-2-丁烯表示。例如:

$$\begin{array}{c} CH_3 \\ | \\ CH_3 \quad CH-CH_3 \\ \diagdown \quad \diagup \\ C=C \\ \diagup \quad \diagdown \\ CH_3-CH_2 \quad CH_2-CH_2-CH_3 \end{array}$$

按照次序规则,4 个取代基的顺序为 $CH_3CH_2-> CH_3-$,$CH_3-\underset{|}{CH}-CH_3 > CH_3CH_2CH_2-$,所以上述化合物的构型应以 E 表示,它的系统名称应该是(E)-3-甲基-4-异丙基-3-庚烯。又如:

$$\begin{array}{c} CH_3-CH_2 \quad Cl \\ \diagdown \quad \diagup \\ C=C \\ \diagup \quad \diagdown \\ H \quad CH_3 \end{array}$$

按照次序规则,4 个取代基的顺序为 $CH_3CH_2-> -H$,$-Cl > CH_3-$,所以其全名应为(Z)-2-氯-2-戊烯。

如果烯烃分子中有一个以上双键,而且每个双键上所连基团都有 Z,E 两种构型,在必要时则需标出所有这些双键的构型。如下列化合物的名称应为(2Z,4E)-2,4-己二烯。

$$\begin{array}{c} H \quad \quad \quad \quad ^6CH_3 \\ \diagdown _4 \quad _5\diagup \\ ^1CH_3 \quad C=C \\ \diagdown _2 \quad _3\diagup \quad \quad H \\ C=C \\ \diagup \quad \diagdown \\ H \quad \quad H \end{array}$$

物 理 性 质

烯烃的物理性质和烷烃很相似,四个碳以下的烯烃在常温下是气体,高级同系物是固体。烯烃比水轻;不对称的烯烃有微弱的极性。烯烃不溶于水,而易溶于非极性或弱极性有机溶剂如苯、乙醚和氯仿等中。

对于烯烃的顺反异构体来说,如 2-丁烯,由于反式异构体的键的偶极矩相互抵消,分子的偶极矩为零,而顺式异构体为偶极分子,有微弱的极性,所以顺式异构体的沸点一般比反式异构体略高,对于熔点来说则相反,反式异构体的分子在晶格中可以排得较紧,故而熔点较顺式异构体为高。表 3-1 列出了一些烯烃的物理常数。

表 3-1 一些烯烃的物理常数

结构式	名称		沸点/℃	熔点/℃	相对密度*
	中文	英文(IUPAC)			
$CH_2=CH_2$	乙烯	ethene, ethylene	−103.7	−169.0	0.566(−102 ℃)
$CH_3CH=CH_2$	丙烯	propene	−47.4	−185.2	0.519 3
$CH_3CH_2CH=CH_2$	1-丁烯	1-butene	−6.3	−185.3	0.595 1
顺-2-丁烯结构	顺-2-丁烯	cis-2-butene	3.7	−138.9	0.621 3
反-2-丁烯结构	反-2-丁烯	trans-2-butene	0.9	−105.5	0.604 2
$CH_3C(CH_3)=CH_2$	异丁烯	isobutene	−6.9	−140.3	0.594 2
$CH_3CH_2CH_2CH=CH_2$	1-戊烯	1-pentene	30.0	−138.0	0.640 5
$CH_3CH_2CH_2CH_2CH=CH_2$	1-己烯	1-hexene	63.3	−139.8	0.673 1
$CH_3CH_2CH_2CH_2CH_2CH=CH_2$	1-庚烯	1-heptene	93.6	−119.0	0.697 0

*除注明者外,其余物质的相对密度均为 20 ℃时的数据。

化 学 性 质

碳-碳双键中,一个是 σ 键,另一个是 π 键。

π 键是由 p 轨道在侧面重叠形成的,其重叠程度比 σ 键差,而且 π 键电子云分布在碳-碳键轴的上下两侧,相对于 σ 键来说,暴露于分子的外部,受原子核的作用较小,很容易将其一对电子给予如 H^+、路易斯酸等缺电子的试剂——亲电子试剂。所以碳-碳双键是烯烃的官能团,它的主要反应是加成反应,即打开 π 键,与其他原子或基团形成两个 σ 键,从而生成饱和的化合物。

1. 加成反应(addition reaction)

(1) 催化加氢 烯烃与氢加成,要打开一个 π 键及一个 H—H 键,生成两个 C—H 键,反应是放热的,但即使是放热反应,在无催化剂时,反应也很难进行,这说明反应的活化能很高。在催化剂作用下,烯烃与氢可顺利加成,所以加氢反应常叫催化氢化。常用的催化剂有镍、钯、铂等金属。

$$CH_3CH=CH_2 + H_2 \xrightarrow{Pt} CH_3CH_2CH_3$$

显然,催化剂的作用是降低了反应的活化能,简单地说,催化剂将氢与烯烃都吸附在其表面,从而促进反应的进行。

凡是分子中含有碳-碳双键的化合物,都可在适当条件下进行催化氢化。加氢反应是定量完成的,所以可以通过反应吸收氢的量来确定分子中含有碳-碳双键的数目。

(2) 与卤素加成 烯烃与氯、溴等很容易加成。例如,将乙烯或丙烯通入溴的四氯化碳溶液中,由于生成无色的二溴代烷而使溴的红棕色褪去。

$$CH_3-CH=CH_2 + Br_2 \longrightarrow CH_3-\underset{Br}{CH}-\underset{Br}{CH_2}$$
1,2-二溴丙烷

烯烃也可以使溴水褪色,溴水或溴的四氯化碳溶液都是鉴别不饱和键常用的试剂。

当在氯化钠水溶液中进行溴与乙烯的加成时,发现产物中除有二溴乙烷外,还有氯溴乙烷($BrCH_2CH_2Cl$)及溴乙醇($BrCH_2CH_2OH$)存在。由于氯化钠或水在该反应条件下不与烯烃进行加成,这就说明,烯烃与溴的加成,不是简单的溴分子分成两个溴原子,同时加到两个碳原子上,而是分步进行的,并且首先形成的中间体应是正离子。加之许多其他实验事实说明其机理是,当溴分子与烯烃接近时,Br—Br 间的电子受烯烃 π 电子的作用而极化,然后 Br—Br 间键异裂,生成一个由 Br^+ 与以双键相连的两个碳原子结合成的溴鎓离子三元环中间体及溴负离子:

溴鎓离子(bromonium ion)

随之,溶液中可能存在的负离子,如 Br^-、Cl^-,或是带有未共用电子对的水分子,都可以作为提供电子的亲核试剂与溴鎓离子结合而分别生成二溴乙烷、氯溴乙烷或溴乙醇:

$$\begin{array}{c}CH_2\\|\ \oplus\\CH_2\end{array}Br \begin{array}{l}\xrightarrow{Br^-} Br-CH_2-CH_2-Br\\ \xrightarrow{Cl^-} Br-CH_2-CH_2-Cl\\ \xrightarrow{H_2O} Br-CH_2-CH_2-\overset{+}{O}H_2 \xrightarrow{-H^+} Br-CH_2-CH_2-OH\end{array}$$

溴乙醇是由水以其未共用电子对与溴鎓离子结合后再脱去 H^+ 而得到的。实验证明,Br^+ 与 Br^- 是由碳-碳双键的两侧分别加到两个碳原子上的,叫作反式加成。

$$Br^- + \begin{array}{c}CH_2\\|\ \oplus\\CH_2\end{array}Br \longrightarrow \begin{array}{c}Br-CH_2\\|\\CH_2-Br\end{array}$$
1,2-二溴乙烷

由于上述加成反应是由 Br^+，即亲电子试剂的进攻引起的，所以叫亲电加成（electrophilic addition）。

(3) 与卤化氢加成　实验证明，烯烃与卤化氢的加成也是亲电加成。H^+首先加到碳－碳双键中的一个碳原子上，从而使碳－碳双键中的另一个碳原子带有正电荷，形成碳正离子（carbocation）①，然后碳正离子再与 X^- 结合形成卤代烷：

$$HX \rightleftharpoons H^+ + X^-$$

$$CH_2=CH_2 + H^+ \longrightarrow CH_3-\overset{+}{C}H_2 \xrightarrow{X^-} CH_3-CH_2-X$$
$$\qquad\qquad\qquad\qquad\quad 乙基正离子 \qquad\qquad 卤代乙烷$$

乙烯的分子是对称的，所以它与卤化氢加成时，无论氢加到哪个碳原子上，都得到同样的产物。但不对称烯烃如丙烯，与卤化氢加成时，就有可能形成两种不同的产物：

$$\overset{3}{C}H_3-\overset{2}{C}H=\overset{1}{C}H_2 + HX \longrightarrow \begin{cases} CH_3-\underset{X}{CH}-CH_3 \quad (Ⅰ) \\ \quad\quad 2-卤代丙烷 \\ CH_3-CH_2-CH_2-X \quad (Ⅱ) \\ \quad\quad 1-卤代丙烷 \end{cases}$$

实际上，得到的产物主要是（Ⅰ）。也就是当不对称烯烃和卤化氢加成时，氢原子主要加到含氢较多的双键碳原子（即 C^1）上，这个经验规律叫作马尔可夫尼可夫（Markovnikov）规律，简称马氏规律。

马氏规律可以从两方面来加以解释：实验证明，与不饱和碳原子相连的甲基（或烷基）与氢相比，甲基或烷基是给电子的基团，所以在丙烯分子中，甲基将双键上一对流动性较大的 p 电子推向箭头所指的一方：

$$\overset{3}{C}H_3 \rightarrow \overset{2}{C}H=\overset{1}{C}H_2$$

从而使得 C^1 上电子密度较高，而 C^2 上电子密度较低，所以和卤化氢加成时，H^+ 必然加到电子密度较高的 C^1 上。这种由于电子密度分布对性质产生的影响叫电子效应，将在芳香烃中再加以讨论。另外，从反应过程中形成的中间离子——碳正离子——的稳定性②来说，当 H^+ 加到 C^1 上时，形成（Ⅰ），而 H^+ 如加到 C^2 上，则形成（Ⅱ）：

---

① 含有一个只带六个电子的碳原子的基团，统称为碳正离子。例如：

$$H:\overset{H}{\underset{H}{\overset{+}{C}}}: \qquad CH_3:\overset{H}{\underset{H}{\overset{+}{C}}}: \qquad CH_3:\overset{H}{\underset{CH_3}{\overset{+}{C}}}: \qquad CH_3:\overset{CH_3}{\underset{CH_3}{\overset{+}{C}}}:$$
$$\quad 甲基正离子 \qquad 乙基正离子 \qquad 异丙基正离子 \qquad 叔丁基正离子$$

② 碳正离子稳定性由强到弱的顺序：$R-\underset{R}{\overset{R}{\overset{|}{\overset{+}{C}}}} > R-\underset{|}{\overset{R}{\overset{+}{C}H}} > R-\overset{+}{C}H_2 > \overset{+}{C}H_3$
$$\qquad\qquad\qquad\qquad\qquad\quad 三级碳正离子 \quad 二级碳正离子 \quad 一级碳正离子$$

$$CH_3-CH=CH_2 + H^+ \longrightarrow \begin{cases} CH_3-\overset{+}{C}H-CH_3 & (Ⅰ) \\ CH_3-CH_2-\overset{+}{C}H_2 & (Ⅱ) \end{cases}$$

对于(Ⅰ)来说,其正电荷受到两个甲基的给电子作用而得到分散,而在(Ⅱ)中,其正电荷只受一个给电子的乙基的影响。碳正离子上所连烷基越多,正电荷分散程度越高,稳定性越高,所以(Ⅰ)的稳定性要比(Ⅱ)高。因此生成(Ⅰ)比较有利,也就是氢加到含氢较多的碳原子上。在一般情况下,烯烃与不对称试剂的加成都遵守马氏规律。

(4) 与水加成 在酸的催化下,烯烃可以和水加成生成醇,这个反应也叫作烯烃的水合(hydration),是醇的制备方法之一。

$$CH_3-CH=CH_2 + H_2O \xrightarrow{H^+} CH_3-\underset{\underset{OH}{|}}{CH}-CH_3$$

异丙醇

反应的机理是,H^+ 与水中氧上未共用电子对结合成水合质子 $H:\overset{+}{O}H_2$,烯烃与 $H:\overset{+}{O}H_2$ 作用生成碳正离子,碳正离子再与水作用得到质子化的醇,最后质子化的醇与水交换质子而得到醇及水合质子。

$$CH_3-CH=CH_2 + H:\overset{+}{O}H_2 \rightleftharpoons CH_3-\overset{+}{C}H-CH_3 + :OH_2$$

$$CH_3-\overset{+}{C}H-CH_3 + :OH_2 \rightleftharpoons CH_3-\underset{\underset{+OH_2}{|}}{CH}-CH_3 \quad (\text{质子化的醇})$$

$$CH_3-\underset{\underset{+OH_2}{|}}{CH}-CH_3 + :OH_2 \rightleftharpoons CH_3-\underset{\underset{OH}{|}}{CH}-CH_3 + H:\overset{+}{O}H_2$$

(5) 与硫酸加成 烯烃能和硫酸加成,生成可以溶于硫酸的烷基硫酸氢酯:

$$CH_3-CH=CH_2 + HO-SO_2-OH \longrightarrow CH_3-\underset{\underset{O-SO_2-OH}{|}}{CH}-CH_3 \xrightarrow[\triangle]{H_2O} CH_3-\underset{\underset{OH}{|}}{CH}-CH_3$$

硫酸氢异丙酯   异丙醇

反应很容易进行,只要将烯烃与硫酸一起摇荡,便可得到清亮的加成产物的溶液。

烷基硫酸氢酯和水一起加热,则水解为相应的醇。对于某些不易直接与水加成的烯烃,可通过与硫酸加成后再水解而得到醇。

烯烃与硫酸的加成不仅是制备醇的间接方法,而且还可以利用这个性质来除去某些不与硫酸作用,又不溶于硫酸的有机物(如烷烃、卤代烃等)中所含的烯烃。例如,可将含有少量烯烃的烷烃与适量浓硫酸一起振荡,则烯烃便由于生成烷基硫酸氢酯而溶于硫酸中,这样便可将烷烃中的烯烃除去。

无论加水或与硫酸的加成都遵守马氏规律,因此由丙烯只能得到异丙醇,而不能制备正丙醇。这两个方法都是工业上由石油裂化气中的低级烯烃制备醇的方法。

(6) 与次卤酸加成　烯烃与溴(或氯)的加成在水溶液中进行时,可以得到副产物溴醇(或氯醇),在适当情况下,溴醇(或氯醇)可以作为主要产物生成。

$$CH_2=CH_2 + Br_2(H_2O) \longrightarrow \underset{Br\quad OH}{CH_2-CH_2}$$

溴醇(halohydrin)

反应的过程实际是在(2)中讲到的,烯烃先与溴生成溴鎓离子,然后溴鎓离子再与水生成质子化的溴醇,继而脱去质子。此反应并不是先制得次溴酸(HOBr),再与烯烃加成,但由反应产物看,可以认为是烯烃与次溴酸的加成。将 HOBr 看成 HO^- 及 Br^+,加成同样遵守马氏规律。

$$CH_3-CH=CH_2 + HOBr \longrightarrow \underset{OH\quad Br}{CH_3-CH-CH_2}$$

(7) 与烯烃加成　在酸的催化下,一分子烯烃可以对另一分子烯烃加成。例如,两分子异丁烯可以生成二聚异丁烯:

$$\underset{CH_2}{\overset{CH_3}{CH_3-C}} + \underset{}{CH_2=\overset{CH_3}{\underset{}{C}}-CH_3} \xrightarrow[70\ ℃]{60\%\ H_2SO_4} \underset{CH_3}{\overset{CH_3}{CH_3-C}}-CH_2-\overset{CH_3}{\underset{}{C}}=CH_2 + \underset{CH_3}{\overset{CH_3}{CH_3-C}}-CH=\overset{CH_3}{\underset{}{C}}-CH_3$$

二聚异丁烯

$$\downarrow Ni\ |\ H_2$$

$$\underset{CH_3}{\overset{CH_3}{CH_3-C}}-CH_2-\overset{CH_3}{\underset{}{CH}}-CH_3$$

"异辛烷"

生成的二聚异丁烯是两种异构体的混合物,经催化氢化后都得到同一产物"异辛烷",这是工业上生产高辛烷值汽油的一个重要方法。"异辛烷"这个名称是工业上的习惯用法,而不是正规的名称。

反应的机理是一分子烯烃的 π 电子首先与 H^+ 结合形成叔丁基碳正离子,叔丁基碳正离子与另一分子烯烃的 π 电子结合又产生另一种新的碳正离子:

$$\underset{CH_2}{\overset{CH_3}{CH_3-C}} + H^+ \longrightarrow CH_3-\underset{CH_3}{\overset{CH_3}{C^+}} \xrightarrow{CH_2=\overset{CH_3}{\underset{}{C}}-CH_3} \underset{CH_3}{\overset{CH_3}{CH_3-C}}-CH_2-\overset{CH_3}{\underset{CH_3}{\overset{+}{C}}}-CH_3$$

叔丁基碳正离子

碳正离子不稳定,它可以继续与烯烃反应,重复以上步骤形成更复杂的碳正离子,同时也可以由 a 或 b 两个碳原子上脱去 H^+ 而形成稳定的烯烃,从而得到两个二聚异丁烯:

$$CH_3-\underset{\underset{CH_3}{|}}{\overset{\overset{CH_3}{|}}{C}}-CH_2-\underset{\underset{CH_3}{|}}{\overset{\overset{CH_3}{|}}{C}}{}^+-CH_3 \xrightarrow[\text{—H}^+(\text{由}C^a)]{\text{—H}^+(\text{由}C^b)} \begin{array}{l} CH_3-\underset{\underset{CH_3}{|}}{\overset{\overset{CH_3}{|}}{C}}-CH=CH-CH_3 \\ \\ CH_3-\underset{\underset{CH_3}{|}}{\overset{\overset{CH_3}{|}}{C}}-CH_2-\underset{\underset{}{}}{\overset{\overset{CH_3}{|}}{C}}=CH_2 \end{array}$$

生物体中某些复杂化合物的形成,就是通过一系列的碳正离子与 π 电子的加成过程完成的。这将在类脂化合物一章中再加以讨论。

(8) 硼氢化反应(hydroboration)　烯烃可以和甲硼烷进行加成生成三烷基硼,三烷基硼在碱性溶液中能被过氧化氢氧化成醇:

$$3\ CH_3-CH=CH_2\ +\ BH_3 \longrightarrow (CH_3CH_2CH_2)_3B$$
　　　　　　　　　　　　　　　　甲硼烷　　　　　三烷基硼
　　　　　　　　　　　　　　　　(borane)　　(trialkyl borane)

$$(CH_3CH_2CH_2)_3B\ +\ 3\ H_2O_2 \xrightarrow{OH^-} 3\ CH_3CH_2CH_2OH\ +\ B(OH)_3$$

实际所用的试剂是乙硼烷(B_2H_6)的醚溶液,乙硼烷是甲硼烷的二聚体:

甲硼烷　　　　　乙硼烷(diborane)

在醚溶液中,试剂以甲硼烷形式参加反应,甲硼烷中三个氢原子可分别加到三分子的烯烃上,得到三烷基硼。三烷基硼经氧化后,羟基取代硼原子的位置而得醇。

由反应最终产物醇来看,甲硼烷与烯烃的加成是反马氏规律的,这是由于硼氢化的机理与烯烃加水的机理不同所致。因此该反应可用来制备由烯烃水合等其他方法不能得到的醇。

2. 氧化

(1) 与高锰酸钾的反应　烯烃很容易被高锰酸钾等氧化剂氧化,如在烯烃中加入高锰酸钾的水溶液,则紫色褪去,生成褐色二氧化锰沉淀,这也是鉴别不饱和键的常用方法之一。但必须注意,除不饱和烃外,某些有机化合物如醇、醛等,也能被高锰酸钾氧化。

氧化产物决定于反应条件,在温和的条件下,如冷的高锰酸钾溶液,产物为邻二醇:

$$3\ RCH=CHR'\ +\ 2\ KMnO_4\ +\ 4\ H_2O \longrightarrow 3\ RCH-CHR'\ +\ 2\ MnO_2\ +\ 2\ KOH$$
　　　　　　　　　　　　　　　　　　　　　　　　　　　　　　$\underset{OH}{|}\ \underset{OH}{|}$
　　　　　　　　　　　　　　　　　　　　　　　　　　　　　　　邻二醇

如果在酸性条件或加热情况下,则进一步氧化的产物是碳-碳于双键处断裂后生成的羧酸或酮。例如:

$$R^1-\underset{\underset{R^2}{|}}{C}=CH-R^3 \xrightarrow{[O]} R^1-\underset{\underset{R^2}{|}}{C}=O + O=\underset{\underset{R^3}{|}}{C}-OH$$
$$\qquad\qquad\qquad\qquad\qquad\quad 酮 \qquad\quad 羧酸$$

即当以双键相连的碳原子上连有两个烷基的部分,氧化断裂的产物为酮;以双键相连的碳原子上只连有一个烷基的部分,氧化断裂后生成羧酸。通过一定的方法,测定所得酮及(或)羧酸的结构,则可推断烯烃的结构。

(2) 臭氧化(ozonization) 烯烃在低温下很容易与臭氧作用形成不稳定而且极易爆炸的臭氧化物,所以一般不分离出臭氧化物而直接进行下步反应,即臭氧化物在还原剂存在下,与水作用则分解为两分子羰基化合物(含有碳-氧双键的化合物即醛或酮,将在第九章中讨论),当不饱和碳原子上连接两个烷基时,所得羰基化合物是酮。例如:

$$\underset{R^2}{\overset{R^1}{\diagdown}}C=C\underset{R^4}{\overset{R^3}{\diagup}} + O_3 \longrightarrow \underset{R^2}{\overset{R^1}{\diagdown}}\underset{\underset{O-O}{|}}{C}-\underset{\underset{R^4}{|}}{\overset{R^3}{C}} \xrightarrow[Zn粉]{H_2O} \underset{R^2}{\overset{R^1}{\diagdown}}C=O + O=C\underset{R^4}{\overset{R^3}{\diagup}}$$

臭氧化物(ozonide) 酮

上述分子中的 R 如果是 H,则产物为醛。还原剂的作用是防止水解中生成过氧化氢而将易被氧化的醛氧化为酸。

臭氧化物断裂以后所得的两个羰基化合物分子中的氧,是分别连接在原来烯烃中以双键相连的两个碳原子上的。如果通过一定的方法测得所得羰基化合物的结构,便可以推测出原来烯烃的结构。

(3) 环氧乙烷的生成 乙烯在 Ag 的催化下,可被空气中的氧气氧化为环氧乙烷。

$$CH_2=CH_2 + O_2 \xrightarrow[250\ ℃]{Ag} \underset{\underset{O}{\diagdown\diagup}}{H_2C-CH_2}$$

环氧乙烷
(ethylene oxide 或 epoxy ethane)

环氧乙烷是有机合成中非常有用的化合物,将在第八章中讨论。

3. 聚合(polymerization)

在催化剂作用下,许多烯烃通过加成的方式互相结合,生成高分子化合物,这种反应叫聚合。乙烯、丙烯等在一定条件下,可分别生成聚乙烯、聚丙烯。

$$n\ CH_2=CH_2 \xrightarrow[温度,压力]{O_2} \{CH_2-CH_2\}_n$$

聚乙烯
(polyethylene)

$$n\ CH_3-CH=CH_2 \xrightarrow[\text{温度,压力}]{Al(C_2H_5)_3-TiCl_4} \left[\begin{array}{c} CH-CH_2 \\ | \\ CH_3 \end{array}\right]_n$$

聚丙烯
(polypropylene)

高分子化合物是由许多简单的小分子(可以是完全相同的或是不同的)连接成的相对分子质量相当高的物质,这些小分子叫作单体。

聚乙烯无毒,化学稳定性好,耐低温,并有绝缘和防辐射性能,易于加工,可用以制成食品袋、塑料壶、杯等日常用品,在工业上可制管件、电工部件的绝缘材料,防辐射保护衣等。聚丙烯的透明度比聚乙烯好,并有耐热及耐磨性,除可作日用品外,还可制造汽车部件、合成纤维等。

4. α-氢的卤化

前面所讲的都是发生在碳-碳双键上的反应。除乙烯外,烯烃分子中还含有烷基。烯烃分子中的烷基也可以发生和烷烃一样的取代反应。例如,丙烯与氯作用,其 α-氢(与 C=C 相连的碳叫 α-碳,其上连接的氢叫 α-氢)也可被氯取代。

$$CH_3-CH=CH_2 \xrightarrow[500\sim 600\ ℃]{Cl_2} Cl-CH_2-CH=CH_2$$

3-氯-1-丙烯

碳-碳双键与卤素的加成一般是按离子机理进行的反应,在常温下,不需光照即可进行;而烷烃的卤化则是按游离基机理进行的反应,需要高温或光照,即在能产生游离基的条件下,才能发生反应。所以烯烃的 α-卤化反应必须在高温或光照下才能进行,而且反应发生在 α 位。

由此可以看出有机反应的复杂性及严格控制反应条件的重要性。在不同的反应条件下,一个有机分子的不同部位可以发生完全不同的反应,但适当控制反应条件,便可使反应按需要的方向进行。

自然界的烯烃

烯烃在某些生物中有很重要的作用,如许多热带树木可以产生乙烯,乙烯可以加速树叶的死亡与脱落,从而使新叶得以生长,乙烯还可以使摘下来的未成熟的果实加速成熟。因此乙烯属于一种植物激素,即能控制或调节植物生长、代谢的物质,也叫植物生长调节剂。又如,顺-9-二十三碳烯是雌家蝇的性信息素。此外,自然界还存在许多结构较为复杂的烯烃。例如,天然橡胶、植物中的某些色素及香精油中的某些组分等,将分别在以后有关章节讨论。

水果在储存过程中通常使用一种叫乙烯利(ethrel)的水果催熟剂,其化学名称为 2-氯乙基磷酸。

$$\begin{array}{c} O \\ \| \\ ClCH_2CH_2-P-OH \\ | \\ OH \end{array}$$

乙烯利的结构

乙烯利溶于水后会慢慢分解，释放出乙烯气体，释放出的乙烯对水果产生催熟作用，同时进一步诱导水果内源乙烯的产生，加速水果成熟。乙烯对水果的催熟过程并非简单的化学作用过程，而是一种复杂的植物生理、生化反应过程。

Ⅱ. 炔　　烃

分子中含有碳-碳三键（C≡C triple bond）的烃，叫作炔烃（alkyne[①]）。例如：

$$H—C≡C—H \qquad CH_3—C≡CH \qquad CH_3—CH_2—C≡CH \qquad CH_3—C≡C—CH_3$$
乙炔　　　　　　　丙炔　　　　　　　　1-丁炔　　　　　　　　2-丁炔

炔烃也属于不饱和烃，它们比相应的烯烃又少两个氢，所以其通式为 C_nH_{2n-2}。

炔烃系列中最简单的，也是最重要的一个是乙炔。

碳-碳三键是炔烃的官能团。

乙炔的结构

乙炔分子中，碳原子外层的四个价电子以一个 s 轨道与一个 p 轨道杂化，组成两个等同的 sp 杂化轨道，两个 sp 杂化轨道的轴在一条直线上。两个 sp 杂化的碳原子，各以一个 sp 杂化轨道结合成碳-碳 σ 键，另一 sp 杂化轨道各与氢原子结合，所以乙炔分子中的碳原子和氢原子都在一条直线上，即键角为 180°。

$$H—C≡C—H \quad (180°)$$

每个碳原子上余下的两个 p 轨道，它们的轴相互垂直，分别平行重叠形成两个相互垂直的 π 键，它们和 sp 杂化轨道的轴之间相当于空间三个垂直坐标的关系[见图 3-4（a）]。这样形成的两个 π 键的电子云，并不是四个分开的球形，而是围绕 C—C σ 键形成一个圆筒形[见图 3-4（b）]。所以碳-碳三键是由一个 σ 键和两个 π 键组成的。

实验同样证明乙炔为线形分子，碳-碳三键的键长比碳-碳双键短，为 0.120 nm，键能为 835 kJ·mol^{-1}，即比碳-碳双键及碳-碳单键的键能都大。

图 3-5 为乙炔分子的球棍模型和比例模型。

[①] alkyne 是炔烃的类名。IUPAC 规定"yne"为炔烃的词尾，主链碳原子数的表示方法与烷、烯相同。乙炔通常叫作 acetylene 而不叫 ethyne，acetylene 是被 IUPAC 认可的通用名称。

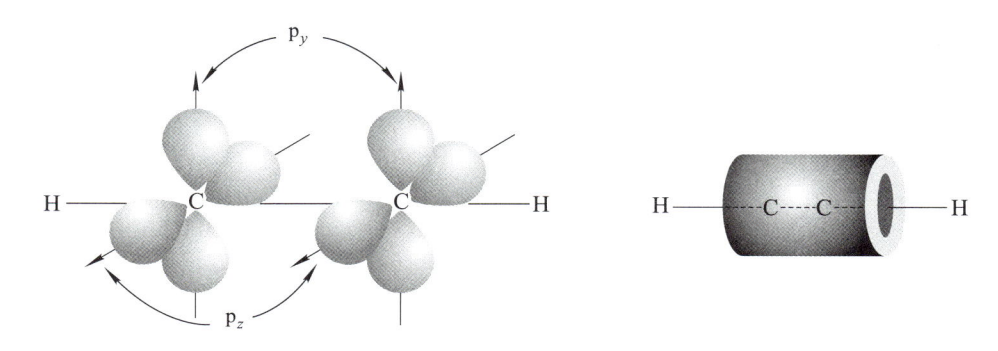

(a) 两个sp杂化碳原子　　(b) 由四个p电子组成的两个 π 键，形成圆筒形

图 3-4　乙炔分子形成示意图

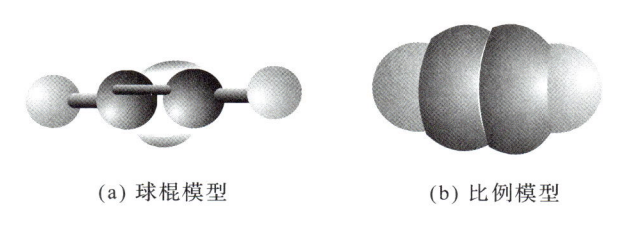

(a) 球棍模型　　(b) 比例模型

图 3-5　乙炔分子的模型

命名和异构

四个碳以上的炔烃，有碳链异构与三键位置异构。

炔烃的系统命名原则与烯烃相同，即选择包含三键的最长碳链作主链，编号由距三键最近的一端开始，将三键的位置注于炔名之前。例如：

$$^1CH_3-^2C\equiv C-^4CH-CH_3$$
$$|$$
$$^5CH_2$$
$$|$$
$$^6CH_3$$

4-甲基-2-己炔

物 理 性 质

炔烃的沸点、相对密度等都比相应的烯烃略高些。四个碳以下的炔烃在常温常压下为气体。炔烃比水轻，有微弱的极性，不溶于水，而易溶于石油醚、苯、醚和丙酮等有机溶剂，在常压下 15 ℃时，1 体积的丙酮可溶解 25 体积的乙炔。因为乙炔在较大的压力下，爆炸力极强，所以储存乙炔的钢瓶内就填充了用丙酮浸透的硅藻土或碎软木，这样，在较小的压力下就可溶解大量乙炔。纯的乙炔是无色无臭的气体，由电石水解生成的乙炔由于夹杂有少量含硫及含磷的化合物，因此有一种特殊的臭气。乙炔燃烧时发出明亮的火焰。乙炔在氧气中燃烧的火焰温度可高达3 500 ℃，所以可用于熔融及焊接金属。表3-2列出了某些炔烃的物理常数。

表 3-2　某些炔烃的物理常数

结 构 式	名 称		沸点/℃	熔点/℃	相对密度*
	中文	英文(IUPAC)			
HC≡CH	乙炔	ethyne, acetylene		−81(升华)	0.620 8(−82 ℃)
CH$_3$C≡CH	丙炔	propyne	−23.2	−101.5	0.706 2(−50 ℃)
CH$_3$CH$_2$C≡CH	1-丁炔	1-butyne	8.1	−125.7	0.678 4(0 ℃)
CH$_3$C≡CCH$_3$	2-丁炔	2-butyne	27.0	−32.2	0.691 0
CH$_3$CH$_2$CH$_2$C≡CH	1-戊炔	1-pentyne	40.2	−90.0	0.690 1
CH$_3$CH$_2$C≡CCH$_3$	2-戊炔	2-pentyne	56.0	−101.0	0.710 7
CH$_3$CHC≡CH | CH$_3$	3-甲基-1-丁炔	3-methyl-1-butyne	29.5	−89.7	0.666 0

＊除注明者外，其余均为20 ℃时的数据。

化 学 性 质

炔烃含有碳-碳不饱和键，可以进行与烯烃相似的反应，如氢、卤素、卤化氢和水等都能和炔烃进行加成，C≡C 三键也可被氧化断裂生成羧酸。由于炔烃含有两个 π 键，加成可逐步进行，在适当的条件下，可以得到与一分子试剂加成的产物，即烯烃或烯烃的衍生物。与两分子试剂作用的产物则为烷烃或其衍生物。卤素、卤化氢和水等与炔烃的加成，也都是亲电加成。

乙炔分子中的碳原子为 sp 杂化状态，与 sp^2 或 sp^3 杂化状态相比，它含有较多(50％)的 s 成分。s 成分较多，则轨道距核较近，也就是原子核对 sp 杂化轨道中的电子约束力较大，换言之，sp 杂化状态的碳原子电负性较强。各种不同杂化状态的碳原子的电负性由强到弱的顺序为 sp＞sp^2＞sp^3。由于 sp 杂化碳原子的电负性较强，所以炔烃虽然有两个 π 键，但不像烯烃那样容易给出电子，因此炔烃的亲电加成反应一般要比烯烃慢些。

1. 加成反应

（1）催化氢化　一般炔烃在用钯、铂等催化剂作用下氢化时，总是得到烷烃，而很难得到烯烃，但在特殊催化剂如 Lindlar 催化剂作用下，可以制得烯烃。Lindlar 催化剂是用醋酸铅及喹啉（见第十七章）处理过的金属钯。醋酸铅及喹啉的作用是使钯活性降低。

$$H-C\equiv C-H \xrightarrow{H_2} CH_2=CH_2 \xrightarrow{H_2} CH_3-CH_3$$

（2）**与卤化氢加成** 炔烃可以与一分子或两分子卤化氢加成，分别得到卤代烯烃或卤代烷。

$$H-C\equiv C-H \xrightarrow[HgCl_2]{HCl} CH_2=CHCl \xrightarrow{HCl} CH_3-CHCl_2$$

氯乙烯
vinyl chloride   1,1-二氯乙烷

不对称炔烃与卤化氢加成时，同样遵守马氏规律。

（3）**与水加成** 在硫酸及汞盐的催化下，炔烃能与水加成。乙炔与水加成所得括号中的产物乙烯醇是极不稳定的（一般 C=C 与 —OH 直接相连的烯醇都是不稳定的），一经产生则羟基（—OH）上的氢原子便按箭头所指的方向转移而异构化为乙醛。

$$H-C\equiv C-H + H-OH \xrightarrow[H_2SO_4]{HgSO_4} \left[H_2C=C(H)-O-H \right] \longrightarrow CH_3-C(H)=O$$

乙烯醇   乙醛

除乙炔外，其他炔烃与水加成反应的产物为酮。

$$C_6H_{11}-C\equiv C-H + H_2O \xrightarrow[H_2SO_4]{HgSO_4} C_6H_{11}-CO-CH_3$$

（4）**与氢氰酸加成** 乙炔在氯化亚铜及氯化铵的催化下，可与氢氰酸加成而生成丙烯腈，这是一般碳-碳双键不能进行的反应。

$$HC\equiv CH + HCN \xrightarrow[NH_4Cl]{CuCl} H_2C=CHCN$$

丙烯腈
（acrylonitrile）

含有 —CN（氰基）的化合物叫作腈，丙烯腈是合成纤维腈纶的单体。

2. 金属炔化物的生成

由于 sp 杂化碳原子的电负性比 sp^2 或 sp^3 杂化碳原子的电负性强，所以与 sp 杂化碳原子相连的氢原子显弱酸性，能被某些金属离子取代。例如，在氨溶液中可被银离子、亚铜离子取代，生成金属炔化物（alkynide）。

$$HC\equiv CH + 2\,Ag(NH_3)_2^+ \longrightarrow AgC\equiv CAg \downarrow$$

乙炔化银

$$RC\equiv CH + Cu(NH_3)_2^+ \longrightarrow RC\equiv CCu \downarrow$$

炔化亚铜

炔化银为灰白色沉淀，炔化亚铜为红棕色沉淀。可通过这两个反应来鉴别炔烃分子中 C≡C 是在碳链的一端还是在碳链的中间，因为只有 C≡C 在末端时才能连有氢。分子中其

他碳原子上的氢没有这种反应。

金属炔化物在干燥状态受热或撞击时,则发生爆炸而生成金属和碳。所以进行这类鉴别反应后生成的金属炔化物应加硝酸使其分解,以免干燥后爆炸。

Ⅲ. 双 烯 烃

分子中含有两个碳-碳双键的烃叫作双烯烃或二烯烃(diene[①])。例如:

$$CH_2=C=CH_2 \qquad \overset{4}{C}H_2=\overset{3}{C}H-\overset{2}{C}H=\overset{1}{C}H_2 \qquad \overset{5}{C}H_2=\overset{4}{C}H-\overset{3}{C}H_2-\overset{2}{\underset{\underset{CH_3}{|}}{C}}=\overset{1}{C}H_2$$

丙二烯 　　　　　　1,3-丁二烯 　　　　　　2-甲基-1,4-戊二烯
(propadiene 或 allene)　　(1,3-butadiene)　　(2-methyl-1,4-pentadiene)

根据两个碳-碳双键的相对位置可以把双烯烃分为三类:一类是两个碳-碳双键连在同一个碳原子上的,叫作聚集双烯(cumulated diene),如丙二烯;一类是单双键间隔的双烯,叫共轭双烯(conjugated diene),如 1,3-丁二烯;再有一类就是两个碳-碳双键被两个或两个以上单键隔开的,如 2-甲基-1,4-戊二烯,叫作隔离双烯(isolated diene)。

双烯烃的命名与烯烃相同,只是在"烯"前加一"二"字,并分别注明两个双键的位置。

双烯烃的通式与含一个 C≡C 的炔烃相同。所以含碳原子数相同的双烯烃与炔烃互为同分异构体,这种异构体间的区别在于所含官能团不同,叫作官能团异构,亦属于构造异构。

最重要的双烯烃是共轭双烯,这类双烯烃具有特殊的反应性能。

1,3-丁二烯的结构

在 1,3-丁二烯分子中,C=C 键长与单烯烃中的 C=C 键长相近,而 C—C 键长是 0.146 nm,比烷烃中的 C—C 键短。此外,还有一些物理及化学性质也不同于单烯烃或隔离双烯,这是由于分子的特殊结构决定的。在 1,3-丁二烯分子中,所有碳原子都是 sp^2 杂化状态,它们彼此各以一个 sp^2 杂化轨道结合形成 C—C σ键,其余的 sp^2 杂化轨道分别与氢原子结合。由于 sp^2 杂化轨道是平面分布的,所以分子中所有的原子就有可能都处于同一平面上,每个碳原子上余下的 p 轨道则相互平行,如图 3-6 所示。这样,不仅 C^1 与 C^2 间及 C^3 与 C^4 间的 p 轨道由于形成双键而相互重叠,而且 C^2 与 C^3 间的 p

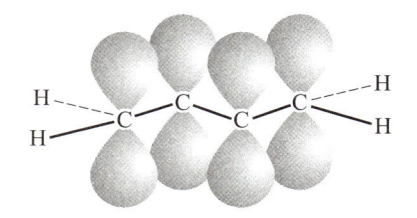

图 3-6　1,3-丁二烯分子中
p 轨道重叠示意图

[①] diene 是双烯的类名。具体化合物的名称则以表示碳数的相应词头加词尾 adiene。"a"的加入只是为了便于发音,否则词头与词尾间是两个辅音相连。

轨道由于相邻又相互平行,也可以部分重叠,从而可以认为 C^2—C^3 也具有部分双键的性质。C^2 与 C^3 的 p 轨道重叠的结果是共轭双烯中四个 p 电子的运动范围不再两两局限于 C^1—C^2 或 C^3—C^4 间而是运动于四个碳原子核的外围,形成一个"共轭 π 键"(或叫大 π 键),这种现象叫作电子的离域(delocalized)。相对于单烯烃中 p 电子只围绕两个形成 π 键的原子运动,叫作电子的定域(localized)。

在不饱和化合物中,如果与 C=C 双键相邻的原子上有 p 轨道,则此 p 轨道便可与 C=C 双键形成一个包括两个以上原子核的 π 键,这种体系叫共轭体系。共轭体系有几种不同的形式,对于1,3-丁二烯来说,是由两个 π 键相邻形成的共轭体系,叫作 π-π 共轭体系。共轭体系在物理及化学性质上有许多特殊的表现。例如,共轭体系中由于电子的离域作用使体系的能量降低,共轭体系越大,则能量越低;共轭体系中单键与双键的键长有平均化的倾向,即单、双键键长的差别缩小。

1,3-丁二烯分子绕 C^2—C^3 键旋转,可以产生不同的构象异构体,但其中只有两种构象中所有原子都在一个平面上,即保持能量最低的共轭体系,这两种构象就是 s-顺式与 s-反式:

$$\underset{\text{s-顺式}}{\begin{array}{c}H_2C\quad\quad CH_2\\ \diagdown\quad\diagup\\ C\!-\!C\\ \diagup\quad\diagdown\\ H\quad\quad H\end{array}}\qquad\underset{\text{s-反式}}{\begin{array}{c}H_2C\quad\quad H\\ \diagdown\quad\diagup\\ C\!-\!C\\ \diagup\quad\diagdown\\ H\quad\quad CH_2\end{array}}$$

这两种构象间的能量差不大,室温下即能相互转化。

"s"表示单键(single bond),s-顺式表示两个 C=C 双键在 C^2—C^3 单键的同侧,而 s-反式则表示两个双键分别在 C^2—C^3 的两侧。由于顺、反异构原来是针对含有双键的原子上基团的相对位置而言的,而在1,3-丁二烯中则是相对于 C^2—C^3 单键的,所以加"s"以资区别。

1,3-丁二烯的化学性质

1. 1,4-加成作用(1,4-addition)

1,3-丁二烯具有烯烃的一般性质,如能与氢、卤素和卤化氢等试剂加成,能被氧化,能进行聚合等,但共轭烯烃还有其特殊的性质,如 1,3-丁二烯在与一分子试剂加成时,按照孤立烯烃的加成情况,应该只得到 1,2-加成产物,但实际得到的还有 1,4-加成产物。而且往往 1,4-加成产物占主要比例。例如,与溴加成时,试剂加到分子两头的碳原子上,而在 C^2、C^3 间形成新的双键,就得到 1,4-加成产物,这种加成作用,叫作 1,4-加成作用,这是共轭烯烃的特殊反应性能。

$$CH_2\!\!=\!\!CH\!-\!CH\!\!=\!\!CH_2 + Br_2 \longrightarrow \underset{\text{1,4-加成产物}}{CH_2\!-\!CH\!\!=\!\!CH\!-\!CH_2} + \underset{\text{1,2-加成产物}}{CH_2\!-\!CH\!-\!CH\!\!=\!\!CH_2}$$
$$\quad\quad\quad\quad\quad\quad\quad\quad\quad\quad\;\;|\quad\quad\quad\quad\quad\quad\;\;|\quad\quad|$$
$$\quad\quad\quad\quad\quad\quad\quad\quad\quad\quad Br\quad\quad\quad\quad\quad\quad\;Br\;\;Br$$

反应的过程是 Br^+ 首先与一个碳-碳双键上的一对电子和 C^1(或 C^4)结合形成碳正离子:

$$Br^+ + \overset{1}{CH_2}=\overset{2}{CH}-\overset{3}{CH}=\overset{4}{CH_2} \longrightarrow CH_2-\overset{+}{CH}-CH=CH_2$$
$$\qquad\qquad\qquad\qquad\qquad\qquad\qquad\qquad |$$
$$\qquad\qquad\qquad\qquad\qquad\qquad\qquad\qquad Br$$

碳正离子为 sp^2 杂化状态,但它的 p 轨道中没有电子,由于它与碳-碳双键相邻,这个空的 p 轨道与碳-碳双键上的 p 轨道可以形成共轭体系,从而碳-碳双键中的 p 电子可以按箭头所指的方向转移,其结果是 C^2 上的正电荷分散于 C^2、C^3、C^4 三个碳原子上,但并非均匀分布,而是 C^2 及 C^4 上带有部分正电荷,以 δ^+ 表示:

$$\left[CH_2-\overset{+}{CH}-CH=CH_2 \longrightarrow CH_2-\overset{\delta+}{CH}=CH-\overset{\delta+}{CH_2} \right]$$
$$\qquad\quad |\qquad\qquad\qquad\qquad\qquad\qquad |$$
$$\qquad\quad Br\qquad\qquad\qquad\qquad\qquad\qquad Br$$

所以 Br^- 便可以与 C^2 或 C^4 结合,形成 1,2-或 1,4-加成产物。1,2-与 1,4-加成产物的比例决定于共轭烯烃的结构及反应条件。

共轭体系中这种特殊的电子效应(即分子的一端受到的影响能通过共轭链传递到另一端,而不论此共轭体系有多长)叫共轭效应(conjugative effect)。

2. 双烯合成反应(diene synthesis)

1,3-丁二烯可以与乙烯或取代乙烯反应生成环己烯或其衍生物。

反应是由 1,3-丁二烯及乙烯各用两个 π 电子,重新组合形成了两个新的 σ 键而成环,也相当于乙烯对 1,3-丁二烯进行了 1,4-加成反应,所以这类反应叫作环化加成反应(cycloaddition),也叫 Diels-Alder 反应或双烯合成反应。不仅 1,3-丁二烯可以发生这种反应,凡是含有空间位置适当的共轭碳-碳双键的化合物都可以进行这类反应。在反应中含有共轭碳-碳双键的化合物统称之为双烯体(diene)。乙烯或其衍生物如 $CH_2=CH-CHO$、$CH_2=CH-COOH$ 或 $CH_2=CH-CN$ 等叫作亲双烯体(dienophile),乙烯上连有 —CHO、—COOH、—CN 等吸电子的基团,对反应特别有利。

许多双烯合成反应非常容易进行,常常将两种反应物混合在一起便即刻反应。双烯合成反应不需要游离基引发剂,也不需要酸或碱的催化。经研究证明,这类反应不属于游离基反应,也不属于离子型反应,这是另一种类型的反应,其特点是分子之间电子的重新排列,键的断裂与新键的形成是同时进行的,所以这类反应叫作协同反应(concerted reaction)。双烯合成反应是协同反应中周环反应(pericyclic reaction)的一种。

反应常常是定量完成的。通过这类反应可以一步形成两个碳-碳键而将链状化合物转变为六元环状化合物,并且分子中还有一个双键,可以引入其他基团,所以这类反应在合成上是很重要的。Otto Diels(德国)及 Kurt Alder(德国)由于发现了这类反应而获得了 1950 年诺贝尔化学奖。

双烯合成反应是合成环状化合物的重要方法,在有机合成和天然产物的合成中应用广泛。例如:

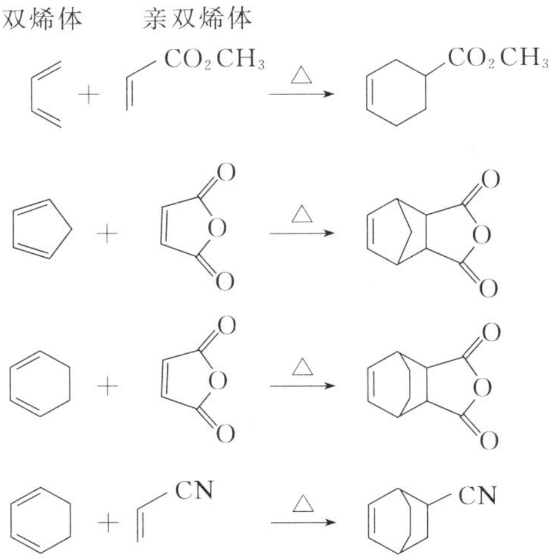

[Diels-Alder 反应示意图：双烯体 + 亲双烯体 △→ 产物]

异戊二烯和橡胶

异戊二烯按系统命名应为 2-甲基-1,3-丁二烯，它是沸点为 34 ℃ 的液体。

$$CH_2=CH-C=CH_2$$
$$\quad\quad\quad\;|$$
$$\quad\quad\quad CH_3$$

异戊二烯（isoprene[①]）

天然橡胶属于天然高分子化合物，是异戊二烯的聚合体，其平均相对分子质量在 60 000～350 000，相当于 1 000 至 5 000 个异戊二烯单体。在天然橡胶中，异戊二烯间以头尾（靠近甲基的一端为头）相连，形成一个线形分子，而且所有双键的构型都是顺式的。

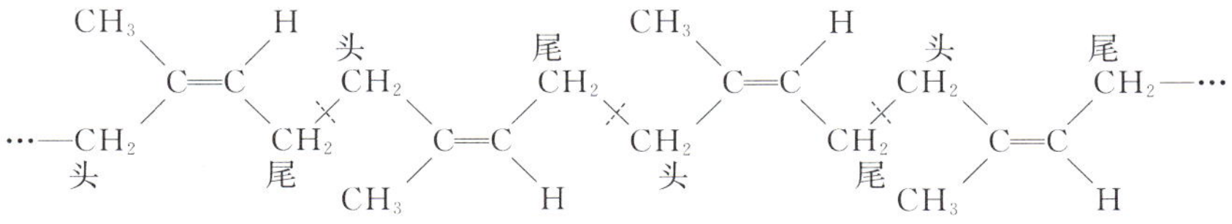

[天然橡胶结构式，标注头、尾位置]

分子的构型和机械性能很有关系，如杜仲胶也是异戊二烯的聚合体，但双键的构型都是反式的，它就不像天然橡胶那样有弹性。天然橡胶与杜仲胶的结构可用下列简化结构式表示，即将碳及氢都省略，短线的交点及端点各代表一个碳原子。这种式子叫键线式（bond-line formula），是有机化学中常用的表示结构式的简便方法。

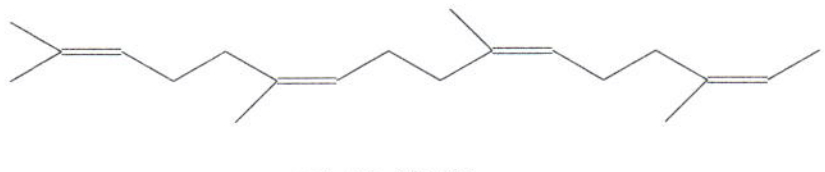

天然橡胶

---

① 异戊二烯习惯用的英文名称是 isoprene，它与前面讲的 allene（丙二烯）均为被 IUPAC 认可的通用名称。

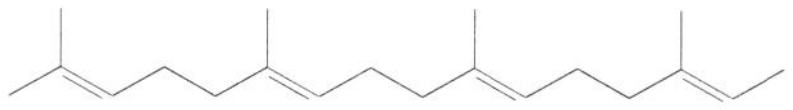

杜仲胶

橡浆是橡胶在水中的胶悬体,不仅存在于橡胶树中,也存在于其他许多植物如蒲公英及某些菊科植物中。

由于橡胶制品广泛用于工农业生产、交通运输、国防及日常生活中,所以需要量极大。而且在工业、国防、科研中常需要一些特殊的弹性材料,如耐油、耐酸、耐高温或低温等。因此在天然橡胶结构的基础上,发展了合成橡胶,如顺丁橡胶、氯丁橡胶等,前者为1,3-丁二烯的聚合体,后者为2-氯-1,3-丁二烯($CH_2=CH-\underset{\underset{Cl}{|}}{C}=CH_2$)的聚合体。但在某些性能方面,合成橡胶并不能完全取代天然橡胶,因此"合成天然橡胶"也是一项重要的研究任务。近年来,通过对传统钛系催化剂的改进和新型稀土催化剂的开发应用,异戊二烯按顺式聚合的成分高达98%以上,其性能与天然橡胶极为接近。

习　题

3.1　用系统命名法命名下列化合物。

　　a.　$(CH_3CH_2)_2C=CH_2$　　　　b.　$CH_3CH_2CH_2\underset{\underset{CH_2}{\|}}{C}CH_2(CH_2)_2CH_3$

　　c.　$CH_3C=CHCHCH_2CH_3$　　　d.　$(CH_3)_2CHCH_2CH=C(CH_3)_2$
　　　　　$\underset{C_2H_5}{|}\ \ \ \underset{CH_3}{|}$

3.2　写出下列化合物的结构式或构型式,如命名有误,予以更正。

　　a. 2,4-二甲基-2-戊烯　　b. 3-丁烯　　c. 3,3,5-三甲基-1-庚烯

　　d. 2-乙基-1-戊烯　　　　e. 异丁烯　　f. 3,4-二甲基-4-戊烯

　　g. 反-3,4-二甲基-3-己烯　　h. 2-甲基-3-丙基-2-戊烯

3.3　写出分子式为C_5H_{10}的烯烃的各种异构体的结构式,如有顺反异构,写出它们的构型式,并用系统命名法命名。

3.4　用系统命名法命名下列键线式的烯烃,指出其中的sp^2及sp^3杂化碳原子。分子中的σ键有几个是sp^2—sp^3型的,几个是sp^3—sp^3型的?

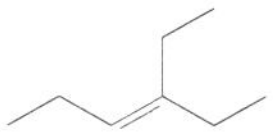

3.5　写出下列化合物的缩写结构式。

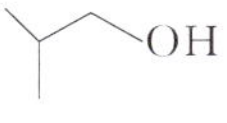

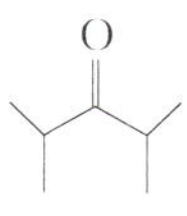

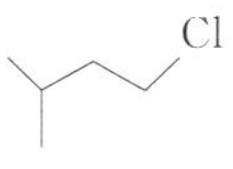

3.6 将下列化合物写成键线式(包括顺反异构体)。

a. $CH_3CH_2\overset{\overset{O}{\|}}{C}CH_3$ b. $CH_3\underset{\underset{CH_3}{|}}{C}HCH_2CH_2\underset{\underset{CH_3}{|}}{C}HCH_2CH_3$ c. $(CH_3)_3CCH_2CH_2Cl$

d. $CH_3CH=CHCH_2CH_2CH=CHCH_3$ e. 环状结构(CH=CH-CH₂-CH=CH-CH₂)

3.7 写出雌家蝇的性信息素顺-9-二十三碳烯的构型式。

3.8 下列烯烃哪个有顺、反异构？写出顺、反异构体的构型，并命名。

a. $CH_3CH_2\underset{\underset{C_2H_5}{|}}{\overset{\overset{CH_3}{|}}{C}}=CCH_2CH_3$ b. $CH_2=C(Cl)CH_3$ c. $C_2H_5CH=CHCH_2I$

d. $CH_3CH=CHCH(CH_3)_2$ e. $CH_3CH=CHCH=CH_2$ f. $CH_3CH=CHCH=CHC_2H_5$

3.9 用 Z,E 确定下列烯烃的构型。

a. $\underset{H}{\overset{CH_3}{}}C=C\underset{CH_3}{\overset{CH_2Cl}{}}$ b. $\underset{CH_3CH_2}{\overset{(CH_3)_2C}{}}C=C\underset{CH_3}{\overset{H}{}}$ c. $\underset{H}{\overset{CH_3}{}}C=C\underset{CH_2CH_2CH_3}{\overset{CH_2CH_2F}{}}$

3.10 有几个烯烃氢化后可以得到 2-甲基丁烷，写出它们的结构式并命名。

3.11 完成下列反应式，写出产物或所需试剂。

a. $CH_3CH_2CH=CH_2 \xrightarrow{H_2SO_4}$

b. $(CH_3)_2C=CHCH_3 \xrightarrow{HBr}$

c. $CH_3CH_2CH=CH_2 \longrightarrow CH_3CH_2CH_2CH_2OH$

d. $CH_3CH_2CH=CH_2 \longrightarrow CH_3CH_2\underset{\underset{OH}{|}}{C}HCH_3$

e. $(CH_3)_2C=CHCH_2CH_3 \xrightarrow[\text{②Zn 粉,}H_2O]{\text{①}O_3}$

f. $CH_2=CHCH_2OH \longrightarrow ClCH_2\underset{\underset{OH}{|}}{C}HCH_2OH$

3.12 用什么简单方法鉴别正己烷与1-己烯。

3.13 有两种互为同分异构体的丁烯，它们与溴化氢加成得到同一种溴代丁烷，写出这两个丁烯的结构式。

3.14 将下列碳正离子按稳定性由大至小排列。

$CH_3-\underset{\underset{CH_3}{|}}{\overset{\overset{CH_3}{|}}{C}}-CH_2-\overset{+}{C}H_2$ $CH_3-\underset{\overset{+}{C}H}{\overset{\overset{CH_3}{|}}{C}}H-\underset{CH_3}{}CH-CH_3$ $CH_3-\underset{\underset{CH_3}{|}}{\overset{\overset{CH_3}{|}}{C}}-\overset{+}{C}H-CH_3$

3.15 写出下列反应的转化过程。

$$\text{CH}_3\text{-C(CH}_3\text{)=CH-CH}_2\text{CH}_2\text{CH}_2\text{-C(CH}_3\text{)=CH-CH}_3 \xrightarrow{H^+} \text{环状产物}$$

3.16 分子式为 C_5H_{10} 的化合物 A，与 1 分子氢作用得到 C_5H_{12} 的化合物。A 在酸性溶液中与高锰酸钾作用得到一个含有 4 个碳原子的羧酸。A 经臭氧化并还原水解，得到两种不同的醛。推测 A 的可能结构，用反应式加简要说明表示推断过程。

3.17 命名下列化合物或写出它们的结构式。

    a. $CH_3CH(C_2H_5)C\equiv CCH_3$ b. $(CH_3)_3CC\equiv CC\equiv CC(CH_3)_3$

    c. 2-甲基-1,3,5-己三烯   d. 乙烯基乙炔

3.18 写出分子式符合 C_5H_8 的所有开链烃的异构体并命名。

3.19 以适当炔烃为原料合成下列化合物。

    a. $CH_2=CH_2$ b. CH_3CH_3 c. CH_3CHO d. $CH_2=CHCl$ e. $CH_3C(Br)_2CH_3$

    f. $CH_3CBr=CHBr$ g. CH_3CCH_3 (=O)   h. $CH_3CBr=CH_2$ i. $(CH_3)_2CHBr$

3.20 用简单并有明显现象的化学方法鉴别下列各组化合物。

    a. 正庚烷   1,4-庚二烯   1-庚炔

    b. 1-己炔   2-己炔   2-甲基戊烷

3.21 完成下列反应式：

    a. $CH_3CH_2CH_2C\equiv CH + HCl(过量) \longrightarrow$

    b. $CH_3CH_2C\equiv CCH_3 + KMnO_4 \xrightarrow[\triangle]{H^+}$

    c. $CH_3CH_2C\equiv CCH_3 + H_2O \xrightarrow[H_2SO_4]{HgSO_4}$

    d. $CH_2=CHCH=CH_2 + CH_2=CHCHO \longrightarrow$

    e. $CH_3CH_2C\equiv CH + HCN \longrightarrow$

3.22 分子式为 C_6H_{10} 的化合物 A，经催化氢化得 2-甲基戊烷。A 与硝酸银的氨溶液作用能生成灰白色沉淀。A 在汞盐催化下与水作用得到 $CH_3CH(CH_3)CH_2CCH_3$ (=O)。推测 A 的结构式，并用反应式加简要说明表示推断过程。

3.23 分子式为 C_6H_{10} 的 A 及 B，均能使溴的四氯化碳溶液褪色，并且经催化氢化得到相同的产物正己烷。A 可与氯化亚铜的氨溶液作用产生红棕色沉淀，而 B 不发生这种反应。B 经臭氧化后再还原水解，得到 CH_3CHO 及 $H-C(=O)-C(=O)-H$（乙二醛）。推断 A 及 B 的可能结构，并用反应式加简要说明表示推断过程。

3.24 写出 1,3-丁二烯及 1,4-戊二烯分别与 1 mol HBr 或 2 mol HBr 的加成产物。

第四章 环烃

环烃是由碳和氢两种元素组成的环状化合物，根据它们的结构或性质，可以分成脂环烃和芳香烃两类。

Ⅰ. 脂 环 烃

性质与脂肪烃相似的环烃，叫作脂环烃（alicyclic hydrocarbon）。按照碳原子的饱和程度又可分为环烷烃、环烯烃、环炔烃等。例如：

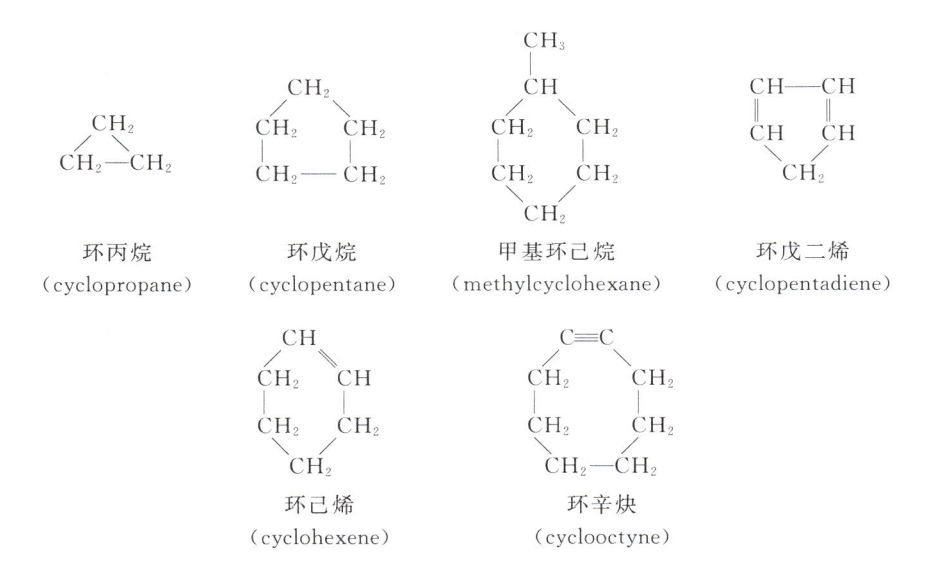

环丙烷　　　　　环戊烷　　　　　甲基环己烷　　　　环戊二烯
（cyclopropane）　（cyclopentane）　（methylcyclohexane）　（cyclopentadiene）

环己烯　　　　　环辛炔
（cyclohexene）　（cyclooctyne）

上面结构式常分别用如下键线式表示：

简单脂环烃的命名与相应的脂肪烃基本相同,只是在名称前加一"环"字,当环上连有取代基时,按照表示取代基位置的数字尽可能小的原则,将环编号。连有不同取代基时,则根据次序规则,较优基团给以较大的编号。当环上有取代基及不饱和键时,不饱和键以最小的号数表示。例如:

1,3-二甲基环己烷   1-甲基-4-乙基环己烷   4-甲基环己烯(不是5-甲基环己烯)

某些情况下,如简单的环上连有较长的碳链时,也可将环当作取代基命名。例如:

环丁基戊烷

脂环烃的异构有多种形式,如1,3-二甲基环己烷与1,4-二甲基环己烷即互为异构体,它们的分子式为C_8H_{16},符合该分子式的环烷还可以写出很多。例如:

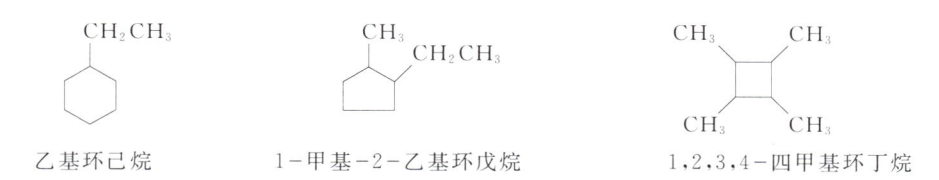

乙基环己烷   1-甲基-2-乙基环戊烷   1,2,3,4-四甲基环丁烷

除上述异构外,当环中不同碳原子上连有两个或两个以上取代基时,还有立体异构。

环烷的通式与开链烯烃相同,即C_nH_{2n},环单烯烃则具有与单炔烃及双烯烃相同的通式C_nH_{2n-2}。

在环状化合物中,以五元环及六元环为最普遍,五、六、七元环属于一般环,三、四元环叫作小环,八至十一元环为中环,十二元环以上为大环。此外还存在许多其他形式的环状化合物。例如:

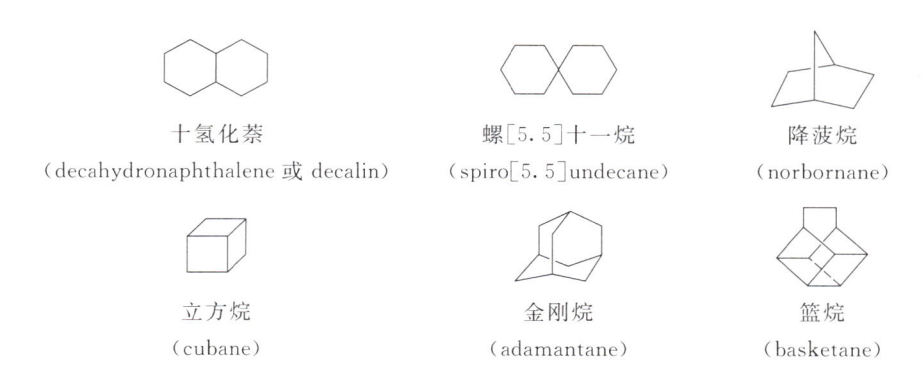

十氢化萘
(decahydronaphthalene 或 decalin)

螺[5.5]十一烷
(spiro[5.5]undecane)

降莰烷
(norbornane)

立方烷
(cubane)

金刚烷
(adamantane)

篮烷
(basketane)

环烷的结构

环丙烷分子中三个碳原子必然要在一个平面上,这样 C—C—C 键角就应该是 60°。而烷烃中 sp^3 杂化碳原子的四面体形键角应为 109.5°,因此在环丙烷中碳原子核之间的连线与正常的 sp^3 杂化轨道之间角度偏差的结果是 C—C 之间的电子云不可能在原子核连线的方向上重叠(见图 4-1),也就是没有达到最大程度的重叠,这样形成的键就没有正常的 σ 键稳定。所以环丙烷的稳定性比烷烃要差得多,通常叫作分子内存在着张力。这种张力是由于键角的偏差引起的,所以叫作角张力(angle strain),角张力是影响环烃稳定性的几种张力因素之一。图 4-1 中虚线为碳原子核间的连线,两条实线间为碳的两个杂化轨道间的夹角(小于 109.5°)。常形象化地把这样形成的键叫作弯曲的键。

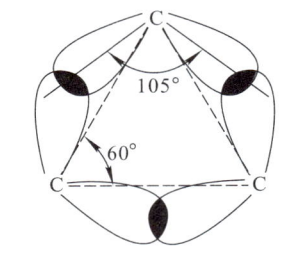

图 4-1 环丙烷中 sp^3 杂化轨道重叠示意图

环丁烷的情况与环丙烷相似,分子中也存在着张力,但比环丙烷小,所以比环丙烷稳定些。

三元以上的环,成环的原子可以不在一个平面内,如环丁烷及环戊烷:

环丁烷　　　　环戊烷

从而碳-碳之间的杂化轨道可以逐渐趋向于正常的键角和最大程度的重叠。环己烷分子中的六个碳原子可以有如下两种保持正常 C—C—C 键角的空间排布方式,即船型(boat form)与椅型(chair form):

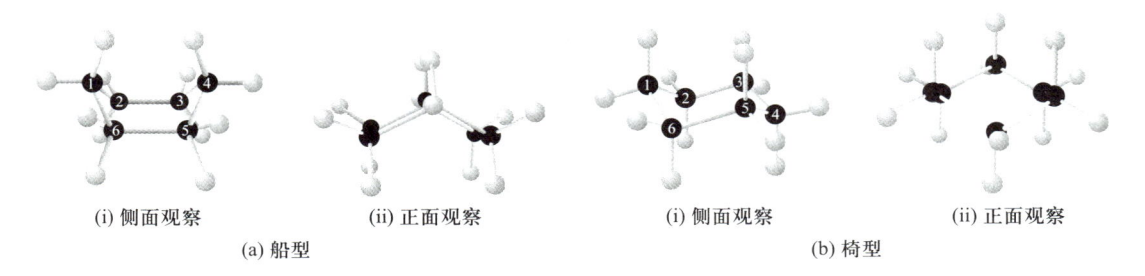

(i) 侧面观察　　(ii) 正面观察　　(i) 侧面观察　　(ii) 正面观察
(a) 船型　　　　　　　　　　　(b) 椅型

图 4-2 环己烷的船型和椅型球-棍模型

无论是(a)或(b),环中 C^2,C^3,C^5,C^6 都在一个平面上,但在(a)中,C^1 和 C^4 在 C^2,C^3,C^5,C^6 形成的平面的同侧,叫作船型;在(b)中,C^1 和 C^4 则分别在 C^2,C^3,C^5,C^6 形成的平面的上下两侧,叫作椅型,它们可以用如下的键线式表示:

环己烷及其衍生物的构象

船型和椅型是环己烷的两种构象。

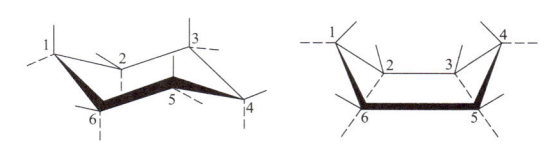

根据碳-碳键长及碳-氢键长可以计算出分子中氢原子间的距离。在船型构象中，C^1 及 C^4 上的两个氢原子相距极近，相互之间的斥力较大，而在椅型构象中则不存在这种情况。另外，从模型考察椅型环己烷中每一个 C—C 键上基团的构象（就像考察乙烷的构象那样），它们都呈邻位交叉式[见图 4-2(b)(ii)]；而在船型构象中，C^2—C^3 及 C^5—C^6 上连接的基团为全重叠式[见图 4-2(a)(ii)]，因而船型不如椅型稳定，所以环己烷及其衍生物在一般情况下，都以椅型存在。

对椅型环己烷作仔细考察，可以看出 C^1, C^3, C^5 形成一个平面，它位于 C^2, C^4 及 C^6 形成的平面之上，这两个平面相互平行。12 个 C—H 键可以分成两类，一类是垂直于 C^1, C^3, C^5（或 C^2, C^4, C^6）形成的平面，叫作直立键，以 a 键表示；另一类则大体与环的"平面"平行，叫作平伏键，以 e 键表示[a 和 e 分别是 axial（轴向的）与 equatorial（赤道的）的第一个字母]。

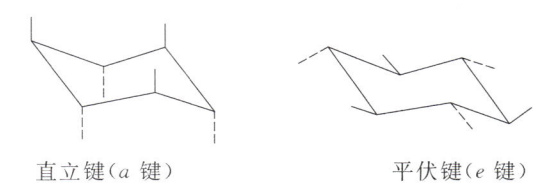

直立键（a 键）　　　　平伏键（e 键）

如将下面椅型构象(i)中的 C^1 按箭头所指向下翻转，而将 C^4 转到上面，即得到另一个椅型构象(ii)：

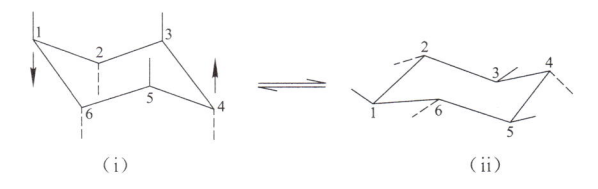

(i)　　　　(ii)

实际在室温下，两种椅型构象在不断地相互翻转，翻转以后 C^1, C^3 和 C^5 形成的平面转至 C^2, C^4 与 C^6 形成的平面之下，因此 a 键变为 e 键，而 e 键则变为 a 键。

根据计算，椅型环己烷中 C^1, C^3, C^5（或 C^2, C^4, C^6）的三个 a 键所连氢原子间的距离与两个氢的范德华半径基本相同，它们之间没有相互排斥作用，但当 C^1 a 键上的氢被其他原子或基团（如—CH_3）取代后，如（Ⅰ），由于—CH_3 的体积比氢大，所以它与 C^3, C^5 上的氢便发生拥挤而产生相互排斥作用，但如—CH_3 连在 e 键上，如（Ⅱ），由于—CH_3 伸向环外，拥挤情况便相对降低，所以（Ⅱ）是较稳定的构象。但当取代基的体积不是很大时，取代基以 a 键或 e 键与环相连的两种构象间的能量差别不大,同时由于环的翻转 a 键与 e 键可以互换,因此甲基环己烷为两种构象的平衡体系,但以 e 键与环相连为主。

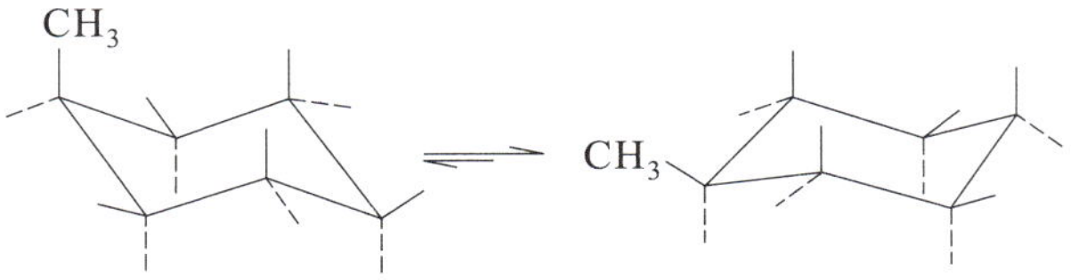

（Ⅰ） ⇌ （Ⅱ）

对于多元取代的环己烷,一般说来最稳定的构象应是 e 键取代基最多的构象,尤其是较大的取代基应以 e 键与环相连为最稳定。

在环己烷的椅型构象中,每一个碳原子上各有一个 a 键及一个 e 键;相邻两个碳原子上的 a 键(或 e 键)都是一个向上,另一个向下(反式);而相隔一个碳原子上的两个 a 键(或 e 键)的方向是一致的(顺式);处于对位(1,4)的两个碳原子上的 a 键(或 e 键)的方向又是相反的(反式)。

当环己烷上有两个或两个以上取代基时,根据取代基在环面的同侧或反侧,则可以产生几何异构体,如 1,2-二甲基环己烷有顺式与反式两种异构体。由构象式可以看出,顺式异构体的两个甲基一个以 a 键,另一个以 e 键与环相连,这种构象叫 ae 型。而反式异构体的两个甲基可都以 e 键或都以 a 键与环相连,分别叫作 ee 型或 aa 型,但 ee 型为占优势的构象。

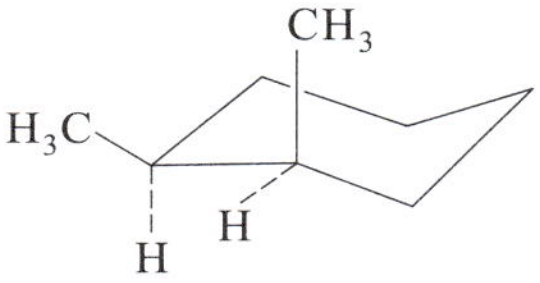

顺-1,2-二甲基环己烷(ae 型) 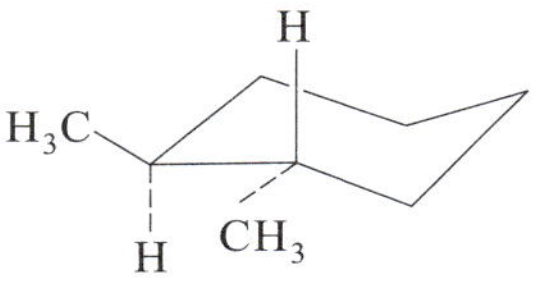　　反-1,2-二甲基环己烷(ee 型)

在不考虑构象而只讨论构型时,为了书写简便起见,常将椅型环写成平面六边形,将取代基分别写在环平面的上下两侧：

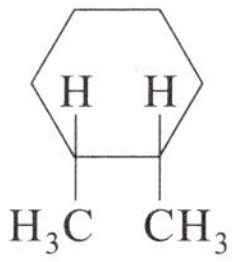

顺-1,2-二甲基环己烷 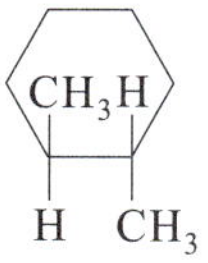　　反-1,2-二甲基环己烷

脂环烃的性质

脂环烃不溶于水,比水轻,环烷的沸点比相应的烷烃略高。表 4-1 列出了几种脂环烃的物理常数。

表 4-1　几种脂环烃的物理常数

名称		沸点/℃
中文	英文	
环丙烷	cyclopropane	-32.7
环丁烷	cyclobutane	12.0
环戊烷	cyclopentane	49.2
环己烷	cyclohexane	80.7
环己烯	cyclohexene	83.0

三元和四元环烷由于碳-碳间电子云重叠程度较差，所以碳-碳键就不如开链烃中的碳-碳键稳定，表现在化学性质上就比较活泼，它们与烯烃相似，容易与一些试剂加成开环而形成链状化合物。

1. 催化氢化

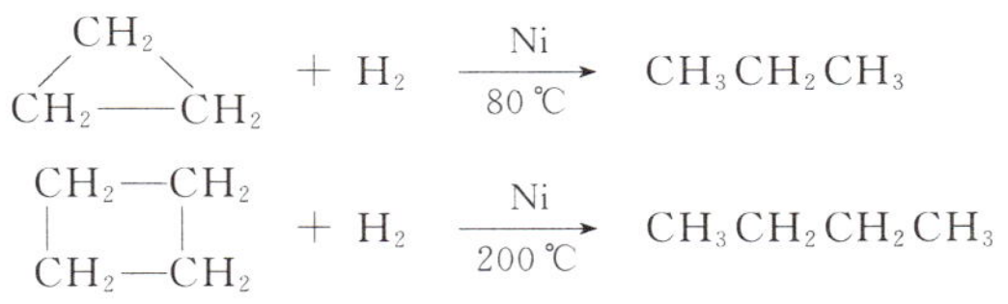

$$\text{环丙烷} + H_2 \xrightarrow[80\,℃]{Ni} CH_3CH_2CH_3$$

$$\text{环丁烷} + H_2 \xrightarrow[200\,℃]{Ni} CH_3CH_2CH_2CH_3$$

由反应条件可以看出，四元环比三元环要稳定。五元以上的环烷则难于开环。

2. 与溴的反应

环丙烷于室温及暗处就能和溴加成，生成 1,3-二溴丙烷，而环丁烷必须在加热下才能与溴作用。

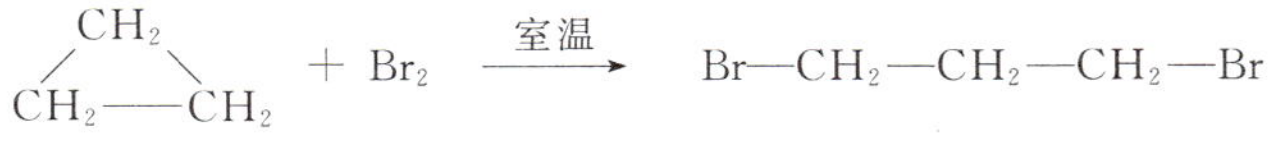

$$\text{环丙烷} + Br_2 \xrightarrow{\text{室温}} Br-CH_2-CH_2-CH_2-Br$$
1,3-二溴丙烷

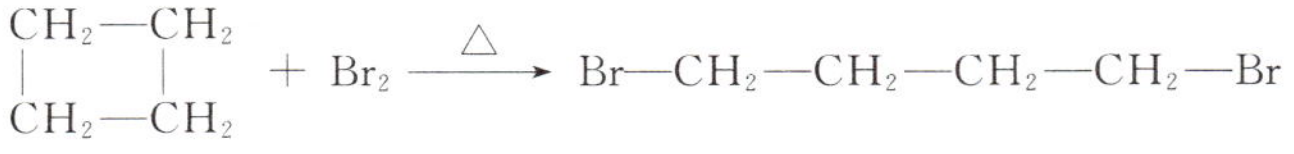

$$\text{环丁烷} + Br_2 \xrightarrow{\triangle} Br-CH_2-CH_2-CH_2-CH_2-Br$$
1,4-二溴丁烷

环丙烷及环丁烷在与氢或溴加成这一点上与烯烃相似，但不如烯烃活泼，而且它们也不像烯烃那样容易被高锰酸钾氧化。

五、六元环烷或高级环烷的性质与烷烃相似，它们与溴不发生加成，而是在光照下可以进行取代反应：

$$\text{环己烷} + Br_2 \xrightarrow{h\nu} \text{溴代环己烷} + HBr$$

环烯烃或环炔烃中的不饱和键具有一般不饱和键的通性。

金 刚 烷

金刚烷是由四个椅型六元环形成的一个立体笼形结构的烃,分子中只比环己烷多四个碳和四个氢,分子式为 $C_{10}H_{16}$。

金刚烷中四个圈出的碳原子各为三个环所共用,其余六个碳原子各为两个环所共用。四个六元环形成一个对称的笼形。

金刚烷与金刚石在结构上有些相似(见图 4-3)。金刚石是碳元素的一种存在形式,碳原子都以 sp^3 杂化状态互相连接,形成像蜂窝一样结构的物质,就好像是把金刚烷中每一个六元环当作另一个笼形的一个面,继续扩大下去而形成的物质。

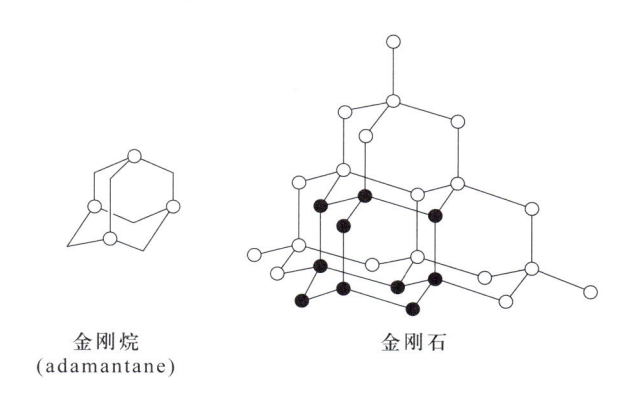

金刚烷
(adamantane)　　　金刚石

图 4-3　金刚烷及金刚石的结构

金刚烷由于它的结构与金刚石相似,因此而得名,但它并不是由金刚石制得的,金刚烷存在于某些地区的石油中。

Ⅱ. 芳 香 烃

"芳香族化合物"原来指的是由树脂或香精油中取得的一些有香味的物质,如苯甲醛、苯甲醇等。由于这些物质分子中都含有苯环:

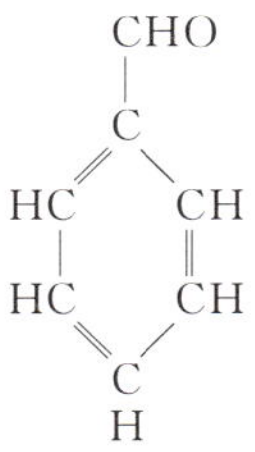

苯甲醛 (benzaldehyde)

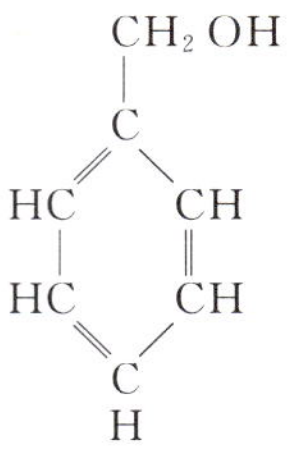

苯甲醇 (benzyl alcohol)

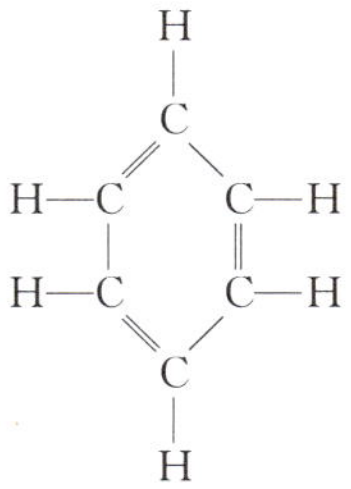

简写为  苯(benzene)

所以就把含有苯环的一大类化合物叫作芳香族化合物。实际上，许多含有苯环的化合物不但不香，还有很难闻的气味，所以"芳香族"这一名称并不十分恰当。从另一方面来说，含有苯环的化合物有独特的化学性质，这种独特的化学性质叫作"芳香性（aromaticity）"。但后来发现，许多不含苯环的化合物，也具有与苯相似的"芳香性"。所以"芳香族化合物"这一名称虽然沿用至今，但含义已完全不同，它不再仅指"含有苯环且有香味"的物质，而是指在结构上有某些特点并具"芳香性"的许多化合物。在这一节中，将主要讨论含有苯环的碳氢化合物。

芳香烃的分类及命名[①]

根据分子中所含苯环的数目，可将芳香烃（aromatic hydrocarbon 或 arene）分为单环芳香烃和多环芳香烃两大类。

1. 单环芳香烃

单环芳香烃包括苯、苯的同系物和苯基取代的不饱和烃。例如：

苯 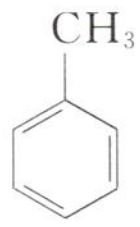　　甲苯 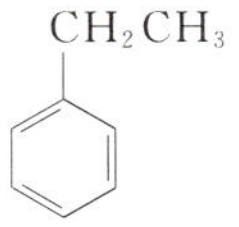　　乙苯 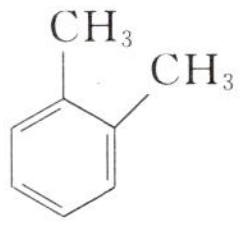　　邻二甲苯　　间二甲苯　　对二甲苯
　　　　　　　　　　（1,2-二甲苯）（1,3-二甲苯）（1,4-二甲苯）

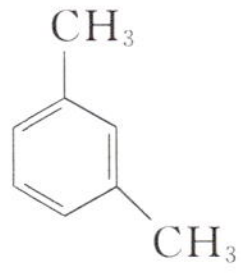

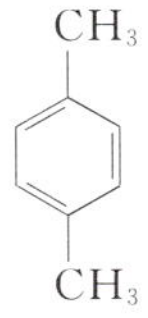

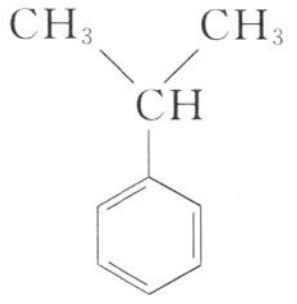

异丙苯（枯烯）　　苯乙烯　　2-苯基庚烷
（cumene）　　（styrene）

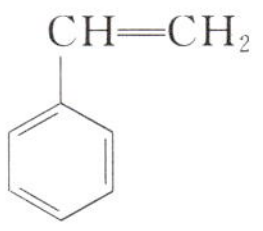

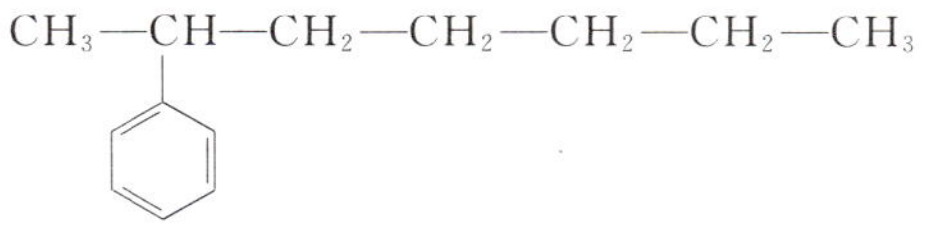

---

① 芳香族化合物的英文名称许多是俗名。有些中文名称是根据英文名称音译而来。

一般命名苯的同系物时，都以苯作母体，如甲苯、乙苯、丙苯等。当苯环上连有不饱和基团或多个碳原子的烷基时，则通常将苯环作为取代基，如苯乙烯及 2-苯基庚烷。

苯分子中除去一个氢原子后，余下的部分（⟨苯环⟩— 或 C_6H_5—）叫作苯基，常以 Ph（phenyl 的前两个字母）表示。通常将甲苯分子中甲基上去除一个氢原子后余下的部分（$C_6H_5CH_2$—）叫作苄基（benzyl group）。

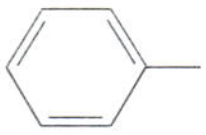

苯环上有两个取代基时，就有三种异构体，所以需要注明取代基的位置。例如，上面三个二甲苯可以分别用邻（ortho，以 o-表示）、间（meta，以 m-表示）、对（para，以 p-表示）表示，也可以用 1,2-、1,3- 或 1,4- 表示，在用数目字表示时，必须选择表示取代基位置的数字最小的标记方法。苯环上有三个以上取代基时，一般都用数目字表示它们的位置。例如，三甲苯的异构体是

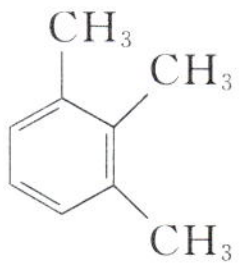

    1,2,3-三甲苯 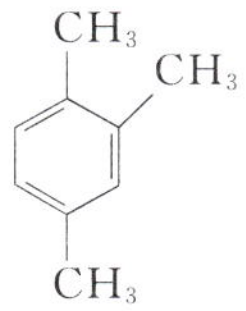   1,2,4-三甲苯 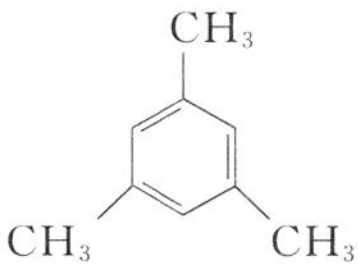   1,3,5-三甲苯（䓚，mesitylene）

乙苯与二甲苯，或异丙苯与三甲苯等互为同分异构体。

IUPAC 命名原则中规定：甲苯、邻二甲苯、异丙苯、苯乙烯等少数几个芳香烃也可作为母体来命名，如下面化合物叫作对叔丁基甲苯，而不叫 1-甲基-4-叔丁基苯。

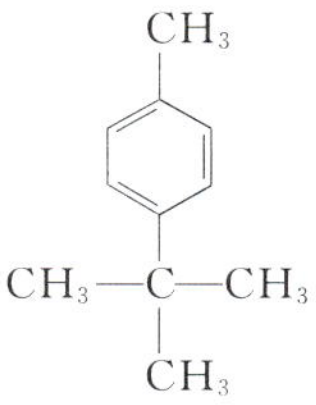

当两个取代基相同时，则作为苯的衍生物来命名。例如：

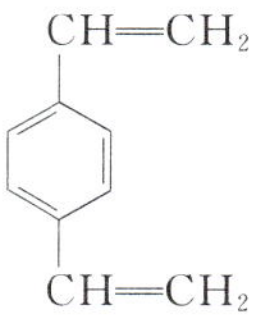

1,4-二乙烯基苯（不叫对乙烯基苯乙烯）

2. 多环芳香烃

分子中含有一个以上苯环的化合物称为多环芳香烃。多环芳香烃可根据苯环的连接方式分为联苯类、多苯代脂肪烃和稠环芳香烃三类。

（1）联苯类　苯环之间以一单键相连。例如：

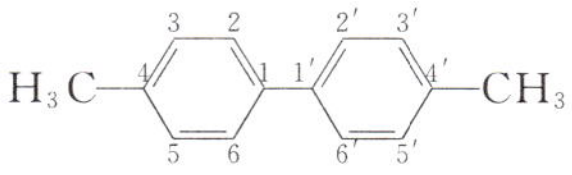

4,4′-二甲基联苯 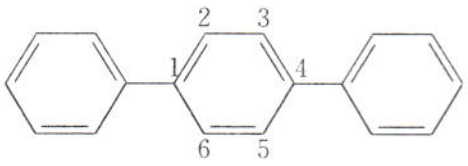　　　　　　1,4-联三苯 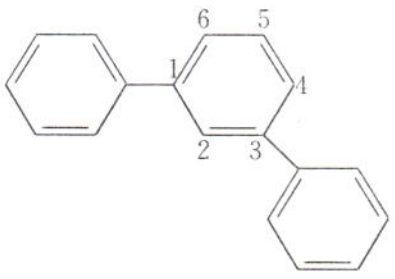　　　　　　1,3-联三苯

（2）多苯代脂肪烃　这一类可以看作是脂肪烃分子中的氢原子被苯环取代的产物。例如：

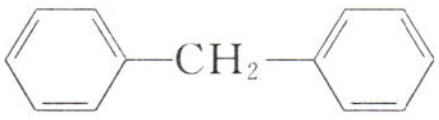

二苯甲烷 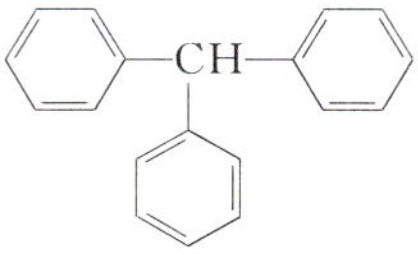　　　　　　三苯甲烷 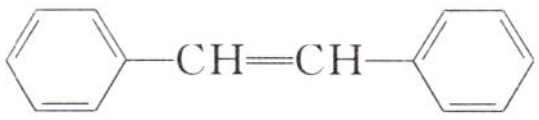　　　　　　1,2-二苯乙烯（䓬,stilbene）

（3）稠环芳香烃　两个或两个以上苯环彼此共用两个相邻的碳原子连接起来的,叫作稠环芳香烃,这种连接方式叫并联。这类化合物各有自己特殊的名称和编号方法。例如：

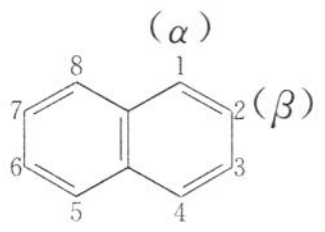

萘 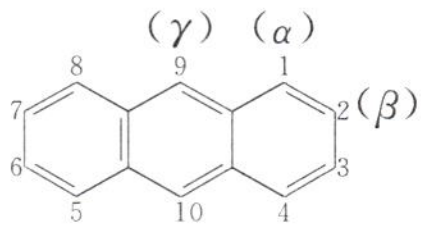　　　　　　蒽 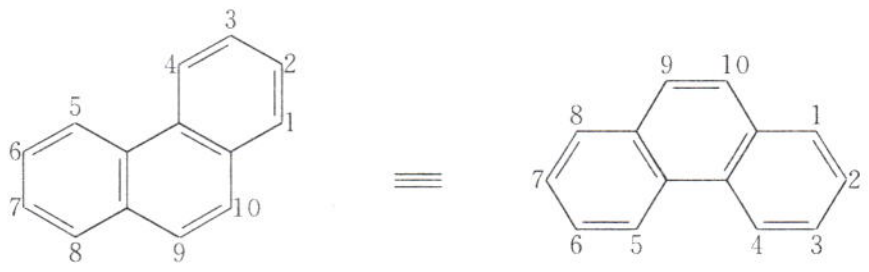　　　　　　菲

各环系的碳原子分别按上面顺序编号,在萘及蒽中还常用 α 代表 1,4,5,8 位;以 β 代表 2,3,6,7 位;蒽的 9,10 位以 γ 表示。

一、单环芳香烃

苯 的 结 构

19 世纪初期发现了苯,并测定其分子式为 C_6H_6,符合 C_nH_{2n-6} 这样一个通式,这就说明它是一个不饱和程度很高的化合物。分子中必然含有很多不饱和键,根据其通式可以写出如下的许多结构式：

$$HC \equiv C-CH_2-CH_2-C \equiv CH \qquad H_2C=CH-CH=CH-C\equiv CH \qquad H_2C=CH-C\equiv C-CH=CH_2$$

但苯的性质却与烯烃或炔烃完全不同,它不容易发生加成作用,如苯不能使溴的四氯化碳溶液褪色,也不易被高锰酸钾氧化,所以上述式子不能代表苯的结构。另一方面苯却比较容易发生取代反应,如苯与溴在催化剂作用下未得到加成产物,而是得到取代产物。

$$C_6H_6 + Br_2 \xrightarrow{FeBr_3} C_6H_5Br + HBr$$

苯还可以发生其他一些取代反应。同时发现苯的一元取代产物只有一种,这就说明可能是由于苯分子中只有一个氢原子对这些试剂比较活泼;或是苯分子中的六个氢是等同的,那么无论哪个氢被取代都得到同样的化合物。但苯并不只限于发生一元取代反应,还可以发生二元取代或三元取代反应,因此第一种假设不能成立,而第二种假设是比较正确的,即苯分子中的六个氢是等同的。1865 年,Kekulé 提出了苯的结构式应该是单双键间隔的六元环,即前面所写的结构式,这虽然能很好地解释了苯只有一种一元取代产物,但如果按照 Kekulé 的单、双键间隔的体系,则苯的邻位二元取代产物应该有两种异构体:

即两个溴原子所连的两个碳原子在(ⅰ)中是以双键相连的,而在(ⅱ)中则以单键相连。但实际上,苯的邻位二取代物只有一种,从而 Kekulé 又假设苯环是下面两种结构式的平衡体系:

它们之间相互转化极快,所以分离不出两种邻溴代物的异构体。

许多实验事实证明以上两种异构体呈平衡的假设是不存在的。但 Kekulé 关于苯分子的六元环状结构的提出确是一个非常重要的假设,至今仍然使用 Kekulé 的结构式来表示苯,但必须了解苯分子中并不存在单、双键间隔的体系。

近代物理方法证明,苯分子中的六个碳原子和六个氢原子都在同一平面内,六个碳原子组成一个正六边形,碳-碳键长完全相等(0.1396 nm),所有的键角都是 120°。

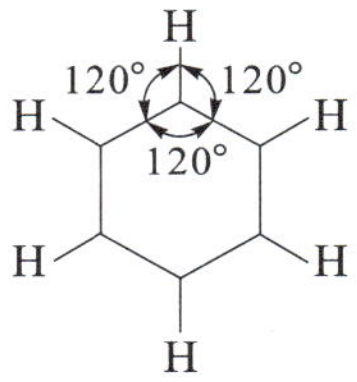

根据杂化理论,苯分子中的碳原子都是 sp^2 杂化的,每个碳原子都以三个 sp^2 杂化轨道分别与碳和氢形成三个 σ 键。由于三个 sp^2 杂化轨道都处在同一平面内,所以苯环上所有原子都在一个平面内,并且键角为 120°。每个碳上余下的未参加杂化的 p 轨道由于都垂直于苯分子形成的平面而相互平行(见图 4-4),因此所有 p 轨道之间都可以相互重叠;同时,分子中的碳架是闭合的,这就形成了一个"环闭的共轭体系",这个体系的特点是 p 轨道的重叠程度完全相等,形成一个环状离域的 π 电子云,此环状离域的 π 电子云像两个轮胎一样,分布在分子平面的上下两侧。苯分子的比例模型如图 4-5 所示。

由于所有碳原子上的 p 轨道重叠程度完全相等,所以碳-碳键长完全相等,它比烷烃中的碳-碳单键短,而比孤立的碳-碳双键长。所以实际上苯环不是结构式表示的那样一种单、双键间隔的体系,而是形成了一个电子密度完全平均化了的没有单、双键之分的大 π 键。

因此苯的结构式也常用下式表示:

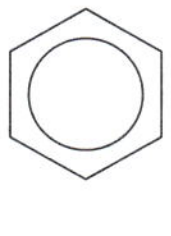

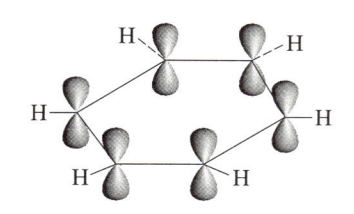

图 4-4 苯分子中 p 轨道示意图　　　　图 4-5 苯分子的比例模型

物 理 性 质

苯及其低级同系物都是无色液体，比水轻，不溶于水，而易溶于石油醚、醇和醚等有机溶剂。芳香烃燃烧时产生带黑烟的火焰。苯及其同系物有毒，尤其是苯，长期吸入它的蒸气，会引起肝的损伤，损坏造血器官及中枢神经系统，并能导致白血病。甲苯也对中枢神经系统有抑制作用，但不造成白血病。表 4-2 列出了一些芳香烃的物理常数。

表 4-2　一些芳香烃的物理常数

名称		沸点/℃	熔点/℃	相对密度*
中文	英文			
苯	benzene	80.1	5.5	0.8765
甲苯	toluene	110.6	−95.0	0.8669
乙苯	ethylbenzene	136.2	−95.0	0.8670
丙苯	propylbenzene	159.2	−99.5	0.8620
异丙苯	isopropylbenzene	152.4	−96.0	0.8618
邻二甲苯	o-xylene	144.4	−25.2	0.8802(10 ℃)
间二甲苯	m-xylene	139.1	−47.9	0.8642
对二甲苯	p-xylene	138.3	13.3	0.8611
萘	naphthalene	218.0	80.2	0.9625(100 ℃)
蒽	anthracene	342.0	218.0	1.283(25 ℃)
菲	phenanthrene	340.0	100.0	0.9800(4 ℃)

*除注明者外，其余均为 20 ℃时的数据。

化 学 性 质

苯的结构已经说明在苯环中不存在一般的碳-碳双键,所以它不具备烯烃的典型性质。苯环相当稳定,不易被氧化,不易进行加成,而容易发生取代反应,这些是芳香族化合物共有的特性,常把它叫作"芳香性",这是从化学性质上来阐明芳香性。从结构上来说,具有芳香性的物质必须有一个环闭的共轭体系,共轭体系中的原子在一个平面内,在这个平面的上下两侧有环状离域的 π 电子云,而且组成该 π 电子云的 p 电子数必须符合 $4n+2$ 规则(n 为 $0,1,2,3,\cdots$整数),这个规则叫作休克尔(Hückel)规则。如苯环中 p 电子数为 6,即 $n=1$;萘中 p 电子数为 10,即 $n=2$,所以苯和萘都具有芳香性。并非含有苯环的化合物才有芳香性,某些不含苯环的环状化合物,如果它的结构符合 Hückel 规则,则也具有芳香性。

1. 取代反应(substitution reaction)

由于苯环中离域的 π 电子云分布在分子平面的上下两侧,所以受原子核的约束较 σ 电子为小,这就与烯烃中的 π 电子一样,它们对亲电子试剂都能起提供电子的作用,所不同的是,烯烃容易进行亲电加成,而芳香烃则由于其结构特点,即具有保持稳定的共轭体系的倾向,所以容易进行亲电取代(electrophilic substitution),而不易进行加成。

(1) 卤化(halogenation) 苯与氯、溴在一般情况下不发生取代反应,但在铁或相应的铁盐等的催化下加热,苯环上的氢可被氯或溴原子取代,生成相应的卤代苯,并放出卤化氢。

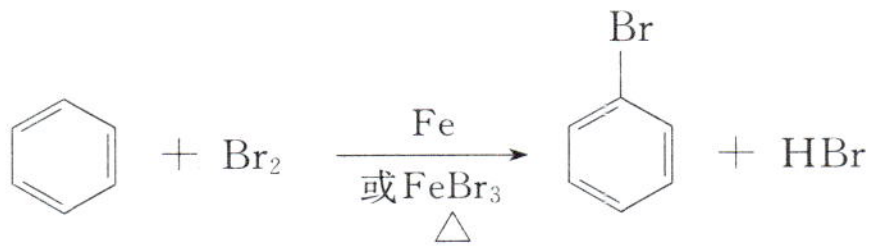

$$\text{C}_6\text{H}_6 + \text{Br}_2 \xrightarrow[\triangle]{\text{Fe 或 FeBr}_3} \text{C}_6\text{H}_5\text{Br} + \text{HBr}$$

溴苯
(bromobenzene)

产物中除一溴代产物外,还有少量二溴代产物——邻二溴苯和对二溴苯。

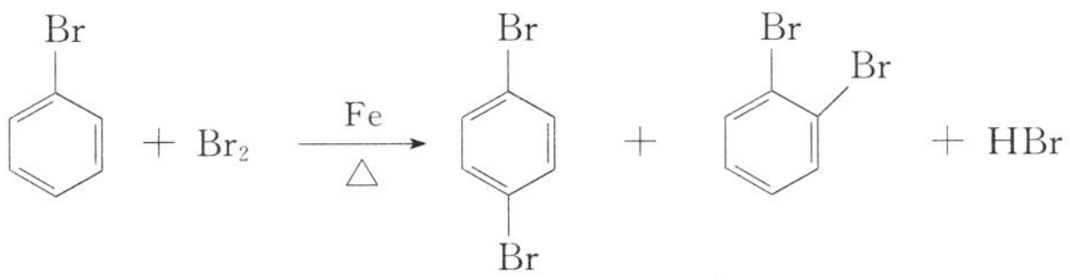

$$\text{C}_6\text{H}_5\text{Br} + \text{Br}_2 \xrightarrow[\triangle]{\text{Fe}} \text{对二溴苯} + \text{邻二溴苯} + \text{HBr}$$

(2) 硝化(nitration) 以浓硝酸和浓硫酸(或称混酸)与苯共热,苯环上的氢原子能被硝基($-\text{NO}_2$)取代,生成硝基苯。

$$\text{C}_6\text{H}_6 + 浓 \text{HO-NO}_2 \xrightarrow[50\sim60\ ℃]{浓\ \text{H}_2\text{SO}_4} \text{C}_6\text{H}_5\text{NO}_2 + \text{H}_2\text{O}$$

硝基苯
(nitrobenzene)

如果增加硝酸的浓度,并提高反应温度,则可得间二硝基苯。

$$\text{C}_6\text{H}_5\text{NO}_2 + 发烟\ \text{HNO}_3 \xrightarrow[100\ ℃]{浓\ \text{H}_2\text{SO}_4} m\text{-}\text{C}_6\text{H}_4(\text{NO}_2)_2 + \text{H}_2\text{O}$$

间二硝基苯
(m-dinitrobenzene)

如以甲苯进行硝化,则不需浓硫酸,而且在30 ℃就可反应,主要得到邻硝基甲苯和对硝基甲苯。

$$\text{C}_6\text{H}_5\text{CH}_3 + \text{HNO}_3 \xrightarrow{30\ ℃} o\text{-}\text{O}_2\text{NC}_6\text{H}_4\text{CH}_3 + p\text{-}\text{O}_2\text{NC}_6\text{H}_4\text{CH}_3 + \text{H}_2\text{O}$$

邻硝基甲苯　　　对硝基甲苯
(o-nitrotoluene)

由此可以说明硝基苯比苯难于硝化,而甲苯比苯易于硝化。

(3) 磺化(sulfonation)　苯和浓硫酸共热,环上的氢可被磺酸基(—SO₃H)取代,产物是苯磺酸。

$$\text{C}_6\text{H}_6 + \text{HO-SO}_3\text{H} \xrightleftharpoons{\Delta} \text{C}_6\text{H}_5\text{SO}_3\text{H} + \text{H}_2\text{O}$$

苯磺酸
(benzene sulfonic acid)

磺化反应是可逆的,苯磺酸与水共热可脱去磺酸基,这一性质常被用来在苯环的某些特定位置引入某些基团。

(4) 傅氏反应(Friedel-Crafts reaction)　在无水三氯化铝等的催化下,苯可以与卤代烷反应,生成烷基苯:

$$\text{C}_6\text{H}_6 + \text{RX} \xrightleftharpoons{无水\ \text{AlCl}_3} \text{C}_6\text{H}_5\text{R} + \text{HX}$$

这个反应叫作傅氏烷基化(Friedel-Crafts alkylation)反应,是向芳香环上导入烷基的方法之一。反应是可逆的。反应中往往容易产生多烷基取代苯,而且如果R是三个碳原子以上的烷基,则反应中常发生烷基的异构化,如溴代正丙烷与苯反应得到的主要产物是异丙苯。

$$\text{C}_6\text{H}_6 + \text{CH}_3\text{CH}_2\text{CH}_2\text{Br} \xrightleftharpoons{\text{无水 AlCl}_3} \text{C}_6\text{H}_5\text{CH(CH}_3)_2 + \text{C}_6\text{H}_5\text{CH}_2\text{CH}_2\text{CH}_3$$
　　　　　　　　　　　　　　　　　　　　　异丙苯　　　　　　正丙苯

除卤代烷外,烯烃或醇也可以作为烷基化剂向苯环上导入烷基。

在无水三氯化铝催化下,苯还能与酰氯 $\text{R}-\overset{\text{O}}{\underset{\|}{\text{C}}}-\text{Cl}$(或酸酐 $\text{R}-\overset{\text{O}}{\underset{\|}{\text{C}}}-\text{O}-\overset{\text{O}}{\underset{\|}{\text{C}}}-\text{R}$)进行类似的反应得到酮:

$$\text{C}_6\text{H}_6 + \text{CH}_3-\overset{\text{O}}{\underset{\|}{\text{C}}}-\text{Cl} \xrightarrow{\text{无水 AlCl}_3} \text{C}_6\text{H}_5\text{COCH}_3 + \text{HCl}$$
　　　　　　　　　乙酰氯　　　　　　　　　苯乙酮

这个反应叫傅氏酰基化(Friedel–Crafts acylation)反应,是制备芳香酮的主要方法。傅氏酰基化反应不发生异构化。

芳环上连有强吸电子基如 $-\text{NO}_2$(硝基)、$-\overset{\text{O}}{\underset{\|}{\text{C}}}-\text{R}$(酰基)等,则不发生傅氏反应,所以傅氏酰基化反应不生成多元取代物。

▎2. 加成反应

苯及其同系物与烯烃或炔烃相比,不易进行加成反应,但在一定条件下,仍可与氢、氯等加成,生成脂环烃或其衍生物。一般情况下苯的加成不停留在生成环己二烯或环己烯的衍生物阶段,这进一步说明苯环中六个 p 电子形成了一个整体,不存在三个孤立的双键。

$$\text{C}_6\text{H}_6 + 3\text{H}_2 \xrightarrow[\triangle]{\text{Ni}} \text{环己烷}$$

$$\text{C}_6\text{H}_6 + 3\text{Cl}_2 \xrightarrow{\text{日光或紫外光}} \text{C}_6\text{H}_6\text{Cl}_6$$
　　　　　　　　　　　　　　　1,2,3,4,5,6-六氯代环己烷(六六六)

六六六曾是过去大量使用的一种杀虫剂,由于它相当稳定,不易降解,长期使用对环境造成极大的污染,我国于 20 世纪 80 年代起已禁止使用。

▎3. 氧化

在加热的情况下,苯不被高锰酸钾、重铬酸钾等强氧化剂氧化,但苯的同系物如甲苯或其他烷基苯可被高锰酸钾或重铬酸钾等氧化剂氧化，得到的最终产物总是苯甲酸：

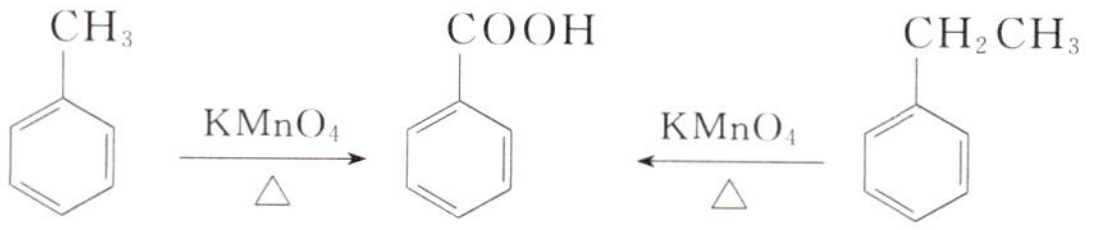

$$C_6H_5-CH_3 \xrightarrow[\triangle]{KMnO_4} C_6H_5-COOH \xleftarrow[\triangle]{KMnO_4} C_6H_5-CH_2CH_3$$

这说明烷基比苯环容易被氧化，也说明由于苯环的存在，使得烷基容易被氧化。但与苯环相连的碳原子上不含氢时，如叔丁基苯$[C_6H_5-C(CH_3)_3]$则侧链不易被氧化为羧基。

> 甲苯不会引起白血病是因为甲苯在人体内可被氧化为苯甲酸，从而随尿排出体外，而苯不含侧链，在人体内则被氧化为能引起癌变的环氧化物（见致癌烃一节）。

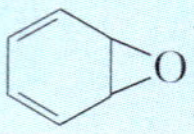

在较高的温度及特殊催化剂作用下，苯可被空气中的氧气氧化开环，生成顺丁烯二酸酐。

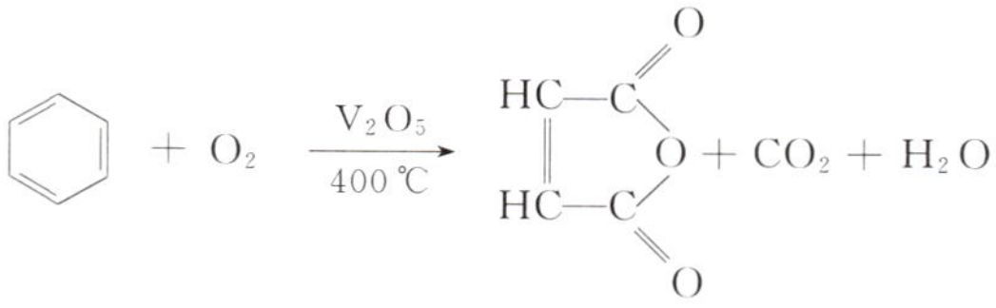

$$C_6H_6 + O_2 \xrightarrow[400\,℃]{V_2O_5} \text{顺丁烯二酸酐} + CO_2 + H_2O$$

顺丁烯二酸酐

4. 烷基侧链的卤化

在没有铁盐存在时，烷基苯与氯在高温或经紫外光照射，则卤化反应发生在烷基侧链上，而不是发生在苯环上。例如：

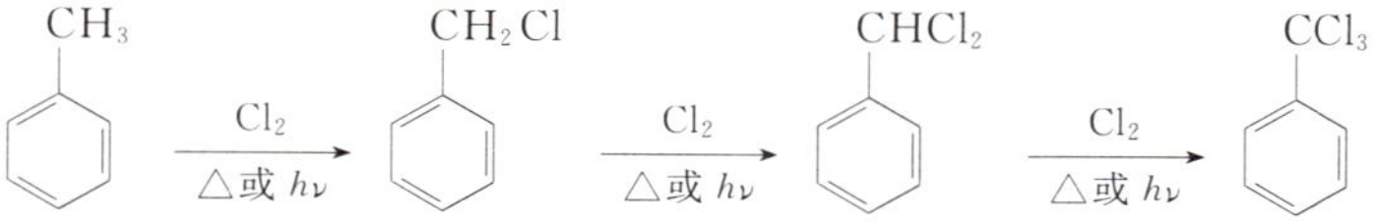

$$C_6H_5CH_3 \xrightarrow[\triangle\text{或}h\nu]{Cl_2} C_6H_5CH_2Cl \xrightarrow[\triangle\text{或}h\nu]{Cl_2} C_6H_5CHCl_2 \xrightarrow[\triangle\text{或}h\nu]{Cl_2} C_6H_5CCl_3$$

氯化苄　　　　苯二氯甲烷　　　苯三氯甲烷

这和烷烃的卤化一样是按游离基机理进行的反应。通过这一反应，进一步说明了反应条件的重要性。甲苯以外的其他烷基苯，在同样条件下，主要是与苯环相连的碳原子上的氢被卤素取代。

亲电取代反应的机理

如前所述，苯环上的 π 电子对于亲电试剂能够起提供电子的作用。实验也证明，前述四种芳环上的取代反应，都属亲电取代，反应的机理一般可以表示如下。

第一步为作用试剂本身解离，或在催化剂的作用下解离出亲电的正离子：

$$A-B \rightleftharpoons A^+ + B^-$$

当 A^+ 与电子密度较高的苯环接近时，便与苯环上的两个 p 电子结合形成一个不稳定的碳正离

子中间体,四个电子共用五个 p 轨道,这一步需要相当高的活化能:

$$\text{C}_6\text{H}_6 + A^+ \longrightarrow \left[\begin{array}{c} \text{H} \quad A \\ \bigcirc^+ \end{array} \equiv \begin{array}{c} \text{H} \quad A \\ \bigcirc^+ \end{array} \right]$$

碳正离子中间体

然后由碳正离子中间体消去一个 H^+,又恢复稳定的苯环结构。反应体系中的负离子 B^-,则与环上取代下来的 H^+ 结合。生成碳正离子的一步是速率决定步骤。

$$\begin{array}{c} \text{H} \quad A \\ \bigcirc^+ \end{array} \xrightarrow{B^-} \begin{array}{c} A \\ \bigcirc \end{array} + HB$$

1. 卤化

卤化反应的催化剂是铁盐或铝盐,如 FeX_3、AlX_3 等。实际以铁作催化剂时,铁先与卤素形成 FeX_3:

$$3 X_2 + 2 Fe \rightleftharpoons 2 FeX_3$$

铁盐或铝盐的作用是作为路易斯酸与卤素络合而使卤素分子极化。例如:

$$Br_2 + FeBr_3 \rightleftharpoons Br\text{—}Br : FeBr_3$$

然后此络合物作为亲电子试剂,将 Br^+ 转移给苯环,形成碳正离子及 $FeBr_4^-$:

$$\text{C}_6\text{H}_6 + Br\text{—}Br : FeBr_3 \longrightarrow \begin{array}{c} \text{H} \\ \bigcirc^+ \\ Br \end{array} + FeBr_4^-$$

最后由苯环脱去质子而得溴苯,并产生溴化氢及三溴化铁。

$$\begin{array}{c} \text{H} \\ \bigcirc^+ \\ Br \end{array} + FeBr_4^- \longrightarrow \begin{array}{c} Br \\ \bigcirc \end{array} + HBr + FeBr_3$$

2. 硝化

硝化反应中的亲电试剂是硝基正离子 NO_2^+,它是按下式生成的:

$$HO\text{—}NO_2 + 2 H_2SO_4 \rightleftharpoons H_3O^+ + NO_2^+ + 2 HSO_4^-$$

这实际是一个酸-碱平衡反应,硫酸作为强酸;而硝酸作为碱,先被质子化,而后失水并生成 NO_2^+。

苯的硝化则按如下机理进行:

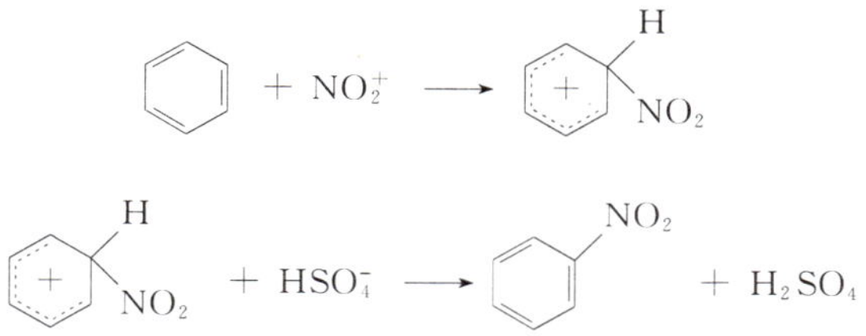

$$\bigcirc + NO_2^+ \longrightarrow \overset{H}{\underset{NO_2}{\bigoplus}}$$

$$\overset{H}{\underset{NO_2}{\bigoplus}} + HSO_4^- \longrightarrow \underset{}{\bigcirc}-NO_2 + H_2SO_4$$

3. 磺化

目前认为一般磺化反应中的亲电试剂是 SO_3，在浓硫酸中有如下的平衡：

$$2\ H_2SO_4 \rightleftharpoons SO_3 + H_3O^+ + HSO_4^-$$

虽然 SO_3 不是正离子，但它是一个缺电子试剂，它与苯环经以下步骤生成苯磺酸。

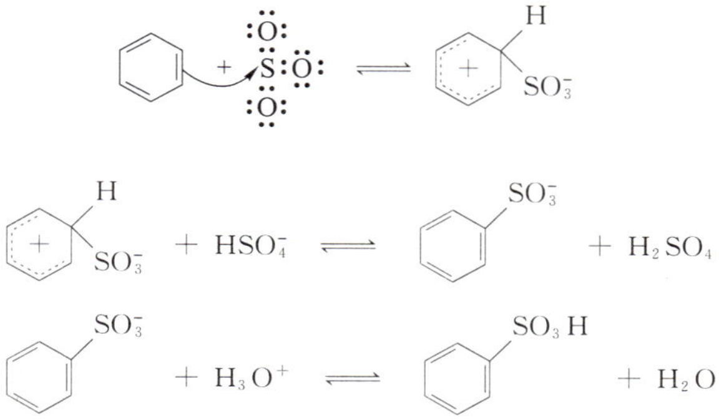

$$\bigcirc + S(=O)_2(:\ddot{O}:) \rightleftharpoons \overset{H}{\underset{SO_3^-}{\bigoplus}}$$

$$\overset{H}{\underset{SO_3^-}{\bigoplus}} + HSO_4^- \rightleftharpoons \underset{}{\bigcirc}-SO_3^- + H_2SO_4$$

$$\underset{}{\bigcirc}-SO_3^- + H_3O^+ \rightleftharpoons \underset{}{\bigcirc}-SO_3H + H_2O$$

在某些情况下，磺化反应是由 SO_3H^+ 进攻苯环开始的。

4. 傅氏反应

傅氏反应中的亲电试剂烷基正离子或酰基正离子是在路易斯酸如 $AlCl_3$ 的作用下产生的：

$$RCl + AlCl_3 \rightleftharpoons R^+ + AlCl_4^-$$

$$R-\overset{O}{\underset{}{C}}-Cl + AlCl_3 \longrightarrow R-\overset{O}{\underset{}{C}}{}^+ + AlCl_4^-$$

例如，氯丙烷与三氯化铝作用：

$$CH_3CH_2CH_2Cl + AlCl_3 \rightleftharpoons CH_3CH_2\overset{+}{C}H_2 + AlCl_4^-$$

产生的丙基正离子趋向于重排（rearrange）为较稳定的异丙基正离子，从而正电荷可以分散在两个甲基上：

$$CH_3-\overset{H}{\underset{}{C}H}-\overset{+}{C}H_2 \rightleftharpoons CH_3-\overset{+}{C}H-CH_3$$

因此在傅氏烷基化反应中，引入三个碳原子以上的烷基时，往往以烷基异构化的取代产物为主。

苯环上取代基的定位规律（定位效应或称取向效应）

一元取代的苯 [A—C₆H₅] 再进行亲电取代反应时，第二个基团 B 取代环上不同位置的氢原子，则可得到邻、间和对三种二元取代的衍生物：

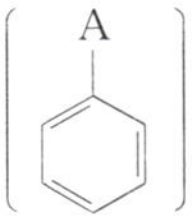

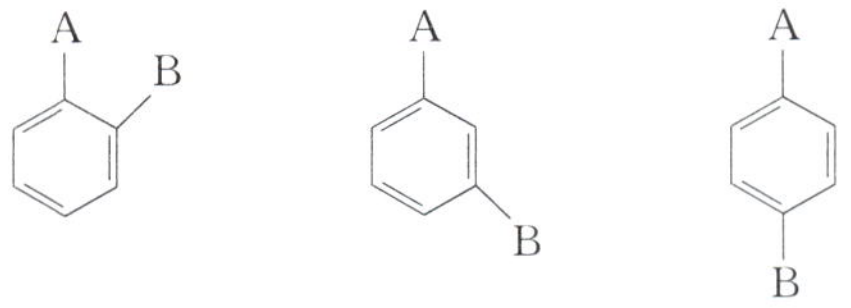

在任何一个具体反应中，这些位置上的氢原子被取代的机会不是均等的，第二个取代基进入的位置，常决定于第一个取代基，也就是第一个取代基对第二个取代基有定位的作用。

根据大量实验结果，可以把一些常见的基团按照它们的定位效应分为两类。

1. 邻对位定位基（第一类定位基）

属于这类基团的有

—N(CH$_3$)$_2$ —NH$_2$ —OH   —OCH$_3$ —NH—C(=O)—CH$_3$

—O—C(=O)—CH$_3$ —CH$_3$(R)   —X(—Cl, —Br)   —CH$_2$COOH

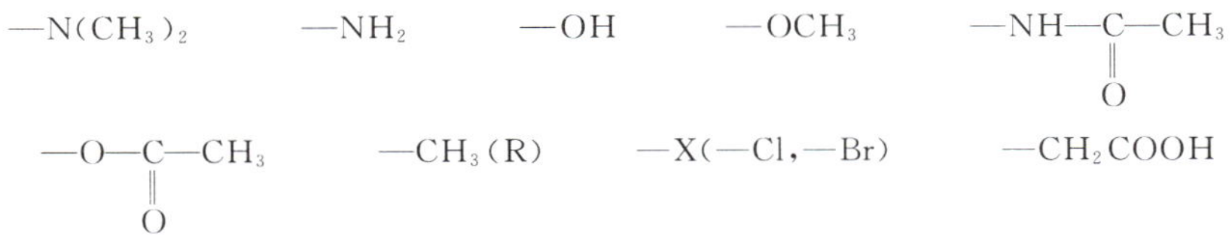

如苯环上已带有上述基团之一，则再进行取代反应时，第二个基团主要进入它的邻位和对位，产物主要是邻和对两种二元取代产物。例如，前面讲到的溴苯的溴化及甲苯的硝化产物主要是邻、对位异构体的混合物。

2. 间位定位基（第二类定位基）

属于这类基团的有

—N$^+$(CH$_3$)$_3$ —NO$_2$ —C≡N   —SO$_3$H   —C(=O)H(R)   —C(=O)OH

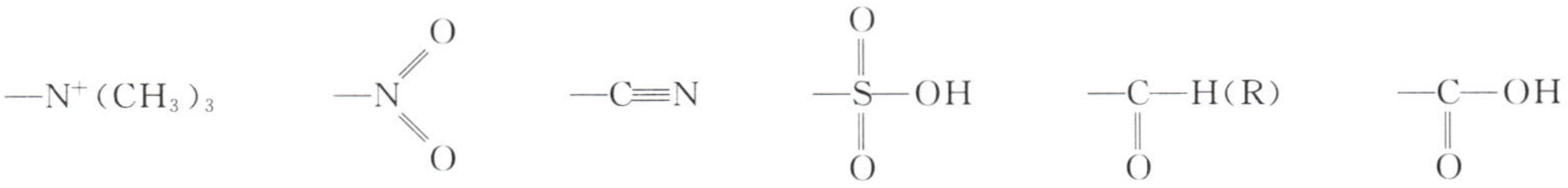

若苯环上连有上述基团之一时，再进行取代反应，则第二个基团主要进入它的间位。例如，硝基苯的硝化产物主要为间二硝基苯。

由上面两类基团的结构,可以归纳出如下的经验规律:一般说来,如果基团中与苯环直接相连的原子带有不饱和键或正电荷,这个基团就是间位定位基。反之,则是邻对位定位基。但有例外,如 —CH=CH$_2$ 为邻对位定位基,而—CCl$_3$ 则为间位定位基。

邻对位定位基导入苯环以后,能使苯环变得更容易进行亲电取代反应,也就是它们对苯环有致活(activate)作用。例如,甲苯比苯更容易硝化,就是由于甲基的致活作用。间位定位基则对苯环的亲电取代有致钝(deactivate)作用,当这些基团连在苯环上以后,则使苯环较难进行亲电取代反应,如硝基苯继续进行硝化反应,就比苯要求更高的反应条件。卤素虽属邻对位定位基,但它们对苯环却是致钝的。

上述两类基团排列的顺序是大致按照它们对苯环亲电取代反应的致活或致钝作用自左至右由强到弱排列的。

应该注意的是取代基的定位效应不是绝对的:

(1) 邻对位定位基是指它们引导第二个基团主要进入它们的邻位和对位,但邻位与对位二元取代产物的比例不是 2∶1(因为对第一个取代基来说,有两个邻位,一个对位),而且还常有少量间位二元取代产物。间位定位基也是这样。例如,硝基苯再硝化时,产物除主要是间二硝基苯外,还有少量邻和对二硝基苯。

(2) 同一个一元取代苯在不同反应中,得到的二元取代产物异构体的比例不同。

(3) 同一个一元取代苯,进行同样的取代反应,当反应条件不同时,二元取代产物异构体的比例也不相同,见表 4-3。

表 4-3 各种取代苯在取代反应中二元取代产物异构体的比例

反应物	反应	反应产物		
		邻位/%	对位/%	间位/%
硝基苯 C$_6$H$_5$—NO$_2$	硝化	6.4	0.3	93.3
甲 苯 C$_6$H$_5$—CH$_3$	硝化(0 ℃)	43	53	4
甲 苯 C$_6$H$_5$—CH$_3$	硝化(100 ℃)	13	79	8
甲 苯 C$_6$H$_5$—CH$_3$	磺化	32	62	6

如果苯环上已有两个取代基,再进行亲电取代反应时,第三个基团进入的位置要决定于已有的两个基团的性质,它们的相对位置、它们在空间所占的体积及反应条件等,情况是比较复杂的,仅就以下几例对上述因素作些简单说明:

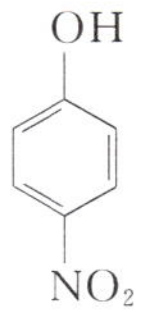

(a) 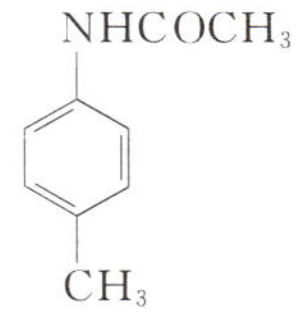　　　　(b) 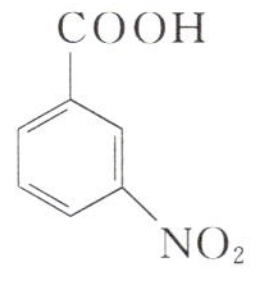　　　　(c) 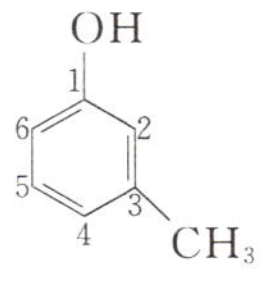　　　　(d)

在(a)中,羟基与硝基的定位作用都导致第三个基团进入羟基的邻位。

在(b)中,环上的两个基团都是第一类定位基,但—NHCOCH₃的致活作用比—CH₃强,所以第三个基团主要进入—NHCOCH₃的邻位。

在(c)中,两个间位定位基处于间位,它们的作用是一致的,故第三个基团应进入它们的间位。

在(d)中,两个第一类定位基处于间位,它们的定位作用也是一致的,即第三个基团可以进入2,4,6位,但2位正处于两个基团之间,对第三个基团的进入有空间位阻(steric hindrance)作用,所以第三个基团以进入4或6位为主。

定位规律与电子效应

不同的原子或基团取代苯环上的氢后,之所以对苯环产生致活或致钝作用及不同的定位效应,是由于这些原子或基团的电负性,或是其本身的给电子或吸电子特性,使苯环上电子密度分布发生改变所致,前章已经讲到这种电子密度分布的改变对物质性质的影响叫作电子效应。电子效应可根据作用的方式分为诱导效应与共轭效应两种类型。

1. 诱导效应(inductive effect)

不同原子间形成的共价键,由于它们电负性的不同,共用的电子对偏向电负性较强的原子而使共价键带有极性。在多原子分子中,一个键的极性可以通过静电作用力沿着与其相邻的原子间的σ键继续传递下去,这种作用就叫作诱导效应。例如,在1-氯丙烷分子中,由于卤原子的电负性较碳原子强,所以碳-卤键中的电子对偏向于卤原子,而使卤原子带部分负电荷,碳原子带部分正电荷,分别以δ^-,δ^+表示:

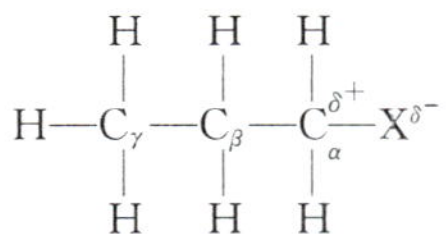

$$H-C_\gamma\text{H}_2-C_\beta\text{H}_2-C_\alpha^{\delta+}\text{H}_2-X^{\delta-}$$

由于C^α带有部分正电荷,所以它便要吸引$C^\alpha-C^\beta$间的共用电子对(当然也吸引$C^\alpha-H$间的共用电子对),使其偏向于C^α,致使C^β带有部分正电荷,按照同样道理,这种静电作用力,可以继续沿着与相邻原子间的σ键传递下去,但随着距离的加大而迅速减弱,一般至C^γ就已经很弱了。这种吸引电子的诱导效应叫作吸电子诱导效应。与此相反的是给电子诱导效应。例如,甲基就是给电子基团,它对与其相连的σ键上的共用电子对有排斥作用。

一个原子或基团是吸电子的还是给电子的,可通过测定相应取代酸的解离常数来确定(将在第十章加以说明)。诱导效应的比较标准是氢原子,原子或基团的电负性大于氢的叫作吸电子基,小于氢的叫给电子基。在结构式中,通常在键上画一箭头以表示电子转移的方向,如$CH_3 \rightarrow Cl$中,氯是具吸电子诱导效应的原子,它将C—Cl间的共用电子对拉向自身。

2. 共轭效应(conjugative effect)

在 1,3-丁二烯中已经讲到,共轭效应是由于相邻 p 轨道的重叠而产生的,除 π-π 共轭外,还有 p-π 共轭及超共轭效应等。

p-π 共轭是由 π 键与相邻原子的 p 轨道重叠而产生的。例如,π 键与具有未共用电子对的原子相连时,便可能产生 p-π 共轭。氯乙烯(CH₂=CH—Cl)便是 p-π 共轭的最简单的例子。

从诱导效应的角度来说,氯乙烯的偶极矩应该与氯乙烷相同,但实际上,氯乙烯的偶极矩($4.80×10^{-30}$ C·m)比氯乙烷($6.83×10^{-30}$ C·m)小,而且在氯乙烯分子中,C—Cl 键长为 0.169 nm,比一般氯代烷中的 C—Cl 键长(0.177 nm)要短,这两点只用诱导效应是不能解释的。这种键长和偶极矩的特殊表现是由于分子中氯原子上未共用电子对与 C=C 共轭所致。因为氯乙烯分子中,所有的 σ 键都在同一平面内,氯原子的未共用电子对之一所占据的 3p 轨道,能与 π 键的 2p 轨道相互平行重叠而形成 p-π 共轭体系,如图 4-6 所示,这就像在共轭烯烃中讲到的 C=C 与碳正离子相邻而形成共轭体系一样。但在氯乙烯的共轭体系中,碳原子上的 p 轨道中都只有一个电子,而氯原子上的 p 轨道中有两个电子,共轭链上电子密度平均化的结果是氯原子中参加共轭的一对 p 电子要向 π 键转移:

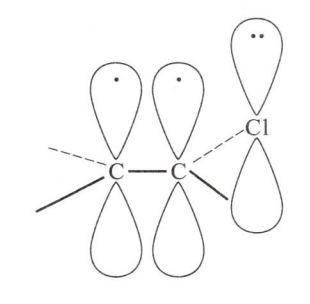

图 4-6　氯乙烯分子中 p-π 共轭示意图

所以,在氯乙烯分子中,诱导效应使分子链上的电子密度往氯转移,而共轭效应则使电子密度往 π 键转移,因而使得 C—Cl 间的电子密度比氯乙烷中的有所增高,C—Cl 键长比氯乙烷中的短,分子的偶极矩比氯乙烷的小。也就是说,整个体系表现出的电子效应的最终结果是吸电子诱导效应与给电子共轭效应的总和。

以上所讨论的都是在无外界影响时分子内在的电子效应,叫作静态效应。在反应时,分子内的电子密度分布能因进攻试剂电场的影响而发生改变,这种电子效应叫作动态效应,这里不作详细讨论。

苯环上连有不同取代基时,取代基便通过诱导效应和共轭效应而影响苯环上的电子密度分布。当苯环上连有邻对位定位基时,除个别基团外,都对苯环起给电子作用,使苯环上电子密度增高,有利于亲电取代反应的进行,所以对于亲电取代反应来说,邻对位定位基有使苯环活化的作用。例如,苯环与氨基(—NH₂)相连时,氨基中氮原子的电负性比碳原子强,所以有吸电子诱导效应,但氮原子上的未共用电子对可与苯环形成 p-π 共轭体系,又表现出给电子共轭效应,而后者的作用大于前者,所以总的说来,氨基对苯环表现出给电子效应,使苯环上电子密度比没有取代基的苯要高,因此苯胺比苯更有利于进行亲电取代反应。

苯 胺

间位定位基对苯环则起吸电子作用,使苯环上电子密度降低,因而对亲电取代反应有致钝作用。例如,硝基取代苯环上氢原子后,硝基与苯环是共平面的,氮原子及两个氧原子上的 p 轨道与苯环上的 p 轨道形成 π-π 共轭体系,而氧的电负性又较强,所以硝基对于苯环来说,是吸电子基团,它使苯环上电子密度降低,从而不利于亲电取代反应的进行。

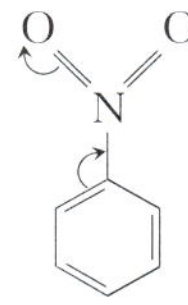

一般说来,苯环上的取代基中,与苯环直接相连的原子,如带有未共用电子对,并能与苯环形成 p-π 共轭体系的(如—NH₂、—OH、…),则对苯环有给电子效应(卤素除外)。如与苯环直接相连的原子通过不饱和键与另一个电负性较强的原子相连,且取代基与苯环之间能形成 π-π 共轭体系（如 —NO₂、—CHO 等）,则这类取代基对苯环起吸电子作用。

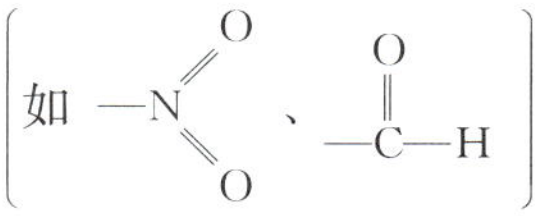

对于卤素来说,虽然 p-π 共轭效应使苯环上电子密度有所增高,但由于卤素的电负性较强,总的效应是使苯环上电子密度降低,因此卤素对苯环在亲电取代反应中有致钝作用。

用分子轨道法,可以近似计算出取代苯中环上不同位置的有效电荷分布。如以无取代基的苯环上各位置的有效电荷为零,则苯胺、硝基苯及氯苯分子中,在取代基的邻、间及对位的有效电荷分布如下：

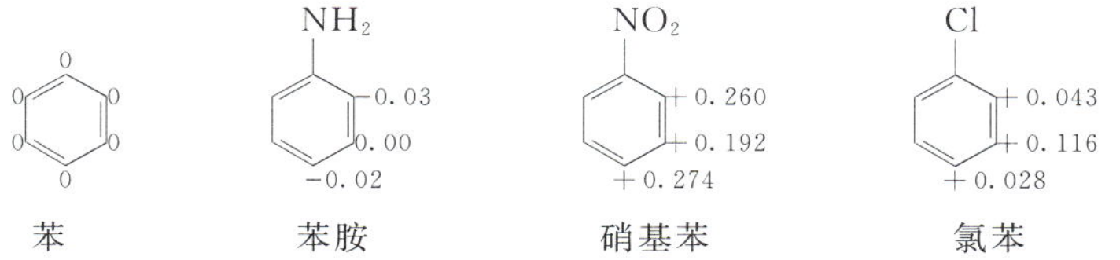

苯　　苯胺　　硝基苯　　氯苯

从以上有效电荷分布的数据可以看出,氨基使苯环上电子密度增高,而硝基和氯原子则使苯环上电子密度降低,但对不同位置的影响不是完全相同的,即电子密度是交替分布的,其影响总是对取代基的邻位和对位比较大。如在苯胺中,氨基的邻位及对位电子密度增高比间位大,所以亲电取代反应发生在氨基的邻位及对位。在硝基苯中,硝基的邻位及对位电子密度降低比间位大,所以亲电取代反应发生在间位。至于氯苯,吸电子诱导效应使苯环上总的电子密度降低,而给电子共轭效应又使氯的邻和对位电子密度增高较间位多,所以卤素属于邻对位定位基,但是致钝的基团。

二、稠环芳香烃

稠环芳香烃都是固体,相对密度大于1,许多稠环芳香烃有致癌作用。

稠环芳香烃中比较重要的是萘、蒽和菲,它们是合成染料、药物等的重要原料。

稠环芳香烃也是平面形的分子,所有碳原子上的 p 轨道都平行重叠形成环闭共轭体系,但与苯不同的是稠环芳香烃中,各 p 轨道的重叠程度不完全相同,也就是电子密度没有完全平均化。

分子中各 C—C 键长不完全相等。例如：

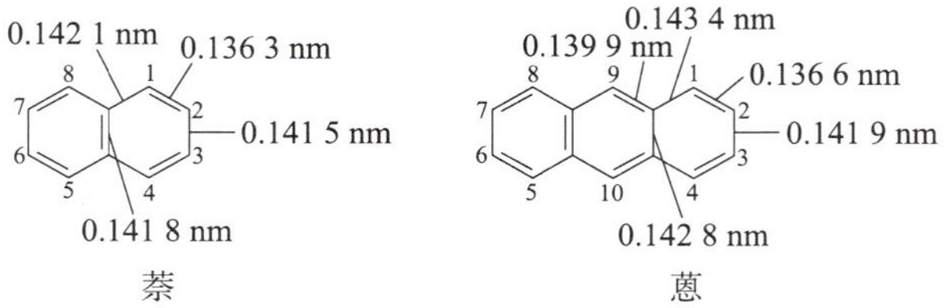

萘 蒽

根据分子轨道法计算出各碳原子上电子密度在萘中以 α 位（1，4，5，8 位）为最高，β 位（2，3，6，7 位）次之，9，10 位最低。在蒽和菲中以 9，10 位为最高。

萘

萘是无色片状结晶，熔点 80.2 ℃，沸点 218 ℃，不溶于水，能溶于乙醇、乙醚和苯等有机溶剂，易升华。

1. 萘的取代反应举例

萘也可以进行一般芳香烃的亲电取代反应，在进行一元取代反应时，一般说来取代基优先进入 α 位，如萘硝化时，主要得到 α-硝基萘：

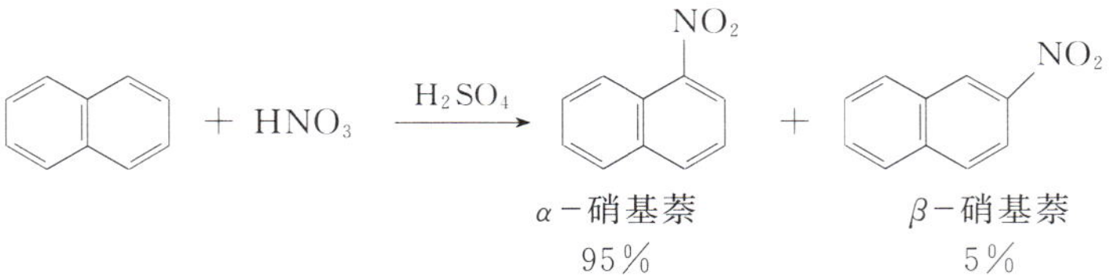

$$\text{萘} + HNO_3 \xrightarrow{H_2SO_4} \underset{95\%}{\alpha\text{-硝基萘}} + \underset{5\%}{\beta\text{-硝基萘}}$$

但萘的一元取代产物异构体的比例常随具体反应或反应条件的不同而有较大的差异。如萘的磺化：

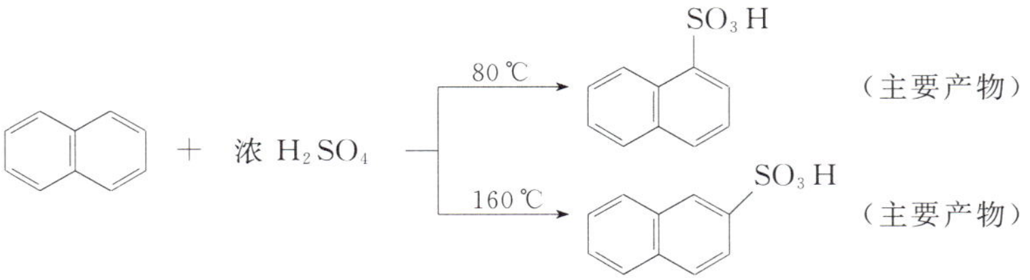

$$\text{萘} + \text{浓 } H_2SO_4 \xrightarrow[160\ ℃]{80\ ℃} \begin{array}{l} \text{1-萘磺酸（主要产物）} \\ \text{2-萘磺酸（主要产物）} \end{array}$$

一元取代萘在进行亲电取代反应时，第二个基团进入哪个环及哪个位置，也同样取决于原有基团的性质，如在环上有一邻对位定位基时，由于邻对位定位基的致活作用，所以取代发生在同环。如果这个基团在 1 位则第二基团优先进入 4 位，但如这个基团在 2 位，则第二基团优先进入 1 位，如甲基萘的磺化与硝化反应：

$$\text{1-甲基萘} \xrightarrow[0\,℃]{ClSO_3H-CCl_4} \text{4-甲基-1-萘磺酸} \quad 80\%$$

$$\text{2-甲基萘} \xrightarrow[80\,℃]{HNO_3-HOAc} \text{2-甲基-1-硝基萘} \quad 70\%\sim80\%$$

当一个环上有一个间位定位基时,由于间位定位基的致钝作用,亲电取代反应主要发生在异环的 5 或 8 位:

$$\text{1-硝基萘} \xrightarrow[0\,℃]{HNO_3-H_2SO_4} \text{1,5-二硝基萘} + \text{1,8-二硝基萘}$$

$$\text{2-萘磺酸} \xrightarrow{HNO_3-H_2SO_4} \text{5-硝基-2-萘磺酸} + \text{8-硝基-2-萘磺酸}$$

萘的取代反应是极为复杂的,前面只是简单的讨论,实际上萘或其一元取代衍生物在不同反应或不同条件下,得到的产物往往是不同的,不可一概而论。

2. 加氢

萘比苯容易发生加成作用,用金属钠与醇作用可使萘部分还原为四氢化萘,同样条件下苯则不被还原。

$$\text{萘} \xrightarrow[\text{醇}]{Na} \text{四氢化萘}$$

四氢化萘分子中有一个完整的苯环,所以如需进一步加氢,则必须用催化氢化的方法。

$$\text{四氢化萘} \xrightarrow{H_2,Pt} \text{十氢化萘}$$

用催化氢化的方法也可使萘一步还原为十氢化萘。

3. 氧化

在五氧化二钒的催化下，萘可被空气中的氧气氧化为邻苯二甲酸酐或称苯酐，苯酐是重要的化工原料。

$$\text{萘} + O_2 \xrightarrow[460\,^\circ\!C]{V_2O_5} \text{苯酐}$$

苯酐 (phthalic anhydride)

蒽 和 菲

蒽和菲比萘更容易被氧化及还原，无论氧化或还原，反应都发生在 9,10 位，反应产物分子中都具有两个完整的苯环。

蒽 $\xrightarrow{[O]}$ 9,10-蒽醌

蒽 $\xrightarrow{[H]}$ 9,10-二氢蒽

菲 $\xrightarrow{[O]}$ 9,10-菲醌

菲 $\xrightarrow{[H]}$ 9,10-二氢菲

致 癌 烃

芳香烃不仅在物理性质、化学性质上与脂肪烃有所不同,在对有机体的作用方面也有其特殊性。许多多环芳香烃包括联苯类及稠环芳香烃,是目前已确认有致癌作用的物质。在煤、石油、木材、烟草等不完全燃烧时都能产生稠环芳香烃。例如:

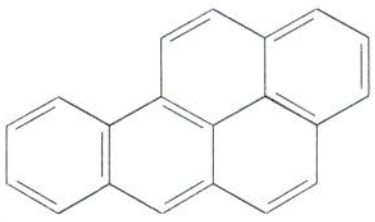

苯并[a]芘(benzo[a]pyrene) 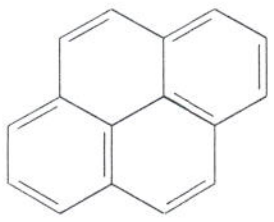　　　芘(pyrene)

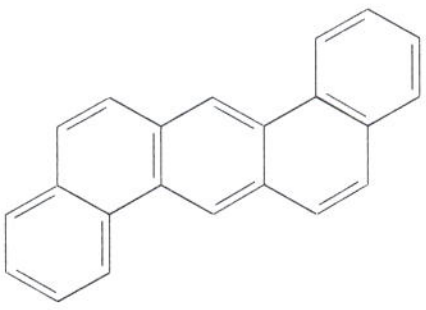

二苯并[a,h]蒽 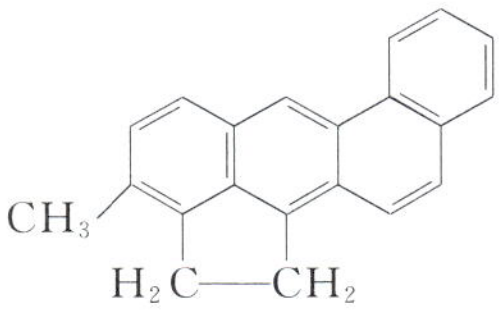　　　3-甲基胆蒽

研究化学致癌者认为,这些烃本身不引起癌变,而是这些烃进入人体后,经过某些生物过程转化为较活泼的环氧化物,它们能与细胞中 DNA(脱氧核糖核酸)结合导致细胞繁殖的失控,引起细胞变异。

石墨、C_{60} 与石墨烯

就像金刚石可以看作是由无数金刚烷骨架连接而成的碳的同素异形体之一,石墨则可看作是由一层层无数的苯环并联而成的另一种碳的同素异形体(见图 4-7)。

1985 年,由石墨又制得了碳的另一种同素异形体 C_{60},被叫作"buckminster fullerene"(见图 4-8)。它区别于金刚石或石墨的特点是,后两者都是由无数碳原子组成的,而 C_{60} 却有其固定的分子式,即 C_{60}。它是由 60 个碳原子以 20 个六元环及 12 个五元环连接成的似足球状的空心对称分子,因此俗称"足球烯"。C—C 之间是以 sp^2 杂化轨道相结合的,在球形的表面及内腔均有一层离域的 π 电子云。由于 C_{60} 的特殊结构,赋予它特殊的物理、化学性质。例如,其空心中可以容纳某些金属,表层可以通过某些化学反应加以修饰改造,预计它将有许多特殊的功能与用途,因此对 C_{60} 的研究无论在理论上或应用上都将给有机化学的发展带来相当的影响。美国科学家 R E Smalley,R F Curl 及英国科学家 H W Kroto 由于对 C_{60} 的发现及研究方面的贡献,而分享了 1996 年诺贝尔化学奖。

石墨烯,可看成是单层的石墨,是 2004 年英国曼彻斯特大学物理学家 A Geim 和 K Novoselov,通过简单的机械剥离方法,从石墨中分离得到的。两人也因在石墨烯材料领域的开创性研究共同获得 2010 年诺贝尔物理学奖。

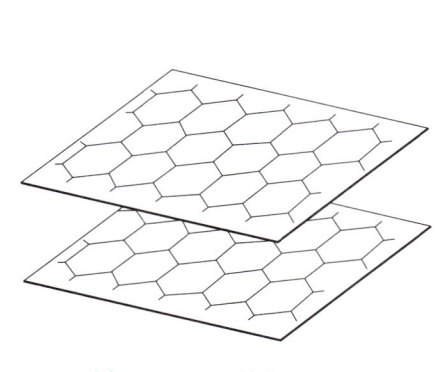

图 4-7　石墨结构示意图　　　　　　　　　图 4-8　C_{60}

石墨烯结构是由苯环为基本单元并联形成的一个超级大芳香烃,每个碳原子均为 sp^2 杂化,剩余一个 p 轨道上的电子形成超级大 π 键,π 电子可以自由移动,赋予石墨烯良好的导电性。自 fullerene 和碳纳米管被科学家发现以后,三维的金刚石、二维的石墨烯、一维的碳纳米管和零维的富勒球组成了完整的碳系家族。

石墨烯的特殊结构,使其具有优良的物理性质、化学性质。它是目前发现的最薄、最坚硬的纳米材料,同时也具有很强的韧性、优良的导电性和导热性。这些特性使其在电子、航天、光学、储能、生物医药和日常生活等领域可能得到广泛的应用。

> 石墨中的碳原子都是 sp^2 杂化的,层与层之间有活动性较大的 π 电子云,致使石墨有较大的滑动性,较软,并有导电性。铅笔芯中的"铅",实际不是铅而是石墨,用铅笔写字时,即在纸上留下一薄层石墨的痕迹。
> buckminster fullerene 名称的由来是由于 C_{60} 的结构与美国建筑师 Buckminster Fuller 所设计的球形薄壳建筑相像。"fuller"音译为"富勒","ene"为英文系统命名中"烯"的词尾。故 fullerene 被译为"富勒烯"。除 C_{60} 外,尚发现了许多由不同偶数碳组成的由五元与六元环构成的空心笼形碳原子簇,如 C_{28}、C_{32}、C_{50}、C_{70}、……、C_{540} 等。这一类物质统称为 fullerenes。C_{60} 的特殊结构赋予它许多特殊的性质,它是非极性的,所以可溶于苯、甲苯和己烷等非极性溶剂。它不发生亲电取代反应,却像烯烃那样能进行亲电加成,这显然是由于分子中的碳原子不是完全共平面所致。C_{60} 还能发生许多其他类型的反应。现已知在 C_{60} 的空心中嵌入钾,即为很好的超导材料。其他许多方面的研究正在进行中。例如,由于发现艾滋病毒繁殖所需的一种酶是非极性袋状的三维空间结构。如能将此酶阻断,病毒即无法繁殖。由于 C_{60} 是非极性的,且其大小与此酶相当。假如在 C_{60} 的表面"装"上一个极性的侧链,则可将其变为水溶性的,从而可以带入人体血液中有可能作为上述酶的阻断剂。这种设想正在进行研究,但距真正应用还很遥远。

Ⅲ. 煤焦油和石油

煤和石油都是由动植物埋藏在地下,在没有空气的情况下,受长期地质应力及细菌的作用,经复杂的化学变化而形成的。

将煤隔绝空气加热到 1000 ℃ 以上，可以得到焦炭、煤气、氨水和煤焦油。煤焦油是多种物质的混合物，主要组分是芳香族化合物和某些含硫或含氮的杂环化合物；其产率约为煤的 3‰～6‰。

将煤焦油分馏可以得到苯、甲苯、二甲苯、苯酚、甲苯酚、萘、蒽、菲及吡啶、喹啉等，所以煤焦油是芳香族化合物的主要来源之一。分馏的残余物是沥青。

石油的主要组分是由含 1 至 40 余个碳原子的烷烃的混合物，并含有不同数量的烯烃、环烷烃，某些地区的石油中还含有芳香烃。此外石油中也含有少量含硫或含氮的杂环化合物。

石油经分馏后，可以根据需要切取沸点不同的汽油、煤油、柴油、润滑油、蜡等馏分，残余的不挥发物质为沥青。在 20 世纪 40 年代以前，这些石油产品主要用作燃料及润滑油。由于石油化工的迅速发展，过去以煤焦油、粮食或其他农副产品为原料制备的有机化工原料及日常生活必需品，许多已改用石油作原料来制取。例如，烷烃经催化裂化，不仅可将大分子烷烃转化为较小的分支度高的烷烃，以提高汽油的质量，同时还可得到许多小分子烯烃，如乙烯、丙烯、丁烯、异戊二烯和环戊二烯等，它们都是制备脂肪族化合物的重要原料。由 6～8 个碳原子的烷烃或环烷烃经催化重整，可以得到苯、甲苯、二甲苯等芳香烃。

习　　题

4.1　写出分子式符合 C_5H_{10} 的所有脂环烃的异构体（包括顺反异构）并命名。

4.2　写出分子式符合 C_9H_{12} 的所有芳香烃的异构体并命名。

4.3　命名下列化合物或写出结构式：

　　a. 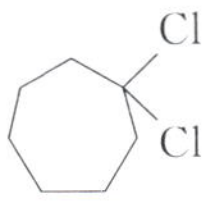 　　　　　　b. 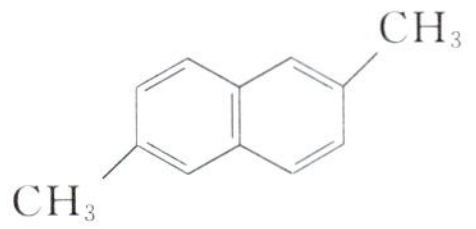 　　　　　　c. 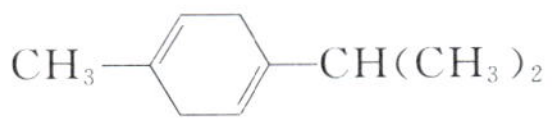 CH_3-〇$-CH(CH_3)_2$

　　d. 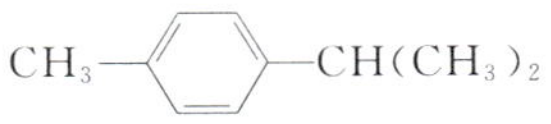 CH_3-〇$-CH(CH_3)_2$　　e. 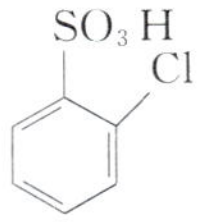 　　　　　　f.

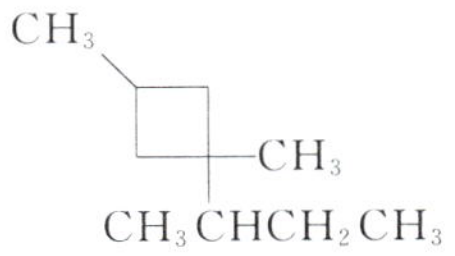

　　g. 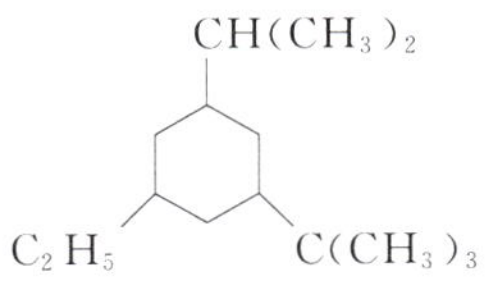　　　　　　h. 4-硝基-2-氯甲苯　　i. 2,3-二甲基-1-苯基-1-戊烯

　　j. 顺-1,3-二甲基环戊烷

4.4　指出下面结构式中由 1 至 7 号碳原子的杂化状态。

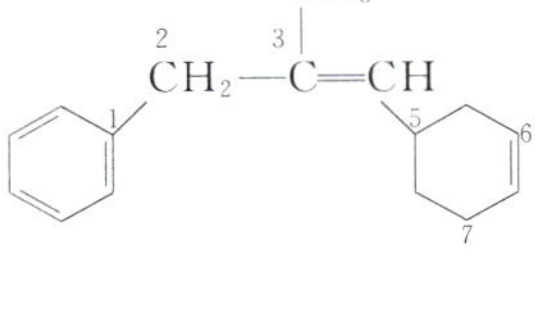

4.5 将下列结构式改写为键线式。

a. 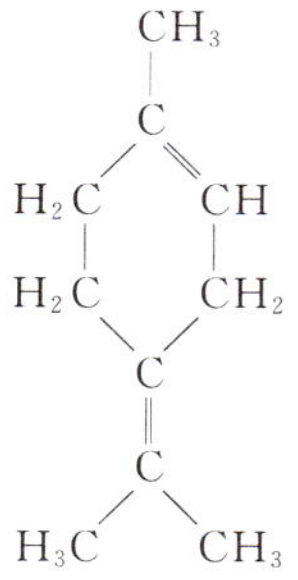 [结构式] b. 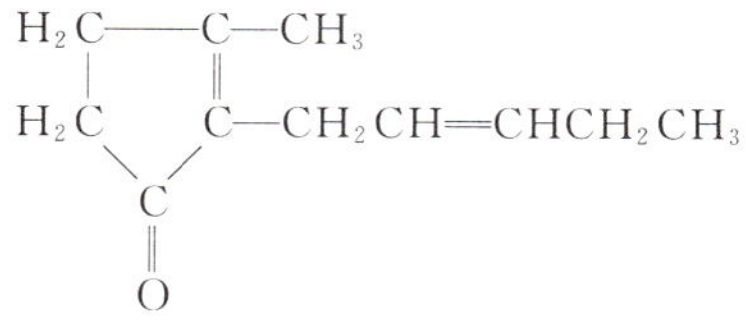 [结构式] c. 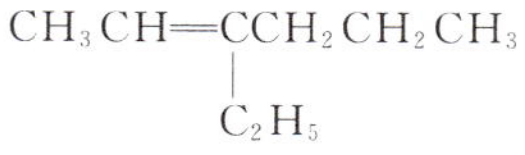 $CH_3CH=CCH_2CH_3$ 下方 C_2H_5

d. 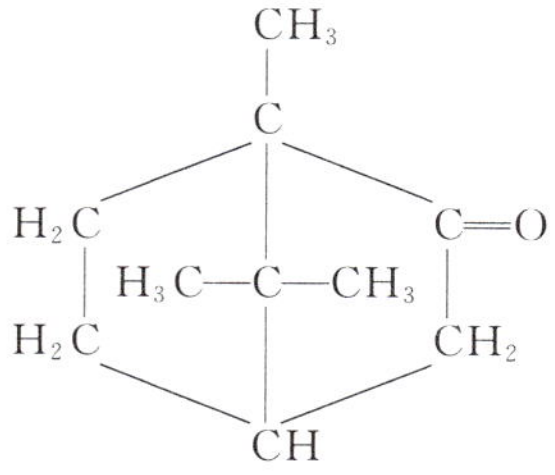 [结构式] e. 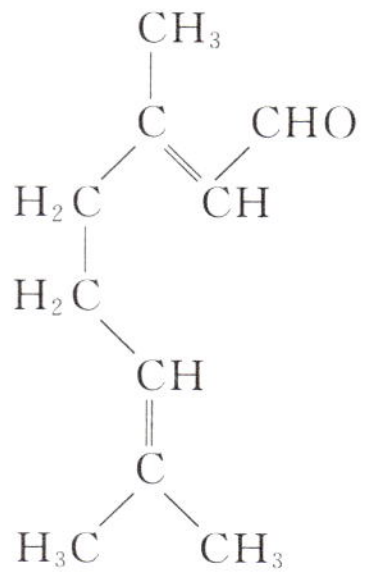 [结构式]

4.6 命名下列化合物。指出哪个有几何异构体。并写出它们的构型式。

a. 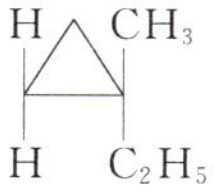 [环丙烷结构 H, CH₃ / H, C₂H₅]
b. 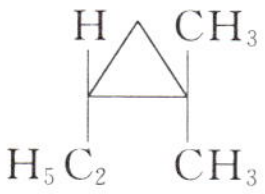 [环丙烷结构 H, CH₃ / H₅C₂, CH₃]
c. 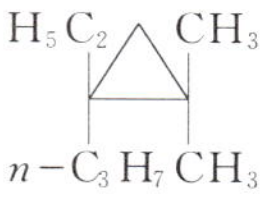 [环丙烷结构 H₅C₂, CH₃ / n-C₃H₇, CH₃]
d. 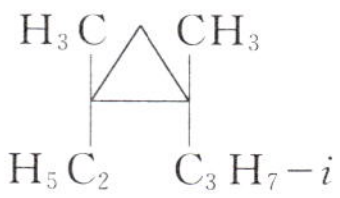 [环丙烷结构 H₃C, CH₃ / H₅C₂, C₃H₇-i]

4.7 完成下列反应：

a. 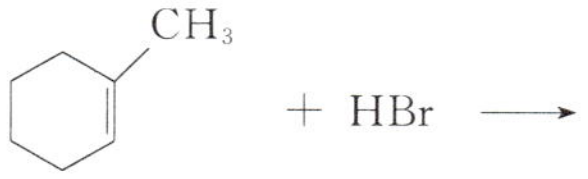 [1-甲基环己烯] + HBr ⟶

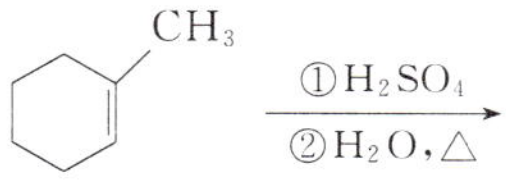

b. 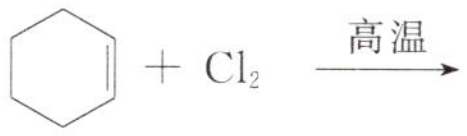 [环己烯] + Cl_2 $\xrightarrow{高温}$

c. 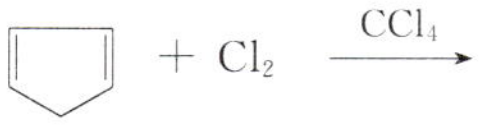 [环戊二烯] + Cl_2 $\xrightarrow{CCl_4}$

d. 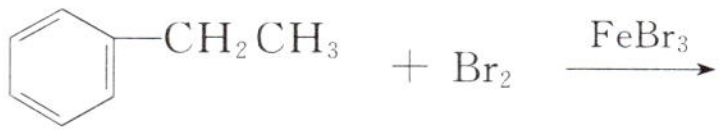 [苯乙基] —CH_2CH_3 + Br_2 $\xrightarrow{FeBr_3}$

e. 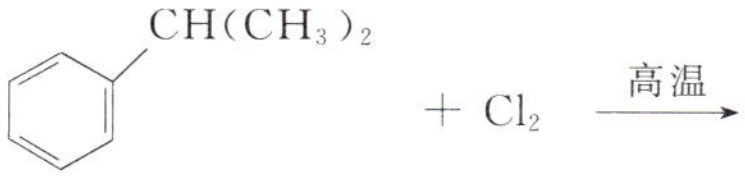 [异丙苯] —$CH(CH_3)_2$ + Cl_2 $\xrightarrow{高温}$

f. 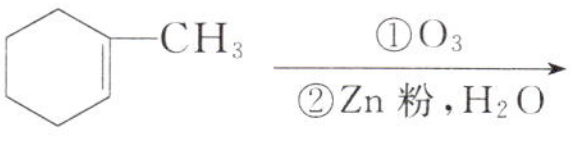 [1-甲基环己烯] —CH_3 $\xrightarrow{①O_3}{②Zn粉,H_2O}$

g. [1-甲基环己烯] —CH_3 $\xrightarrow{①H_2SO_4}{②H_2O,\triangle}$

h. [苯] + CH_2Cl_2 $\xrightarrow{AlCl_3}$

i. 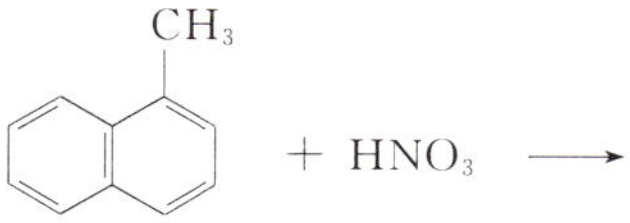 [1-甲基萘] —CH_3 + HNO_3 ⟶

j.  [环己基苯] + $KMnO_4$ $\xrightarrow[\triangle]{H^+}$

k. 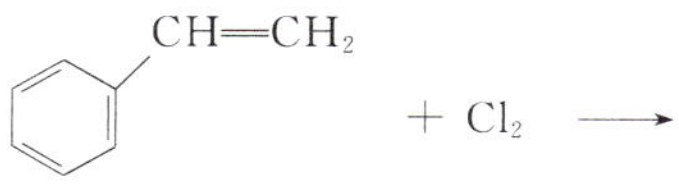 [苯乙烯] —$CH=CH_2$ + Cl_2 ⟶

4.8 写出反-1-甲基-3-异丙基环己烷及顺-1-甲基-4-异丙基环己烷的可能椅型构象。指出占优势的构象。

4.9 二甲苯的几种异构体在进行一元溴化反应时,各能生成几种一溴代产物？写出它们的结构式。

4.10 下列化合物中,哪个可能有芳香性？

a. (环辛四烯)　　b. (薁)　　c. (环戊二烯)

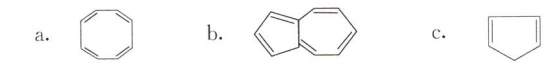

4.11 用简单化学方法鉴别下列各组化合物。
   a. 1,3-环己二烯、苯和 1-己炔
   b. 环丙烷和丙烯

4.12 写出下列化合物进行一元卤化的主要产物。

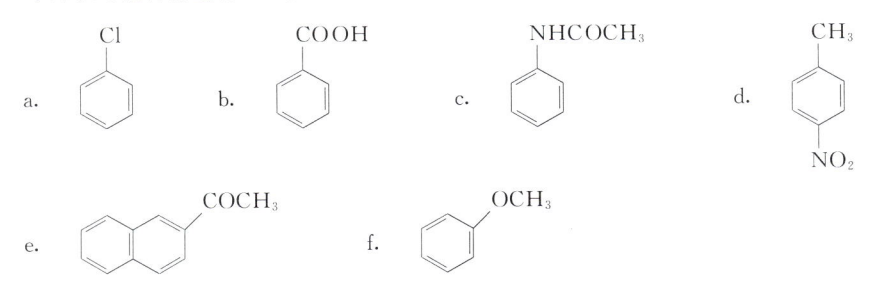

a. 氯苯　b. 苯甲酸　c. 乙酰苯胺　d. 对硝基甲苯

e. 2-乙酰基萘　f. 苯甲醚

4.13 由苯或甲苯及其他无机或必要有机试剂制备下列化合物。

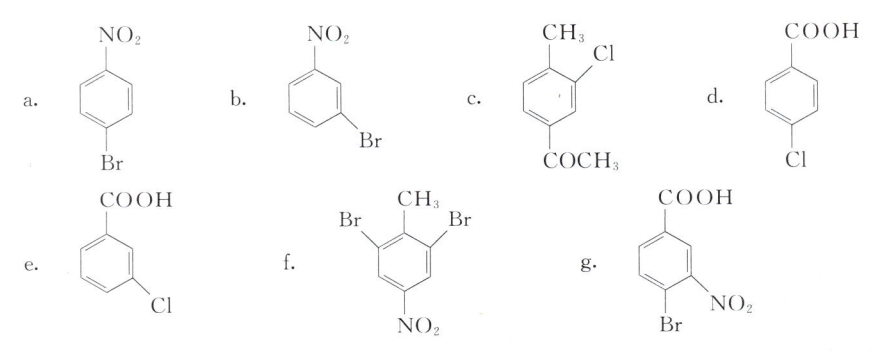

a. 对硝基溴苯　b. 间硝基溴苯　c. 3-氯-4-甲基苯乙酮　d. 对氯苯甲酸

e. 间氯苯甲酸　f. 2,6-二溴-4-硝基甲苯　g. 4-溴-3-硝基苯甲酸

4.14 分子式为 C_6H_{10} 的 A，能被高锰酸钾氧化，并能使溴的四氯化碳溶液褪色，但在汞盐催化下不与稀硫酸作用。A 经臭氧化，再还原水解只得到一种分子式为 $C_6H_{10}O_2$ 的不带有支链的开链化合物。推测 A 的可能结构，并用反应式加简要说明表示推断过程。

4.15 分子式为 C_9H_{12} 的芳香烃 A，以高锰酸钾氧化后得二元羧酸。将 A 进行硝化，得到两种一硝基产物。推断 A 的结构，并用反应式加简要说明表示推断过程。

4.16 分子式为 $C_6H_4Br_2$ 的 A，以混酸硝化，只得到一种一硝基产物，推断 A 的结构。

4.17 溴苯氯化后分离得到两种分子式为 C_6H_4ClBr 的异构体 A 和 B，将 A 溴化得到几种分子式为 $C_6H_3ClBr_2$ 的产物，而 B 经溴化得到两种分子式为 $C_6H_3ClBr_2$ 的产物 C 和 D。A 溴化后所得产物之一与 C 相同，但没有任何一个与 D 相同。推测 A，B，C，D 的结构式，写出各步反应式。

第五章 旋光异构

构象异构、顺反异构和旋光异构(optical isomerism)都是研究分子中基团在空间的排布与性质的关系的,因此它们都属于立体化学(stereochemistry)的范畴。

偏振光和旋光活性

光是一种电磁波,它是振动前进的,其振动方向垂直于光波前进的方向,普通光是由各种波长的在垂直于前进方向的各个平面内振动的光波所组成。如图 5-1 中,圆圈表示一束朝着人眼睛直射过来的光的横截面,光波的振动平面可以是 $A,B,C,D,\cdots$ 无数垂直于前进方向的平面。

如果使普通光通过一个特制的尼可尔棱镜(Nicol prism),由于这种棱镜只能使在和棱镜的轴平行的平面内振动的光通过,所以通过尼可尔棱镜的光,其光波振动平面就只有一个和镜轴平行的平面。这种仅在某一平面上振动的光,就叫作平面偏振光(plane polarized light),或简称偏振光(polarized light)(见图 5-2)。

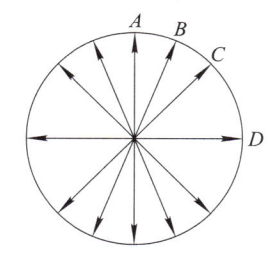

图 5-1 光波振动平面示意图
(双箭头表示光波的振动方向)

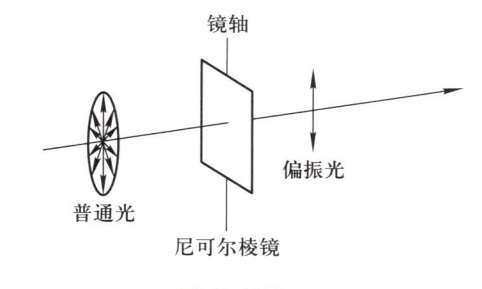

图 5-2 普通光通过尼可尔棱镜后产生偏振光

将两个尼可尔棱镜平行放置时,则通过第一个棱镜后的偏振光,仍能通过第二个棱镜,这样,在第二个棱镜后面观察,光的亮度没有改变。

如果在镜轴平行的两个尼可尔棱镜之间,放一支玻璃管,在玻璃管中分别放入各种有机物的溶液，然后用一光源由第一个棱镜向第二个棱镜的方向照射，并在第二个棱镜后面观察，可以发现，当玻璃管中放有乙醇、丙酮等物质时，光的亮度没有改变；而当玻璃管中放有由自然界取得的乳酸、丙氨酸等的溶液时，则在第二个棱镜后面见到的光的亮度就减弱，但如将第二个棱镜向左或向右转动一定角度以后，又能见到最大亮度的光。这种现象必然是由于这些有机物将偏振光的振动平面旋转了一定的角度所致。具有这种性质的物质，就叫作"旋光活性物质"[或光学活性物质(optically active substance)]，它使偏振光振动平面旋转的角度叫作"旋光度"。使偏振光振动平面向右(顺时针方向)旋转的叫右旋(dextrorotatory)，向左(反时针方向)旋转的叫左旋(levorotatory)。测定物质旋光度的仪器是旋光仪(polarimeter)(见图5-3)。

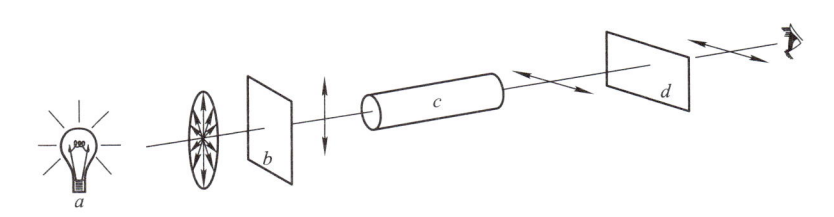

图 5-3 旋光仪构造示意图
a—光源；b—起偏镜；c—盛液管；d—检偏镜

在旋光仪中，起偏镜(polarizer)b 是一个固定不动的尼可尔棱镜，其作用是使由光源 a 射来的光变成偏振光。检偏镜(analyzer)d 是能转动的尼可尔棱镜，用来测定物质使偏振光振动面旋转的角度和方向，其数值可由与 d 相连的刻度盘上读出。

当检偏镜和起偏镜平行，并且盛液管 c 是空着或放有无旋光活性物质的溶液时，用光源照射，则由检偏镜后可以见到最大强度的光，这时刻度盘指在零度。当盛液管中放入旋光活性物质的溶液后，则由起偏镜射来的光的振动平面被它向左或向右旋转了一定角度，因此观察到的光的强度就被减弱，这样，转动检偏镜至光的亮度最强时为止，由刻度盘上就可读出左旋或右旋的度数。

比 旋 光 度

物质旋光度的大小随测定时所用溶液的浓度、盛液管的长度、温度、光波的波长及溶剂的性质等而改变。但在一定的条件下，旋光度是旋光活性物质的一项物理常数，通常用比旋光度$[\alpha]$(specific rotation)表示。比旋光度可以通过测得的旋光度、测定时溶液的浓度和盛液管的长度，按以下公式计算：

$$[\alpha]_\lambda^t = \frac{\alpha}{\rho \times l}$$

式中，α 是由旋光仪测得的旋光度；λ 是所用光源的波长；t 是测定时的温度；ρ 是溶液的质量浓度，以每毫升溶液中所含溶质的质量表示，单位为 $g \cdot mL^{-1}$；l 是盛液管的长度，单位为 dm(1 dm 等于 10 cm)。比旋光度是以 1 mL 中含有 1 g 溶质的溶液，放在 1 dm 长的盛液管中测出的旋光度。但实际测量时，总是用较稀的溶液，通过上式计算比旋光度。

物质使偏振光振动面向右旋转的，叫做右旋，用"＋"表示，左旋用"－"表示，过去分别用"d"

或"l"表示，IUPAC 于 1979 年建议取消"d"及"l"。

一般测定旋光度时，多用钠光灯作光源，其波长的通用平均值是 589.3 nm，通常以 D 表示。例如，由肌肉中取得的乳酸的比旋光度$[\alpha]_D^{20} = +3.8° \cdot dm^2 \cdot kg^{-1}$($\rho=0.1$ g·mL^{-1}，H$_2$O)，表示测定该乳酸的旋光度时，是在 20 ℃，以钠光灯作光源，然后通过公式计算出比旋光度是 $3.8° \cdot dm^2 \cdot kg^{-1}$，同时这个乳酸是右旋的，测定所用的是 10% 的水溶液。

如欲测的旋光活性物质本身是液体，可直接放入盛液管中测定，不需配制溶液，在计算比旋光度时，需将式中 ρ 换成该液体的相对密度 d。

通过旋光度的测定，不仅可以按上述公式计算物质的比旋光度，如果已知一物质的比旋光度，还能计算被测物质溶液的浓度。

分子的对称性、手性与旋光活性

人的两只手，看起来似乎没有什么区别，但是将左手的手套戴到右手上是不合适的；而如果把左手放在镜子前面，在镜中呈现的影像[镜像(mirror image)]恰与右手相同。两只手的这种关系可以比喻为"实物"与"镜像"的关系，它们之间的区别就在于五个手指的排列顺序恰好相反，因此左手与右手是不能完全重叠的。并不是所有的物体都和它的镜像不能完全重叠，比如一个圆球，它和它的镜像则毫无区别。它们之间——实物与镜像——是可以重叠的。

实物与其镜像不能重叠的特点叫作"手性"(chirality)，这种特点也同样存在于微观世界的分子中。某些化合物的分子也具有"手性"。

任何一个不能和它的镜像完全重叠的分子，就叫作手性分子(chiral molecule)，凡具手性的分子就有旋光活性。考察分子是否具有手性的最简便而又准确的方法就是做出一对实物和镜像的模型，然后看它们是否能够完全重叠。

从分子的内部结构来说，手性与分子的对称性有关。一个分子是否有对称性，则可以看它是否有对称面、对称轴或对称中心等对称因素。如果一个分子中没有上述任何一种对称因素，这种分子就叫不对称分子，不对称分子就有手性。对于大多数有机物来说，尤其是链状化合物，一般只需考察其是否具有对称面。如果一个分子中所有的原子都在一个平面内，或是通过分子的中心，可以用一个平面将分子分成互为实物和镜像的两半，那么这种分子就具有对称面。如反-1,2-二氯乙烯分子是平面形的，其 sp^2 杂化轨道的轴所处的平面，就是分子的对称面。二氯甲烷分子呈四面体形，如果使两个氯原子位于纸面，虚线连接的氢原子伸向纸后，粗线连接的氢原子伸向纸前，则纸面（即 Cl—C—Cl 形成的平面）或垂直于纸面的平面（即 H—C—H 形成的平面）都是分子的对称面。

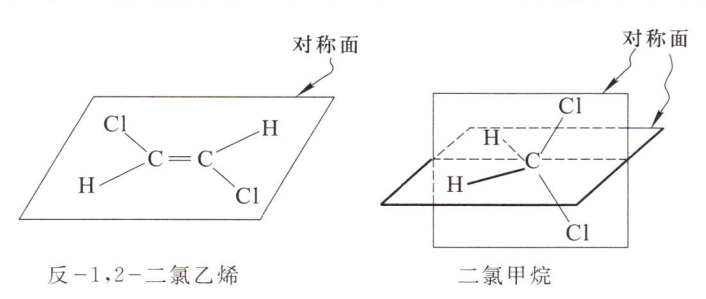

反-1,2-二氯乙烯　　　　　二氯甲烷

上述分子都是对称性的分子,它们没有手性,也没有旋光活性。

使有机物分子具有手性的最普遍的因素是手性碳原子(chiral carbon)。和四个不相同的原子或基团相连的碳原子叫作手性碳原子,并用"*"号标出。例如,下面分子中,用"*"号标出的碳原子都是和四个不同的基团相连的,那么这些碳原子就叫作手性碳原子。

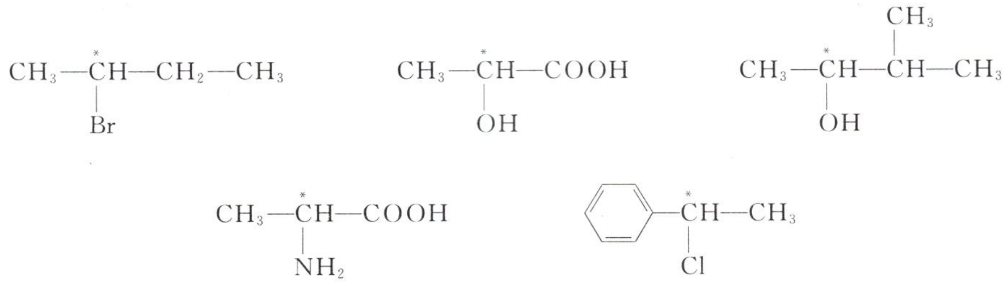

$$CH_3-\overset{*}{C}H-CH_2-CH_3 \qquad CH_3-\overset{*}{C}H-COOH \qquad CH_3-\overset{*}{C}H-\overset{|}{C}H-CH_3$$
$$\underset{Br}{|} \qquad\qquad \underset{OH}{|} \qquad\qquad \underset{OH}{|}\ \ \ (CH_3)$$

$$CH_3-\overset{*}{C}H-COOH \qquad C_6H_5-\overset{*}{C}H-CH_3$$
$$\underset{NH_2}{|} \qquad\qquad\qquad \underset{Cl}{|}$$

含一个手性碳原子的化合物

乳酸($CH_3-\underset{OH}{\overset{|}{C}H}-COOH$)就是含一个手性碳原子的化合物,其 α-碳原子分别与—H、—OH、—CH_3 和—COOH 相连,所以 α-碳原子就是手性碳原子。含一个手性碳原子的化合物可以有两种构型,也就是连在 α-碳原子上的四个基团,在空间有两种排列方式:

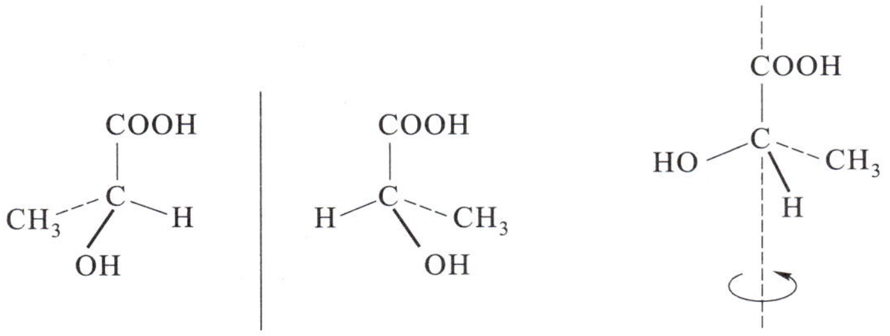

(a)　　　　　(b)　　　　　(c)

假如使—COOH 向上,而将其他三个基团放在底面,由—COOH 上方观察,则由—OH 经—CH_3 至—H 的排列顺序可以有两种方式,在(a)中是按顺时针方向排列的,而在(b)中则是按反时针方向排列的(最好是做成两个球棍模型来观察)。(a)和(b)粗看起来似乎代表同一个分子,但实际将(a)和(b)无论怎样翻转,都不能完全重叠,如使两个模型的—COOH 与—OH 相重叠,则—CH_3 与—H 不相重叠,若使—CH_3 和—H 两两重叠,则—COOH 与—OH 不能重叠,所以(a)和(b)分别代表两个分子,(a)和(b)之间恰呈实物和镜像的关系,因此把这样的异构体叫作对映异构体,或称对映体(enantiomer)。这一对对映异构体都是手性分子,所以都有旋光活性。它们使偏振光的振动平面旋转的角度相同,但方向相反,它们分别是左旋的和右旋的乳酸,分别用(−)-乳酸和(+)-乳酸表示。由蔗糖发酵得到的乳酸是左旋的,由肌肉中取得的乳酸是右旋的。

如果将(a)中任意两个基团,如—H 与—CH_3,调换位置就得(b)。如果再将(b)中任意两个基团,如—H 与—OH,相互调换就得到(c),但如以—COOH 和手性碳原子的连线(垂直的虚线所示)为轴将(c)按弯箭头所指,旋转120°,(c)就和(a)重叠。所以含一个手性碳原子的化合物,只能有两种构型,也就是只能有两种具旋光活性的异构体。

由于左旋体和右旋体的旋光度相同,而旋光方向相反,所以等量的左旋体和右旋体组成的混合体系,是没有旋光活性的,这种体系叫作外消旋混合物,或称外消旋体(racemic mixture 或 racemic modification)。与其他任意两种物质的混合物不同,外消旋混合物常有固定的物理常数。由酸牛奶中得到的乳酸就是外消旋体,没有旋光活性,熔点是 16.8 ℃,以(±)-乳酸表示(见第十一章表 11-1)。外消旋体可以拆分为右旋和左旋两个有旋光活性的异构体。

构型的表示方法

对于碳链异构、位置异构及顺反异构等,可以在名称前冠以正、异、顺、反(Z、E)等来表示异构体的结构特点或空间构型。对于对映异构体来说,则以 R、S 来表示手性碳原子的空间构型 [R:拉丁字 rectus(右)的第一个字母;S:拉丁字 sinister(左)的第一个字母],其方法如下:

首先,按前面在烷烃及烯烃中讲过的次序规则,将与手性碳原子相连的四个基团确定先后顺序,对于乳酸来说,四个基团的顺序为—OH>—COOH>—CH_3>—H。

然后,将 CH_3—CH—COOH 的两种构型分别用透视式画出:—COOH 及—H 在纸面上,
$\quad\quad\quad\quad\quad\quad\,\,\,$|
$\quad\quad\quad\quad\quad\quad\,\,$OH
—OH 在前,—CH_3 向后。使四个基团中排在最后的一个(在乳酸中则为—H)在眼睛对面最远的位置上,然后观察眼前的三个基团由先至后,即由—OH 经—COOH 至—CH_3 的走向:左边一个为顺时针方向,以 R 表示;右边一个为反时针方向,以 S 表示。

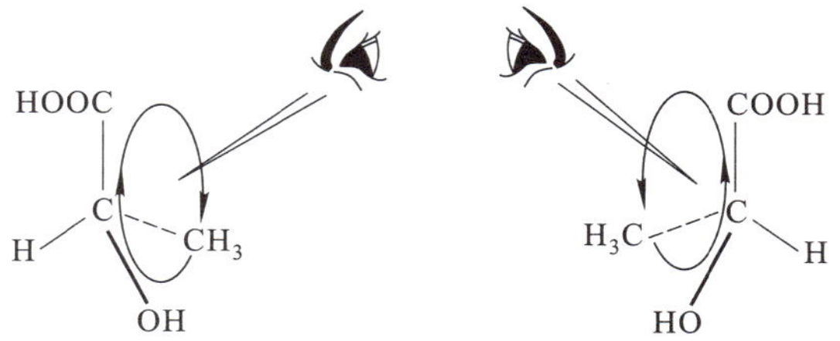

顺时针方向   反时针方向
(R)-乳酸   (S)-乳酸

次序规则规定与手性碳原子相连的原子 A 如果以双键或三键与另一原子 B 相连,则相当于 A 与两个或三个 B 相连,如 —C=O 等于 $-C\begin{smallmatrix}O\\ \\O\end{smallmatrix}$;—C≡N 等于 $-C\begin{smallmatrix}N\\-N\\N\end{smallmatrix}$ 等。例如,在

CH_2—$\overset{*}{CH}$—C—H 分子中,—C—H(缩写为—CHO)及—CH_2OH 两个基团与手性碳原子相连的
$\,\,\,$|$\quad\,\,\,$|$\quad\,\,\,$||$\quad\quad\quad\quad\quad\quad\quad\,\,$||
$\,\,$OH$\,\,\,$OH$\,\,\,$O$\quad\quad\quad\quad\quad\quad\quad\quad\,$O

第一个原子都是 C,而第二个原子中又都有氧,但—CHO 等于 $-\overset{H}{\underset{O}{C}}-O$,所以—CHO 应在—$CH_2OH$ 之先。四个基团的顺序是—OH>—CHO>—CH_2OH>—H。

费歇尔①投影式

对映异构体在结构上的区别仅在于基团在空间的排列顺序不同,所以一般的平面结构式如 $CH_3—\underset{\underset{OH}{|}}{CH}—COOH$,无法表示基团在空间的相对位置,需采用上一节中的透视式。透视式比较直观,但写起来比较麻烦,对于结构比较复杂的分子,则更增加了书写的困难。所以一般都采用费歇尔投影式(Fischer projection),即用一个"十"字,以其交点代表手性碳原子,四端与四个不同的原子或基团相连,按国际命名原则,将碳链放在垂直线上,氧化态较高的碳原子或主链中第一号碳原子在上。以垂直线相连的原子或基团表示伸向纸后,即远离读者;以水平线相连的原子或基团表示伸出纸前即伸向读者,则乳酸的一对对映异构体的透视式及投影式的关系如下:

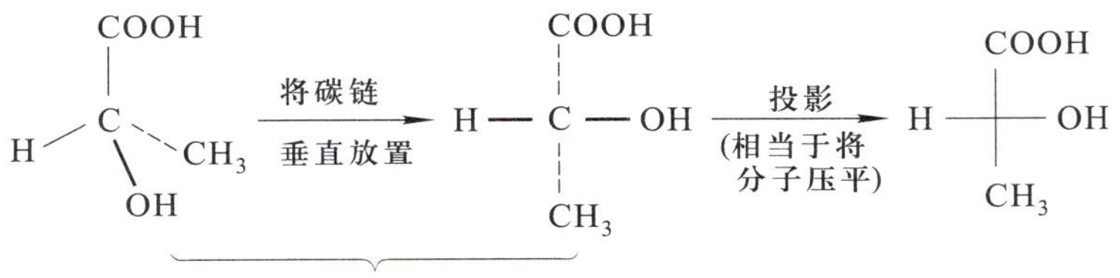

(R)-乳酸透视式　　　　　　(R)-乳酸投影式

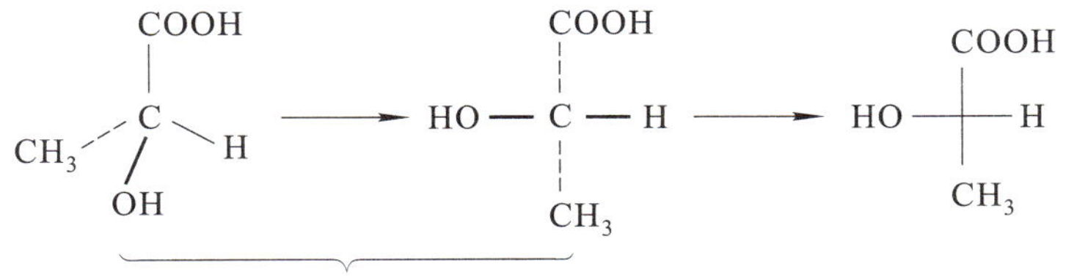

(S)-乳酸透视式　　　　　　(S)-乳酸投影式

费歇尔投影式即相当于将一个立体模型放在幕前,用光照射模型,在幕上显出的平面影像,也相当于将一个碳链垂直放置的立体分子压成平面形。

必须注意的是,投影式是用平面式来代表三维空间的立体结构的。一对对映异构体的模型可以任意翻转而不会重叠,但应用投影式时,只能在纸面上平移或转动 180°,而不能离开纸面翻转,否则一对对映体的投影式便能相互重叠。也不能在纸面上移动 90°,因为按投影的规定,在

---

① Emil Fischer 为德国化学家,由于他对糖化学研究的贡献获得 1902 年诺贝尔化学奖。

垂直线上的基团是伸向纸后的,如将投影式在纸面移动 90°,则原来在垂直线上的基团便处于水平位置,它们就应伸出纸面,这样就相当于改变了原来投影式的构型。

含两个不相同手性碳原子的化合物

2,3,4-三羟基丁酸 $^4CH_2-^3\overset{*}{C}H-^2\overset{*}{C}H-^1COOH$ 分子中含有两个手性碳原子,每个手性碳原子
$\qquad\qquad\qquad\quad |\quad\ \ |\quad\ \ |$
$\qquad\qquad\qquad\ \ \ OH\ \ OH\ \ OH$

上连接的四个基团不是完全相同的,C^2 与 —H、—OH、—COOH 及 —CHCH$_2$OH 四个基团相
$\qquad\qquad\qquad\qquad\qquad\qquad\qquad\qquad\qquad\qquad\qquad\qquad\qquad\qquad\ \ \ |$
$\qquad\qquad\qquad\qquad\qquad\qquad\qquad\qquad\qquad\qquad\qquad\qquad\qquad\qquad\ \ OH$

连,C^3 所连的基团是—H、—OH、—CHCOOH 及—CH$_2$OH;在这样的分子中,每个手性碳原子
$\qquad\qquad\qquad\qquad\qquad\qquad\qquad\qquad\ \ |$
$\qquad\qquad\qquad\qquad\qquad\qquad\qquad\ \ OH$

都各有两种不同的构型,它们可以组成以下四种不同构型的分子:

```
        ¹COOH              COOH              COOH              COOH
         |                  |                 |                 |
  HO—²C—H            H—C—OH           HO—C—H            H—C—OH
         |                  |                 |                 |
  HO—³C—H            H—C—OH           H—C—OH            HO—C—H
         |                  |                 |                 |
        ⁴CH₂OH             CH₂OH             CH₂OH             CH₂OH
         (Ⅰ)                (Ⅱ)               (Ⅲ)               (Ⅳ)
       (2S,3S)            (2R,3R)           (2S,3R)           (2R,3S)
```

(Ⅰ)和(Ⅱ)及(Ⅲ)和(Ⅳ)分别组成两对对映异构体。一对中的任一种与另一对中的任一种,例如(Ⅰ)和(Ⅲ)或(Ⅱ)和(Ⅲ),不是实物与镜像的关系,叫作非对映异构体(diastereomer)。

对于含两个手性碳原子的化合物,则需要标出每一个手性碳原子的构型。考察其构型的过程与考察含一个手性碳原子的化合物一样。这样,除去—H 以外,C^2 上连接的三个基团,按次序规则排列应为 —OH>—COOH>—CHCH$_2$OH;C^3 上连接的三个基团的顺序则是
$\qquad\qquad\qquad\qquad\qquad\qquad\qquad\qquad\qquad\qquad\quad\ \ |$
$\qquad\qquad\qquad\qquad\qquad\qquad\qquad\qquad\qquad\qquad\ \ OH$

—OH>—CHCOOH>—CH$_2$OH,分别考察 C^2 及 C^3 的构型,仍然按照以水平线相连的基团伸
$\quad\ \ \ |$
$\ \ \ OH$

向纸前的规定,由—H 的对面(纸后)考察其余三个基团由先至后的走向,在(Ⅰ)中,C^2 上的三个基团由—OH 经—COOH 至 —CHCH$_2$OH 的走向为反时针方向,以 S 表示;C^3 上的三个基团,由—OH
$\qquad\qquad\qquad\qquad\qquad\qquad\ |$
$\qquad\qquad\qquad\qquad\qquad\ OH$

经 —CHCOOH 至—CH$_2$OH 的走向也是反时针方向。以数字表示手性碳原子的号数,则(Ⅰ)的构
$\ \ \ |$
$\ OH$

型应为(2S,3S),(Ⅱ)是(Ⅰ)的对映体,就应标为(2R,3R);(Ⅲ)的 C^2 与(Ⅰ)的 C^2 相同,即为 2S,而其 C^3 与(Ⅱ)的 C^3 相同,即为 3R,所以(Ⅲ)的构型应为(2S,3R);那么(Ⅳ)就是(2R,3S)。

它们的投影式分别为

$$
\begin{array}{cccc}
\text{COOH} & \text{COOH} & \text{COOH} & \text{COOH} \\
\text{HO}\!-\!\!\!-\!\text{H} & \text{H}\!-\!\!\!-\!\text{OH} & \text{HO}\!-\!\!\!-\!\text{H} & \text{H}\!-\!\!\!-\!\text{OH} \\
\text{HO}\!-\!\!\!-\!\text{H} & \text{H}\!-\!\!\!-\!\text{OH} & \text{H}\!-\!\!\!-\!\text{OH} & \text{HO}\!-\!\!\!-\!\text{H} \\
\text{CH}_2\text{OH} & \text{CH}_2\text{OH} & \text{CH}_2\text{OH} & \text{CH}_2\text{OH} \\
(\text{I}) & (\text{II}) & (\text{III}) & (\text{IV})
\end{array}
$$

分子中含有两个不相同手性碳原子的化合物有四种旋光异构体,手性碳原子数目增多,则异构体数目也越多。含 n 个不相同手性碳原子的化合物,可能有的旋光异构体的数目为 2^n。

含两个相同手性碳原子的化合物

酒石酸 $\text{HOOC}-\overset{*}{\text{CH}}-\overset{*}{\text{CH}}-\text{COOH}$ 就是含有两个相同的手性碳原子的化合物,因为每个手性
$\qquad\qquad\qquad\qquad\;\;\;\;|\;\;\;\;\;|$
$\qquad\qquad\qquad\qquad\;\;\text{OH}\;\;\text{OH}$
碳原子上连接的四个基团彼此相同,它们都是—H、—OH、—COOH 及 $-\text{CHCOOH}$,按照每一
$\qquad\qquad\qquad\qquad\qquad\qquad\qquad\qquad\qquad\qquad\qquad\qquad\qquad\qquad\;\;\;|$
$\qquad\qquad\qquad\qquad\qquad\qquad\qquad\qquad\qquad\qquad\qquad\qquad\qquad\qquad\;\text{OH}$
手性碳原子有两种构型,则可以组成以下四个分子:

$$
\begin{array}{cccc}
\text{COOH} & \text{COOH} & \text{COOH} & \text{COOH} \\
\text{H}\!-\!\overset{2}{\text{C}}\!-\!\text{OH} & \text{HO}\!-\!\text{C}\!-\!\text{H} & \text{H}\!-\!\text{C}\!-\!\text{OH} & \text{HO}\!-\!\text{C}\!-\!\text{H} \\
\text{HO}\!-\!\overset{3}{\text{C}}\!-\!\text{H} & \text{H}\!-\!\text{C}\!-\!\text{OH} & \text{H}\!-\!\text{C}\!-\!\text{OH} & \text{HO}\!-\!\text{C}\!-\!\text{H} \\
\text{COOH} & \text{COOH} & \text{COOH} & \text{COOH} \\
(\text{I})(2R,3R) & (\text{II})(2S,3S) & (\text{III})(2R,3S) & (\text{IV})(2S,3R)
\end{array}
$$

根据次序规则,手性碳原子上除—H 以外的三个基团的先后顺序应为—OH>—COOH>
—CHCOOH,按照与前面相同的方法考察分子中每一个手性碳原子上基团由先至后的走向,则
$\;\;|$
OH
(I)的构型应为(2R,3R);(II)为(2S,3S);(III)应为(2R,3S);(IV)为(2S,3R)。

(I)和(II)为对映异构体,(III)和(IV)看来似乎也是对映异构体,但如将(IV)在纸面上转 180°,即可与(III)重叠,另外,对于酒石酸来说,如果将(III)由下往上编号,则为(2S,3R),即与 (IV)相同,所以(III)和(IV)实际上代表同一个分子。(I)和(II)分别是左旋体和右旋体。在 (III)中,可以用虚线将分子分成实物和镜像关系的两半,这样,虚线所代表的平面就是这个分子的对称面,所以(III)没有手性,从而没有旋光活性,这种异构体叫内消旋体(meso compound 或 meso form)。与外消旋体不同,内消旋体之所以不具旋光活性,是由于分子中两个相同的手性碳原子的构型相反,一个为 R,一个为 S,所以由它们引起的旋光性在同一分子内相互抵消了。内消旋体是一个分子,不像外消旋体那样可被分离成有旋光活性的两种异构体。所以含两个相同手性碳原子的化合物只有三种旋光异构体,其中一种没有旋光活性。

酒石酸三种异构体的投影式分别为

```
    COOH              COOH              COOH
  H─┼─OH           HO─┼─H             H─┼─OH
 HO─┼─H             H─┼─OH            H─┼─OH
    COOH              COOH              COOH
   (2R,3R)           (2S,3S)           (2R,3S)
```

不含手性碳原子的化合物的旋光异构现象

手性碳原子只是使分子产生手性的因素之一。内消旋酒石酸分子虽然含有手性碳原子，但整个分子不具手性。另一方面，具有手性的分子，也不一定含有手性碳原子。例如，联苯分子中每个环上邻位的氢原子被体积相当大的不同基团取代时，由于位阻作用而使两个苯环不能处在一个平面内，同时连接两个苯环的碳-碳单键的自由旋转也受到阻碍，整个分子由于没有对称因素而具有手性。例如：

又如，丙二烯的衍生物，当 C^1 及 C^3 各连有不同基团时，也有旋光异构体：

$$\underset{b}{\overset{a}{>}}C_3=C_2=C_1\underset{b}{\overset{a}{<}} \qquad \underset{b}{\overset{a}{>}}C=C=C\underset{b}{\overset{a}{<}}$$

这是由于丙二烯分子中，C^1 及 C^3 为 sp^2 杂化状态，而 C^2 为 sp 杂化的，它以两个相互垂直的 p 轨道分别与 C^1 及 C^3 的 p 轨道形成两个相互垂直的 π 键，从而 a—C^3—b 所处的平面必然与 a—C^1—b 所处的平面相互垂直，所以分子具有手性。

环状化合物的立体异构

1,2-二氯环戊烷有顺、反两个几何异构体，连接氯的两个碳原子，又都是手性碳原子：

顺-1,2-二氯环戊烷　　反-1,2-二氯环戊烷

在顺式异构体中，用虚线表示的平面可将分子分成对称的两半，所以顺式异构体无旋光活性，为内消旋体。反式异构体为手性分子，所以存在一对对映异构体：

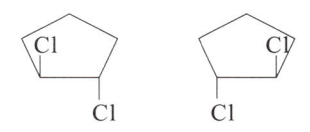

旋光异构体的性质

一对对映异构体除旋光方向相反外,其他物理性质,如熔点、沸点、相对密度、比旋光度及在非手性溶剂中的溶解度等都完全相同(见第十一章表 11-1)。在化学性质方面,对映异构体与非手性试剂的作用是完全相同的,但在与手性试剂作用时,或在手性环境下,如在手性溶剂或手性催化剂的作用下,二者的反应速率有所不同[①],在某些特殊情况下,其中的一个会根本不发生反应。由于构成生物体的有机物大都是有手性的,尤其是生物大分子中,常有多个手性中心,所以对映体间极为重要的区别是,它们对生物体的作用不同,如许多微生物在生长过程中只能利用某一构型的氨基酸作为它们的食物;许多药物分子中都含有手性中心,但有生理作用的往往只是旋光异构体中的一种。例如,氯霉素有四种旋光异构体,而有抗菌作用的只是其中的一种,即(1R,2R)-苏型(threo)氯霉素[所谓苏型即两个手性碳原子上的氢或其他相同的基团在反侧的;如果两个手性碳原子上的氢或其他相同基团在同侧的,则叫赤型(erythro)]。又如,布洛芬(芬必得中的有效成分),只是 S 异构体有镇痛作用。许多含手性中心的香料,它们的旋光异构体的气味往往很不相同。例如,(R)-香芹酮有清凉的留兰香气味,而 S 异构体则有药草的气息。

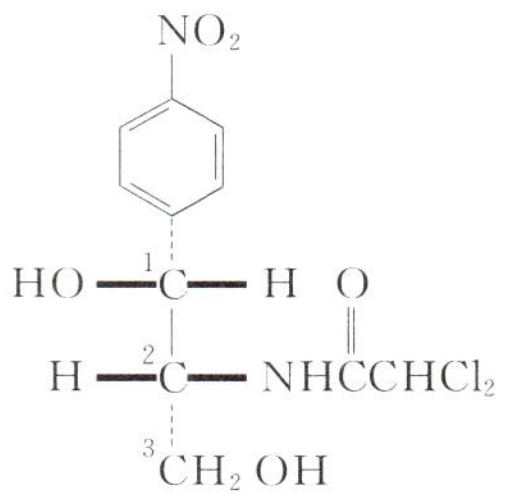

(1R,2R)-苏型氯霉素
[(1R,2R)-threo-chloromycetin]

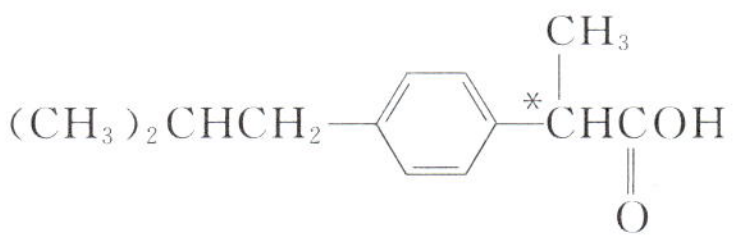

布洛芬
(ibuprofen)

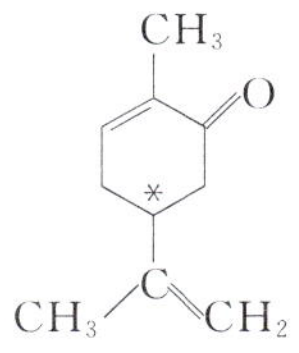

香芹酮
(carvone)

绝大多数氨基酸和糖类化合物都是有旋光性的(见第十四章、第十五章),但人体所需要的只是对映异构体中的某一种,另一种对人一点营养价值都没有,而自然界存在的氨基酸和糖类也正好都是人体需要的这种构型的。

非对映异构体的物理性质不同,化学性质基本相同,但在同一反应中,反应速率不同。

外消旋体不同于任意两种物质的混合物,它常具有固定的熔点,而且熔点范围很窄。

---

① 这可以用过渡态理论来加以解释:一对对映(±)-A 与同一非手性试剂 B 反应时,反应中的过渡态为(+)-A⋯B 及(−)-A⋯B,二者仍为对映体,应具有相同的能量,故反应的活化能是相同的,从而反应速率相同。但当(±)-A 与一旋光活性试剂如(+)-D 作用时,则反应中的过渡态为(+)-A⋯(+)-D 及(−)-A⋯(+)-D,二者为非对映体,非对映体则应具有不同的能量,故而二者的活化能不同,反应速率必然不同。

不对称合成，立体选择反应与立体专一反应

由非手性的化合物合成手性化合物时，在无外界手性因素影响下，总是得到外消旋混合物。例如，丁烷进行氯化，可以得到多种氯化产物，其中的 2-氯丁烷含有一个手性碳原子：

$$CH_3CH_2CH_2CH_3 \xrightarrow[h\nu]{Cl_2} CH_3\overset{*}{C}HCH_2CH_3$$
$$\quad\quad\quad\quad\quad\quad\quad\quad\quad\quad\quad\quad |$$
$$\quad\quad\quad\quad\quad\quad\quad\quad\quad\quad\quad\quad Cl$$

所以它应该有一对对映异构体：

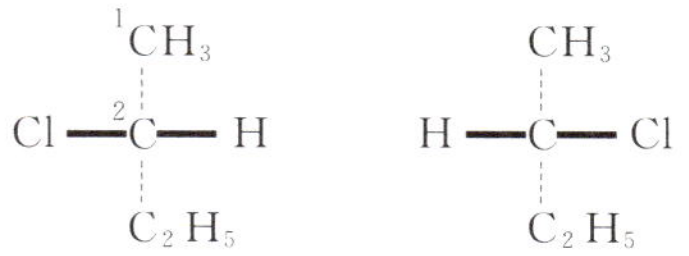

由丁烷的氯化混合物中分离得到的 2-氯丁烷是无旋光性的，这说明反应产物是外消旋混合物。

烷烃的氯化是按游离基机理进行的，当氯原子由丁烷中的 C^2 夺取一个氢以后，C^2 便成为游离基，碳游离基呈平面形，即其上所连三个基团—CH_3、—H 及—C_2H_5 在同一平面内（见图 5-4），这样 Cl_2 可以同样的概率由平面的两侧与该碳原子结合，即产生等量的对映异构体，所以产物就是外消旋体，没有旋光性。

如果将 2-氯丁烷再进行氯化，其中的一种二氯代产物 2,3-二氯丁烷具有两个相同的手性碳原子：

$$CH_3\overset{*}{C}HCH_2CH_3 \xrightarrow[h\nu]{Cl_2} CH_3\overset{*}{C}H\overset{*}{C}HCH_3$$
$$\quad\quad\quad |\quad\quad\quad\quad\quad\quad\quad\quad\quad | \;\; |$$
$$\quad\quad\quad Cl\quad\quad\quad\quad\quad\quad\quad\quad Cl\; Cl$$

它们应该有三种旋光异构体，即一对对映体及一个内消旋体。

假如通过一定的方法将 2-氯丁烷的外消旋体分开为纯的 R 型及 S 型两种异构体，而只取其中的一种，如 S 异构体再进行氯化，通过如图 5-5 所示，C^3 的氯化可得到 (S,S) 及 (R,S) 两种互为非对映异构体的 2,3-二氯丁烷。

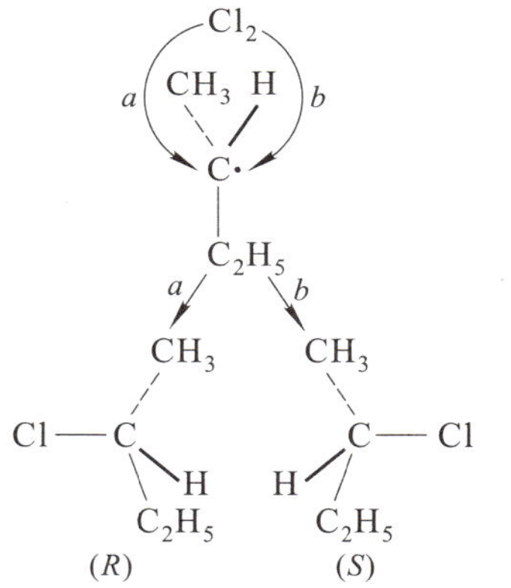

图 5-4　丁烷 C^2 的氯化

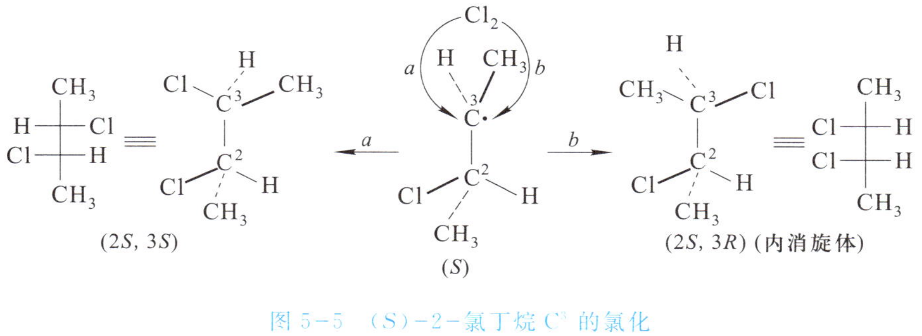

(2S, 3S)　　　(S)　　　(2S, 3R)（内消旋体）

图 5-5　(S)-2-氯丁烷 C^3 的氯化

也就是在上述氯化反应中 C^2 的构型保持不变,即为 S,而氯可以由 a,b 两侧与 C^3 相连,所以得到(2S,3S)与(2S,3R)(内消旋体)两种非对映异构体。但反应产物中二者的量不是等同的,它们的比例是 29:71,即内消旋体占多数。这说明在这一步氯化中,氯由 a,b 两面进攻的机会是不一样的。这可以由(S)-2-氯-3-丁基游离基的投影式说明(见图 5-6)。

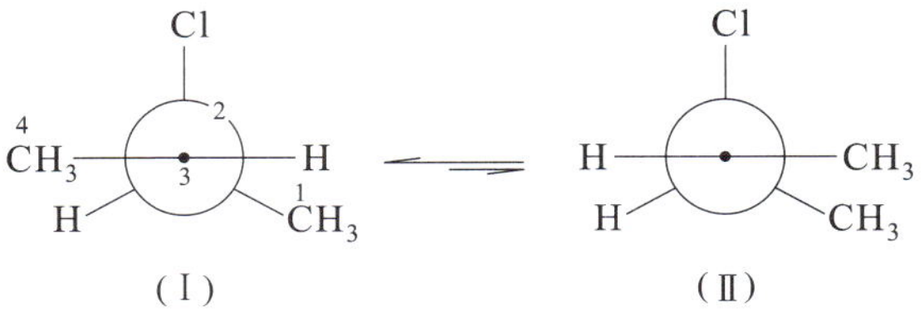

图 5-6 (S)-2-氯-3-丁基游离基

(Ⅰ)和(Ⅱ)是(S)-2-氯-3-丁基游离基的两种构象,在(Ⅰ)中,C^3 上的—CH_3 与 C^2 上的—CH_3 及—Cl 相距较远,因此(Ⅰ)为占优势的构象。再者,氯应该由分子的下部向 C^3 进攻比较有利,因为这样两个氯原子在过渡态时才能相距最远。这样,氯由(Ⅰ)的下部进攻所得的产物应该较多,也就是内消旋体占多数。所以在已有一个手性中心的分子中引入第二个手性中心时,得到的非对映异构体的量是不相同的,也就是第一个手性中心对第二个手性中心的构型有控制作用,或说第二个手性中心的形成有立体选择性(stereoselectivity)。凡是有立体选择性的反应(stereoselective reaction),产物中必然有某一种立体异构体为主要产物。这种将分子中一个非手性中心转化为手性中心时,所得到的立体异构体的量不是均等的,亦即使某一种立体异构体的量占优势的合成,叫不对称合成(asymmetric synthesis)。

不对称合成是获得手性化合物的重要方法,尤其在药物合成和天然产物全合成中都十分重要的地位。美国科学家 W S Knowles、K B Sharpless 与日本科学家野依良治,因在不对称催化氢化反应和不对称催化氧化反应中所作出的重要贡献,共同获得了 2001 年诺贝尔化学奖。

如前所述(S)-2-氯丁烷的氯化是立体选择的反应,得到非对映异构体的混合物,而且其中内消旋体较多。

如 2-丁烯与卤素加成,也同样可以得到 2,3-二卤代丁烷。例如,2-丁烯与 Br_2 加成:

$$CH_3—CH=CH—CH_3 + Br_2 \longrightarrow CH_3—\overset{*}{C}H—\overset{*}{C}H—CH_3$$
$$\underset{Br}{|}\underset{Br}{|}$$

同样,2,3-二溴丁烷也存在一对对映异构体及一个内消旋体,但加成产物的构型却因 2-丁烯的构型不同而异。

2-丁烯有顺、反两种几何异构体,如果以顺-2-丁烯与溴加成,则所得产物为外消旋体,而无内消旋体;如以反-2-丁烯与溴作用,则产物只有内消旋体。

顺-2-丁烯与溴加成时,Br^+ 由烯烃分子平面的一侧,比如由上方,与双键形成溴鎓离子三元环,则 Br^- 由平面的下方分别按 a 或 b 两种方式与溴鎓离子结合,其机会均等,所以便生成等量的对映异构体:

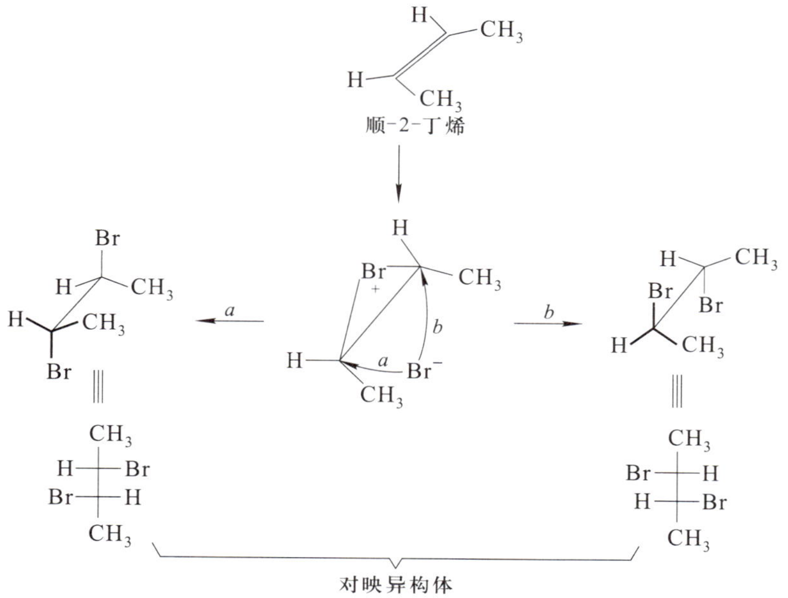

以反-2-丁烯与溴加成，经同样步骤，所得产物均为内消旋体：

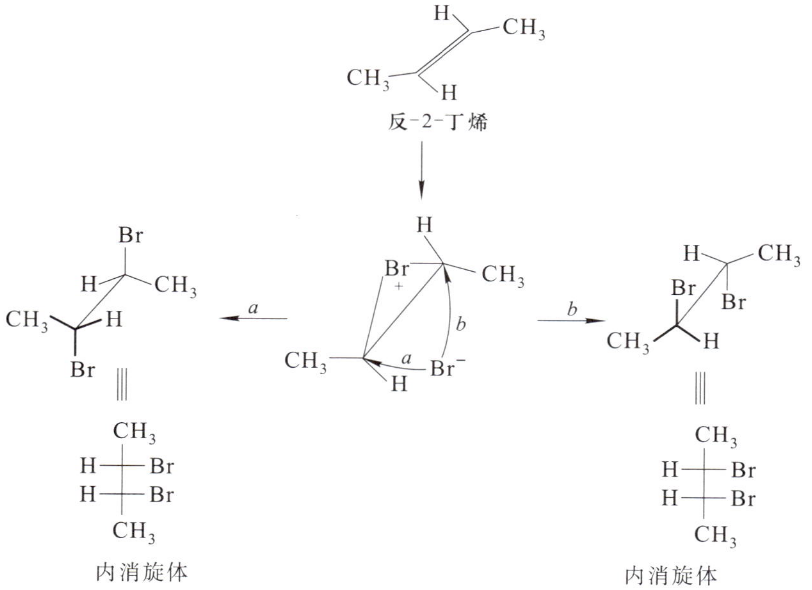

由 2-丁烯的加成看出，由某一种立体异构的反应物只得到某一种特定的立体异构产物，这种反应叫立体专一反应（stereospecific reaction）。

卤素对烯烃的加成是反式加成，以及通过溴鎓离子三元环的机理，正是由上述加成所得产物的构型推断的。由此可见立体化学在阐明有机反应机理方面的重要性。

分子的前手性和前手性碳原子

一个 sp^3 杂化的碳原子如果连接的四个基团是 a、a、b、d,该碳原子是没有手性的,但如将其中一个 a 换成 e,该碳原子便成为手性碳原子,这个原来无手性的碳原子就叫作前手性碳原子(prochiral carbon),它具有前手性(prochirality)。例如,乙醇(CH_3CH_2OH),就是具有前手性的分子。如将乙醇分子中亚甲基(—CH_2—)上的一个氢用氘取代,亚甲基碳原子就成为手性碳原子。如果将这两个 H 分别用 H_r、H_y 标记,则 D 取代不同的 H 后得到 R 和 S 两种构型不同的手性碳原子。如果这个 H 被 D 取代后得到 R 构型的产物,该氢原子叫作前 R 氢(pro-R-hydrogen),反之则为前 S 氢(pro-S-hydrogen)。

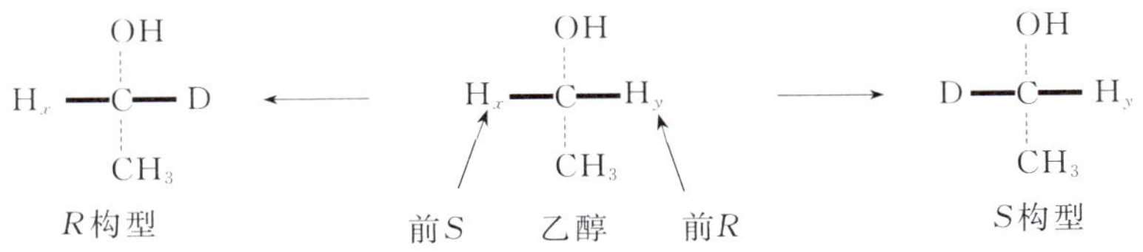

$$\begin{array}{ccc} \text{OH} & \text{OH} & \text{OH} \\ H_r\text{—C—D} \longleftarrow & H_r\text{—C—}H_y & \longrightarrow D\text{—C—}H_y \\ \text{CH}_3 & \text{CH}_3 & \text{CH}_3 \\ R\text{构型} & \text{前}S \quad \text{乙醇} \quad \text{前}R & S\text{构型} \end{array}$$

乙醇没有手性是因为分子中有一个对称面,即—OH、C 及—CH_3 所处的平面(垂直于纸面的平面)。但这个对称面两侧的立体化学环境是不同的,在该对称面的右侧按次序规则观察—OH→—CH_3→—H_y 的走向为顺时针方向,即为 R 构型;而在对称面左侧观察—OH→—CH_3→—H_r 的走向为反时针方向,则为 S 构型。

前手性的概念在生物化学反应中非常重要,因为生物体内的反应绝大多数是酶(enzyme)催化的,而酶是有手性的生物大分子,其手性基团能识别与之作用的底物分子的 pro-R 或 pro-S 基团,所以酶催化的反应有立体专一性。

外消旋体的拆分

由非手性化合物合成手性分子时,在没有外界手性因素的影响下,得到的总是由等量的对映异构体组成的外消旋体。对映异构体除了旋光方向相反以外,其他的物理性质完全相同,因此要将它们拆分(resolution)成左旋体和右旋体,用一般的物理方法如分馏、重结晶等,常无法达到目的,而必须采用其他的方法,目前用于拆分的主要方法如下:

1. 化学分离法

由于非对映异构体的物理性质是不相同的,如果能将对映异构体转化为非对映异构体,就可以利用它们物理性质的不同而将它们分开。将对映异构体转化为非对映异构体的方法是使它们和某一种有旋光性的化合物反应,如欲分离外消旋的某酸(±)-A,则可选择一种有旋光性的碱,如(+)-B 与之反应,得到[(+)-A-(+)-B]及[(-)-A-(+)-B]两种盐,它们是非对映体,它们的物理性质不同,如溶解度不同,因此便可选用适当溶剂用重结晶的方法分离。将分离得到的两种盐,分别用强酸酸化,置换出有机酸再经一定的分离提纯步骤,便可分别得到左旋体和右旋体。

自然界中存在许多有手性的物质,而且常是某一种有旋光活性的异构体。例如,由肌肉中取得的乳酸是右旋的。由植物中可以得到许多结构复杂的有手性的生物碱(见第十七章),如奎宁是左旋的。这些由自然界取得的有旋光活性的物质,常被用作化学拆分的试剂。

2. 生物分离法

酶是生命过程中的化学反应的催化剂。如前所述酶都是有旋光活性的大分子,而且对化学反应有特殊的专一性,就像一把钥匙只能开一把锁一样。例如,某一种酶只对某一特定构型的立体异构体有作用,而对其他构型的异构体无作用。所以可以选择适当的酶作为某些外消旋体的拆分试剂。例如,分离($\pm$)-苯丙氨酸($C_6H_5CH_2CHCOOH$),则可将它们先乙酰化生成($\pm$)-N-
$$\underset{NH_2}{|}$$
乙酰基苯丙氨酸,然后再用乙酰水解酶使它们水解:

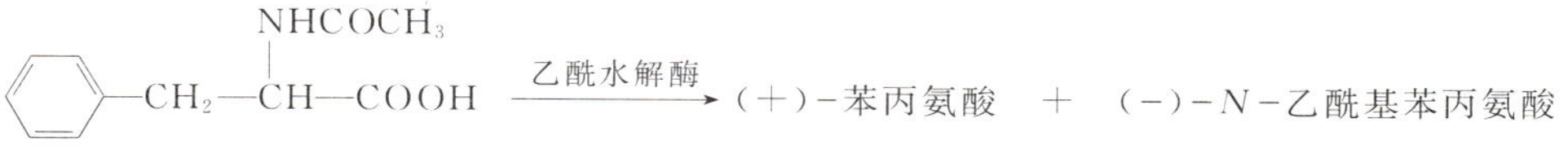

$$\text{($\pm$)-N-乙酰基苯丙氨酸} \xrightarrow{\text{乙酰水解酶}} (+)\text{-苯丙氨酸} + (-)\text{-N-乙酰基苯丙氨酸}$$

由于乙酰水解酶只能使(+)-N-乙酰基苯丙氨酸水解,所以水解产物为(+)-苯丙氨酸与(-)-N-乙酰基苯丙氨酸的混合物,它们是两种完全不同的物质,很容易用一般的方法分离。这是一个比较理想的例子,但是有时在酶的作用下,对映异构体之一被转化为其他不易再复原的物质。例如,以 L-氨基酸氧化酶拆分($\pm$)-丙氨酸时,L-氨基酸氧化酶能将(+)-丙氨酸氧化为丙酮酸,而留下(-)-丙氨酸,也就是浪费了对映体中的一种。

$$CH_3-\underset{\underset{NH_2}{|}}{CH}-COOH \xrightarrow{\text{L-氨基酸氧化酶}} CH_3-\underset{\underset{O}{\|}}{C}-COOH + (-)\text{-丙氨酸}$$

($\pm$)-丙氨酸 　　　　　　　　　　丙酮酸

3. 柱层析法

柱层析法是色谱法的一种,是利用不同物质对同一吸附剂的不同吸附作用分离混合物的方法。如果选择适当的光学活性的吸附剂,由于一对对映体对吸附剂的亲和力不同,在适当的淋洗剂淋洗下,由于它们通过吸附柱的速度不同,从而达到分离的目的。

习 题

5.1 扼要解释或举例说明下列名词或符号：
    a. 旋光活性物质   b. 比旋光度   c. 手性   d. 手性分子
    e. 手性碳原子   f. 对映异构体   g. 非对映异构体   h. 外消旋体
    i. 内消旋体   j. 构型   k. 构象   l. R,S
    m. $+,-$ n. d,l

5.2 下列物体哪些是有手性的？
    a. 鼻子   b. 耳朵   c. 螺丝钉   d. 扣钉
    e. 大树   f. 卡车   g. 衬衫   h. 电视机

5.3 举例并简要说明：
    a. 产生对映异构体的必要条件是什么？
    b. 分子具有旋光性的必要条件是什么？
    c. 含手性碳原子的分子是否都有旋光活性？是否有对映异构体？
    d. 没有手性碳原子的化合物是否可能有对映体？

5.4 下列化合物中哪个有旋光异构体？如有手性碳原子，用"＊"号标出。指出可能有的旋光异构体的数目。

    a. $CH_3CH_2CHCH_3$ b. $CH_3CH=C=CHCH_3$ c. 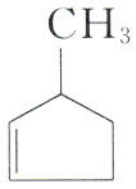 1-甲基环戊烯   d. 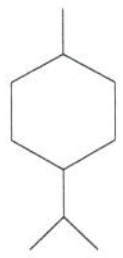 1-甲基-4-异丙基环己烷
           $|$
           Cl

    e. 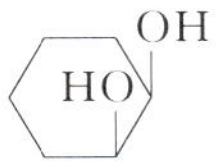 2-羟基环己醇   f. $CH_3CHCHCOOH$ g. 1,4-环己二醇   h. 2-甲基四氢呋喃
                      $HO\ CH_3$

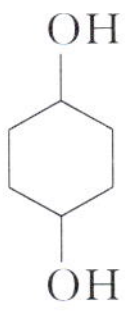

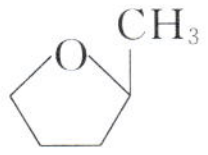

    i. 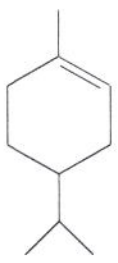 4-异丙基-1-甲基环己烯   j.  甲基环戊烷   k. 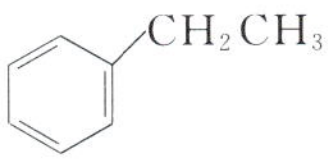 乙苯   l. 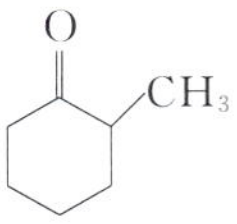 2-甲基环己酮

5.5 下列化合物中，哪个有旋光异构体？标出手性碳原子，写出可能有的旋光异构体的投影式，用 R,S 标记法命名，并注明内消旋体或外消旋体。
    a. 2-溴-1-丁醇   b. α,β-二溴丁二酸   c. α,β-二溴丁酸   d. 2-甲基-2-丁烯酸

5.6 下列化合物中哪个有旋光活性？如有，能否指出它们的旋光方向。
    a. $CH_3CH_2CH_2OH$ b. （＋）-乳酸   c. $(2R,3S)$-酒石酸

5.7 分子式是 $C_5H_{10}O_2$ 的酸，有旋光性，写出它的一对对映体的投影式，并用 R,S 标记法命名。

5.8 分子式为 C_6H_{12} 的开链烃 A，有旋光性。经催化氢化生成无旋光性的 B，分子式为 C_6H_{14}。写出 A, B 的结构式。

5.9 假麻黄碱的一种构型如下：

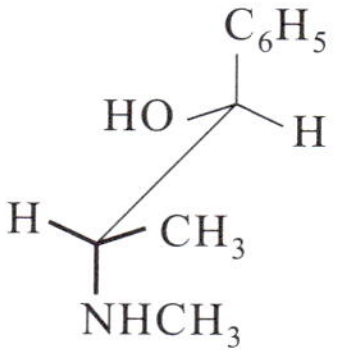

它可以用下列哪个投影式表示？

a, 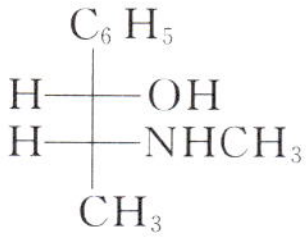 b, 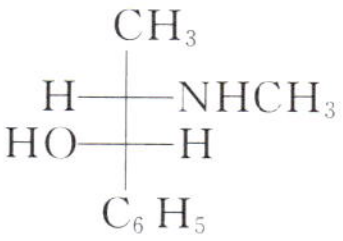 c, 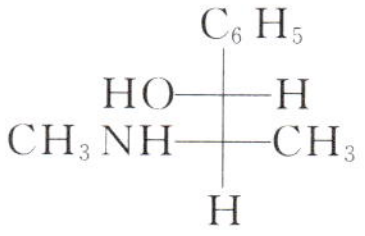 d.

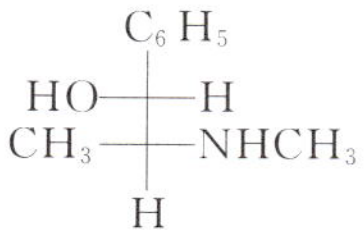

5.10 指出下列各对化合物间的相互关系（属于哪种异构体，或是相同分子）。如有手性碳原子，注明 R、S。

a.

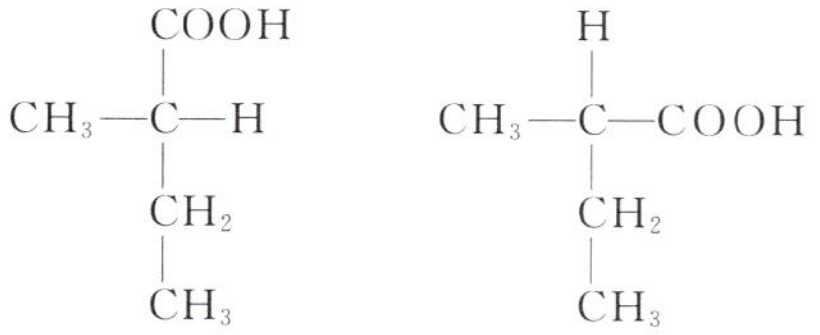

b.

c.

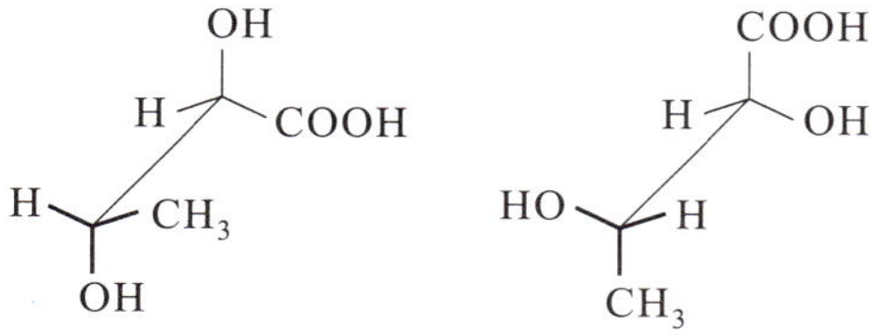

d.

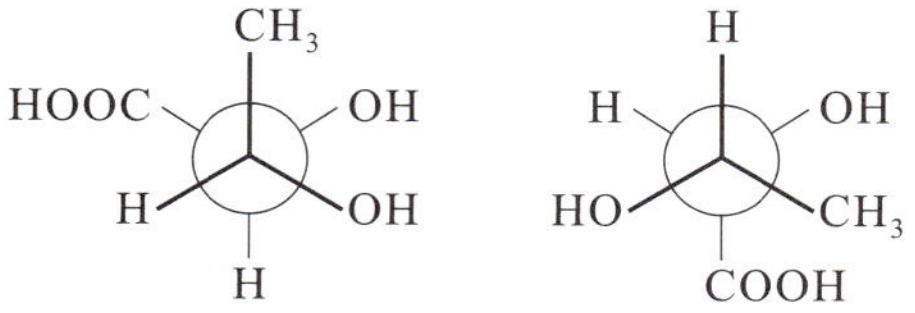

e.

f.

g.

h.

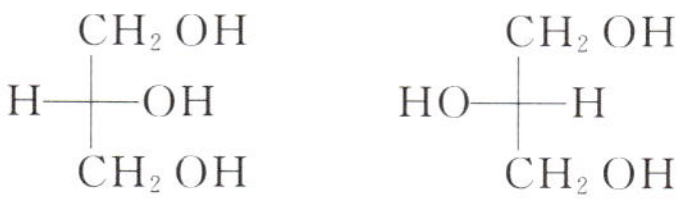

5.11 如果将如（Ⅰ）的乳酸的一个投影式离开纸面翻转过来，或在纸面上旋转 $90°$，按照书写投影式规定的原则，它们应代表什么样的分子模型？与（Ⅰ）是什么关系？

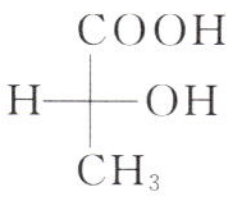

（Ⅰ）

5.12 丙氨酸为组成蛋白质的一种氨基酸，其结构式为 $CH_3CHCOOH$，用 IUPAC 建议的方法，即用—、——及
$\quad\quad\quad\quad\quad\quad\quad\quad\quad\quad\quad\quad\quad\quad\quad\quad\quad\quad\quad\quad\quad\quad\quad\;\;\;\;|$
$\quad\quad\quad\quad\quad\quad\quad\quad\quad\quad\quad\quad\quad\quad\quad\quad\quad\quad\quad\quad\quad\quad\;\;NH_2$
---画出其一对对映体的三维空间立体结构式，并按规定画出与它们相应的投影式。

5.13 可待因（codeine）是有镇咳作用的药物，但有成瘾性，其结构式如下，用"＊"标出分子中的手性碳原子，理论上它可有多少种旋光异构体？

5.14 下列结构式中哪个是内消旋体?

第六章 卤代烃

卤代烃是指烃分子中的氢原子被卤素（氟、氯、溴、碘）取代的产物。根据烃基的不同，分为脂肪卤代烃（包括饱和与不饱和卤代烃）、芳香卤代烃等；又按分子中所含卤原子数目，分为一卤代烃、二卤代烃及多卤代烃。因此卤代烃的数目是很多的。由于氟代烃的制法、性质及用途与其他卤代烃有所不同，除在重要代表物一节中有所涉及外，其他各节中均不包括氟代烃。

命　名

卤代烃多以相应的烃为母体，将卤原子当作取代基来命名。例如：

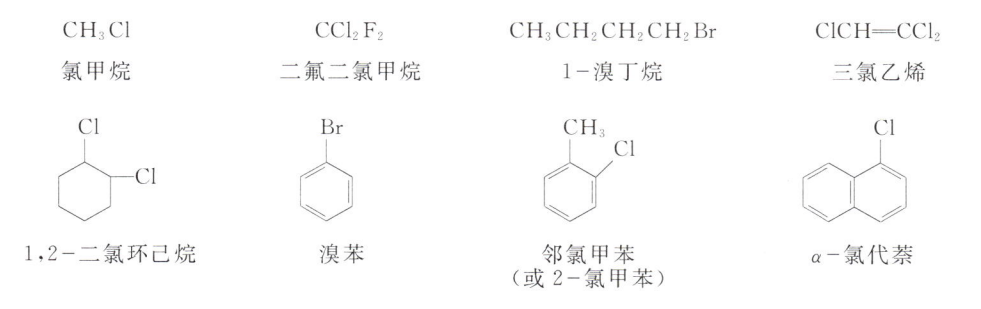

CH_3Cl　　　　CCl_2F_2　　　　$CH_3CH_2CH_2CH_2Br$　　　　$ClCH=CCl_2$
氯甲烷　　　　二氟二氯甲烷　　　　1-溴丁烷　　　　三氯乙烯

1,2-二氯环己烷　　　　溴苯　　　　邻氯甲苯（或2-氯甲苯）　　　　α-氯代萘

卤代脂肪烃的系统命名原则是选择连有卤原子的最长碳链作为母体（不饱和卤代烃还应包含不饱和键）；将卤原子及其他支链作为取代基。卤代烷的编号由距离取代基最近的一端开始，将取代基按次序规则排列，较优基团后列出。卤代不饱和烃的编号则由距不饱和键最近的一端开始。例如：

$$CH_3-\underset{\underset{Br}{|}}{CH}-CH_2-\underset{\underset{CH_3}{|}}{CH}-CH_3$$
2-甲基-4-溴戊烷

$$CH_3-\underset{\underset{Br}{|}}{CH}-CH=CH-CH_3$$
4-溴-2-戊烯

$CH_3-CH_2-CH_2-CH_2-Cl$　　　　$CH_3-CH_2-\underset{\underset{Cl}{|}}{CH}-CH_3$　　　　$CH_3-\underset{\underset{Cl}{|}}{\overset{\overset{CH_3}{|}}{C}}-CH_3$

1-氯丁烷(Ⅰ)　　　　　　　2-氯丁烷(Ⅱ)　　　　　　2-甲基-2-氯丙烷(Ⅲ)
（伯卤代烃）　　　　　　　（仲卤代烃）　　　　　　　（叔卤代烃）

（Ⅰ）、（Ⅱ）和（Ⅲ）互为同分异构体，其区别在于卤原子的位置不同或碳链不同。根据与卤原子相连的碳原子的不同，（Ⅰ）、（Ⅱ）和（Ⅲ）分别叫作伯、仲和叔卤代烃。

某些卤代烃常有惯用的名称。例如：

$C_6H_5CH_2Cl$　　　　　　　　　$CHCl_3$　　　　　　　　　CHI_3

氯化苄(benzyl chloride)　　　氯仿(chloroform)　　　碘仿(iodoform)

物 理 性 质

除氯甲烷、溴甲烷、氯乙烷、氯乙烯等个别卤代烃在室温为气体外，一般卤代烃大多为液体。它们不溶于水，而能以任意比例与烃类混溶，并能溶解其他许多弱极性或非极性有机化合物，因此二氯甲烷、氯仿、四氯化碳等是常用的溶剂。例如，可以用它们由动植物组织中提取脂肪类物质等。由于溴代烃、碘代烃的价格较高，故一般多用氯代烃。分子中卤原子数目增多，则可燃性降低，如 CCl_4 即为常用的灭火剂。许多卤代烃有累积性毒性，并可能有致癌作用，故使用时必须注意防护。

碘代烃、溴代烃及多卤代烃的相对密度都大于1。卤代烷的相对密度随碳原子数的增加而降低。烃基相同时，卤代烃的沸点和相对密度依氯代烃、溴代烃、碘代烃的次序而递增。在异构体中，支链越多，沸点越低（见表6-1）。

表 6-1　某些卤代烃的物理常数

结构式	名 称			熔点/℃	沸点/℃	相对密度 (20℃)
	中文	系统命名	普通命名或俗名			
CH_3Cl	氯甲烷	chloromethane	methyl chloride	-97.1	-24.2	0.9159
CH_3Br	溴甲烷	bromomethane	methyl bromide	-93.6	3.6	1.6755
CH_3I	碘甲烷	iodomethane	methyl iodide	-66.4	42.4	2.279
CH_2Cl_2	二氯甲烷	dichloromethane	methylene chloride	-95.1	40.0	1.3266
$CHCl_3$	三氯甲烷	trichloromethane	chloroform	-63.5	61.7	1.4832
CCl_4	四氯化碳		carbon tetrachloride	-23.0	76.5	1.5940
CH_3CH_2Cl	氯乙烷	chloroethane	ethyl chloride	-136.4	12.3	0.8978
CH_3CH_2Br	溴乙烷	bromoethane	ethyl bromide	-118.6	38.4	1.4604
CH_3CH_2I	碘乙烷	iodoethane	ethyl iodide	-108.0	72.3	1.9358
$CH_3CH_2CH_2Cl$	1-氯丙烷	1-chloropropane	n-propyl chloride	-122.8	46.6	0.8909

续表

结构式	名称 中文	名称 系统命名	名称 普通命名或俗名	熔点/℃	沸点/℃	相对密度（20℃）
CH_3CHCH_3 | Cl	2-氯丙烷	2-chloropropane	i-propyl chloride	−117.2	35.7	0.8617
$CH_2=CHCl$	氯乙烯	chloroethylene	vinyl chloride	−153.8	−13.4	0.9106
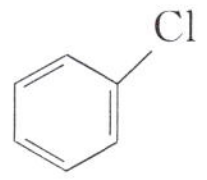 C₆H₅Cl	氯苯	chlorobenzene		−45.6	132.0	1.1058
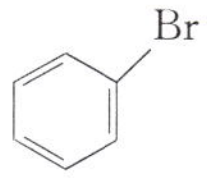 C₆H₅Br	溴苯	bromobenzene		−30.8	156.0	1.4950
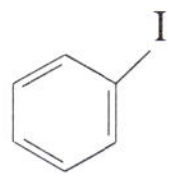 C₆H₅I	碘苯	iodobenzene		−31.3	188.3	1.8308
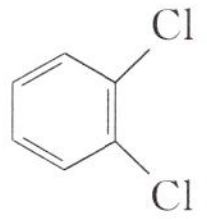 o-C₆H₄Cl₂	邻二氯苯	o-dichlorobenzene		−17.0	180.5	1.3048
 p-C₆H₄Cl₂	对二氯苯	p-dichlorobenzene		53.1	174.0	1.2475

化 学 性 质

一般说来，卤代烷（alkyl halide 或 haloalkane）中的卤原子是比较活泼的，它很容易被其他的原子或基团取代，或通过其他反应而转化成多类有机物或金属有机化合物，所以卤代烃是有机合成中极为有用的一类化合物。

▍ 1. 亲核取代（nucleophilic substitution）反应

由于卤原子的电负性大于碳，所以碳-卤键之间的共用电子对偏向于卤原子，而使碳原子带有部分正电荷，这样，与卤素相连的碳原子就容易受亲核试剂（nucleophile，以 Nu 表示），如负离子（如 ^-OH、$^-OCH_3$ 等），或带未共用电子对的分子（如 $H-\ddot{O}-H$，$:NH_3$ 等）的进攻，卤素带走了碳卤间的一对电子，以负离子的形式离开，而碳与亲核试剂上的一对电子形成一个新的共价键：

$$Nu:^- + R-\overset{|}{\underset{|}{C}}\overset{\delta+}{\longrightarrow}X^{\delta-} \longrightarrow R-\overset{|}{\underset{|}{C}}:Nu + :X^-$$
亲核试剂

由于反应是起始于亲核试剂的进攻而发生的取代反应,所以这种反应叫作亲核取代反应。

反应中受试剂进攻的物质叫作底物(substrate)。上述反应中卤代烃是反应的底物;卤素被 Nu 取代,以负离子形式离去,叫作离去基团(leaving group)。

(1) **被羟基取代** 卤代烷与氢氧化钠或氢氧化钾水溶液共热,则卤原子被羟基[—OH,hydroxy(l) group]取代,产物是醇:

$$R-X + OH^- \xrightarrow{\triangle} R-OH + X^-$$

这个反应也叫卤代烃的水解(hydrolysis)。

(2) **被烷氧基取代** 卤代烷与醇钠作用,卤原子被烷氧基(RO—,alkoxy group)取代而生成醚,这是制备混合醚(即两个烃基不同的醚)的方法,叫作威廉逊合成(Williamson synthesis)。

$$R-X + R'O-Na \longrightarrow R-O-R' + NaX$$
醚

(3) **被氨基取代** 卤代烷与氨作用,卤原子可被氨基(—NH_2,amino group)取代生成胺:

$$R-X + NH_3 \longrightarrow R-NH_2 + HX$$
胺

胺是有机碱,它与反应中产生的氢卤酸成盐,所以产物为胺的盐,即 $RNH_3^+ X^-$ 或写为 $RNH_2 \cdot HX$。

(4) **被氰基取代** 卤代烷与氰化钠(或氰化钾)的醇溶液共热,则氰基(—CN,cyano group)取代卤原子而得腈(nitrile)。

$$R-X + NaCN \xrightarrow[\triangle]{乙醇} R-CN + NaX$$
腈

腈水解即得羧酸:

$$R-CN \xrightarrow[H_2O]{H^+} R-\overset{O}{\underset{\|}{C}}-OH$$
羧酸

生成的腈比反应物 RX 分子中多一个碳原子,这是在有机合成中接长碳链的方法之一。

2. 消除(elimination)反应

卤代烷在碱的醇溶液中加热,能由分子中脱去一分子卤化氢,而形成烯烃。

$$R-\overset{\beta}{C}H_2-\overset{\alpha}{C}H_2X \xrightarrow[\triangle]{KOH-C_2H_5OH} R-CH=CH_2 + KX + H_2O$$

由反应式可以看出，卤代烷分子中在 β-碳原子上必须有氢原子时，才有可能进行消除反应。由于氢原子是由 β-碳原子上脱去的，所以这种反应也常叫 β-消除或 1,2-消除。

由一个分子中脱去一些小分子，如 HX、H_2O 等，同时产生不饱和键的反应叫消除反应。

卤代烃的脱卤化氢反应是在分子中引入 C=C 的方法之一。

仲或叔卤代烃脱卤化氢时，主要是由与连有卤素的碳原子相邻的含氢较少的碳原子上脱去氢，这叫作札依切夫（Saytzeff）规律。例如，2-溴丁烷脱卤化氢的主要产物是 2-丁烯，1-丁烯的量较少。

$$CH_3-\underset{\underset{Br}{|}}{CH}-CH_2-CH_3 \xrightarrow[\triangle]{KOH-C_2H_5OH} CH_3-CH=CH-CH_3 + CH_2=CH-CH_2-CH_3$$

$$81\% \qquad\qquad 19\%$$

3. 与金属的反应

卤代烃能与多种金属如 Mg、Li、Al 等反应生成金属有机化合物（含有金属-碳键的化合物）。例如，卤代烷与镁在无水乙醚中作用，则生成格氏试剂（Grignard reagent）。

$$RX + Mg \xrightarrow{无水乙醚} \underset{格氏试剂}{RMgX}$$

格氏试剂由于 C—Mg 键的极性很强，所以非常活泼，能被许多含活泼氢的物质，如水、醇、酸、氨以至炔氢等分解为烃，并能与二氧化碳作用生成羧酸：

$$RMgX + H-Y \longrightarrow RH + Mg\begin{matrix}Y\\X\end{matrix}$$

$$(Y = -OH, -OR, -X, -NH_2, -C\equiv CR)$$

$$RMgX \xrightarrow{CO_2} RCOOMgX \xrightarrow[H_2O]{H^+} RCOOH$$

因此在制备格氏试剂时必须防止水气、酸、醇、氨、二氧化碳等物质。而格氏试剂与二氧化碳的反应常被用来制备比卤代烃中的烃基多一个碳原子的羧酸。

格氏试剂可以与许多物质反应，生成其他有机化合物或其他金属有机化合物，是有机合成中非常有用的试剂。Victor Grignard 由于发现了格氏试剂而获得了 1912 年诺贝尔化学奖。

卤代烃与金属锂作用生成有机锂化合物，有机锂化合物也是有机合成中很重要的试剂。

$$RCl + 2Li \longrightarrow RLi + LiCl$$

除了 H、O、N、S、X 外，周期表中其他许多元素与碳直接相连形成的化合物，如上面的有机镁、有机锂及有机硼、有机硅、有机磷化合物等，统称为元素有机化合物。元素有机化学是近年来迅速发展起来的一门无机与有机之间的交叉学科，它无论在理论研究方面或是在合成、应用还是生物体生命活动过程中，都有很重要的作用。

脂肪族亲核取代反应的机理

在脂肪族亲核取代反应中,研究得比较多的是卤代烃的水解。根据化学动力学的研究及其他许多实验,发现亲核取代可按两种机理进行。

亲核取代反应以 S_N 表示(S:substitution,取代;N:nucleophilic,亲核的)。

1. 单分子机理(S_N1)

试验证明,叔卤代烷的水解是按单分子机理进行的,反应机理可分步表示如下:

$$R_3C-X \xrightarrow{慢} R_3C^+ + X^- \tag{1}$$

$$R_3C^+ + OH^- \xrightarrow{快} R_3C-OH \tag{2}$$

第一步是卤代烷中 C—X 键异裂为 R_3C^+(碳正离子)及 X^-(卤负离子),但不同于无机物在水中的解离,卤代烃必须在溶剂的作用下,也就是在外电场的影响下,分子进一步极化,才有可能异裂为正、负离子,所以这一步是比较慢的。但 R_3C^+ 一旦产生,它很不稳定,便立刻与溶液中的 OH^- 结合为醇。或者反应体系中的 H_2O 也可作为亲核试剂与碳正离子结合,然后消除 H^+ 而得醇。

$$R_3C^+ + :\overset{H}{\underset{H}{O}} \longrightarrow R_3C:\overset{H}{\underset{H}{\overset{+}{O}}} \xrightarrow[H_2O]{-H^+} R_3C-OH + H_3O^+$$

在化学动力学中,反应速率决定于反应中最慢的一步,反应分子数则由决定反应速率的一步来衡量。上述机理中第一步是决定反应速率的一步,这一步只决定于 C—X 键的断裂,与作用试剂无关,所以叫作单分子机理。

2. 双分子机理(S_N2)

双分子机理的特点是 C—X 键的断裂与 C—O 键的形成是同时进行的:

$$HO^- + \overset{R}{\underset{R'}{\overset{|}{\underset{|}{C}}}}_\alpha-X \longrightarrow [HO\cdots\overset{R}{\underset{H\ R'}{\overset{|}{\underset{|}{C}}}}^{\delta-}\cdots X^{\delta-}] \longrightarrow HO-\overset{R}{\underset{R'}{\overset{|}{\underset{|}{C}}}}-H + X^-$$

过渡态

由于 α-碳原子上电子密度较低,便成为负离子进攻的中心,当 OH^- 与 α-碳原子接近至一定程度,α-碳原子便与 OH^- 中氧上的一对电子逐渐形成一个微弱的键,以虚线表示,与此同时,C—X 键就被削弱,但还未断裂,负电荷分散于亲核试剂与离去基团上,这时体系的能量最高,达到过渡态。当 OH⁻ 与中心碳原子进一步接近,最终形成一个稳定的 C—O 共价键时,C—X 键便彻底断裂,卤素带着一对共用电子离开分子。由于反应过渡态的形成需要卤代烷与进攻试剂两种反应物,而且反应速率又决定于过渡态的形成,所以这一机理叫作双分子机理。伯卤代烷的水解主要按双分子机理进行。

在卤代烷分子中,反应中心是 α-碳原子,而 α-碳原子上电子密度的高低,对反应机理是有影响的。如果 α-碳原子上电子密度低,则有利于 OH⁻ 的进攻,也就是有利于反应按双分子机理进行;反之,α-碳原子上电子密度高,则有利于卤素夺取电子而以 X⁻ 的形式解离,从而有利于按单分子机理进行反应。也就是说,凡能增加 α-碳原子上电子密度的因素,便有利于促使反应按单分子机理进行;而凡能降低 α-碳原子上电子密度的因素,则有利于促使反应按双分子机理进行。在伯、仲、叔三类卤代烷中,

$$RCH_2—X \qquad R_2CH—X \qquad R_3C—X$$
伯卤代烷　　　　仲卤代烷　　　　叔卤代烷

随 α-碳原子上烷基数目的增加,由于烷基的给电子性,α-碳原子上电子密度逐渐增高,叔卤代烷中的卤素则比伯卤代烷中的卤素容易以负离子形式解离;再者,叔卤代烷异裂产生的是三级碳正离子,稳定性最高,越稳定的碳正离子越容易形成,所以叔卤代烷的水解主要按单分子机理进行。

应该指出的是,亲核取代反应的两种机理,在反应中是同时存在、相互竞争的,只是在某一特定条件下哪个占优势的问题。而影响反应机理的因素是很多的。上面讲的 α-碳原子上烷基数目的影响,只是电子效应,除此以外,烷基的大小、卤原子的性质、进攻试剂的亲核能力及溶剂的极性等对反应机理都是有影响的。

不同卤代烃对亲核取代反应的活性比较

卤素相同而烃基不同的卤代烃可根据它们对亲核取代反应的活性顺序分为以下三类:

$$\begin{pmatrix} CH_2=CH—CH_2—X \\ \text{(苯环)}—CH_2X \end{pmatrix} \quad > \quad CH_2=CH(CH_2)_nX \ (n \geqslant 2) \quad > \quad \begin{pmatrix} CH_2=CH—X \\ \text{(苯环)}—X \end{pmatrix}$$

$$(Ⅰ) \qquad\qquad (Ⅱ) \qquad\qquad (Ⅲ)$$

(Ⅰ)类叫作烯丙型卤代烃(allylic halide),也就是与卤素相连的碳原子和 C=C 相连,或说卤素和 C=C 之间隔开一个饱和碳原子的;(Ⅲ)类叫乙烯型卤代烃(vinylic halide),卤素与 C=C 直接相连;(Ⅱ)类则包括卤代烷及卤素与 C=C 间隔开一个以上饱和碳原子的化合物。三种类型中卤原子对亲核取代反应的活性顺序是(Ⅰ)>(Ⅱ)>(Ⅲ)。例如,前两类化合物与碱液加热就可被水解,而氯苯则需高温、高压,并有催化剂存在下才能作用。反应的活性差异是由分子中的电子效应决定的。在芳香烃中已经讲到,乙烯型卤代烃中的卤原子由于 p-π 共轭的影响,C—X 键间的电子密度比卤代烷中的有所增加,也就是卤素与碳的结合比在卤代烷中牢固,

所以卤原子的活性就比卤代烷中的卤原子差。对于烯丙型卤代烃来说,则要从取代反应中形成的中间离子——烯丙型碳正离子($CH_2=CH-\overset{+}{C}H_2$)——的稳定性来考虑。由于碳正离子上的空 p 轨道与 C=C 上的 p 轨道共轭,而使其上正电荷得以分散:

$$CH_2=CH-CH_2^+$$

这样,烯丙型碳正离子就比较稳定。换句话说,就是与卤素相连的 sp^3 杂化碳原子与 C=C 相连,则有利于生成烯丙型碳正离子。(Ⅰ)类卤代烃所以比(Ⅱ)类卤代烃容易进行亲核取代反应,其主要原因之一就是它容易解离为比较稳定的烯丙型碳正离子。

上面所讲的是烃基不同时,对同一卤原子活性的影响,如果烃基相同而卤原子不同,则其活性顺序为碘代烃>溴代烃>氯代烃。这是由于在卤素中碘的原子半径较大,碳-碘键间电子云重叠程度差,而且碘对外层电子控制不如氯强,碳-碘键可极化性大,所以在外电场作用下(在极性介质中),碳-碘键较易断裂。

亲核取代反应的立体化学

按双分子机理进行反应时,如前面反应机理所示,OH^- 由离去基团 X 的对面进攻 α-碳原子,只有这样 OH^- 与 X 才能相距最远,从而互斥作用最小。当 OH^- 与 α-碳原子逐渐接近,则 α-碳原子上的三个基团便被向后排斥,在过渡态时,OH^- 与 X 及 α-碳原子在一条直线上,而 α-碳原子上其他三个基团在垂直于纸面的同一平面内,随着 OH^- 与 α-碳原子由前面结合,X^- 由后面离去,α-碳原子又恢复四面体形,但其上三个基团则向后翻转,—OH 在原来 X 对面的位置上,所以生成的醇与原来卤代烷相比,构型发生了转化。在取代反应中,这种构型的转化叫瓦尔登转化(Walden inversion)。常常习惯把这种构型的转化比作一把伞被大风吹得翻了上去。瓦尔登转化主要发生在手性碳原子的 S_N2 取代反应中。

按单分子机理,反应是通过碳正离子中间体进行的,碳正离子为平面形,当碳正离子形成以后,反应体系中的 OH^- 可以由该平面的两侧与之成键,由两侧成键的机会是均等的,所以当该碳原子为手性碳原子,而且反应物卤代烃为旋光异构体中的某一种构型时,则反应产物将为外消旋混合物,也就是有 50% 的产物发生了构型的转化,这叫作外消旋化(racemization)。

$$\underset{H\;\;R'}{\overset{R}{\underset{|}{C^+}}} + OH^- \longrightarrow HO-\underset{R'}{\overset{R}{\underset{|}{C}}}-H + H-\underset{R'}{\overset{R}{\underset{|}{C}}}-OH$$

亲核取代与消除反应的关系

卤代烃的水解与脱卤化氢都是在碱性溶液中进行的,因此当卤代烃水解时,不可避免地会有脱卤化氢的副反应发生；同样脱卤化氢时，也会有卤代烃的亲核取代产物生成。这可以由反应机理来说明。消除反应的机理与亲核取代很相似，也有单分子机理及双分子机理，分别以 E1 及 E2 表示。

按单分子机理进行的消除反应，第一步仍是卤代烃解离为碳正离子：

$$R-CH_2-\underset{R^2}{\overset{R^1}{C}}-X \xrightarrow{\text{慢}} R-CH_2-\underset{R^2}{\overset{R^1}{C^+}} + X^-$$

然后进行消除还是取代，则决定于第二步。如果反应体系中的 OH^- 或 $C_2H_5O^-$ 作为碱由 β-碳原子上夺取一个氢，则产物为烯：

$$HO^- \text{（或} C_2H_5O^-\text{）} + R-\underset{H}{\overset{H}{\underset{\beta}{C}}}-\underset{R^2}{\overset{R^1}{\underset{\alpha}{C^+}}} \xrightarrow{\text{快}} R-CH=\underset{R^2}{\overset{R^1}{C}} + H_2O \text{（或} C_2H_5OH\text{）}$$

如果 OH^- 或 $C_2H_5O^-$ 作为一个亲核试剂与碳正离子结合，则产物为醇或醚：

$$RCH_2-\underset{R^2}{\overset{R^1}{C^+}} \begin{cases} \xrightarrow{OH^-} RCH_2-\underset{R^2}{\overset{R^1}{C}}-OH \quad \text{（醇）} \\ \xrightarrow{C_2H_5O^-} RCH_2-\underset{R^2}{\overset{R^1}{C}}-OC_2H_5 \quad \text{（醚）} \end{cases}$$

按双分子机理进行的消除反应与双分子取代相似，也是经过一个过渡态，即 OH^- 或 $C_2H_5O^-$ 与 β-氢原子逐渐靠近，β-氢原子与碳原子间的一对电子逐渐转向 α,β-碳原子间，卤素与 α-碳原子的键逐渐减弱，最终卤素带走了 C—X 间的一对电子以负离子形式离去，产物为烯烃：

$$HO^- \text{（或} C_2H_5O^-\text{）} + R-\underset{\beta}{CH}-\underset{\alpha}{CH_2}-X \longrightarrow \begin{bmatrix} (C_2H_5O) \\ HO\cdots H \\ R-CH=CH_2\cdots X \end{bmatrix}$$
过渡态

$$\longrightarrow R-CH=CH_2 + H_2O \text{（或} C_2H_5OH\text{）} + X^-$$

但如果 HO^- 或 $C_2H_5O^-$ 进攻的是 α-碳原子，则发生的将是双分子亲核取代反应，产物则为醇或醚。

总的说来亲核取代与消除反应是可以同时发生的，而且两种机理（单分子或双分子机理）又是相互竞争的。根据多方面实验得出的结论是强碱、高温、弱极性溶剂有利于消除反应。所以卤代烃的水解在水溶液中进行,而脱卤化氢反应则应在醇溶液中更为有利。

多卤代烃的性质

在同一个碳原子上连有一个以上卤原子的多卤代烃,其 C—X 键相当稳定,不容易发生取代反应。例如,二氯甲烷、氯仿、四氯化碳等就不易水解。这是由于同一碳上卤原子的相互影响不易解离出碳正离子;而且由于多个卤原子空间位阻较大,也不利于 OH⁻ 对 α-碳原子的进攻,所以既不易按 S_N1 机理,也不易按 S_N2 机理进行亲核取代反应。因此多卤代烃比较稳定,只是在 β-碳原子上连有氢时,可以发生脱卤化氢的反应。

卤代烃的生理活性

最初发现的含卤素的天然有机物大都是从海生生物中分离得到的,这很好地说明了生物对环境的适应性,因为海水中含有大量的卤离子。近 40 年来,发现某些细菌、昆虫,以至一些植物或动物体中也存在或能释放含卤素的有机物,其中许多是有毒的,它们可以作为防御性武器以阻止捕食者。例如,红藻(red algae)合成一种有恶臭气味的卤代烃以阻止捕食者,其结构为

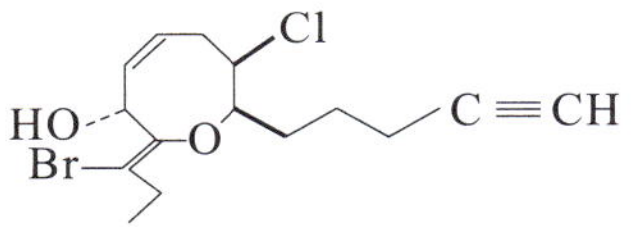

甲状腺素是控制人体许多代谢速率的一种激素,当人们由食物中摄入碘后,便在甲状腺中积存下来,然后通过一系列化学反应形成甲状腺素:

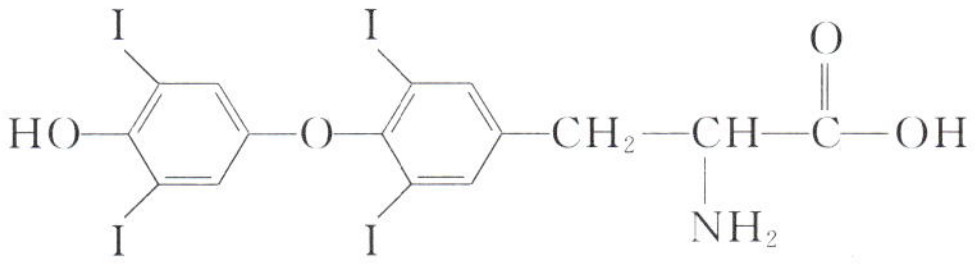

甲状腺素

许多卤代物有很强的生理作用。烯丙型卤代物如 3-氯丙烯(CH_2=CH—CH_2—Cl)、氯化苄($C_6H_5CH_2Cl$)等,因为它们能刺激黏膜,所以有很强的催泪作用。这种生理作用可以由烯丙型卤代物的化学活性来解释。由于烯丙型卤代物中的卤原子很活泼,它很容易与亲核试剂作用,而生物体中存在许多含硫或氮的有生理活性的化合物,硫及氮都带有作为亲核试剂所必需的未共用电子对,所以可以与烯丙型卤代物作用而失去其本身的生理功能。卤代物的这种破坏作用,使黏膜感受到刺激性,而流泪则是为了排除刺激性的卤代物的一种反应。从另一方面说,也正是由于烯丙型卤代物的这种催泪性,使人们容易察觉它在周围环境中的存在,而且由于它很容易水解,所以也易于在短期内消除其危害。

但是某些有生理作用的卤代物没有气味,也无刺激性,如 20 世纪 40 年代发现的有效杀虫剂

DDT,便不易被察觉,而且由于 DDT 分子中所有的卤原子都相当稳定(因为连在苯环上,或连在同一个碳上),只可能发生脱氯化氢反应而生成与 DDT 生理活性相似的 DDE。

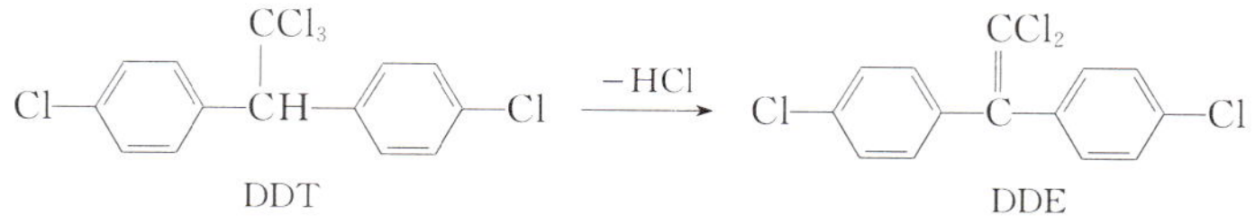

$$Cl-C_6H_4-CH(CCl_3)-C_6H_4-Cl \xrightarrow{-HCl} Cl-C_6H_4-C(CCl_2)=C_6H_4-Cl$$
$$\text{DDT} \qquad\qquad\qquad \text{DDE}$$

DDT 对昆虫等冷血动物有很强的毒性,而且由于它的稳定性,药效可以保持很久,所以曾是 20 世纪 40 年代以后极受欢迎的杀虫剂。但由于它的稳定性,在长期使用的过程中引起了一系列生态平衡上的问题:一方面是由于它同时杀死了许多益虫,另一方面,由于它长时期残存于植物及土壤中,并可随雨水排入河流中,从而可以杀死鱼类。DDT 虽然对家禽及一些食鱼的鸟类本身害处不大,但由于 DDT 在这些家禽及鸟类身体中积存下来,它能影响蛋壳的形成,从而影响了这些动物的繁殖。因此,虽然瑞士科学家 P Mueller 发现 DDT 具有杀虫效力,当时对农作物虫害的防治收到了极好的效果,并极大地减少了由于蚊蝇带来的传染病而获得了 1948 年诺贝尔生理学和医学奖。但 DDT 在 1972 年已被西方国家禁止使用。我国自 1983 年起禁止 DDT 作为农药使用,自 2009 年 5 月 17 日起,禁止在我国境内生产、流通、使用和进出口 DDT。

重要代表物

1. 三氯甲烷($CHCl_3$)

三氯甲烷俗名氯仿,是比较重要的多卤代烷,为无色液体,沸点 61.7 ℃,不易燃,不溶于水,比水重,能溶解多种有机物,所以曾是常用的溶剂。氯仿有香甜气味,有麻醉性,在 19 世纪时曾被用作外科手术时的麻醉剂,但不安全,因为在光照下可被空气中的氧气氧化生成剧毒的光气:

$$CHCl_3 + \frac{1}{2}O_2 \xrightarrow{\text{日光}} \underset{\text{光气}}{COCl_2} + HCl$$

所以氯仿应保存在棕色瓶中。氯仿被一些国家列为致癌物,并禁止在食品、药物等工业中使用。

2. 四氯化碳(CCl_4)

四氯化碳为无色液体,沸点 76.5 ℃,相对密度很大,不溶于水,能溶解多种有机物,是常用的有机溶剂。四氯化碳容易挥发,它的蒸气比空气密度大,而且不燃烧,所以是常用的灭火剂;但在灭火时也常能产生光气,故必须注意通风。四氯化碳与金属钠在温度较高时能猛烈反应以致爆炸,所以当金属钠着火时,不能用它灭火。四氯化碳能损伤肝,并被怀疑为致癌物。

3. 氯乙烯（$CH_2\!=\!CHCl$）及聚氯乙烯（polyvinyl chloride，简称 PVC）

氯乙烯在常温下是气体。由石油裂化产生的乙烯经过与氯加成后再脱氯化氢便可制得氯乙烯：

$$CH_2\!=\!CH_2 + Cl_2 \longrightarrow CH_2Cl\text{—}CH_2Cl \xrightarrow{NaOH} CH_2\!=\!CHCl$$

氯乙烯的主要用途是制聚氯乙烯：

$$n\,CH_2\!=\!CHCl \longrightarrow \text{—[}CH_2\text{—}CHCl\text{]—}_n$$

聚氯乙烯

一般聚氯乙烯的平均聚合度 n 为 800～1 400。

聚氯乙烯是目前我国产量最大的一种塑料，2015 年的产量超过 1 500 万吨。加入不同量的增塑剂（增塑剂是加入塑料中，用以增加加工成型时的可塑性和流动性，并使成品具有柔韧性的有机物），可制成硬聚氯乙烯及软聚氯乙烯，前者可制成薄板、管、棒等；后者可制成薄膜制品或纤维，在工农业及日常生活中用途极广。但聚氯乙烯制品不耐热，不耐有机溶剂。

4. 几种重要的含氟化合物

三氟氯溴乙烷（$F_3CCHBrCl$，halothane）是新型全身吸入麻醉剂，麻醉作用较乙醚强而迅速，无毒，不燃烧。

聚四氟乙烯（$\text{—[}CF_2\text{—}CF_2\text{]—}_n$）具极高的化学稳定性及热稳定性，有塑料王之称。

二氟二溴甲烷是一种高效灭火剂。

氟利昂（freon）是一类含氟及氯的烷烃，如 CF_2Cl_2、$CFCl_3$ 等。CF_2Cl_2（二氟二氯甲烷）商品名为 Freon 12，为无毒、不燃烧、无腐蚀性、非常稳定并很易被压缩的气体，广泛用作制冷剂及气溶胶喷雾剂（如杀虫剂、喷发胶、空气清新剂等加压容器中使用的喷射剂）。但在大量使用这些物质后，由于它们很稳定，便飘流聚积于大气层的上部，在日光辐射下，C—Cl 键可均裂产生氯原子，每一个氯原子可使 100 000 个臭氧分子分解，这就严重地破坏了能吸收紫外辐射的臭氧层，使太阳对地球上紫外线辐射增强，动植物的生存与生长会发生一系列的问题。目前含氟氯代烃在大气层中的浓度仍在不断增加，但国际上已有逐渐停止使用的协议。

习　题

6.1 写出下列化合物的结构式或用系统命名法命名。
　　a. 2-甲基-3-溴丁烷　　b. 2,2-二甲基-1-碘丙烷　　c. 溴代环己烷　　d. 对二氯苯

e. 2-氯-1,4-戊二烯　　　f. 3-氯乙苯　　　　　g. $(CH_3)_2CHI$　　　　h. $CHCl_3$
i. $ClCH_2CH_2Cl$　　　　j. $CH_2=CHCH_2Cl$　　　k. $CH_3CH=CHCl$

6.2　写出 $C_5H_{11}Br$ 的所有异构体,用系统命名法命名,注明伯、仲或叔卤代烃。如有手性碳原子,以"*"标出,并写出对映体的投影式。

6.3　写出二氯代的含四个碳的烷烃的所有异构体,如有手性碳原子,以"*"标出,并注明可能的旋光异构体的数目。

6.4　写出下列反应的主要产物,或必要溶剂或试剂。

a. $C_6H_5CH_2Cl \xrightarrow{Mg} \xrightarrow{CO_2} \xrightarrow[H_2O]{H^+}$

b. $CH_2=CHCH_2Br + NaOC_2H_5 \longrightarrow$

c. ⬡ + $Br_2 \longrightarrow \xrightarrow[\triangle]{KOH-乙醇} \xrightarrow{CH_2=CHCHO}$

d. 间-ClCH₂-C₆H₄-Cl $\xrightarrow[H_2O, \triangle]{NaOH}$

e. $CH_3CH_2CH_2CH_2Br \xrightarrow{Mg} \xrightarrow{C_2H_5OH}$

f. 1-甲基-2-氯环己烷 + $H_2O \xrightarrow[S_N2 机理]{OH^-}$

g. 1-甲基-2-氯环己烷 + $H_2O \xrightarrow[S_N1 机理]{OH^-}$

h. 溴代环己烷 ⟶ 环己烯

i. $CH_2=CHCH_2Cl \longrightarrow CH_2=CHCH_2CN$

j. $(CH_3)_3CI + NaOH \xrightarrow{H_2O}$

6.5　下列各对化合物按 S_N2 机理进行反应,哪一个反应速率较快？说明原因。

a. $CH_3CH_2CH_2CH_2Cl$　及　$CH_3CH_2CH_2CH_2I$
b. $CH_3CH_2CH_2CH_2Cl$　及　$CH_3CH_2CH=CHCl$
c. C_6H_5Br　及　$C_6H_5CH_2Br$

6.6　将下列化合物按 S_N1 机理反应的活性由大至小排列。

a. $(CH_3)_2CHBr$　　　b. $(CH_3)_3CI$　　　c. $(CH_3)_3CBr$

6.7　假设下图为 S_N2 反应势能变化示意图,指出 (a),(b),(c) 各代表什么？

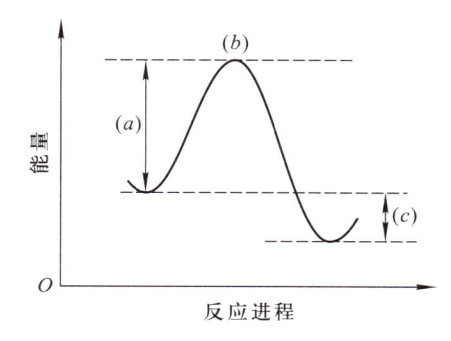

6.8 分子式为 C_4H_9Br 的化合物 A,用强碱处理,得到两个分子式为 C_4H_8 的异构体 B 及 C,写出 A、B、C 的结构式。

6.9 指出下列反应中的亲核试剂、底物及离去基团。
   a. $CH_3I + CH_3CH_2ONa \longrightarrow CH_3OCH_2CH_3 + NaI$
   b. $CH_3CH_2CH_2Br + NaCN \longrightarrow CH_3CH_2CH_2CN + NaBr$
   c. $C_6H_5CH_2Cl + 2NH_3 \longrightarrow C_6H_5CH_2NH_2 + NH_4Cl$

6.10 写出由 (S)-2-溴丁烷制 (R)-$CH_3CHCH_2CH_3$ 的反应机理。
$$\qquad\qquad\qquad\qquad\qquad\qquad\quad \overset{|}{OCH_2CH_3}$$

6.11 写出三个可以用来制备 3,3-二甲基-1-丁炔的二溴代烃的结构式。

6.12 由 2-甲基-1-溴丙烷及其他无机试剂制备下列化合物。
   a. 异丁烯
   b. 2-甲基-2-丙醇
   c. 2-甲基-2-溴丙烷
   d. 2-甲基-1,2-二溴丙烷
   e. 2-甲基-1-溴-2-丙醇

6.13 分子式为 C_3H_7Br 的 A,与 KOH-乙醇溶液共热得 B,分子式为 C_3H_6,如使 B 与 HBr 作用,则得到 A 的异构体 C,推断 A 和 C 的结构,用反应式表明推断过程。

第七章 光谱法在有机化学中的应用

确定有机物的结构(无论是由有机反应得到的产物或是由天然物中分离得到的有机物)是有机化学研究中很重要的一个方面。在第一章中已经讲到,过去用化学方法来确定未知物的结构是相当烦琐的工作,而且要花很长的时间;同时由于有机反应的复杂性,如在某些反应中会发生重排反应等,常给结构的确定带来许多困难,甚至导致错误的结论。自 20 世纪 50 年代以来,由于光谱学(spectroscopy)的发展,为有机物结构的测定带来了很大的方便。在有机化学研究中最常用的就是红外光谱、紫外光谱、核磁共振谱及质谱等。

通过这些物理方法可以间接地,但是简单而快速准确地了解一个分子的某些结构特征,不同的光谱,可以给出分子中不同方面的信息,这些方法配合使用,可以为化学测定提供有力的补充,或者代替某些化学方法。但是化学方法仍然是有机物结构确定中不可缺少的一个方面。

光谱法除了上述优点以外,还有一个很大的优点,就是样品用量极少,有的甚至不消耗样品,测定以后仍可回收使用。

由于光谱法的应用已经非常普遍,因此一个化合物的光谱数据就像物质的熔点、沸点一样,也成为纯物质的一项物理指标。

本章将简单地介绍如何应用红外光谱、紫外光谱及核磁共振谱来阐明有机物的某些结构特征,需要指出的是,这里只能作极简单的讨论,实际应用时,可能会遇到许多例外或困难。

光是由不同波长的射线组成的电磁波,光谱法就是研究电磁波对原子或分子的作用。红外光谱、紫外光谱及核磁共振谱所用的是电磁波中不同波长范围的辐射。电磁波通常用频率(frequency)ν(希腊字母,nu)或波长(wavelength)λ(lambda)来描述。根据大致波长范围,可将光分为以下几个区域:

X 射线 (Xrays)	紫外光 (ultraviolet light)	可见光 (visible light)	红外光 (infrared radiation)	微波 (micro waves)	无线电波 (radio waves)
0.1 nm[①]	100 nm	400 nm	800 nm	100 μm[②]	1 m

波长(λ)

[①] nm 纳米(nano meter),1 nm = 10^{-9} m。

[②] μm 微米(micro meter),1 μm = 10^{-6} m。

电磁辐射的能量 E 与频率 ν 成正比,而与波长 λ 成反比,即波长越短,频率越高,能量也越高。

$$E = h\nu = h\frac{c}{\lambda}$$

式中,h 为 Planck 常量,c 为光速,频率 ν 以赫兹 Hz(hertz)表示(过去叫 cps 即周/秒)。1 Hz = 1 s^{-1}。波长可用 m,mm,μm 或 nm 表示。

分子吸收电磁辐射,便获得了能量,从而引起分子中某些能级的变化,如增加原子间键的振动,或将价电子激发到较高能级,或者引起原子核的自旋跃迁等。使分子发生不同能级的变化则需要不同的量子化的能量。紫外光谱法所用的是波长在 200～400 nm 的电磁波,红外光谱所用的波长在 2.5～15 μm,而核磁共振所用的是频率在 60～600 MHz(megahertz,兆赫兹)的电磁波。光谱便是记录分子对不同波长(或频率)的电磁波的吸收或透过情况的谱图。

Ⅰ. 红 外 光 谱

红外光谱(infrared spectroscopy,简称 IR)就是测定有机化合物在用红外区域波长的光照射时的吸收情况,不同的基团在不同波长范围内有特征的吸收峰。同一基团,在不同化合物中,其吸收峰的位置大致相同,所以通过红外光谱的测定主要可以知道一种化合物中存在哪些官能团。同时由于每一种化合物都有其独特的红外谱图,如果两种物质的红外谱图完全相同,亦即可以重合,则这两种物质必定是同一种化合物;所以还可以像鉴定指纹和照片那样,通过红外谱图来鉴别化合物。

可以粗略地将以共价键相连的原子比作用弹簧连接的球,它们在不停地如图 7-1 中箭头所示的方向伸缩或弯曲振动着,它们振动的频率决定于键合原子的质量及赖以结合的共价键的强度。就像以弹簧连接的球越轻,则振动越快。所以与氢相连的键,如 C—H、O—H、N—H 等的振动频率要比 C—C、C—O、C—N 等质量较重原子间键的振动频率高。再者,短而强的弹簧比长而弱的弹簧振动快,所以短而强的键,如三键的振动频率要高于双键,而双键的振动频率则高于单键。

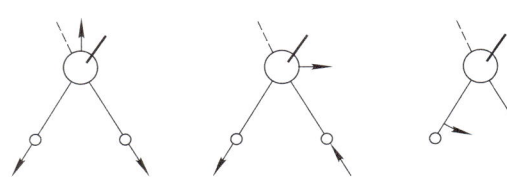

    对称伸缩振动 不对称伸缩振动 面内不对称弯曲振动 面内对称弯曲振动

图 7-1 —CH_2— 的某些振动形式

大多数碳-氢键、碳-碳键、碳-氧键、碳-氮键等的振动频率都在红外区。简单地说,当照射光的频率与基团振动的频率一致时,光便被分子吸收而使振动的振幅加大,通过红外光谱仪,便可记录下吸收峰的位置与强度。

由红外谱图可以看到,图纸的横坐标上、下两条横线上分别以波长 λ 或波数 σ(1 cm 中波的数目,或说以 cm^{-1} 表示的波长的倒数)来表示光波的能量。波长单位用 μm,波数的单位为 cm^{-1}。常将波数简单地叫作频率。纵坐标以透过率或透射比(T, transmittance)或吸光度(A, absorbance)表示。由谱图的横坐标可以看出吸收峰的位置,纵坐标则显示吸收的强度。

一般将红外谱图分为官能团区及指纹区两大部分,其分界线在 1 400 cm^{-1} 左右。如分子中含有 O—H、C—H、N—H、S—H、C=O、C=C、C=N、N=O、C≡C、C≡N 等基团,则将在官能团区有吸收峰,这些峰比较简单,而且一般说来,不同官能团的吸收峰将在不同的频率范围内出现,较易辨认。指纹区的峰则较复杂,它包括了整个分子的转动及振动能级的吸收峰,不可能逐个辨认,但任何一种化合物都有自己独特的指纹区的吸收峰,即便是结构十分相似的化合物,指纹区的吸收峰也不相同,这便是用以鉴别化合物的基础。指纹区中在 900 cm^{-1} 以下是鉴别分子中是否存在芳香环的标志(见图 7-5),如果在该区没有强吸收峰,则说明分子中不含芳香环。常见的一些基团的吸收频率范围大致如下:

C—H, O—H, N—H, S—H	3 800~2 500 cm^{-1}	X—H 区
C≡C, C≡N	2 500~2 000 cm^{-1}	三键区
C=C, C=O, C=N, N=O	2 000~1 500 cm^{-1}	双键区
C—C, C—O, C—N, C—X	1 500 cm^{-1} 以下	单键区

在 3 800~2 500 cm^{-1} 内,主要是氢与碳、氧、氮等原子形成的单键的伸缩振动,如 C—H、O—H、N—H 等。C—H 的伸缩振动一般在 3 300~2 700 cm^{-1}(见图 7-2,图 7-3);氢所连的碳原子的杂化状态不同,则吸收峰的位置不同。≡C—H 的吸收频率最高,在 3 300 cm^{-1} 左右,吸收强而峰形尖,是鉴别末端炔烃的重要标志(见图 7-4)。=C—H(包括苯环上的 C—H 键)在 3 100~3 000 cm^{-1},其吸收强度较低,CH$_3$、CH$_2$ 等的 C—H 键的吸收位置在 2 960~2 850 cm^{-1},吸收峰位置最低的是醛基中的 C—H 键,在 2 700 cm^{-1} 左右。由于大部分有机物中都含有 CH$_3$、CH$_2$ 等,所以在 2 900 cm^{-1} 左右的这部分吸收峰在鉴别上意义不大;但如在该区内没有吸收峰,则可说明分子中不含 C—H 键。

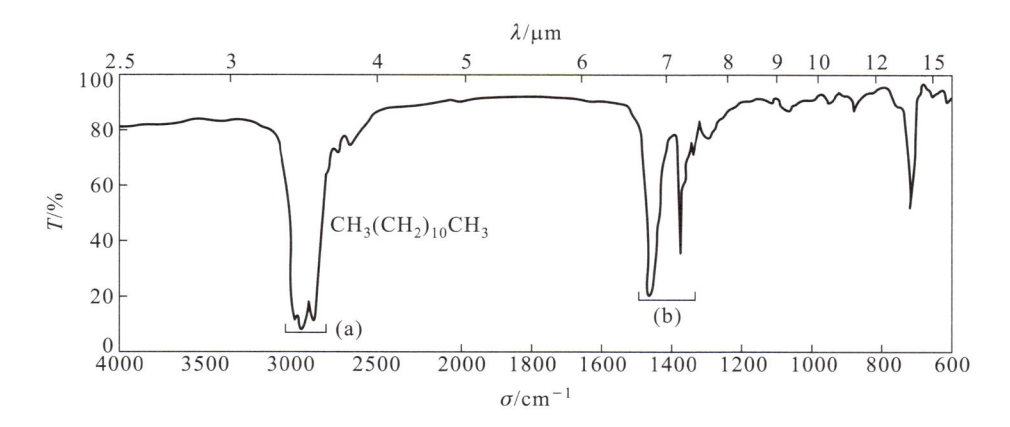

图 7-2 十二烷的红外光谱

(a) C—H 伸缩振动;(b) C—H 弯曲振动

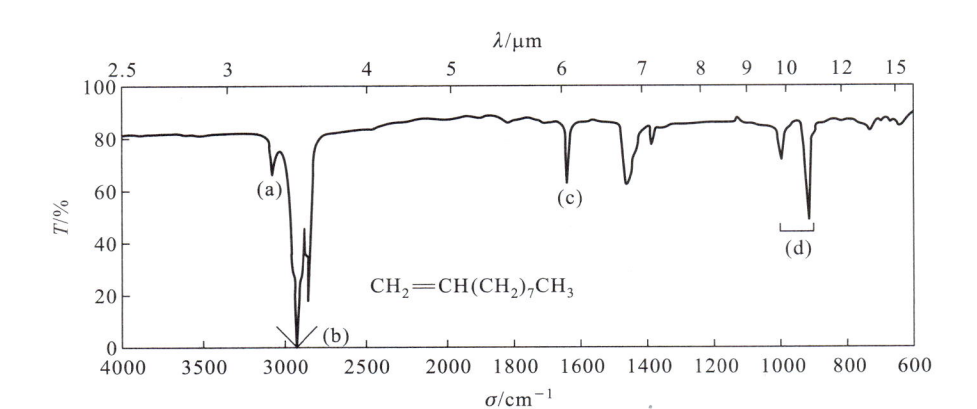

图 7-3 1-癸烯的红外光谱

(a) =C—H 伸缩振动；(b) C—H 伸缩振动；(c) C=C 伸缩振动；(d) C—H 弯曲振动

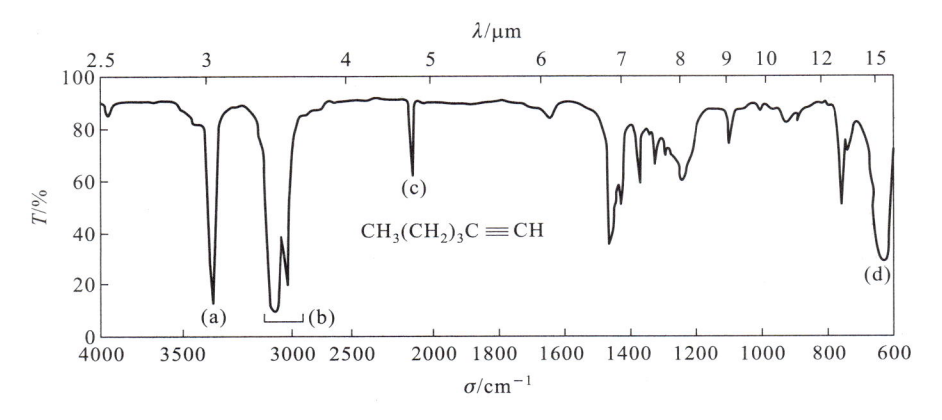

图 7-4 1-己炔的红外光谱

(a) ≡C—H 伸缩振动；(b) C—H 伸缩振动；(c) C≡C 伸缩振动；(d) ≡C—H 弯曲振动

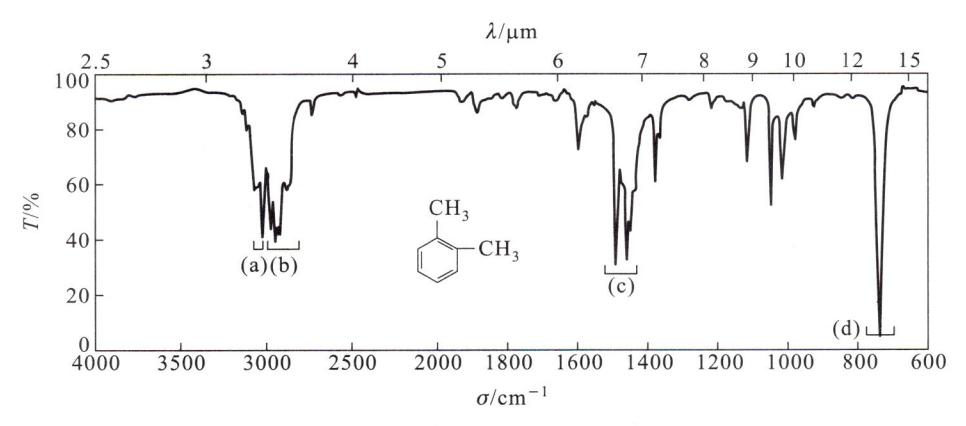

图 7-5 邻二甲苯的红外光谱

(a) 芳环 =C—H 伸缩振动；(b) 甲基 C—H 伸缩振动；(c) 芳环 C=C 伸缩振动；(d) 芳环 =C—H 弯曲振动

如果高于 3 050 cm^{-1} 有强吸收,则说明分子中含有 O—H、N—H 或 NH$_2$。通常醇中 O—H 呈现宽而强的吸收峰(见图 7-6),而 N—H 的吸收峰则较尖且强度稍差(见图 7-7)。

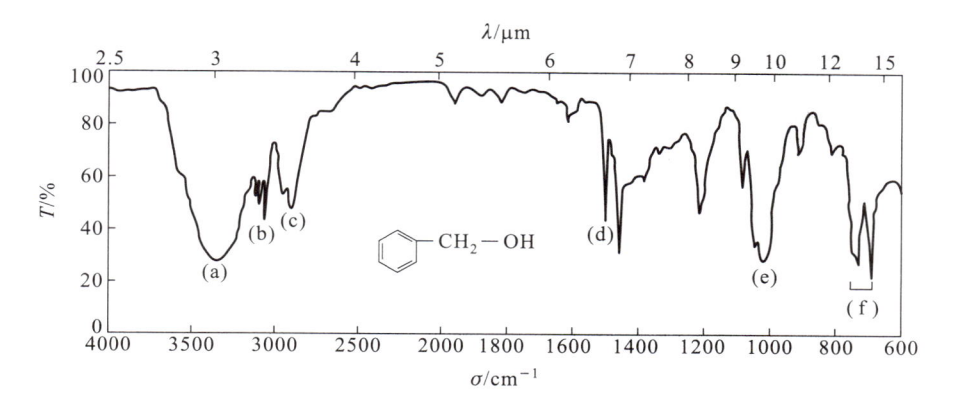

图 7-6 苄醇的红外光谱
(a) 缔合的 O—H 伸缩振动;(b) 芳环 =C—H 伸缩振动;(c) 亚甲基的 C—H 伸缩振动;
(d) 芳环 C=C 伸缩振动;(e) C—O 伸缩振动;(f) 芳香环 =C—H 及 C=C 弯曲振动

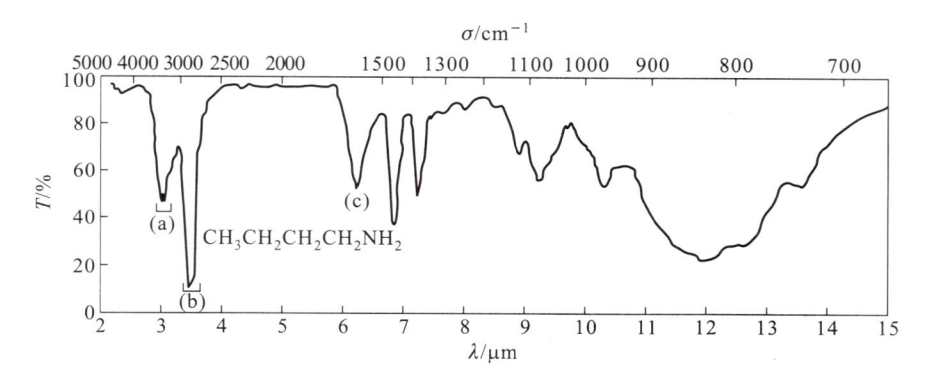

图 7-7 丁胺的红外光谱
(a) N—H 伸缩振动;(b) C—H 伸缩振动;(c) N—H 弯曲振动

除 C≡C 及 C≡N 的吸收在 2 300~2 000 cm^{-1} 外,一般的化合物在该区内很少有吸收峰。C≡C 的吸收峰较弱,C≡N 的吸收峰较 C≡C 强。

1 900~1 500 cm^{-1} 是很重要的区域,C=C、C=O、C=N、N=O 的吸收都出现在该区域内。最重要的是 C=O(羰基),因为与其他几个基团相比,C=O 的吸收峰极强,它包括了醛
$\left(\begin{array}{c}R-C-H\\\parallel\\O\end{array}\right)$、酮 $\left(\begin{array}{c}R'-C-R\\\parallel\\O\end{array}\right)$、羧酸 $\left(\begin{array}{c}R-C-OH\\\parallel\\O\end{array}\right)$、羧酸衍生物 $\left(\begin{array}{c}R-C-OR'\\\parallel\\O\end{array}\right.$ 等 $\bigg)$ 及内酯、内酰胺等分子中的羰基,其吸收峰一般在 1 900~1 580 cm^{-1}(见图 7-8)。C=C 及 C=N 的吸收大都低于 1 670 cm^{-1},而且吸收强度是中等或较弱,不如 C=O 特征。

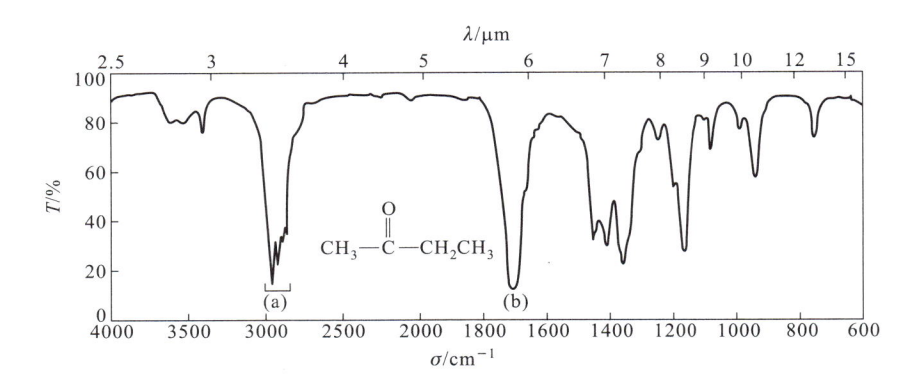

图 7-8 丁酮的红外光谱
(a) C—H 伸缩振动；(b) C=O 伸缩振动

某些芳香化合物在 1 600 cm^{-1} 附近有很尖锐的环中 C—C 伸缩振动的吸收峰。例如，聚苯乙烯在 1 603 cm^{-1} 处有一很强的吸收峰，因此常用聚苯乙烯作为校正红外光谱的标准。

N—H 的弯曲振动也出现在 1 650～1 600 cm^{-1}，因此解析图谱时必须注意（见图 7-7）。

一般化合物的红外谱图自 1 600 cm^{-1} 以下的峰都比较复杂，不易逐个辨认。但某些含 N 或 S 的基团如硝基、磺（酸）基等，在 1 600～1 300 cm^{-1} 有其特征吸收峰。

Ⅱ. 紫 外 光 谱

紫外光谱（ultraviolet spectroscopy，简称 UV）区光的波长在 100～400 nm，在 200 nm 以下叫作远紫外或真空紫外，200～400 nm 为近紫外，400～800 nm 为可见光区，一般的紫外光谱仪所用的波长范围为 200～800 nm，即包括近紫外及可见光区。

与红外光相比，紫外光的波长短、频率高，因此紫外光的能量较高。分子吸收紫外光后，引起电子能级的跃迁，即将价电子由基态激发至较高的能级——激发态，亦即进入反键轨道（见第十八章分子轨道理论简介）。可被激发的电子可以是 σ 电子、π 电子或未共用电子对——n 电子。

σ 电子在分子中结合较牢，要使 σ 电子由成键轨道跃迁至 σ* 反键轨道，需要较高的能量，通常需要波长在 150 nm 以下的光，即在真空紫外区，所以只含 σ 键的化合物在一般的紫外光谱仪中没有吸收峰。

π 电子受原子核的作用较小，比较容易被激发，再者，π 成键轨道与 π* 反键轨道之间的能量差别较小，所以将 π 轨道中的电子激发至 π* 反键轨道所需能量比 σ→σ* 跃迁小。分子中含有 O、S、N、X 等带未共用电子对原子的化合物，如醇类、胺类等，吸收光能后可以发生未共用电子对由非键轨道至 σ* 轨道或至 π* 轨道的跃迁，即 n→σ* 或 n→π* 跃迁。羰基化合物分子中既有碳-氧双键又在氧原子上有未共用电子对，故除 π→π* 跃迁外，还有 n→π* 跃迁及 n→σ* 跃迁。n→σ* 跃迁所需能量高于 n→π* 跃迁，仍在真空紫外区，所以在紫外-可见光谱区域内，对于阐明有机物结构有意义的是 π→π* 及 n→π* 跃迁。

只含有一个双键的化合物如乙烯等或分子中只带有未共用电子对的原子而无 π 键的化合物如甲醇(CH_3OH)等,它们的 π→π* 跃迁或 n→σ* 跃迁所需能量仍在 200 nm 以下,所以甲醇常被用作测定紫外光谱时的溶剂。如果分子中的 π 电子可以离域,也就是分子中有共轭体系,由于共轭体系中 π 轨道及 π* 轨道的能量差比孤立的 π 轨道及 π* 轨道之间的能量差小,因此共轭体系中的 π→π* 跃迁需要的能量较低,如 1,3-丁二烯的 π→π* 跃迁(即由 $\psi_2 \to \psi_3$)发生在 217 nm 处。共轭体系越大,则 π→π* 跃迁所需能量越低,以致其吸收波段能移至可见光区。如果 C=C 与含有未共用电子对原子的基团相连,则由于 p-π 共轭,也可使 π→π* 跃迁所需能量降低,而使吸收向长波方向移动,这种使吸收波段向长波方向移动的现象叫作向红移或称红移(bathochromic shift 或 red shift)。

紫外光谱图的横坐标为波长,单位为 nm,纵坐标为吸光度(A):

$$A = \lg(I_0/I)$$

式中,I_0 为入射光强度,I 为透过样品的光的强度。吸光度与测定时溶液的浓度 c(单位为 mol·L^{-1})及光通过的液层厚度 l(单位为 cm)有关:

$$A = \kappa \times c \times l \qquad \kappa = \frac{A}{c \times l}$$

式中,κ 为摩尔吸收系数[①](molar absorptivity)。有时纵坐标也以 κ 或 $\lg\kappa$ 表示。

一般紫外光谱图峰较少而宽。π→π* 跃迁需要的能量较 n→π* 跃迁高,所以后者的吸收峰应出现在波长稍长些的区域,但其强度较 π→π* 跃迁弱(见图 7-9)。

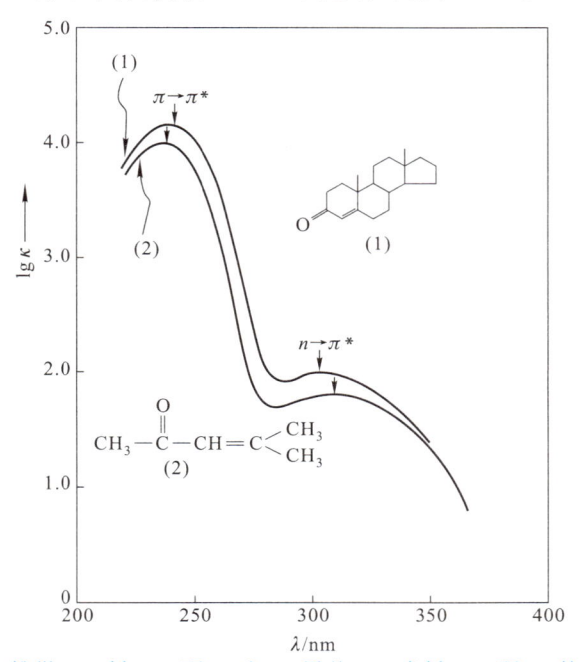

图 7-9 雄甾-4-烯-3-酮(1)和 4-甲基-3-戊烯-2-酮(2)的紫外光谱

---

① 较早的文献中叫作摩尔消光系数(molar extinction coefficient)。

报道紫外光谱数据时,记录峰的最高点的摩尔吸收系数 κ_{max} 及与其相应的波长 λ_{max}。

测定时所用溶剂不同,会影响吸收峰的位置及强度,一般溶剂极性增强会使 $\pi \rightarrow \pi^*$ 跃迁向长波方向移动(红移),而使 $n \rightarrow \pi^*$ 跃迁向短波方向移动叫作蓝移(hypsochromic shift 或 blue shift),因此需注明测定时所用溶剂,常用的溶剂为甲醇、乙醇、己烷和环己烷等。

紫外光谱与红外光谱不同,它不能用来鉴别具体的官能团,而主要是通过考察未共用电子对及 π 电子的跃迁来揭示分子中是否存在共轭体系。往往两个化合物分子中有相同的共轭结构,而分子的其他部分截然不同,却可以得到十分相似的紫外谱图,如图 7-9 所示。

Ⅲ. 核磁共振谱

^1H、^{13}C、^{15}N 等一些质量数为单数的核可以产生核磁共振谱(nuclear magnetic resonance spectroscopy,简称 NMR),应用得最广泛的是 ^1H 核磁共振谱,也叫质子磁共振谱(proton magnetic resonance spectroscopy,简称 PMR)。以下将简要讨论 ^1H 核磁共振谱。应该指出的是 ^1H 核磁共振谱讨论的是在分子中以共价键与其他原子相结合的氢的原子核在磁场中的行为,为了方便起见,常简单地把它叫作"氢"或"质子",但并不是讨论自由的氢原子或 H^+。

氢原子核是一个自旋的带电荷的物体,由于它的自旋而产生一个磁场,这样就可以将自旋的氢核看作是一个极小的磁铁,如将这个小磁铁放在外加的磁场中,其磁矩在外加磁场中可以有两种取向,即与外磁场一致或相反。与外磁场一致是一种较稳定的状态,如果要使它与外磁场取向相反,则需给以能量。这两种取向之间的能量差别是很小的,无线电波区域的频率就可使其反转。但究竟需要多少能量,则决定于外磁场的磁感应强度,显然,外磁场的磁感应强度越强,则使其反转所需的能量越高,亦即需要的辐射频率 ν 越高:

$$\nu = \frac{rB_0}{2\pi}$$

式中,B_0 为外磁场的磁感应强度,以 Gs[①](gauss)计;r 为核常数,对于氢核来说为 26 750。根据上式如果外磁场的磁感应强度为 14 092 Gs,则使氢核的磁矩反转其取向所需能量相当于频率为 60 MHz 的电磁辐射。

氢核在一定磁感应强度下吸收了频率适当的能量而反转其磁矩的取向,叫作核磁共振。在仪器中便可记录下其吸收的谱图。由上面公式可以看出,无论固定磁感应强度,改变照射频率,或固定照射频率,改变磁感应强度,都可以使氢核发生共振吸收,目前所用的核磁共振谱仪都是采取后一种方法。但在图纸上又将磁感应强度折合成频率作为横坐标,以记录吸收峰相对于频率的位置。

如只由上述核磁共振所需磁感应强度与频率的关系式来考虑,则在一固定的磁感应强度下,使一个分子中所有氢核发生共振吸收的频率应该是一样的。其实不然,氢根据它在分子中所处

---

① 国际单位为 tesla,以 T 表示,1 Gs≈10^{-4} T,但各国仍习惯用 Gs。

的化学环境不同，发生共振吸收的频率也稍有差异，正是基于这样一点，才使核磁共振谱成为结构分析中非常有用的工具。

化 学 位 移

一个分子中的氢核不是孤立的，它是与其他原子或基团结合的。所谓氢所处的化学环境不同，就是说它周围的基团或原子不同。氢核外围有电子，氢核外的电子在外加磁场下，会由于环流而产生一个感应磁场，这个感应磁场与外加磁场是相反的，因此这个氢核实际感受到的磁感应强度要比外加磁场低，这就叫作这个氢受到了屏蔽(shielding)作用。氢与不同原子或基团相连，由于这些原子或基团的电子效应不同，使得氢周围电子密度不同，从而受到的屏蔽作用的大小不同，氢周围的电子密度越高，受到的屏蔽作用也越大。在某些情况下，感应磁场与外加磁场一致，则氢核实际感受到的磁感应强度要比外加磁场高些，这叫作氢受到去屏蔽(deshielding)作用(如苯环平面上及 C=C 上的氢)。这样与一个不受任何影响的氢核，或说与孤立的氢核相比，如果所加电磁辐射频率不变，则受到屏蔽作用的氢，需要增高些磁感应强度才能发生共振。相反，受到去屏蔽作用的氢，则可在较低的磁感应强度下发生共振吸收，所以屏蔽作用使氢核的共振吸收移向高场(upfield)，而去屏蔽作用使氢核的共振吸收移向低场(downfield)。这种由于屏蔽或去屏蔽作用而使氢核的共振吸收向高场或低场的转移叫作化学位移(chemical shift)。不同化学环境中的氢受到的屏蔽或去屏蔽作用不同，从而化学位移的数值不同。化学位移一般以 δ 表示，大多数氢的 δ 值在 0~10。

在实际测量中，化学位移不是以未受屏蔽的孤立的氢核为标准，而是以一个具体化合物为标准，得出相对的化学位移，最常采用的标准样品为四甲基硅烷(tetramethylsilane)——$(CH_3)_4Si$，简称 TMS。由于 Si 的电负性很低，所以其分子中的氢受到的屏蔽作用比大多数有机分子中的氢都大，大部分有机分子中的氢的共振吸收都将出现在它的低场。所以将 TMS 中氢的 δ 值定为 0.0，则其他有机分子中氢的 δ 值都将大于零。而且 TMS 分子中的十二个氢是等同的，所以只有一个吸收峰。

核磁共振谱的图纸的横坐标自右向左一般由 0 标至 8 或 10，以表示化学位移的值。一般在图纸的上方标有频率，在测定时，将 TMS 的吸收峰调至 0，与其相对应的频率亦为 0 Hz。由右向左频率逐渐升高，而磁感应强度则为由高至低。具体样品 δ 值的计算式为

$$\delta = \frac{\text{观察到的样品峰相对应的频率(Hz)}}{\text{核磁共振仪所用的射频(MHz)}} \times 10^6$$

图纸的纵坐标表示吸收强度。在 ^1H 核磁共振谱中，峰的强度与氢核的数目成正比，所以由吸收峰的面积可以计算各类氢的相对比例或数目。

甲苯的 ^1H 核磁共振谱图(见图 7-10)中出现两个单峰(singlet，以 s 表示)，说明分子中有两组氢所处的化学环境是不同的，即分别以 a 及 b 标出的两组氢。但各组中氢的化学环境是相同的。右边的峰是 CH_3 中的氢，与烷烃中的氢相似，它们是受到屏蔽作用的，所以应在高场吸收；但又由于受到苯环的去屏蔽的影响，所以其 δ 值(2.29)比烷烃中甲基的 δ 值(~0.9)要大。苯环

平面上的氢是受到很强的去屏蔽作用的,所以其吸收峰出现在低场,δ 值大于 7。

由图上可以找到与 H_a 峰相对应的频率为 137.5 Hz,与 H_b 相对应的频率为 422.5 Hz,所用仪器的射频为 60 MHz,所以 a 及 b 两组氢的 δ 值分别为

$$\delta_a = \frac{137.5 \text{ Hz}}{60 \text{ MHz}} \times 10^6 = 2.29$$

$$\delta_b = \frac{422.5 \text{ Hz}}{60 \text{ MHz}} \times 10^6 = 7.04$$

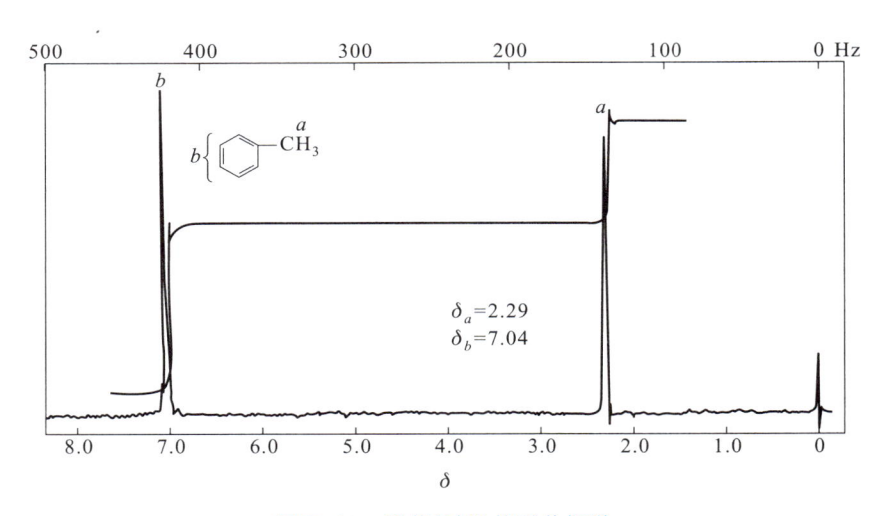

图 7-10　甲苯的 ^{1}H 核磁共振谱

图中峰下所包括的面积与给出该峰信号的氢数成正比,一般核磁共振谱仪都带有积分器,可以做出峰面积的积分曲线,曲线的高度与氢数成正比。所以在图 7-10 中可以看出两条积分曲线的高度比是 5∶3。核磁共振谱图的图纸上都是印有小格的,只要数一下积分曲线所占有的格数,即可知道积分曲线的比。

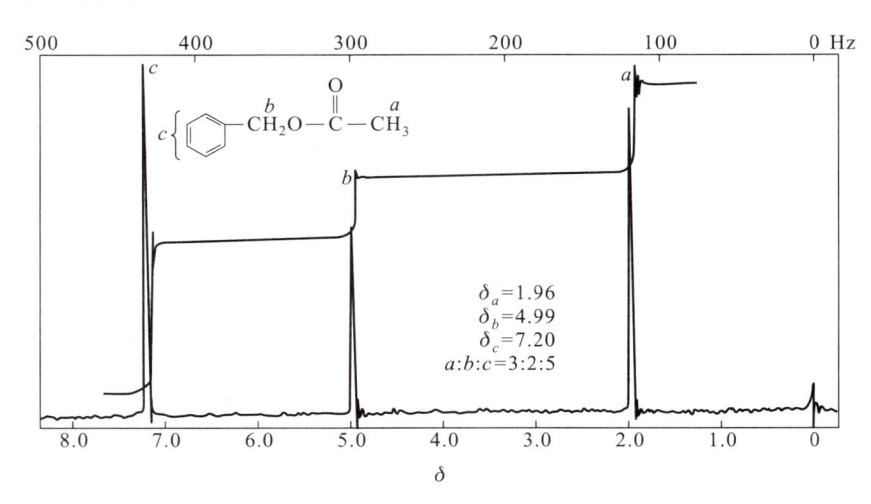

图 7-11　乙酸苄酯的 ^{1}H 核磁共振谱

乙酸苄酯的核磁共振谱中有三个峰（见图 7-11），说明分子中有三组化学环境不同的氢，即图中分别以 a、b 及 c 标出的三组氢。最右边的峰是与 C=O 相连的甲基中的氢，即 H_a。当中的峰为与氧相连的亚甲基中的氢，即 H_b，由于氧的电负性较强，所以与氧相连的亚甲基上电子密度较小，从而其氢所受的电子的屏蔽作用较小，同时还受到苯环的去屏蔽作用，因此 δ 值较大。最左边的峰便是苯环平面上的氢 H_c。

表 7-1 列出了一些与不同基团相连的氢的化学位移值。

表 7-1　某些基团中氢的化学位移值

氢的类型	δ	氢的类型	δ
RCH_3（一级氢）	0.9		
R_2CH_2（二级氢）	1.3	H—C(=O)—OR	2～2.2
R_3CH（三级氢）	1.5		
C=C—H	4.5～6.0	H—C(=O)—OH	2～2.6
C≡C—H	2～3		
Ar—H	6～8.5	R—C(=O)—O—H	10～13*
Ar—C—H	2.2～3		
C=C—C—H	1.6～1.9	R—C(=O)—H	9～10
Cl—CH₃	3.05		
Br—CH₃	2.68	H—C(<O, O)	5.3
I—CH₃	2.16		
C=C—O—H**	15～17	R—C(=O)—CH	2～2.7
H—C—O（醇或醚）	3.3～4		
R—O—H	1～5.5*		
Ar—O—H	4～12*	R—NH₂	1～5*
R—C(=O)—O—C—H	3.7～4.1		

* 这些基团中的氢的化学位移随测定时溶液的浓度、温度及所用溶剂而改变较大。

** β-二酮中被氢键稳定的烯醇式异构体。

由表 7-1 可以得出如下一些规律：

(1) 饱和碳原子上氢的 δ 值顺序为叔碳原子＞仲碳原子＞伯碳原子。

(2) 芳环上氢的 δ 值＞烯基氢的 δ 值＞饱和碳原子上氢的 δ 值。

(3) 与氢相连的碳上，如有电负性原子或吸电子的基团，则该氢的共振吸收向低场位移，电负性越强 δ 值越大，如醛基上的氢，其 δ 值在 9～10。卤族元素的电负性顺序为 F＞Cl＞Br＞I，表 7-1 中不同卤代甲烷中氢的 δ 值即体现了如上电负性顺序的影响。

由化学位移可以推测各类氢与哪些基团相连。但在某些情况下，分子中不与这些氢直接相连的基团也会影响它们的化学位移。

自旋耦合，裂分

仅就前面所讲，应该预期 1,1,2-三溴乙烷的核磁共振谱图应该有两个峰，但实际它的谱图中却有五个峰（见图 7-12），这五个峰分成两组，分别是 H_a 及 H_b 的吸收峰。H_a 的吸收峰分成了三个（三重峰，triplet，以 t 表示），而 H_b 的吸收峰分成两个（二重峰，doublet，以 d 表示），这种现象叫作裂分（splitting）。从信号裂分的情况，可以得到更详细的关于结构的信息。

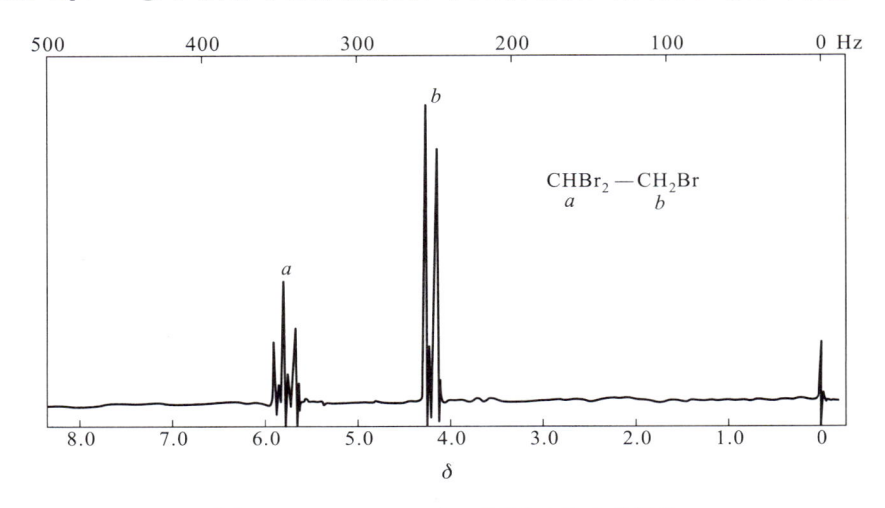

图 7-12　1,1,2-三溴乙烷的 ^1H 核磁共振谱

裂分是由分子中相邻碳上氢核的自旋而产生的很小的磁场对外加磁场的影响引起的。每一个氢核的自旋都有两种取向，不同取向对外加磁场的磁感应强度的影响可以是稍有加强，或稍有减弱。这就像核外电子的环流对核所感受到的外加磁场的磁感应强度的影响一样，一个氢核也同时受到邻近氢核自旋而产生的磁场的作用，这种相互作用叫作自旋耦合（spin coupling）。

图 7-13 表示了 1,1,2-三溴乙烷中 a、b 两类氢的耦合裂分情况，每个氢的两种自旋取向分别以不同方向的箭头表示，箭头向上表示对外磁场的磁感应强度有所加强，向下则表示削弱了外磁场的磁感应强度。

在图 7-13 中（Ⅰ）为 H_a 对 H_b 的作用：上面一条线代表未受耦合影响的 H_b 的吸收峰，由于 H_a 的两种自旋取向的影响，当 H_b 感受到的磁感应强度比外加磁场的磁感应强度略大时，则 H_b 的吸收应稍向低场移动（左移）；反之，则向右移，两种情况的概率是等同的，所以 H_b 的吸收峰便被裂分为左、右两个等同的信号。

同理，H_b 的自旋也将对 H_a 产生同样的影响，但不同的是 H_b 有两个，每个 H_b 对磁场都可以有相反的两种影响，所以两个 H_b 对外磁场的影响可以有如（Ⅱ）中的三类组合：即两个 H_b 的作用一致，其作用都对外磁场稍有加强，或都稍有减弱，即箭头都向上或都向下；另一种则是一个加强一个减弱，总结果则都是对外磁场不起作用。这样，H_a 感受到的 H_b 的影响就有三种，所以 H_a 的峰将被裂分为三重峰。

（Ⅰ） （Ⅱ）

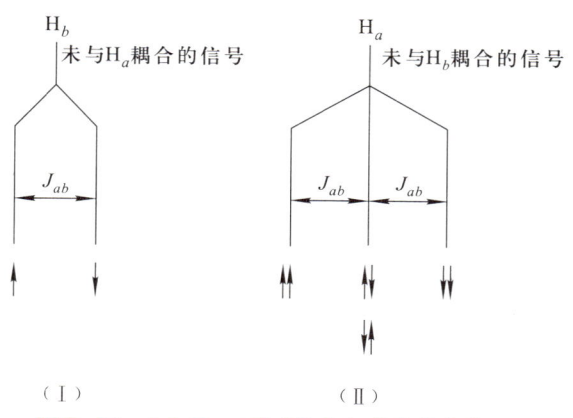

图 7-13　1,1,2-三溴乙烷中氢的自旋耦合裂分

如果对 H_a 及 H_b 的两组峰做积分，则积分曲线所代表的两组峰的总面积比为 1∶2。H_a 的化学位移则应以三重峰当中峰的 δ 值表示，H_b 的 δ 值为二重峰中两个峰的 δ 值的平均值。

从理论讲 H_b 的二重峰的面积比应为 1∶1，H_a 的三重峰的面积比为 1∶2∶1，但由谱图上看，总有一些差异，两组峰中总是内侧的两个峰较高。只有在 H_a 与 H_b 的化学位移相差极大时，这种比例关系才能较好地显示出来。

每组峰中，各小峰间的距离以赫兹（Hz）为单位，叫耦合常数（coupling constant），以 J 表示。相互发生耦合的氢，它们的耦合常数应该是相同的。如将 1,1,2-三溴乙烷的两组峰放大，则三重峰之间的距离与二重峰之间的距离是相同的（见图 7-14）。

碘乙烷的核磁共振谱中出现两组峰（见图 7-15），δ 值较大的是四重峰（quartet，以 q 表示），应该是与碘相连的碳上的氢，即 H_a；另一组三重峰则为 CH_3—上 H_b 的信号。

与 1,1,2-三溴乙烷的部分谱图相似，H_b 的信号被两个 H_a 裂分为三重峰，其强度比应为 1∶2∶1。H_a 则受相邻的三个 H_b 的作用，这三个 H_b 的自旋取向可以有以下四种组合方式：

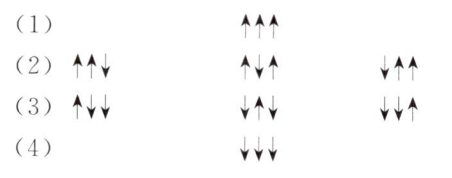

(1) ↑↑↑
(2) ↑↑↓　↑↓↑　↓↑↑
(3) ↑↓↓　↓↑↓　↓↓↑
(4) ↓↓↓

在(1)及(4)两种组合中，三个氢核的取向都是相同的，它们对外磁场的作用是三个都加强或都减弱；在(2)及(3)两类组合中，三个氢分别按不同取向，又各有三种不同的组合，但都各有两个氢的取向相反，相互抵消，净结果是都只增加或减少一个氢核自旋产生的微小磁场。所以 H_a 的信号被 H_b 裂分为四重峰，四个峰的强度比为 1∶3∶3∶1。

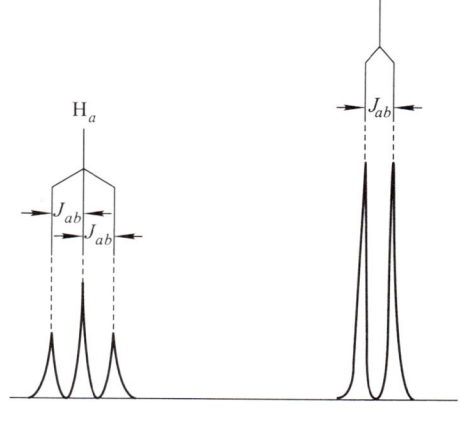

图 7-14　1,1,2-三溴乙烷中 CH 与 CH_2 的耦合常数

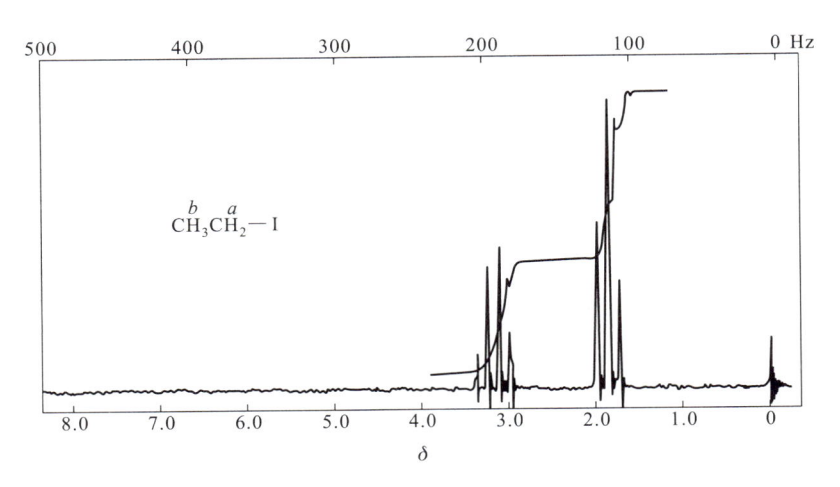

图 7-15 碘乙烷的 ^1H 核磁共振谱

一般说来，一个信号被裂分的数目，决定于相邻的氢的数目。如果有 n 个等同的相邻的氢，则该信号被裂分为 $n+1$ 个峰。如上例中，与 H_a 相邻的有三个等同的氢，所以 H_a 的信号裂分为四个；与 H_b 相邻的是两个等同的氢，故其信号应裂分为三个。

任何一个氢被邻近的 n 个等同氢裂分为多重峰(multiplet，以 m 表示)时，该多重峰间的理论强度比恰好是 $(a+b)^n$ 展开后各项的系数，这些系数可以很容易地由下面的巴斯卡三角(Pascal's triangle)求得：

```
                              1
         二重峰             1    1
         三重峰           1    2    1
         四重峰         1    3    3    1
         五重峰       1    4    6    4    1
         六重峰     1    5   10   10    5    1
```

即除 1 以外，其他的数字都是它上面一行对角的两个数字之和。

对于简单的化合物，可以根据上面一些规律推测它们的核磁共振谱图中各氢的信号裂分的数目及强度。但上述一些规律只适用于分子中不同氢的化学位移之差比它们的耦合常数大得多的情况，如果分子中不同氢的化学位移相差不大，则谱图就比较复杂。

前面所举两例中，都各只有两组不等同的氢，它们耦合裂分的情况比较简单。1-硝基丙烷分子中，则有三组不等同的氢：H_a、H_b 及 H_c。

由于硝基是电负性较强的基团，所以与硝基直接相连的碳上的氢周围的电子密度最低，其共振吸收应该移向低场，它的化学位移值应该最大，故最左侧的峰应为 H_a，然后 H_b 及 H_c 的信号应依次往高场移。对于 H_a 及 H_c 来说，与它们相邻的都是两个氢，所以预期都应该裂分为三重峰。H_b 既与三个 H_c 耦合，又与两个 H_a 耦合，H_a 与 H_c 是不等同的氢，所以 H_b 将被裂分为 12 个峰，即先被两个 H_a 裂分为三个峰；这三个峰，每个再各被三个 H_c 裂分为四个峰(见图 7-16)；或反之，先被三个 H_c 裂分为四个峰，再各被两个 H_a 裂分为三个峰。也就是说，如果与某一个氢 H_x 相邻的是两组不等同的氢原子，每组氢的数目分别是 m 及 n 个，则 H_x 信号的裂分数应为 $(m+1)(n+1)$。

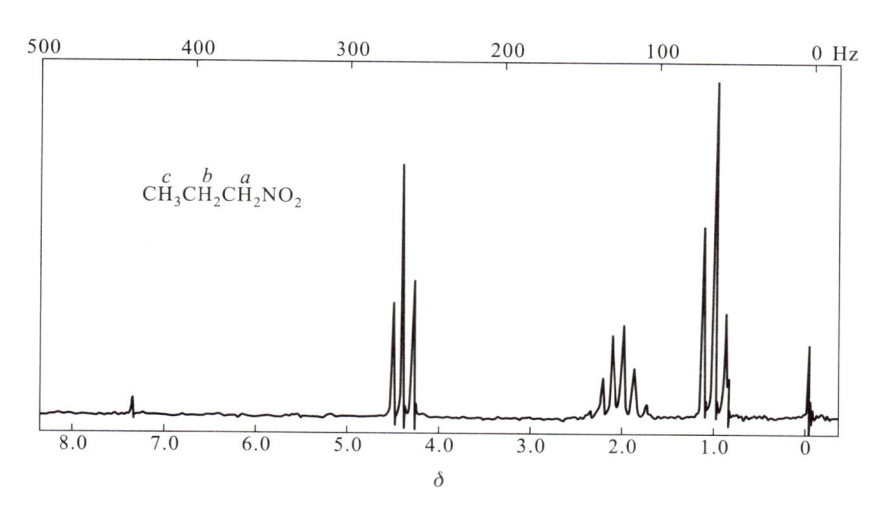

图 7-16 1-硝基丙烷的 ^{1}H 核磁共振谱

但在 1-硝基丙烷中,由于 J_{ab} 及 J_{bc} 相差极微,被裂分的峰重合在一起,所以在谱图上看到的 H_b 的信号为六重峰,其相对强度为 1:5:10:10:5:1,就好像 H_a 与 H_c 是等同的一样(见图 7-17)。

一个分子中,只有邻近的非等同的氢可表现出耦合裂分。例如,Cl—CH_2—CH_2—Cl 中,两个碳上的氢是等同的,它们不表现出耦合裂分,在核磁共振谱图中将只有一个单峰。所谓邻近的氢,一般指相邻原子上所连的氢,也就是被三个 σ 键隔开的两个氢,即 H—C—C—H。但在某些情况下,相隔较远的氢也会发生耦合,特别是当中被 π 键隔开的,如苯环中邻位、间位及对位的氢都可以发生耦合(见表 7-2),所以某些取代苯中,苯环上的氢并不呈现单峰。

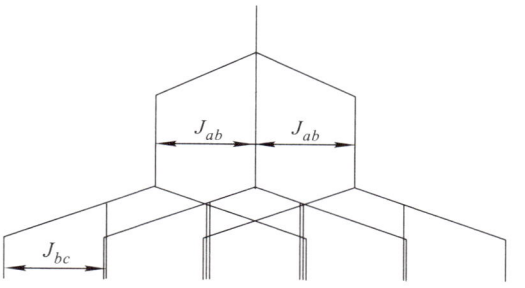

图 7-17 1-硝基丙烷中 H_b 的自旋耦合裂分

表 7-2 某些氢的耦合常数

发生耦合的氢的类型	J_{ab}/Hz	发生耦合的氢的类型	J_{ab}/Hz
H_a—C—C—H_b	6~8	苯环 邻 / 间 / 对	6~10 / 1~3 / 0~1
C=C (H_a, H_b 顺)	6~12		
C=C (H_a, H_b 反)	12~18	环己烷 a-a / a-e / e-e	8~10 / 2~3 / 2~3
C=C (H_a, H_b 同碳)	0~3		

在同一个碳原子上的氢,一般是等同的,但在某些情况下,由于同一个碳上的氢所处的空间位置不同,则它们的化学环境不同,这样,同一个碳上的氢便也能彼此耦合而产生裂分,如某些具有

$$\begin{array}{c}A\\H_c\end{array}\!\!>\!\!C^2\!\!=\!\!C^1\!\!<\!\!\begin{array}{c}H_a\\H_b\end{array}$$

类型结构的分子中由于双键限制了 C=C 间的自由旋转,H_a 与 A 在同侧,而 H_b 与 H_c 在同侧,所以 H_a 与 H_b 的化学环境是不等同的,它们彼此间耦合的结果是,C^1 上的两个氢不呈现一组二重峰,而 C^2 上的氢也不是三重峰,而是分别呈现更复杂的峰形。

根据前面所讲的一些简单规律,分析乙醇的核磁共振谱,可以预料,羟基上的氢应该被 —CH_2— 裂分为三重峰,而 —CH_2— 也应被 CH_3— 及 —OH 上的氢裂分为八重峰。实际上,一般乙醇的核磁共振谱都像图 7-18 那样,羟基的氢只是一个单峰,—CH_2— 的氢呈现四重峰。也就是观察不到羟基中的氢与 —CH_2— 的氢的耦合作用。

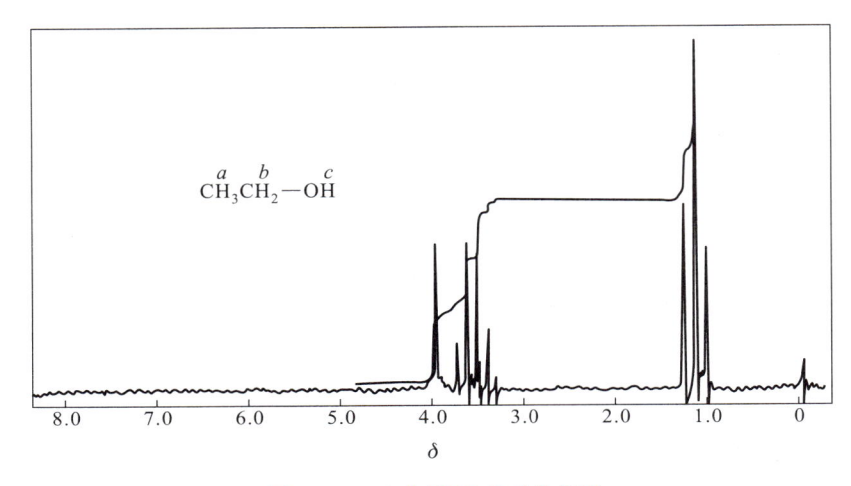

图 7-18 乙醇的 ^1H 核磁共振谱

上述情况普遍存在于醇、胺及羧酸中,即羟基(—OH)、氨基(—NH_2)及羧基($-\overset{\overset{O}{\|}}{C}-OH$)中的氢在核磁共振谱中,通常都只呈现单峰,而且其 δ 值随测定样品的浓度及测定时的温度而改变。

综上所述,由 ^1H 核磁共振谱信号的数目可以知道有机物分子中有几类化学环境不同的氢原子,信号的位置则显示各类氢所处的电子环境,信号的强度可以给出各类氢的数目或相对比例,裂分的情况及耦合常数则可提供邻近氢间的关系,所以 ^1H 核磁共振谱是有机物结构测定中极为有用的物理方法。

MRI(magnetic resonance image,磁共振成像)是 1981 年以来医学上开始使用的一种先进诊断技术,它实际上就是核磁共振。这是基于人体细胞中都含有相当数量的水分子,而正常细胞与病变细胞中水分子中的氢在 MRI 中表现不同,从而达到诊断目的。这种方法优于 CT,因为它不需使用对人体有害的 X 射线,也无须摄入可能引起过敏或有害的造影剂。

习 题

7.1 电磁辐射的波数为 800 cm^{-1} 或 2 500 cm^{-1},哪个能量高?

7.2 电磁辐射的波长为 5 μm 或 10 μm,哪个能量高?

7.3 60 MHz 或 300 MHz 的无线电波,哪个能量高?

7.4 在 IR 谱图中,能量高的吸收峰应在左边还是右边?

7.5 在 IR 谱图中,C=C 还是 C=O 的吸收强度大?

7.6 化合物 A 的分子式为 C_8H_6,它可使溴的四氯化碳溶液褪色,其红外光谱图如图 7-19 所示,推测其结构式,并标明以下各峰(3 300 cm^{-1},3 100 cm^{-1},2 100 cm^{-1},1 500~1 450 cm^{-1},800~600 cm^{-1})的归属。

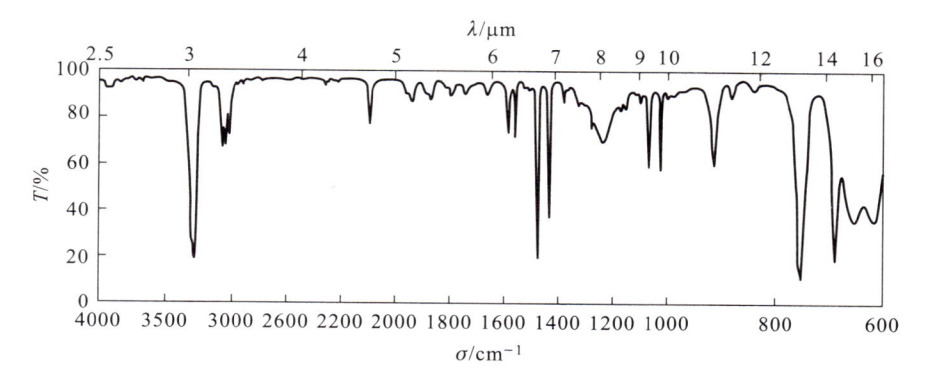

图 7-19 习题 7.6 的 IR 谱

7.7 将红外光、紫外光及可见光按能量由高至低排列。

7.8 苯及苯醌(O=⬡=O)中哪个具有比较容易被激发的电子?

7.9 将下列各组化合物按 λ_{max} 增高的顺序排列:

a. 全反式 $CH_3(CH=CH)_{11}CH_3$ 全反式 $CH_3(CH=CH)_{10}CH_3$ 全反式 $CH_3(CH=CH)_9CH_3$

b. (两个三苯甲烷染料结构)

c. (三个环己酮衍生物)

d. 苯, 苯乙烯(C$_6$H$_5$-CH=CH$_2$), 二苯乙烯(C$_6$H$_5$-CH=CH-C$_6$H$_5$), 联苯

7.10 指出下面 UV 谱图(见图 7-20)中各峰属于哪一类跃迁?

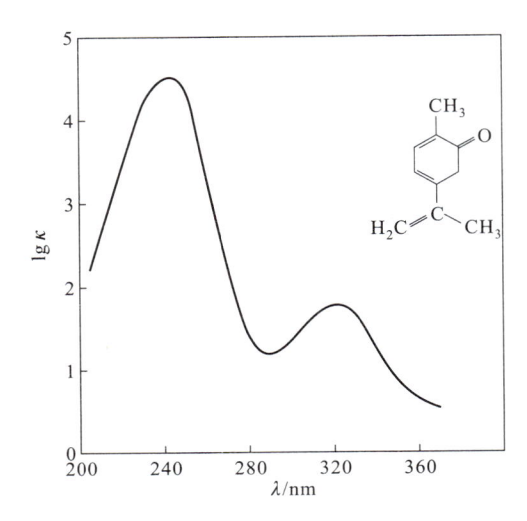

图 7-20 习题 7.10 的 UV 谱图

7.11 当感应磁场与外加磁场相同时,则质子受到的该磁场的影响叫作屏蔽还是去屏蔽?它的信号应在高场还是低场,在图的左边还是右边出现?

7.12 指出下列各组化合物中用下线划出的 H,哪个的信号在最高场出现。

a. $CH_3\underline{CH_2}CH_2Br$, $CH_3CH_2\underline{CH_2}Br$ 及 $\underline{CH_3}CH_2CH_2Br$

b. $CH_3\underline{CH_2}Br$ 及 $CH_3\underline{CH}Br_2$

c. ⟨苯⟩—H 及 ⟨环己⟩—H

d. $CH_3CH={CH_2}$ 及 $CH_3CH_2C\underline{H}$
         ‖
         O

e. $CH_3CO\underline{CH_3}$ 及 $CH_3O\underline{CH_3}$

7.13 在 ^{1}H NMR 谱测定中是否可用 $(CH_3CH_2)_4Si$ 代替 $(CH_3)_4Si$ 做内标?为什么?

7.14 估计下列各化合物的 ^{1}H NMR 谱中信号的数目及信号的裂分情况。

a. CH_3CH_2OH b. $CH_3CH_2OCH_2CH_3$ c. $(CH_3)_3CI$ d. CH_3CHCH_3
                                                                |
                                                                Br

7.15 根据表 7-1 中给出的数据,大致估计习题 7.14 中各组氢的化学位移值。

7.16 下列化合物的 ^{1}H NMR 谱各应有几个信号?裂分情况如何?各信号的相对强度如何?

a. 1,2-二溴乙烷   b. 1,1,1-三氯乙烷   c. 1,1,2-三氯乙烷

d. 1,2,2-三溴丙烷   e. 1,1,1,2-四氯丙烷   f. 1,1-二溴环丙烷

7.17 图 7-21 中的 ^{1}H NMR 谱图与 a,b,c 中哪一个化合物符合?

a. $ClCH_2C(OCH_2CH_3)_2$ b. $Cl_2CHCH(OCH_2CH_3)_2$ c. $CH_3CH_2OCHCHOCH_2CH_3$
      | | |
      Cl   Cl Cl

7.18 指出图 7-22 中(1),(2)及(3)分别与 a~f 六个结构式中哪个相对应?并指出各峰的归属。

a. $CH_3COCH_2CH_3$ b. CH_3CH_2—⟨⟩—I   c. $CH_3COCH(CH_3)_2$
                                                      ‖
                                                      O

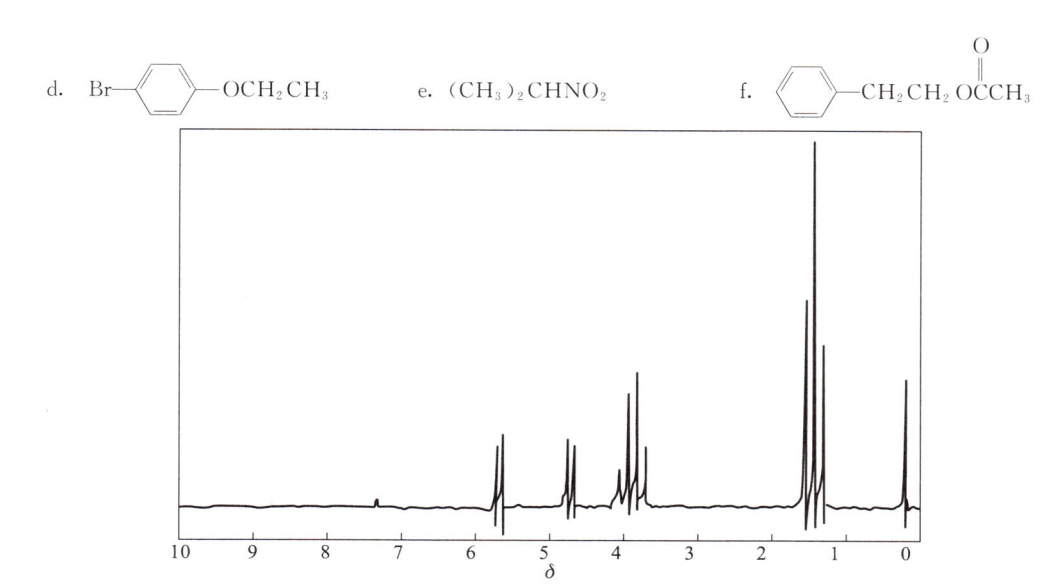

d. Br—⟨benzene⟩—OCH$_2$CH$_3$ e. (CH$_3$)$_2$CHNO$_2$ f. ⟨benzene⟩—CH$_2$CH$_2$OCCH$_3$ (with =O)

图 7−21 习题 7.17 的 ^{1}H NMR 谱图

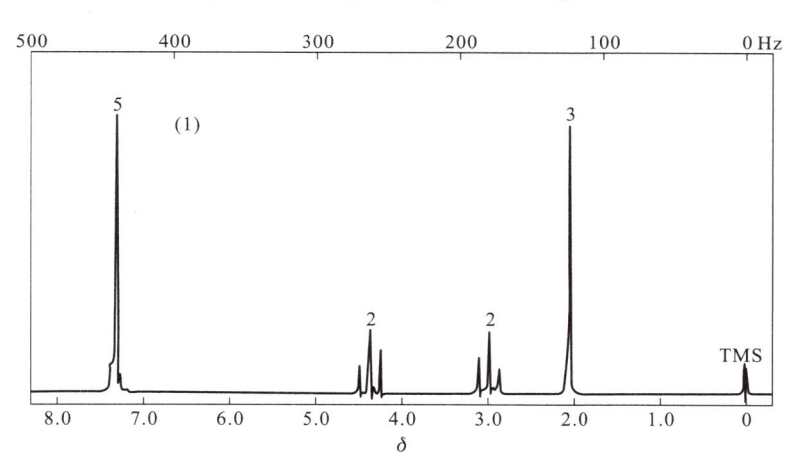

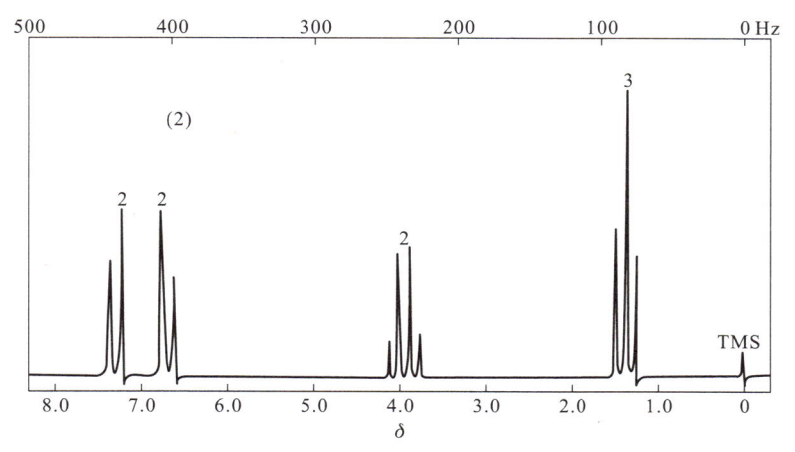

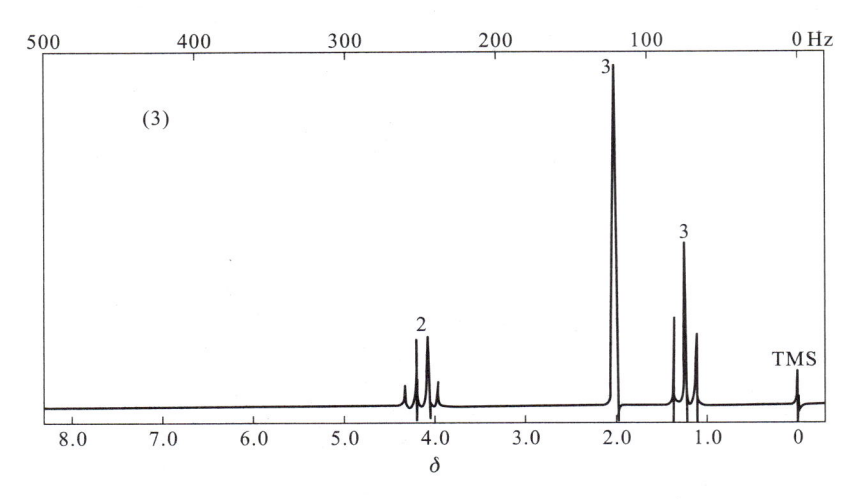

图 7-22 习题 7.18 的 (1)、(2) 及 (3) 的 ^{1}H NMR 谱图

7.19 一化合物分子式为 $C_9H_{10}O$,其 IR 及 ^{1}H NMR 谱如图 7-23 所示。写出此化合物的结构式,并指出 ^{1}H NMR 谱中各峰及 IR 谱中主要峰(3 150~2 950 cm^{-1},1 750 cm^{-1},750~700 cm^{-1})的归属。

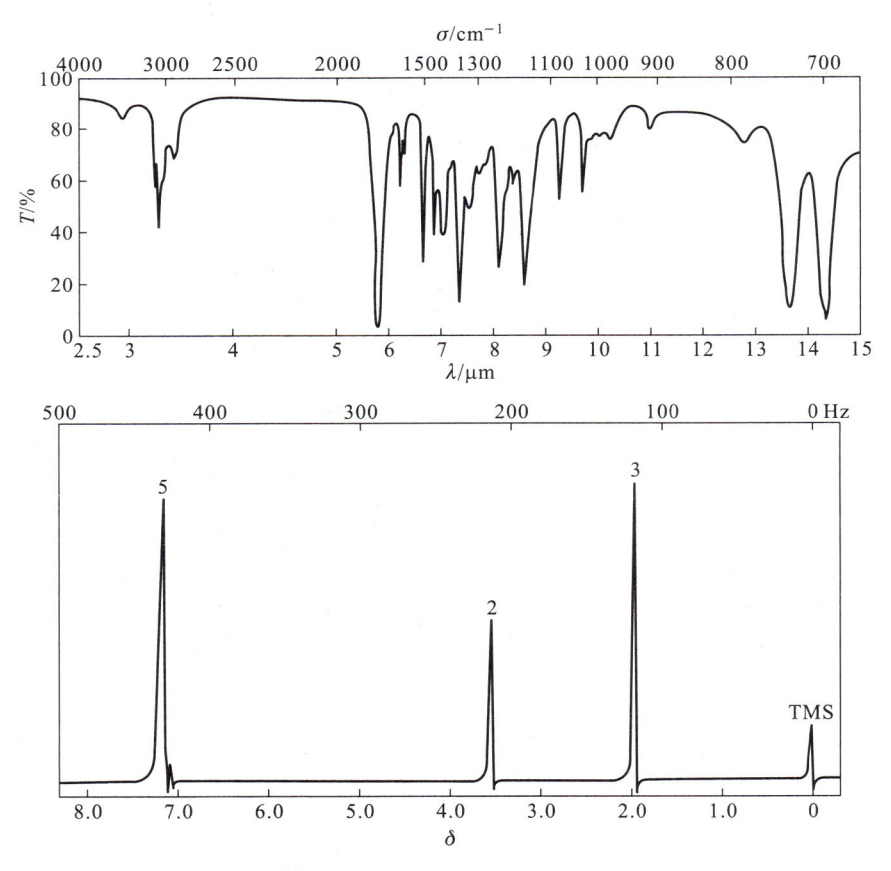

图 7-23 习题 7.19 的 IR 及 ^{1}H NMR 谱图

7.20 用粗略的示意图说明 $(Cl_2CH)_3CH$ 应有怎样的 ^1H NMR 谱。表明裂分的形式及信号的相对位置。

7.21 化合物 a 及 b 的分子式分别为 C_3H_7Br 及 C_4H_9Cl。根据它们 ^1H NMR 谱的数据,写出它们的结构式,并注明各峰的归属。

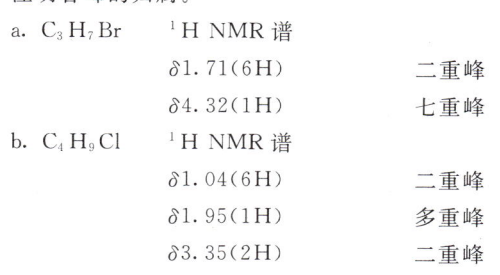

    a. C_3H_7Br ^1H NMR 谱

        $\delta 1.71(6H)$ 二重峰

        $\delta 4.32(1H)$ 七重峰

    b. C_4H_9Cl ^1H NMR 谱

        $\delta 1.04(6H)$ 二重峰

        $\delta 1.95(1H)$ 多重峰

        $\delta 3.35(2H)$ 二重峰

7.22 分子式为 C_7H_8 的 IR 及 ^1H NMR 谱如图 7-24 所示,推测其结构,并指出 ^1H NMR 谱中各峰及 IR 中主要峰的归属。

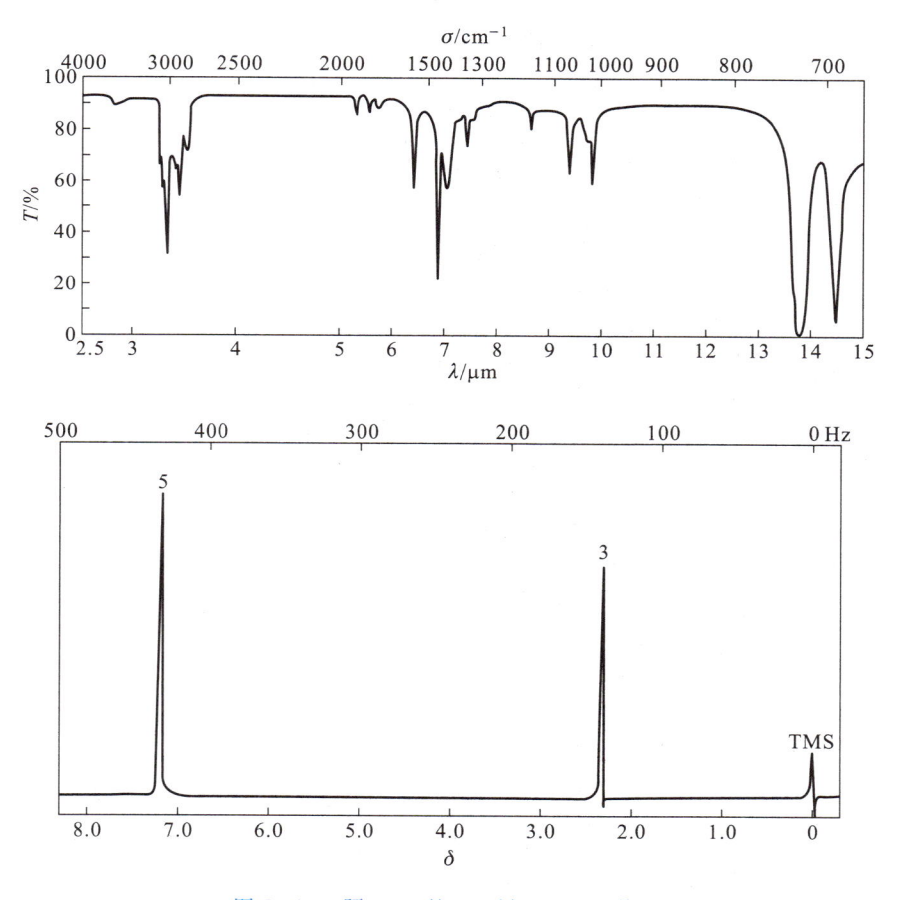

图 7-24 题 7.22 的 IR 及 ^1H NMR 谱图

第八章 醇、酚、醚

醇、酚、醚可以看作是水分子中的氢原子被烃基取代的衍生物。水分子中的一个氢原子被脂肪烃基取代的是醇(R—OH),被芳香烃基取代的叫酚(Ar—OH),如果两个氢原子都被烃基取代的衍生物就是醚(R—O—R′,Ar—O—R 或 Ar—O—Ar′)。

Ⅰ. 醇

醇(alcohol)[①]中的—OH 叫羟基[hydroxy(l)group],是醇的官能团。甲醇(CH_3OH)是最简单的一个醇。

氧原子外层的电子为 sp^3 杂化状态。其中两对未共用电子对占据两个 sp^3 杂化轨道,余下两个未占满的 sp^3 杂化轨道分别与 H 及 C 结合,H—O—C 键角接近 109°(见图 8-1)。

由于氧的电负性比碳强,所以在醇分子中,氧原子上的电子密度较高,而与羟基相连的碳原子上电子密度较低,这样使分子呈现的极性,决定了醇的物理性质和化学性质。

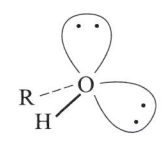

图 8-1 醇分子中氧的价键及未共用电子对分布示意图

命 名

根据醇分子中烃基的不同,可以分为饱和醇、不饱和醇、脂环醇和芳香醇等,并按羟基所连的碳原子分为伯醇、仲醇、叔醇。例如:

CH_3OH	CH_3CH_2OH	$CH_2=CHCH_2OH$
甲醇	乙醇	烯丙醇

---

① alkanol 是醇的英文系统名称的类名,即将 alkane 中的"e"改为"ol"。具体化合物的系统名称为将相应的烷烃名称中的辞尾"e"改为"ol"。英文普通命名法是由相应的烷基的名称加 alcohol 构成,只限于一些简单及常用的醇。有些醇常用俗名(见表 8-1)。

$$CH_3-\underset{OH}{CH}-CH_2-CH=CH_2$$
4-戊烯-2-醇

环己醇
（脂环醇）

苯甲醇
（芳香醇）

脂肪醇的系统命名法是选择连有羟基的最长碳链作主链,按主链所含碳原子数叫作某醇;编号由接近羟基的一端开始;羟基的位置用它所连的碳原子的号数来表示,写在醇名之前。例如:

$$\overset{4}{C}H_3\overset{3}{C}H_2\overset{2}{C}H_2\overset{1}{C}H_2OH$$
1-丁醇（正丁醇）
（Ⅰ）

$$\overset{4}{C}H_3\overset{3}{C}H_2\underset{OH}{\overset{2}{C}H}\overset{1}{C}H_3$$
2-丁醇（仲丁醇）
（Ⅱ）

$$\overset{3}{C}H_3\underset{CH_3}{\overset{2}{C}H}\overset{1}{C}H_2OH$$
2-甲基-1-丙醇（异丁醇）
（Ⅲ）

$$CH_3-\underset{OH}{\overset{CH_3}{\underset{|}{\overset{|}{C}}}}-CH_3$$
2-甲基-2-丙醇（叔丁醇）
（Ⅳ）

$$\overset{1}{C}H_3-\underset{OH}{\overset{2}{C}H}-\underset{\underset{\underset{CH_3}{|}}{\underset{CH_2}{|}}}{\overset{3}{C}H}-\overset{4}{C}H_2-\overset{5}{C}H_2-\overset{6}{C}H_3$$
3-丙基-2-己醇
（Ⅴ）

含三个碳原子以上的醇,可以有碳链异构或官能团位置异构,上面(Ⅰ)、(Ⅱ)、(Ⅲ)和(Ⅳ)就是丁醇的四种异构体。上面五个化合物中,(Ⅰ)和(Ⅲ)是伯醇,(Ⅱ)和(Ⅴ)是仲醇,(Ⅳ)属于叔醇。括号中的名称是按普通命名法命名的。

以上所列都属一元醇,分子中含两个或两个以上羟基的,分别叫作二元醇或多元醇。例如:

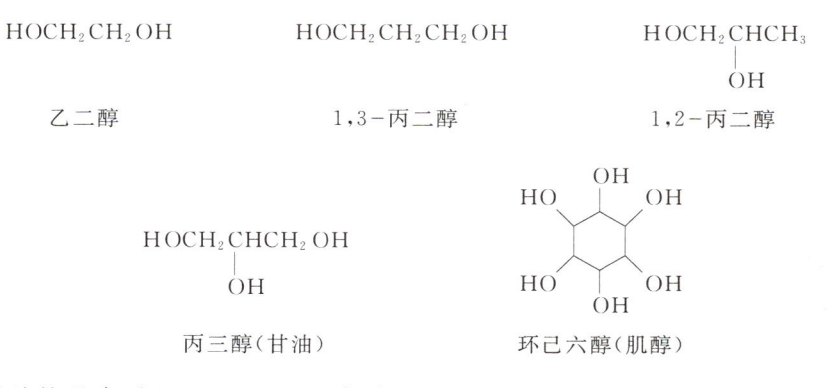

$HOCH_2CH_2OH$
乙二醇

$HOCH_2CH_2CH_2OH$
1,3-丙二醇

$HOCH_2\underset{OH}{CH}CH_3$
1,2-丙二醇

$HOCH_2\underset{OH}{CH}CH_2OH$
丙三醇（甘油）

环己六醇（肌醇）

饱和一元醇的通式可以 $C_nH_{2n+1}OH$ 表示。

物 理 性 质

十二个碳原子以下的饱和一元醇是无色液体,高级醇是蜡状物质。存在于许多香精油中的某些醇,有特殊的香气,可用于配制香精。例如,叶醇有极强的清香气息,苯乙醇则有玫瑰香。

$$\underset{CH_3CH_2}{H}C=C\underset{CH_2CH_2OH}{H}$$

顺-3-己烯-1-醇
(叶醇)

苯乙醇(结构:苯环-CH₂CH₂OH)

低级醇如甲醇、乙醇、丙醇等,由于烷基在分子中的体积不大,所以能与水以任意比例混溶,从丁醇开始,在水中的溶解度随相对分子质量的增高而降低。分子中羟基数同碳原子数的比值增加,则水溶性加大,如乙二醇、丙三醇等都能与水混溶。表 8-1 列出了某些醇的物理常数。

表 8-1 某些醇的物理常数

结构式	名称	英文名称		熔点/℃	沸点/℃	相对密度*	溶解度 $g \cdot (100\ g\ 水)^{-1}$
		系统名	普通名或俗名				
CH_3OH	甲 醇	methanol	methyl alcohol	-93.9	65.0	0.7914	∞
CH_3CH_2OH	乙 醇	ethanol	ethyl alcohol	-114.1	78.5	0.7893	∞
$CH_3CH_2CH_2OH$	正丙醇	1-propanol	n-propyl alcohol	-126.5	97.4	0.8035	∞
CH_3CHCH_3 | OH	异丙醇	2-propanol	i-propyl alcohol	-88.5	82.4	0.7855	∞
$CH_3(CH_2)_3OH$	正丁醇	1-butanol	n-butyl alcohol	-89.5	117.2	0.8098	7.9
$(CH_3)_2CHCH_2OH$	异丁醇	2-methyl-1-propanol	i-butyl alcohol	-108.0	108.0	0.8018	9.5
$CH_3CHCH_2CH_3$ | OH	仲丁醇	2-butanol	sec-butyl alcohol	-115.0	99.5	0.8063	12.5
$(CH_3)_3COH$	叔丁醇	2-methyl-2-propanol	t-butyl alcohol	25.5	82.3	0.7887	∞
$CH_3(CH_2)_4OH$	正戊醇	1-pentanol	n-amyl alcohol	-79.0	137.3	0.8144	2.7
$CH_3(CH_2)_5OH$	正己醇	1-hexanol		-46.7	158.0	0.8136	0.59
环-OH	环己醇	cyclohexanol		25.1	161.1	0.9624	3.6
$CH_2=CHCH_2OH$	烯丙醇	2-propen-1-ol	allyl alcohol	-129.0	97.1	0.8540	∞
苯-CH_2OH	苄 醇	phenylmethanol	benzyl alcohol	-15.3	205.3	1.0419 (24 ℃)	~4
$HOCH_2CH_2OH$	乙二醇	1,2-ethanediol	ethylene glycol	-11.5	198.0	1.1088	∞
$HOCH_2CHCH_2OH$ | OH	丙三醇	1,2,3-propanetriol	glycerol	20.0	290.0 (分解)	1.2613	∞

* 除注明者外,其余均为 20 ℃时的数据。

醇的沸点比多数相对分子质量相近的其他有机物要高,如甲醇(相对分子质量 32)的沸点是 65 ℃,而乙烷(相对分子质量 30)的沸点为 -88.6 ℃。这和水的沸点较高是同样的道理,因为醇是极性分子,更主要的是醇分子的羟基之间可以通过氢键缔合起来:

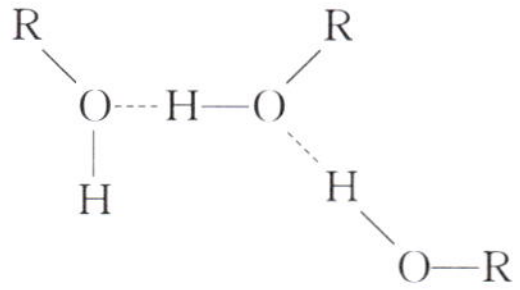

$$\begin{matrix} R & & R \\ | & & | \\ O\cdots H-O \\ | & & | \\ H & & H \\ & & | \\ & & O-R \end{matrix}$$

这样,使醇由液态变为气态时,除了需克服偶极-偶极间的作用力外,还需克服氢键的作用力;因此醇的沸点就比相对分子质量相近的非极性的或没有缔合作用的有机物要高。此外,羟基的数目增加,则形成的氢键增多,所以沸点增高。例如,丙醇与乙二醇相对分子质量相近,但沸点却相差约 100 ℃。

化 学 性 质

1. 似水性

从结构式的角度可以把醇看作是水的脂肪烃基衍生物,实际上醇与水在性质上确有某些相似处。醇和水都含有一个与氧原子结合的氢,这个氢表现了一定程度的酸性,但由于烷基的给电子效应,醇中氧原子上电子密度比水中的高,所以醇的酸性比水还弱(但比炔氢强)。醇不能与碱的水溶液作用,而只能与碱金属或碱土金属作用放出氢气,并形成醇盐(alkoxide)或称醇化物(alcoholate)。

$$2HOH + Na \longrightarrow NaOH + H_2$$
$$2ROH + Na \longrightarrow RONa + H_2$$
$$\text{醇钠}$$
$$2ROH + Mg \longrightarrow (RO)_2Mg + H_2$$
$$\text{醇镁}$$

醇羟基中氢原子的活性要比水中氢低得多,所以醇与金属钠的作用比较缓和。虽然低级醇与金属钠的作用仍相当激烈,并且产生大量热,但不燃烧,不爆炸。随着烷基的加大似水性迅速降低,因此与金属钠的作用趋于缓慢。

由于醇的酸性比水弱,所以 RO^-(烷氧基)的碱性比 HO^- 强,因此醇化物遇水则分解成醇和金属氢氧化物。例如:

$$RONa + HOH \longrightarrow ROH + NaOH$$

醇与水的另一相似处是,醇也可作为质子的接受体,通过氧原子上的未共用电子对与酸中的质子结合形成锌离子($R\overset{+}{O}H_2$),或称氧鎓离子(oxonium ion)或质子化的醇(protonated alcohol),即醇也可以作为碱,但它们的碱性极弱,只能由强酸中接受质子。由于醇可与强酸生成锌离子,所以醇可溶于浓强酸中。

$$H_2O + HCl \rightleftharpoons H_3O^+ + Cl^-$$
$$\text{水合氢离子}$$
$$\text{(hydronium ion)}$$

$$ROH + HCl \rightleftharpoons R\overset{+}{O}H_2 + Cl^-$$
质子化的醇

除上述两点之外，低级醇能与氯化钙形成络合物，如 $CaCl_2 \cdot 4CH_3OH$、$CaCl_2 \cdot 4C_2H_5OH$ 等，就像氯化钙中含有结晶水一样，所以这种络合物中的醇叫作结晶醇，因此不能用无水氯化钙来除去醇中所含的水分。

2. 与无机酸的作用

醇与酸(包括无机酸和有机酸)失水所得的产物叫作酯，醇与有机酸形成的是有机酸酯。醇与有机酸的酯化反应将在第十章中讨论。

醇与无机酸形成的酯叫无机酸酯，如醇与浓硝酸作用可得硝酸酯。

$$ROH + HONO_2 \rightleftharpoons RONO_2 + H_2O$$
硝酸酯

多数硝酸酯受热后能因猛烈分解而爆炸，因此某些硝酸酯是常用的炸药。

硫酸为二元酸，就像可以与碱生成酸性盐和中性盐一样，它可与醇分别生成酸性酯或中性酯。例如：

$$CH_3OH + HOSO_2OH \rightleftharpoons CH_3OSO_2OH + H_2O$$
硫酸氢甲酯
(酸性硫酸酯)

$$CH_3OH + CH_3OSO_2OH \rightleftharpoons CH_3OSO_2OCH_3 + H_2O$$
硫酸二甲酯
(中性硫酸酯)

硫酸二甲酯是常用的甲基化剂(向有机分子中导入甲基的试剂)，是无色液体，剧毒。

磷酸为三元酸，就可以有三种类型的磷酸酯：

$$ROH + HO-\underset{OH}{\underset{|}{\overset{O}{\overset{\|}{P}}}}-OH \xrightarrow{-H_2O} RO-\underset{OH}{\underset{|}{\overset{O}{\overset{\|}{P}}}}-OH \xrightarrow[-H_2O]{ROH} RO-\underset{OH}{\underset{|}{\overset{O}{\overset{\|}{P}}}}-OR \xrightarrow[-H_2O]{ROH} RO-\underset{OR}{\underset{|}{\overset{O}{\overset{\|}{P}}}}-OR$$

磷酸烷基酯　　　　　磷酸二烷基酯　　　　　磷酸三烷基酯

某些特殊的磷酸酯是有机体生长和代谢中极为重要的物质，将在以后有关章节讨论。

醇与氢卤酸失水所得的产物是卤代烃，通常不把它叫作酯：

$$C_2H_5-OH + H-Br \xrightarrow{\triangle} C_2H_5-Br + H_2O$$

这是在实验室中制备卤代烷常用的方法。这个反应是卤代烷水解的逆反应。

醇与氢卤酸的作用是酸催化的亲核取代反应。虽然氢卤酸本身就是强酸，可起催化作用，但有时也加入一些硫酸以加速反应。酸的作用是，由于 H^+ 很容易与醇中氧结合成质子化的醇，从而使 C—O 键减弱；按单分子机理进行反应时，质子化的醇解离为碳正离子及水分子，然后碳正离子与 X⁻ 结合成卤代烃：

$$CH_3-\underset{CH_3}{\underset{|}{\overset{CH_3}{\overset{|}{C}}}}-\ddot{\overset{..}{O}}H + HX^- \rightleftharpoons CH_3-\underset{CH_3}{\underset{|}{\overset{CH_3}{\overset{|}{C}}}}-\overset{+}{\ddot{O}}H_2 + X^-$$

质子化的醇

$$CH_3-\underset{CH_3}{\underset{|}{\overset{CH_3}{\overset{|}{C}}}}-\overset{+}{\ddot{O}}H_2 \underset{}{\overset{慢}{\rightleftharpoons}} CH_3-\underset{CH_3}{\underset{|}{\overset{CH_3}{\overset{|}{C}}}}{}^+ + H_2O$$

$$CH_3-\underset{CH_3}{\underset{|}{\overset{CH_3}{\overset{|}{C}}}}{}^+ + X^- \xrightarrow{快} CH_3-\underset{CH_3}{\underset{|}{\overset{CH_3}{\overset{|}{C}}}}-X$$

叔醇主要按单分子机理反应。

某些特定结构的醇在按单分子机理进行反应时，烷基会发生重排，从而得到与原来醇中烷基不同的卤代烃。例如：

$$CH_3-\underset{\underset{OH}{|}}{\underset{H_3C}{\overset{CH_3}{\overset{|}{C}}}}-CH-CH_3 \xrightarrow{HCl} CH_3-\underset{Cl}{\underset{|}{\overset{CH_3}{\overset{|}{C}}}}-\underset{CH_3}{\underset{|}{CH}}-CH_3$$

这是由于上述质子化的醇解离后产生的是二级碳正离子（Ⅰ），二级碳正离子不如三级碳正离子稳定，所以它易于重排为更稳定的三级碳正离子（Ⅱ），从而得到上述产物：

$$CH_3-\underset{\underset{\overset{+}{O}H_2}{|}}{\underset{H_3C}{\overset{CH_3}{\overset{|}{C}}}}-CH-CH_2 \longrightarrow CH_3-\underset{CH_3}{\underset{|}{\overset{CH_3}{\overset{|}{C}}}}-\overset{+}{C}H-CH_3$$

（Ⅰ）

$$\longrightarrow CH_3-\underset{\underset{CH_3}{|}}{\overset{CH_3}{\overset{|}{\overset{+}{C}}}}-CH-CH_3 \xrightarrow{Cl^-} CH_3-\underset{Cl}{\underset{|}{\overset{CH_3}{\overset{|}{C}}}}-\underset{CH_3}{\underset{|}{CH}}-CH_3$$

（Ⅱ）

伯醇则按双分子机理进行反应，同样经过渡态而得最终产物：

$$X^- + \underset{}{\overset{R}{\overset{|}{CH_2}}}-\overset{+}{O}H_2 \longrightarrow \left[\overset{\delta^-}{X}\cdots\overset{R}{\overset{|}{CH_2}}\cdots\overset{\delta^+}{O}H_2\right] \longrightarrow X-\overset{R}{\overset{|}{CH_2}} + H_2O$$

过渡态

不同的氢卤酸及不同类型的醇反应速率不同，它们的反应速率顺序分别如下：

HI > HBr > HCl   叔醇 > 仲醇 > 伯醇

3. 脱水反应

醇与强酸共热则发生脱水反应。有两种不同的脱水方式：

（1）**分子内脱水** 就像卤代烃的消除反应一样，醇分子中的羟基与 β-碳原子上的氢脱去一分子水得到烯烃，这是制备烯烃的常用方法之一。

$$CH_3-CH_2-OH \xrightarrow[170\ ℃]{浓\ H_2SO_4} CH_2=CH_2 + H_2O$$

醇在进行分子内脱水时，同样遵守札依切夫（Saytzeff）规律。

醇在酸催化下的脱水反应，是按单分子机理进行的，即质子化的醇解离出碳正离子，然后由 β-碳原子上消除 H^+ 而得烯：

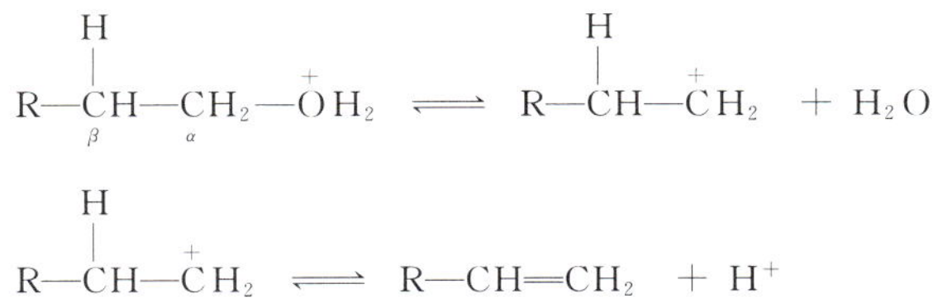

$$\underset{\beta\ \ \ \alpha}{R-\overset{H}{\underset{|}{C}}H-CH_2-\overset{+}{O}H_2} \rightleftharpoons R-\overset{H}{\underset{|}{C}}H-\overset{+}{C}H_2 + H_2O$$

$$R-\overset{H}{\underset{|}{C}}H-\overset{+}{C}H_2 \rightleftharpoons R-CH=CH_2 + H^+$$

前面讲的醇与氢卤酸按 S_N1 机理进行的取代反应也是通过碳正离子进行的，所以在醇与氢卤酸的取代反应中，也常会有烯烃生成。

伯、仲、叔醇脱水的难易程度是叔醇＞仲醇＞伯醇。这是由形成的碳正离子的稳定性决定的，因为三级碳正离子的稳定性最高。

某些醇在脱水时，由于发生重排而生成不同烯烃的混合物。例如：

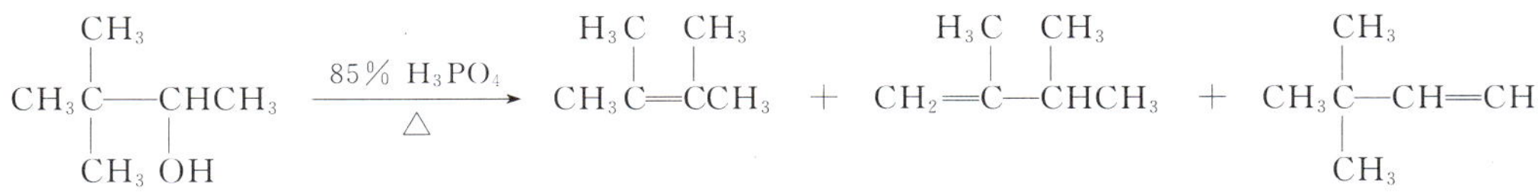

$$\underset{\underset{CH_3}{|}}{\overset{\overset{CH_3}{|}}{CH_3C}}-CHCH_3 \xrightarrow[\triangle]{85\%\ H_3PO_4} \underset{(Ⅰ)80\%}{\overset{H_3C\ \ CH_3}{\underset{|}{C}}=\underset{|}{C}CH_3} + \underset{(Ⅱ)19.6\%}{\overset{H_3C\ \ CH_3}{CH_2=\underset{|}{C}-CHCH_3}} + \underset{(Ⅲ)0.4\%}{\overset{CH_3}{\underset{\underset{CH_3}{|}}{CH_3C}}-CH=CH_2}$$

由上述产物的生成，进一步说明反应是按单分子机理进行的。因为，就像前面讲的醇和氢卤酸的反应一样，质子化的醇解离生成的二级碳正离子易于重排为更稳定的三级碳正离子：

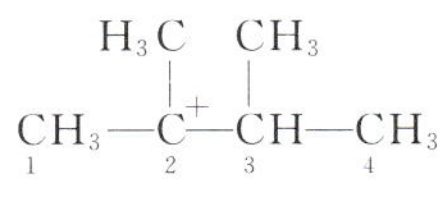

$$\underset{1\ \ \ \ 2\ \ \ \ \ 3\ \ \ \ 4}{CH_3-\overset{H_3C\ \ CH_3}{\underset{|}{\overset{+}{C}}}-CH-CH_3}$$

生成的三级碳正离子可以由 C^3 或 C^1 上消去 H^+ 分别得到（Ⅰ）或（Ⅱ）。（Ⅲ）则是由未重排的二级碳正离子生成的。

综上所述，如果反应中有碳正离子生成，则除取代反应之外，还可能发生消除及重排两种反应。

实际上醇的脱水与烯烃的水合是一个可逆反应，所以控制影响平衡的因素则可使反应向某一方向进行，烯烃水合的过程就是醇脱水的逆过程。

(2) 分子间脱水 两分子醇可以发生分子间脱水,产物是醚。例如:

$$C_2H_5OH + HOC_2H_5 \xrightarrow[140\ ℃]{浓\ H_2SO_4} C_2H_5-O-C_2H_5 + H_2O$$
乙醚

与乙醇的分子内脱水相比,反应条件的区别只在于温度,温度较高时则主要发生消除反应得到烯烃。

仲醇或叔醇在酸的催化下加热,主要产物是烯。如果用两种不同的醇反应,则得到三种醚的混合物:

$$ROH + R'OH \xrightarrow[\triangle]{H^+} R-O-R + R'-O-R' + R-O-R'$$

所以醇分子间脱水只适于制备简单醚,即两个烷基相同的醚。混合醚则需由卤代烃与醇钠制备。

4. 氧化或脱氢

伯醇或仲醇用氧化剂氧化,或在催化剂作用下脱氢,能分别形成醛或酮。

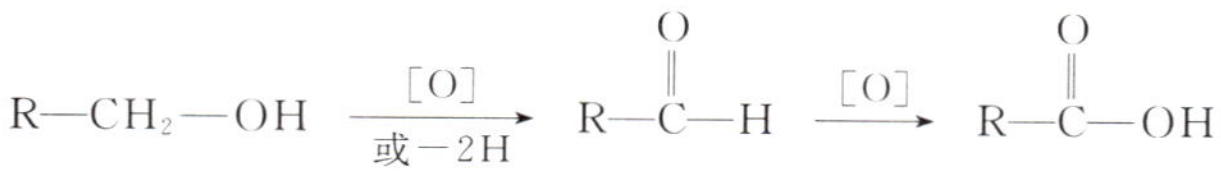

$$R-CH_2-OH \xrightarrow[或-2H]{[O]} R-\overset{O}{\overset{\|}{C}}-H \xrightarrow{[O]} R-\overset{O}{\overset{\|}{C}}-OH$$
伯醇　　　　　　　醛　　　　　　羧酸

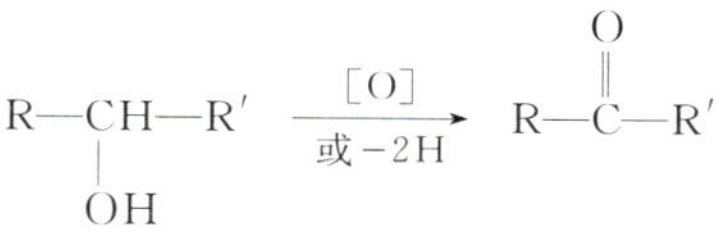

$$R-\underset{OH}{\underset{|}{C}H}-R' \xrightarrow[或-2H]{[O]} R-\overset{O}{\overset{\|}{C}}-R'$$
仲醇　　　　　　酮

可以用来氧化醇的氧化剂很多,如高锰酸钾、重铬酸钾的酸性溶液等。在这种条件下,生成的醛很容易继续被氧化,得到的最终产物往往不是醛而是羧酸。但醛的沸点比相应的醇低得多,如果在氧化过程中随时将生成的醛由反应体系中蒸出,便可避免进一步被氧化。但这只限于制备沸点不高于 100 ℃ 的醛。有些特殊的温和氧化剂如 CrO_3 与吡啶盐酸盐的络合物(pyridinium chlorochromate,简称 PCC[①]),在二氯甲烷溶液中,可使伯醇氧化为醛而不继续被氧化,同时如果醇分子中含有 C=C 也不受影响。

叔醇由于与羟基相连的碳上不含氢,所以一般条件下不被氧化,但如在高温下用强氧化剂,则与羟基相连的碳与其他碳原子间的键断裂,得到复杂的混合物,没有制备意义。

5. 邻二醇与高碘酸的作用

分子中含有两个羟基的化合物叫作二元醇。二元醇有一般醇的通性,有时可能只是一个羟

---

① PCC 为 ⟨C₅H₅⟩N⁺H·HCrO₃Cl⁻,即 ⟨C₅H₅⟩N + HCl + CrO₃。

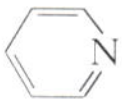

基进行反应,也可以两个都反应。例如:

$$\begin{array}{c}CH_2OH\\|\\CH_2OH\end{array} \xrightarrow{Na} \begin{array}{c}CH_2ONa\\|\\CH_2OH\end{array} \xrightarrow{Na} \begin{array}{c}CH_2ONa\\|\\CH_2ONa\end{array}$$

乙二醇　　　　　乙二醇单钠　　　　乙二醇二钠

二元醇中两个羟基连在相邻的碳原子上的,叫作邻二醇,可用以下通式表示:

$$\begin{array}{c}R-CH-CH-R'\\|\quad\;\;|\\OH\;\;\;OH\end{array}$$

高碘酸可以使邻二醇中连有羟基的两个碳原子间的键断裂,将邻二醇氧化为羰基化合物或羧酸。

$$\begin{array}{c}R-CH \!\mid\! CH-R' \\ |\quad\;\;| \\ OH\;\;\;OH\end{array} + HIO_4 \longrightarrow \underbrace{R-\underset{\underset{O}{\|}}{C}-H + H-\underset{\underset{O}{\|}}{C}-R'}_{\text{醛}} + HIO_3 + H_2O$$

如果三个或三个以上羟基相邻,则相邻的羟基之间的碳–碳键都可以被氧化断裂,当中的 $-\underset{\underset{OH}{|}}{CH}-$ 被氧化为甲酸:

$$\begin{array}{c}R'\\|\\R-C\!\mid\! CH\!\mid\! CH_2\\|\quad\;|\quad\;|\\HO\;\;OH\;\;OH\end{array} + 2HIO_4 \longrightarrow \underset{\text{酮}}{R-\underset{|}{\overset{R'}{C}}=O} + \underset{\text{甲酸}}{H-\underset{\underset{O}{\|}}{C}-OH} + \underset{\text{甲醛}}{H-\underset{\underset{O}{\|}}{C}-H} + 2HIO_3 + 2H_2O$$

不仅含有相邻羟基的化合物可以发生上述反应,而且 α–羟基醛或 α–羟基酮也都可以被高碘酸氧化,反应物分子中的羰基($\diagdown\!\!\!\!\!\diagup\!\!\!C\!=\!O$)被氧化为羧基或 CO_2。

$$\begin{array}{c}R-C\!\mid\! CH-R'\\\|\quad\;|\\O\;\;\;OH\end{array} \xrightarrow{HIO_4} R-\underset{\underset{O}{\|}}{C}-OH + R'-\underset{\underset{O}{\|}}{C}-H$$

α–羟基酮

$$\begin{array}{c}R-CH\!\mid\! CH\!\mid\! CHO\\|\quad\;|\\OH\;\;OH\end{array} \xrightarrow{2HIO_4} R-\underset{\underset{O}{\|}}{C}-H + H-\underset{\underset{O}{\|}}{C}-OH + H-\underset{\underset{O}{\|}}{C}-OH$$

α–羟基醛

$$\begin{array}{c}R-CH\!\mid\! C\!\mid\! CH_2OH\\|\quad\;\|\\OH\;\;O\end{array} \xrightarrow{2HIO_4} R-\underset{\underset{O}{\|}}{C}-H + CO_2 + H-\underset{\underset{O}{\|}}{C}-H$$

两个羟基不相邻的二元醇如 1,3–二醇 $\begin{array}{c}R-CH-CH_2-CH-R\\|\qquad\qquad\;|\\OH\qquad\qquad OH\end{array}$ 则不被高碘酸氧化断裂。

邻二醇和高碘酸的反应是定量完成的,所以通过反应中消耗的高碘酸的物质的量,以及反应产物的确定,可以确定羟基相邻的二元或多元醇,或 α–羟基醛或酮的结构。

重要代表物

自然界含羟基的化合物很多,由极简单的甲醇、乙醇(糖类物质的发酵产物)直至比较复杂的含多个官能团的化合物,如乳酸、某些氨基酸、固醇类化合物、糖类等,它们是动植物代谢过程中的重要物质。这些将在以后有关章节讨论,这里着重介绍一些简单的醇。

1. 甲醇(CH_3OH)

甲醇最初是由木材干馏得到的,所以俗名木醇或木精。甲醇是无色液体,沸点 65 ℃,工业上由一氧化碳及氢气制取。

$$CO + 2H_2 \xrightarrow[CuO, ZnO, Cr_2O_3]{20\ MPa, 300\ ℃} CH_3OH$$

甲醇有毒,服入或吸入其蒸气或经皮肤吸收,均可引起中毒症状,并损害视力以致失明,有报导 30 mL 即能致死。甲醇是有机合成的重要原料及溶剂。

2. 乙醇(C_2H_5OH)

乙醇是酒的主要成分,所以俗名酒精。我国在两千多年以前就知道用发酵法制酒。发酵的原料主要是富含淀粉的谷物、马铃薯或甘薯等。淀粉经酒曲的作用发酵成酒是一个相当复杂的生化过程,大体上可分成糖化及酒化两个阶段:

$$\underbrace{(C_6H_{10}O_5)_n \xrightarrow{淀粉酶} C_{12}H_{22}O_{11} \xrightarrow{麦芽糖酶} C_6H_{12}O_6}_{糖化阶段} \underbrace{\xrightarrow{酒化酶} C_2H_5OH + CO_2}_{酒化阶段}$$

淀粉　　　　　　　麦芽糖　　　　　葡萄糖

利用酒曲发酵,是我国古代劳动人民的一项重大发明。直到 19 世纪,这个方法才传到欧洲。至今含酒精的饮料中的酒精仍用发酵法制取。

发酵液中除含 10%~18% 的乙醇外,还含有丁二酸、甘油、乙醛和杂醇油等,杂醇油是由谷物或酶中所含的氨基酸分解而成的,它的主要组分是含三到五个碳原子的伯醇(见第十五章氨基酸)。将发酵液分馏,可以得到含 95.5% 乙醇及 4.5% 水的混合液,这就是工业酒精,沸点 78.15 ℃。它是一个恒沸液,其中所含 4.5% 的水,用一般的分馏方法不能除去,而需用其他方法。例如,加入分子筛吸收其中的水,然后再用金属镁处理,即得所谓无水乙醇,含量可达 99.95%,沸点 78.5 ℃。工业上常用苯来除去乙醇中所含的水分,将苯与工业酒精一起蒸馏,于 64.6 ℃ 蒸出苯、乙醇及水以一定比例形成的三元恒沸物,然后于 67.8 ℃ 蒸出苯与乙醇的二元恒沸物,最后余下的就是无水乙醇。

乙醇是有机合成的重要原料,工业上可由石油裂化所得的乙烯经水合制取。

酒精作用于人的中枢神经系统,高浓度时可使运动失调、记忆缺失及至失去知觉,量极大时则干扰自然呼吸以致死亡。对大白鼠口服 LD_{50} 为 7 060 mg/kg 体重。

人的机体中存在一种醇脱氢酶,它可以将乙醇氧化为乙醛。乙醛进一步被醛脱氢酶氧化为乙酸,后者参与体内脂肪酸及胆固醇的合成。如果摄入乙醇的速率比它被氧化的速率快,则血液中乙醇含量逐渐增加而导致醉酒症状。甲醇之所以有毒是由于甲醇也可被脱氢酶氧化,产物是甲醛。甲醛对视网膜的毒性会导致失明;再者甲醛进一步被醛脱氢酶氧化为甲酸,甲酸积存于血液中使血液的 pH 降至正常生理范围以下,会导致致命的酸中毒。处理甲醇中毒的办法是向体内注射含适量乙醇的溶液,由于醇脱氢酶对乙醇的亲和力比对甲醇大得多,从而可阻止甲醇被氧化为有害的甲醛。

酒后驾车的检测方法之一就是基于乙醇可被氧化的性质。其方法是,在一玻璃管中装入一定长度的浸满 $Na_2Cr_2O_7$ 的酸性溶液的硅胶,被测者从管的一头吹气,如呼出的气体中含有乙醇,则黄色的 Cr(Ⅵ) 便被还原为绿色的 Cr(Ⅲ)。乙醇的含量越高,管中变色的长度越长。

3. 正丁醇($CH_3CH_2CH_2CH_2OH$)

正丁醇可由马铃薯或糖蜜(制糖的下脚料)经丙酮-丁醇菌发酵制备,产物中含有 60% 正丁醇、30% 丙酮和 10% 乙醇。此外还可用乙炔作原料来制取。正丁醇为无色油状液体,沸点 117.2 ℃,是重要的有机合成原料,也常用做溶剂。

4. 乙二醇($HOCH_2CH_2OH$)

乙二醇是最简单也是最重要的一个二元醇,它的羟基具有一般醇羟基的反应性能,如可被卤素置换,可以失水,可以成酯等。乙二醇可由环氧乙烷水解制备(见醚一节),为沸点 198 ℃ 的黏稠液体,相对密度 1.108 8,有毒。乙二醇的沸点比乙醇高得多的原因是由于分子内增加了一个羟基便增加了缔合的机会,也就是氢键的数目增多所致。

乙二醇能与水、乙醇、丙酮等混溶,由于分子中羟基的增加,乙二醇在非极性或极性较小的有机溶剂中的溶解度较低,如乙醇能与乙醚任意混溶,但乙二醇仅微溶于乙醚。

将乙二醇加入水中,能使水的冰点下降很多,因此可用做发动机冷却液的防冻剂,如用于冬季汽车水箱的防冻。

5. 丙三醇 $\begin{pmatrix} CH_2-CH-CH_2 \\ | \quad\; | \quad\; | \\ OH \;\; OH \;\; OH \end{pmatrix}$

丙三醇俗名甘油,为无色、无臭、有甜味的黏稠液体,相对密度 1.261 3,熔点 20 ℃,沸点 290 ℃(分解)。甘油以酯的形式存在于油脂中,可由油脂制肥皂的余液中提取。甘油能与水以任意比例混溶,但在乙醇中的溶解度较小。无水甘油有吸湿性,能吸收空气中的水分,至含 20% 水分后,即不再吸水。所以甘油常用做化妆品、皮革、烟草、食品及纺织品等的保湿剂。甘油也是有机合成的重要原料。

甘油与硝酸形成的三硝酸甘油酯俗称硝化甘油:

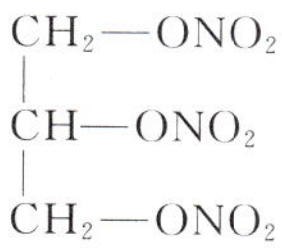

$$\begin{array}{c}CH_2-ONO_2\\|\\CH-ONO_2\\|\\CH_2-ONO_2\end{array}$$

硝化甘油受到震动或撞击,能因猛烈分解产生大量气体而引起爆炸,主要用做炸药。硝化甘油有扩张冠状动脉的作用,在医药上叫作硝酸甘油,是治疗心绞痛的药物。

6. 环己六醇

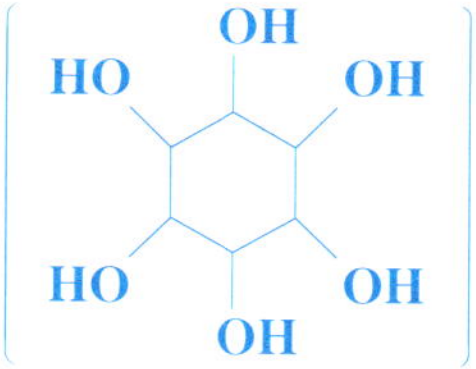

环己六醇又名肌醇(inositol),为白色结晶,熔点 225 ℃,相对密度 1.752,能溶于水,而不溶于无水乙醇、乙醚中,有甜味,在医药上有预防脂肪肝的作用。

肌醇广泛分布于动植物界,如存在于动物心脏、肌肉和未成熟的豌豆等中,是某些动物和微生物生长所必需的物质。

肌醇的六磷酸酯也叫肌醇六磷酸(phytic acid),旧称植酸,以钙镁盐(肌醇六磷酸钙镁,phytin)的形式广泛存在于植物界。

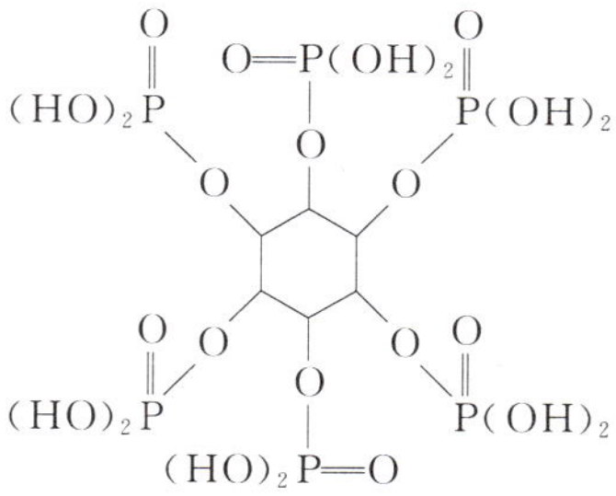

肌醇六磷酸

7. 苯甲醇($C_6H_5CH_2OH$)

苯甲醇又称苄醇,是比较重要的芳香醇(芳香醇是指羟基连在芳环侧链上而不是直接连在芳环上),它以酯的形式存在于许多植物精油中。苯甲醇有微弱的香气,稍溶于水,能与乙醇、乙醚等混溶,大量用于香料及医药工业。

Ⅱ. 酚

羟基直接与芳香环相连的化合物叫作酚。例如:

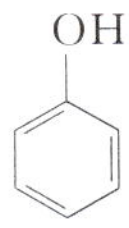

苯酚 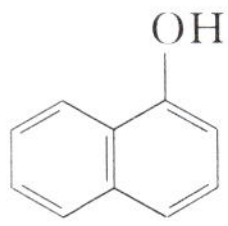　　　　　α-萘酚

醇中的羟基是与 sp³ 杂化碳原子相连的，如果羟基与 sp² 杂化碳原子相连，就是烯醇，一般的烯醇是不稳定的，它们主要以其异构体——羰基化合物——的形式存在：

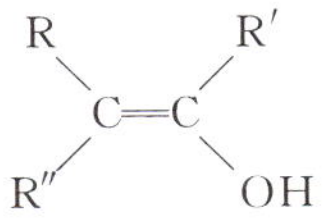

烯醇 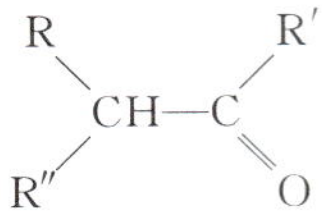　　　　　羰基化合物

但在酚中，羟基所连接的是环闭共轭体系中的 sp² 杂化碳原子，这种形式的"烯醇"是稳定的。酚羟基中氧原子上两对未共用电子对之一占据未参与杂化的 p 轨道，与苯环的大 π 键形成 p-π 共轭体系，如图 8-2 所示。因此酚羟基就和醇中的羟基在性质上有所不同。

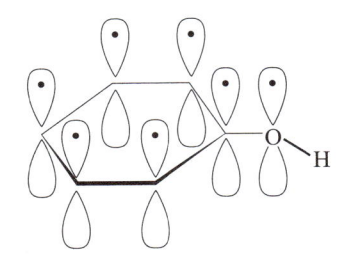

图 8-2　苯酚中 p-π 共轭示意图

命　名

一般命名时，以酚为母体，有时也将羟基当作取代基。例如：

苯酚　　　　　α-萘酚　　　　　β-萘酚　　　　　邻甲苯酚
　　　　　　　　　　　　　　　　　　　　　　　2-甲苯酚

间苯二酚
1,3-苯二酚

1,2,3-苯三酚
连苯三酚
（没食子酚，焦性没食子酸）
（焦棓酚）

邻羟基苯甲醛
（水杨醛）

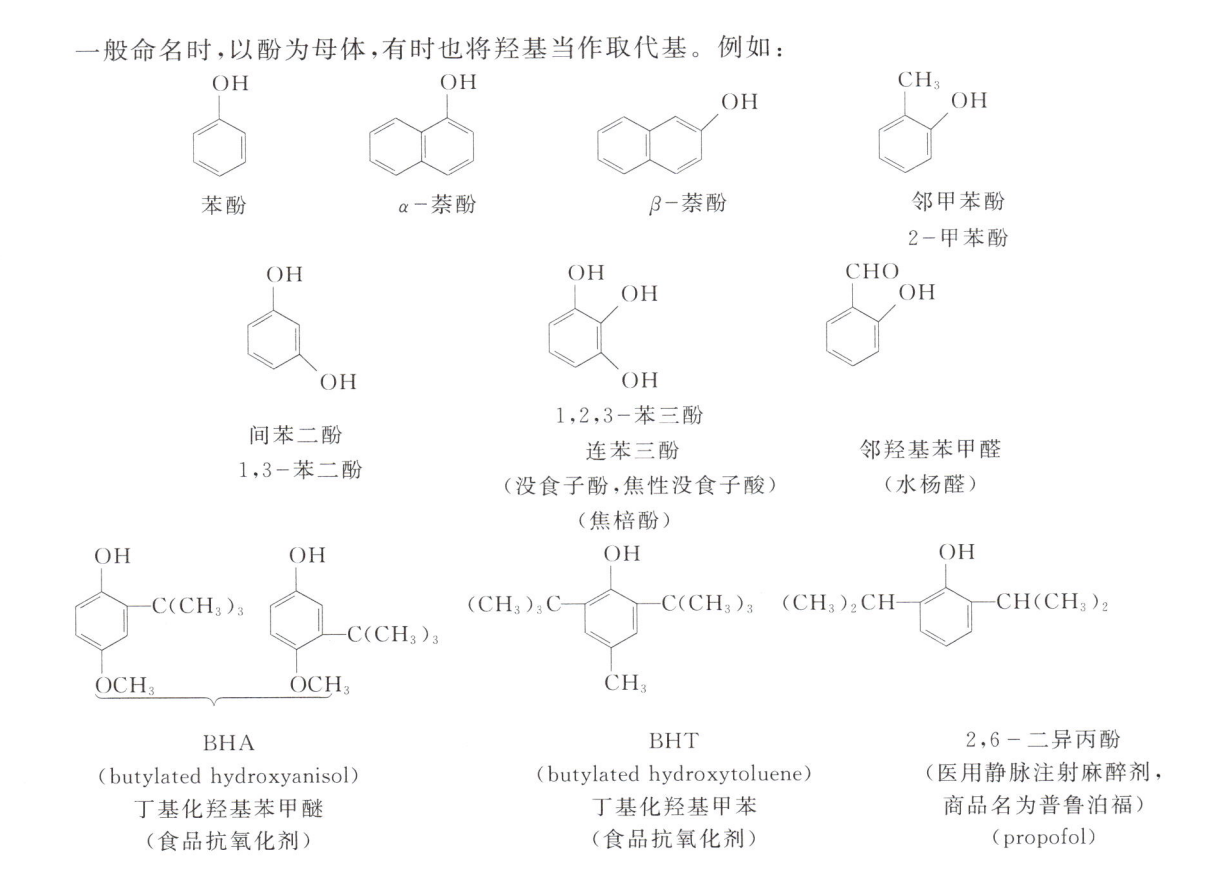

BHA
(butylated hydroxyanisol)
丁基化羟基苯甲醚
（食品抗氧化剂）

BHT
(butylated hydroxytoluene)
丁基化羟基甲苯
（食品抗氧化剂）

2,6-二异丙酚
（医用静脉注射麻醉剂，
商品名为普鲁泊福）
(propofol)

物 理 性 质

除少数烷基酚是液体外,多数酚都是固体。纯净者无色,由于酚容易被空气中的氧气氧化产生有色杂质,所以酚常带有不同程度的黄色或红色。

酚能溶于乙醇、乙醚和苯等有机溶剂,苯酚、甲苯酚等能部分溶于水。羟基增多,水溶性加大(见表8-2)。

化 学 性 质

酚和醇含有同样的官能团——羟基,但是由于酚中氧原子上未共用电子对与苯环形成 p-π 共轭体系,而使与羟基相连的碳上电子密度增高,不利于亲核试剂的进攻,所以酚不易进行亲核取代反应。

1. 酸性

由于酚羟基中氧原子的 p 轨道与苯环形成 p-π 共轭体系,氧上未共用电子对向苯环转移:

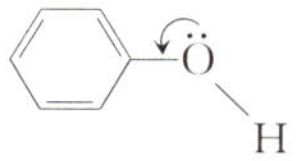

因而氢-氧之间电子密度比醇中的低,也就是氢-氧之间的结合较醇中弱,所以酚羟基中的氢较醇羟基的氢容易以 H^+ 形式解离。从另一方面说,酚解离生成的苯氧基负离子与烷氧基负离子相比,前者氧上的负电荷可以分散到苯环上,从而比烷氧基负离子稳定,也有利于酚羟基中的氢以 H^+ 形式解离,所以酚的酸性比醇强。苯酚的 K_a 为 $1.28×10^{-10}$。但酚的酸性比碳酸($K_a = 4.3×10^{-7}$)要弱,所以酚只能与强碱成盐,而不能与碳酸氢钠作用。

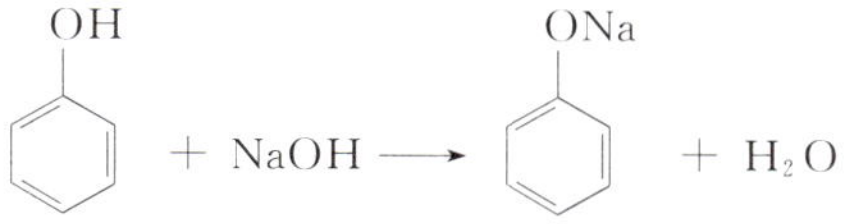

$$C_6H_5OH + NaOH \longrightarrow C_6H_5ONa \text{(苯酚钠)} + H_2O$$

在水中溶解度不大的酚,能因形成酚钠而溶于氢氧化钠水溶液中,而醇在氢氧化钠水溶液中的溶解度不比在水中大。

在酚的钠盐溶液中通入二氧化碳,由于碳酸是比酚强的酸,所以能置换出酚。

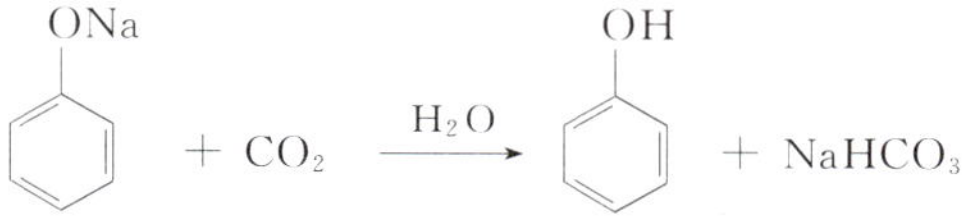

$$C_6H_5ONa + CO_2 \xrightarrow{H_2O} C_6H_5OH + NaHCO_3$$

酚中芳环上如连有卤素或硝基等吸电子基团,可使酚的酸性增强,如邻硝基苯酚的 K_a 为 $6×10^{-8}$;2,4,6-三硝基苯酚的酸性很强($pK_a=0.25$),俗称苦味酸。芳环上如连有给电子基团如 CH_3-,则酚的酸性减弱(见表8-2)。

2. 酚醚的生成

酚醚不能由酚羟基间直接失水制备,必须用间接的方法。例如,由酚钠与卤代烃如碘甲烷或硫酸二烷基酯如硫酸二甲酯作用,实际上就是酚负离子($C_6H_5O^-$)作为亲核试剂与卤代烃反应。

表 8-2 某些酚的物理常数

结构式	名称 中文	名称 英文系统名(俗名)	熔点/℃	沸点/℃	溶解度 g·(100 g 水)$^{-1}$	K_a
⌬—OH	苯酚	phenol	43.0	181.7	8.2(15 ℃)	$1.28×10^{-10}$ (20 ℃)
CH₃-⌬-OH (邻)	邻甲苯酚	o-methylphenol (o-cresol)	30.9	191.0	2.5	$6.3×10^{-11}$ (25 ℃)
CH₃-⌬-OH (间)	间甲苯酚	m-methylphenol (m-cresol)	11.5	202.2	0.5	$9.8×10^{-11}$ (25 ℃)
CH₃-⌬-OH (对)	对甲苯酚	p-methylphenol (p-cresol)	34.8	201.9	1.8	$6.7×10^{-11}$ (25 ℃)
邻-(OH)₂	邻苯二酚(儿茶酚)	1,2-benzenediol (catechol)	105.0	245.0	45.1(20 ℃)	$1.4×10^{-10}$ (20 ℃)
间-(OH)₂	间苯二酚	1,3-benzenediol (resorcinol)	111.0	281.0	147.3 (12.5 ℃)	$1.55×10^{-10}$ (25 ℃)
对-(OH)₂	对苯二酚(氢醌)	1,4-benzenediol (hydroquinone)	173.4	285.0	6(15 ℃)	$4.5×10^{-11}$ (20 ℃)
1,2,3-(OH)₃	1,2,3-苯三酚	1,2,3-benzenetriol (pyrogallol)	133.0	309.0	易溶	$1×10^{-7}$ (25 ℃)
1,2,4-(OH)₃	1,2,4-苯三酚(偏苯三酚)	1,2,4-benzenetriol (hydroxyhydroquinone)	140.0	—	易溶	
1,3,5-(OH)₃	1,3,5-苯三酚(均苯三酚)	1,3,5-benzenetriol (phloroglucinol)	218.9	—	1.13	$4.5×10^{-10}$ (25 ℃)

续表

结构式	名称 中文	名称 英文系统名(俗名)	熔点/℃	沸点/℃	溶解度 g·(100 g 水)$^{-1}$	K_a
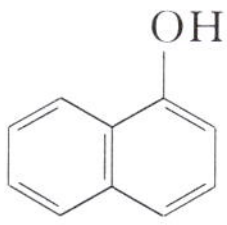 (萘-1-OH)	α-萘酚	α-naphthol	96.0(升华)	288.0	不溶	
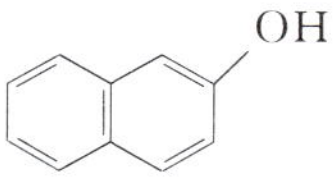 (萘-2-OH)	β-萘酚	β-naphthol	123.0～124.0	295.0	0.07	

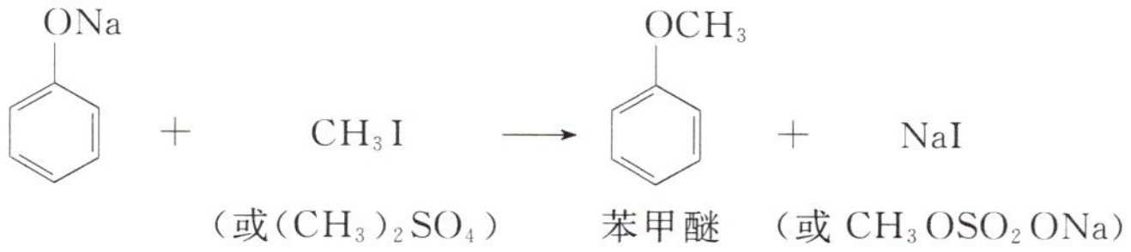

$$\text{C}_6\text{H}_5\text{ONa} + \text{CH}_3\text{I} \longrightarrow \text{C}_6\text{H}_5\text{OCH}_3 + \text{NaI}$$

（或 $(\text{CH}_3)_2\text{SO}_4$） 苯甲醚 （或 $\text{CH}_3\text{OSO}_2\text{ONa}$）

3. 与三氯化铁的显色反应

具有羟基与 sp^2 杂化碳原子相连的结构（ —C=C—OH ）的化合物大多能与三氯化铁的水溶液显颜色反应,酚即属于这类物质,下面用虚线括出的部分即为 —C=C—OH ：

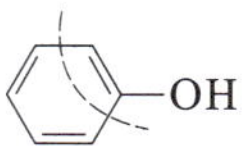

(苯酚结构图)

多数酚能与三氯化铁产生红、绿、蓝、紫等不同的颜色,这种显色反应主要用来鉴别酚或烯醇式结构的存在。但有些酚不与三氯化铁显色,所以得到负结果时,不能说明不存在酚,在这种情况下,则需用其他方法加以验证。

反应的机理及有色物质的组成目前尚不完全清楚。

4. 氧化

酚比醇容易被氧化,空气中的氧气就能将酚氧化。例如,苯酚或对苯二酚氧化都生成对苯醌。

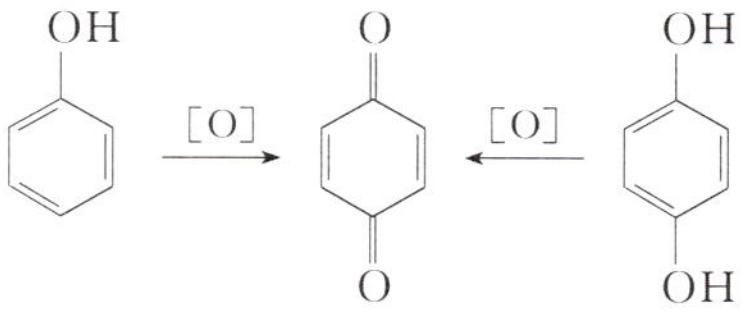

$$\text{苯酚} \xrightarrow{[O]} \text{对苯醌} \xleftarrow{[O]} \text{对苯二酚}$$

对苯醌

邻苯二酚被氧化为邻苯醌。

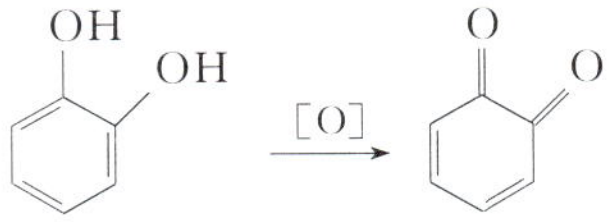

$$\underset{}{\underset{OH}{\bigcirc}\!\!\!\!OH} \xrightarrow{[O]} \underset{\text{邻苯醌}}{\underset{O}{\bigcirc}\!\!\!\!O}$$

具有对苯醌或邻苯醌结构的物质都是有颜色的,这便是酚常带有颜色的原因。

5. 芳环上的取代反应

酚中的芳环可以发生一般芳香烃的亲电取代反应,如卤化、硝化、磺化等。由于羟基氧原子与苯环形成 p-π 共轭体系,总的电子效应是使苯环上电子密度增高,所以酚比苯更容易进行亲电取代反应。

(1) 卤化　苯酚的水溶液与溴水作用,立刻产生 2,4,6-三溴苯酚的白色沉淀,而不是得到一元取代的产物:

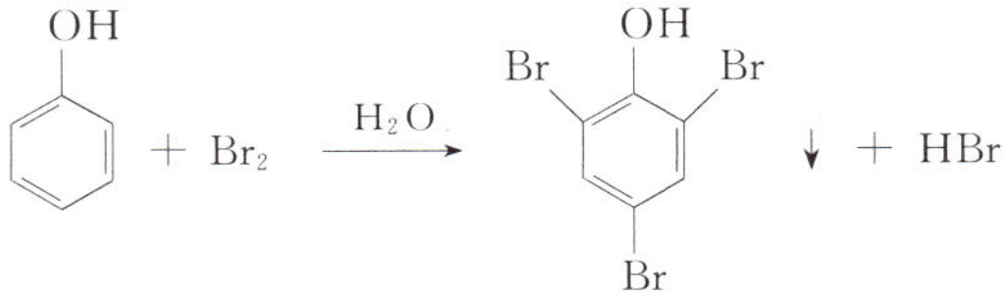

$$\underset{}{C_6H_5OH} + Br_2 \xrightarrow{H_2O} \text{2,4,6-三溴苯酚} \downarrow + HBr$$

其反应极为灵敏,而且是定量完成的,在极稀的苯酚溶液(如体积比为 1∶100 000)中加数滴溴水,便可看出明显的混浊现象,故此反应可用于苯酚的定性或定量测定。

在非极性溶剂中,如以四氯化碳或二硫化碳作溶剂,并控制溴的用量,则可得到一溴代酚。

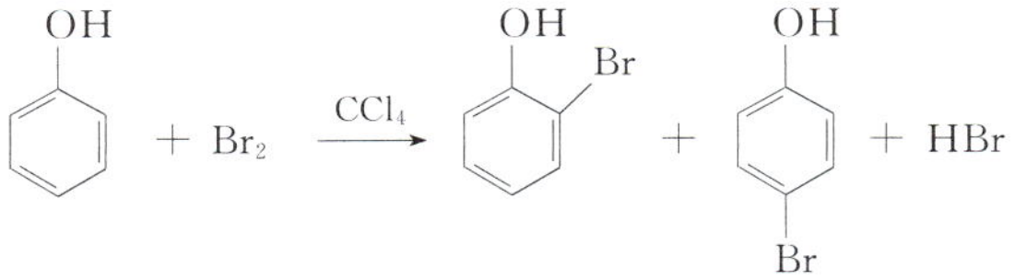

$$\underset{}{C_6H_5OH} + Br_2 \xrightarrow{CCl_4} \text{邻溴苯酚} + \text{对溴苯酚} + HBr$$

(2) 硝化　苯酚在室温下就可被稀硝酸硝化,生成邻硝基苯酚和对硝基苯酚的混合物。

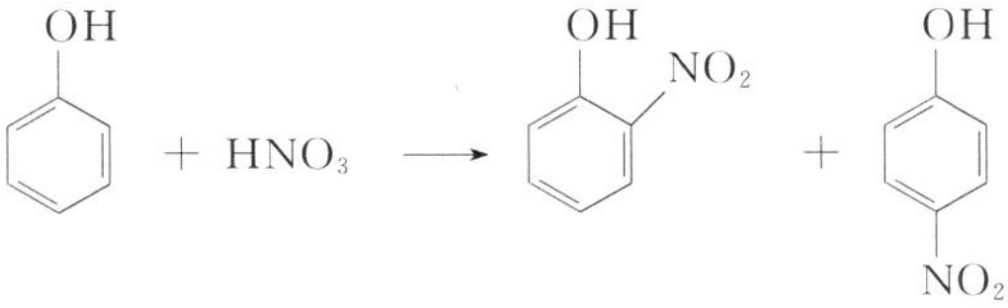

$$\underset{}{C_6H_5OH} + HNO_3 \longrightarrow \text{邻硝基苯酚} + \text{对硝基苯酚}$$

邻硝基苯酚分子中的羟基与硝基相距较近,硝基上的氧可以与羟基中的氢形成分子内的氢键而构成一个环,这样构成的环叫螯合环(chelate ring):

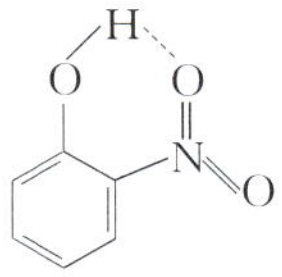

这样羟基就失去了分子间缔合及与水分子缔合的可能性。对硝基苯酚分子中由于羟基与硝基相距较远，不能在分子内形成氢键，但分子间可通过氢键缔合，并且也可与水缔合。

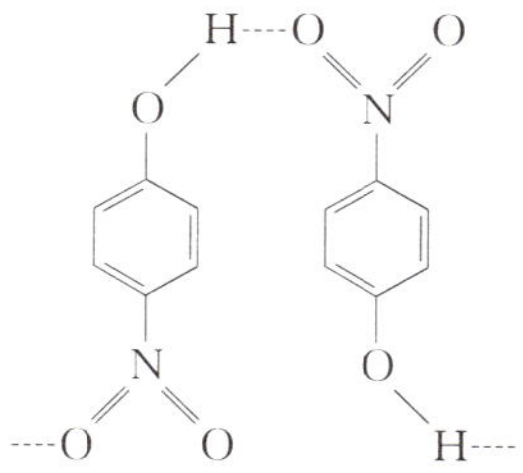

由于以上原因，与对硝基苯酚（熔点 114 ℃，沸点 279 ℃）相比，邻硝基苯酚（熔点 44.5 ℃，沸点 214 ℃）的挥发度高，水溶性低，它可以随水蒸气挥发，因此用水蒸气蒸馏的方法就可以把两种异构体分开。

重要代表物

酚及其衍生物在自然界分布极广，如存在于麝香草中的麝香草酚（也叫百里酚），有杀菌效力，可用于医药及配制香精。存在于丁香花蕾、肉桂皮、肉豆蔻等中的丁香酚除可用做香料外，还有杀菌和防腐的作用。漆酚是生漆的主要成分，也存在于常春藤中，它能引起过敏而使皮肤起泡。存在于愈创树脂中的愈创木酚，在医药上用做祛痰剂。广泛存在于植物油中的维生素 E 及芝麻中的芝麻酚都是天然抗氧化剂，它们可以抑制自由基对机体细胞的伤害。

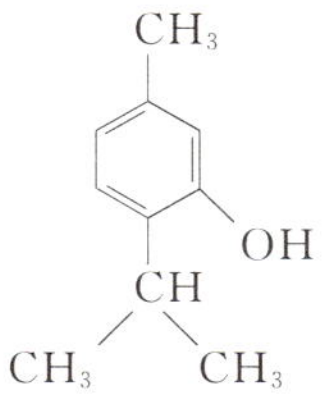

麝香草酚（thymol）
4-异丙基-3-羟基甲苯
或 5-甲基-2-异丙基苯酚

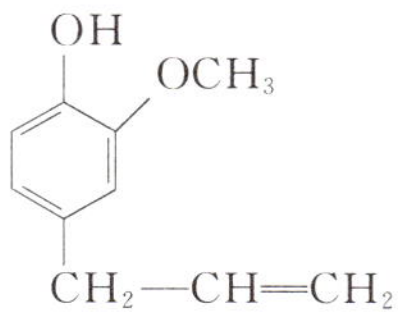

丁香酚（eugenol）
4-烯丙基-2-甲氧基苯酚

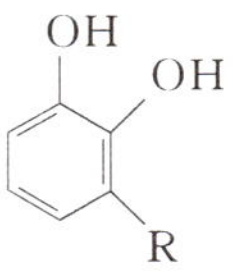

漆酚（urushiol）
（R＝C_{15} 或 C_{17} 的烷基或烯基）

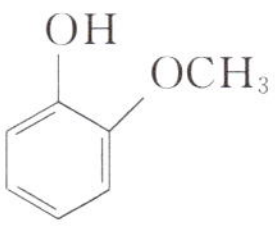

愈创木酚（guaiacol）
邻甲氧基苯酚

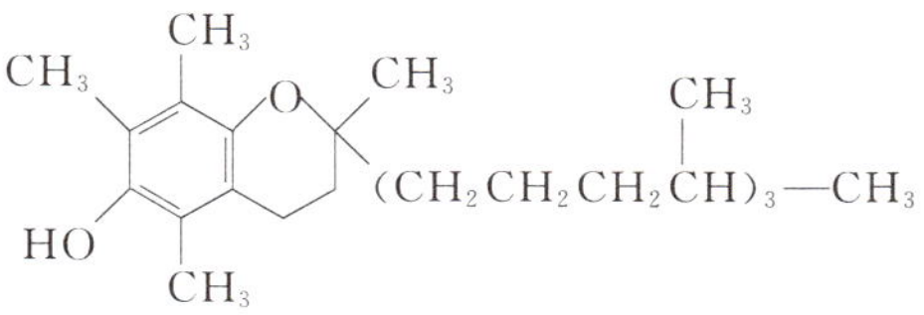

维生素 E（α-tocopherol）

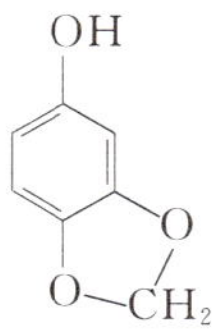

芝麻酚（sesamol）
3,4-亚甲二氧基苯酚

此外，某些天然氨基酸，植物中的丹宁、木质素及某些使植物呈现美丽颜色的花色素等都是结构更为复杂的酚，将在以后有关章节讨论。

1. 苯酚（C_6H_5OH）

苯酚俗名石炭酸，除来源于煤焦油外，还可由氯苯水解或异丙苯氧化等方法制备。

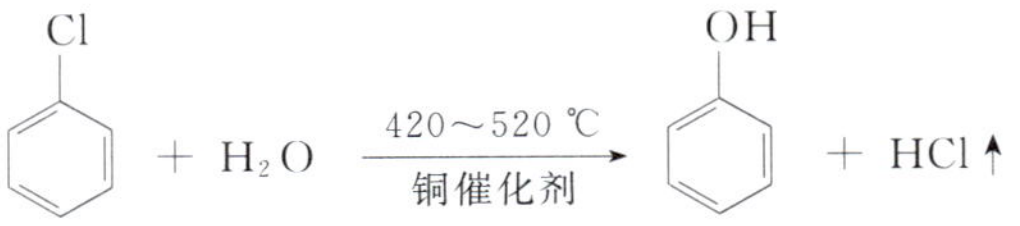

$$\text{C}_6\text{H}_5\text{Cl} + \text{H}_2\text{O} \xrightarrow[\text{铜催化剂}]{420\sim520\ ℃} \text{C}_6\text{H}_5\text{OH} + \text{HCl}\uparrow$$

纯净的苯酚是无色棱形结晶，有特殊气味，在空气中放置因易被氧化而变成红色。室温时稍溶于水，在65 ℃以上可与水混溶；也易溶于乙醇、乙醚和苯等有机溶剂。

苯酚是有机合成的重要原料，多用于制造塑料、胶黏剂、医药、农药和染料等。

苯酚能凝固蛋白质，因此对皮肤有腐蚀性，并有杀菌效力，是外科上最早使用的消毒剂，因为有毒，现已不用。苯酚的致死量为1～15 g，也可通过皮肤吸收进入体内而引起中毒。苯酚的稀溶液或与熟石灰混合可用作厕所、马厩和阴沟等的消毒剂。

2. 甲苯酚

甲苯酚有邻、间和对三种异构体，都存在于煤焦油中。除间位异构体为液体外，其他两种为低熔点固体，有苯酚气味，其杀菌效力比苯酚强，医药上使用的消毒剂之一"煤酚皂溶液"就是含有47%～53%三种甲苯酚的肥皂水溶液，叫作莱苏尔（Lysol）。甲苯酚的毒性与苯酚相同。

3. 苯二酚

苯二酚有邻位、间位和对位三种异构体，对苯二酚又称氢醌。邻苯二酚俗名儿茶酚或焦儿茶酚。它们的衍生物多存在于植物中。三种苯二酚都是结晶形固体，能溶于水、乙醇和乙醚中。间苯二酚用于合成染料、树脂黏合剂等。邻苯二酚和对苯二酚由于易被弱氧化剂氧化为醌，所以主要用途是作还原剂，如用作黑白胶片的显影剂（将胶片上感光后的卤化银还原为银）、阻聚剂（防止高分子单体因氧化剂的存在而聚合）等。

4. 萘酚

萘酚有α及β两种异构体：

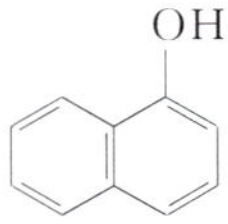

α-萘酚（1-萘酚）　　β-萘酚（2-萘酚）

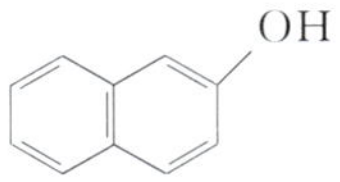

二者都是能升华的结晶。α-萘酚与三氯化铁水溶液生成紫色沉淀。β-萘酚与三氯化铁则显绿色。它们都是合成染料的重要原料。

5. 抗氧剂 BHT

2,6-二叔丁基-4-甲基苯酚(BHT，butylated hydroxytoluene)是一种合成的抗氧化剂，广泛应用于食品、化妆品、油墨和橡胶塑料行业。它是以对甲酚、异丁醇为原料，以浓硫酸为催化剂，以氧化铝为脱水剂，反应合成的。

人体的衰老和一些疾病及塑料橡胶的老化都与自由基氧化反应有关，抗氧剂是指能帮助捕获并中和自由基，从而抑制或者延缓自由基对人体或高聚物等损害的一类物质。常用的酚类抗氧化剂还有茶多酚(TP)、生育酚、丁基羟基茴香醚(BHA)和叔丁基对苯二酚(TBHQ)等。另外，许多抗氧化剂存在于天然食品中，如茶叶、葡萄、菠菜、胡萝卜、番茄、黑枸杞和蜂蜜等，经常食饮这类食品有助于防病抗衰老。

醇和酚的红外光谱

醇或酚的 O—H 伸缩振动在 3 600～3 200 cm^{-1}，其具体位置决定于缔合程度。由于氢键的形成使 O—H 键减弱，所以缔合作用能使吸收频率降低。无缔合的醇或酚的 O—H 吸收峰在 3 600 cm^{-1} 以上，而缔合的 O—H 的吸收峰在 3 550～3 200 cm^{-1}(见图 8-3，图 8-4)。

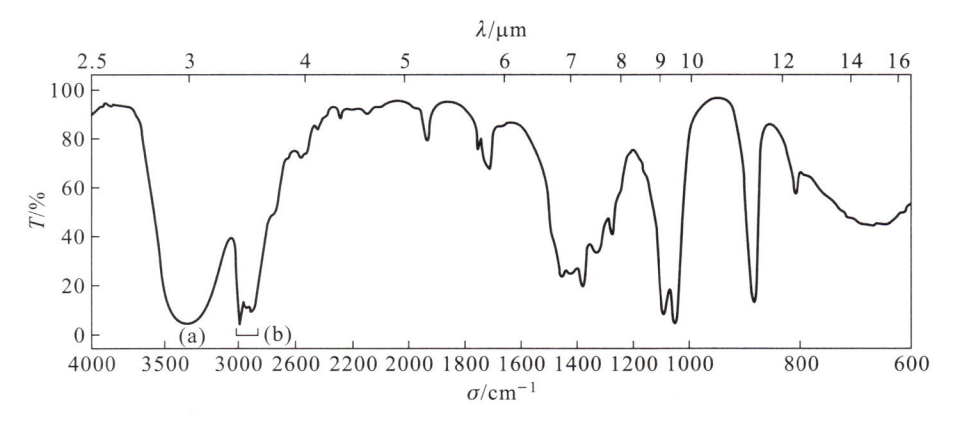

图 8-3 乙醇的红外谱图
(a) O—H 伸缩振动；(b) C—H 伸缩振动

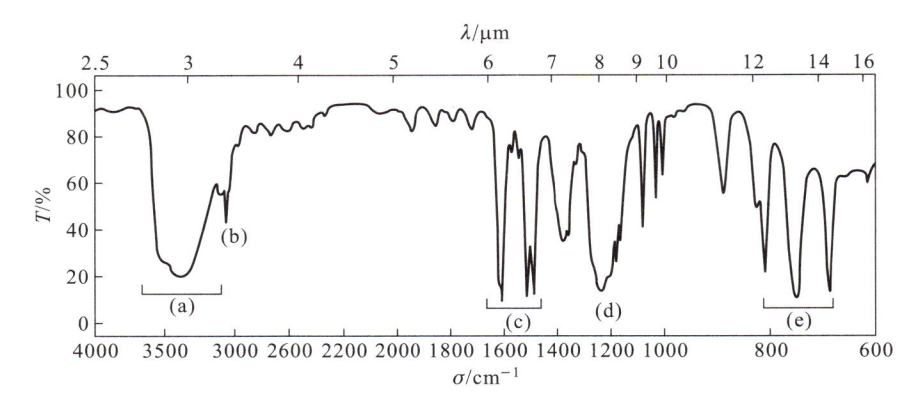

图 8-4　苯酚的红外谱图

(a) O—H 伸缩振动；(b) 芳环 =C—H 伸缩振动；(c) 芳环 C=C 伸缩振动；
(d) C—O 伸缩振动；(e) 芳环 C=C，=C—H 弯曲振动

Ⅲ. 醚

醚是两个烃基通过氧原子连接起来的化合物，烃基可以是烷基、烯基和芳基等。C—O—C 键叫作醚键。

命　名

两个烃基相同的叫简单醚，不同的是混合醚。结构比较简单的醚，多习惯按它的烃基命名。例如：

$$CH_3—O—CH_3 \qquad C_2H_5—O—C_2H_5 \qquad \text{苯}—O—\text{苯}$$

二甲醚，简称甲醚　　　二乙醚，简称乙醚　　　二苯醚

简单脂肪醚中的"二"字常可省略。两个烃基不同时，将较小的烃基放在前面；烃基中有一个是芳香基时，芳香基放在前面。例如：

$$CH_3—O—C_2H_5 \qquad \text{苯}—OCH_3$$

甲乙醚　　　　　　苯甲醚（茴香醚，anisol）

醚的系统命名是将 RO— 或 ArO— 当作取代基，以烃为母体命名。脂肪醚是以较长的碳链作为母体烃，将含碳数较少的烃基与氧连在一起，叫作烷氧基。例如：

$$CH_3OCH_2CH_2CH_3 \qquad CH_3CH_2CHCH_2CH_3 \qquad CH_3OCH_2CH_2OCH_3$$
$$\qquad\qquad\qquad\qquad\quad |$$
$$\qquad\qquad\qquad\qquad OCH_3$$

甲氧基丙烷　　　　　3-甲氧基戊烷　　　　　1,2-二甲氧基乙烷
　　　　　　　　　　　　　　　　　　　　　　（乙二醇二甲醚）

烃基中有一个是芳香环的,则以芳香环为母体。例如:

对甲氧基丙烯基苯(anethole)
(茴香脑,存在于八角茴香的果实中,主要用做香料)

氧所连接的两个烃基形成一个环的,属于环醚。例如:

环氧乙烷　　　　四氢呋喃

脂肪醚与含相同碳原子数的醇互为异构体,属于官能团异构。例如:

$CH_3—O—CH_3$　　$C_2H_5—OH$　　$C_2H_5—O—C_2H_5$　　$C_4H_9—OH$
　甲醚　　　　　　乙醇　　　　　　　乙醚　　　　　　　　丁醇

醇分子间的失水反应是制备简单醚的主要方法;混合醚则可由醇钠(或酚钠)与卤代烃作用制取。

在许多有重要生理作用的天然产物中含有醚的结构,如愈创木酚、丁香酚、茴香脑、茴香醇、桉树脑、维生素 E 及某些昆虫的信息素等。

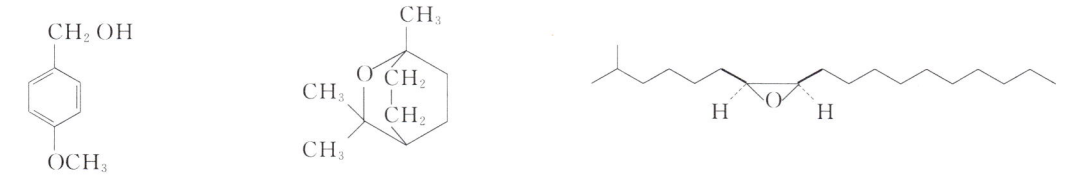

对甲氧基苯甲醇(anisalcohol)
(茴香醇,存在于香草豆中,主要用作香料)

桉树脑(eucalyptole)
(存在于桉树、樟树及兰花等中,用于医药及配制香精)

雌舞毒蛾的性信息素(disparlure)
(反式异构体活性很小)

物　理　性　质

大多数醚在室温下为液体,有香味。由于分子中没有与氧原子相连的氢,所以醚分子间不能以氢键缔合,故其沸点和相对密度都比相应的醇低。醚的沸点与相对分子质量相当的烷烃相近,如乙醚(相对分子质量 74)的沸点为 34.5 ℃,正丁醇的沸点为 117.2 ℃,而戊烷(相对分子质量 72)的沸点为 36.1 ℃。表 8-3 列出了某些醚的物理常数。

醚不是线形分子,因为醚中的氧原子为 sp^3 杂化状态,C—O—C 键角接近 109°,所以醚有极性,而且由于醚分子中含有电负性较强的氧,所以可与水或醇等形成氢键,因此醚在水中的溶解度比烷烃大，并能溶于许多极性及非极性有机溶剂中。

乙醚是用途最广的一种醚，是无色液体，在室温时每 100 g 水中约能溶解 7 g 乙醚。乙醚能溶解许多有机物，因而是常用的有机溶剂。它极易着火，与空气混合到一定比例能爆炸，因此使用时必须十分小心。乙醚有麻醉作用，于 1850 年曾被用作外科手术上的全身麻醉剂。

表 8-3 某些醚的物理常数

结构式	名称		熔点/℃	沸点/℃	相对密度*
	中文	英文			
CH_3-O-CH_3	甲醚	dimethyl ether	−138.5	−25.0	
$C_2H_5-O-C_2H_5$	乙醚	diethyl ether	−116.0	34.5	0.713 8
$C_6H_5-O-C_6H_5$	二苯醚	diphenyl ether	28.0	257.9	1.074 8
$C_6H_5-O-CH_3$	苯甲醚	methyl phenyl ether (methoxybenzene)	−37.3	155.5	0.994
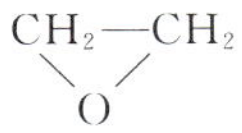 $\begin{array}{c}CH_2-CH_2\\ \diagdown\!\diagup\\ O\end{array}$	环氧乙烷	ethylene oxide (epoxyethane)	−111.0	14.0	0.882 4(10 ℃)
 〔THF结构〕	四氢呋喃	tetrahydro furane (THF)	−108.0	67.0	0.889 2
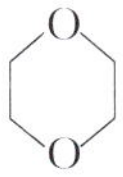 〔二氧六环结构〕	1,4-二氧六环	dioxane	11.8	101.0	1.033 7

* 除注明者外，其余均为 20 ℃时的数据。

化 学 性 质

除某些环醚外，C—O—C 键是相当稳定的，不易进行一般的有机反应，所以从化学反应角度说，醚不如醇和酚重要，也正因为如此，在许多反应中可用醚作溶剂。

1. 醚键的断裂

在加热的情况下，浓酸如 HI、HBr 等能使醚键断裂，这是因为强酸与醚中氧原子形成锌盐而使碳−氧键变弱所致，氢碘酸的作用比氢溴酸强。醚与氢碘酸作用生成碘代烷与醇：

$$R-O-R' + HI \xrightarrow{\triangle} RI + R'OH$$

生成的醇可进一步与过量氢碘酸作用生成碘代烷。

$$R'OH + HI \longrightarrow R'I + H_2O$$

如果醚中一个烃基是芳香基，如苯甲醚，则反应生成碘甲烷与苯酚，苯酚不再与氢碘酸作用：

$$\text{C}_6\text{H}_5\text{—O—CH}_3 + \text{HI} \longrightarrow \text{C}_6\text{H}_5\text{—OH} + \text{CH}_3\text{I}$$

由于反应是定量完成的,所以通过一定的方法,测定碘甲烷的量,则可推算分子中甲氧基的含量。

2. 形成𨦡盐与络合物

与醇或水相似,醚中氧原子上的未共用电子对能接受质子,生成𨦡盐:

$$\text{R—}\overset{..}{\underset{..}{\text{O}}}\text{—R} + \text{H}^+\text{Cl}^- \longrightarrow [\text{R—}\overset{..}{\underset{\text{H}}{\text{O}^+}}\text{—R}]\text{Cl}^-$$

$$\text{𨦡盐}$$

醚接受质子的能力很弱,必须与浓强酸才能生成𨦡盐。醚由于生成𨦡盐而溶解于浓硫酸或浓盐酸中,可利用此现象区别醚与烷烃或卤代烃。𨦡盐用冰水稀释,则分解而又析出醚。

醚还可以借氧原子上的未共用电子对与缺电子试剂如三氟化硼、三氯化铝和格氏试剂等形成络合物。例如:

$$\text{R}_2\text{O}: + \text{BF}_3 \longrightarrow \text{R}_2\text{O}:\text{BF}_3$$

$$\text{R}_2\text{O}: + \text{AlCl}_3 \longrightarrow \text{R}_2\text{O}:\text{AlCl}_3$$

$$2\text{R}_2\text{O}: + \text{R}'\text{MgX} \longrightarrow \text{R}'\text{—}\underset{\underset{R}{\overset{..}{\underset{R}{\text{O}}}}}{\overset{\underset{R}{\overset{..}{\underset{R}{\text{O}}}}}{\text{Mg}}}\text{—X}$$

3. 形成过氧化物

某些与氧相连的碳原子上连有氢的醚很容易被空气中的氧气氧化,如乙醚、四氢呋喃等在试剂瓶中放置时,瓶中存留的少量空气即能将它们氧化而产生过氧化物。过氧化物中含有与过氧化氢相似的 —O—O— 键。例如:

$$\text{CH}_3\text{CH}_2\text{—O—CH}_2\text{CH}_3 + \text{O}_2 \longrightarrow \text{CH}_3\text{CH}_2\text{—O—}\underset{\underset{\text{O—O—H}}{|}}{\text{CHCH}_3}$$

过氧化物挥发度较低,并且在受热或受到摩擦等情况下,非常容易爆炸,在蒸馏乙醚时,低沸点的乙醚被蒸出后,蒸馏瓶中便积存了高沸点的过氧化物,在继续加热的情况下,便能猛烈爆炸。因此在使用乙醚时必须避免与氧化剂接触。同时在蒸馏乙醚前必须检验是否含有过氧化物。一般可取少量乙醚与碘化钾的酸性溶液一起摇动,如有过氧化物存在,碘化钾就被氧化成碘而显黄色,然后可进一步用淀粉试纸检验。除去过氧化物的方法是将乙醚用还原剂如硫酸亚铁、亚硫酸钠等处理。乙醚应放在棕色瓶中储存。

环 醚

1. 环氧乙烷 $\begin{matrix} CH_2\!-\!CH_2 \\ \diagdown\!\!\diagup \\ O \end{matrix}$

环氧乙烷是最简单的环醚(cyclic ether)，为无色气体，能溶于乙醚中。可由乙烯与氧在银的催化下制备(见第三章烯烃的氧化一节)。

环氧乙烷是最活泼的一个醚，这是由于三元环的张力所致，它容易和许多含活泼氢的试剂，如水、醇、氨、酸等作用而开环。开环时，在碳—氧间断裂。例如：

$CH_2\!-\!CH_2$ (环氧乙烷)
- $H\!-\!OH \longrightarrow HO\!-\!CH_2\!-\!CH_2\!-\!OH$ 乙二醇
- $H\!-\!OR \longrightarrow HO\!-\!CH_2\!-\!CH_2\!-\!OR$ 乙二醇醚
- $H\!-\!NH_2 \longrightarrow HO\!-\!CH_2\!-\!CH_2\!-\!NH_2$ 2-氨基乙醇(或乙醇胺)
- $H\!-\!X \longrightarrow HO\!-\!CH_2\!-\!CH_2\!-\!X$ (X = 卤素，—CN，$-O-\overset{O}{\overset{\|}{C}}-R$ 等)

环氧乙烷与醇作用的产物乙二醇醚具有醇和醚的双重性质，可与非极性及极性物质混溶，所以是良好的溶剂。常用的有乙二醇乙醚、乙二醇甲醚和乙二醇丁醚等，它们多用做硝酸纤维、树脂和喷漆等的溶剂。

$HO\!-\!CH_2\!-\!CH_2\!-\!OCH_3$　　　$HO\!-\!CH_2\!-\!CH_2\!-\!OC_2H_5$　　　$HO\!-\!CH_2\!-\!CH_2\!-\!OC_4H_9\text{-}n$
乙二醇甲醚　　　　　　　　乙二醇乙醚　　　　　　　　乙二醇丁醚

乙醇胺类化合物可用做溶剂或乳化剂。

环氧乙烷除可与上述物质作用外，还可与格氏试剂反应。环氧乙烷与格氏试剂作用后，所得产物经水解可得比格氏试剂中的烷基多两个碳原子的伯醇，这是有机合成中通过一步反应增加两个碳原子的方法。

$R\!-\!MgX + CH_2\!-\!CH_2 \longrightarrow R\!-\!CH_2\!-\!CH_2\!-\!OMgX \xrightarrow[H^+]{H_2O} R\!-\!CH_2\!-\!CH_2\!-\!OH + Mg\diagup^{OH}_{X}$

2. 1,4-二氧六环 与四氢呋喃

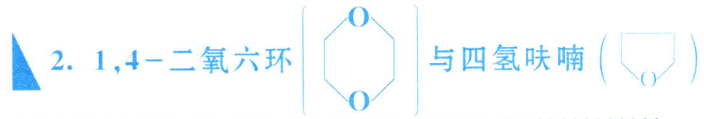

乙醚分子中的碳—氧键可以自由旋转，而1,4-二氧六环或四氢呋喃中的碳—氧键由于成环而比较固定。与乙醚相比，它们分子中的氧暴露于分子的一端，从而易于与水形成氢键，所以1,4-二

氧六环与四氢呋喃都能与水混溶,又能溶解多种非极性有机物,性质又很稳定,所以是常用的溶剂。但它们都易形成有爆炸性的过氧化物,并对皮肤及黏膜有刺激性。1,4-二氧六环已被列为致癌物。

1,4-二氧六环可由乙二醇与硫酸或磷酸共热脱水制得,也可由环氧乙烷制取。

$$2\ \begin{matrix}CH_2OH\\|\\CH_2OH\end{matrix}\ \xrightarrow[\triangle]{H_2SO_4\ 或\ H_3PO_4}\ \underset{O}{\overset{O}{\bigcirc}}\ +\ 2\ H_2O$$

3. 冠醚

冠醚(crown ether)是含有多个氧原子(4,5,6 以至更多)的大环醚,环中每两个碳原子间隔一个氧原子,是 20 世纪 70 年代发展起来的具有特殊络合性能的化合物,可由聚乙二醇与卤代醚通过威廉逊合成反应制得。例如:

18-冠-6(18-crown-6)

冠醚的命名以"m-冠-n"表示,m 代表环中碳原子和氧原子总数,n 为环中氧原子数。

冠醚分子呈环形,当中有一个空隙,氧原子向内,—CH_2—基在外,冠醚分子中氧原子上的未共用电子对可以与金属离子络合。不同冠醚分子中氧原子的数目不同,则氧原子间的空隙大小不同,从而可以容纳大小不同的金属离子。例如,12-冠-4 只能容纳离子半径较小的 Li^+,而 18-冠-6 则可以与离子半径较大的 K^+ 络合,因此冠醚可以被用来分离金属离子。

冠醚的另一个重要用途是作为相转移催化剂。冠醚可以使无机盐溶于非极性有机溶剂中。例如,KCN 不溶于苯等非极性有机溶剂,因此在苯中它不能与卤代烃发生亲核取代反应,但如在此体系中加入 18-冠-6,由于 18-冠-6 可以将 K^+ 络合在分子中间,形成了一个外层被非极性基团包围着的正离子,这个正离子便可以带着负离子 CN^- 一起进入非极性的有机溶剂中,又由于 K^+ 被氧拉住,得以使 CN^- 与卤代烃顺利地进行反应。冠醚的这种作用叫作相转移催化作用。

常将冠醚和金属离子的这种关系叫作主-客体的关系,冠醚为主,金属离子为客。这种一个主体只能与某一特定客体相互作用的专一性叫作分子识别(molecular recognition)。酶及许多生物分子作用的专一性是由于分子识别所致。

习　　题

8.1　命名下列化合物:

a. $\begin{matrix}CH_3\\ \end{matrix}\ \ C=C\ \ \begin{matrix}CH_2CH_2OH\\ \\ H\end{matrix}$

b. $CH_3\underset{Br}{CH}CH_2OH$

c. $CH_3\underset{OH}{CH}CH_2\underset{OH}{CH}CH_2CH_3$

d. 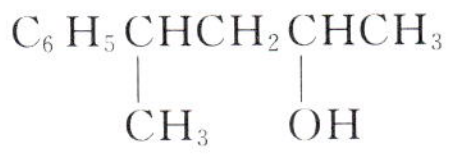 C₆H₅CH(CH₃)CH₂CH(OH)CH₃ e. 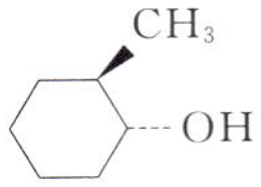 (反式-2-甲基环己醇) f. CH₃OCH₂CH₂OCH₃

g.  甲基环氧乙烷 (CH₃-环氧乙烷) h. 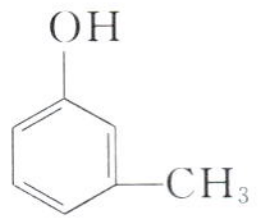 间甲苯酚 i. 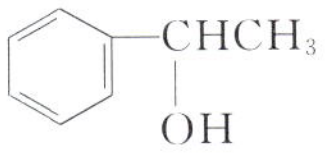 C₆H₅CH(OH)CH₃

j. 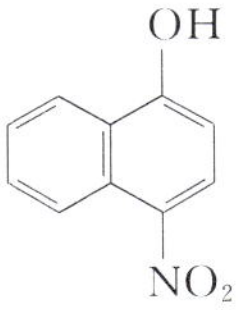 4-硝基-1-萘酚

8.2 写出分子式符合 C₅H₁₂O 的所有异构体(包括立体异构),按系统命名法命名,并指出其中的伯、仲、叔醇。

8.3 说明下列各对异构体沸点不同的原因。
   a. CH₃CH₂CH₂OCH₂CH₂CH₃(沸点 90.5 ℃),(CH₃)₂CHOCH(CH₃)₂(沸点 68 ℃)
   b. (CH₃)₃CCH₂OH(沸点 113 ℃),(CH₃)₃C—O—CH₃(沸点 55 ℃)

8.4 下面的书写方法中,哪一个正确地表示了乙醚与水形成的氢键。

a. 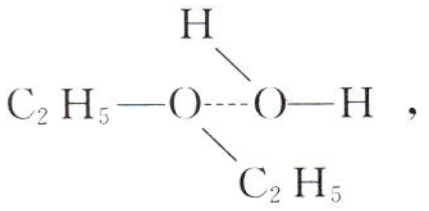 C₂H₅—O···O—H, 上H 下C₂H₅   b. 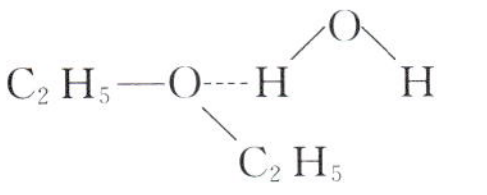 C₂H₅—O···H—O—C₂H₅ 另一H

c.  C₂H₅—O—C₂H₅···H—O—H   d. 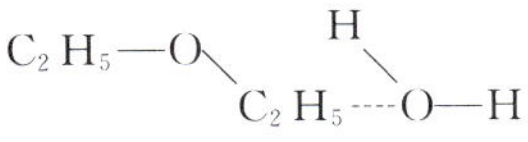 C₂H₅—O—C₂H₅···H—O—H

8.5 完成下列转化:

a. 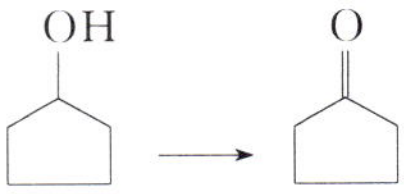 环戊醇 → 环戊酮

b. CH₃CH₂CH₂OH ⟶ CH₃C≡CH

c. CH₃CH₂CH₂OH ⟶ CH₃CH₂CH₂OCH(CH₃)₂

d. CH₃CH₂CH₂CH₂OH ⟶ CH₃CH₂CH(OH)CH₃

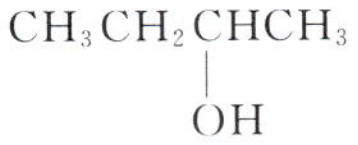

e. 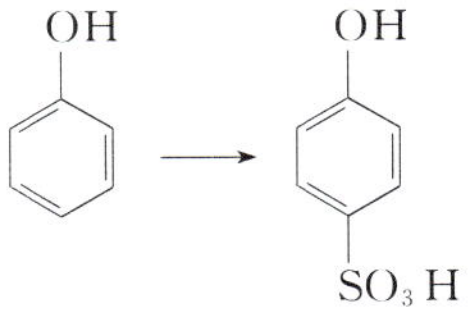 苯酚 → 对羟基苯磺酸

f. CH₂=CH₂ ⟶ HOCH₂CH₂OCH₂CH₂OCH₂CH₂OH

g. CH₃CH₂CH=CH₂ ⟶ CH₃CH₂CH₂CH₂OH

h. ClCH₂CH₂CH₂CH₂OH ⟶ 四氢呋喃

8.6 用简便且有明显现象的方法鉴别下列各组化合物:
   a. HC≡CCH₂CH₂OH 与 CH₃C≡CCH₂OH

b. 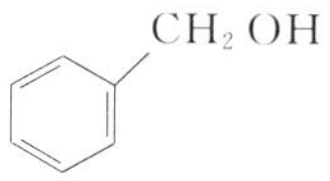 ![benzyl alcohol] 与 ![o-methylphenol]

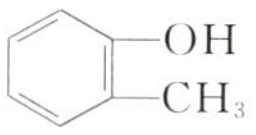

c. $CH_3CH_2OCH_2CH_3$,$CH_3CH_2CH_2CH_2OH$ 与 $CH_3(CH_2)_4CH_3$

d. CH_3CH_2Br 与 CH_3CH_2OH

8.7 下列化合物是否可形成分子内氢键？写出带有分子内氢键的结构式。

a. 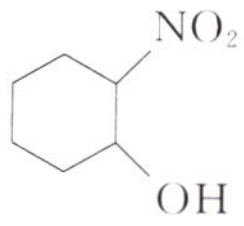 2-硝基环己醇 b. $CH_3\underset{O}{C}CH_2CHCH_3$ 带 OH c. 对硝基苯酚 d. 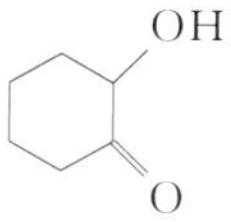 2-羟基环己酮

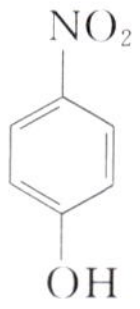

8.8 写出下列反应的机理：

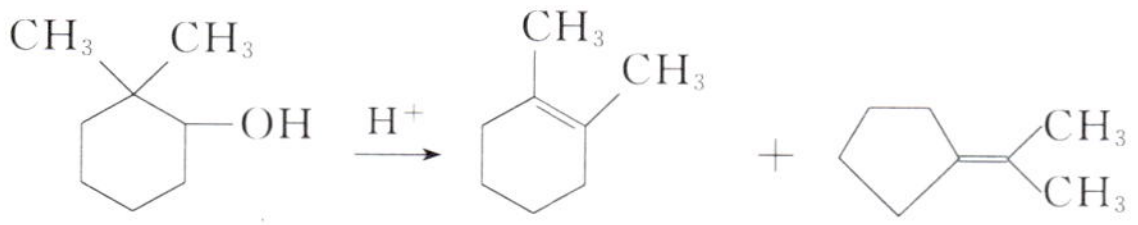

1,2,2-三甲基环己醇 $\xrightarrow{H^+}$ 1,2-二甲基环己烯 + 亚异丙基环戊烷

8.9 写出下列反应的主要产物或反应物：

a. $(CH_3)_2CHCH_2CH_2OH + HBr \longrightarrow$

b. 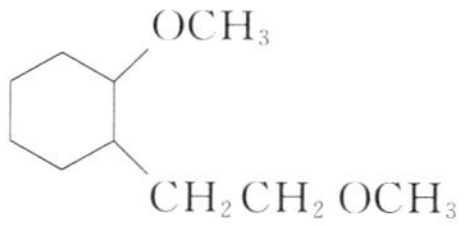 1-甲氧基-2-(2-甲氧基乙基)环己烷 + HI(过量) $\longrightarrow$

c. 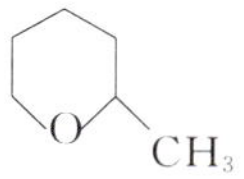 2-甲基四氢吡喃 + HI(过量) $\longrightarrow$

d. $(CH_3)_2CHBr + NaOC_2H_5 \longrightarrow$

e. $CH_3(CH_2)_3\underset{OH}{CH}CH_3 \xrightarrow[OH^-]{KMnO_4}$

f. ? $\xrightarrow{HIO_4} CH_3\underset{O}{C}OH + CH_3CH_2CHO$

g. ? $\xrightarrow{HIO_4} CH_3\underset{O}{C}CH_2CH_2CH_2CHO$

h. 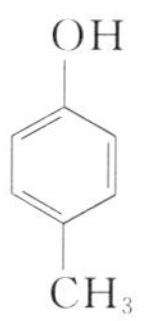 对甲基苯酚 + $Br_2 \longrightarrow$

i. $CH_3(CH_2)_2\underset{OH}{CH}CH_2CH_3 \xrightarrow[\text{(分子内脱水)}]{\text{浓 }H_2SO_4,\triangle}$

8.10 4-叔丁基环己醇是一种可用于配制香精的原料，在工业上由对叔丁基酚氢化制得。如果这样得到的产品中含有少量未被氢化的对叔丁基酚，怎样将产品提纯？

8.11 分子式为 $C_5H_{12}O$ 的 A，能与金属钠作用放出氢气，A 与浓 H_2SO_4 共热生成 B。用冷的高锰酸钾水溶液

处理 B 得到产物 C。C 与高碘酸作用得到 $CH_3\underset{\underset{O}{\|}}{C}CH_3$ 及 $CH_3\underset{\underset{O}{\|}}{C}H$。B 与稀硫酸作用又得到 A。推测 A 的结构，并用反应式表明推断过程。

8.12 用 IR 或 ^{1}H NMR 谱来鉴别下列各组化合物，选择其中一种容易识别的方法，并加以说明。

    a. 正丙醇与环氧丙烷   b. 乙醇与乙二醇

    c. 乙醇与 1,2-二氯乙烷   d. 二正丙基醚与二异丙基醚

8.13 分子式为 C_3H_8O 的 IR 及 ^{1}H NMR 谱图如图 8-5 所示，推测其结构，并指出 ^{1}H NMR 谱图中各峰及 IR 中 2 500 cm^{-1} 以上峰的归属。

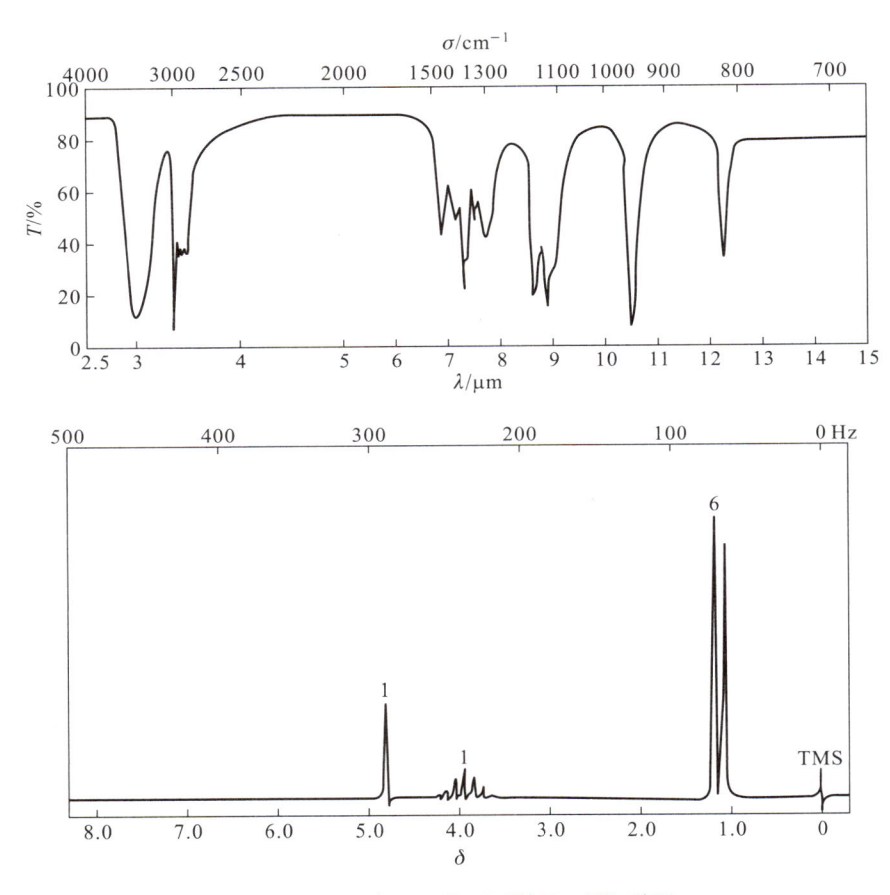

图 8-5 习题 8.13 的 IR 及 ^{1}H NMR 谱图

第九章 醛、酮、醌

Ⅰ. 醛 和 酮

醛和酮分子里都含有羰基 ($\diagdown$C=O, carbonyl group),统称为羰基化合物。羰基所连接的两个基团都是烃基的叫作酮(ketone)。例如:

$$\underset{O}{R-\overset{\|}{C}-R'} \qquad \underset{O}{Ar-\overset{\|}{C}-R} \qquad \underset{O}{Ar-\overset{\|}{C}-Ar'}$$

其中至少有一个是氢原子的叫作醛(aldehyde),例如:

$$\underset{O}{H-\overset{\|}{C}-H} \qquad \underset{O}{R-\overset{\|}{C}-H} \qquad \underset{O}{Ar-\overset{\|}{C}-H}$$

$\overset{\diagdown}{\underset{H}{}}$C=O 叫作醛基,缩写为—CHO。也常将酮分子中的 $\diagdown$C=O 叫作酮基或酮羰基。

羰基与脂肪烃基相连的是脂肪醛、酮,与芳香环直接相连的是芳香醛、酮,与不饱和烃基相连的是不饱和醛、酮。分子中羰基的数目可以是一个、两个或多个。

羰基很活泼,可以发生多种多样的有机反应,所以羰基化合物在有机合成中是极为重要的物质,同时也是动植物代谢过程中十分重要的中间体。

羰基是由碳与氧以双键结合成的基团,其中的碳是 sp^2 杂化的,它以一个 sp^2 杂化轨道与氧结合成一个 σ 键,余下的一个 p 轨道与氧的一个 p 轨道以 π 键结合,最简单的羰基化合物是甲醛,其分子呈平面形(见图 9-1)。

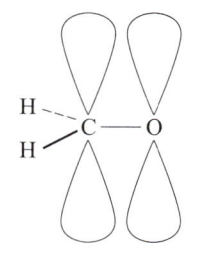

图 9-1 甲醛分子的形状

命 名[①]

用系统命名法命名脂肪醛时,选择含有醛基的最长碳链作主链,编号由醛基的碳原子开始。例如:

$$HCHO \qquad CH_3CHO \qquad CH_3CH_2CH_2CH_2CHO \qquad \overset{4}{C}H_3\overset{3}{C}H\overset{2}{C}H_2\overset{1}{C}HO$$
$$\qquad\qquad\qquad\qquad\qquad\qquad\qquad\qquad\qquad\qquad\qquad\qquad\qquad\qquad |$$
$$\qquad\qquad\qquad\qquad\qquad\qquad\qquad\qquad\qquad\qquad\qquad\qquad\qquad\qquad CH_3$$

甲醛　　　乙醛　　　　　戊醛　　　　　　3-甲基丁醛

普通命名法适用于一些简单的醛。例如:

$$CH_3CH_2CH_2CHO \qquad CH_3CHCHO \qquad CH_3(CH_2)_{10}CHO$$
$$\qquad\qquad\qquad\qquad\qquad\qquad |$$
$$\qquad\qquad\qquad\qquad\qquad\qquad CH_3$$

正丁醛　　　　　　异丁醛　　　　　正十二(烷)醛
　　　　　　　　　　　　　　　　　(月桂醛,lauraldehyde)

在普通命名法中,与醛基相连的碳叫 α-碳,然后依次以 β,γ,δ 等标记。例如:

$$\overset{\gamma}{C}H_3\overset{\beta}{C}H\overset{\alpha}{C}H_2CHO$$
$$\qquad |$$
$$\qquad OH$$

β-羟基丁醛

含有芳香环的醛,则将芳香环当作取代基。例如:

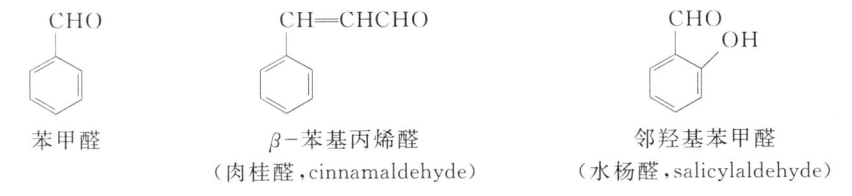

苯甲醛　　　　β-苯基丙烯醛　　　　邻羟基苯甲醛
　　　　　　　(肉桂醛,cinnamaldehyde)　　(水杨醛,salicylaldehyde)

许多醛常习惯用俗名,即上述括号中的名称,而多数俗名是按其氧化后所得相应羧酸的俗名命名的(见第十章羧酸的命名)。英文的俗名已被 IUPAC 认可,统称为 common name,即普通名。

脂肪酮或脂环酮的系统命名原则与相应醇的命名相同:

$$\overset{5}{C}H_3\overset{4}{C}H_2\overset{3}{C}\overset{2}{C}H_2\overset{1}{C}H_3 \qquad \overset{1}{C}H_3\overset{2}{C}\overset{3}{C}H_2\overset{4}{C}H_2\overset{5}{C}H_3 \qquad \overset{5}{C}H_3\overset{4}{C}H\overset{3}{C}H_2\overset{2}{C}\overset{1}{C}H_3$$

3-戊酮　　　　　　2-戊酮　　　　　4-甲基-2-戊酮　　　环己酮

[①] 脂肪醛和酮的英文系统命名是将相应烃的英文名称字尾的"e"分别改为"al"或"one"。醛的普通名是将相应的酸的普通名中字尾的"ic"或"oic"换成"aldehyde"(见第十章羧酸的命名)。

前两个戊酮互为位置异构体。

如果在含有酮基的碳链上连有芳香环或脂环等，则常将环看作取代基。例如：

$$\underset{\text{1-苯基-1-丙酮}}{C_6H_5\overset{1}{\underset{\underset{O}{\|}}{C}}\overset{2}{CH_2}\overset{3}{CH_3}} \qquad \underset{\text{苯乙酮}}{C_6H_5\underset{\underset{O}{\|}}{C}-CH_3}$$

结构简单的酮多用普通命名法。按普通命名法命名，与醚的命名原则类似，即指明两个与羰基相连的烃基，叫作某基某基甲酮。两个烃基不同时，按次序规则，较优基团在后；两个烃基相同时，叫二某基甲酮。与醚的命名不同之处是简单脂肪醚，如二乙醚的"二"字可以省略，而命名酮时，"二"字不可省略。有时烃基名称的"基"字及甲酮的"甲"字可以省略，如甲乙酮、二乙酮等：

$$\underset{\underset{\text{（甲基乙基甲酮）}}{\text{甲乙酮}}}{CH_3\underset{\underset{O}{\|}}{C}CH_2CH_3} \qquad \underset{\underset{\text{（二乙基甲酮）}}{\text{二乙酮}}}{CH_3CH_2\underset{\underset{O}{\|}}{C}CH_2CH_3} \qquad \underset{\underset{\text{（二苯基甲酮）}}{\text{二苯酮}}}{C_6H_5\underset{\underset{O}{\|}}{C}C_6H_5}$$

按普通命名法苯乙酮也可叫作甲基苯基甲酮，但不可简称为甲苯酮。

应该注意的是，"甲酮"中"甲"字代表一个碳原子。所以甲乙酮是四碳酮，而不是三碳酮。

不饱和醛、酮按系统命名法命名时需标出不饱和键和羰基的位置，编号由距羰基最近的一端开始。例如：

$$\underset{\underset{\text{（巴豆醛）}}{\text{2-丁烯醛}}}{CH_3CH=CHCHO} \qquad \underset{\underset{\text{（桃小食心虫性信息素）}}{\text{二十碳-13-烯-10-酮（或 13-二十碳烯-10-酮）}}}{CH_3(CH_2)_8-\underset{\underset{O}{\|}}{C}-CH_2-CH_2-CH=CH-(CH_2)_5CH_3}$$

相应的醛和酮互为官能团异构，如丙醛和丙酮。

物 理 性 质

除甲醛是气体外，十二个碳原子以下的脂肪醛、酮是液体，高级脂肪醛、酮和芳香酮多为固体。

醛、酮没有缔合作用，所以脂肪醛、酮的沸点比相应的醇低很多。醛、酮易溶于有机溶剂，由于羰基是极性基团，所以四个以下碳原子的脂肪醛、酮易溶于水。某些醛、酮有特殊的香气，可用于调制化妆品和食品香精。表 9-1 列出了某些醛酮的物理常数。

表 9-1 某些醛、酮的物理常数

结 构 式	中文名称	英文名称 系统名	英文名称 普通名	熔点/°C	沸点/°C	相对密度*	溶解度/ g·(100 g 水)$^{-1}$
HCHO	甲醛	methanal	formaldehyde	-92.0	-21.0	0.815	55
CH_3CHO	乙醛	ethanal	acetaldehyde	-121.0	20.8	0.7834 (18°C/4°C)	溶
CH_3CH_2CHO	丙醛	propanal	propionaldehyde	-81.0	48.8	0.8058	20
$CH_3CH_2CH_2CHO$	丁醛	butanal	butyraldehyde	-99.0	75.7	0.817	4
CHO-CHO	乙二醛	ethanedial	glyoxal	15.0	50.4	1.14	溶
$CH_2=CHCHO$	丙烯醛	propenal	acrolein	-86.5	53.0	0.8410	溶
Ph-CHO	苯甲醛	benzaldehyde	benzaldehyde	-26.0	178.6	1.0415 (10°C/4°C)	0.33
CH_3COCH_3	丙酮	propanone	acetone	-95.35	56.2	0.7899	溶
$CH_3COCH_2CH_3$	丁酮	butanone	ethyl methyl ketone	-86.3	79.6	0.8054	35.3
$CH_3COCH_2CH_2CH_3$	2-戊酮	2-pentanone	methyl propyl ketone	-77.8	102.0	0.8089	几乎不溶
$CH_3CH_2COCH_2CH_3$	3-戊酮	3-pentanone	diethyl ketone	-39.8	101.7	0.8138	4.7
环己酮	环己酮	cyclohexanone		-16.4	155.6	0.9478	微溶
CH_3CCCH_3 (OO)	丁二酮	butanedione			88.0	0.9904 (15°C)	25
$CH_3CCH_2CCH_3$ (O O)	2,4-戊二酮	2,4-pentanedione	acetyl acetone	-23.0	139.0	0.9721 (25°C/4°C)	溶
Ph-CO-CH$_3$	苯乙酮	acetophenone	methyl phenyl ketone	20.5	202.6	1.0281	微溶
Ph-CO-Ph	二苯酮	benzophenone	diphenyl ketone	49.0	306.0	1.0976 (50°C)	不溶

* 未注明者为 20 °C 时的数据。

化 学 性 质

1. 羰基上的加成反应

羰基是由碳-氧双键组成的,由于氧原子的电负性比碳强,碳-氧双键是一个极性不饱和键;氧原子上的电子密度较高,而碳原子上电子密度较低,分别以 δ^- 及 δ^+ 表示:

$$\overset{\delta^+}{>}C=\overset{\delta^-}{O}$$

由于碳原子上电子密度较低,而且羰基是平面形的,空间位阻相对较小,亲核试剂较易由羰基平面的两侧向羰基的碳进攻,所以按离子机理进行的亲核加成是羰基化合物的一类重要反应。能与羰基进行亲核加成的试剂很多,可以是含 C、S、N 或 O 的一些试剂。

（1）与氢氰酸的加成　醛或酮与氢氰酸作用,得到 α-羟基腈:

$$R-\overset{H}{\underset{}{C}}=O + H^+-CN^- \rightleftharpoons R-\overset{H}{\underset{OH}{\overset{|}{C}}}-CN$$

$$R-\overset{R'}{\underset{}{C}}=O + H-CN \rightleftharpoons R-\overset{R'}{\underset{OH}{\overset{|}{C}}}-CN$$

α-羟基腈(cyanohydrin)

反应是可逆的。羰基与氢氰酸的加成,是接长碳链的方法之一,也是制备 α-羟基酸的方法。

如果在反应中加入少量碱,能大大加速反应,但如果加入酸,则抑制反应的进行。

氢氰酸是一个弱酸,它部分解离:

$$HCN \rightleftharpoons H^+ + CN^-$$

显然,向上述平衡体系中加入酸,能抑制 HCN 的解离,而加入碱则促进 HCN 的解离。碱能加速羰基与氢氰酸的加成表明,氢氰酸不是以分子,而是以 H^+ 及 CN^- 参加反应的;又因为碱的加入能增加 CN^- 的浓度,所以首先向羰基进攻的应是 CN^-。

CN^- 以其碳上所带的一对电子与羰基碳原子结合形成碳-碳键,π 键的一对电子转移到氧上,从而形成氧负离子中间体,此中间体一经形成,便立刻与 H^+ 结合形成羟基腈:

$$\overset{\delta^+}{>}C=\overset{\delta^-}{O} + {}^-CN \rightleftharpoons \left[\overset{}{>}\underset{CN}{\overset{|}{C}}-O^-\right] \overset{H^+}{\rightleftharpoons} \overset{}{>}\underset{CN}{\overset{|}{C}}-OH$$

由于反应的起始步骤是 CN^- 向羰基碳原子的进攻,羰基碳原子上电子密度越低,反应越容易进行。所以羰基碳原子上连接的基团的电子效应,将对反应有所影响。烷基的给电子性比氢强,所以酮中羰基碳原子上的电子密度就比醛中高,而醛中又以甲醛的碳原子上电子密度最低,因此它们对亲核加成的活性顺序如下:

$$\underset{H}{\overset{H}{>}}C=O \;>\; \underset{R}{\overset{H}{>}}C=O \;>\; \underset{R'}{\overset{R}{>}}C=O$$

此外,羰基碳原子上连接的基团在空间所占的体积,对反应也有影响,如果基团的体积较大,便对 CN^- 向羰基碳原子的进攻产生位阻作用,由于醛中的羰基至少连有一个氢原子,氢原子的体积是所有原子或基团中最小的,因此所有的醛都可以与氢氰酸加成。而对于酮来说,羰基必须与两个烃基相连,最小的烃基是甲基,所以至少是含有一个甲基的酮(甲基酮)才可能与氢氰酸顺利加成。

(2) 与格氏试剂的加成　格氏试剂也是含碳的亲核试剂,格氏试剂中的 C—Mg 键是高度极化的,由于 Mg 的电正性,使与其相连的碳上带有部分负电荷。醛或酮都能与格氏试剂加成,加成产物经水解后,分别得到伯醇、仲醇或叔醇。

$$\overset{\delta^-}{R}-\overset{\delta^+}{MgX} + \overset{\delta^+}{>}C=\overset{\delta^-}{O} \longrightarrow R-\overset{|}{\underset{|}{C}}-OMgX \xrightarrow{H_2O} R-\overset{|}{\underset{|}{C}}-OH + Mg\overset{OH}{\underset{X}{<}}$$

由以上反应式可以看出,若羰基与两个氢原子相连,也就是甲醛,与格氏试剂加成后再经水解即得比格氏试剂中的烷基多一个碳原子的伯醇。除甲醛以外的其他醛,与格氏试剂反应的最终产物是仲醇,而酮与格氏试剂反应的最终产物是叔醇:

$$RMgX + R'-\overset{H}{\underset{|}{C}}=O \longrightarrow R'-\overset{R}{\underset{|}{CH}}-OMgX \xrightarrow{H_2O} R'-\overset{R}{\underset{|}{CH}}-OH + Mg\overset{OH}{\underset{X}{<}}$$

$$RMgX + \underset{R''}{\overset{R'}{>}}C=O \longrightarrow R'-\overset{R}{\underset{R''}{\overset{|}{C}}}-OMgX \xrightarrow{H_2O} R'-\overset{R}{\underset{R''}{\overset{|}{C}}}-OH + Mg\overset{OH}{\underset{X}{<}}$$

根据所要合成的化合物的结构特点,可以选用适当的格氏试剂及羰基化合物来制备各种伯、仲、叔醇。例如:

$$\text{PhCHO} \xrightarrow[\text{无水乙醚}]{CH_3CH_2MgBr} \xrightarrow{H_2O/H^+} \text{Ph-CH(OH)-CH}_2CH_3$$

$$\text{PhCOCH}_3 \xrightarrow[\text{无水乙醚}]{CH_3CH_2MgBr} \xrightarrow{H_2O/H^+} \text{Ph-C(OH)(CH}_3)\text{-CH}_2CH_3$$

(3) 与氨的衍生物的加成缩合　氨及其某些衍生物是含氮的亲核试剂,可以与羰基加成,氨与一般的羰基化合物不易得到稳定的加成产物。氨的某些衍生物如伯胺、羟胺、肼、苯肼、2,4-二硝基苯肼及氨基脲等,都能与羰基加成。反应并不停止于加成一步,而是相继由分子内失去水形成碳-氮双键。如果以 Y 表示上述试剂中氨基(H_2N-)以外的其他基团,则羰基与氨的衍生物的反应是这样进行的:

$$\text{>C=O} + H_2\ddot{N}-Y \rightleftharpoons \left[\begin{array}{c}\text{>}C-\overset{+}{N}H_2-Y\\|\\O^-\end{array}\right] \rightleftharpoons \begin{array}{c}\text{>}C-NH-Y\\|\\OH\end{array} \xrightarrow{-H_2O} \text{>}C=N-Y$$

醇胺

氨基中的氮原子以其未共用电子对与羰基碳原子结合,碳－氧间 π 键的一对电子转移至氧上,形成一个不稳定的中间体,此中间体一经形成,氢离子立刻由氮移至氧上,形成醇胺。最后由醇胺中失去一分子水,形成碳－氮双键。

羰基化合物与各种氨的衍生物的加成缩合产物的名称及结构分别如下:

$$\text{>C=O} + \begin{cases} H_2N-R(Ar)（伯胺） \\ \\ H_2N-OH（羟胺） \\ \\ H_2N-NH_2（肼） \\ \\ H_2N-NH-\underset{O_2N}{\underset{|}{\bigcirc}}-NO_2 \\ （2,4-二硝基苯肼） \\ \\ H_2N-NH\overset{O}{\overset{\|}{C}}NH_2（氨基脲） \end{cases} \longrightarrow \begin{array}{l} \text{>}C=N-R(Ar) \\ \quad\text{（亚胺 imine,或席夫碱 Schiff base）}\\ \\ \text{>}C=N-OH（肟）\\ \\ \text{>}C=N-NH_2（腙）\\ \\ \text{>}C=N-NH-\underset{O_2N}{\underset{|}{\bigcirc}}-NO_2 \\ \quad（2,4-二硝基苯腙）\\ \\ \text{>}C=N-NH\overset{O}{\overset{\|}{C}}-NH_2\quad（缩氨脲）\end{array}$$

肼分子中的两个氨基都可与羰基作用。

这些试剂的亲核性不如碳负离子(如 CN^-、R^-)强,反应一般需在醋酸的催化下进行,酸的作用是增加羰基的亲电性,使其有利于亲核试剂的进攻:

$$\text{>C=O} + H^+ \rightleftharpoons \text{>}C^+-OH$$

但如在过量强酸中,则强酸与氮上未共用电子对结合,而使氨基失去亲核性。

羰基化合物与羟胺、氨基脲等的加成缩合产物,都是很好的结晶,收率很好,易于提纯,在稀酸的作用下,又能分解为原来的羰基化合物,所以可以利用这种性质来分离、提纯羰基化合物。同时缩合产物各具一定的熔点,可以通过与已知的缩合产物比较而鉴别个别的醛、酮。

(4) 与醇的加成　醇是含氧的亲核试剂,其亲核性能比上述氨的衍生物还要差。在无水酸的作用下,醇可以与醛中羰基加成生成不稳定的半缩醛(hemiacetal):

$$\begin{array}{c}R\\ \diagdown\\ \diagup C=O\\ H\end{array} + R'OH \xrightleftharpoons{\text{无水氯化氢}} \begin{array}{c}R\quad OH\\ \diagdown|\diagup\\ C\\ \diagup|\diagdown\\ H\quad OR'\end{array}$$

半缩醛

半缩醛既是醚,又是醇,在无水酸存在下,可继续与反应体系中的醇作用形成稳定的缩醛

(acetal)，反应是可逆的。

$$\underset{H}{\overset{R}{\text{C}}}\underset{OR'}{\overset{OH}{\text{}}} + R'OH \underset{}{\overset{\text{无水氯化氢}}{\rightleftharpoons}} \underset{H}{\overset{R}{\text{C}}}\underset{OR'}{\overset{OR'}{\text{}}} + H_2O$$
缩醛

形成缩醛的反应是按以下步骤进行的：

$$\underset{H}{\overset{R}{\text{C}}}=O + H^+ \rightleftharpoons \left[\underset{H}{\overset{R}{\text{C}}}\overset{+}{\text{—}}OH\right] \underset{}{\overset{R'\ddot{O}H}{\rightleftharpoons}} \left[\underset{H}{\overset{R}{\text{C}}}\underset{\overset{+}{O}H}{\overset{OH}{\ddot{O}R'}}\right] \overset{-H^+}{\rightleftharpoons} \underset{H}{\overset{R}{\text{C}}}\underset{OR'}{\overset{OH}{\text{}}}$$
（Ⅰ）　　　　　　（Ⅱ）　　　　半缩醛

H^+ 的作用是与羰基的氧结合，形成碳正离子中间体（Ⅰ），然后一分子醇以其氧上未共用电子对与碳正离子结合，形成中间体（Ⅱ），（Ⅱ）脱去 H^+ 后便得半缩醛。半缩醛在酸的催化下，通过以下步骤，形成稳定的缩醛：

$$\underset{H}{\overset{R}{\text{C}}}\underset{\ddot{O}R'}{\overset{\ddot{O}H}{\text{}}} + H^+ \rightleftharpoons \left[\underset{H}{\overset{R}{\text{C}}}\underset{\ddot{O}R'}{\overset{\overset{+}{O}H_2}{\text{}}}\right] \overset{-H_2O}{\rightleftharpoons} \left[\underset{H}{\overset{R}{\text{C}}}\text{—}\ddot{O}R'\right]^+$$
（Ⅲ）

$$\overset{R'OH}{\rightleftharpoons} \left[\underset{H}{\overset{R}{\text{C}}}\underset{\underset{H}{\overset{+}{O}R'}}{\overset{\ddot{O}R'}{\text{}}}\right] \overset{-H^+}{\rightleftharpoons} \underset{H}{\overset{R}{\text{C}}}\underset{\ddot{O}R'}{\overset{\ddot{O}R'}{\text{}}}$$
缩醛

常将（Ⅰ）和（Ⅲ）两个中间离子的正电荷写在氧上，即分别为

$$\underset{H}{\overset{R}{\text{C}}}=\overset{+}{O}H \qquad\qquad \underset{H}{\overset{R}{\text{C}}}=\overset{+}{O}R'$$

这样碳及氧均满足八隅的电子构型，比较稳定，实际上是正电荷的分散作用。

缩醛在碱性溶液中比较稳定，但在酸性水溶液中易水解为原来的醛，所以生成缩醛的反应应在无水条件下进行。酮与醇在上述反应条件下，平衡点主要在反应物一边，但如不断将体系中的水除去，也可得到缩酮(ketal[①])。

羰基是相当活泼的基团，尤其是醛，对碱极为敏感，而且很容易被氧化，但缩醛（酮）相当于胞二醚（两个官能团连在同一碳原子上谓之"胞"），因此比较稳定。缩醛（酮）又能被水解为原来的醛（酮），所以这是有机合成中常用的保护羰基的方法。也就是当分子中羰基与其他官能团共存

[①] IUPAC 建议不再使用 ketal 一词，酮与醇加成形成的半缩酮或缩酮与半缩醛及缩醛一样，均分别叫作 hemiacetal 或 acetal。

时，只希望其他官能团反应，而不希望羰基受影响，则可将羰基转变为缩醛（酮），反应完成后，再将其水解。

2. 还原

醛或酮经催化氢化可分别被还原为伯醇或仲醇。

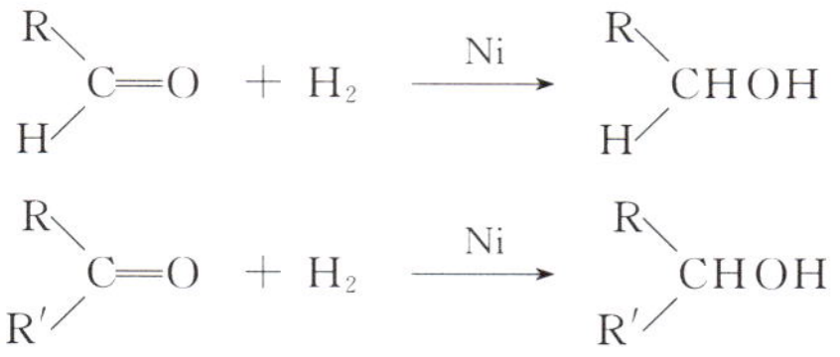

$$\begin{matrix}R\\H\end{matrix}\!\!>\!\!C\!=\!O + H_2 \xrightarrow{Ni} \begin{matrix}R\\H\end{matrix}\!\!>\!\!CHOH \quad 伯醇$$

$$\begin{matrix}R\\R'\end{matrix}\!\!>\!\!C\!=\!O + H_2 \xrightarrow{Ni} \begin{matrix}R\\R'\end{matrix}\!\!>\!\!CHOH \quad 仲醇$$

用催化氢化的方法还原羰基化合物时，若分子中还有其他可被还原的基团如 C=C 等，则 C=C 也可能被还原。例如，将巴豆醛进行催化氢化，产物往往是正丁醇，而不是巴豆醇：

$$CH_3CH\!=\!CHCHO \xrightarrow{H_2}{Ni} CH_3CH_2CH_2CH_2OH$$

巴豆醛   正丁醇

但某些金属氢化物如硼氢化钠（$NaBH_4$）、氢化铝锂（$LiAlH_4$）等，或异丙醇铝（$Al[OCH(CH_3)_2]_3$），它们有较高的选择性，可以只将羰基还原为羟基，而不影响碳-碳双键或三键等其他可被催化氢化还原的基团。例如：

$$CH_3\!-\!CH\!=\!CH\!-\!CHO \xrightarrow{NaBH_4} CH_3\!-\!CH\!=\!CH\!-\!CH_2OH$$

巴豆醛   巴豆醇

羰基不仅可用上述方法被还原为羟基，还可在特殊试剂如锌-汞齐加盐酸的作用下，被还原为亚甲基。

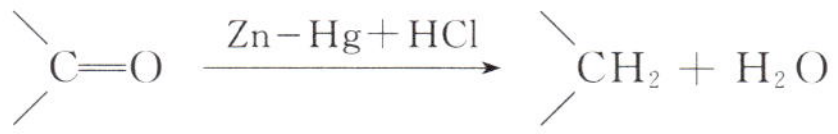

$$>\!\!C\!=\!O \xrightarrow{Zn-Hg+HCl} >\!\!CH_2 + H_2O$$

3. 氧化

醛和酮最主要的区别是对氧化剂的敏感性。因为醛中羰基的碳上还有氢，所以醛很容易被氧化为相应的羧酸，空气中的氧就可以将醛氧化。酮则不易被氧化，即使在高锰酸钾的中性溶液中加热，也不受影响。因此，利用这种性质可以选择一个较弱的氧化剂来区别醛和酮。常用的是土伦试剂（Tollens' reagent），即硝酸银的氨溶液。银离子可将醛氧化为羧酸，本身被还原为金属银。反应是在碱性溶液中进行的，氨的作用是使银离子形成银氨络离子而不致在碱性溶液中生成氧化物沉淀。

$$RCHO + Ag^+ \xrightarrow{OH^-} RCOO^- + Ag\!\downarrow$$

土伦试剂中的银离子经还原后呈黑色悬浮的金属银,如果反应用的试管壁非常清洁,则生成的银就附着在管壁上,形成光亮的银镜,所以这个反应也叫银镜反应。

酮不和土伦试剂作用,但 α-羟基酮可被土伦试剂氧化。

碳-碳双键可被高锰酸钾氧化,但不被土伦试剂氧化,所以不饱和醛可被土伦试剂氧化为不饱和酸:

$$CH_3-CH=CH-CHO \xrightarrow[KMnO_4]{Ag^+} \begin{array}{l} CH_3-CH=CH-COOH \\ CH_3COOH + CO_2 \end{array}$$

酮虽不被弱氧化剂氧化,但在强烈的氧化条件下,羰基与两侧碳原子间的键可分别断裂,生成小分子的羧酸。例如,丁酮的氧化产物是两种羧酸的混合物及 CO_2,CO_2 是由氧化断裂所得甲酸($HCOOH$)进一步氧化生成的。

$$CH_3-\overset{O}{\underset{\|}{C}}-CH_2CH_3 \xrightarrow{HNO_3} CH_3COOH + CH_3CH_2COOH + CO_2$$

酮的氧化反应没有制备意义,但环己酮由于具有环状的对称结构,其断裂氧化是工业上生产己二酸的方法:

$$\underset{\text{环己酮}}{\bigcirc\!=\!O} \xrightarrow[\triangle]{K_2Cr_2O_7 + H_2SO_4} \underset{\text{己二酸}}{HOOC(CH_2)_4COOH}$$

4. 烃基上的反应

(1) α-氢的活性 与羰基相邻的碳(α-碳)上的氢叫 α-氢,由于羰基中氧原子的电负性较强,使得 α-碳上电子密度有所降低,从而使得 α-氢与分子中其他碳原子上的氢相比,酸性有所增强。例如,乙烷的 pK_a 约为40,而丙酮或乙醛的 pK_a 为19~20。因此,醛、酮分子中的 α-氢表现了与其他碳原子上氢不同的活性。通常将 α-碳连同它上面的氢原子一起,叫作活泼甲基(CH_3-)或活泼亚甲基($-CH_2-$)。

对于脂肪醛、酮来说,α-氢的活泼性表现在它可以 H^+ 的形式解离,并转移到羰基的氧上,形成所谓烯醇式异构体。但平衡点主要在酮式一边。

$$\underset{\text{酮式}}{CH_3-\overset{O}{\underset{\|}{C}}-CH_3} \rightleftharpoons \underset{\text{烯醇式}}{CH_3-\overset{OH}{\underset{|}{C}}=CH_2}$$

碱可以夺取 α-氢,而产生碳负离子:

$$B: + H-CH_2-\overset{O}{\underset{\|}{C}}-CH_3 \longrightarrow BH + \underset{\text{碳负离子}}{{}^-CH_2-\overset{O}{\underset{\|}{C}}-CH_3}$$

由于氧有较强的电负性，α-碳上的负电荷可以转移到氧上，形成烯醇负离子：

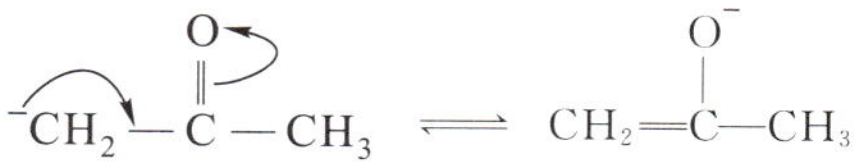

$$\underset{\text{碳负离子}}{CH_2^- - \underset{\parallel}{\overset{O}{C}} - CH_3} \rightleftharpoons \underset{\text{烯醇负离子}}{CH_2 = \underset{\mid}{\overset{O^-}{C}} - CH_3}$$

因此常习惯说，碱可以促进烯醇化，而实际上是负电荷分散于三个原子间，可用下式表示：

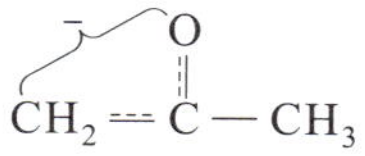

$$CH_2 \cdots\cdots \overset{O}{C} - CH_3$$

也正是由于负电荷的分散作用，而使碳负离子得以稳定。羰基化合物的许多反应是通过碳负离子进行的。

酸也可以促进羰基化合物的烯醇化。这是由于 H^+ 与氧结合后更增加了羰基的吸电子效应，而使 α-氢容易解离。

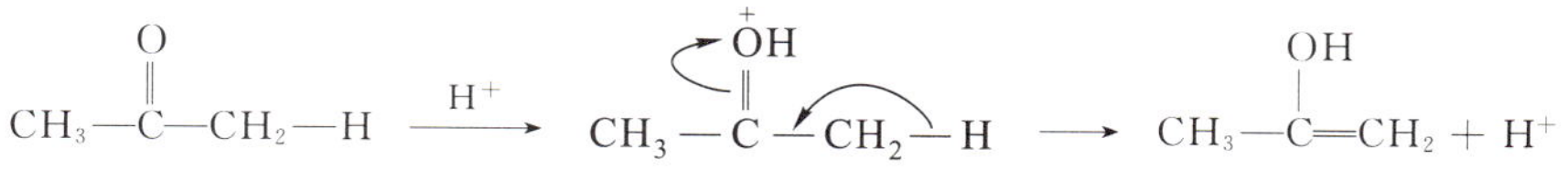

$$CH_3 - \underset{\parallel}{\overset{O}{C}} - CH_2 - H \xrightarrow{H^+} CH_3 - \underset{\parallel}{\overset{\overset{+}{OH}}{C}} - CH_2 - H \longrightarrow CH_3 - \underset{\mid}{\overset{OH}{C}} = CH_2 + H^+$$

α-氢的活泼性主要表现在以下两个方面：

（a）卤化及卤仿反应：醛或酮的 α-氢能被卤素取代，生成 α-卤代醛或酮。α-卤代酮有催泪性。例如，苯乙酮在水溶液中就可被溴取代，生成 α-溴代苯乙酮：

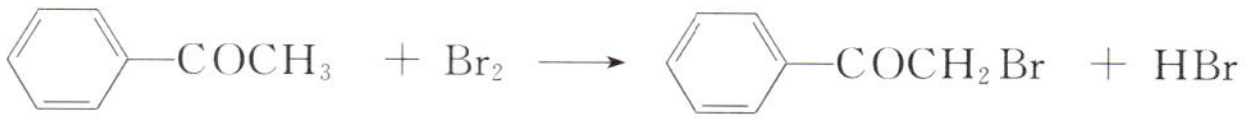

$$\underset{\text{苯乙酮}}{\text{Ph}-COCH_3} + Br_2 \longrightarrow \underset{\text{α-溴代苯乙酮}}{\text{Ph}-COCH_2Br} + HBr$$

反应是通过烯醇式进行的：

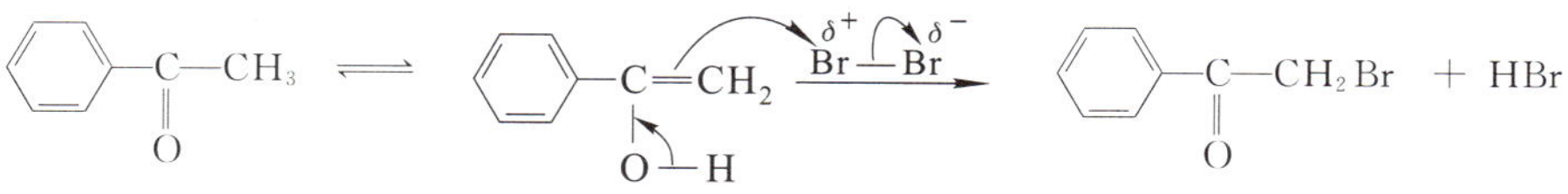

$$\text{Ph}-\underset{\parallel}{\overset{O}{C}}-CH_3 \rightleftharpoons \text{Ph}-\underset{\underset{H}{\overset{|}{O}}}{C}=CH_2 \xrightarrow{\overset{\delta^+}{Br}-\overset{\delta^-}{Br}} \text{Ph}-\underset{\parallel}{\overset{O}{C}}-CH_2Br + HBr$$

即 α-碳以 C=C 间一对电子与 Br^+ 结合，Br—Br 间的共用电子为 Br^- 所享有；O—H 间的共用电子移至 C—O 间，氢以质子形式离去，并与 Br^- 结合成 HBr。反应产生的 HBr 可催化羰基的烯醇化，而使反应加速进行。

卤化反应也可被碱所催化，碱催化的卤化反应很难停留在一元取代阶段，如果 α-碳为甲基，则三个氢都可被卤素取代。例如，丙酮与碘在氢氧化钠水溶液中作用，可得 1,1,1-三碘代丙酮。

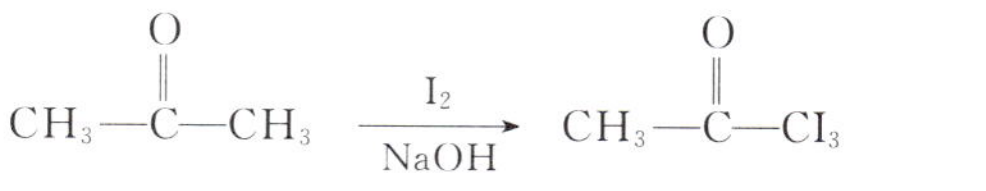

$$CH_3-\underset{\parallel}{\overset{O}{C}}-CH_3 \xrightarrow[\text{NaOH}]{I_2} \underset{\text{1,1,1-三碘代丙酮}}{CH_3-\underset{\parallel}{\overset{O}{C}}-CI_3}$$

由于三个碘的吸电子诱导效应，使得羰基碳原子的正电性加强，在碱液中很容易与 OH^- 结合形成氧负离子中间体，然后碳-碳键断裂形成乙酸盐及三碘代甲烷：

$$CH_3-\overset{O}{\underset{}{C}}-Cl_3 \xrightleftharpoons{OH^-} \left[CH_3-\overset{O^-}{\underset{OH}{C}}-Cl_3 \right] \longrightarrow CH_3-\overset{O}{\underset{}{C}}-OH + {}^-Cl_3$$

氧负离子中间体

$$\longrightarrow CH_3-\overset{O}{\underset{}{C}}-O^- + CHI_3$$

也就是丙酮在碱液中与卤素反应的最终产物是乙酸与三卤代甲烷(卤仿),所以这个反应叫作卤仿反应(haloform reaction)。当卤素是碘时,产生的碘仿(iodoform)为黄色结晶,所以可以通过碘仿反应来鉴别与羰基相连的烃基是否为甲基。

碘在氢氧化钠中形成次碘酸钠($NaOI$),次碘酸钠有氧化性,可将醇氧化为羰基化合物,所以具有 CH_3CHR 结构的醇可被次碘酸钠氧化为甲基酮,从而可进一步产生碘仿反应。因此碘仿反应不仅可鉴别 $CH_3CR(H)$ 类羰基化合物,还可鉴别 $CH_3CHR(H)$ 类的醇。在有机合成中,在某些特殊情况下,可通过卤仿反应来制备羧酸。
$\underset{OH}{|}$ $\underset{\underset{O}{\|}}{}$ $\underset{OH}{|}$

(b) 羟醛缩合作用(aldol condensation):在碱的催化下,含有 α-氢的醛可以发生自身的加成作用,即一分子醛以其 α-碳对另一分子醛的羰基加成,形成 β-羟基醛。

$$CH_3\overset{O}{\underset{}{C}}H + H-CH_2\overset{O}{\underset{}{C}}H \xrightleftharpoons{OH^-} CH_3\underset{\beta}{C}H-CH_2\overset{O}{\underset{\alpha}{C}}H$$
$\qquad\qquad\qquad\qquad\qquad\qquad\qquad\qquad$ β-羟基醛

反应起始于碱夺取 α-氢形成碳负离子:

$$CH_3CHO \xrightleftharpoons{OH^-} {}^-CH_2CHO$$

形成的碳负离子作为亲核试剂,与另一分子醛的羰基加成,形成氧负离子(Ⅰ):

$$CH_3\overset{O^{\delta-}}{\underset{\delta+}{C}}H + {}^-CH_2CHO \rightleftharpoons CH_3\overset{O^-}{\underset{}{C}}H-CH_2CHO$$
$\qquad\qquad\qquad\qquad\qquad\qquad\qquad\qquad$ (Ⅰ)

氧负离子(Ⅰ)由水分子中夺取 H^+,得到 β-羟基醛及 OH^-:

$$CH_3\overset{O^-}{\underset{}{C}}H-CH_2CHO + H_2O \rightleftharpoons CH_3\overset{OH}{\underset{}{C}}H-CH_2CHO + OH^-$$

反应是可逆的。酮中羰基碳原子的正电性不如醛中的强,所以酮在同样条件下,平衡偏向于反应物一边:

$$2\ CH_3-\underset{\underset{O}{\|}}{C}-CH_3 \xrightleftharpoons{OH^-} CH_3-\underset{\underset{OH}{|}}{\overset{\overset{CH_3}{|}}{C}}-CH_2-\underset{\underset{O}{\|}}{C}-CH_3$$

99%　　　　　　　1%
　　　　　　　β-羟基酮

但如将产物不断由平衡体系中移去，则可使酮大部分转化为β-羟基酮。

在碱性或酸性溶液中加热，β-羟基醛（或酮）中的α-氢能与羟基失水形成α,β-不饱和醛（或酮）。

$$CH_3-\underset{\underset{OH}{|}}{CH}-CH_2-CHO \xrightarrow[OH^-或H^+]{\triangle} \overset{4}{CH_3}-\overset{3}{CH}=\overset{2}{\underset{\alpha}{CH}}-\overset{1}{CHO}$$

2-丁烯醛（α,β-不饱和醛）

羟醛缩合反应也是增长碳链的方法之一。

如果以两种不同的醛进行反应，产物为四种不同β-羟基醛的混合物，没有制备意义，但如果两种醛中有一分子是不含α-氢的醛，则往往可得到收率较好的某一种产物。例如，以苯甲醛与乙醛反应：

$$C_6H_5-CHO + CH_3CHO \rightleftharpoons C_6H_5-\underset{\underset{OH}{|}}{CH}CH_2CHO \xrightarrow{-H_2O} C_6H_5-CH=CHCHO$$

肉桂醛

乙醛作为亲核试剂与苯甲醛中羰基加成，再经失水即可得肉桂醛。其中乙醛自身缩合的产物较少。

羟醛缩合反应体现了羰基化合物的两个特点，一是α-氢活泼，二是羰基的亲电性。生物体中也有类似羟醛缩合的反应。

（2）芳香环的取代反应　羰基是间位定位基，因此芳香醛酮在进行芳环取代反应时，如卤化、硝化等，则取代基团主要进入羰基的间位。由于醛基容易被氧化，所以芳香醛在直接硝化时，往往容易得到氧化产物。但可以用形成缩醛的办法来保护羰基，然后再进行环上的取代反应。

5. 歧化反应(disproportionation reaction)

不含α-氢的醛，如HCHO、R_3C-CHO和C_6H_5CHO等，在浓碱的作用下，能发生自身的氧化还原反应，即一分子醛氧化成酸，另一分子醛还原成醇，这种反应叫歧化反应。

$$2\ C_6H_5-CHO \xrightarrow{浓NaOH} C_6H_5-COONa + C_6H_5-CH_2OH$$

醛的这种反应也叫康尼查罗(Cannizzaro)反应。生物体内也有类似的氧化还原过程。

反应首先由OH^-对羰基进行亲核加成，生成(Ⅰ)，(Ⅰ)中原来羰基上的氢以负离子形式对另一分子醛进行亲核加成而得醇与酸：

$$Ar-\underset{\underset{O}{\|}}{\overset{\overset{H}{|}}{C}} + OH^- \longrightarrow Ar-\underset{\underset{O^-}{|}}{\overset{\overset{H}{|}}{C}}-OH$$

(Ⅰ)

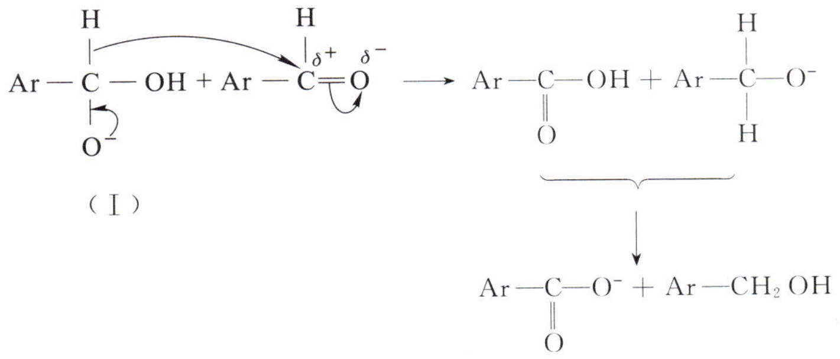

$$\text{Ar}-\underset{\underset{O^-}{|}}{\overset{\overset{H}{|}}{C}}-OH + \text{Ar}-\underset{\delta^+}{C}\overset{H}{\underset{\delta^-}{=}}O \longrightarrow \text{Ar}-\underset{\underset{O}{\|}}{\overset{\overset{H}{|}}{C}}-OH + \text{Ar}-\underset{\underset{H}{|}}{\overset{\overset{H}{|}}{C}}-O^-$$

(I)

$$\longrightarrow \text{Ar}-\underset{\underset{O}{\|}}{C}-O^- + \text{Ar}-CH_2OH$$

亲核加成的立体化学

如果羰基与两个不同的原子或基团相连,如乙醛,其羰基碳就是前手性碳:

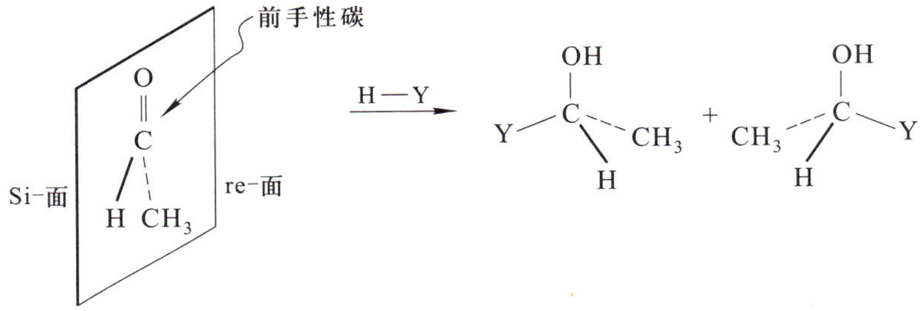

这个羰基碳本身虽然不是手性碳,但在此碳原子上加入一个与前两个基团不同的基团后,此碳原子便成为手性碳。如上式将乙醛分子垂直于纸面放置,羰基所形成的平面两侧的立体化学环境是不同的,按次序规则分别由两侧观察 O→CH₃→H 的走向:在右面是按顺时针方向排列的,叫作 re-面(re face);而在左面,是按逆时针方向排列的,叫作 si-面(si face)。亲核试剂 HY 由羰基所形成的平面两侧进攻的机会是均等的,所以产物是一对对映体。但在适当酶的催化下,酶可阻挡底物的某一个面,而使亲核试剂只能从另一面进攻,所以产物是立体异构中的一种。这种专一性在生化反应中是非常普遍且重要的。

α,β-不饱和羰基化合物的亲核加成

具有 $-\overset{\beta}{C}=\overset{\alpha}{C}-C=O$ 结构的羰基化合物为 α,β-不饱和羰基化合物。它们的结构特点是分子中的 C=C 与 C=O 共轭,由于羰基较强的吸电子效应,使得 C=C 上电子密度较低,从而对于亲电子试剂如 X₂、HX 等的加成,不如一般烯烃活泼;而且羰基对 HX 等不对称试剂与 C=C 的加成有定向作用,即 H⁺ 总是加到 α-碳原子上。另外,由于羰基使 C=C 上电子密度较低,从而使 C=C 可以与 RMgX、HCN 等亲核试剂加成。与 1,3-丁二烯相似,α,β-不饱和羰基化合物可以进行 1,2-或 1,4-加成。例如:

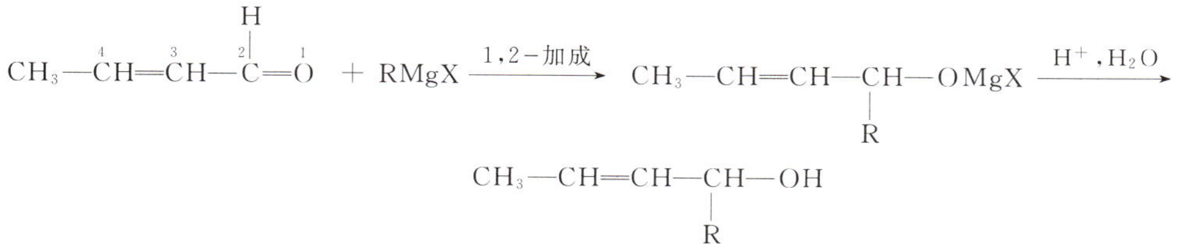

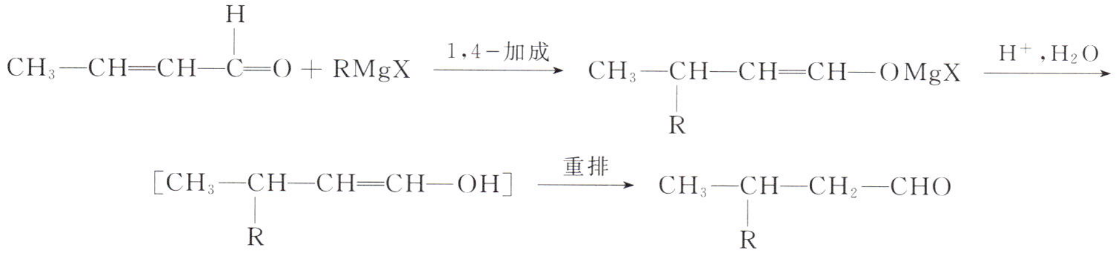

$$CH_3-\overset{4}{C}H=\overset{3}{C}H-\overset{2}{\underset{|}{C}}\overset{H}{=}\overset{1}{O} + RMgX \xrightarrow{1,2-加成} CH_3-CH=CH-\underset{\underset{R}{|}}{CH}-OMgX \xrightarrow{H^+,H_2O}$$

$$CH_3-CH=CH-\underset{\underset{R}{|}}{CH}-OH$$

$$CH_3-CH=CH-\overset{H}{\underset{|}{C}}=O + RMgX \xrightarrow{1,4-加成} CH_3-\underset{\underset{R}{|}}{CH}-CH=CH-OMgX \xrightarrow{H^+,H_2O}$$

$$[CH_3-\underset{\underset{R}{|}}{CH}-CH=CH-OH] \xrightarrow{重排} CH_3-\underset{\underset{R}{|}}{CH}-CH_2-CHO$$

烯醇,不稳定

由1,4-加成反应的最终产物看,相当于格氏试剂对 α,β-不饱和羰基化合物中的 C=C 的加成。

重要代表物

许多简单的醛酮是有机合成中很重要的原料或溶剂。

自然界存在很多有重要生理作用的羰基化合物。许多是结构比较复杂的,分子中除羰基外,往往还含有许多其他的基团。例如:

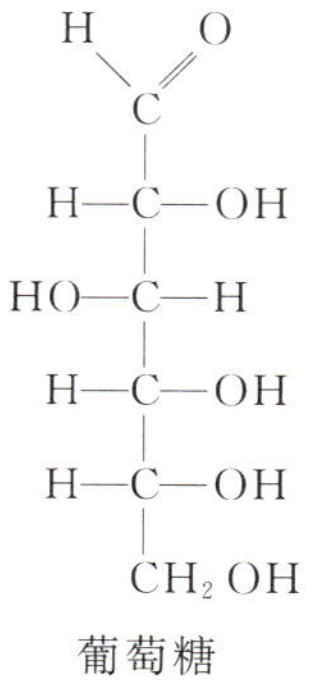

葡萄糖

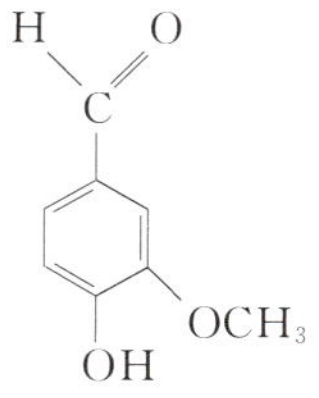

香草醛(香兰素,vanillin)
(存在于香草豆中,用做饮料和食品的增香剂)

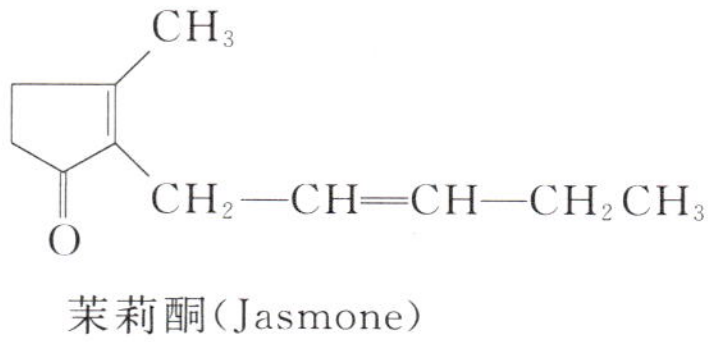

茉莉酮(Jasmone)
(存在于茉莉花中的一种香气组分,顺式异构体香气好)

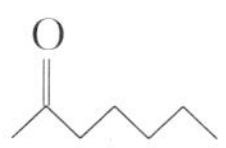

2-庚酮
(蜜蜂传递警戒信息的信息素)

1. 甲醛(HCHO)

甲醛是无色、对黏膜有刺激性的气体,沸点 $-21\ ^\circ\text{C}$,易溶于水,可由甲醇氧化制得。甲醛有凝固蛋白质的作用,从而有杀菌和防腐的能力,所以常用含有 8% 甲醇的 40% 甲醛水溶液——福尔马林——来保存动物标本。

水与醇相似,可以作为含氧的亲核试剂与羰基加成生成胞二醇,一般的胞二醇是不稳定的,平衡点主要在羰基化合物一边,而甲醛在一般羰基化合物中,其羰基碳原子上的电子密度是最低的,所以甲醛在水溶液中主要以水合形式存在。

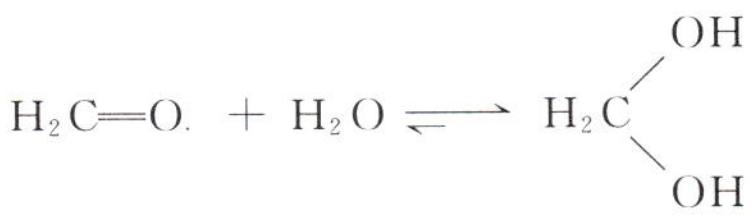

$$H_2C=O + H_2O \rightleftharpoons H_2C\begin{matrix}OH\\OH\end{matrix}$$

水合甲醛

甲醛容易聚合,如甲醛的浓溶液经长期放置便能出现多聚甲醛的白色沉淀。福尔马林中加入少量甲醇可以防止甲醛聚合。

甲醛可以由三个分子聚合成环状三聚甲醛:

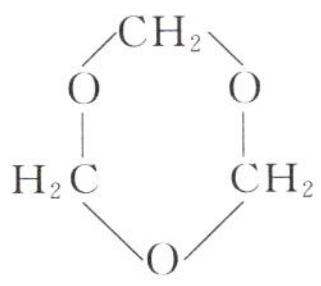

三聚甲醛(trioxane)

也可以由多个甲醛聚合形成线型高分子化合物多聚甲醛:

$$n\ CH_2O \longrightarrow \text{─}[CH_2O]_n\text{─}$$

多聚甲醛(paraformaldehyde)

多聚甲醛在少量硫酸催化下加热,可以解聚而放出甲醛,因此甲醛常以这种多聚体的形式保存,在使用时再解聚。

甲醛主要用于制造聚甲醛树脂、酚醛树脂和脲醛树脂等。例如,甲醛与苯酚进行缩聚(缩合聚合)形成立体交联的高分子化合物——酚醛树脂,即熟知的电绝缘材料电木(bakelite)。酚醛树脂在加热时不软化,因而不易变形,所以叫作热固性树脂(聚氯乙烯等树脂在加热时软化,冷后变硬成型,叫热塑性树脂)。其形成过程可以简单表示如下:

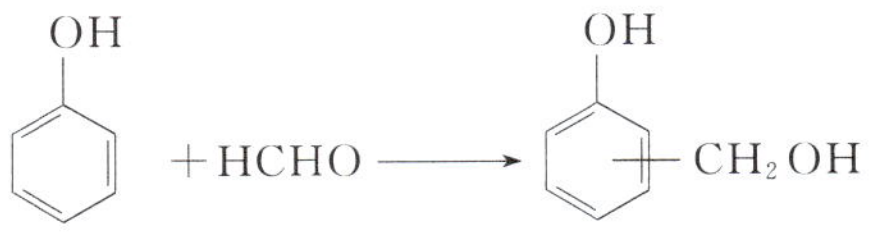

苯酚 + HCHO ⟶ 羟甲基苯酚

即苯酚与甲醛作用,在羟基的邻或对位导入羟甲基。然后羟甲基苯酚再进一步与苯酚作用,缩去水,最终产物是多个苯酚在羟基的邻位与对位通过 —CH_2— 联结成的立体交联的高分子。

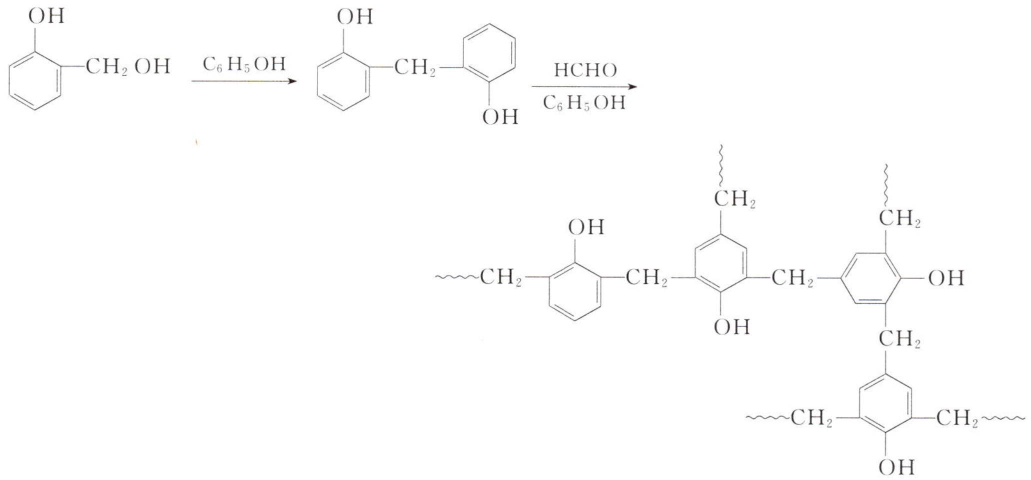

$$\underset{\text{}}{\text{o-HOC}_6\text{H}_4\text{CH}_2\text{OH}} \xrightarrow{\text{C}_6\text{H}_5\text{OH}} \underset{\text{}}{\text{(o-HOC}_6\text{H}_4\text{CH}_2\text{-C}_6\text{H}_4\text{OH)}} \xrightarrow[\text{C}_6\text{H}_5\text{OH}]{\text{HCHO}}$$

(酚醛树脂交联结构)

甲醛与氨作用,可得六亚甲基四胺,俗称乌洛托品(urotropine)。

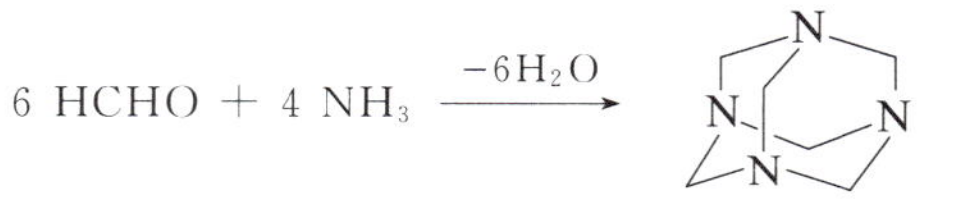

$$6\,\text{HCHO} + 4\,\text{NH}_3 \xrightarrow{-6\text{H}_2\text{O}} \text{六亚甲基四胺}$$

六亚甲基四胺可用做橡胶硫化促进剂、纺织品的防缩剂,在医药上可用做泌尿系统消毒剂。在有机合成中可用做氨基化剂(向分子中引入氨基)。

2. 乙醛(CH_3CHO)及三氯乙醛(Cl_3CCHO)

乙醛是有刺激气味的液体,沸点 20.8 ℃,易溶于水和乙醇等有机溶剂,可由乙醇氧化或乙炔加水制得。

乙醛能聚合成环状的三聚体或四聚体,三聚乙醛在稀硫酸中加热可以解聚而放出乙醛:

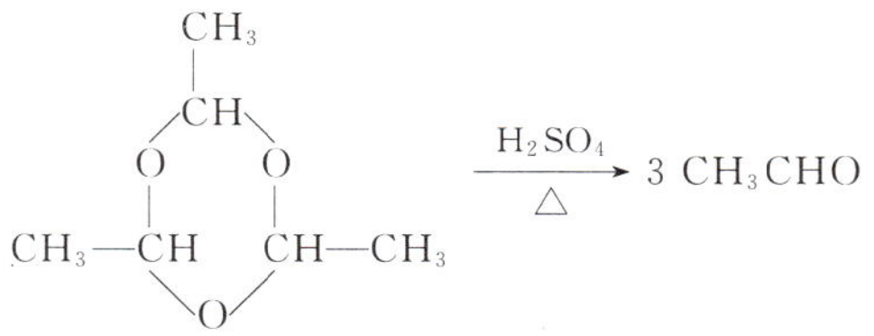

$$\text{三聚乙醛} \xrightarrow[\triangle]{\text{H}_2\text{SO}_4} 3\,\text{CH}_3\text{CHO}$$

三聚乙醛 沸点 124 ℃

由于乙醛的沸点很低,有时常以三聚体的形式保存乙醛。乙醛是有机合成的重要原料。

三氯乙醛可由乙醇与氯反应制得,氯可将乙醇氧化为乙醛。三氯乙醛为无色液体,沸点 98 ℃。三氯乙醛分子中,由于 α-碳上三个氯的吸电子诱导效应,使得羰基碳原子上电子密度极度降低,因此,很容易与水形成稳定的水合物结晶,俗称水合氯醛[$Cl_3CCH(OH)_2$, chloral hydrate]。水合氯醛有快速催眠的作用。

在工业上,三氯乙醛是制备医药、农药等的重要原料。

3. 丙酮（CH_3COCH_3）

丙酮是最简单的酮，沸点 56.2 ℃，与水混溶，并能溶解多种有机物，是常用的溶剂。可由糖类物质经丙酮-丁醇菌发酵制得。

此外，由异丙苯氧化，可同时得到丙酮与苯酚两种重要有机化工原料。

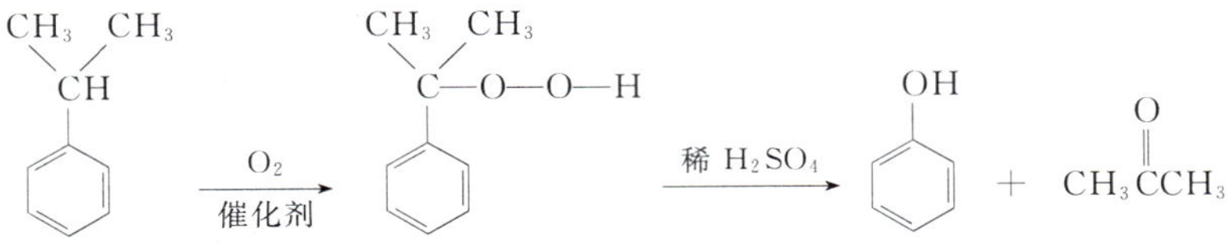

$$异丙苯 \xrightarrow[催化剂]{O_2} 异丙苯过氧化氢（或过氧化异丙苯） \xrightarrow{稀\ H_2SO_4} 苯酚 + CH_3COCH_3$$

丙酮与氢氰酸的加成产物羟基腈，在浓硫酸作用下与甲醇一起加热，则脱水并醇解而得甲基丙烯酸甲酯——有机玻璃的单体：

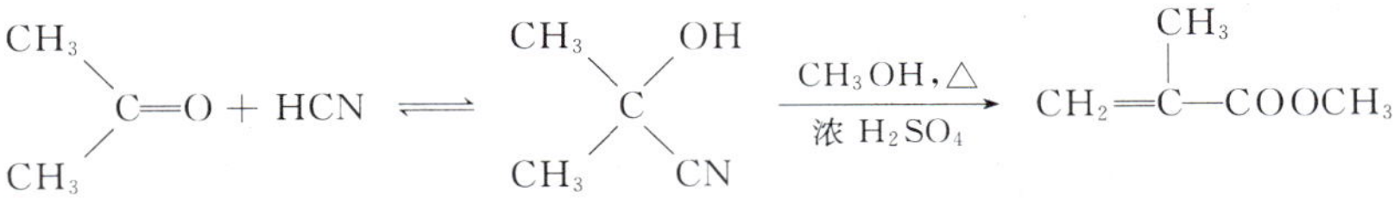

$$(CH_3)_2C=O + HCN \rightleftharpoons (CH_3)_2C(OH)(CN) \xrightarrow[浓\ H_2SO_4]{CH_3OH,\ \triangle} CH_2=C(CH_3)COOCH_3$$

甲基丙烯酸甲酯（methyl methacrylate）

甲基丙烯酸甲酯分子中含有 C=C 键，在催化剂作用下，可以聚合成高分子化合物，即有机玻璃。其结构可以下式表示：

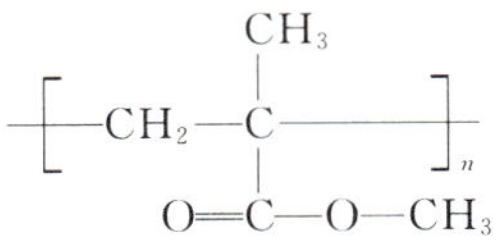

$$-[-CH_2-C(CH_3)(COOCH_3)-]_n-$$

4. 苯甲醛（C_6H_5CHO）

苯甲醛是芳香醛的代表，沸点 178 ℃，为有杏仁香味的液体，工业上叫作苦杏仁油，它和糖类物质结合存在于杏仁、桃仁等许多果实的种子中。苯甲醛在空气中放置能被氧化为苯甲酸。苯甲醛多用于制造香料及制备其他芳香族化合物。

醛和酮的红外光谱

醛和酮中 C=O 的吸收峰大都在 1 770～1 660 cm^{-1}，羰基与 π 电子体系共轭，或与给电子基团相连，均使吸收频率降低（见图 9-2，图 9-3，图 9-4）。例如，丙酮 C=O 的吸收峰是

1 724 cm^{-1},而苯乙酮 C=O 的吸收峰为 1 683 cm^{-1}。氢键,特别是分子内的氢键,也使吸收频率降低。C=O如果是连接在有张力的环中,则吸收频率增加,如环己酮 C=O 的吸收峰在 1 710 cm^{-1},环丁酮为 1 780 cm^{-1},而环丙酮则为 1 810 cm^{-1}。

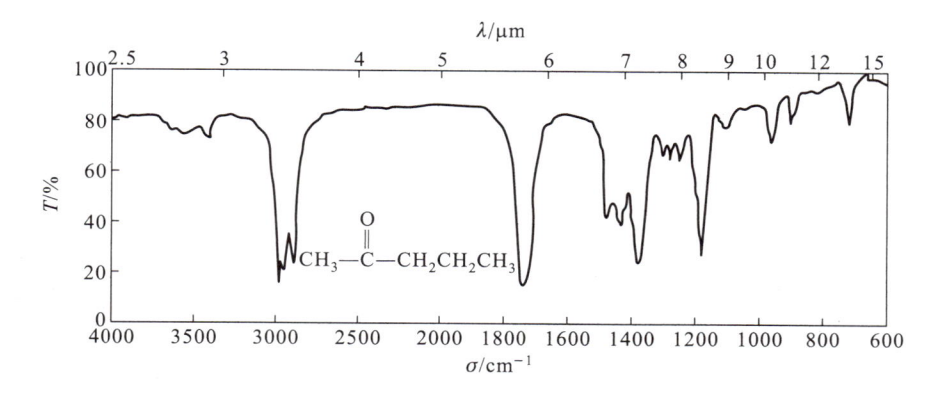

图 9-2　2-戊酮的红外光谱

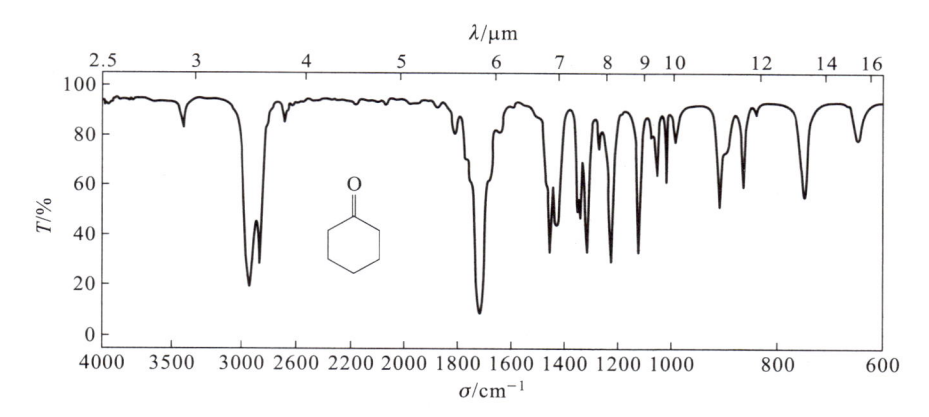

图 9-3　环己酮的红外光谱

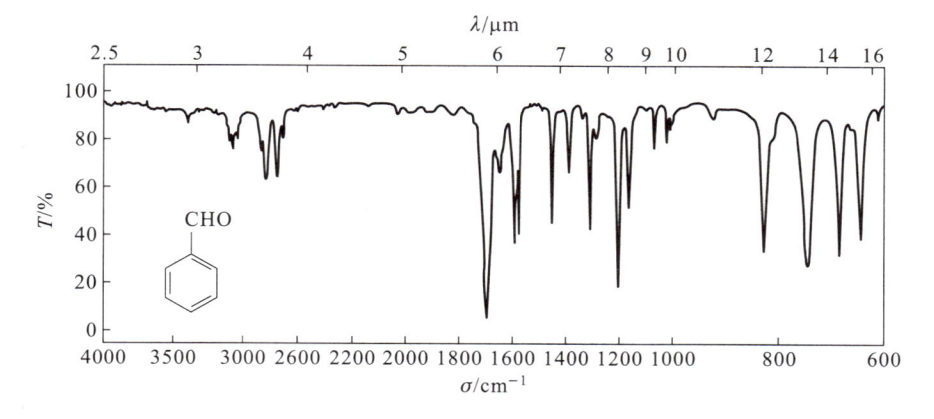

图 9-4　苯甲醛的红外光谱

Ⅱ. 醌

命名与结构

分子中具有以下结构的物质叫作醌(quinone):

邻苯醌
(o-benzoquinone)
红色结晶

对苯醌
(p-benzoquinone)
黄色结晶

最简单的醌就是上面两个,它们分别叫作邻苯醌和对苯醌。此外,还有各种萘醌、蒽醌等。例如:

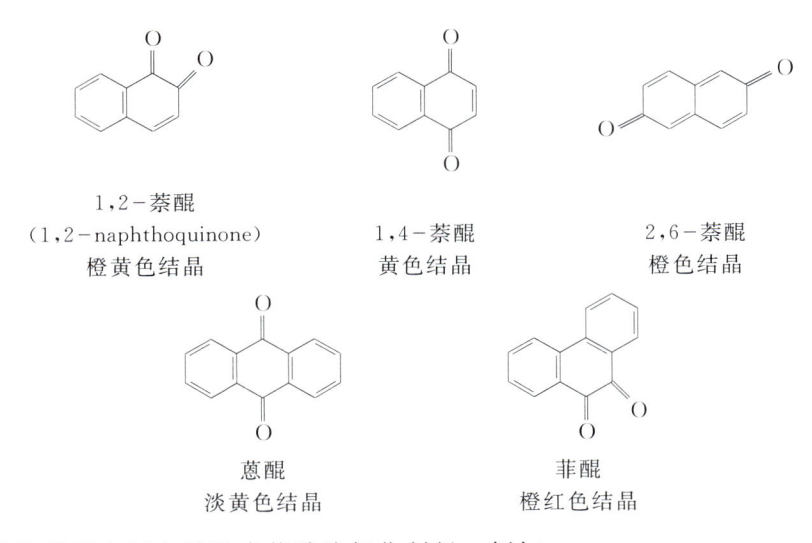

1,2-萘醌
(1,2-naphthoquinone)
橙黄色结晶

1,4-萘醌
黄色结晶

2,6-萘醌
橙色结晶

蒽醌
淡黄色结晶

菲醌
橙红色结晶

上述醌类物质可由相应的酚或芳香胺氧化制得。例如:

对苯二酚　　苯醌　　苯胺

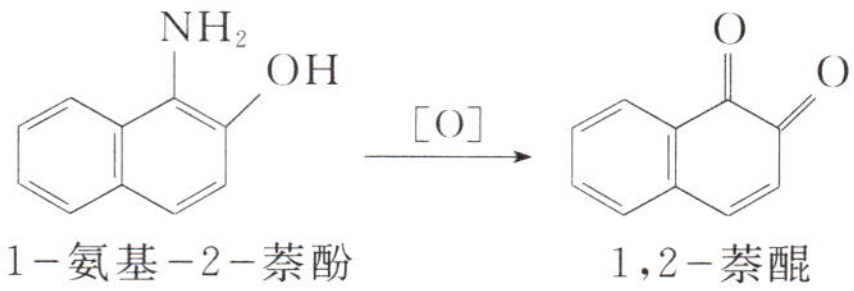

$$\text{1-氨基-2-萘酚} \xrightarrow{[O]} \text{1,2-萘醌}$$

醌式结构可以看作是环状 α,β-不饱和二酮,两个羰基和两个或两个以上碳-碳双键共轭。具有较大的共轭体系的化合物都是有颜色的,所以醌都是有颜色的物质,对位醌多呈黄色,邻位醌则常为红色或橙色。

对苯醌的化学性质

醌不同于芳香的环闭共轭体系,所以醌不属于芳香族化合物,它们具有烯烃和羰基化合物的典型反应性能,可以进行多种形式的加成反应。

1. 羰基的加成

醌中的羰基,能与某些亲核试剂加成,如对苯醌能分别与一分子或两分子羟胺作用得到单肟或双肟。

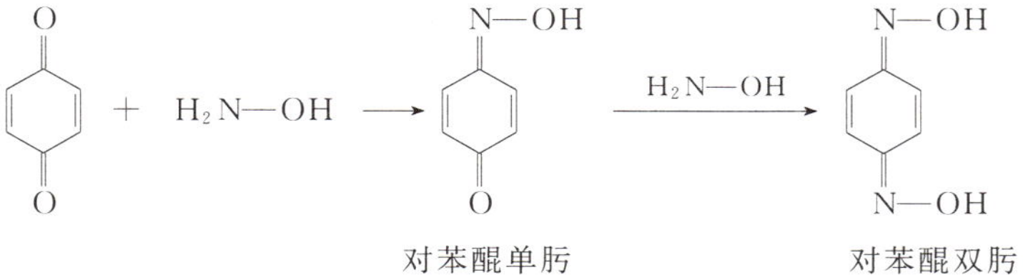

$$\text{对苯醌} + H_2N-OH \longrightarrow \text{对苯醌单肟} \xrightarrow{H_2N-OH} \text{对苯醌双肟}$$

2. 烯键的加成

醌中的碳-碳双键可以和卤素、卤化氢等亲电试剂加成,如对苯醌与氯加成可得二氯或四氯化合物。

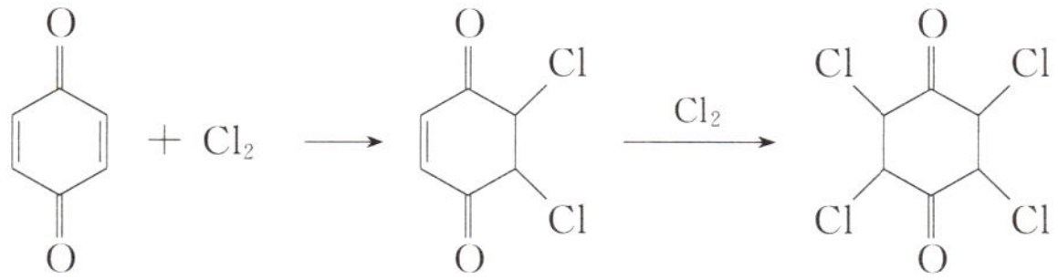

$$\text{对苯醌} + Cl_2 \longrightarrow \text{二氯化合物} \xrightarrow{Cl_2} \text{四氯化合物}$$

3. 1,4-加成作用

醌中碳-碳双键与碳-氧双键共轭,所以可以发生1,4-加成作用。它可以与氢卤酸、氢氰酸

等许多试剂加成,如对苯醌与氯化氢加成后,生成对苯二酚的衍生物:

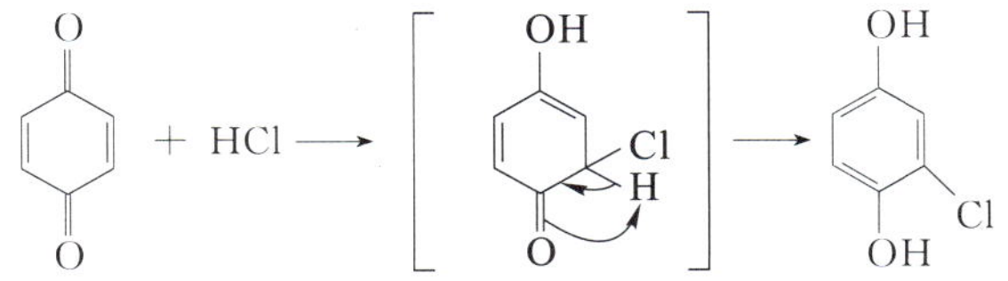

$$\text{对苯醌} + HCl \longrightarrow [\text{中间体}] \longrightarrow \text{2-氯对苯二酚}$$

4. 还原

对苯醌很容易被还原为对苯二酚(或称氢醌),这是对苯二酚氧化的逆反应。在电化学上,利用二者之间的氧化-还原性质可以制成氢醌电极,并可用来测定氢离子浓度。

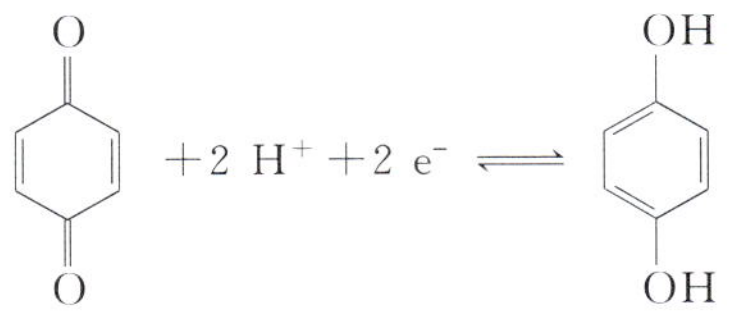

$$\text{对苯醌} + 2H^+ + 2e^- \rightleftharpoons \text{对苯二酚}$$

自然界的醌

具有醌式结构的物质都是有颜色的,因此,许多醌的衍生物是重要的染料中间体。自然界也存在一些醌类色素。例如,茜草中的茜红,是最早被使用的天然染料之一;大黄素是广泛分布于霉菌、真菌、地衣、昆虫及花中的色素,它们都是蒽醌的衍生物。

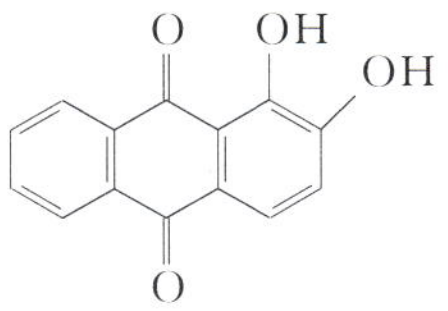

茜红 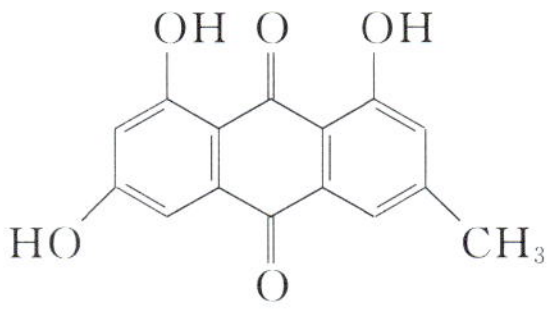　　　　　大黄素

某些醌的衍生物是对生物体有重要生理作用的物质,如含于多种绿叶蔬菜中的维生素 K_1,是萘醌的衍生物,它有促进凝血酶原生成的作用,是动物不可缺少的维生素。

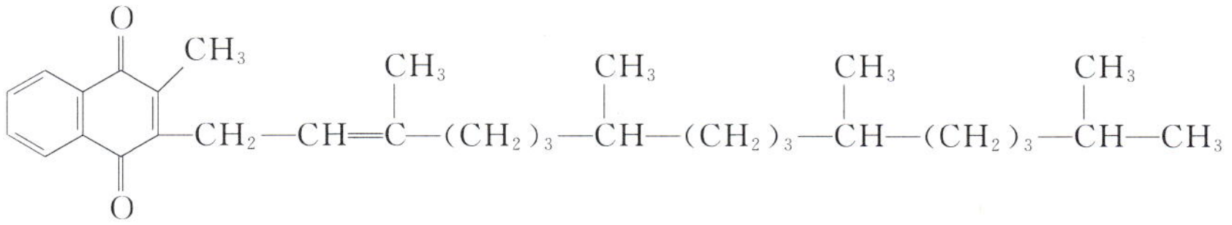

维生素 K_1

辅酶 Q 为苯醌的衍生物,是所有需氧生物体内氧化还原过程中极为重要的物质。它通过如苯醌与氢醌间的氧化还原过程在生物体内转移电子。

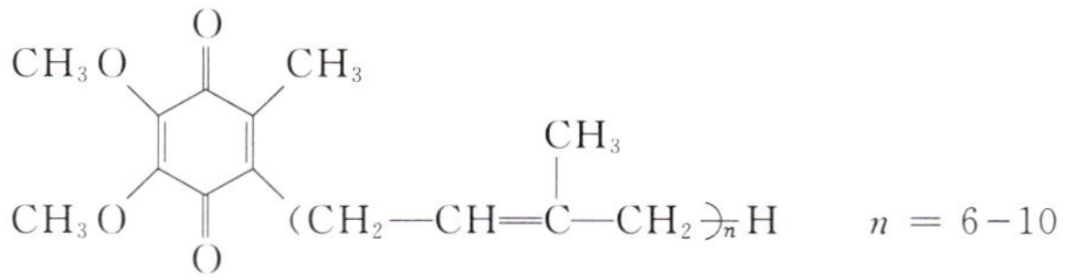

$$\text{辅酶 Q (coenzyme Q, ubiquinones)}$$

分子中一个长的侧链是由异戊二烯单位(见第十六章Ⅴ节)组成的,在不同的生物体中其异戊二烯单位的数目不同。

生物体中芳香化合物的降解常常是通过芳香环的一系列氧化反应进行的。这些氧化反应生成醌,然后再变为其他降解产物。

一种俗称放屁虫的甲虫,就是利用苯醌作为防御武器的,因为苯醌对黏膜有刺激性。在这种甲虫体内某一个腺体里储存有对苯二酚及过氧化氢,而在体内前庭室里存有一种可以催化过氧化氢氧化对苯二酚的酶。当甲虫遇到敌人袭击时,它就将对苯二酚及过氧化氢注入前庭室中,在酶的作用下,立刻开始猛烈的氧化反应,同时将对苯二酚氧化产物——苯醌——由下腹部喷出,在这种有刺激性的苯醌烟雾的掩护下,甲虫就可以逃跑了。

习　　题

9.1 用 IUPAC 及普通命名法(如果可能的话)命名或写出结构式:

a. $(CH_3)_2CHCHO$　　b.  $C_6H_5-CH_2CHO$　　c. $CH_3-C_6H_4-CHO$ (对位)

d. $(CH_3)_2CHCOCH_3$　　e. $(CH_3)_2CHCOCH(CH_3)_2$　　f. 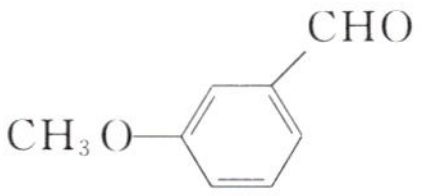 $CH_3O-C_6H_4-CHO$ (间位)

g. $(CH_3)_2C=CHCHO$　　h. $CH_2=CHCHO$　　i. $CH_3COCH_2CH_2COCH_2CH_3$

j. $CH_3CH_2CH=CHCH_2COCH_3$　　k. (S)-3-甲基-2-戊酮　　l. β-溴丙醛

m. 1,1,1-三氯-3-戊酮　　n. 三甲基乙醛　　o. 3-戊酮醛

p. 肉桂醛　　q. 苯乙酮　　r. 1,3-环己二酮

9.2 写出任意一个属于下列各类化合物的结构式。

a. α,β-不饱和酮　　b. α-卤代醛

c. β-羟基酮　　d. β-酮醛

9.3 写出下列反应的主要产物:

a. $CH_3COCH_2CH_3 + H_2N-OH \longrightarrow$

b. $Cl_3CCHO + H_2O \longrightarrow$

c.  $CH_3-C_6H_4-CHO + KMnO_4 \xrightarrow[\triangle]{H^+}$

d. $CH_3CH_2CHO \xrightarrow{\text{稀 NaOH}}$

e. $C_6H_5COCH_3 + C_6H_5MgBr \longrightarrow \xrightarrow[H^+]{H_2O}$

f.  C₆H₁₀O + H₂NNHC₆H₅ ⟶

g. (CH₃)₃CCHO $\xrightarrow{\text{浓 NaOH}}$

h.  C₆H₁₀O + (CH₃)₂C(CH₂OH)₂ $\xrightarrow{\text{无水 HCl}}$

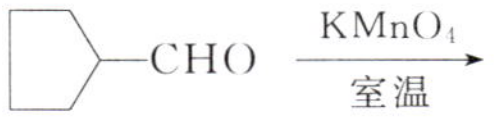

i. (cyclopentanone) + K₂Cr₂O₇ $\xrightarrow[\triangle]{H^+}$

j. (cyclobutyl)—CHO $\xrightarrow[\text{室温}]{KMnO_4}$

k. (cyclohexyl)—COCH₃ $\xrightarrow[OH^-]{Cl_2, H_2O}$

l. C₆H₅COCH₃ + Cl₂ $\xrightarrow{H^+}$

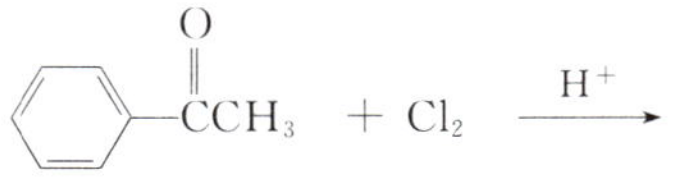

m. CH₂=CHCH₂CH₂COCH₃ + HCl ⟶

n. CH₂=CHCOCH₃ + HBr ⟶

o. CH₂=CHCHO + HCN ⟶

p. C₆H₅CHO + CH₃COCH₃ $\xrightarrow[\triangle]{\text{稀 NaOH}}$

9.4 用简单化学方法鉴别下列各组化合物。
    a. 丙醛、丙酮、丙醇和异丙醇
    b. 戊醛、2-戊酮和环戊酮

9.5 完成下列转化：

    a. C₂H₅OH ⟶ CH₃CH(OH)COOH

    b. 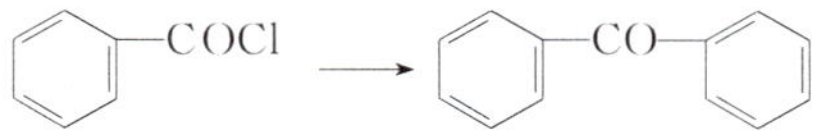 C₆H₅COCl ⟶ C₆H₅COC₆H₅

    c.  2-cyclohexenone ⟶ 2-cyclohexenol

    d. HC≡CH ⟶ CH₃CH₂CH₂CH₂OH

    e. 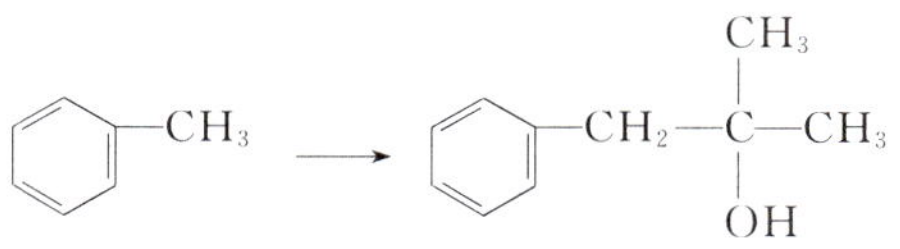 C₆H₅CH₃ ⟶ C₆H₅CH₂C(CH₃)₂OH

    f. CH₃CH=CHCHO ⟶ CH₃CH(OH)CH(OH)CHO

    g. CH₃CH₂CH₂OH ⟶ CH₃CH₂CH₂CH₂OH

h. 3-己炔 ⟶ 3-己酮

i. 苯 ⟶ 间溴代苯乙酮

9.6 写出由相应的羰基化合物及格氏试剂合成 2-丁醇的两条路线。

9.7 分别由苯及甲苯合成 2-苯基乙醇。

9.8 下列化合物中，哪个是半缩醛(或半缩酮)，哪个是缩醛(或缩酮)？并写出由相应的醇及醛或酮制备它们的反应式。

a. [结构式]   b. [结构式]   c. [结构式]   d. [结构式]

9.9 麦芽糖的结构式如下，指出其中的缩醛或半缩醛基团。

[麦芽糖结构式]

9.10 分子式为 $C_5H_{12}O$ 的 A，氧化后得 B($C_5H_{10}O$)，B 能与 2,4-二硝基苯肼反应，并在与碘的碱溶液共热时生成黄色沉淀。A 与浓硫酸共热得 C(C_5H_{10})，C 经高锰酸钾氧化得丙酮及乙酸。推断 A 的结构，并写出推断过程的反应式。

9.11 麝香酮($C_{16}H_{30}O$)是由雄麝鹿臭腺中分离出的一种活性物质，可用于医药及配制高档香精。麝香酮与硝酸一起加热氧化，可得以下两种二元羧酸：

$$HOOC(CH_2)_{12}CHCOOH \qquad HOOC(CH_2)_{11}CHCH_2COOH$$
$$\quad\quad\quad\quad\quad\quad\; |\quad\quad\quad\quad\quad\quad\quad\quad\quad\quad\quad\quad\; |$$
$$\quad\quad\quad\quad\quad\quad CH_3\quad\quad\quad\quad\quad\quad\quad\quad\quad\quad\quad CH_3$$

将麝香酮以锌-汞齐及盐酸还原，得到甲基环十五碳烷 [结构式]，写出麝香酮的结构式。

9.12 分子式为 $C_6H_{12}O$ 的 A，能与苯肼作用但不发生银镜反应。A 经催化氢化得分子式为 $C_6H_{14}O$ 的 B，B 与浓硫酸共热得 C(C_6H_{12})。C 经臭氧化并水解得 D 与 E。D 能发生银镜反应，但不起碘仿反应，而 E 则可发生碘仿反应而无银镜反应。写出 A~E 的结构式及各步反应式。

9.13 灵猫酮 A 是由香猫的臭腺中分离出的香气成分，是一种珍贵的香原料，其分子式为 $C_{17}H_{30}O$。A 能与羟胺等氨的衍生物作用，但不发生银镜反应。A 能使溴的四氯化碳溶液褪色生成分子式为 $C_{17}H_{30}Br_2O$ 的 B。将 A 与高锰酸钾水溶液一起加热得到氧化产物 C，分子式为 $C_{17}H_{30}O_5$。但以硝酸与 A 一起加热，则得到如下的两种二元羧酸：

$$HOOC(CH_2)_7COOH \qquad HOOC(CH_2)_6COOH$$

将 A 于室温催化氢化得分子式为 $C_{17}H_{32}O$ 的 D，D 与硝酸加热得到 $HOOC(CH_2)_{15}COOH$。写出灵猫酮及 B、C、D 的结构式，并写出各步反应式。

9.14 对甲氧基苯甲醛与对硝基苯甲醛哪个更易进行亲核加成？为什么？

9.15 分子式为 C_4H_8O 的 ^1H NMR 及 IR 谱图数据如下：

^{1}H NMR： IR：
(a) δ 1.05(3H) 三重峰 ~1 720 cm^{-1} 强峰
(b) δ 2.13(3H) 单峰
(c) δ 2.47(2H) 四重峰

写出其结构式，并指明各峰的归属。

9.16 由环己醇氧化制备环己酮时，如何通过 IR 谱图测知反应是否已达终点？

9.17 分子式为 C_8H_7ClO 的芳香酮的 ^{1}H NMR 谱图如图 9-5，写出此化合物的结构式。

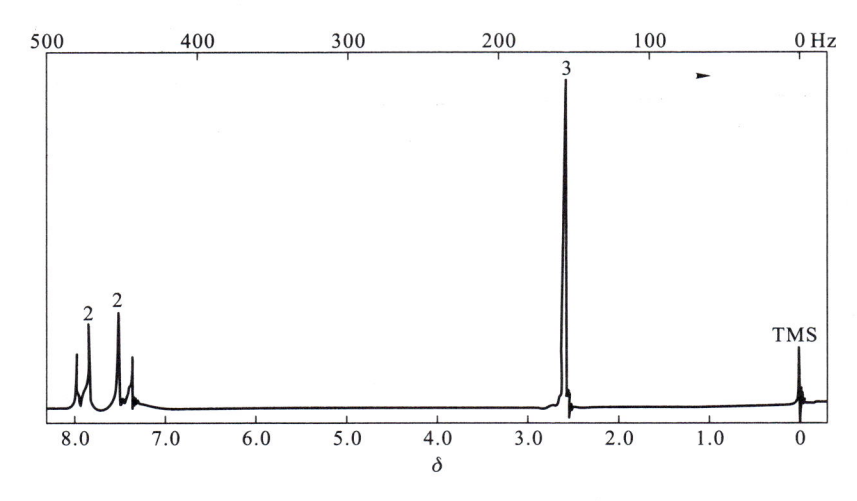

图 9-5 习题 9.17 的 ^{1}H NMR 谱图

9.18 如何用 ^{1}H NMR 谱区别下列各组化合物？

a. $CH_3CH_2CH_2CH_2CH=CH_2$ 与 $(CH_3)_2C=C(CH_3)_2$

b. $CH_3CH_2CH_2CHO$ 与 $CH_3COCH_2CH_3$

c. $CH_3CH_2-\!\!\bigcirc$ 与 $CH_3-\!\!\bigcirc\!\!-CH_3$

9.19 分子式为 C_3H_6O 的化合物的 IR 及 ^{1}H NMR 谱图如图 9-6 所示，推测其结构，并指出 ^{1}H NMR 中的峰及 IR 中 3 000 cm^{-1} 左右及 1 700 cm^{-1} 左右的峰的归属。

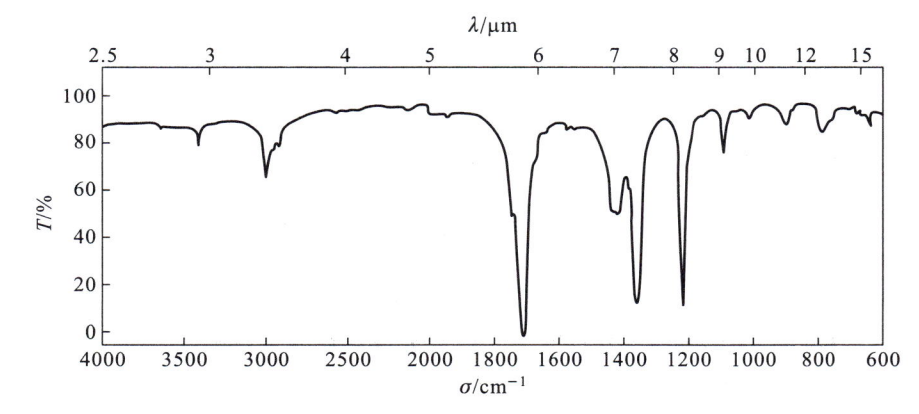

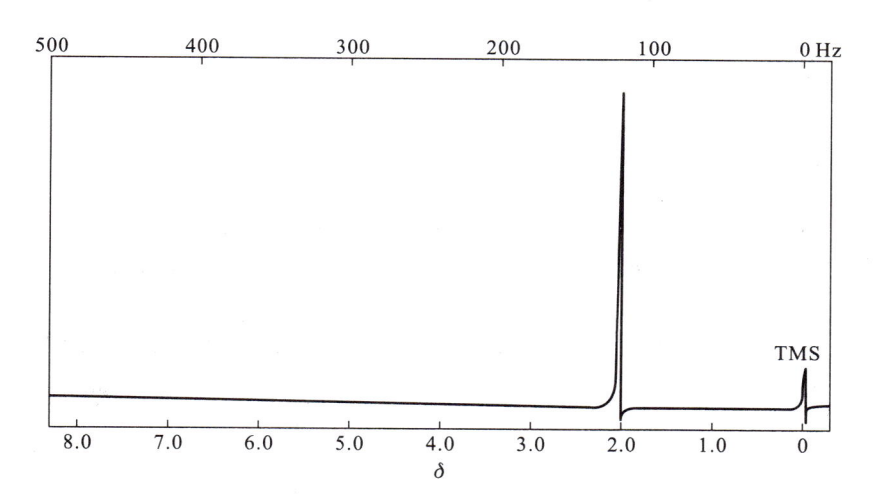

图 9-6　习题 9.19 的 IR 及 ^{1}H NMR 谱图

第十章　羧酸及其衍生物

羧酸及羧酸的某些衍生物，如酯、酰胺等广泛存在于自然界中。许多羧酸是动植物代谢中的重要物质。羧酸及其衍生物也是有机合成中极为重要的原料。

Ⅰ. 羧　　酸

分子中含有羧基（ $-\overset{\text{O}}{\underset{\|}{\text{C}}}-\text{OH}$ ）的物质是羧酸（carboxylic acid）。从形式看，羧基是由羰基和羟基组成的，但是羟基氧原子上的未共用电子对与羰基的 π 键能形成 p-π 共轭体系，从而使羟基氧上电子密度降低，而羰基碳上电子密度增高（见图 10-1）。

图 10-1　—COO⁻ 的 p 轨道示意图

因此，羧酸中羰基对亲核试剂的活性降低，不能与 HCN、H_2N-OH 等进行加成，这样，也就不能把羧酸的性质简单地看作是羰基化合物与醇的性质的加和。羧酸是另一类非常重要的含氧有机物。

命　　名

羧基和脂肪烃基相连的叫脂肪羧酸，和芳香环相连的是芳香羧酸。脂肪羧酸有饱和及不饱

和两类。根据分子中含有的羧基数目,又有一元羧酸、二元羧酸和多元羧酸等。例如:

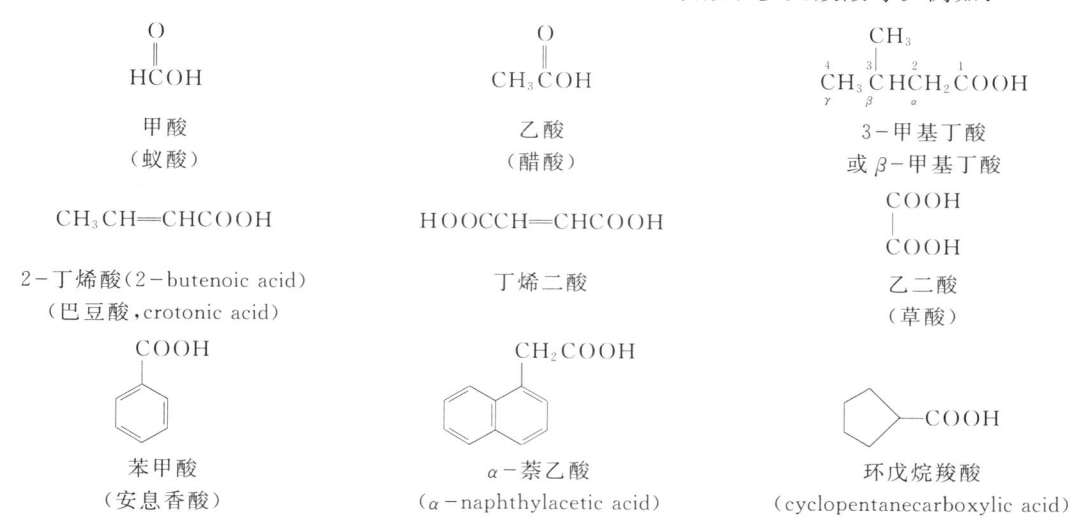

$$\underset{\substack{\text{甲酸}\\(\text{蚁酸})}}{\text{HCOH}} \qquad \underset{\substack{\text{乙酸}\\(\text{醋酸})}}{\overset{\text{O}}{\text{CH}_3\text{COH}}} \qquad \underset{\substack{\text{3-甲基丁酸}\\ \text{或}\ \beta\text{-甲基丁酸}}}{\overset{\text{CH}_3}{\underset{4\ \ \ 3\ \ \ 2\ \ \ 1}{\text{CH}_3\text{CHCH}_2\text{COOH}}}}$$

$$\underset{\substack{\text{2-丁烯酸(2-butenoic acid)}\\(\text{巴豆酸},\text{crotonic acid})}}{\text{CH}_3\text{CH}=\text{CHCOOH}} \qquad \underset{\text{丁烯二酸}}{\text{HOOCCH}=\text{CHCOOH}} \qquad \underset{\substack{\text{乙二酸}\\(\text{草酸})}}{\overset{\text{COOH}}{\underset{\text{COOH}}{|}}}$$

苯甲酸
(安息香酸)

α-萘乙酸
(α-naphthylacetic acid)

环戊烷羧酸
(cyclopentanecarboxylic acid)

羧酸的命名有系统命名及俗名(括号中的名称,英文书中叫作 common name,即普通名),俗名是根据它们的来源命名的,如蚁酸最初是由蚂蚁中得到的,醋酸是食醋的主要成分。在英文名称中用普通名较多,我国二者并用,但以系统名[①]为主。

脂肪羧酸的系统命名原则和醛相同,是选择含有羧基的最长碳链作主链,编号由羧基的碳原子开始。命名一些简单的脂肪羧酸时,常习惯用 α、β、γ 等希腊字母表示取代基的位置,如 3-甲基丁酸也叫 β-甲基丁酸。

对于不饱和酸,如含有 C=C 的,则取含羧基和 C=C 的最长碳链,叫作某烯酸,并把双键位置注于名称之前,如 2-丁烯酸。

命名脂肪二元羧酸时,则选择包含两个羧基的最长碳链,叫作某二酸。例如:

$$\underset{\text{乙基丙二酸}}{\text{CH}_3\text{CH}_2\text{CH}\begin{smallmatrix}\text{COOH}\\ \\ \text{COOH}\end{smallmatrix}} \qquad\qquad \underset{\text{戊二酸}}{\text{HOOCCH}_2\text{CH}_2\text{CH}_2\text{COOH}}$$

芳香羧酸的命名,是把芳香环看作取代基。例如:

邻苯二甲酸

β-苯基丙烯酸
(肉桂酸)

应该指出的是前面 α-萘乙酸中的"α"是指萘环的 α 位,而不是乙酸的 α-碳原子。

[①] 羧酸的英文系统命名是将相应的烃名称中字尾的"e"改为"oic",再加"acid"构成。羧基与环相连的,则由环烃的名称加上"carboxylic acid"。

表 10-1 某些羧酸的物理常数

结构式	系统名*	英文系统名**	沸点/℃	熔点/℃	K_a	pK_a	溶解度 / g·(100 g 水)$^{-1}$
HCOOH	甲酸（蚁酸）	methanoic acid (formic acid)	100.7	8.4	1.77×10^{-4} (20 ℃)	3.75	∞
CH$_3$COOH	乙酸（醋酸）	ethanoic acid (acetic acid)	117.9	16.6	1.76×10^{-5} (25 ℃)	4.75	∞
CH$_3$CH$_2$COOH	丙酸（初油酸）	propanoic acid (propionic acid)	141.0	−20.8	1.34×10^{-5} (25 ℃)	4.87	∞
CH$_3$(CH$_2$)$_2$COOH	丁酸（酪酸）	butanoic acid (butyric acid)	166.5	−7.9	1.54×10^{-5} (20 ℃)	4.81	∞
CH$_3$(CH$_2$)$_3$COOH	戊酸（缬草酸）	pentanoic acid (valeric acid)	187.0	−34.5	1.51×10^{-5} (18 ℃)	4.82	3.7
CH$_3$(CH$_2$)$_4$COOH	己酸（羊油酸）	hexanoic acid (caproic acid)	205.0	−3.4	1.43×10^{-5} (18 ℃)	4.84	1.08
CH$_3$(CH$_2$)$_5$COOH	庚酸（毒水芹酸）	heptanoic acid (enanthic acid)	223.0	−7.5	1.28×10^{-5} (25 ℃)	4.89	0.24
CH$_3$(CH$_2$)$_6$COOH	辛酸（羊脂酸）	octanoic acid (caprylic acid)	239.3	16.5	1.28×10^{-5} (25 ℃)	4.89	0.068
CH$_3$(CH$_2$)$_7$COOH	壬酸（天竺葵酸）	nonanoic acid (pelargonic acid)	255.0	12.2	1.09×10^{-5} (25 ℃)	4.96	—
CH$_3$(CH$_2$)$_8$COOH	癸酸（羊蜡酸）	decanoic acid (capric acid)	270.0	31.5	—	—	—
C$_6$H$_5$COOH	苯甲酸（安息香酸）	benzoic acid	249.0	122.4	6.46×10^{-5} (25 ℃)	4.19	2.9
![naphthyl]CH$_2$COOH	α-萘乙酸	α-naphthylacetic acid		133.0	—	—	0.04

* 括号中的名称均按英文普通名翻译而得，除醋酸外，我国一般均不使用。
** 括号中为普通名。

物 理 性 质

十个碳原子以下的饱和一元羧酸是液体。低级脂肪酸如甲酸、乙酸和丙酸等,有较强的刺激气味,它们的水溶液有酸味。丁酸、己酸和癸酸等有难闻的酸臭味。高级脂肪酸是蜡状物质,气味很弱。脂肪二元羧酸和芳香酸都是结晶形固体。

低级脂肪酸易溶于水,但随相对分子质量的增高,在水中溶解度降低。

羧酸的沸点比相对分子质量相近的其他有机物要高。例如,醋酸(相对分子质量 60)的沸点为 117.9 ℃,正丙醇(相对分子质量 60)沸点为 97.4 ℃,丙醛(相对分子质量 58)沸点为 48.8 ℃,而甲乙醚(相对分子质量 60)的沸点为 8 ℃。醇由于氢键的缔合作用,因而沸点较高,羧酸也能以氢键缔合,而且两分子羧酸间可以形成两个氢键,即使在气态时,羧酸也是双分子缔合的,所以羧酸的沸点比相对分子质量相近的醇还要高:

$$R-C\begin{matrix}O\cdots H-O\\ \\ O-H\cdots O\end{matrix}C-R$$

饱和一元羧酸和饱和二元羧酸的熔点不是随相对分子质量的增加而递增的,而是表现出一种特殊的规律:含偶数碳原子的羧酸的熔点,比和它相邻的两个含奇数碳原子的羧酸的熔点高(见表 10-1、表 10-2)。

表 10-2 饱和某些二元羧酸的物理常数

结构式	名 称*	英文普通名	熔点/℃	解离常数 K_{a_1} (25 ℃)	解离常数 K_{a_2} (25 ℃)
HOOC—COOH	乙二酸(草酸)	oxalic acid	187(无水)	5.9×10^{-2}	6.4×10^{-5}
HOOCCH$_2$COOH	丙二酸(缩苹果酸,胡萝卜酸)	malonic acid	135.5(分解)	1.49×10^{-2}	2.03×10^{-6}
HOOC(CH$_2$)$_2$COOH	丁二酸(琥珀酸)	succinic acid	188.0	6.89×10^{-5}	2.47×10^{-6}
HOOC(CH$_2$)$_3$COOH	戊二酸(胶酸)	glutaric acid	97.5~98	4.7×10^{-5}	3.89×10^{-6}
HOOC(CH$_2$)$_4$COOH	己二酸(肥酸,凝脂酸)	adipic acid	152.0	3.90×10^{-5}	5.29×10^{-6}

* 括号中的名称均按英文普通名翻译而得,除草酸、琥珀酸外,我国一般均不使用。

化 学 性 质

1. 酸性

羧酸可以看作是水分子中的氢被酰基取代的产物:

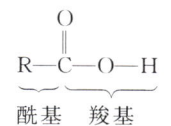

$$R-\underset{\text{酰基}}{\underline{C}}\overset{O}{\underset{}{\|}}\underset{\text{羧基}}{\underline{-O-H}}$$

由于羰基的 π 键与羟基氧原子上未共用电子对形成了 p-π 共轭体系,羟基氧原子上的电子密度因向羰基转移而降低。与水分子中的氢-氧键相比,羧酸分子中氢-氧键间的电子密度较低,致使羧基中的氢容易以 H^+ 的形式解离,因此羧酸的酸性比水和醇要强得多。

但与硫酸、盐酸等无机强酸相比,一般的羧酸都属弱酸,它们在水中只是部分解离。如 1 mol 的醋酸水溶液,在室温时只有约 1% 的醋酸解离为氢离子及醋酸根离子。

$$CH_3-\underset{\underset{\text{醋酸}}{}}{\overset{O}{\overset{\|}{C}}}-OH + H_2O \rightleftharpoons CH_3-\underset{\underset{\text{醋酸根离子}}{}}{\overset{O}{\overset{\|}{C}}}-O^- + H_3O^+$$

实验证明在酸根离子中两个 C—O 键键长是完全相等的,这说明羰基碳与两个氧间的电子密度是完全平均化的,亦即其负电荷不是集中在一个氧原子上,而是分散在两个氧原子与一个碳原子上,因此酸根负离子比较稳定。

羧酸的酸性强度以解离常数 K_a 或其负对数 pK_a 表示。K_a 数值越大,或 pK_a 越小,酸性越强(见表 10—1,表 10—2)。

由于羧酸能解离出氢离子,所以能与金属氧化物、氢氧化物等成盐:

$$2\ RCOOH + MgO \longrightarrow (RCOO)_2Mg + H_2O$$
$$RCOOH + NaOH \longrightarrow RCOONa + H_2O$$

羧酸的酸性比碳酸强,所以能与碳酸盐(或碳酸氢盐)作用形成羧酸盐并放出二氧化碳:

$$2\ RCOOH + Na_2CO_3 \longrightarrow 2\ RCOONa + CO_2\uparrow + H_2O$$

羧酸盐用硫酸或盐酸酸化后又析出游离酸。

羧酸的碱金属盐如钠盐、钾盐等,都能溶于水。不溶于水的羧酸,如转化为碱金属盐后,便可溶于水。利用这种性质,可以将羧酸与其他不溶于水的非酸性有机物分离。例如,用碳酸钠水溶液与含有其他非酸性有机物的苯甲酸乙醚溶液一起振荡,苯甲酸便转化为苯甲酸钠而进入水层,其他物质留于醚层。将水层分出,酸化,再用乙醚提取,就可得到纯的苯甲酸。由于羧酸的酸性比酚强,所以用碳酸氢钠可将羧酸与酚分离。

二元羧酸和无机二元酸相同,能分两步解离,第二步解离比第一步要难。二元羧酸能分别形成酸性盐或中性盐:

$$\underset{\underset{\text{草酸}}{}}{\overset{COOH}{\underset{COOH}{|}}} \xrightarrow{NaOH} \underset{\underset{\text{草酸氢钠}}{}}{\overset{COOH}{\underset{COONa}{|}}} \xrightarrow{NaOH} \underset{\underset{\text{草酸钠}}{}}{\overset{COONa}{\underset{COONa}{|}}}$$

大多数羧酸的 pK_a 在 4~5,而生物细胞中的 pH 一般在 5~9,所以在有机体中,羧酸往往以盐的形式(多为与有机碱形成的盐)而不是以游离酸的形式存在。同时,由于羰基的极性而使羧酸在水中有一定的溶解度,羧酸盐在水中的溶解度更大。因此在许多天然有机物中,由于羰基的存在而增加了分子的水溶性。

2. 羧基中羟基的取代反应

羧酸中的 —OH 可作为一个基团，被酸根（$-O-\overset{O}{\underset{\|}{C}}-R$）、卤素、烷氧基（—OR'）或氨基（—NH$_2$）置换，分别生成酸酐、酰卤、酯或酰胺等羧酸的衍生物。

（1）酸酐的生成　羧酸在脱水剂如五氧化二磷的存在下加热，两分子羧酸间能失去一分子水而形成酸酐（acid anhydride）。

$$R-\overset{O}{\underset{\|}{C}}-O-H + H-O-\overset{O}{\underset{\|}{C}}-R \xrightarrow[\triangle]{P_2O_5} R-\overset{O}{\underset{\|}{C}}-O-\overset{O}{\underset{\|}{C}}-R + H_2O$$
酸酐

（2）酰卤的生成　酰卤（acid halide 或 acyl halide）是有机合成中非常有用的试剂，而最常使用的酰卤是酰氯（acid chloride），它可以由羧酸与亚硫酰氯（SOCl$_2$）、五氯化磷或三氯化磷等卤化剂作用来制取。

$$R-\overset{O}{\underset{\|}{C}}-OH + SOCl_2 \longrightarrow R-\overset{O}{\underset{\|}{C}}-Cl + SO_2 + HCl$$
酰氯

$$R-\overset{O}{\underset{\|}{C}}-OH + PCl_5 \xrightarrow{\triangle} R-\overset{O}{\underset{\|}{C}}-Cl + POCl_3 + HCl$$

$$3\,R-\overset{O}{\underset{\|}{C}}-OH + PCl_3 \xrightarrow{\triangle} 3\,R-\overset{O}{\underset{\|}{C}}-Cl + H_3PO_3$$

用亚硫酰氯制备酰氯是最方便的方法，因为反应产物除酰氯外，都是气体，容易提纯。

（3）酯的生成　在强酸如浓硫酸等的催化下，羧酸可以与醇形成酯（ester）。有机酸和醇的酯化（esterification）反应是可逆的：

$$R-\overset{O}{\underset{\|}{C}}-OH + R'-OH \underset{\triangle}{\overset{浓\ H_2SO_4}{\rightleftharpoons}} R-\overset{O}{\underset{\|}{C}}-O-R' + H_2O$$
有机酸酯

酯化反应必须在酸的催化及加热下进行，否则反应速率极慢。

由于酯化反应是可逆的，所以要提高酯的收率，则必须增加一种反应物的用量，即使用过量的酸或过量的醇；这要根据哪一种反应物容易得到、成本较低又易于回收来选择。另一种方法是不断从反应体系中移去一种生成物以使平衡右移。如果生成的酯的沸点较低，则可以在反应过程中不断蒸出酯；或者在反应体系中加入苯，利用苯可以与水形成恒沸物的性质，在反应过程中，不断蒸出苯与水的恒沸物而将水除去。

用含有同位素 ^{18}O 的乙醇与醋酸进行酯化，发现 ^{18}O 含于生成的酯的分子中，而不是在水分

子中:

$$CH_3-\overset{O}{\underset{\|}{C}}-OH + H-{}^{18}O-CH_2CH_3 \underset{}{\overset{H^+}{\rightleftharpoons}} CH_3-\overset{O}{\underset{\|}{C}}-{}^{18}O-CH_2CH_3 + H_2O$$

这就说明,酯化反应中生成的水是由羧酸的羟基与醇的氢形成的,也就是羧酸发生了酰-氧键断裂。

酸催化的酯化反应是通过如下机理进行的,酸的作用是增加羰基碳的亲电性。

$$R-\overset{O}{\underset{\|}{C}}-OH \overset{H^+}{\rightleftharpoons} R-\overset{OH}{\underset{|}{\overset{+}{C}}}-OH \overset{R'\overset{..}{\underset{..}{O}}-H}{\rightleftharpoons} R-\overset{OH}{\underset{\underset{H}{|}}{\overset{|}{\underset{\overset{+}{:OR'}}{C}}}}-OH$$

$$\rightleftharpoons R-\overset{OH}{\underset{\underset{OR'}{|}}{\overset{|}{C}}}-\overset{+}{O}H_2 \overset{-H_2O}{\rightleftharpoons} R-\overset{\overset{+}{OH}}{\underset{|}{C}}-OR' \overset{-H^+}{\rightleftharpoons} R-\overset{O}{\underset{\|}{C}}-OR'$$

(4) **酰胺的生成** 羧酸与氨作用,得到羧酸的铵盐。将羧酸铵盐加热,首先失去一分子水,生成酰胺(amide)。如果继续加热,则可进一步失水成腈。

$$R-\overset{O}{\underset{\|}{C}}-OH + NH_3 \longrightarrow R-\overset{O}{\underset{\|}{C}}-ONH_4 \overset{\triangle}{\underset{-H_2O}{\longrightarrow}} R-\overset{O}{\underset{\|}{C}}-NH_2 \overset{\triangle}{\underset{-H_2O}{\longrightarrow}} R-CN$$

羧酸铵盐　　　　　　酰胺　　　　　　腈

腈水解则可通过酰胺而转化为羧酸,这实际上是羧酸铵盐失水的逆反应。

$$R-CN + H_2O \longrightarrow R-\overset{O}{\underset{\|}{C}}-NH_2 \overset{H_2O}{\longrightarrow} R-\overset{O}{\underset{\|}{C}}-ONH_4$$

芳香羧酸、二元羧酸也能进行以上各种反应。二元羧酸在进行这些反应时,可以是一个羧基中的羟基被置换,如生成单酰氯、单酯等,也可以两个羧基中的羟基都被置换生成二酰氯、二酯等:

$$\begin{matrix} COOH \\ | \\ COOH \end{matrix} \overset{ROH}{\rightleftharpoons} \begin{matrix} COOR \\ | \\ COOH \end{matrix} \overset{ROH}{\rightleftharpoons} \begin{matrix} COOR \\ | \\ COOR \end{matrix}$$

乙二酸　　乙二酸单酯　　乙二酸二酯

3. 还原

羧基是有机物中碳的最高氧化态。用催化氢化或金属加酸的方法,一般都不易将羧基还原。但用氢化铝锂(LiAlH$_4$)可以将羧酸直接还原为醇。

$$R-\overset{O}{\underset{\|}{C}}-OH \overset{LiAlH_4}{\longrightarrow} R-CH_2OH$$

4. 烃基上的反应

（1）α-卤化作用　脂肪羧酸中的α-氢比其他碳原子上的氢活泼，这和脂肪醛、酮中的α-氢比较活泼是同样的道理。羧酸中的α-氢也能被卤素取代，如乙酸在日光或红磷的催化下，α-氢可逐步被氯取代，生成一氯代、二氯代或三氯代乙酸。

$$CH_3COOH + Cl_2 \xrightarrow{日光} ClCH_2COOH \xrightarrow[日光]{Cl_2} Cl_2CHCOOH \xrightarrow[日光]{Cl_2} Cl_3CCOOH$$

　　　　　　　　　　　　　一氯乙酸　　　　　　二氯乙酸　　　　　　三氯乙酸

某些氯代酸，如α,α-二氯丙酸或α,α-二氯丁酸曾被用做除草剂，可杀除多年生杂草。

（2）芳香环的取代反应　羧基属于间位定位基，所以苯甲酸在进行苯环上的亲电取代反应时，取代基将主要进入羧基的间位。

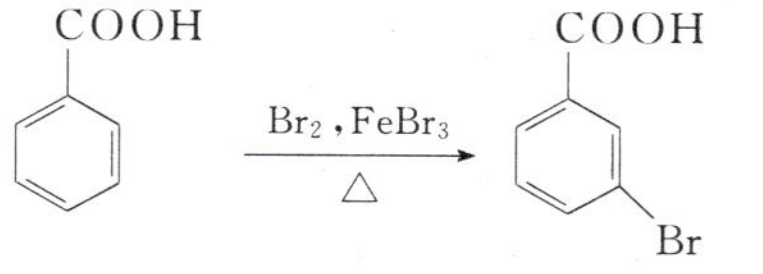

间溴代苯甲酸

5. 二元羧酸的受热反应

不同的二元羧酸，由于羧基之间的相对位置不同，常表现出不同的反应活性。例如，不同的脂肪二元羧酸的受热反应产物不同。将乙二酸迅速加热至150 ℃则分解为甲酸并放出二氧化碳。将丙二酸加热至熔点以上则失去二氧化碳（或称脱羧，decarboxylation）而形成乙酸。

$$\begin{array}{c}COOH\\|\\COOH\end{array} \xrightarrow{\triangle} CO_2 + HCOOH$$

$$\begin{array}{c}COOH\\|\\CH_2\\|\\COOH\end{array} \xrightarrow{\triangle} CO_2 + CH_3COOH$$

丙二酸的脱羧反应是所有在羧基的β位有 $-\underset{\underset{O}{\|}}{C}-$ 基团的化合物，如烷基丙二酸、β-酮酸等共有的反应。

$$R-CH\begin{array}{c}COOH\\COOH\end{array} \qquad\qquad R-\underset{\underset{O}{\|}}{C}-CH_2COOH$$

　　烷基丙二酸　　　　　　　　　　　β-酮酸

丁二酸及戊二酸加热至熔点以上,则分子内失水形成环状酸酐。

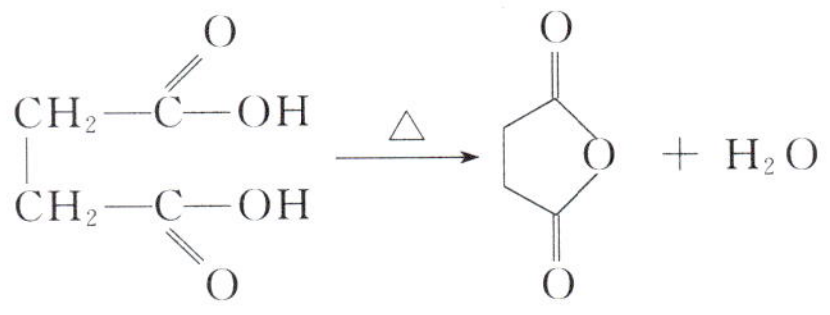

$$\begin{array}{c}CH_2-COOH\\CH_2-COOH\end{array} \xrightarrow{\Delta} \text{丁二酸酐} + H_2O$$

丁二酸酐
（琥珀酸酐）

$$\begin{array}{c}CH_2-COOH\\CH_2\\CH_2-COOH\end{array} \xrightarrow{\Delta} \text{戊二酸酐}$$

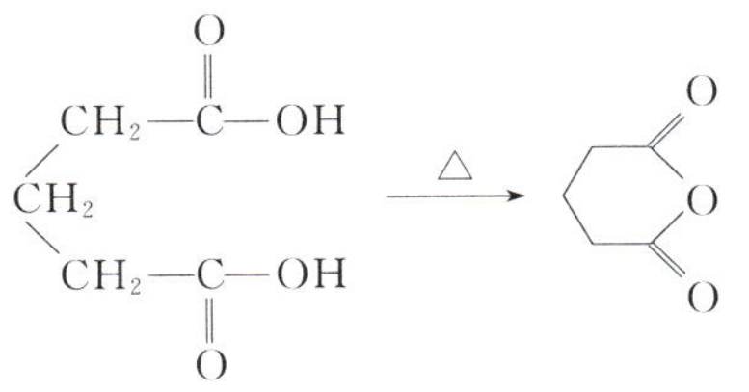

戊二酸酐

己二酸、庚二酸在氢氧化钡存在下加热则由分子内同时失水、失羧生成环酮。

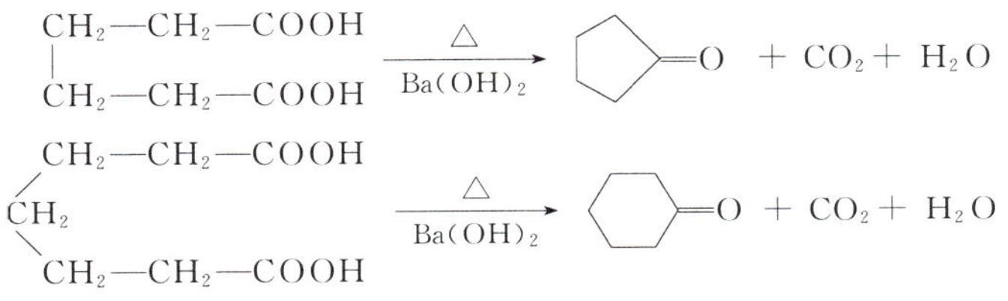

$$\begin{array}{c}CH_2-CH_2-COOH\\|\\CH_2-CH_2-COOH\end{array} \xrightarrow[Ba(OH)_2]{\Delta} \text{环戊酮} + CO_2 + H_2O$$

$$\begin{array}{c}CH_2-CH_2-COOH\\CH_2\\CH_2-CH_2-COOH\end{array} \xrightarrow[Ba(OH)_2]{\Delta} \text{环己酮} + CO_2 + H_2O$$

两个羧基间隔开 5 个以上碳原子的脂肪二元羧酸在加热的情况下,得不到分子内失水或同时失水、失羧而成的环状产物,得到的是分子间失水而成的酸酐。以上事实说明,在有可能形成环状化合物的条件下,总是比较容易形成五元环或六元环。

羧酸的结构对酸性的影响

与羧基直接或间接相连的原子或基团,对羧酸的酸性有不同程度的影响。

由饱和一元羧酸的酸性解离常数 K_a 可以看出,甲酸的酸性比同系列中其他成员的酸性强（相差一个数量级）。甲酸与其他同系物在结构上的区别仅在于甲酸中与羧基相连的是氢原子,而其他同系物与羧基相连的都是烷基,这样,酸性强度的差别必然在于氢与烷基的电子效应不同,由此得出结论:与氢相比,烷基是给电子的基团。由于烷基的给电子诱导效应,使得除甲酸以外的其他脂肪酸的 O—H 间电子密度有所增高,从而使得氢以 H^+ 形式的解离度降低,所以两个碳原子以上的饱和一元羧酸的酸性都比甲酸弱。不同的烷基给电子性的差别不大,因此,在饱和一元羧酸中,除甲酸的酸性最强外,其他同系物的解离常数都属同一数量级。

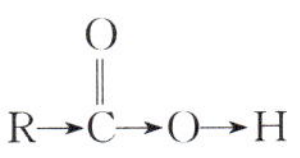

$$R \rightarrow \underset{\underset{O}{\|}}{C} \rightarrow O \rightarrow H$$

乙酸的 α-氢被氯取代后,由于氯原子较强的吸电子诱导效应,使得羧基中电子密度按箭头所指的方向转移,其结果是 O—H 间电子密度降低,羧基中的氢更容易以质子的形式解离,所以

$$Cl \leftarrow CH_2 \leftarrow \overset{\overset{O}{\|}}{C} \leftarrow O \leftarrow H$$

一氯乙酸的酸性比乙酸强。α-卤代酸的酸性随卤原子数的增加而增强。三氯乙酸的酸性几乎与无机酸相当(见表 10-3)。

表 10-3　几种氯代乙酸的解离常数

名称	解离常数	
	K_a	pK_a
乙酸	1.76×10^{-5}	4.75
一氯乙酸	1.55×10^{-3}	2.82
二氯乙酸	5.01×10^{-2}	1.30
三氯乙酸	2.3×10^{-1}	0.64

诱导效应随距离的增长而迅速减弱,如果卤素取代在 β-碳原子上,则对酸性的影响就小得多(见表 10-4)。

表 10-4　丁酸及一氯代丁酸的 pK_a

酸	$CH_3CH_2CH_2COOH$	$CH_3CH_2\underset{Cl}{C}HCOOH$	$CH_3\underset{Cl}{C}HCH_2COOH$	$ClCH_2CH_2CH_2COOH$
pK_a	4.81	2.86	4.05	4.50

卤原子的电负性不同,对酸性的影响也不同,卤原子的电负性顺序为 F>Cl>Br>I,因此不同卤代乙酸的酸性以氟代乙酸为最强(见表 10-5)。

表 10-5　卤代乙酸的 pK_a

酸	CH_3COOH	FCH_2COOH	$ClCH_2COOH$	$BrCH_2COOH$	ICH_2COOH
pK_a	4.75	2.66	2.82	2.86	3.12

羧基和卤素相同,也是吸电子基团,所以对于二元羧酸来说,当两个羧基相距较近时,一个羧基能由于另一个羧基的存在而解离度加大,由表 10-2 可以看出,乙二酸、丙二酸的第一解离常数 K_{a_1} 都比一元羧酸的大很多。丁二酸则由于两个羧基相距较远,作用就显著减弱。当第一个羧基解离以后,由于羧酸根是带负电的,有排斥电子的作用,从而使第二个羧基的解离度降低,因此二元羧酸的第二解离常数 K_{a_2} 较一元羧酸的解离常数小(见表 10-1、表 10-2)。

由表 10-1 可以看出苯甲酸的酸性比乙酸、丙酸等强,这是由于在苯甲酸中与羧基相连的是 sp^2 杂化碳原子而不是 sp^3 杂化碳原子,杂化碳原子中 s 成分增加,电负性增加(见第三章炔烃的化学性质),也就是苯环与烷基相比吸电子性增强。取代苯甲酸的酸性强弱则决定于取代基的电

子效应及其在苯环上的位置。例如,硝基苯甲酸的酸性因硝基与羧基的相对位置不同而不同(见表 10-6)。

表 10-6 苯甲酸及硝基苯甲酸的 K_a

酸	苯甲酸	邻硝基苯甲酸	间硝基苯甲酸	对硝基苯甲酸
K_a	6.46×10^{-5}	6.7×10^{-3}	3.2×10^{-4}	3.8×10^{-4}

重要代表物

羧酸在动植物体中有着很重要的作用,在一切生物体中,都含有各种各样的羧酸,包括最简单的甲酸,以至结构比较复杂的许多有重要生理作用的羧酸。例如:

$$HOOC-CH=CH-CH_2-CH_2-CH_2-CH_2-CH_2-\overset{O}{\underset{\|}{C}}-CH_3$$
2-癸烯-9-酮酸

2-癸烯-9-酮酸是蜂王分泌的吸引雄蜂的信息素。

前列腺素(prostaglandin)是广泛存在于哺乳动物体内的一类含 20 个碳原子的多官能团化合物,目前定出结构的已有十多个。它们分子中都含有一个五元环、两个长的侧链、几个含氧的基团及至少一个双键。例如:

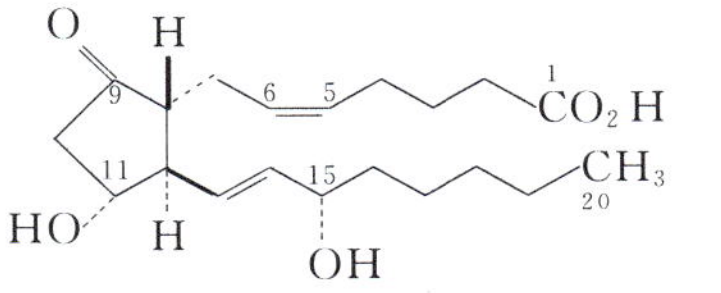

前列腺素 E_2(PGE$_2$) 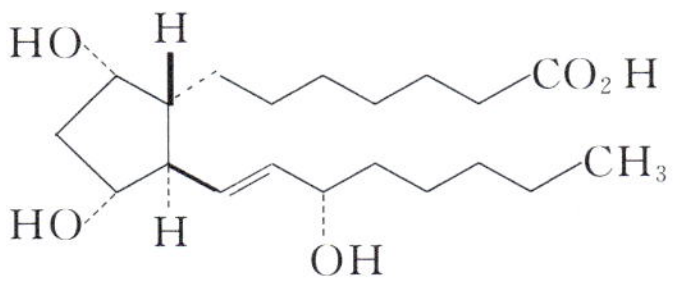   前列腺素 $F_{1\alpha}$(PGF$_{1\alpha}$)

前列腺素在动物体中有着很多不同的生理作用,有的可被用做引产药物。

已经证明,前列腺素在生物体内是由 20 个碳原子的不饱和脂肪酸如花生四烯酸等经体内的环化及氧化生成的。

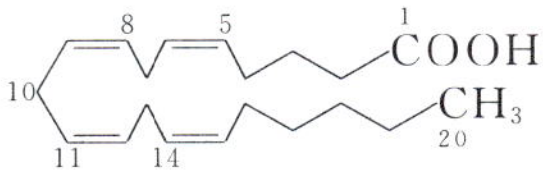

花生四烯酸(arachidonic acid)
四个双键均为顺式

1. 甲酸(HCOOH)

甲酸存在于蜂类的螫针、某些蚁类及毛虫的分泌物中,同时也广泛存在于植物中,如荨麻、松叶及某些果实中。

甲酸是无色有刺激臭味的液体,沸点 100.7 ℃,溶于水,有很强的腐蚀性,能刺激皮肤起泡。

甲酸是羧酸中唯一在羧基上连有氢原子的酸,所以它的酸性比同系列中其他成员都强。而且这个氢原子可以被氧化为羟基,进而分解为二氧化碳及水,因此甲酸为同系列中唯一有还原性的酸。它可以还原土伦试剂。

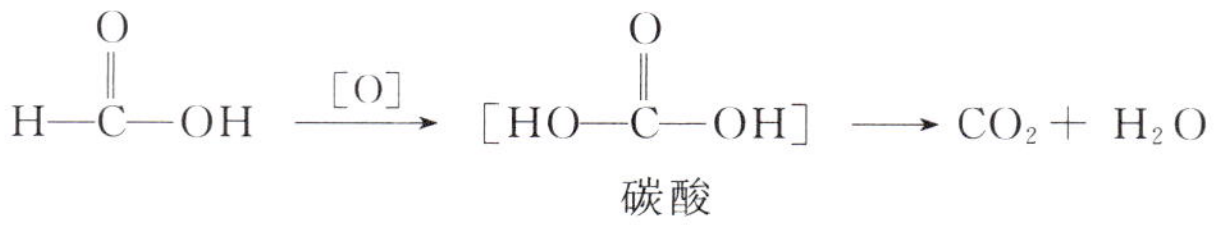

$$H-\underset{\underset{}{\overset{O}{\|}}}{C}-OH \xrightarrow{[O]} [HO-\underset{\underset{碳酸}{\overset{O}{\|}}}{C}-OH] \longrightarrow CO_2 + H_2O$$

甲酸可以看作是羟基甲醛,它实际上也能发生一些类似醛基的缩合反应,因此在有机合成中是很有用的原料。在纺织工业中用做印染时的酸性还原剂。甲酸有杀菌效力,可作消毒或防腐剂,还可用做橡浆的凝结剂。

2. 乙酸(CH_3COOH)

乙酸是羧酸中最重要的一个酸。乙酸是食醋的主要成分,因此叫作醋酸,我国古代就有关于制醋的记载。乙酸是最早由自然界得到的有机物之一,因为许多微生物可以将不同的有机物转化为乙酸(发酵),因此乙酸在自然界分布极广,如酸牛奶中、酸葡萄酒中都含有乙酸,就是由于微生物发酵所致。

纯乙酸是无色有刺激臭味的液体,沸点 117.9 ℃,熔点 16.6 ℃。由于纯乙酸在 16.6 ℃ 以下能结成似冰状的固体,所以常把无水乙酸叫作冰醋酸(glacial acetic acid)。乙酸易溶于水及其他许多有机物,是有机合成的重要原料。

木材干馏或谷物发酵都能得到乙酸。乙炔经水合为乙醛后,再经氧化即得乙酸。

3. 苯甲酸(C_6H_5COOH)

苯甲酸和苄醇以酯的形式存在于安息香胶及其他一些树脂中,所以俗名安息香酸。苯甲酸是无色结晶,熔点 122 ℃,微溶于水,能升华,可作药物和食品中的防腐剂。

4. 乙二酸(HOOC—COOH)

乙二酸常以盐的形式存在于许多植物的细胞壁中,所以俗名草酸,是无色结晶,含两分子结晶水,加热到 100 ℃ 就失去结晶水而得无水草酸。草酸易溶于水,而不溶于乙醚等有机溶剂。

草酸是饱和二元羧酸中酸性最强的。它除具一般羧酸的性质外,还有还原性,能还原高锰酸钾:

$$5(COOH)_2 + 2KMnO_4 + 3H_2SO_4 \longrightarrow K_2SO_4 + 2MnSO_4 + 10CO_2 + 8H_2O$$

这一氧化还原反应是定量进行的,所以在分析化学上常用草酸钠来标定高锰酸钾溶液的浓度。由于草酸的钙盐溶解度很小,所以可用草酸作钙的定量测定。此外,工业上也常用草酸作漂白剂,用以漂白麦草、硬脂酸等。

5. 丁二酸($HOOCCH_2CH_2COOH$)

丁二酸俗称琥珀酸,最初是由蒸馏琥珀得到的,因此而得名。琥珀是松脂等树脂的化石,含琥珀酸 8%左右。琥珀酸为无色晶体,熔点 188 ℃,溶于水,微溶于乙醇、乙醚和丙酮等,加热至熔点以上则分子内失水而成环状的酸酐。琥珀酸在有机合成中是制备五元杂环化合物及醇酸树脂的原料。在医药上有抗痉挛、祛痰及利尿的作用。

6. 邻苯二甲酸及对苯二甲酸

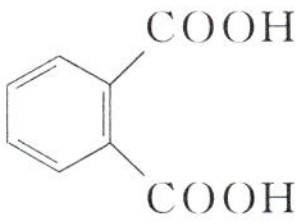

邻苯二甲酸
(phthalic acid)

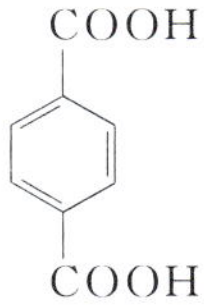

对苯二甲酸
(terephthalic acid)

苯二甲酸有邻、间、对三种异构体,其中以邻及对位异构体比较重要。邻苯二甲酸及对苯二甲酸均为白色结晶。将邻苯二甲酸加热至 230 ℃左右,便失水而成分子内酸酐——邻苯二甲酸酐,俗称苯酐。

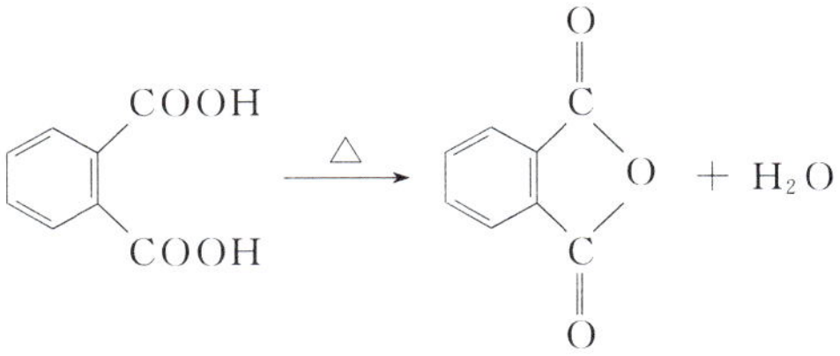

邻苯二甲酸酐
(phthalic anhydride)

邻苯二甲酸易溶于乙醇,稍溶于水和乙醚。用于制造染料、树脂、药物和增塑剂等,如邻苯二甲酸二甲酯及邻苯二甲酸二丁酯可用做避蚊油,邻苯二甲酸二丁酯及邻苯二甲酸二辛酯(实际是2-乙基己醇的酯,工业上俗称辛酯)是常用的人造革及聚氯乙烯等的增塑剂。

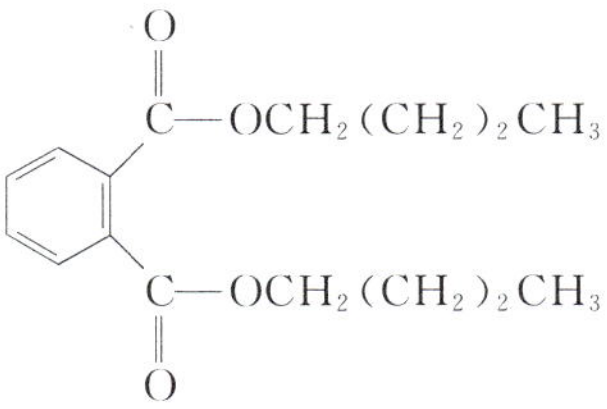

邻苯二甲酸二丁酯

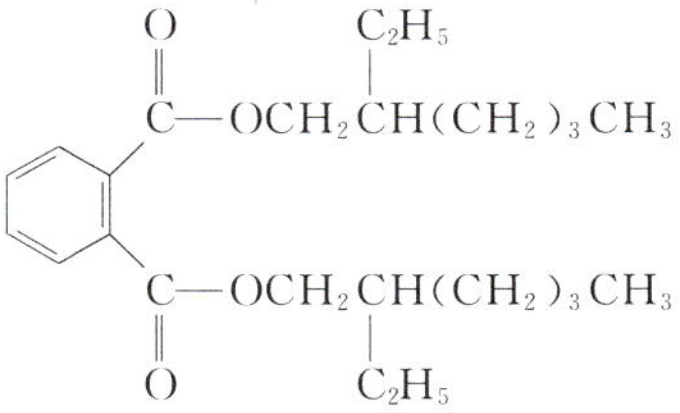

邻苯二甲酸二辛酯

对苯二甲酸能在 300 ℃ 左右升华，为制造涤纶的主要原料之一，在工业上由对二甲苯氧化制得。涤纶(terylene)俗称的确良(dacron)，为聚酯(polyester)类合成纤维，是由对苯二甲酸与乙二醇缩合而成的高分子化合物：

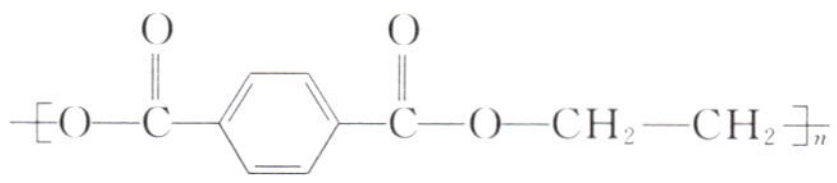

$$\text{—[O—C(O)—C}_6\text{H}_4\text{—C(O)—O—CH}_2\text{—CH}_2\text{—]}_n$$

涤纶
(poly ethylene terephthalate)

7. 丁烯二酸（HOOCCH═CHCOOH）

丁烯二酸有顺式及反式两种异构体：

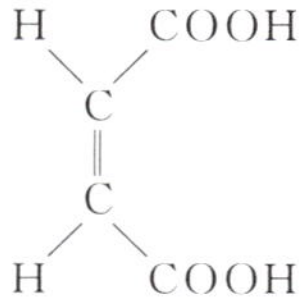

顺丁烯二酸
(maleic acid)

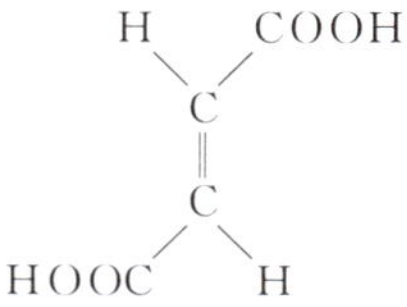

反丁烯二酸
(fumaric acid)

顺丁烯二酸俗称马来酸或失水苹果酸，为无色结晶，用于合成树脂，并可用做油和脂肪的防腐剂。反丁烯二酸俗称富马酸或延胡索酸，为无色结晶，在 200 ℃ 时升华。反丁烯二酸广泛存在于自然界。丁烯二酸顺、反异构体的物理常数见表 10-7。

表 10-7 丁烯二酸顺、反异构体的物理常数

	溶解度 g·(100 g 水)$^{-1}$	熔点/℃	解离常数 K_{a_1}	K_{a_2}
顺式	79.0	138~139	1.42×10^{-2} (25 ℃)	8.57×10^{-7} (25 ℃)
反式	0.7	287(封管速热)	9.3×10^{-4} (18 ℃)	3.62×10^{-5} (18 ℃)

由表 10-7 可以看出顺丁烯二酸和反丁烯二酸的物理性质差别很大。顺式异构体的熔点低，在水中溶解度大，酸性强，此外，热稳定性差，偶极矩大。对于其他顺、反异构体来说，在物理性质方面的差别，也有类似的情况。这种差别是由分子的构型决定的。反式异构体的结构一般比较对称，因此偶极矩小，分子的热力学能低，热稳定性高。顺丁烯二酸的 K_{a_1} 较反式为大，是由于两个羧基相距较近，羧基间的诱导效应除了通过分子内的碳链传递外，通过空间也能产生一定的影响，所以第一个羧基的解离常数大于反式异构体。但当顺丁烯二酸的第一个羧基解离形成酸根负离子后，由于它与另一羧基处于分子的同一侧，所以能与另一羧基中的氢形成氢键，从而使得第二个羧基不易解离，因此顺式异构体的 K_{a_2} 小于反式异构体。

$$\begin{array}{c} \text{structure of cis-butenedioic acid showing intramolecular H-bond} \end{array}$$

顺丁烯二酸由于两个羧基相距较近,受热易失水形成分子内酸酐,即顺丁烯二酸酐,俗称顺酐,为有机合成的重要原料。而欲使反式异构体形成分子内酸酐,则必须先使它转化为热力学能较高的顺式异构体,因此反丁烯二酸失水成酐需要 300 ℃ 以上的高温。

Ⅱ. 羧酸的衍生物

酰氯、酸酐、酯和酰胺都是羧酸分子中的羟基被不同基团取代的产物,统称为羧酸的衍生物。它们在化学性质上有很多相似处。

命　名[①]

酰氯和酰胺的命名相同,都是以它们所含的酰基命名的。例如:

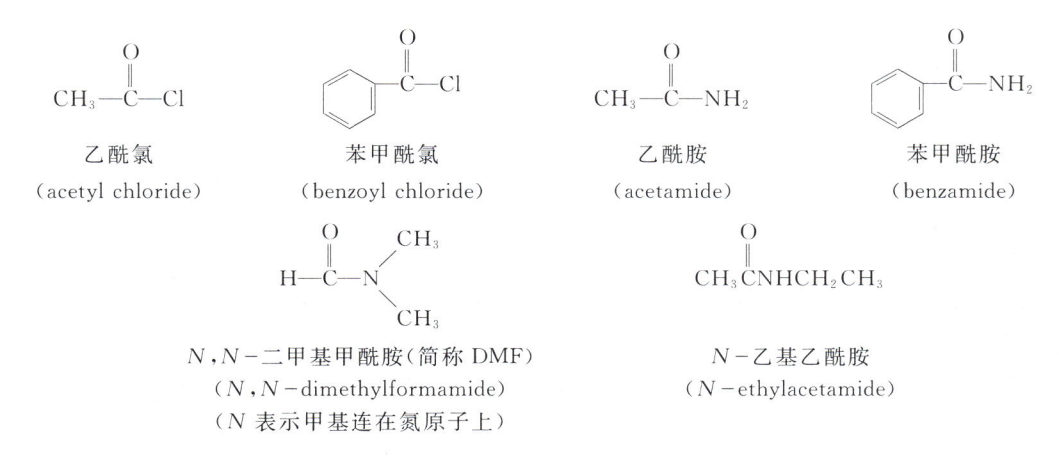

乙酰氯　　　　　苯甲酰氯　　　　　乙酰胺　　　　　苯甲酰胺
(acetyl chloride)　(benzoyl chloride)　(acetamide)　(benzamide)

N,N-二甲基甲酰胺(简称 DMF)　　　N-乙基乙酰胺
(N,N-dimethylformamide)　　　　　(N-ethylacetamide)
(N 表示甲基连在氮原子上)

酸酐是根据来源的酸命名的:

[①] 羧酸衍生物的英文命名均以相应的酸为主。酰氯的名称是将酸名中的"ic acid"改为"yl chloride"。酸酐则将酸名中的"acid"改为"anhydride"。酯的名称是将酸名中的"ic acid"改为"ate",并将醇中烃基放在前面。酰胺则将酸名中的"ic(或 oic)acid"改为"amide"。

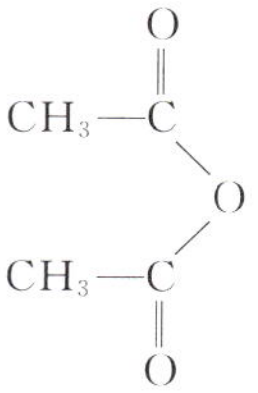

乙酸酐（简称乙酐）　　　　乙酸丙酸酐（简称乙丙酐）　　　　邻苯二甲酸酐（简称苯酐）
(acetic anhydride)　　　　(acetic propionic anhydride)　　　　(phthalic anhydride)

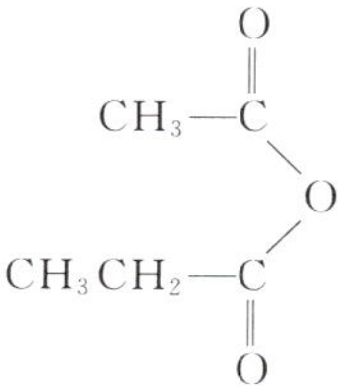

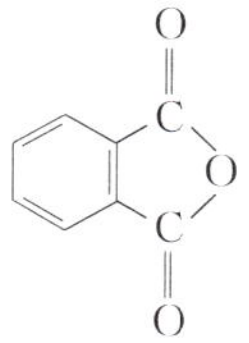

酯的命名和酸酐相似，按照形成它的酸和醇，叫作某酸某酯。例如：

$CH_3COOCH_2CH_3$
乙酸乙酯
(ethyl acetate)

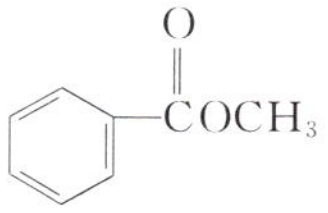

苯甲酸甲酯
(methyl benzoate)

$CH_3COOCH_2CH_2CH_2CH_3$
乙酸丁酯
(butyl acetate)

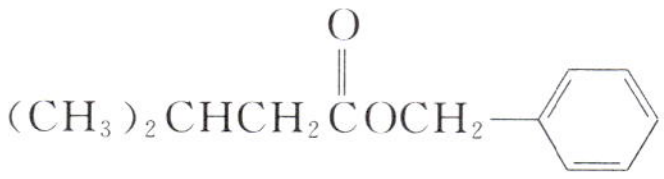

$(CH_3)_2CHCH_2COOCH_2$—苯基
异戊酸苄酯
(benzyl isovalerate)

物 理 性 质

  酰氯和酸酐都是对黏膜有刺激性的物质。而大多数酯却有愉快的香气。许多水果的香气就是由酯引起的。例如，乙酸异戊酯有香蕉香，异戊酸异戊酯有苹果香，所以许多酯被用来调配食品或化妆品香精。

  酰氯、酸酐和酯由于分子中没有酸性氢原子，因而分子间没有缔合作用，所以它们的沸点比相对分子质量相近的羧酸要低很多。例如，乙酸（相对分子质量 60）沸点为 117.9 ℃，乙酰氯的相对分子质量（78.5）比乙酸大，而沸点为 50.9 ℃；乙酸酐（相对分子质量 102）沸点为 139 ℃，相对分子质量与乙酸酐相同的戊酸沸点为 187 ℃；乙酸乙酯（相对分子质量 88）沸点为 77 ℃，相对分子质量与其相同的丁酸的沸点为 166.5 ℃。酰胺由于分子间可以通过氨基上的氢原子形成氢键而缔合，所以沸点相当高，一般多为固体，只有氨基上的氢原子被烷基取代的酰胺由于失去缔合作用而为液体。例如，乙酰胺为熔点 82.3 ℃ 的固体，其沸点为 221.2 ℃，而 N,N-二甲基乙酰胺 $[CH_3CON(CH_3)_2]$ 为沸点 165 ℃ 的液体。

  酰氯和酸酐遇水则分解为酸。酯由于没有缔合性能所以在水中溶解度比相应的酸低。低级酰胺易溶于水。

化 学 性 质

  酰氯相当于羧酸与氯化氢形成的酸酐，所以它和酸酐的性质有一定的相似性。

1. 水解（hydrolysis）

四种羧酸衍生物在化学性质上的一个主要共同点是，它们都能水解生成相应的羧酸：

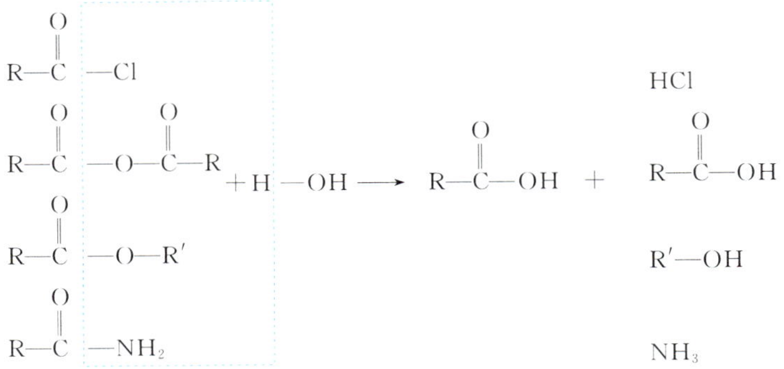

$$
\begin{matrix}
\text{R—COCl} \\
\text{R—CO—O—CO—R} \\
\text{R—CO—O—R}' \\
\text{R—CO—NH}_2
\end{matrix}
+ \text{H—OH} \longrightarrow \text{R—COOH} +
\begin{matrix}
\text{HCl} \\
\text{R—COOH} \\
\text{R}'\text{—OH} \\
\text{NH}_3
\end{matrix}
$$

但四种衍生物的活性不同，酰氯和酸酐容易水解，低级酰氯或酸酐都能较快地被空气中的水分水解，尤其酰氯的作用更快。酯和酰胺的水解都需要酸或碱作催化剂，并且还需加热。

酯在酸催化下的水解，是酯化的逆反应。在碱作用下水解时，产生的酸可与碱生成盐而从平衡体系中除去，所以在足够量碱的存在下，水解可以定量进行。酯在碱溶液中的水解又叫皂化（saponification），因为肥皂就是高级脂肪酸的钠盐（见第十六章油脂的皂化）。

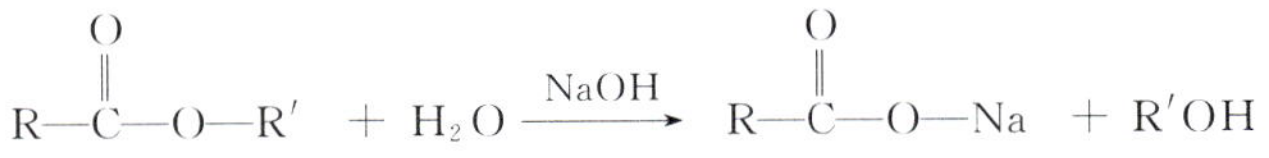

$$\text{R—CO—O—R}' + \text{H}_2\text{O} \xrightarrow{\text{NaOH}} \text{R—CO—O—Na} + \text{R}'\text{OH}$$

酰胺在酸性溶液中水解，得到羧酸和铵盐，在碱作用下水解时，则得羧酸盐并放出氨。

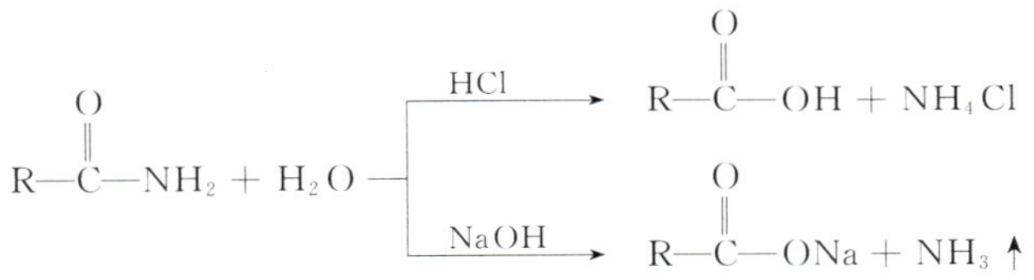

$$\text{R—CO—NH}_2 + \text{H}_2\text{O} \begin{matrix} \xrightarrow{\text{HCl}} \text{R—COOH} + \text{NH}_4\text{Cl} \\ \xrightarrow{\text{NaOH}} \text{R—COONa} + \text{NH}_3\uparrow \end{matrix}$$

2. 醇解（alcoholysis）

酰氯、酸酐和酯都能进行醇解，所得主要产物是酯：

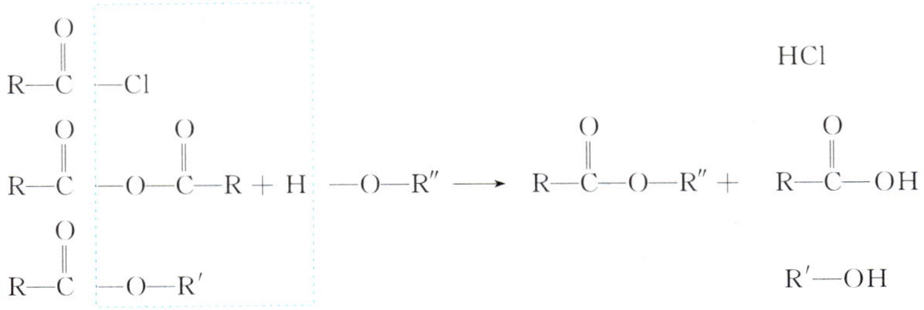

$$
\begin{matrix}
\text{R—COCl} \\
\text{R—CO—O—CO—R} \\
\text{R—CO—O—R}'
\end{matrix}
+ \text{H—O—R}'' \longrightarrow \text{R—CO—O—R}'' +
\begin{matrix}
\text{HCl} \\
\text{R—COOH} \\
\text{R}'\text{—OH}
\end{matrix}
$$

酯的醇解也叫酯交换（transesterification），即醇分子中的烷氧基取代了酯中的烷氧基，酯交换反应是可逆的。

3. 氨解（ammonolysis）

酰氯、酸酐和酯都能进行氨解，主要产物是酰胺：

$$
\begin{array}{c}
R-\underset{\underset{O}{\|}}{C}-Cl \\
R-\underset{\underset{O}{\|}}{C}-O-\underset{\underset{O}{\|}}{C}-R + H-NH_2 \longrightarrow R-\underset{\underset{O}{\|}}{C}-NH_2 + \begin{array}{c} NH_4Cl \\ R-\underset{\underset{O}{\|}}{C}-ONH_4 \\ R'-OH \end{array} \\
R-\underset{\underset{O}{\|}}{C}-O-R'
\end{array}
$$

除 NH_3 外，RNH_2（伯胺）、R_2NH（仲胺）（见第十二章）也可进行同样反应。

由以上水解、醇解和氨解反应可以看出，四种衍生物之间，以及它们与羧酸之间都可以通过一定的试剂而相互转化。

羧酸衍生物的水解、醇解、氨解及羧酸中羟基的置换反应机理都是相似的，它们都属亲核取代反应，或叫亲核酰基取代（nucleophilic acyl substitution），反应机理可用以下通式表示：

$$
R-\underset{A}{\overset{O}{\|}}{C} + Nu^- \rightleftharpoons \left[R-\underset{A}{\overset{O^-}{|}}{\underset{|}{C}}-Nu \right] \rightleftharpoons R-\underset{Nu}{\overset{O}{\|}}{C} + A^-
$$

氧负离子中间体

$A=OH, X, OR, RCOO, NH_2$，$Nu=X, OR, OH, RCOO, NH_3$

实际上反应是分步进行的，即加成与消除两步：第一步与羰基化合物的亲核加成相同，都是由一个亲核试剂向羰基碳原子进攻，形成一个氧负离子中间体。对于羰基化合物来说，第二步是氧得到一个 H^+ 或其他正离子，最终是加成产物，而对于羧酸及其衍生物的第二步反应则为消去 A^- 负离子，恢复碳-氧双键，最终是取代产物。例如，酯在碱催化下的水解过程：

$$
R-\underset{\underset{O}{\|}}{C}-OR' \xrightarrow{HO^-} \left[R-\underset{OR'}{\overset{O^-}{|}}{\underset{|}{C}}-OH \right] \rightleftharpoons R-\underset{\underset{O}{\|}}{C}-OH + {}^-OR' \xrightarrow{H_2O} R'OH + HO^-
$$

在生物化学中将上述酰基亲核取代反应叫作传递酰基（acyl transfer）。在生物体中由乙酰辅酶 A 参与的乙酰基转移的一些反应，如乙酰辅酶 A 与胆碱（choline）形成乙酰胆碱的反应，就与酯交换反应类似。因为乙酰辅酶 A 就相当于硫取代了氧而形成的硫代羧酸酯 $\left[CH_3-\underset{\underset{O}{\|}}{C}-S-R \right]$（见

第十三章)。

$$CH_3-\overset{O}{\underset{\|}{C}}-S-CoA \xrightarrow{HOCH_2CH_2N^+(CH_3)_3OH^-(胆碱)} CH_3-\overset{O}{\underset{\|}{C}}-OCH_2CH_2N^+(CH_3)_3OH^-$$

乙酰辅酶 A(acetyl-CoA)　　　　　　　　　　　　　　乙酰胆碱(acetylcholine)

▸ 4. 酯缩合反应

酯中的 α-氢也是比较活泼的,在醇钠的作用下,能与另一分子酯缩去一分子醇,生成 β-酮酸酯,这个反应叫作酯缩合,或叫克莱森酯缩合(Claisen ester condensation)。

$$CH_3-\overset{O}{\underset{\|}{C}}-OC_2H_5 \xrightarrow{NaOC_2H_5} {}^-CH_2-\overset{O}{\underset{\|}{C}}-OC_2H_5 \xrightarrow{CH_3-\overset{O}{\underset{\|}{C}}-OC_2H_5}$$

(Ⅰ)

$$\left[CH_3-\overset{O^-}{\underset{\underset{OC_2H_5}{|}}{C}}-CH_2-\overset{O}{\underset{\|}{C}}-OC_2H_5 \right] \longrightarrow CH_3-\overset{O}{\underset{\|}{C}}-CH_2-\overset{O}{\underset{\|}{C}}-OC_2H_5 + {}^-OC_2H_5$$

(Ⅱ)　　　　　　　　　　　　　　乙酰乙酸乙酯

反应前两步类似于羟醛缩合,即强碱夺取 α-氢使酯形成碳负离子(Ⅰ),碳负离子(Ⅰ)向另一分子酯的羰基进行亲核加成形成(Ⅱ),酯缩合的最后一步则是消除烷氧基,即得 β-酮酸酯。

生物体中长链脂肪酸及一些其他化合物的生成就是由乙酰辅酶 A 经过一系列复杂的生化过程形成的。从有机反应角度来说,是通过类似于酯交换、酯缩合等反应而逐渐将碳链加长的:

$$CH_3-\overset{O}{\underset{\|}{C}}-S-酶 + {}^-CH_2-\overset{O}{\underset{\|}{C}}-S-酶 \xrightarrow{酯缩合} CH_3-\overset{O}{\underset{\|}{C}}-CH_2-\overset{O}{\underset{\|}{C}}-S-酶$$

$$\xrightarrow{还原} CH_3-\overset{OH}{\underset{|}{CH}}-CH_2-\overset{O}{\underset{\|}{C}}-S-酶 \xrightarrow{脱水} CH_3-CH=CH-\overset{O}{\underset{\|}{C}}-S-酶$$

$$\xrightarrow{还原} CH_3-CH_2-CH_2-\overset{O}{\underset{\|}{C}}-S-酶 \xrightarrow{水解} CH_3-CH_2-\overset{O}{\underset{\|}{C}}-OH$$

如果使生成的 $CH_3-CH_2-CH_2-\overset{O}{\underset{\|}{C}}-S-酶$ 重复前面的步骤,则可逐渐将碳链加长,形成各种长度不同的羧酸。这样形成的羧酸有一个共同点,就是它们都含有偶数碳原子。

上述各步反应,如酯缩合、还原、脱水、水解都是在不同酶的作用下进行的。

▸ 5. 与格氏试剂反应

酰氯、酸酐和酯能与两分子的格氏试剂发生反应,得到相应的仲醇和叔醇。反应首先是格氏试剂与酰氯、酸酐或酯发生亲核取代反应,形成相应的羰基化合物,然后羰基化合物进一步与格氏试剂发生亲核加成反应,得到相应的醇。例如:

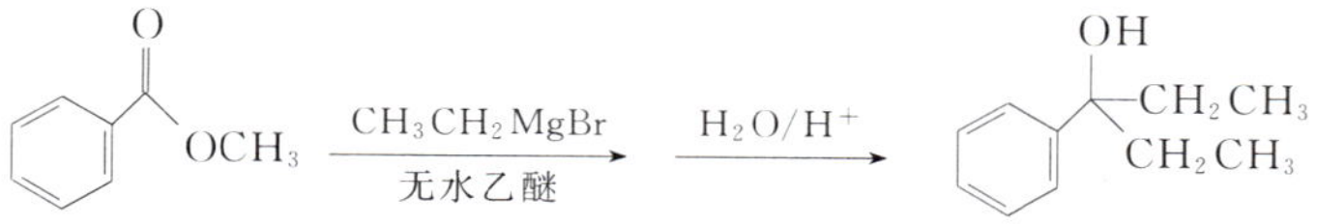

$$\text{C}_6\text{H}_5\text{COOCH}_3 \xrightarrow[\text{无水乙醚}]{\text{CH}_3\text{CH}_2\text{MgBr}} \xrightarrow{\text{H}_2\text{O}/\text{H}^+} \text{C}_6\text{H}_5\text{C(OH)(CH}_2\text{CH}_3)_2$$

对于酰胺,因氮上有活泼氢,不能用于格氏反应。而 N,N-二烃基取代的酰胺,同样可以进行格氏反应。

6. 酰胺的酸碱性

氨是碱性的,但当氨分子中的氢原子被酰基取代后(即 $RCONH_2$)则碱性消失,酰胺是中性物质。这是由于氮上未共用电子对与碳-氧双键共轭而氮原子上电子密度降低所致:

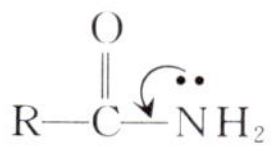

$$R-\overset{O}{\underset{}{C}}-NH_2$$

如果氨分子中两个氢都被酰基取代,生成的二酰亚胺甚至显弱酸性,可以与强碱成盐,如邻苯二甲酰亚胺即可与氢氧化钾(或氢氧化钠)生成邻苯二甲酰亚胺钾(或钠):

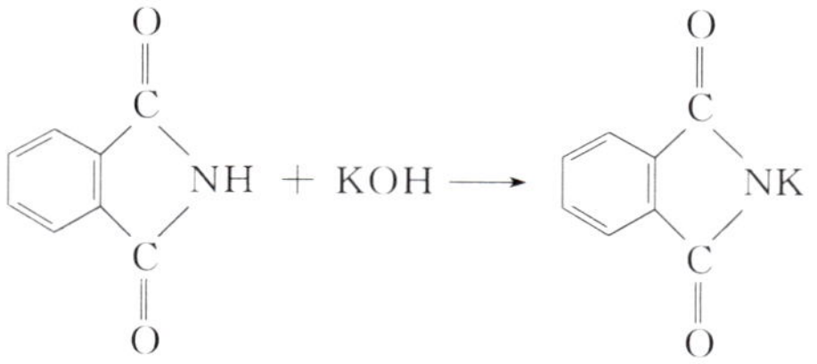

邻苯二甲酰亚胺 + KOH ⟶ 邻苯二甲酰亚胺钾

自然界的羧酸衍生物

酰氯和酸酐在自然界是很少见的。但是一些羧酸和磷酸形成的混合酸酐如乙酰磷酸酯是生物体代谢中的重要物质,并且它也可以作为生物体中的乙酰转移剂,将乙酰基转移给辅酶 A,形成乙酰辅酶 A,这就相当于酸酐的醇解。

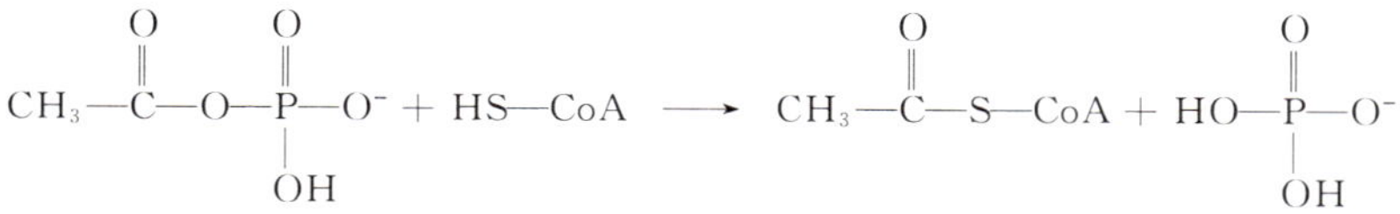

$$\underset{\text{乙酰磷酸酯}}{\text{CH}_3-\overset{O}{\underset{}{C}}-O-\overset{O}{\underset{\text{OH}}{P}}-O^-} + \underset{\text{辅酶 A}}{\text{HS-CoA}} \longrightarrow \underset{\text{乙酰辅酶 A}}{\text{CH}_3-\overset{O}{\underset{}{C}}-S-\text{CoA}} + \text{HO}-\overset{O}{\underset{\text{OH}}{P}}-O^-$$

酯广泛分布于自然界,如水果的香气,是由多种酯和一些其他物质组成的,其中的酯是由相对分子质量不太大的醇和酸形成的。例如,由菠萝取得的香精油中含有乙酸乙酯、戊酸甲酯、异戊酸甲酯、异己酸甲酯和辛酸甲酯等。动物脂肪和植物油是高级脂肪酸与甘油形成的酯。蜡是高级脂肪酸与高级醇的酯。7-十二碳烯-1-醇的醋酸酯是梨小食心虫的性信息素,其结构式为

$$CH_3-\underset{\underset{O}{\|}}{C}-O(CH_2)_6CH=CH(CH_2)_3CH_3$$

顺式异构体对雄蛾有极强的引诱作用。

除虫菊酯(pyrethrin)是存在于除虫菊花中有杀虫效力的成分,其结构式为

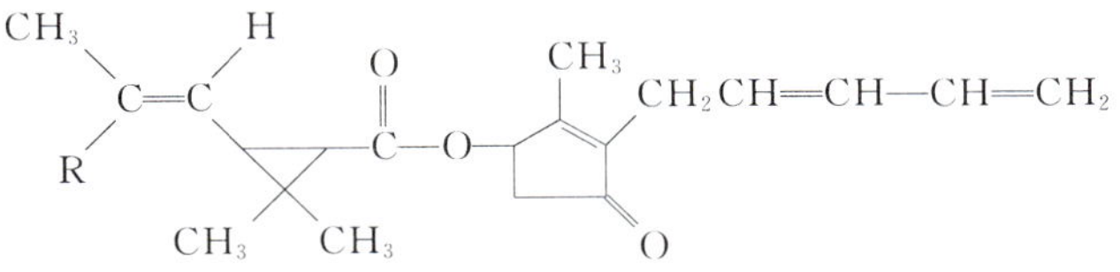

R=CH₃ 除虫菊酯Ⅰ,R=COOCH₃ 除虫菊酯Ⅱ

自发现了除虫菊酯的杀虫效力以后,许多国家先后合成了一系列其类似物,统称为拟除虫菊酯(pyrethroid)。

自然界分布最广的酰胺就是蛋白质(见第十五章)。此外,某些抗生素(antibiotics),如青霉素、头孢菌素(cephalosporis)、四环系抗生素等都属酰胺类化合物。

青霉素是抗生素的一种,是微生物在生长过程中产生的,能杀死他种微生物或有选择性地抑制其他微生物生长的物质。

青霉素是一种酰胺,同时具有与四氢噻唑并联的内酰胺环系。青霉素是由青霉菌培养液中分离出的几种取代基不同而骨架相同的物质,作为抗生素药物使用的是青霉素 G。青霉素 G 很容易被胃酸分解,所以口服效果很差。

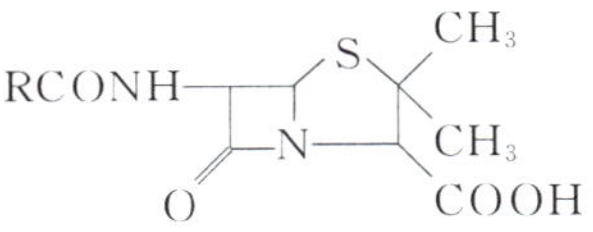

青霉素 G(penicillin G):R=C₆H₅CH₂—

头孢菌素类(即先锋霉素类)药物具有与青霉素类似的骨架结构,如头孢氨苄。四环系抗生素类药物则具有四个六元环并联的骨架,如金霉素。

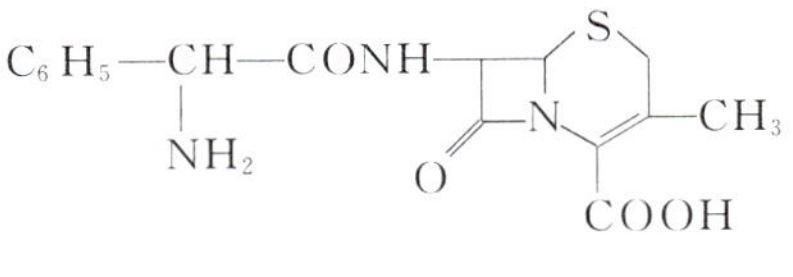

头孢氨苄 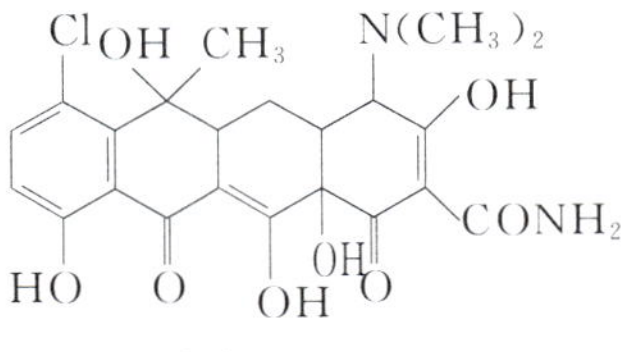   金霉素(aureomycin)

羧酸及其衍生物的红外光谱

羧基在红外光谱图中显示 O—H 及 C=O 两个特征吸收峰。醇、酚和羧酸三类化合物形成氢键的能力依醇＜酚＜酸的次序递增，其吸收频率则逐渐减小，而且峰形变宽。羧酸主要是双分子缔合的，一般情况下，观察不到未缔合的羟基的吸收峰。羧酸中 O—H 的吸收是在 $3\,300 \sim 2\,500\ \text{cm}^{-1}$ 一个相当宽的峰，中心位于 $3\,000\ \text{cm}^{-1}$ 左右，常与 C—H 伸缩振动重合。羧酸中 C=O 的吸收在 $1\,760 \sim 1\,710\ \text{cm}^{-1}$（见图 10-2）。

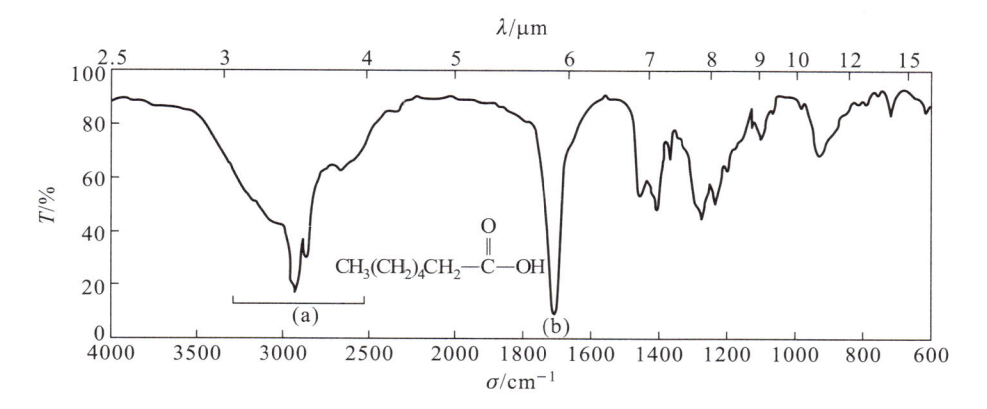

图 10-2　庚酸的红外光谱图

(a) C—H 的伸缩振动与 O—H 的宽峰重合；(b) C=O 的伸缩振动

羧酸衍生物的红外光谱图中，在 $1\,850 \sim 1\,650\ \text{cm}^{-1}$ 均有很强的 C=O 吸收峰，具体位置依不同化合物而有所差异（见图 10-3，图 10-4）。酰胺在 $3\,150\ \text{cm}^{-1}$ 以上还有 N—H 的吸收峰。

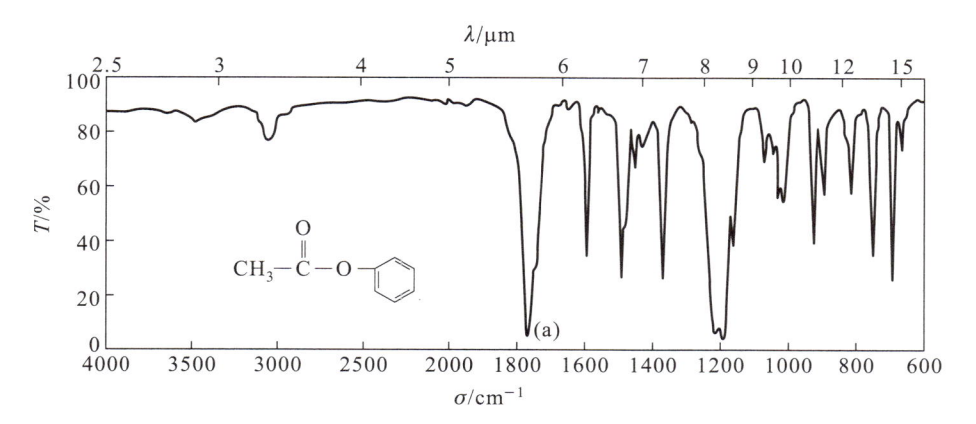

图 10-3　乙酸苯酯的红外光谱

(a) C=O 伸缩振动

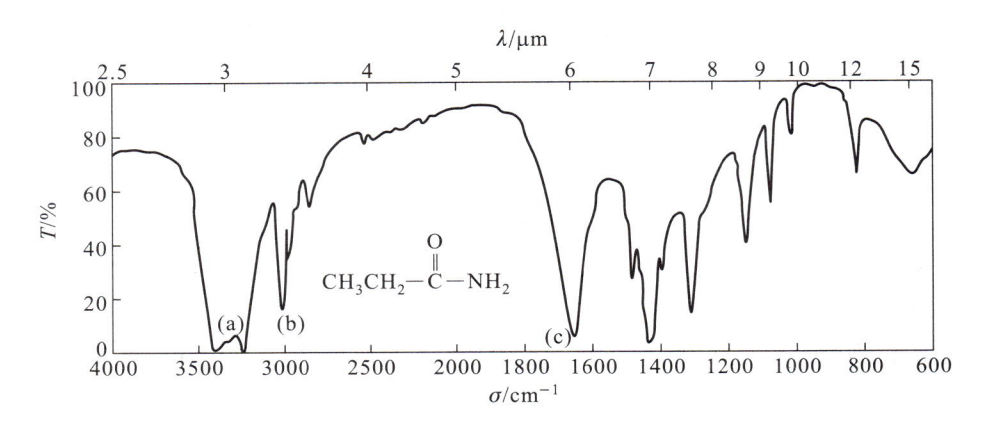

图 10-4　丙酰胺的红外光谱

(a) N—H 伸缩振动；(b) C—H 伸缩振动；(c) C=O 伸缩振动

Ⅲ. 碳酸的衍生物

二氧化碳溶于水便形成如下的平衡体系,其中含有碳酸：

$$O=C=O + H-OH \rightleftharpoons HO-\overset{O}{\underset{\|}{C}}-OH \rightleftharpoons H^+ + {}^-O-\overset{O}{\underset{\|}{C}}-OH \rightleftharpoons 2H^+ + {}^-O-\overset{O}{\underset{\|}{C}}-O^-$$

二氧化碳　　　　　　　　　碳酸

碳酸很不稳定,不能以游离状态存在。一个碳原子上连有两个羟基的化合物一般说来是不稳定的。

虽然碳酸只能在二氧化碳溶于水时瞬间产生,但是这个反应对于动物体来说是很重要的,因为它在动物体中起了输送二氧化碳的作用,并且由此维持不同体液的 pH。

碳酸虽然不稳定,但碳酸的一些衍生物,如碳酸的二酰氯、二酯或二酰胺等,是相当稳定的,而且是比较重要的有机合成原料,它们的性质与羧酸衍生物也极为相似。

1. 光气(phosgene) $\begin{bmatrix} & O \\ & \| \\ Cl- & C & -Cl \end{bmatrix}$

光气相当于碳酸的二酰氯,是剧毒的气体。光气很容易水解,也能进行醇解及氨解。光气经醇解生成氯甲酸酯或碳酸酯,经氨解即得尿素。

$$COCl_2 + H_2O \longrightarrow CO_2 + 2\ HCl$$

$$COCl_2 \xrightarrow{ROH} ClCOOR \xrightarrow{ROH} ROCOOR$$

　　　　　　　　　　　氯甲酸酯　　　　碳酸酯

$$COCl_2 + 2\ NH_3 \longrightarrow H_2NCONH_2 + 2\ HCl$$
尿素

2. 尿素(urea, carbamide) $\begin{bmatrix} & & O \\ & & \parallel \\ H_2N & - & C - NH_2 \end{bmatrix}$

尿素也叫脲,最初是由尿中取得的。它是哺乳动物体内蛋白质代谢的最终产物,成人每天可随尿排出约 30 g。

尿素是白色结晶,熔点 135 ℃,易溶于水和乙醇,强热时,分解成氨和二氧化碳。它除可用做肥料外,也是有机合成的重要原料,用于合成医药、农药和塑料等。

尿素是碳酸的二酰胺,由于含两个氨基,所以显碱性,但碱性很弱,不能用石蕊试纸检验。尿素能与硝酸、草酸生成不溶性的盐 $[CO(NH_2)_2 \cdot HNO_3$ 或 $2\ CO(NH_2)_2 \cdot (COOH)_2]$,常利用这种性质由尿液中分离尿素。

尿素在化学性质上与酰胺相似。例如,在酸或碱的作用下,可被水解为氨和二氧化碳:

$$H_2N-\overset{\overset{\displaystyle O}{\parallel}}{C}-NH_2 + H_2O \longrightarrow 2\ NH_3 + CO_2$$

植物及许多微生物中含有一种尿素酶,它可使尿素水解,施于土壤中的尿素,就是被这种酶水解而放出氨的。

尿素能与亚硝酸作用放出氮气:

$$H_2N-\overset{\overset{\displaystyle O}{\parallel}}{C}-NH_2 + 2\ HNO_2 \longrightarrow [HO-\overset{\overset{\displaystyle O}{\parallel}}{C}-OH] + 2\ N_2\uparrow + 2H_2O$$

$$[HO-\overset{\overset{\displaystyle O}{\parallel}}{C}-OH] \longrightarrow CO_2 + H_2O$$

这个反应是定量完成的,所以测定放出氮气的量,就能求得尿素的含量。这是测定尿素含量常用的方法之一。

将尿素慢慢加热至熔点以上(150～160 ℃,温度过高则分解),则两分子尿素间失去一分子氨,生成缩二脲(biuret,或称二缩脲)。

$$H_2N-\overset{\overset{\displaystyle O}{\parallel}}{C}-NH_2 + H-NH-\overset{\overset{\displaystyle O}{\parallel}}{C}-NH_2 \xrightarrow{\triangle} H_2N-\overset{\overset{\displaystyle O}{\parallel}}{C}-NH-\overset{\overset{\displaystyle O}{\parallel}}{C}-NH_2 + NH_3$$
缩二脲

缩二脲在碱性溶液中与极稀的硫酸铜溶液能产生紫红的颜色反应,这种颜色反应叫作缩二脲反应。除缩二脲外,凡分子中含有两个以上酰胺键($-\overset{\overset{\displaystyle O}{\parallel}}{C}-NH-$)的化合物,如多肽、蛋白质等,都有这种颜色反应。

3. 胍(guanidine) $\begin{bmatrix} & NH \\ & \| \\ H_2N-C-NH_2 \end{bmatrix}$

尿素中的氧被亚氨基(—NH—)取代的衍生物叫作胍。胍是极强的碱,它与苛性碱相似,能吸收空气中的二氧化碳和水分,胍水解则生成尿素和氨。

$$H_2N-\underset{\underset{NH_2}{|}}{\overset{\overset{NH}{\|}}{C}}-NH_2 \xrightarrow{H_2O} H_2N-\underset{\underset{NH_2}{|}}{\overset{\overset{O}{\|}}{C}}-NH_2 + NH_3$$

胍存在于萝卜、蘑菇、米壳、某些贝类及蚯蚓等动植物体中。

习　　题

10.1 用系统命名法命名(如有俗名请注出)或写出结构式。

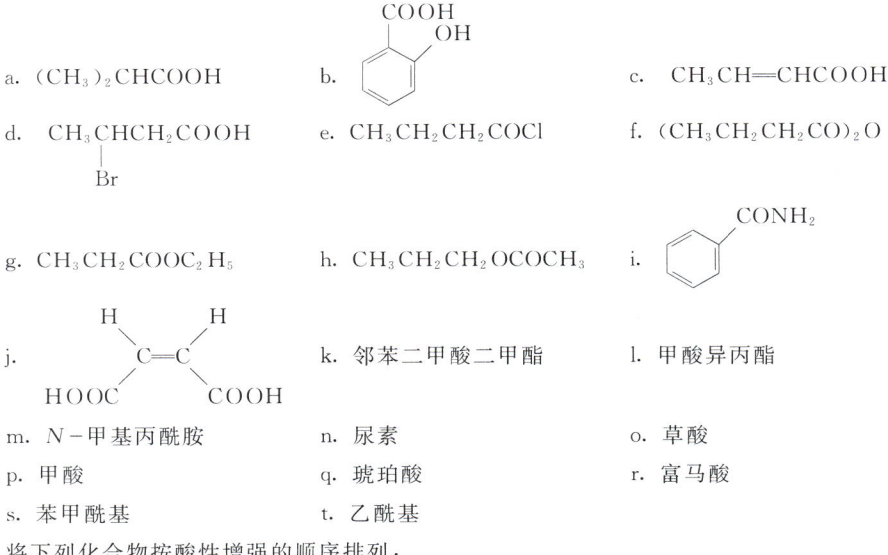

a. $(CH_3)_2CHCOOH$

b. 邻羟基苯甲酸结构 (COOH, OH on benzene)

c. $CH_3CH=CHCOOH$

d. CH_3CHCH_2COOH
　　　$|$
　　　Br

e. $CH_3CH_2CH_2COCl$

f. $(CH_3CH_2CH_2CO)_2O$

g. $CH_3CH_2COOC_2H_5$

h. $CH_3CH_2CH_2OCOCH_3$

i. 苯甲酰胺 $C_6H_5CONH_2$

j. $\underset{HOOC}{H}\overset{H}{\underset{}{C=C}}\underset{COOH}{}$ (顺/反丁烯二酸结构)

k. 邻苯二甲酸二甲酯

l. 甲酸异丙酯

m. N-甲基丙酰胺

n. 尿素

o. 草酸

p. 甲酸

q. 琥珀酸

r. 富马酸

s. 苯甲酰基

t. 乙酰基

10.2 将下列化合物按酸性增强的顺序排列:

a. $CH_3CH_2CHBrCO_2H$
b. $CH_3CHBrCH_2CO_2H$
c. $CH_3CH_2CH_2COOH$
d. $CH_3CH_2CH_2CH_2OH$
e. C_6H_5OH
f. H_2CO_3
g. Br_3CCO_2H
h. H_2O

10.3 写出下列反应的主要产物:

a. 1,2-二氢萘 $\xrightarrow{Na_2Cr_2O_7-H_2SO_4}$

b. $(CH_3)_2CHOH + CH_3-C_6H_4-COCl \longrightarrow$

c. $HOCH_2CH_2COOH \xrightarrow{LiAlH_4}$

d. $NCCH_2CH_2CN + H_2O \xrightarrow{NaOH} \xrightarrow{H^+}$

e. 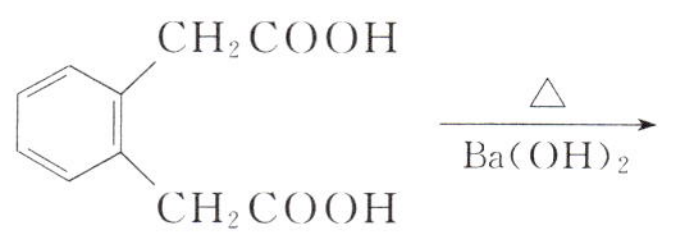 ![o-C₆H₄(CH₂COOH)₂] $\xrightarrow[Ba(OH)_2]{\triangle}$

f. 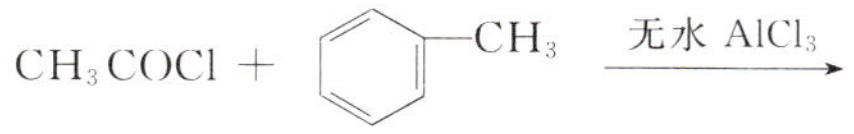 $CH_3COCl +$ C₆H₅CH₃ $\xrightarrow{\text{无水 } AlCl_3}$

g. 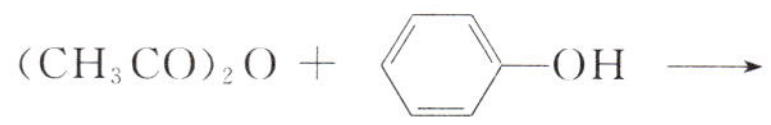 $(CH_3CO)_2O +$ C₆H₅OH $\longrightarrow$

h. $CH_3CH_2COOC_2H_5 \xrightarrow{NaOC_2H_5}$

i. $CH_3COOC_2H_5 + CH_3CH_2CH_2OH \xrightarrow{H^+}$

j. $CH_3CH(COOH)_2 \xrightarrow{\triangle}$

k. 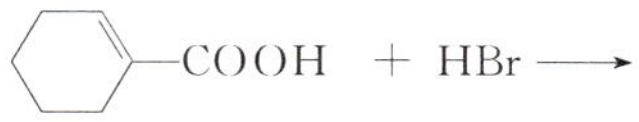 环己烯-COOH $+ HBr \longrightarrow$

l.  2 C₆H₅-COOH $+ HOCH_2CH_2OH \xrightarrow[\triangle]{H^+}$

m. 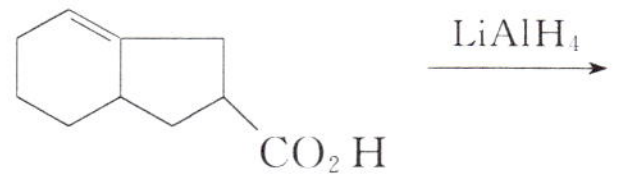 (二氢茚-2-CO₂H) $\xrightarrow{LiAlH_4}$

n. 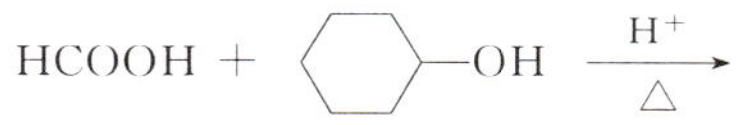 $HCOOH +$ 环己基-OH $\xrightarrow[\triangle]{H^+}$

o. $\begin{array}{c} CH_2CH_2COOC_2H_5 \\ | \\ CH_2CH_2COOC_2H_5 \end{array} \xrightarrow{NaOC_2H_5}$

p.  3-吡啶甲酰胺 $\xrightarrow[\triangle]{OH^-}$

q. 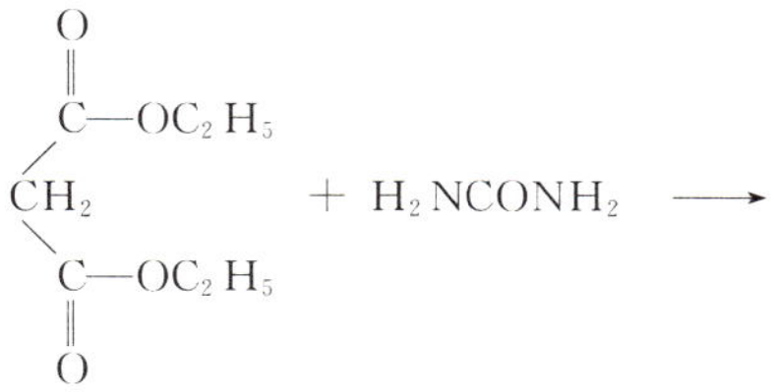 $\begin{array}{c} O \\ \| \\ C-OC_2H_5 \\ | \\ CH_2 \\ | \\ C-OC_2H_5 \\ \| \\ O \end{array} + H_2NCONH_2 \longrightarrow$

10.4 用简单化学方法鉴别下列各组化合物：

a. $\begin{array}{c} COOH \\ | \\ COOH \end{array}$ 与 $\begin{array}{c} CH_2COOH \\ | \\ CH_2COOH \end{array}$

b. 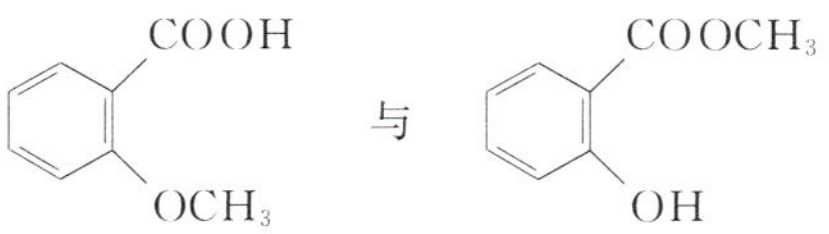 邻-C₆H₄(COOH)(OCH₃) 与 邻-C₆H₄(COOCH₃)(OH)

c.  $(CH_3)_2CHCH=CHCOOH$ 与 环戊基-COOH

d. 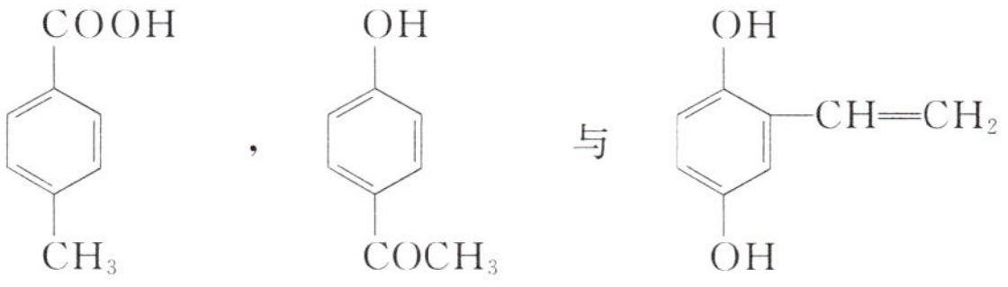 对-CH₃-C₆H₄-COOH , 对-CH₃CO-C₆H₄-OH 与 2-乙烯基-1,4-苯二酚

10.5 完成下列转化：

a. 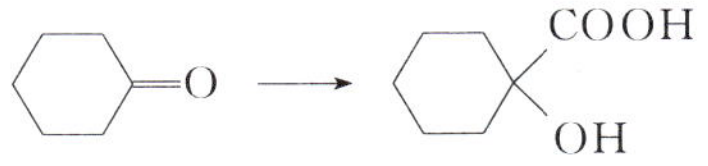 环己酮 ⟶ 1-羟基环己基甲酸（1-羟基-1-环己烷羧酸）

b. $CH_3CH_2CH_2Br \longrightarrow CH_3CH_2CH_2COOH$

c. $(CH_3)_2CHOH \longrightarrow (CH_3)_2C(OH)COOH$

d. 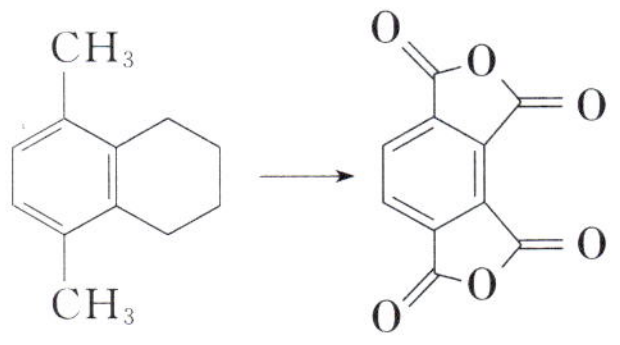 5,8-二甲基-1,2,3,4-四氢萘 ⟶ 苯-1,2,4,5-四甲酸二酐

e. $(CH_3)_2C=CH_2 \longrightarrow (CH_3)_3CCOOH$

f. 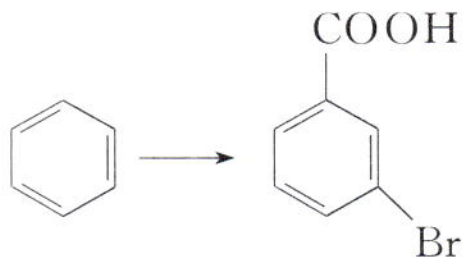 苯 ⟶ 3-溴苯甲酸

g. $HC\equiv CH \longrightarrow CH_3COOC_2H_5$

h. 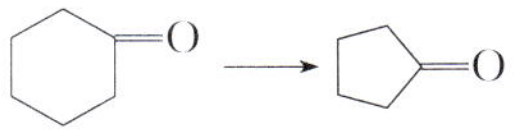 环己酮 ⟶ 环戊酮

i. $CH_3CH_2CO_2H \longrightarrow CH_3(CH_2)_3COOH$

j. $CH_3COOH \longrightarrow CH_2(COOC_2H_5)_2$

k. 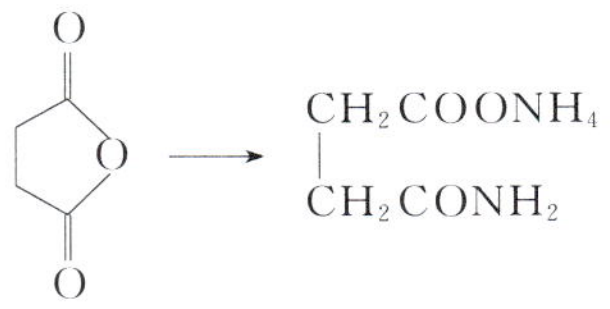 丁二酸酐（γ-丁内酯酮结构，琥珀酸酐类） ⟶ $\begin{array}{l}CH_2COONH_4\\|\\CH_2CONH_2\end{array}$

l. 2-羟基苯甲酸甲酯 ⟶ 乙酰水杨酸（邻乙酰氧基苯甲酸）

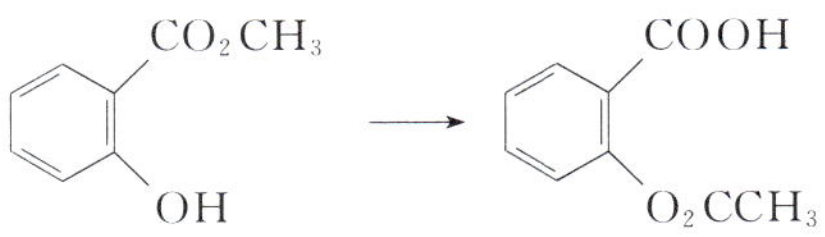

m. $CH_3CH_2COOH \longrightarrow C_6H_5-OCOCH_2CH_3$

n. $CH_3CH(CO_2C_2H_5)_2 \longrightarrow CH_3CH_2CO_2H$

10.6 怎样将己醇、己酸和对甲苯酚的混合物分离得到各种纯的组分？

10.7 写出分子式为 $C_5H_6O_4$ 的不饱和二元羧酸的各种异构体。如有几何异构，以 Z,E 标明，并指出哪种容易形成酐。

10.8 化合物 A，分子式为 $C_4H_6O_4$，加热后得分子式为 $C_4H_4O_3$ 的 B。将 A 与过量甲醇及少量硫酸一起加热得分子式为 $C_6H_{10}O_4$ 的 C。B 与过量甲醇作用也得到 C。A 与 $LiAlH_4$ 作用后得分子式为 $C_4H_{10}O_2$ 的 D。写出 A,B,C,D 的结构式及它们相互转化的反应式。

10.9 用哪种光谱法可以区别下列各对化合物？说明理由。

a. $CH_3CH_2CH_2COOH$ 与 $CH_3CH_2COOCH_3$ b. 丙酮与乙酸甲酯

c. $CH_3CH_2COCH_2CH_3$ 与 $CH_3CH_2COOCH_3$ d. 丙酮与丙酸

10.10 图 10-5 为 $C_6H_5CH_2CH_2OCOCH_3$ 的 ^1H NMR 谱图，指出各峰的归属。

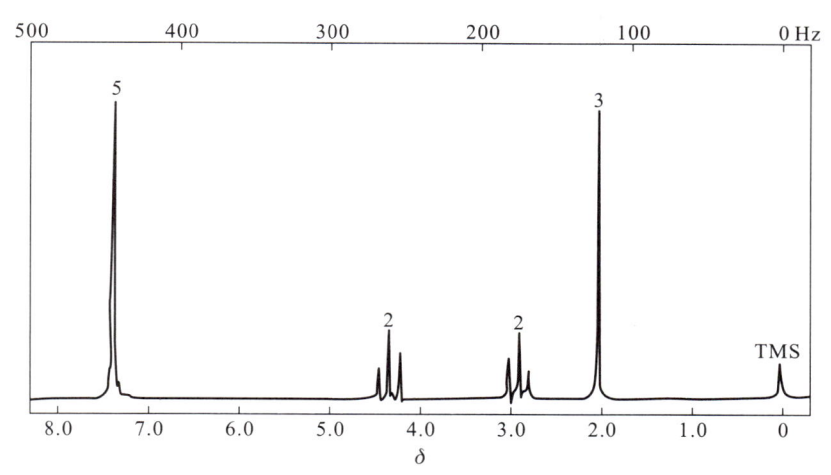

图 10-5 习题 10.10 的 ^1H NMR 谱图

第十一章 取代酸

羧酸分子中烃基上的氢原子被其他原子或基团取代的衍生物叫作取代酸,重要的取代酸有卤代酸、羟基酸、羰基酸和氨基酸等。它们无论在有机合成或生物代谢中,都是十分重要的物质。本章主要讨论羟基酸和羰基酸。

Ⅰ. 羟 基 酸

羟基酸包括醇酸和酚酸两类,前者是指脂肪羧酸烃基上的氢原子被羟基取代的衍生物,后者是指芳香羧酸芳香环上的氢原子被羟基取代的衍生物。它们都广泛存在于动植物界。

一、醇 酸

一般习惯将醇酸称作羟基酸。根据分子中羟基和羧基的相对位置,有 α-、β-、γ-、…羟基酸。羟基连在羧酸的 α-碳原子上的叫作 α-羟基酸;连在 β-碳原子上的就叫 β-羟基酸;其他可依此类推。

羟基酸除可按系统命名法命名外,许多由自然界取得的重要羟基酸无论中文或外文都常用俗名,即括号中的名称。按系统命名法命名时,选择含有羧基和羟基的最长碳链作主链,编号由距离羟基最近的羧基开始。例如:

$$\overset{3}{C}H_3-\overset{2}{C}H-\overset{1}{C}OOH \qquad HO-\overset{3}{C}H_2-\overset{2}{C}H_2-\overset{1}{C}OOH \qquad HO-\overset{}{C}H-COOH$$
$$\quad\quad\quad\;\;|\quad\quad\quad\quad\quad\quad\quad\quad\quad\quad\quad\quad\quad\quad\quad\quad\quad\quad\quad\quad\quad\quad\quad\quad\quad\quad\;\;\,|$$
$$\quad\quad\quad\,OH\quad\quad\quad\quad\quad\quad\quad\quad\quad\quad\quad\quad\quad\quad\quad\quad\quad\quad\quad\quad\quad\quad\quad\quad\quad\quad CH_2-COOH$$

2-羟基丙酸或 α-羟基丙酸　　　3-羟基丙酸或 β-羟基丙酸　　　　羟基丁二酸
　　　（乳酸,lactic acid）　　　　　　　　　　　　　　　　　　　　　（苹果酸,malic acid）

$$HO-\overset{2}{C}H-\overset{1}{C}OOH \qquad \overset{1}{C}H_2-COOH \qquad HO-CH-COOH$$
$$HO-\overset{3}{C}H-\overset{4}{C}OOH \qquad HO-\overset{2}{C}-COOH \qquad\quad\;\; CH-COOH$$
$$\quad\quad\quad\quad\quad\quad\quad\quad\quad\quad\quad\quad\quad\;\overset{3}{C}H_2-COOH \qquad\quad\;\; CH_2-COOH$$

2,3-二羟基丁二酸　　　　2-羟基-1,2,3-丙烷三羧酸　　　1-羟基-1,2,3-丙烷三羧酸
（酒石酸,tartaric acid）　　　　（柠檬酸,citric acid）　　　　（异柠檬酸,isocitric acid）

根据 IUPAC 命名原则,一个无分支的直链直接与两个以上羧基相连时,则以直接连接羧基最多的链烃的名称加后缀"某羧酸"来命名,如柠檬酸、异柠檬酸的名称。

物 理 性 质

醇酸多为结晶或糖浆状液体,由于分子中同时含有羟基和羧基两个极性基团,它们都能与水形成氢键,所以在水中的溶解度一般都很大。重要醇酸的物理性质见表 11-1。

化 学 性 质

醇酸有醇和羧酸的典型反应性能,并且由于羧基和羟基间的相互影响,还表现出一些为醇酸所特有的性质。这些特性又常根据羟基和羧基的相对位置而有所不同。

1. 酸性

由于羟基的吸电子诱导效应,醇酸的酸性比相应的羧酸强,如乳酸的酸性比丙酸强(见表 11-1 及表 10-1)。诱导效应是随传递距离的增长而减弱的,因此,β 位的羟基对酸性的影响就很小了,β-羟基丙酸的 K_a 为 3.1×10^{-5},与丙酸属同一数量级。

表 11-1 重要醇酸的物理性质

名 称	熔点/℃	比旋光度$[\alpha]$ ° · cm² · g⁻¹	溶解度 g·(100 g 水)⁻¹	K_a
(+)-乳酸	53.0	+3.8	∞	
(-)-乳酸	53.0	-3.8	∞	
(±)-乳酸	16.8	—	∞	1.38×10^{-4}(25 ℃)
(+)-苹果酸	100.0	+2.3	∞	
(-)-苹果酸	100.0	-2.3	∞	
(±)-苹果酸	128.5	—	144	3.99×10^{-4}(25 ℃)
(+)-酒石酸	170.0	+15.0	139	
(-)-酒石酸	170.0	-15.0	139	
meso-酒石酸	146~148	—	125	
(±)-酒石酸	206.0	—	20.6	10.2×10^{-4}(25 ℃)
柠檬酸	153.0	—	133	7.10×10^{-4}(20 ℃)

2. α-羟基酸的氧化

α-羟基酸中的羟基比醇中羟基易被氧化。土伦试剂与醇不发生作用，但能把 α-羟基酸氧化为 α-羰基酸。

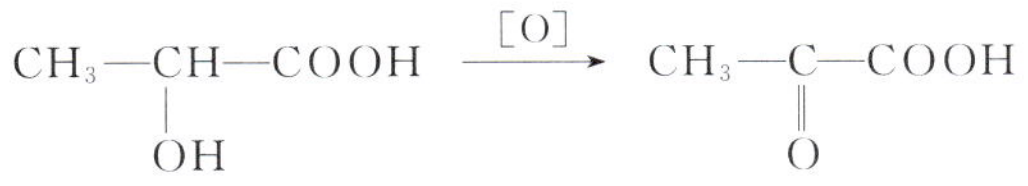

$$CH_3-\underset{\underset{OH}{|}}{CH}-COOH \xrightarrow{[O]} CH_3-\underset{\underset{O}{\|}}{C}-COOH$$

乳酸   丙酮酸

3. α-羟基酸的分解反应

α-羟基酸与稀硫酸共热，羧基和 α-碳原子之间的键断裂，生成一分子醛（或酮）和一分子甲酸。

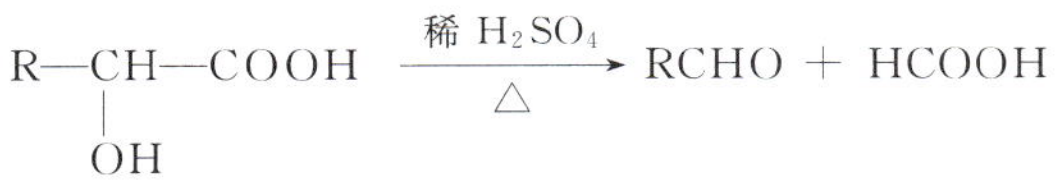

$$R-\underset{\underset{OH}{|}}{CH}-COOH \xrightarrow[\triangle]{稀\,H_2SO_4} RCHO + HCOOH$$

4. 失水反应

醇酸受热后，能发生失水反应，但失水方式随羟基的位置而异。α-羟基酸受热时，发生双分子的失水反应，一分子 α-羟基酸中的羟基与另一分子的羧基两两失水，形成环状的酯，叫作交酯(lactide)。

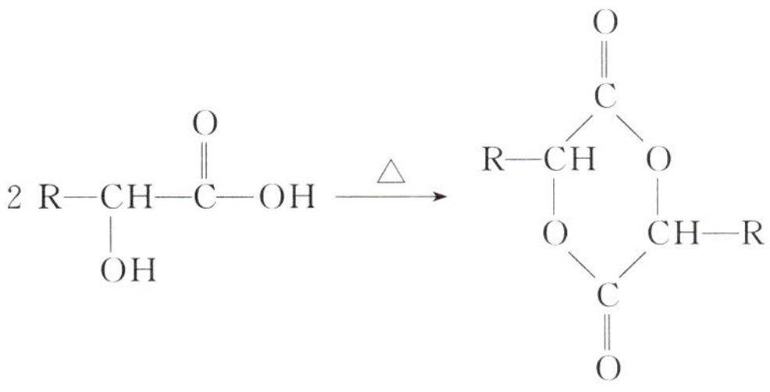

$$2\,R-\underset{\underset{OH}{|}}{CH}-\underset{\underset{}{\|}}{\overset{O}{C}}-OH \xrightarrow{\triangle} \text{交酯环状结构}$$

交酯

β-羟基酸中的 α-氢由于同时受羧基和羟基的影响，比较活泼，所以在受热时，容易和 β-碳原子上的羟基失水而成 α,β-不饱和酸。

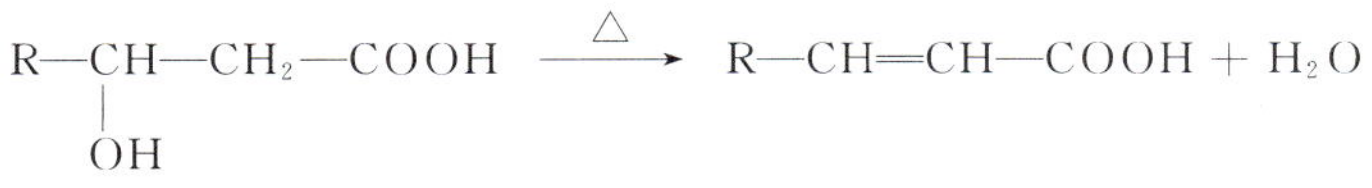

$$R-\underset{\underset{OH}{|}}{CH}-CH_2-COOH \xrightarrow{\triangle} R-CH=CH-COOH + H_2O$$

在同样情况下，γ- 或 δ-羟基酸发生分子内的酯化，产物叫作内酯(lactone)。

$$R-\underset{OH}{CH}-CH_2-CH_2-\underset{O}{\overset{\|}{C}}-OH \xrightarrow{\triangle} R-\underset{O}{\overset{CH_2}{CH}}\underset{C=O}{\overset{CH_2}{|}} + H_2O$$

γ-内酯

$$R-\underset{OH}{CH}-CH_2-CH_2-CH_2-\overset{O}{\overset{\|}{C}}-OH \xrightarrow{\triangle} R\overset{CH_2}{\underset{O}{CH}}\underset{\overset{C}{\underset{\|}{O}}}{\overset{CH_2}{|}}CH_2 + H_2O$$

δ-内酯

在以上失水反应中，形成的交酯或内酯环，分别为五元环或六元环。交酯、内酯也同样可以水解。

自然界存在许多内酯类化合物，有些是天然香精的主要成分。例如

茉莉内酯

黄葵内酯
（存在于麝葵子油中，有麝香味）

自然界的醇酸

1. 乳酸 $\left[\begin{array}{c}CH_3CHCOOH\\ |\\ OH\end{array}\right]$

乳酸最初是由酸牛奶中得到的，故由此而得名。它是牛奶中含有的乳糖受微生物的作用分解而成的。蔗糖发酵也能得到乳酸。此外，人体在运动时，肌肉里因有乳酸积存因而感到疲劳，肌肉酸痛，经休息后，肌肉里的乳酸就转化为水、二氧化碳和糖类。由酸牛奶得到的乳酸是外消旋的，由蔗糖发酵得到的乳酸是左旋的，肌肉中的乳酸是右旋的。

乳酸有很强的吸湿性，一般呈糖浆状液体，其浓溶液有腐蚀性。它的钙盐不溶于水，所以在工业上常用乳酸作除钙剂。在食品工业中用做增酸剂，乳酸钙是补充体内钙质的药物之一。

2. 苹果酸 $\left[\begin{array}{c}HOCHCOOH\\ |\\ CH_2COOH\end{array}\right]$

苹果酸最初由苹果中取得，因而得名。它多存在于未成熟的果实内，在山楂中含量较多，也

存在于一些植物的叶子中。自然界存在的是左旋苹果酸,为无色结晶,熔点100 ℃,易溶于水和乙醇,微溶于乙醚,用于制药及食品工业。

苹果酸既是 α-羟基酸,也是 β-羟基酸,由于亚甲基上氢原子较活泼,所以苹果酸能以 β-羟基酸的形式失水而成丁烯二酸。丁烯二酸经水合后,又可得苹果酸,这一反应是工业上制备苹果酸常用的方法。

$$\text{HO—CH—COOH} \atop \text{CH}_2\text{—COOH} \underset{\text{H}_2\text{O}}{\overset{-\text{H}_2\text{O}}{\rightleftharpoons}} \text{CH—COOH} \atop \text{CH—COOH}$$

反丁烯二酸(富马酸)是动物体内代谢过程的重要中间体之一,它在富马酸酶的作用下,可加水形成(S)-苹果酸,没有(R)-构型的产物生成。顺丁烯二酸则不受富马酸酶的作用。这是酶催化反应的立体专一性的例子之一。

3. 酒石酸

$$\begin{array}{c} \text{HOCHCOOH} \\ \text{HOCHCOOH} \end{array}$$

酒石酸以游离状态,或以钾、钙或镁盐形式存在于多种水果中。酒石酸氢钾由于难溶于乙醇,在以葡萄汁酿酒的过程中,便逐渐以细小的结晶析出,古代将这种附着于酒桶上的沉淀叫作酒石,酒石酸的名称便是由此而来的。自然界存在的酒石酸为右旋体。在食品工业中,酒石酸可用做酸味剂。酒石酸锑钾有抗血吸虫的作用。

4. 柠檬酸

$$\begin{array}{c} \text{CH}_2\text{COOH} \\ \text{HOCCOOH} \\ \text{CH}_2\text{COOH} \end{array}$$

柠檬酸又称枸橼酸。广泛分布于多种植物的果实,如柠檬、葡萄、醋栗、覆盆子等及动物组织与体液中,为无色结晶。带有一分子结晶水的柠檬酸熔点 100 ℃,不含结晶水的柠檬酸熔点 153 ℃。柠檬酸有强酸味,易溶于水、乙醇和乙醚。在食品工业中用做糖果及清凉饮料的调味品;也用于制药,如柠檬酸铁铵可作补血剂,它是柠檬酸铁和柠檬酸铵的复盐。

如将柠檬酸加热至150 ℃,则分子内失水而形成不饱和酸——顺乌头酸,后者加水可以产生柠檬酸和异柠檬酸两种异构体。

$$\begin{array}{c}\text{CH}_2\text{—COOH}\\ \text{HO—C—COOH}\\ \text{CH}_2\text{—COOH}\end{array} \underset{\text{H}_2\text{O}}{\overset{-\text{H}_2\text{O}}{\rightleftharpoons}} \begin{array}{c}\text{CH—COOH}\\ \text{C—COOH}\\ \text{CH}_2\text{—COOH}\end{array} \underset{-\text{H}_2\text{O}}{\overset{\text{H}_2\text{O}}{\rightleftharpoons}} \begin{array}{c}\text{HO—CH—COOH}\\ \text{CH—COOH}\\ \text{CH}_2\text{—COOH}\end{array}$$

柠檬酸　　　　　顺乌头酸　　　　　异柠檬酸
(cis-aconitic acid)

生物体中的糖类、脂肪及蛋白质代谢过程中,都要通过由柠檬酸经顺乌头酸转化为异柠檬酸的过程,当然,生物体内的这种化学变化是在酶的催化下进行的。

二、酚　　酸

酚酸都是固体,多以盐、酯或糖苷(见第十四章)的形式存在于植物中,有芳香羧酸和酚的典型反应性能,如能与三氯化铁溶液显颜色反应,羧基和酚羟基能分别成酯、成盐等。比较重要的酚酸是水杨酸和五倍子酸。

1. 水杨酸

水杨酸是无色针状结晶,熔点 159 ℃,在 79 ℃时升华,微溶于冷水,易溶于乙醇、乙醚、氯仿和沸水中,与三氯化铁水溶液显紫红色。

乙酰水杨酸即熟知的阿司匹林(aspirin),有解热、镇痛作用。近年研究发现阿司匹林能抑制血小板凝聚,可防止血栓的形成,降低心脏病发病率。

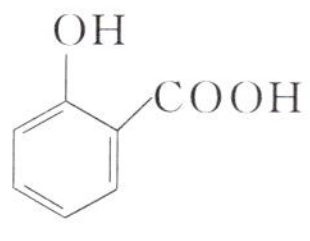

邻羟基苯甲酸　　　　乙酰水杨酸 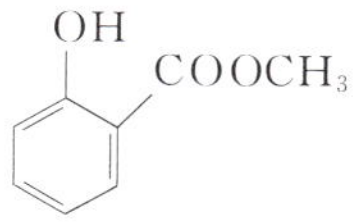　　　　水杨酸甲酯
（水杨酸）

水杨酸甲酯是由冬青树叶中取得的冬青油的主要成分,在冬青油中的含量高达 96%～99%,因此常将水杨酸甲酯叫作冬青油。水杨酸甲酯为无色液体,沸点 190 ℃(1 995 Pa),有特殊香气。可作扭伤时的外擦药,也用做配制牙膏、糖果等的香精。

2. 五倍子酸和五倍子丹宁

五倍子酸就是 3,4,5-三羟基苯甲酸:

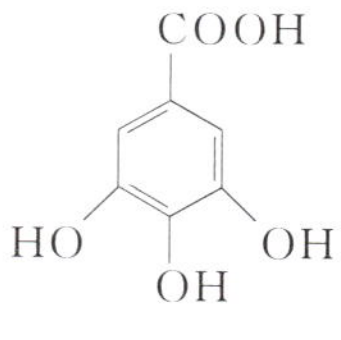

也叫没食子酸或棓酸,为无色结晶,以丹宁的形式存在于五倍子、槲树皮和茶叶等中,我国宋朝即记载了由五倍子发酵水解制取五倍子酸的方法。五倍子酸能与铁盐生成黑色沉淀。

丹宁是一类天然产物,存在于许多植物如石榴、咖啡、茶叶、柿子等中,丹宁有鞣皮的作用,即将生皮变为皮革,所以也叫鞣质或鞣酸。由不同来源得到的丹宁结构不同,研究得最多的是我国的五倍子丹宁。

五倍子又称没食子,是盐肤木叶上五倍子蚜虫形成的虫瘿,其主要成分是五倍子丹宁。

五倍子丹宁是由葡萄糖与不同数目的五倍子酸形成的酯的混合物,平均每一分子中含 9 个五倍子酸和 1 个葡萄糖,其结构大致可用下式表示:

$$\text{结构式(略)} \quad R = \text{(没食子酰基等)} \quad 或 \quad \text{(双没食子酰基)} \quad 等$$

一般说来，不同来源的丹宁，结构虽然不同，但它们有一些共同的性质：它们都是无定形粉末，有涩味，能和铁盐生成黑或绿色沉淀，并能与淀粉、明胶、白蛋白、多种生物碱（见第十七章生物碱一节）及金属盐形成沉淀。由于丹宁有杀菌、防腐和凝固蛋白质的作用，所以在医学上可用做止血及收敛剂。

Ⅱ. 羰 基 酸

重要的羰基酸是脂肪羧酸中碳链上含有羰基的化合物，羰基在碳链一端的是醛酸，在碳链当中的是酮酸。例如：

$$\underset{\underset{O}{\|}}{H-C}-CH_2-COOH \qquad \underset{\underset{O}{\|}}{CH_3-C}-COOH \qquad \underset{\underset{O}{\|}}{CH_3-C}-CH_2-COOH$$

丙醛酸（3-氧代丙酸或   丙酮酸   3-丁酮酸（乙酰乙酸或
3-羰基丙酸或甲酰乙酸）   3-氧代丁酸或3-羰基丁酸）

系统命名时是取含羰基和羧基的最长碳链，叫作某醛酸或某酮酸。命名羰基酸时，需注明羰基的位置，用"氧代"或"羰基"表示酮基，醛基有时以"甲酰基"表示。

酮酸常根据羰基和羧基的距离分为 α-酮酸（如丙酮酸）、β-酮酸（如乙酰乙酸）和 γ-酮酸等。

1. 乙醛酸（glyoxalic acid）$\begin{bmatrix} CHO \\ COOH \end{bmatrix}$

乙醛酸是最简单的醛酸，存在于未成熟的水果和嫩叶中，无水乙醛酸为熔点98 ℃的结晶，在空气中极易吸水而呈糖浆状。由于羧基的吸电子诱导效应，羰基能和一分子水生成结晶状水合乙醛酸[HOOCCH(OH)$_2$]。乙醛酸易溶于水，有醛和羧酸的典型反应性能，并能进行康尼查罗反应。

$$2\begin{matrix} CHO \\ | \\ COOH \end{matrix} \xrightarrow{NaOH} \begin{matrix} CH_2OH \\ | \\ COONa \end{matrix} + \begin{matrix} COONa \\ | \\ COONa \end{matrix}$$

2. 丙酮酸 (pyruvic acid) [$CH_3-C-COOH$, $\underset{O}{\|}$]

丙酮酸是最简单的 α-酮酸。乳酸氧化可得丙酮酸：

$$CH_3-\underset{OH}{\underset{|}{CH}}-COOH \xrightarrow{[O]} CH_3-\underset{O}{\underset{\|}{C}}-COOH$$

也可由酒石酸失水、脱羧制得，所以丙酮酸也叫焦酒石酸。

$$\underset{\text{酒石酸}}{\begin{array}{c}COOH\\|\\CHOH\\|\\CHOH\\|\\COOH\end{array}} \xrightarrow{-H_2O} \underset{\text{草酰乙酸烯醇式}}{\begin{array}{c}COOH\\|\\C\\\|\\H-C\\|\\COOH\end{array}} \rightleftharpoons \underset{\text{草酰乙酸}}{\begin{array}{c}COOH\\|\\C=O\\|\\CH_2\\|\\COOH\end{array}} \xrightarrow{-CO_2} \underset{\text{丙酮酸}}{\begin{array}{c}COOH\\|\\C=O\\|\\CH_3\end{array}} + CO_2$$

丙酮酸是有机体内糖类代谢过程的中间产物。是无色有刺激臭味的液体，沸点 165 ℃（分解），易溶于水，除有一般羧酸和酮的典型性质外，还具 α-酮酸特有的性质。

α-酮酸分子中，羰基与羧基直接相连，由于氧原子较强的电负性，使得羰基与羧基碳原子间的电子密度较低，因而此碳-碳键容易断裂，在一定的条件下，丙酮酸可以脱羧或脱去一氧化碳（脱羰），分别形成乙醛或乙酸。

$$CH_3-\underset{O}{\underset{\|}{C}}-COOH \xrightarrow[\triangle]{\text{稀 } H_2SO_4} CH_3CHO + CO_2$$

$$CH_3-\underset{O}{\underset{\|}{C}}-COOH \xrightarrow[\text{或}\triangle]{\text{浓 } H_2SO_4} CH_3COOH + CO$$

酮和羧酸都不易被氧化，但丙酮酸却极易被氧化，弱氧化剂如在两价铁存在下，过氧化氢就能把丙酮酸氧化成乙酸，并放出二氧化碳。

$$CH_3-\underset{O}{\underset{\|}{C}}-COOH \xrightarrow{Fe^{2+}, H_2O_2} CH_3COOH + CO_2$$

3. 乙酰乙酸 (acetoacetic acid) [$CH_3-\underset{O}{\underset{\|}{C}}-CH_2-COOH$] 及其酯

乙酰乙酸是 β-酮酸的典型代表，它是动物体内脂肪代谢的中间产物。乙酰乙酸只在低温下稳定，在室温以上即易脱羧而成丙酮。这是 β-酮酸的共性。

$$CH_3-\underset{\underset{O}{\|}}{C}-CH_2-COOH \xrightarrow{\triangle} CH_3-\underset{\underset{O}{\|}}{C}-CH_3 + CO_2$$

$$R-\underset{\underset{O}{\|}}{C}-CH_2-COOH \xrightarrow{\triangle} R-\underset{\underset{O}{\|}}{C}-CH_3 + CO_2$$

乙酰乙酸的酯是稳定的化合物,是非常重要的有机合成原料。一般常用的是乙酰乙酸乙酯。

$$CH_3-\underset{\underset{O}{\|}}{C}-CH_2-\underset{\underset{O}{\|}}{C}-O-C_2H_5$$

乙酰乙酸乙酯(ethyl acetoacetate)

乙酰乙酸乙酯是无色液体,有愉快的香味,在水中有一定溶解度,易溶于乙醇、乙醚等有机溶剂。可由乙酸乙酯在醇钠作用下经酯缩合作用制得(见第十章羧酸的衍生物一节)。

(1) 乙酰乙酸乙酯的分解反应　乙酰乙酸乙酯分子中羰基与酯基中间的亚甲基碳原子上电子密度较低,因此亚甲基与相邻的两个碳原子之间的键容易断裂,在不同反应条件下,能发生以下两种不同类型的分解反应。

(a) 成酮分解:在稀酸的作用下(或先用稀碱处理,然后再酸化),乙酰乙酸乙酯可以分解为丙酮,并放出二氧化碳,这叫做成酮分解或酮式分解。

$$CH_3-\underset{\underset{O}{\|}}{C}-CH_2-\underset{\underset{O}{\|}}{C}-O-C_2H_5 \xrightarrow[\triangle]{\text{稀酸}} CH_3-\underset{\underset{O}{\|}}{C}-CH_3 + C_2H_5OH + CO_2$$

显然,在稀酸或稀碱作用下,乙酰乙酸乙酯首先水解为乙酰乙酸(或其盐)及乙醇,乙酰乙酸再脱羧而成酮:

$$CH_3-\underset{\underset{O}{\|}}{C}-CH_2-\underset{\underset{O}{\|}}{C}-OC_2H_5 \xrightarrow{\text{稀酸}} CH_3-\underset{\underset{O}{\|}}{C}-CH_2-\underset{\underset{O}{\|}}{C}-OH \xrightarrow{-CO_2} CH_3-\underset{\underset{O}{\|}}{C}-CH_3$$

$$\downarrow \text{稀碱} \qquad \uparrow H^+ H_2O$$

$$CH_3-\underset{\underset{O}{\|}}{C}-CH_2-\underset{\underset{O}{\|}}{C}-ONa$$

(b) 成酸分解:在浓碱作用下,乙酰乙酸乙酯在 α-碳原子与 β-碳原子间发生键的断裂,生成两分子酸的盐,经酸化得到相应的酸,所以叫做成酸分解或酸式分解。

$$CH_3-\underset{\underset{O}{\|}}{C}-CH_2-\underset{\underset{O}{\|}}{C}-OC_2H_5 \xrightarrow[\triangle]{\text{浓碱}} 2CH_3COOH + C_2H_5OH$$

所有的 β-酮酸酯都可以进行以上两种分解反应。

(2) 互变异构现象(tautomerism)　乙酰乙酸乙酯除具有酮的典型反应外,还能与三氯化铁水溶液发生颜色反应、使溴水褪色、与金属钠作用放出氢。后三个反应是无法用前面所写的结构式解释的。经过许多物理和化学方法的研究,最后确定,所谓乙酰乙酸乙酯实际上不是一个单一的物质,而是乙酰乙酸乙酯与由 α-氢转移到 β-羰基的氧上形成的烯醇式异构体组成的一个互变平衡体系：

$$\underset{\text{酮式}(92.5\%)}{CH_3-\underset{\underset{O}{\|}}{C}-CH_2-\underset{\underset{O}{\|}}{C}-OC_2H_5} \rightleftharpoons \underset{\text{烯醇式}(7.5\%)}{CH_3-\underset{\underset{OH}{|}}{C}=CH-\underset{\underset{O}{\|}}{C}-OC_2H_5}$$

它们分别叫作乙酰乙酸乙酯的酮式和烯醇式异构体，二者之间以一定比例（92.5%酮式和7.5%烯醇式）呈动态平衡存在；在室温下，彼此互变的速率极快，不能将二者分离[①]。

这种同分异构体间以一定比例平衡存在，并能相互转化的现象叫作互变异构现象。

互变异构体的平衡混合物遇到与羰基反应的试剂，则酮式异构体发生反应，烯醇式异构体便随之转化为酮式，在足够量试剂的作用下，最后全部转化为酮式异构体的衍生物。反之，如在平衡混合物中加入足够量的溴水或金属钠，则最后得到的都是烯醇式异构体的衍生物。从上述表现出来的化学性质，可以说乙酰乙酸乙酯具有酮和烯醇的双重反应性能，但必须明确的是，乙酰乙酸乙酯并不是一种单一的物质，而是酮式和烯醇式两种物质的互变平衡混合物。

前面曾经讲到羰基化合物中的 α-氢比较活泼，可以转化为烯醇式异构体：

$$CH_3-\underset{\underset{O}{\|}}{C}-CH_3 \rightleftharpoons CH_3-\underset{\underset{OH}{|}}{C}=CH_2$$

但这样的烯醇一般是不稳定的，平衡点主要在酮式一边，没有分离得到过烯醇式异构体。而在乙酰乙酸乙酯分子中，亚甲基由于受羰基和酯基的双重影响，其上的氢原子更为活泼，所以能够形成一定数量的烯醇式异构体，而且形成的烯醇式异构体能因羟基上的氢原子与酯基中羰基上的氧原子形成分子内的氢键而相对稳定。

$$CH_3-C\underset{\underset{O\cdots H}{}}{\overset{\overset{CH}{\|}}{}}C-OC_2H_5$$

一般醇的沸点比相应的酮要高很多，但乙酰乙酸乙酯烯醇式异构体的沸点（33 ℃/266 Pa）反而比酮式异构体（沸点 41 ℃/266 Pa）低。这是不难理解的，因为乙酰乙酸乙酯烯醇式异构体由于分子内形成了氢键，所以失去了分子间缔合的可能性。同时也由于羟基构成了螯合环，所以烯醇式异构体在水中的溶解度比在非极性有机溶剂中的溶解度低。

乙酰乙酸乙酯的互变异构是由质子移位而产生的，除乙酰乙酸乙酯外，还有许多物质，如 β-二酮（$R-\underset{\underset{O}{\|}}{C}-CH_2-\underset{\underset{O}{\|}}{C}-R'$）、β-酮酸酯（$R-\underset{\underset{O}{\|}}{C}-CH_2-\underset{\underset{O}{\|}}{C}-OR'$）及某些糖类和含氮的化合物等，也

[①] 如将平衡混合物的石油醚溶液冷却至 -78 ℃，则能析出酮式乙酰乙酸乙酯的结晶，其熔点为 -39 ℃。刚刚析出时，它与三氯化铁溶液不显颜色反应，不使溴水褪色，但经放置至室温后，则能发生上述反应。如果将乙酰乙酸乙酯与金属钠作用得到的产物，即 $CH_3-\underset{\underset{ONa}{|}}{C}=CH-COOC_2H_5$，悬浮在石油醚中，在 -78 ℃时通入干燥的氯化氢，则可以得到液体的烯醇式异构体。在相当低的温度下，异构体之间的相互转化很慢；但在室温，任一种纯的异构体都能逐渐地部分转化为另一异构体，最终建立相同的平衡体系。

都能产生这类互变异构现象。异构体之间的互变均为 1,3-移变：

$$-\overset{3}{\underset{OH}{C}}=\overset{2}{C}H-\overset{1}{C}H- \rightleftharpoons -\overset{3}{C}=\overset{2}{C}H-\overset{1}{C}H-\underset{OH}{}$$

即与第一个碳原子相连的氢，转移到第三个碳原子上。原来在第二与第三两个碳原子间的双键移至第一、第二两个碳原子间。

不同物质的互变平衡体系中，异构体的比例不同（见表 11-2）。

表 11-2　几种酮-烯醇互变体系中，烯醇的平衡含量

结　构　式	烯醇式含量（液态）/%
CH_3COCH_3	0.000 25
$CH_3COCH_2COOC_2H_5$	7.5
$CH_3COCH_2COCH_3$	80.0
$CH_3COCH(COOC_2H_5)_2$	69.0
环己酮	0.020

（3）乙酰乙酸乙酯在有机合成中的应用　基于乙酰乙酸乙酯的 α-氢非常活泼，并且可以进行成酮分解，所以通过乙酰乙酸乙酯可以合成甲基酮、二元酮、γ-酮酸等许多化合物。

强碱，如醇钠，可以夺取乙酰乙酸乙酯中的 α-氢，并产生碳负离子，通常叫作乙酰乙酸乙酯的钠盐：

$$CH_3-\underset{O}{\overset{O}{\|}}C-CH_2-\underset{O}{\overset{O}{\|}}C-OC_2H_5 \xrightarrow{NaOC_2H_5} CH_3-\overset{O}{\overset{\|}{C}}-\underset{Na^+}{\overset{-}{C}H}-\overset{O}{\overset{\|}{C}}-OC_2H_5 + C_2H_5OH$$

乙酰乙酸乙酯的钠盐

此碳负离子可与卤代烃发生亲核取代反应，在 α-碳上导入烷基：

$$CH_3-\overset{O}{\overset{\|}{C}}-\underset{Na^+}{\overset{-}{C}H}-\overset{O}{\overset{\|}{C}}-OC_2H_5 \xrightarrow{RX} CH_3-\overset{O}{\overset{\|}{C}}-\underset{R}{\overset{}{C}H}-\overset{O}{\overset{\|}{C}}-OC_2H_5 + NaX$$

α-烷基取代的乙酰乙酸乙酯，通过成酮分解可以得到甲基酮：

$$CH_3-\overset{O}{\overset{\|}{C}}-\underset{R}{\overset{}{C}H}-\overset{O}{\overset{\|}{C}}-OC_2H_5 \xrightarrow[\text{(成酮分解)}]{\text{稀碱}} CH_3-\overset{O}{\overset{\|}{C}}-CH_2-R + CO_2 + C_2H_5OH$$

α-取代的乙酰乙酸乙酯中还有一个 α-氢，所以还可以进一步在强碱作用下，导入第二个烷基，再经成酮分解得到 α-烷基取代的酮。

乙酰乙酸乙酯的钠盐也可以与卤代酮或卤代羧酸酯或酰卤作用，则可在 α-碳上分别导入

—CH_2COR、—CH_2COOR、—$CHCOOR$ 和 —COR 等多种基团。例如,与 α-卤代羧酸酯作用,再
           |
           R

经成酮分解便得 γ-酮酸:

$$CH_3-\overset{O}{\underset{}{C}}-\overset{-}{C}H-\overset{O}{\underset{}{C}}-OC_2H_5 \xrightarrow{Br-CH_2-\overset{O}{\underset{}{C}}-OC_2H_5} CH_3-\overset{O}{\underset{}{C}}-\underset{\underset{\underset{O}{\overset{\|}{C}}}{\overset{|}{CH_2-OC_2H_5}}}{\overset{|}{CH}}-\overset{O}{\underset{}{C}}-OC_2H_5$$

$$\xrightarrow{\text{成酮分解}} CH_3-\overset{O}{\underset{}{C}}-CH_2-CH_2-\overset{O}{\underset{}{C}}-OH$$
$$\text{γ-酮酸}$$

如果乙酰乙酸乙酯与 α-卤代酮作用,再经成酮分解,便得 γ-二酮。

$$CH_3-\overset{O}{\underset{}{C}}-\overset{-}{C}H-\overset{O}{\underset{}{C}}-OC_2H_5 \xrightarrow{Br-CH_2-\overset{O}{\underset{}{C}}-R} CH_3-\overset{O}{\underset{}{C}}-\underset{\underset{\underset{O}{\overset{\|}{C}}}{\overset{|}{CH_2-C-R}}}{\overset{|}{CH}}-\overset{O}{\underset{}{C}}-OC_2H_5$$

$$\xrightarrow{\text{成酮分解}} CH_3-\overset{O}{\underset{}{C}}-CH_2-CH_2-\overset{O}{\underset{}{C}}-R$$
$$\text{γ-二酮}$$

所以乙酰乙酸乙酯是在有机合成中极为有用的化合物。凡是 β-酮酸酯都可进行与乙酰乙酸乙酯相同的反应。

4. 丙二酸二乙酯在有机合成中的应用

丙二酸酯不属于羰基酸酯,但它与乙酰乙酸乙酯的反应性能很相似,所以是有机合成中与乙酰乙酸乙酯同等重要的化合物。

丙二酸酯分子中的亚甲基与两个电负性的酯基相连,所以其上的氢也很活泼,同样能在强碱作用下,产生碳负离子,然后与如上的各种卤代物作用,导入不同的基团,再经水解脱羧,可以制备各种羧酸或取代羧酸。例如:

$$CH_2\begin{pmatrix}COOC_2H_5\\COOC_2H_5\end{pmatrix} \xrightarrow{NaOC_2H_5} Na^+ \overset{-}{C}H\begin{pmatrix}COOC_2H_5\\COOC_2H_5\end{pmatrix} \xrightarrow{RX} R-CH\begin{pmatrix}COOC_2H_5\\COOC_2H_5\end{pmatrix} \xrightarrow[\substack{② H^+\\ ③ -CO_2}]{① OH^-} R-CH_2-COOH$$

$$Na^+ \overset{-}{C}H\begin{pmatrix}COOC_2H_5\\COOC_2H_5\end{pmatrix} \xrightarrow{BrCH_2CH_2CH_2Br} Br-CH_2CH_2CH\begin{pmatrix}COOC_2H_5\\COOC_2H_5\end{pmatrix} \xrightarrow{NaOC_2H_5}$$

$$\text{Br}\overset{\frown}{-}\text{CH}_2\text{CH}_2\text{CH}_2\overset{\text{COOC}_2\text{H}_5}{\underset{\text{COOC}_2\text{H}_5}{\overline{\text{C}}}} \longrightarrow \begin{array}{c}\text{CH}_2\\ \text{CH}_2\end{array}\!\!\!\!\diagup\!\!\!\!\overset{\text{COOC}_2\text{H}_5}{\underset{\text{COOC}_2\text{H}_5}{\text{C}}}\!\!\!\!\diagdown\!\!\!\!\begin{array}{c}\text{CH}_2\\ \text{CH}_2\end{array} \xrightarrow[\text{③ }-\text{CO}_2]{\text{① OH}^-\text{ ② H}^+} \begin{array}{c}\text{CH}_2\\ \text{CH}_2\end{array}\!\!\!\!\diagup\!\!\text{CH}-\text{COOH}$$

习 题

11.1 写出下列化合物的结构式或命名,如有惯用俗名,请写出。

a. 乳酸　　　　　　b. $CH_3COCOOH$　　　　c. 柠檬酸

d. 顺乌头酸　　　　e. 草酰乙酸　　　　　　　f. 酒石酸

g. $\begin{array}{c}\text{CHO}\\ \text{COOH}\end{array}$　　　　h. $\begin{array}{c}\text{HOCHCOOH}\\ \text{CH}_2\text{COOH}\end{array}$　　　i. 异柠檬酸

j. 乙酰乙酸　　　　k. 邻羟基苯甲酸(水杨酸结构)　　l. $\text{CH}_3\overset{}{\underset{\text{Cl}}{\text{CH}}}\text{CH}_2\text{COOH}$

m. $\text{CH}_3\overset{}{\underset{\text{O}}{\text{C}}}\text{CH}_2\text{CH}_2\text{COOH}$

11.2 用简单化学方法鉴别下列各组化合物。

a. $CH_3CH_2CH_2COCH_2COOCH_3$　　　邻羟基苯甲酸　　　$\text{CH}_3\overset{}{\underset{\text{OH}}{\text{CH}}}\text{COOH}$

b. $CH_3CH_2CH_2COCH_3$　　　$CH_3COCH_2COCH_3$

11.3 写出下列反应的主要产物:

a. $\text{CH}_3\text{COCHCO}_2\text{C}_2\text{H}_5\atop\text{CH}_3$ $\xrightarrow[\text{② H}^+,\Delta]{\text{① 稀 OH}^-}$

b. $\text{CH}_3\text{CH}_2\overset{}{\underset{\text{OH}}{\text{CH}}}\text{COOH} \xrightarrow{\Delta}$

c. 环己基-$\overset{\text{CO}_2\text{CH}_3}{\underset{\text{COCH}_3}{}}$ $\xrightarrow[\Delta]{\text{稀 H}^+}$

d. 2-乙基-2-羧基环戊酮 $\xrightarrow{\Delta}$

e. $\text{HO}_2\text{CCH}_2\text{COCCOOH}\atop\text{CH}_3,\text{CH}_3$ $\xrightarrow{\Delta}$

f. $\text{CH}_3\text{CH}_2\overset{}{\underset{\text{Cl}}{\text{CH}}}\text{COOH} \xrightarrow[\Delta]{\text{NaOH}-\text{H}_2\text{O}}$

g. $\text{CH}_3\overset{}{\underset{\text{OH}}{\text{CH}}}\text{CH}_2\text{COOH} \xrightarrow{\Delta}$

h. 4-甲基-γ-丁内酯 $\xrightarrow[\Delta]{\text{NaOH}-\text{H}_2\text{O}}$

i. $\text{CH}_3\text{CH}_2\overset{\text{CH}_3}{\underset{\text{OH}}{\text{C}}}\text{COOH} \xrightarrow[\Delta]{\text{稀 H}_2\text{SO}_4}$

j. $CH_3CH_2COCO_2H \xrightarrow[\Delta]{\text{稀 H}_2\text{SO}_4}$

k. $CH_3CHCOCO_2H \xrightarrow{\triangle}$
   　　|
   　　CH_3

l. 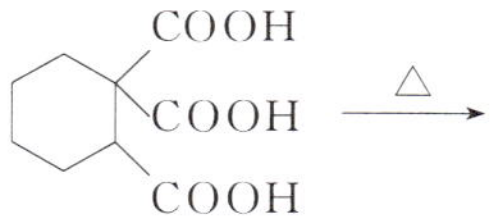 1,1,2-cyclohexanetricarboxylic acid (COOH, COOH, COOH on cyclohexane) $\xrightarrow{\triangle}$

m. 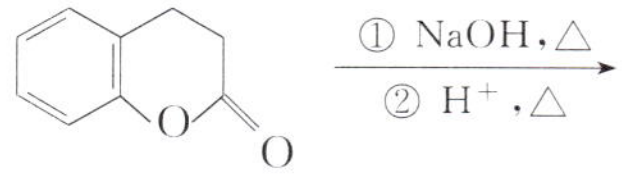 (chroman-2-one / 3,4-dihydrocoumarin) $\xrightarrow[\text{② } H^+, \triangle]{\text{① NaOH}, \triangle}$

n. $CH_3CH_2COOH + Cl_2 \xrightarrow{P}$

11.4 写出下列化合物的酮式与烯醇式互变平衡体系。

a. CH_3COCH_3

b. $CH_3CH_2C=CHCOOCH_3$
   　　　　　　|
   　　　　　　OH

c. CH_3COCH_2CHO

d. $CH_3COCHCOCH_3$
   　　　　|
   　　　　CH_3

e. $CH_3CH_2COCH_2COCH_3$

f. $CH_3CH_2COCH(CO_2C_2H_5)_2$

g. $CH_3COCHCOCH_3$
   　　　　|
   　　　　$COCH_3$

h. 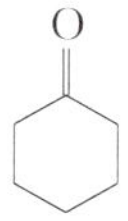 cyclohexanone

i. 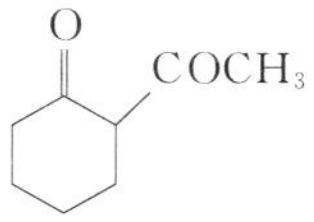 2-acetylcyclohexanone

11.5 完成下列转化：

a. $BrCH_2(CH_2)_2CH_2CO_2H \longrightarrow$ (δ-valerolactone)

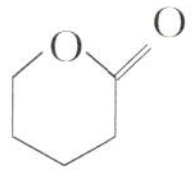

b. 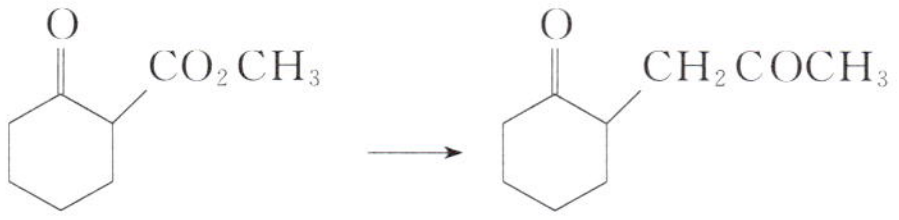 methyl 2-oxocyclohexanecarboxylate $\longrightarrow$ 2-(2-oxopropyl)cyclohexanone

c. $CH_3COOH \longrightarrow$ cyclobutanecarboxylic acid (□—COOH)

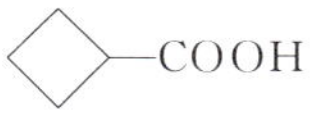

d. $CH_3COOH \longrightarrow HOOCCH—CHCOOH$
   　　　　　　　　　　　　　　|　　|
   　　　　　　　　　　　　　　CH_3 CH_3

第十二章 含氮有机化合物

前面几章讨论了卤素或氧分别与碳相连形成的各类有机化合物。本章将要讨论的是氮与碳相连形成的某些有机化合物。正像将醇、酚、醚看作是水的衍生物一样,许多含氮的有机化合物也可看作是某些无机氮化合物的衍生物(见表12-1)。

表 12-1 某些含氮的无机化合物与有机化合物

无机氮化合物		相应的有机氮化合物	
名　称	结　构　式	结　构　式	名　称
氨	NH_3	RNH_2,$ArNH_2$	胺
		R_2NH,$(Ar)_2NH$	
		R_3N,$(Ar)_3N$	
氢氧化铵	NH_4OH	$R_4N^+OH^-$	季铵碱
铵　盐	NH_4Cl	$R_4N^+Cl^-$	季铵盐
联氨(肼)	H_2N-NH_2	$RNHNH_2$	肼
		$ArNHNH_2$	
硝　酸	$HO-NO_2$	$R-NO_2$,$Ar-NO_2$	硝基化合物
亚硝酸	$HO-NO$	$R-NO$,$Ar-NO$	亚硝基化合物

除以上列举的化合物之外,还有许多其他含氮的有机化合物如偶氮化合物($Ar-N=N-Ar$)、重氮化合物($Ar-N_2^+Cl^-$)、叠氮化合物(RN_3)、亚胺($RCH=NH$)、腈($RC≡N$)、异氰酸酯($R-N=C=O$)等,此外还有碳与氮间接相连的一些有机化合物如氰酸酯($R-O-C≡N$)、硝酸酯($R-O-NO_2$)、亚硝酸酯($R-ONO$),等等。本章主要讨论胺,并对硝基化合物作一简单介绍。

Ⅰ. 硝基化合物

由硝酸和亚硝酸可以导出四类含氮的有机化合物，即硝酸酯、亚硝酸酯、硝基化合物和亚硝基化合物：

H—O—NO_2 硝酸	R—O—NO_2 硝酸酯	R—NO_2 硝基化合物
H—O—N=O 亚硝酸	R—O—N=O 亚硝酸酯	R—N=O 亚硝基化合物

应该注意的是，酯的分子中，与碳原子相连的是氧原子，而在硝基化合物或亚硝基化合物中，与碳原子相连的是氮原子。也就是酯是酸中的氢被烃基取代的衍生物，而硝基化合物与亚硝基化合物则是酸中的 HO—被烃基取代的衍生物。硝基化合物与相应的亚硝酸酯是同分异构体。

硝酸酯或亚硝酸酯的命名与有机酸酯的命名相同。例如：

CH_3ONO_2　硝酸甲酯

CH_3CH_2ONO　亚硝酸乙酯

硝基化合物和亚硝基化合物则将硝基和亚硝基看作取代基：

CH_3NO_2

硝基甲烷

邻硝基甲苯

对亚硝基甲苯

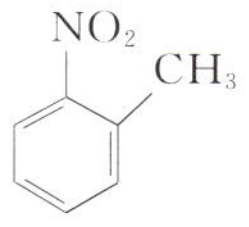

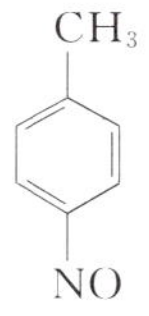

硝酸酯和芳香多硝基化合物都有爆炸性，常被用做炸药，如三硝酸甘油酯和 TNT 等。

$CH_2—O—NO_2$
|
$CH—O—NO_2$
|
$CH_2—O—NO_2$

三硝酸甘油酯

2,4,6-三硝基甲苯(TNT)

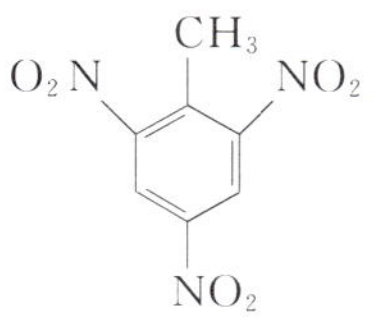

亚硝酸酯容易水解而放出亚硝酸，故可用亚硝酸酯作为亚硝基化剂。

四类化合物中用得最多的是芳香族硝基化合物，它们是合成芳香族化合物的重要原料。

物理性质

芳香硝基化合物中除某些一硝基化合物为高沸点液体外，多硝基化合物多为结晶，不溶于水,易溶于有机溶剂,相对密度大于1,一般多带有黄色。芳香多硝基化合物都有极强的爆炸性。叔丁基苯的某些多硝基化合物有类似天然麝香的气味,可用做化妆品的定香剂。例如:

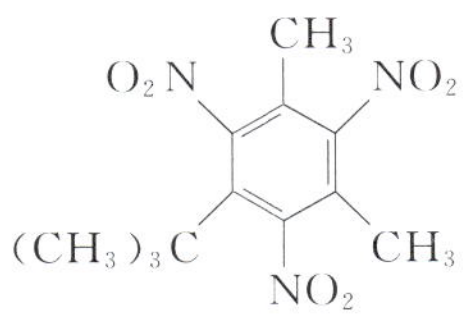

$$
\begin{array}{cc}
\text{二甲苯麝香} & \text{酮麝香}
\end{array}
$$

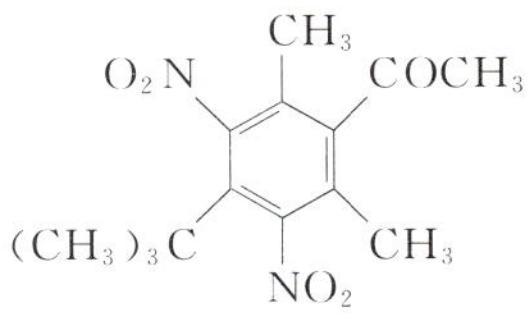

芳香硝基化合物有一定的毒性,它们能使血红蛋白变性而引起中毒,较多地吸入它们的蒸气或粉尘,或者长期与皮肤接触都能引起中毒。上述硝基麝香已被限制使用。

化 学 性 质

1. 还原

硝基可以被还原,特别是芳香硝基化合物的还原有很大的实用意义。芳香硝基化合物在不同介质中使用不同还原剂可以得到一系列不同的还原产物。用强还原剂还原的最终产物是伯胺。例如,在酸性介质中以铁粉还原硝基苯则生成苯胺,这是工业上制备苯胺的方法之一。

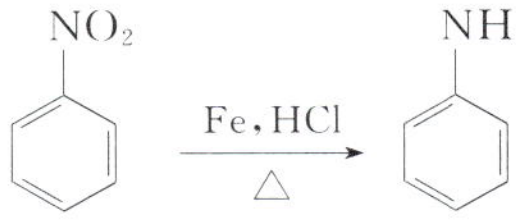

$$C_6H_5NO_2 \xrightarrow[\triangle]{Fe, HCl} C_6H_5NH_2$$

2. 脂肪族硝基化合物的酸性

由于硝基的吸电子诱导效应,脂肪族硝基化合物中的 α-氢原子显弱酸性,这就和羰基化合物中的 α-氢显弱酸性一样。所以,α-碳原子上有氢原子的硝基化合物如 RCH_2NO_2、R_2CHNO_2 等可与碱作用生成碳负离子,并溶于碱中。

$$R{-}CH_2{-}NO_2 \;+\; NaOH \longrightarrow [R{-}CH{-}NO_2]^- Na^+ \;+\; H_2O$$

3. 硝基对芳环上邻、对位基团的影响

(1) 对于邻、对位上卤原子的影响　氯苯中的氯原子是不活泼的,它不容易被水解为羟基,由氯苯制取苯酚时,需要高温高压的条件,还需催化剂;但 2,4-二硝基氯苯则很容易水解,只要与碳酸钠水溶液煮沸即可水解为 2,4-二硝基酚:

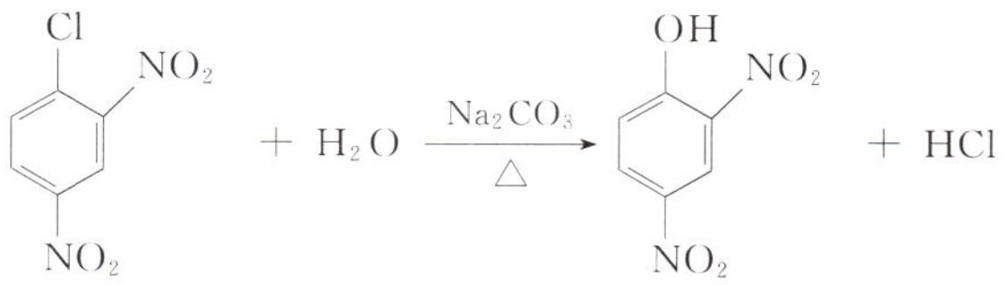

$$\underset{\substack{Cl \\ NO_2 \\ NO_2}}{\underset{}{\text{(2,4-dinitrochlorobenzene)}}} + H_2O \xrightarrow[\triangle]{Na_2CO_3} \underset{\substack{OH \\ NO_2 \\ NO_2}}{} + HCl$$

这是由于硝基极强的吸电子作用,使苯环上电子密度降低,这样与氯相连的碳便易于受亲核试剂 OH^- 的进攻而发生取代反应。

(2) 对酚的酸性的影响 硝基处于酚羟基的邻或对位时,能使酚的酸性增强。如苯酚的 pK_a 为 9.89;而邻硝基酚与对硝基酚的 pK_a 分别为 7.17 及 7.16;2,4-二硝基苯酚的 pK_a 则为 3.96。

硝基对间位取代基也有一定程度的影响,但影响较弱,间硝基苯酚的 pK_a 为 8.28。

Ⅱ. 胺

一切生物体中,都有许多含氮的有机化合物,这些物质对于生命是十分重要的,其中一类是含有氨基的有机化合物。生物体在生长过程中所需要的含氮有机化合物,归根结底是由大气中的氮气合成的。

结构与命名[①]

胺(amine)可以看作是氨的烃基衍生物,氨中的氢被一个、两个或三个烃基取代,则分别生成伯胺、仲胺或叔胺:

$RNH_2(ArNH_2)$	$R_2NH(Ar_2NH)$	$R_3N(Ar_3N)$
伯胺	仲胺	叔胺
(一级胺)	(二级胺)	(三级胺)

—NH_2 叫作氨基(amino group),—NH— 叫亚氨基(imino group)。

氮原子与脂肪烃基相连的是脂肪胺,与芳香环直接相连的叫芳香胺。按照分子中所含氨基的数目,有一元胺、二元胺或多元胺。

伯、仲、叔胺的区别与伯、仲、叔醇(或卤代烃)不同。醇或卤代烃的级数是根据与官能团相连的碳原子的级数决定的,而对于胺,则是按照氮上所连碳原子的数目决定的,如叔丁醇为三级醇,而叔丁基胺则为一级胺:

---

① 脂肪胺的英文普通命名法是在相应烷基后加 amine 组成一个字构成。对于仲或叔胺,则作为氮上有取代基的伯胺的衍生物,取带有氨基的最长碳链为母体伯胺,氮上的取代基加 N- 表示。

$$\underset{\text{叔丁醇(三级醇)}}{\text{CH}_3\text{-}\underset{\underset{\text{CH}_3}{|}}{\overset{\overset{\text{CH}_3}{|}}{\text{C}}}\text{-OH}} \qquad \underset{\text{叔丁基胺(一级胺)}}{\text{CH}_3\text{-}\underset{\underset{\text{CH}_3}{|}}{\overset{\overset{\text{CH}_3}{|}}{\text{C}}}\text{-NH}_2}$$

相应于氢氧化铵和氯化铵的四烃基衍生物叫作季铵类化合物(quaternary ammonium compound),分别称为季铵碱和季铵盐。

$$\underset{\underset{\text{(quaternary ammonium hydroxide)}}{\text{季铵碱}}}{R_4N^+OH^-} \qquad \underset{\underset{\text{(quaternary ammonium salt)}}{\text{季铵盐}}}{R_4N^+Cl^-}$$

应该注意"氨"、"胺"及"铵"字的用法,在表示基时,如氨基、亚氨基,则用"氨"字;表示 NH_3 的烃基衍生物时,用"胺";而季铵类化合物则用"铵"。

胺与氨的结构相似,分子也呈角锥形。如果胺中氮上连有三个不同基团,理论上应该存在一对对映异构体(Ⅰ)与(Ⅱ),它们不能重叠:

$$\underset{(\text{Ⅰ})}{\overset{R^1}{\underset{R^2}{\overset{|}{N}}\cdots R^3}} \rightleftharpoons \underset{(\text{Ⅱ})}{\overset{R^1}{\underset{R^2}{\overset{|}{N}}\cdots R^3}}$$

但实际上从未分离得到过这样的异构体。这是由于氮原子上一个 sp^3 杂化轨道中只有一对未共用电子对,它不会像一个基团那样使分子的构型固定下来;(Ⅰ)和(Ⅱ)之间的相互翻转所需的能量只有约 25 kJ/mol,所以(Ⅰ)和(Ⅱ)之间在室温即可以很快的速率翻转而无法分离。对于季铵类化合物来说,氮上的四个 sp^3 杂化轨道都被烃基占据,如果四个烃基不同时,确实存在旋光异构体。

简单的胺习惯按它所含的烃基命名。例如:

$$\underset{\text{甲胺}}{\text{CH}_3\text{NH}_2} \qquad \underset{\text{乙胺}}{\text{CH}_3\text{CH}_2\text{NH}_2} \qquad \underset{\text{苯胺}}{\text{C}_6\text{H}_5\text{-NH}_2}$$

$$\underset{\text{对甲苯胺}}{\text{CH}_3\text{-C}_6\text{H}_4\text{-NH}_2} \qquad \underset{\text{乙二胺(ethylenediamine)}}{\text{H}_2\text{NCH}_2\text{CH}_2\text{NH}_2}$$

氮原子上连有两个或三个相同的烃基时,需表示出烃基的数目:

$$\underset{\text{二甲胺}}{\text{CH}_3\text{NHCH}_3} \qquad \underset{\text{三甲胺}}{\underset{\underset{\text{CH}_3}{|}}{\text{CH}_3\text{NCH}_3}} \qquad \underset{\text{二苯胺}}{(\text{C}_6\text{H}_5)_2\text{NH}}$$

如果所连烃基不同,按次序规则将较优基团后列出:

$$\underset{\text{甲乙胺}}{\text{CH}_3\text{NHC}_2\text{H}_5}$$

对于芳香仲胺或叔胺,则在基前冠以"N"字,以表示这个基团是连在氮上,而不是连在芳香环上:

$\text{C}_6\text{H}_5\text{—NHCH}_3$ $\text{C}_6\text{H}_5\text{—N(CH}_3\text{)(C}_2\text{H}_5\text{)}$ $\text{C}_6\text{H}_5\text{—N(CH}_3\text{)}_2$

   N-甲基苯胺 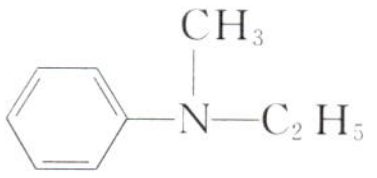   N-甲基-N-乙基苯胺 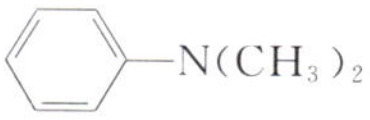   N,N-二甲基苯胺

对于结构比较复杂的胺,按系统命名法,则将氨基当作取代基,以烃或其他官能团为母体,取代基按次序规则排列,将较优基团后列出。例如:

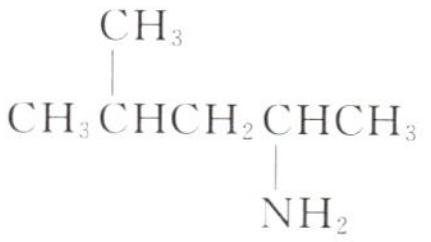

$$CH_3CH(CH_3)CH_2CH(NH_2)CH_3$$

2-甲基-4-氨基戊烷
(2-methyl-4-aminopentane)

$$H_2N\text{—}C_6H_4\text{—}COOH$$

对氨基苯甲酸
(p-aminobenzoic acid)

季铵类化合物的命名则与氢氧化铵或铵盐的命名相似。例如:

$(CH_3)_4N^+OH^-$ $[(CH_3)_3N^+C_2H_5]Cl^-$

氢氧化四甲铵   氯化三甲基乙基铵
(四甲基氢氧化铵)   (三甲基乙基氯化铵)
(tetramethylammonium hydroxide)   (ethyltrimethylammonium chloride)

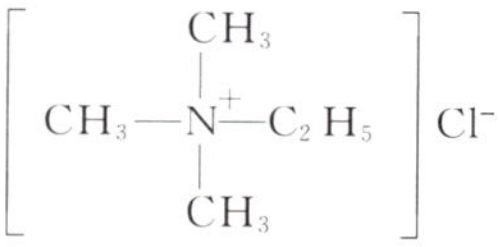

物 理 性 质

胺分子中氮原子上的未共用电子对能与水形成氢键,所以低级脂肪胺在水中溶解度都很大。伯胺或仲胺分子间可以通过氢键缔合,但由于氮的电负性不如氧强,所以伯胺或仲胺分子间的氢键不如醇分子间的氢键强,从而伯胺或仲胺的沸点比相对分子质量相近的醇低。叔胺由于氮原子上没有氢而没有缔合作用,它们的沸点与相对分子质量相近的烷烃相近。如相对分子质量为 59 的正丙胺、甲乙胺及三甲胺的沸点分别为 49 ℃、35 ℃ 及 3 ℃,而相对分子质量为 60 的正丙醇的沸点为 97.4 ℃,丁烷(相对分子质量 58)的沸点为 -0.5 ℃。表 12-2 列出某些胺的物理常数。

表 12-2 某些胺的物理常数

结构式	名称	英文普通命名	沸点/℃	K_b	pK_b
CH_3NH_2	甲胺	methylamine	-6.3	4.5×10^{-4}	3.35
$(CH_3)_2NH$	二甲胺	dimethylamine	7.4	5.4×10^{-4}	3.27
$(CH_3)_3N$	三甲胺	trimethylamine	3.0	0.6×10^{-4}	4.22
$C_2H_5NH_2$	乙胺	ethylamine	16.6	5.1×10^{-4}	3.29
$(C_2H_5)_2NH$	二乙胺	diethylamine	56.3	10×10^{-4}	3.0

续表

结 构 式	名 称	英文普通命名	沸点/℃	K_b	pK_b
$(C_2H_5)_3N$	三乙胺	triethylamine	89.0	$5.6×10^{-4}$	3.25
$CH_3CH_2CH_2NH_2$	正丙胺	propylamine	49.0	$5.1×10^{-4}$	3.29
$CH_3CH_2CH_2CH_2NH_2$	正丁胺	butylamine	77.8	$5.9×10^{-4}$	3.23
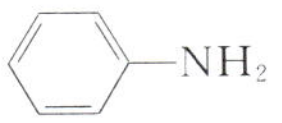 C₆H₅—NH₂	苯 胺	aniline	184.0	$4.3×10^{-10}$	9.37
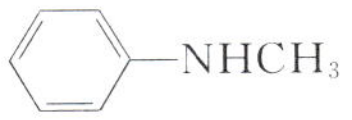 C₆H₅—NHCH₃	N-甲基苯胺	N-methylaniline	196.25	$7.0×10^{-10}$	9.16
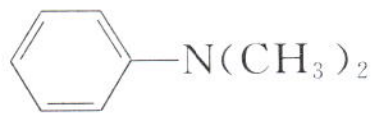 C₆H₅—N(CH₃)₂	N,N-二甲基苯胺	N,N-dimethylaniline	194.0	$11.7×10^{-10}$	8.93
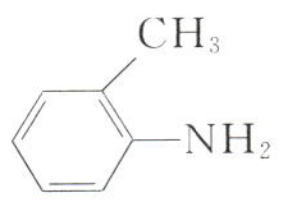 邻-CH₃C₆H₄NH₂	邻甲苯胺	o-toluidine	200.2	$2.8×10^{-10}$	9.55
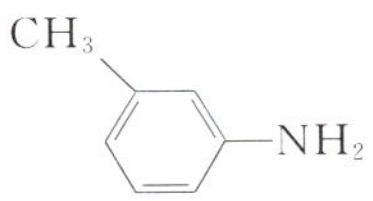 间-CH₃C₆H₄NH₂	间甲苯胺	m-toluidine	203.3	$5.4×10^{-10}$	9.27
 对-CH₃C₆H₄NH₂	对甲苯胺	p-toluidine	200.5 (熔点 44～45 ℃)	$1.9×10^{-9}$	8.70

气味往往也是鉴别物质的标志之一。胺有不愉快的,或是很难闻的臭气,特别是低级脂肪胺,有臭鱼一样的气味。腌鱼的臭味就是由某些脂肪胺引起的。动物肌肉腐烂时能产生极臭而且剧毒的丁二胺及戊二胺。

$$H_2NCH_2CH_2CH_2CH_2NH_2 \qquad H_2NCH_2CH_2CH_2CH_2CH_2NH_2$$
$$\text{1,4-丁二胺(腐胺)} \qquad \text{1,5-戊二胺(尸胺)}$$

芳香胺的气味不像脂肪胺这样大,但芳香胺极毒而且容易通过皮肤吸收。因此无论吸入它们的蒸气,或皮肤与之接触都能引起严重中毒,某些芳香胺有致癌作用,如联苯胺(H_2N—C₆H₄—C₆H₄—NH_2)、萘胺等。

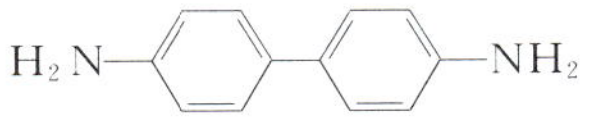

化 学 性 质

胺的化学性质在很大程度上与氮原子上的未共用电子对有关。

1. 碱性

胺与氨相似,氮上的未共用电子对能接受质子,所以胺显碱性。

$$\text{NH}_3 + \text{H—OH} \rightleftharpoons [\text{NH}_4]^+ + \text{OH}^-$$

$$\text{R—NH}_2 + \text{H—OH} \rightleftharpoons [\text{R NH}_3]^+ + \text{OH}^-$$

胺的碱性以碱性解离常数 K_b 或其负对数 pK_b 表示,K_b 越大或 pK_b 越小则碱性越强。

氨中氢原子被烷基取代后,即 R—NH$_2$——伯胺,由于烷基的给电子诱导效应,使氮原子上电子密度增高,因此 R—NH$_2$ 接受质子的能力比 NH$_3$ 强,也就是说碱性比 NH$_3$ 强。NH$_3$ 的 pK_b 为 4.75,而甲胺(CH$_3$NH$_2$)的 pK_b 为 3.35。如果 NH$_3$ 中两个氢被烷基取代,即 R$_2$NH——仲胺,则碱性应比伯胺强,如二甲胺[(CH$_3$)$_2$NH]的 pK_b 为 3.27。但并不能由此推断叔胺的碱性比仲胺更强。例如表 12-2 所列前六个脂肪胺中,叔胺的碱性反比仲胺要弱。其原因之一是由于烷基数目的增加,虽然增加了氮原子上的电子密度,但同时也占据了氮原子外围更多的空间,使质子难于与氮原子接近,因此碱性降低。

芳香胺氮原子上的未共用电子对由于与苯环形成 p-π 共轭体系,而使氮原子上电子密度降低,所以芳香胺的碱性比氨弱,用石蕊试纸不能检验出其碱性。

胺能和酸成盐,胺盐都是结晶形固体,易溶于水和乙醇。由于胺都是弱碱,所以胺盐遇强碱则能释放出游离胺。

$$\text{R—NH}_2 + \text{HCl} \longrightarrow \underset{\text{胺盐}}{[\text{RNH}_3]^+\text{Cl}^-} \xrightarrow{\text{NaOH}} \text{R—NH}_2 + \text{NaCl} + \text{H}_2\text{O}$$

利用以上性质可以将胺与其他不溶于酸的有机物分离,因为胺可与酸形成盐而溶于稀酸中,然后再用强碱由胺盐中置换出胺。

季铵碱的碱性与苛性碱相当,某些其他性质也与苛性碱相似。例如,它有很强的吸湿性,能吸收空气中的水分,并能吸收二氧化碳,其浓溶液对玻璃有腐蚀性。

季铵碱与酸中和生成季铵盐:

$$\text{R}_4\text{N}^+\text{OH}^- + \text{HCl} \longrightarrow \text{R}_4\text{N}^+\text{Cl}^- + \text{H}_2\text{O}$$

与胺盐不同,季铵盐是强酸强碱生成的盐,它和 NaCl 一样,与强碱作用不会置换出游离的季铵碱,而是建立如下平衡:

$$\text{R}_4\text{N}^+\text{Cl}^- + \text{Na}^+\text{OH}^- \rightleftharpoons \text{R}_4\text{N}^+ + \text{OH}^- + \text{Na}^+ + \text{Cl}^-$$

但以氢氧化银与季铵盐作用,由于生成卤化银沉淀,便可得到季铵碱。

$$\text{R}_4\text{N}^+\text{Cl}^- + \text{AgOH} \longrightarrow \text{R}_4\text{N}^+\text{OH}^- + \text{AgCl}\downarrow$$

2. 氧化

胺比较容易被氧化,脂肪伯胺及仲胺的氧化产物多为混合物,无制备价值。脂肪叔胺与过氧化氢在室温放置可得氧化胺:

$$(CH_3)_3N + H_2O_2 \longrightarrow CH_3-\underset{CH_3}{\overset{CH_3}{N}}-O$$

氧化三甲胺

芳香胺很容易被氧化,放置时就能被空气中氧气氧化而带有由黄至红甚至黑色,氧化的产物很复杂,其中含有醌类、偶氮化合物等,所以带有颜色。

3. 烷基化(alkylation)

在卤代烃一章中已经讲过,卤代烷可以与氨作用生成胺,这个反应常叫作卤代烷的氨解:

$$CH_3CH_2I + NH_3 \longrightarrow CH_3CH_2NH_3^+ I^-$$

伯胺盐

由于氮上有未共用电子对,所以 NH_3 是作为亲核试剂与卤代烷作用的,生成的伯胺盐在过量 NH_3 的作用下可以得到部分伯胺:

$$CH_3CH_2NH_3^+ I^- + NH_3 \rightleftharpoons CH_3CH_2NH_2 + NH_4I$$

伯胺

伯胺是与 NH_3 一样的亲核试剂,因此在反应体系中,可以继续与卤代烷作用,伯胺氮原子上的氢被烷基取代得到仲胺,这个反应叫作胺的烷基化。例如:

$$CH_3CH_2NH_2 + CH_3CH_2I \longrightarrow (CH_3CH_2)_2NH_2^+ I^- \xrightarrow{NH_3} (CH_3CH_2)_2NH + NH_4I$$

仲胺

生成的仲胺仍可继续与卤代烷反应生成叔胺,叔胺再与卤代烷作用则得季铵盐。

$$(CH_3CH_2)_2NH \xrightarrow{CH_3CH_2I} (CH_3CH_2)_3NH^+ I^- \xrightarrow{NH_3} (CH_3CH_2)_3N + NH_4I$$

叔胺

$$(CH_3CH_2)_3N + CH_3CH_2I \longrightarrow (CH_3CH_2)_4N^+ I^-$$

季铵盐

卤代烷与氨作用得到的往往是伯、仲、叔胺和季铵盐的混合物,所以这不是制备胺的好方法。

4. 酰基化(acylation)

酰氯或酸酐可以氨解,产物是酰胺:

$$R-\overset{O}{\underset{\|}{C}}-Cl + H-NH_2 \longrightarrow R-\overset{O}{\underset{\|}{C}}-NH_2 + HCl$$

在反应中 NH_3 是作为亲核试剂向羰基进攻的,与烷基化反应一样,RNH_2 及 R_2NH 也可作为亲核试剂进行类似的反应。

$$RNH_2 + Cl-\overset{O}{\underset{}{C}}-R' \longrightarrow RNH-\overset{O}{\underset{}{C}}-R'$$

$$R_2NH + Cl-\overset{O}{\underset{}{C}}-R' \longrightarrow R_2N-\overset{O}{\underset{}{C}}-R'$$

以上反应可以看作是胺分子中氮原子上的氢被酰基取代,所以叫作胺的酰基化,产物是 N-取代酰胺。由于叔胺的氮原子上没有氢,所以叔胺不能被酰化。

绝大部分酰胺是具一定熔点的固体,所以通过酰化反应可以由伯、仲、叔胺的混合物中分出叔胺,也可以区别叔胺与伯胺、仲胺。并且通过测定酰胺的熔点与已知的酰胺比较,可以鉴定胺。酰胺在酸或碱的催化下,可以水解而放出原来的胺。因为氨基比较活泼,又容易被氧化,所以酰化反应是在合成中常被用来保护氨基的方法。例如,需要在苯胺的苯环上引入硝基时,为防止硝酸将苯胺氧化,则先将氨基进行乙酰化,制成乙酰苯胺,然后再硝化,在苯环上导入硝基以后,水解除去酰基则得硝基苯胺。

苯胺 + CH$_3$COCl ⟶ 乙酰苯胺 $\xrightarrow{HNO_3}$ 对硝基乙酰苯胺 $\xrightarrow[H^+]{H_2O}$ 对硝基苯胺

5. 磺酰化(sulfonylation)

像酰基化反应一样,伯胺或仲胺氮原子上的氢可以被磺酰基(R—SO$_2$—)取代,生成磺酰胺。

$$RNH_2 + \underset{\text{苯磺酰氯 (benzene sulfonyl chloride)}}{\text{C}_6\text{H}_5-SO_2Cl} \xrightarrow{NaOH} \underset{\text{苯磺酰胺 (benzene sulfonamide)}}{RNHSO_2-\text{C}_6\text{H}_5}$$

$$R_2NH + \underset{\text{对甲苯磺酰氯}}{CH_3-\text{C}_6\text{H}_4-SO_2Cl} \xrightarrow{NaOH} \underset{\text{对甲苯磺酰胺}}{R_2NSO_2-\text{C}_6\text{H}_4-CH_3}$$

常用的磺酰化剂是苯磺酰氯或对甲苯磺酰氯,反应需在氢氧化钠(或氢氧化钾)溶液中进行。伯胺磺酰化产物的氮原子上还有一个氢原子,由于磺酰基极强的吸电子诱导效应,使得这个氢原子显酸性,它能与反应体系中的氢氧化钠生成盐而使磺酰胺溶于碱液中。

$$\underset{\text{苯磺酰胺}}{RNHSO_2-\text{C}_6\text{H}_5} \xrightarrow{NaOH} \underset{\text{苯磺酰胺钠盐}}{R\bar{N}SO_2-\text{C}_6\text{H}_5 \quad Na^+}$$

仲胺生成的磺酰胺,氮原子上没有氢原子,所以不与氢氧化钠成盐,也就不溶于碱液中而呈固体析出。叔胺的氮原子上没有可被磺酰基置换的氢,故与苯磺酰氯不起反应。

当伯、仲、叔三种胺混在一起时,可以通过磺酰化反应将它们分离。因为伯胺磺酰化的产物溶于碱液,仲胺生成的磺酰胺呈固体析出,而叔胺不与苯磺酰氯反应,也不溶于碱液,这样,将三种胺与苯磺酰氯反应后的混合液蒸馏,叔胺可被蒸出,将蒸去叔胺后余下的蒸馏液过滤,滤出的固体为仲胺的磺酰胺,滤液酸化后,可得伯胺的磺酰胺,磺酰胺在酸的作用下可被水解为原来胺。这个反应叫作欣斯堡(Hinsberg)反应,可用来分离和鉴别伯、仲、叔胺。

6. 与亚硝酸作用

亚硝酸是不稳定的,只能在反应过程中由亚硝酸钠与盐酸或硫酸作用产生。

不同的胺与亚硝酸作用的产物不同。

(1) 伯胺　脂肪伯胺与亚硝酸反应放出氮气并得到醇与烯烃等的混合物,没有什么制备意义。但放出的氮气是定量的,因此这个反应可用做氨基(—NH_2)的定量测定,第十章中尿素和亚硝酸($NaNO_2$ + HCl)的反应就是这样进行的,其反应式可简单地表示为

$$RNH_2 + HNO_2 \longrightarrow N_2\uparrow + 醇与烯烃的混合物$$

芳香伯胺在过量强酸溶液中与亚硝酸在低温下反应得到重氮盐,此反应叫作重氮化(diazotization)。

$$\text{C}_6\text{H}_5\text{NH}_3^+\text{Cl}^- + HNO_2 \xrightarrow[0\sim 5\ ℃]{H^+} \text{C}_6\text{H}_5\text{N}_2^+\text{Cl}^-$$

重氮盐(diazonium salt)

一般重氮盐在 0 ℃ 左右水溶液中可短时间保存,温度升高则分解放出氮气而得酚。

$$\text{C}_6\text{H}_5\text{N}_2^+\text{Cl}^- \xrightarrow{H_2O} \text{C}_6\text{H}_5\text{OH} + N_2\uparrow$$

干燥的重氮盐遇热或撞击容易爆炸。

芳香重氮盐很活泼,可以发生许多反应,因此通过重氮盐可以制备许多芳香族化合物。例如:

$$\text{C}_6\text{H}_5\text{NH}_2 \longrightarrow \text{C}_6\text{H}_5\text{N}_2^+\text{Cl}^- \begin{cases} \xrightarrow{H_2O,\triangle} \text{C}_6\text{H}_5\text{OH} \\ \xrightarrow{H_3PO_2,H_2O} \text{C}_6\text{H}_6 \\ \xrightarrow{CuX} \text{C}_6\text{H}_5\text{X} \quad (X=Cl,Br) \\ \xrightarrow{CuCN} \text{C}_6\text{H}_5\text{CN} \end{cases}$$

(2) 仲胺　脂肪仲胺或芳香仲胺与亚硝酸作用,都得到 N-亚硝基胺。

$$R_2NH + HNO_2 \longrightarrow R_2N-N=O + H_2O$$
$$N-\text{亚硝基胺}$$
$$(N-\text{nitrosoamine 或 } N-\text{nitrosamine})$$

N-亚硝基胺都是黄色物质,与稀酸共热则分解为原来胺,因此可以利用这个反应分离或提纯仲胺。

N-亚硝基胺是可以引起癌变的物质。在罐头食品及腌肉时常加少量亚硝酸钠作防腐剂并保持肉的鲜红颜色。亚硝酸钠在胃酸的作用下可以产生亚硝酸,从而可能引起机体内氨基的亚硝化反应产生致癌的亚硝胺。

(3) 叔胺　脂肪叔胺与亚硝酸只能形成不稳定的盐:

$$R_3N + HNO_2 \longrightarrow R_3N^+HNO_2^-$$

芳香叔胺与亚硝酸反应,可以在芳香环上导入亚硝基。例如:

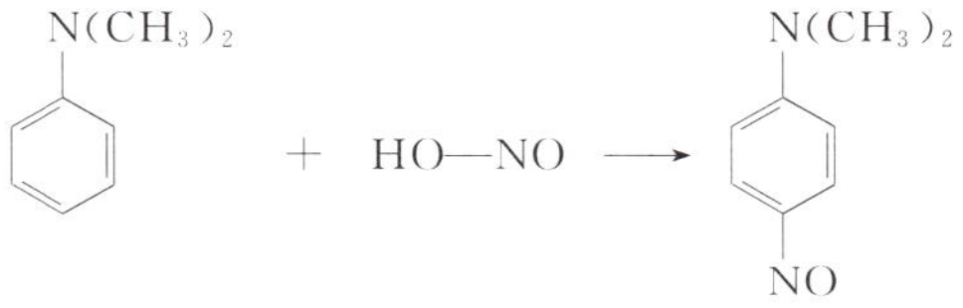

<化学反应: N,N-二甲苯胺 + HO—NO → 对亚硝基-N,N-二甲苯胺>

由于三种胺与亚硝酸的反应不同,所以也可以通过与亚硝酸的反应区别三种胺,但不如磺酰化反应明显。

7. 芳香胺的取代反应

氨基是使苯环致活的基团,所以苯胺很容易进行芳香亲电取代反应,如与溴水作用,立刻得到 2,4,6-三溴代苯胺的白色沉淀,而得不到一溴代的产物。

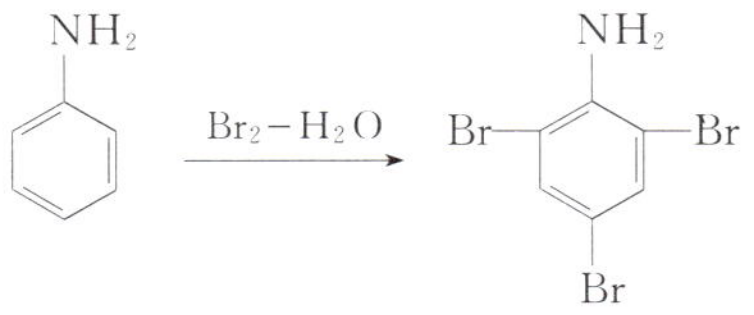

<化学反应: 苯胺 + Br$_2$-H$_2$O → 2,4,6-三溴苯胺>

如欲制一溴代苯胺,需先将苯胺转化为乙酰苯胺以降低氨基的致活作用,再进行溴化,然后水解除去酰基。

芳香胺也可以进行硝化,但如前所述,硝化时应首先保护氨基。

苯胺用浓硫酸磺化时,首先是生成盐,在加热下失水并重排为对氨基苯磺酸。

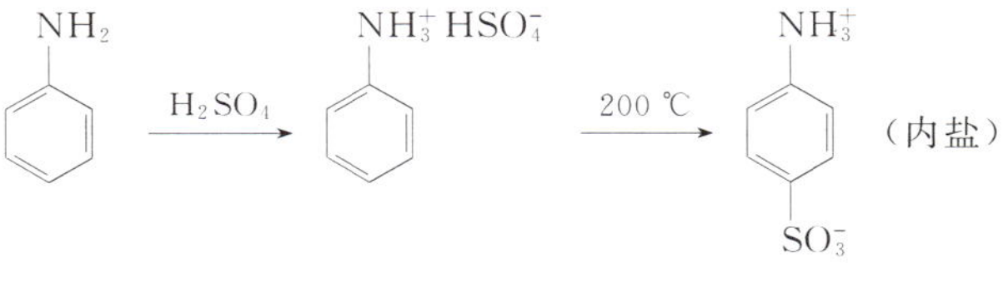

<化学反应: 苯胺 + H$_2$SO$_4$ → 苯胺硫酸盐 (NH$_3^+$HSO$_4^-$) --200℃--> 对氨基苯磺酸 (内盐)>

对氨基苯磺酸分子中既有碱性的氨基,又有酸性的磺酸基,所以本身以内盐形式存在。

重要代表物

胺在自然界分布很广,其中许多是由氨基酸脱羧生成的(见第十五章氨基酸、多肽与蛋白质)。例如,多巴胺就是由二羟基苯丙氨酸在多巴脱羧酶的作用下生成的。

$$\text{二羟基苯丙氨酸(多巴,dopa)} \xrightarrow{\text{多巴脱羧酶}} \text{多巴胺(dopamine)}$$

多巴胺是很重要的中枢神经传导物质,也是肾上腺素及去甲肾上腺素的前身。在中老年人中有时患有帕金森综合征,其原因之一就是由于在中枢神经系统中缺少多巴胺:

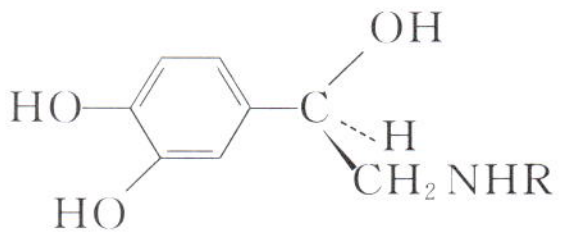

$R=CH_3$,肾上腺素(adrenaline 或 epinephrine)
$R=H$,去甲肾上腺素(noradrenaline 或 norepinephrine)

肾上腺素是肾上腺髓质的主要激素,以(R)-$(-)$异构体存在于动物及人体中,为无色或淡棕色结晶,熔点 211～212 ℃,无臭,味苦,微溶于水及乙醇,不溶于乙醚、氯仿等,但易溶于酸或碱中,在中性或碱性溶液中不稳定,遇光即分解变色。肾上腺素对交感神经有兴奋作用,有加速心脏跳动、收缩血管、增高血压和放大瞳孔等功能,也有使肝糖分解、血糖升高,以及使支气管平滑肌松弛的作用,一般用于支气管哮喘、过敏性休克及其他过敏性反应的急救。

肾上腺素、去甲肾上腺素和多巴胺等胺类化合物都是维持正常生命活动的重要物质。但也有一些胺对于生命是十分有害的,如前面讲到的腐胺、尸胺都是极毒的,它们是由食物中的某些氨基酸在空气中细菌的作用下脱羧而来的。

许多胺可以作为药物,如金刚烷中一个叔碳原子上的氢被氨基取代的衍生物——金刚胺,可用于预防和治疗亚洲甲型流感病毒感染,同时也是治疗帕金森综合征的药物。

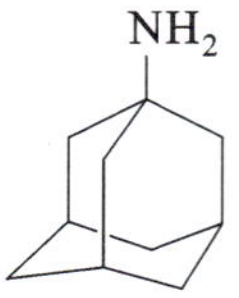

金刚胺

1. 甲胺(CH_3NH_2)、二甲胺[$(CH_3)_2NH$]、三甲胺[$(CH_3)_3N$]

三种胺在常温下都是气体,在水中溶解度很大,一般都用它们的水溶液或盐酸盐(固体)。它们都是重要的有机合成原料,用于制农药、医药、染料、离子交换树脂等。由三甲胺与 1,2-二氯乙烷生成的矮壮素(CCC)是一种植物生长调节剂,它可以防止高秆作物的疯长与倒伏,使枝叶粗壮、肥厚。

$$[(CH_3)_3N^+CH_2CH_2Cl]\ Cl^-$$
矮壮素(chlorocholine chloride)

2. 己二胺 [$H_2N(CH_2)_6NH_2$]

己二胺是比较重要的二元胺，为片状结晶，熔点 42 ℃，沸点 204 ℃，易溶于水。

己二胺和己二酸失水形成的长链状酰胺，是合成的聚酰胺纤维之一，叫作尼龙(nylon)-66：

$$\left[NH-(CH_2)_6-NH-\underset{O}{\overset{\|}{C}}-(CH_2)_4-\underset{O}{\overset{\|}{C}} \right]_n$$

尼龙-66

"66"表示的是原料中的碳原子数，前一个数字代表二元胺中的碳原子数，后一个数字则为二元羧酸中的碳原子数。

3. 胆碱 ([$(CH_3)_3N^+CH_2CH_2OH$]OH^-)

胆碱(choline)是广泛分布于动植物体内的季铵碱，在动物的卵和脑髓中含量较多，因为最初是由胆汁中发现的，所以叫作胆碱。它是无色吸湿性很强的结晶，易溶于水和乙醇，而不溶于乙醚、氯仿等。胆碱是 B 族维生素之一，能调节肝中脂肪的代谢，有抗脂肪肝的作用。药用的是其盐——氯化胆碱[$(CH_3)_3N^+CH_2CH_2OH$]Cl^-。胆碱羟基中的氢被乙酰基取代生成的酯，叫乙酰胆碱(acetylcholine) [$(CH_3)_3N^+CH_2CH_2O-\overset{O}{\overset{\|}{C}}CH_3$]$OH^-$，它是在相邻的神经细胞之间，通过神经节传导神经刺激的重要物质。

4. 苯胺($C_6H_5NH_2$)

苯胺存在于煤焦油中，是油状液体，沸点 184 ℃，微溶于水，易溶于有机溶剂，有毒。新蒸馏的苯胺无色，放置后能因氧化而变为黄、红或棕色。苯胺是重要的有机合成原料，用于制染料、药物等，可由硝基苯还原制得。

胺的红外光谱

胺或酰胺中的 N—H 吸收峰一般在 3 500～3 150 cm^{-1}。氢键对 N—H 吸收峰的影响比对 O—H 小得多。所以 N—H 的吸收峰一般都较尖，强度较 O—H 小。—NH—（仲氨基，如 N-取代的胺）的吸收为单峰，而—NH_2（伯氨基）的吸收为双峰（见图 12-1，图 12-2）。所以常可以根据峰形区别伯胺或仲胺。叔胺或 N，N-二取代的酰胺由于没有 N—H 键，所以在该区域内没有吸收峰（见图 12-3）。胺与酰胺的主要区别之一是后者还有羰基的吸收峰（见图 10-4）。

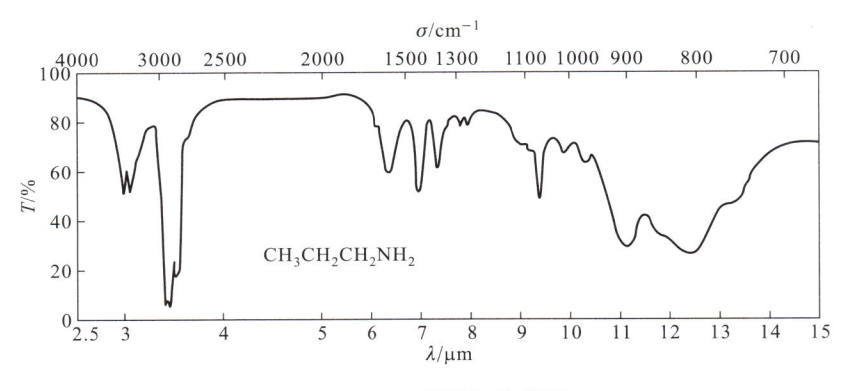

图 12-1 丙胺的红外谱图

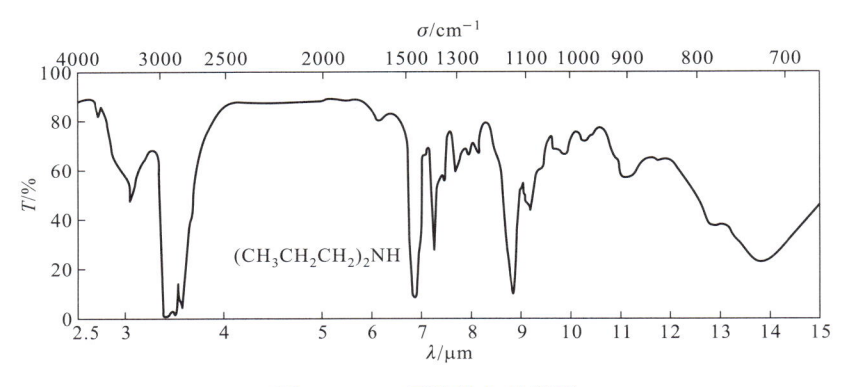

图 12-2 二丙胺的红外谱图

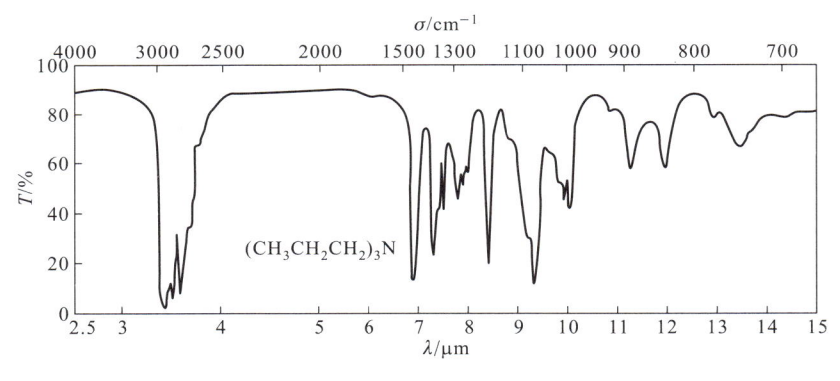

图 12-3 三丙胺的红外谱图

Ⅲ. 偶氮化合物及染料

在胺中已经讲到芳香重氮盐能与许多试剂反应，将重氮基置换为其他原子或基团，在这些反应产物中不再含有氮原子。重氮盐不仅可以发生这些除去氮原子的反应，还可以与一些试剂作用，生成含氮的其他有机物。例如,重氮盐与酚在弱碱性溶液中,或与芳香叔胺在中性或弱酸性溶液中作用时,羟基或氨基对位上的氢原子能与重氮盐失去氯化氢而得到偶氮化合物(azo compound):

$$\text{C}_6\text{H}_5\text{N}_2^+\text{Cl}^- + \text{H}-\text{C}_6\text{H}_4-\text{N}(\text{CH}_3)_2 \xrightarrow{\text{H}^+} \text{C}_6\text{H}_5-\text{N}=\text{N}-\text{C}_6\text{H}_4-\text{N}(\text{CH}_3)_2$$

对二甲氨基偶氮苯

这种反应叫偶联反应(coupling reaction)。如果羟基或氨基的对位有其他取代基时,则偶联反应发生在邻位:

$$\text{C}_6\text{H}_5\text{N}_2^+\text{Cl}^- + \text{HO-C}_6\text{H}_3(\text{CH}_3) \xrightarrow{\text{OH}^-} \text{C}_6\text{H}_5-\text{N}=\text{N}-\text{C}_6\text{H}_2(\text{OH})(\text{CH}_3)$$

5-甲基-2-羟基偶氮苯

偶氮化合物都有颜色,偶联反应是合成偶氮染料的重要反应。目前工业上使用的染料中,约有一半是偶氮染料。

物质的颜色与结构的关系

自然光是由不同波长的射线组成的,人眼所能见到的是波长在 400~800 nm 的光,叫作可见光。波长小于 400 nm 的属于紫外区域以至 X 射线区域;波长大于 800 nm 的为红外区域。在可见光区域内,不同波长的光显示不同的颜色,颜色是渐变的,没有明显的分界线。

不同的物质可以吸收不同波长的光,如果物质吸收的是波长在可见光区域以外的光,那么这些物质就是无色的;如果物质吸收可见光区域以内某些波长的光,那么这些物质就是有色的,而它的颜色就是未被吸收的光波所反映的颜色(即被吸收光的颜色的互补色,见表12-3)。

表 12-3 不同波长光的颜色及其互补色

物质吸收的光		眼睛所见的颜色(互补色)
波长/nm	相应的颜色	
400~430	紫	黄绿
430~480	蓝	黄
480~490	蓝绿	橙黄
490~510	绿蓝	红
510~530	绿	深红
530~570	黄绿	紫
570~580	黄	蓝
580~600	橙黄	蓝绿
600~680	红	绿蓝
680~750	深红	绿

不同波长的光的能量不同,波长越短,能量越高。分子吸收光后,能引起分子热力学能的某些变化,从而产生吸收光谱,如果分子吸收红外区域的光(波长较长、能量较低),则能引起分子转动和振动能级的变化,产生红外光谱。分子若吸收紫外或可见区域的光,则可引起分子内电子能级(当然也包括转动和振动能级)的变化产生紫外及可见光谱(见第七章)。

物质对光的选择吸收可以通过光谱仪来测量,在得到的光谱图中,可以看到每一种分子,在一定的波长范围内有其特定的最大吸收峰。例如,下面的化合物:

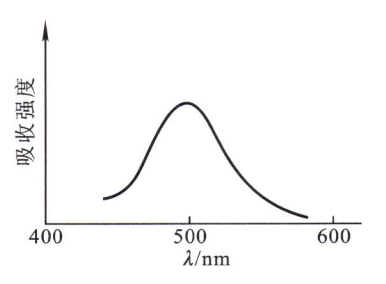

$$\left[\begin{array}{c} \text{吡啶环}(N-C_2H_5) - CH=CH - \text{苯环} - N(CH_3)_2 \end{array} \right]^+ I^-$$

橙黄色

在 500 nm 附近有一最大吸收峰。波长在 500 nm 附近的光相当于蓝绿的颜色。上述化合物吸收了这一波段的光,而使黄红色透过,所以人们看到的这个物质呈现的颜色便是它所吸收的光的颜色的互补色——橙黄色。

紫外光谱是价电子由能量较低的基态,被激发到能量较高的激发态而产生的。如果价电子在分子中结合较牢,则激发它所需的能量较高,因此其吸收波段应在波长较短的远紫外区。σ 键中的价电子便属于这种情况,因此一般由 σ 键形成的有机物是无色的。激发 π 键中的电子所需的能量则较低,因此含有 π 键的化合物的吸收波段在紫外或者可见光区域以内。这些可以造成有机物分子在紫外及可见光区域内(200~800 nm)有吸收的基团即称为生色团(或生色基)。例如:

$$\text{C=C} \qquad \text{C=O} \qquad \text{\overset{O}{\underset{}{-C-H}}} \qquad \text{\overset{O}{\underset{}{-C-OH}}}$$

$$-N=N- \qquad -N=O \qquad -N\overset{O}{\underset{O}{}} \qquad \text{C=S}$$

它们都是生色基。分子中含有一个上述生色基的物质,往往由于它们的吸收波段在 200~400 nm,所以仍是无色的。但如果在化合物分子中有两个或更多个生色基共轭时,则由于共轭体系中电子的离域作用,而使激发这些电子所需的能量比单独 π 键的要低,也就是这些化合物可以吸收波长较长的光,所以,当两个或两个以上生色基共轭时,可以使分子对光的吸收移向长波方向。共轭体系越长,则该物质吸收峰所对应的波长越长。当物质吸收的光的波长移至可见光区域内时,该物质便有颜色。例如,1,2-二苯乙烯是无色的,但在两个苯环之间连有三个共轭的碳-碳双键的化合物便开始有颜色,它是淡黄色的,连有五个共轭的碳-碳双键的化合物呈橙色,连有十一个共轭的碳-碳双键的化合物则呈黑紫色。

$$\text{C}_6\text{H}_5-\text{CH}=\text{CH}-\text{C}_6\text{H}_5 \quad 1,2\text{-二苯乙烯} \quad 无色$$

$$\text{C}_6\text{H}_5-\text{CH}=\text{CH}-\text{CH}=\text{CH}-\text{CH}=\text{CH}-\text{C}_6\text{H}_5 \quad 淡黄色$$

$$\text{C}_6\text{H}_5-(\text{CH}=\text{CH})_4-\text{C}_6\text{H}_5 \quad 橙色$$

$$\text{C}_6\text{H}_5-(\text{CH}=\text{CH})_{11}-\text{C}_6\text{H}_5 \quad 黑紫色$$

有些基团,如—OH,—OR,—NH$_2$,—NR$_2$,—SR,—Cl 和—Br 等,它们本身的吸收波段在远紫外区,但将这些基团接到共轭链或生色基上,可使共轭链或生色基的吸收波段移向长波方向,这些基团叫助色基。从以上基团的结构可以看出,它们多为含有未共用电子对的基团,显然,这种使吸收波段向长波方向移动的作用(向红移)是由于这些基团中未共用电子对与生色基或共轭链共轭的结果。

染料和指示剂举例

染料是有颜色的物质,但有颜色的物质并不一定都能作为染料,必须是能附着在纤维上而且耐洗耐晒不易变色的物质才能作为染料使用。最早使用的染料都是由自然界取得的,如茜红(见第九章醌一节)、靛蓝等。

靛蓝(存在于水蓝属或松蓝属植物内)

19 世纪中期,煤焦油工业兴起以后,在对芳香族化合物的研究过程中,发现了合成染料。目前使用的染料,则都是由芳香或杂环化合物合成的。合成染料品种极多,颜色鲜艳,坚牢度高。

染料除用来染天然或合成纤维纺织品外,还用于染纸张、皮革、胶片和食品等。某些染料还兼有其他用途。例如,有的有杀菌作用,可用于医药;有的能使细菌着色,可用于染制切片;有些有色物质,在不同 pH 介质中,由于结构的变化而发生颜色的改变,从而可用做分析化学中的指示剂。

1. 甲基橙(methyl orange)

对氨基苯磺酸的重氮盐与 N,N-二甲苯胺进行偶联反应,即得甲基橙。

$$\text{H}_2\text{N}-\text{C}_6\text{H}_4-\text{SO}_3\text{H} \xrightarrow[\text{HCl}]{\text{HNO}_2} \text{Cl}^- \text{N}_2^+-\text{C}_6\text{H}_4-\text{SO}_3\text{H} \xrightarrow{(\text{CH}_3)_2\text{N}-\text{C}_6\text{H}_5}$$

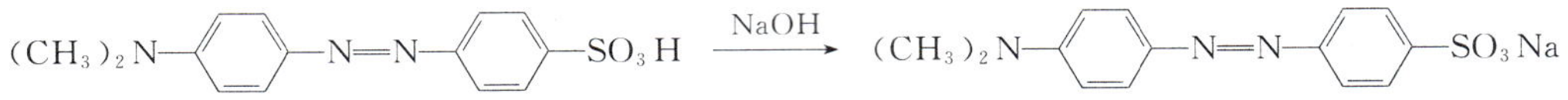

$$(CH_3)_2N-\underset{}{\bigcirc}-N=N-\underset{}{\bigcirc}-SO_3H \xrightarrow{NaOH} (CH_3)_2N-\underset{}{\bigcirc}-N=N-\underset{}{\bigcirc}-SO_3Na$$

甲基橙(黄色)

甲基橙在 pH 4.4 以上显黄色,在 pH 3.1 以下显红色,所以甲基橙的主要用途是作酸碱滴定时的指示剂,其颜色变化是由于在不同 pH 条件下结构改变所致:

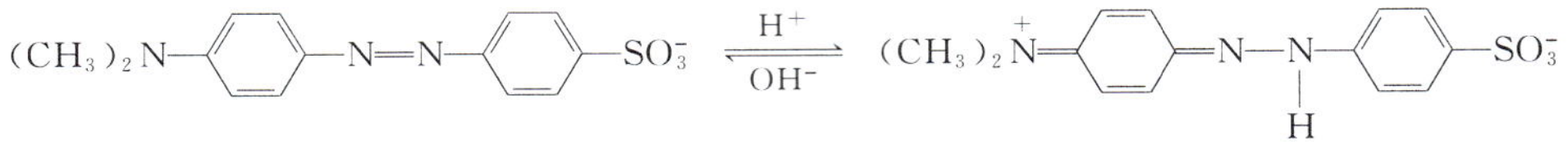

$$(CH_3)_2N-\underset{}{\bigcirc}-N=N-\underset{}{\bigcirc}-SO_3^- \underset{OH^-}{\overset{H^+}{\rightleftharpoons}} (CH_3)_2\overset{+}{N}=\underset{}{\bigcirc}=N-\underset{H}{N}-\underset{}{\bigcirc}-SO_3^-$$

黄色　　　　　　　　　　　　　红色

甲基橙在中性或碱性溶液中以偶氮苯形式存在,而在酸性溶液中则偶氮基接受一个质子,转化为醌式结构,所以颜色也随之改变。

2. 刚果红(congo red)

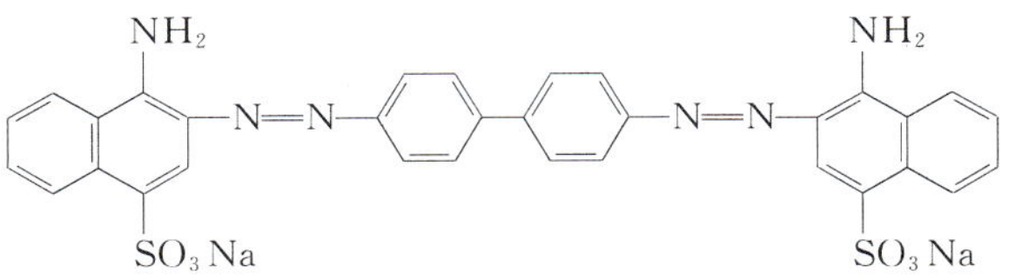

刚果红又称直接大红 4B 或直接朱红。刚果红分子中共轭体系较大,所以颜色较深。

刚果红是一种可以直接使棉纤维着色的红色染料,但容易因洗或晒而褪色,而且遇强酸后则变为蓝色,所以不是一种很好的染料。也正是由于它在酸性和中性溶液中有颜色的变化,故也是常用的指示剂。变色范围的 pH 为 3~5。

3. 酚酞(phenophthalein)

在酚酞分子中,三个苯环与一个 sp^3 杂化的中心碳原子相连,三个苯环之间没有共轭关系,因此是无色的。遇碱后,内酯开环并生成二钠盐,中心碳原子转化为 sp^2 杂化状态,与三个环形成一个共轭体系,因而显红色。但在过量碱的作用下,由于生成了三钠盐,中心碳原子又呈 sp^3 杂化状态,共轭体系消失,颜色也随之褪去。

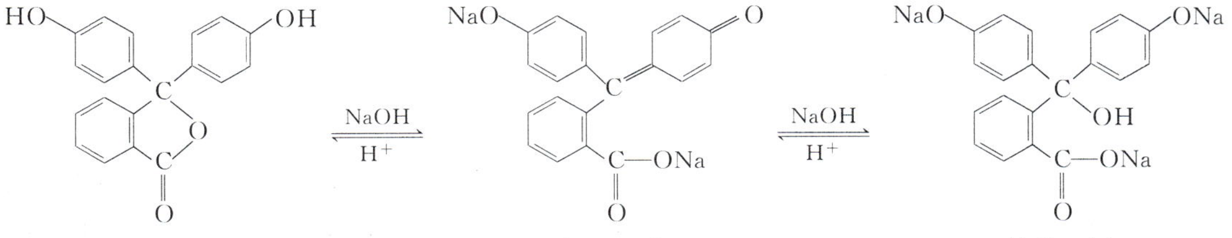

酚酞(无色)　　　二钠盐(红色)　　　三钠盐(无色)

酚酞是酸碱滴定中常用的指示剂,变色范围在 pH 8.2~10。医药上可用做缓泻剂。

4. 结晶紫(crystalline violet)和甲基紫(methyl violet)

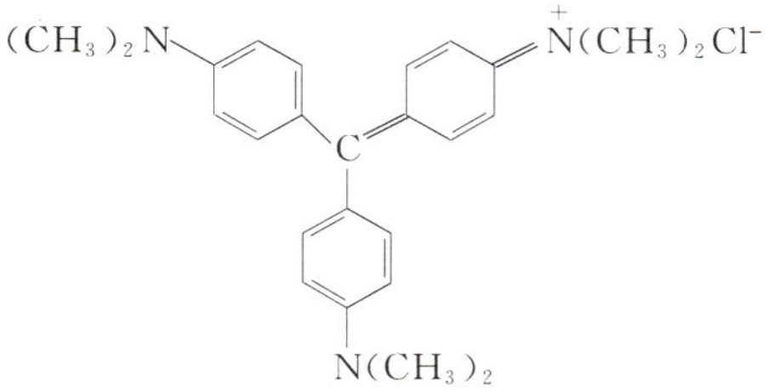

结晶紫(六甲基碱性副品红)

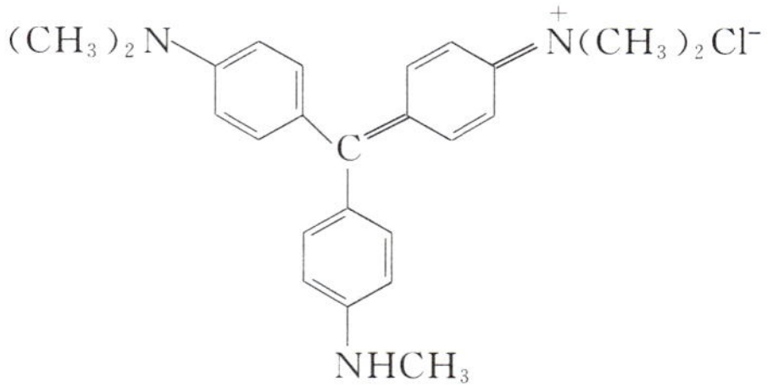

甲基紫(五甲基碱性副品红)

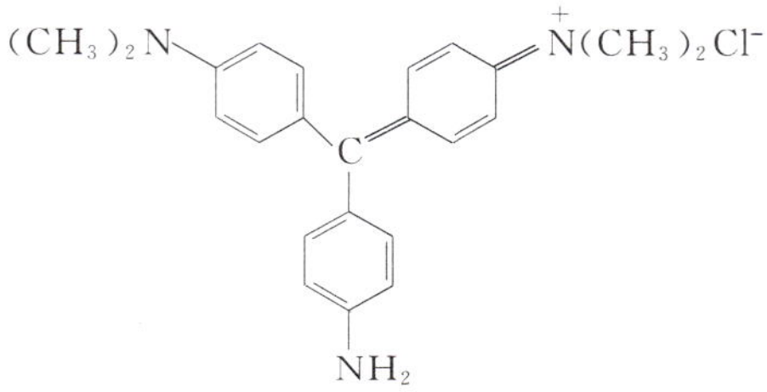

四甲基碱性副品红

它们都能直接染丝和毛，并用于染纸张、皮革及制造复写纸和紫墨水、铅笔等，也可用做指示剂及生物染色剂。

结晶紫也叫六甲基碱性副品红。它的工业品中常含有少量四甲基及五甲基碱性副品红。甲基紫的主要成分为五甲基碱性副品红，但也含有四甲基及六甲基碱性副品红。因此这几个名称有时也通用。在医药上将结晶紫叫作龙胆紫(gentian violet)或甲紫，它对革兰氏阳性细菌有抑制作用，医药上用做伤口消毒剂。20世纪80年代美国毒理学家通过动物试验发现，甲紫是一种剂量相关的致癌物质。但是，动物试验的结果是建立在长期(1~2年)口服摄入甲紫的基础上的。目前，临床实践中已经很少使用甲紫溶液，但在世界卫生组织(WHO)的药品目录中，甲紫溶液仍然作为外用消毒剂存在。在使用时，应避免长期、大剂量和大面积使用。

5. 孔雀(石)绿(malachite green)

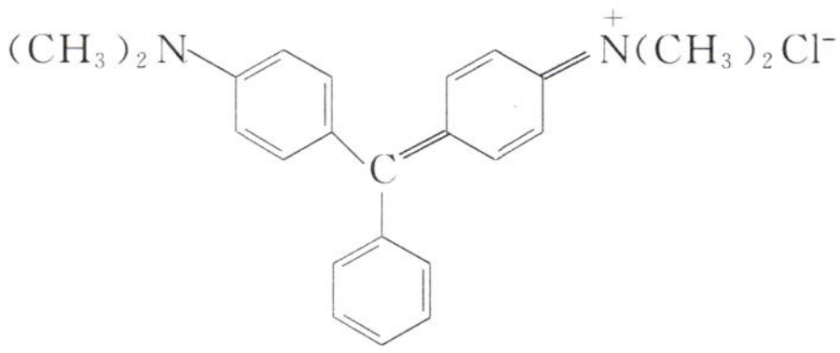

孔雀绿也叫碱性绿或品绿，是非常鲜艳的绿色染料，能直接染丝、毛等动物纤维，但不能直接染棉纤维，用于染棉纤维时，必须使用媒染剂。媒染剂多为一些金属盐类，如醋酸铝、醋酸铁等。染色时，将浸透了上述盐溶液的纤维用蒸气处理，使铝盐或铁盐水解为氢氧化物而附着在纤维上，然后将附有氢氧化铝(或氢氧化铁)的纤维放入染中，染料便与这些氢氧化物形成不溶性的

6. 曙红(eosin)

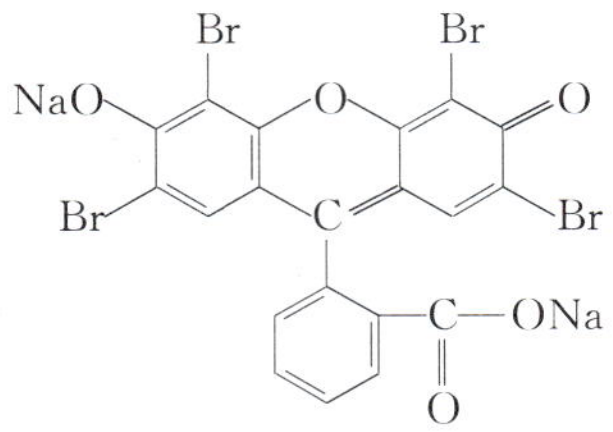

曙红也叫酸性曙红，它有鲜艳的红色，可用来染丝、毛等织品，可制红墨水，也可用做唇膏、指甲油及药物中的色素。

7. 亚甲基蓝(methylene blue)

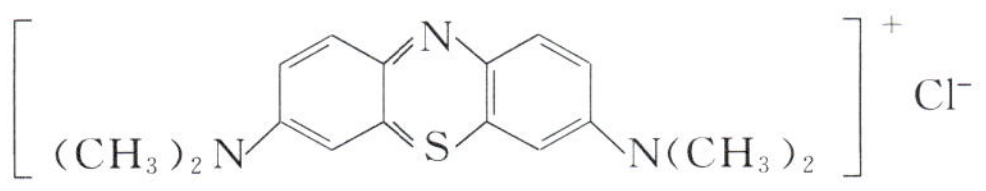

亚甲基蓝分子中有一个含硫及氮的杂环。亚甲基蓝可用于染棉、麻、纸张、皮革等，也可用来染生物切片和作氧化还原指示剂。在医药上则可用于治疗因磺胺类药物产生的紫绀症，并能作为氰化物或硝酸盐中毒的解毒剂。亚甲基蓝具有杀菌消毒作用，口服亚甲蓝或用其溶液冲洗可以治疗膀胱炎和尿道炎。亚甲蓝还具有氧化性，在化学分析中用于氧化还原滴定，也可作为吸附指示剂用于沉淀高氯酸盐和铼酸盐，催化光度测定硒和钼等。

习 题

12.1 写出分子式为 $C_4H_{11}N$ 的胺的各种异构体，命名，并指出各属哪级胺。

12.2 命名下列化合物或写出结构式：

a. $CH_3CH_2NO_2$

b. 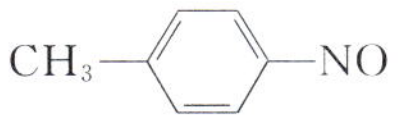 CH_3—〈 〉—NO

c. 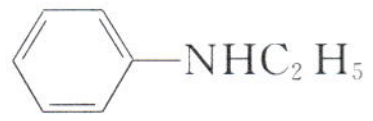 〈 〉—NHC_2H_5

d. 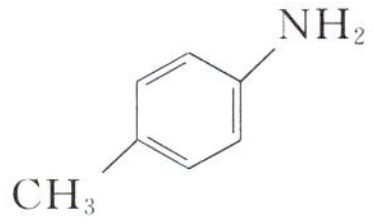 对甲基苯胺 (NH_2, CH_3)

e. 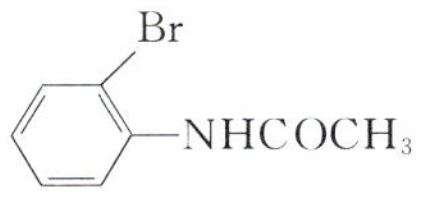 2-溴-N-乙酰苯胺 (Br, NHCOCH_3)

f. $CH_3CH_2CH_2CN$

g. $O_2N-C_6H_4-NHNH_2$　　　h. $H_2NCH_2(CH_2)_5CH_2NH_2$　　　i. 丁二酰亚胺(succinimide)

j. $(CH_3CH_2)_2N-NO$　　　k. $[C_6H_5CH_2-N(CH_3)_2-C_{12}H_{25}]^+ Br^-$　　　l. 胆碱

m. 多巴胺　　　n. 乙酰胆碱　　　o. 肾上腺素　　　p. 胍

12.3 下列哪个化合物存在对映异构体?

a. $CH_3NHCH_2CH_2Cl$　　　b. $(CH_3)_2\overset{+}{N}(CH_2CH_2Cl)_2 Cl^-$

c. N-甲基哌啶　　　d. $C_6H_5CH_2CH(NH_2)CH_3$

12.4 写出下列体系中可能存在的氢键:

a. 二甲胺的水溶液　　　b. 纯的二甲胺

12.5 如何解释下列事实?

a. 苄胺($C_6H_5CH_2NH_2$)的碱性与烷基胺基本相同,而与芳胺不同。

b. 下列化合物的 pK_b 为

$O_2N-C_6H_4-NH_2$　　　$C_6H_5-NH_2$　　　$CH_3-C_6H_4-NH_2$

$pK_b = 13.0$　　　$pK_b = 9.37$　　　$pK_b = 8.70$

12.6 以反应式表示如何用(+)-酒石酸拆分仲丁胺?

12.7 指出下列结构式所代表的物质各属于哪一类化合物(如伯、仲、叔胺或它们的盐,或季铵盐等)?

a. N-甲基哌啶　　　b. $C_6H_5NH_2$　　　c. $[\overset{+}{N}H(CH_3)(环己基?)]Cl^-$ (piperidinium chloride form)

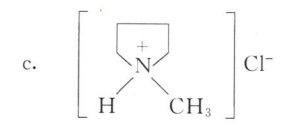

d. N-甲基-2-吡咯烷酮　　　e. $(C_2H_5)_3C\overset{+}{N}H_3 \cdot HSO_4^-$　　　f. $(CH_3)_2CH\overset{+}{N}(C_2H_5)_3 Br^-$

g. 环己基-$N(CH_3)_2$　　　h. $C_6H_5CH(CH_3)NHCH_3$　　　i. $C_6H_5CH(CH_3)\overset{+}{N}H_2CH(CH_3)\ Cl^-$

j. $C_6H_5C(O)-N(CH_3)CH(CH_3)_2$　　　k. 2-氨基环己酮

12.8 下列化合物中,哪个可以作为亲核试剂?

a. H_2NNH_2　　　b. $(C_2H_5)_3N$　　　c. $(CH_3)_2NH$　　　d. N-甲基哌啶

e. 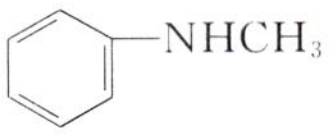 f. (CH3)4N+ g.

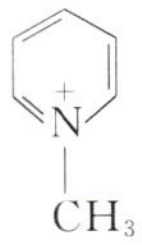

12.9 完成下列转化：

a. 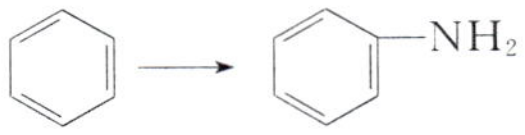 C6H6 → C6H5-NH2

b. 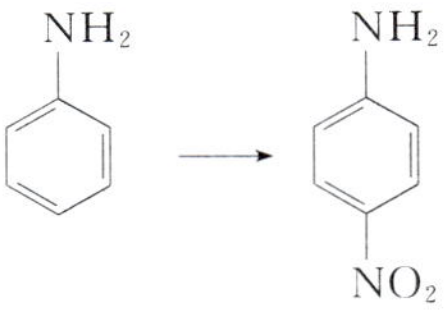 C6H5-NH2 → 4-NO2-C6H4-NH2

c. CH3COOH → CH3CONH2

d. CH3CH2OH → CH3CH(NH2)CH3

e. 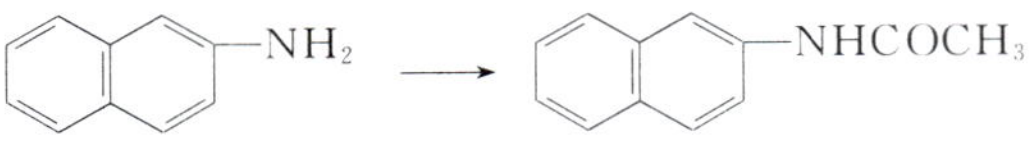 2-萘胺 → 2-萘基-NHCOCH3

f. 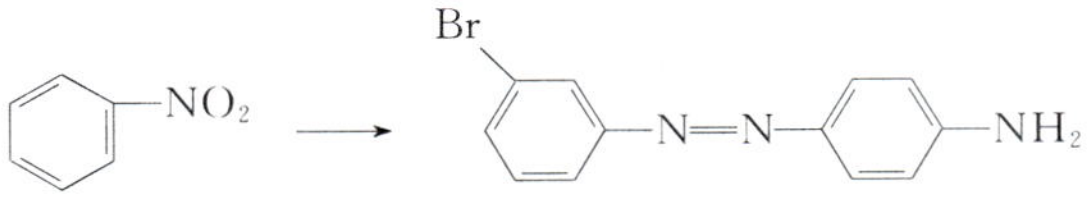 C6H5-NO2 → 3-Br-C6H4-N=N-C6H4-NH2 (对位)

g. 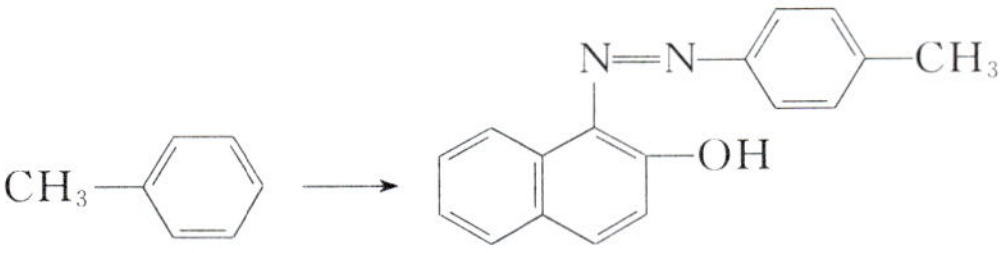 CH3-C6H5 → 1-(4-甲基苯偶氮)-2-萘酚

12.10 写出 及 分别与下列试剂反应的主要产物（如果能发生反应的话）。

　　a. 苯甲酰氯　　b. 乙酸酐　　c. 过量碘甲烷　　d. 邻苯二甲酸酐
　　e. 苯磺酰氯　　f. 丙酰氯　　g. 亚硝酸　　　　h. 稀盐酸

12.11 用化学方法鉴别下列各组化合物：

　　a. 邻甲苯胺　　N-甲基苯胺　　苯甲酸和邻羟基苯甲酸
　　b. 三甲胺盐酸盐　　溴化四乙基铵

12.12 写出下列反应的主要产物：

a. $(C_2H_5)_3N + CH_3CHBrCH_3 \longrightarrow$

b. $[(CH_3)_3\overset{+}{N}CH_2CH_2CH_2CH_3]Cl^- + NaOH \longrightarrow$

c. $CH_3CH_2COCl + CH_3$-C6H4-$NHCH_3 \longrightarrow$

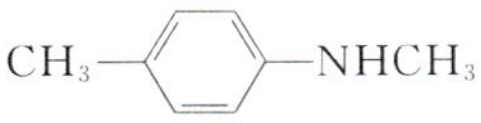

d. 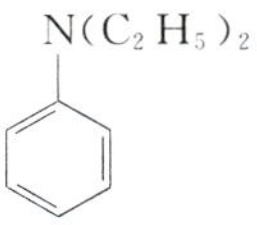 C6H5-$N(C_2H_5)_2$ + $HNO_2 \longrightarrow$

12.13　N-甲基苯胺中混有少量苯胺和 N,N-二甲苯胺,怎样将 N-甲基苯胺提纯?

12.14　将下列化合物按碱性增强的顺序排列:

　　a. CH_3CONH_2　　　　b. $CH_3CH_2NH_2$　　　c. H_2NCONH_2

　　d. $(CH_3CH_2)_2NH$　　　e. $(CH_3CH_2)_4N^+OH^-$

12.15　将苄胺、苄醇及对甲苯酚的混合物分离为三种纯的组分。

12.16　分子式为 $C_6H_{15}N$ 的 A,能溶于稀盐酸。A 与亚硝酸在室温下作用放出氮气,并得到几种有机物,其中一种 B 能进行碘仿反应。B 和浓硫酸共热得到 C(C_6H_{12}),C 能使高锰酸钾褪色,且反应后的产物是乙酸和 2-甲基丙酸。推测 A 的结构式,并写出推断过程。

12.17　如何通过红外光谱鉴别下列各组化合物?

　　a.　$CH_3CH_2CH_2NHCH_3$ 及 $CH_3CH_2CH_2CH_2NH_2$

　　b.　

12.18　在红外光谱图中 O—H 吸收峰还是 N—H 吸收峰的吸收强度大?为什么?

第十三章 含硫和含磷有机化合物

磷和硫分别与氮和氧同族,氮和氧位于第二周期,而磷和硫位于第三周期。磷和氮之间,硫和氧之间有某些相似处,它们不仅能形成结构相似的无机化合物,如 NH_3 与 PH_3,H_2O 与 H_2S 等;还能形成一系列结构相似的有机化合物,如 RNH_2 与 RPH_2,ROH 与 RSH 等。但是第三周期元素形成的化合物,与对应的第二周期元素的化合物在某些方面是有明显区别的。这种相似与区别都是由原子结构决定的。它们原子核外的电子构型如下:

$$O:1s^2 2s^2 2p^4 \qquad N:1s^2 2s^2 2p^3$$
$$S:1s^2 2s^2 2p^6 3s^2 3p^4 \qquad P:1s^2 2s^2 2p^6 3s^2 3p^3$$

Ⅰ. 含硫有机化合物

硫和氧外层价电子的构型相同,均为 $ns^2 np^4$,所以它们都能形成两价的化合物,但硫位于第三周期,它的价电子在第三层,距离原子核较远,受原子核的吸引较小,所以硫的电负性比氧小,而且硫在第三层中还有 3d 空轨道,3d 与 3s、3p 同属一个电子层,能量相差不多,3s 或 3p 电子可以进入 3d 轨道,因此硫与氧不同,可以形成四价或六价的高价化合物。另外,硫与碳形成的 π 键不稳定,含有 C=S 的化合物中,硫酮或硫醛很少,这是由于硫的共价半径比氧大,所以硫与碳两个原子核之间距离较远,它们之间的 p 轨道相互重叠较差的缘故。因此硫醛、硫酮不如相应的醛、酮稳定。但硫代羧酸及其衍生物如 $R-\overset{\overset{S}{\|}}{C}-O-R'$,$R-\overset{\overset{S}{\|}}{C}-NR'_2$ 等是稳定的。这是由于 C=S 中的 π 键与氧或氮上未共用电子对形成了共轭体系,分子的热力学能降低所致。

含硫有机化合物常可分为两大类,一类是相当于含氧有机化合物的含硫有机化合物。由表 13-1 可以看出,几乎所有的含氧有机化合物中的氧,都可以为硫所代替,形成相应的含硫有机化合物。硫代羧酸还有一系列相应的硫代羧酸衍生物,如 $R-\overset{\overset{O}{\|}}{C}-S-R'$、$R-\overset{\overset{S}{\|}}{C}-NH_2$ 等。此外,还有

相当于过氧化物的含硫化合物,叫作二硫化物,如 R—S—S—R。

另一类则为高价的含硫化合物,这一类没有含氧类似物。它们可以看作是硫酸或亚硫酸的衍生物。例如:

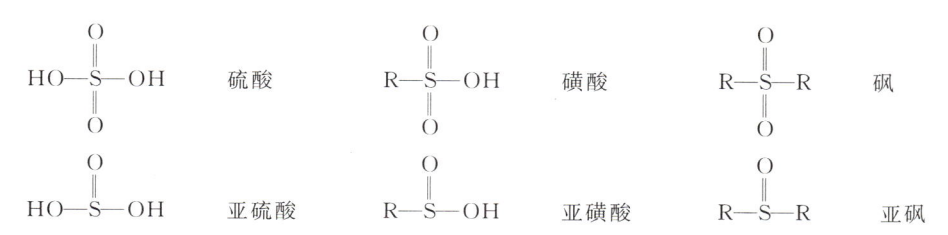

$$HO-\overset{\overset{O}{\|}}{\underset{\underset{O}{\|}}{S}}-OH \quad 硫酸 \qquad R-\overset{\overset{O}{\|}}{\underset{\underset{O}{\|}}{S}}-OH \quad 磺酸 \qquad R-\overset{\overset{O}{\|}}{\underset{\underset{O}{\|}}{S}}-R \quad 砜$$

$$HO-\overset{\overset{O}{\|}}{S}-OH \quad 亚硫酸 \qquad R-\overset{\overset{O}{\|}}{S}-OH \quad 亚磺酸 \qquad R-\overset{\overset{O}{\|}}{S}-R \quad 亚砜$$

表 13-1 某些含氧有机化合物与相应的含硫有机化合物

含氧有机化合物与名称		含硫有机化合物与名称	
R—OH	醇	R—SH	硫醇(thiol 或 mercaptan)
Ar—OH	酚	Ar—SH	硫酚(thiophenol)
R—O—R	醚	R—S—R	硫醚(thioether)
$\underset{(H)R}{\overset{R}{>}}C=O$	醛、酮	$\underset{(H)R}{\overset{R}{>}}C=S$	硫酮(醛) [thioketone(aldehyde)]
$R-\overset{\overset{O}{\|}}{C}-OH$	羧酸	$R-\overset{\overset{O}{\|}}{C}-SH \rightleftharpoons R-\overset{\overset{S}{\|}}{C}-OH$	硫代羧酸 (thiocarboxylic acid)
		$R-\overset{\overset{S}{\|}}{C}-SH$	二硫代羧酸 (dithiocarboxylic acid)

一、硫醇、硫酚、硫醚及二硫化物

硫醇、硫酚[①]、硫醚的中文命名与相应的含氧化合物相同,只是在母体名称前加一个硫字。例如:

$$CH_3-SH \qquad\qquad C_2H_5-S-C_2H_5$$
甲硫醇(methanethiol) 　　乙硫醚(或二乙基硫醚,diethyl sulfide)

$$\bigcirc\!\!\!\!-SH \qquad\qquad C_2H_5-S-S-C_2H_5$$
苯硫酚(thiophenol 或 benzenethiol)　二硫化二乙基(或二乙基二硫,diethyl disulfide)

—SH 基叫作巯(qiú)基,或称氢硫基(mercapto group)。

硫醇及硫醚等都可由卤代烃经亲核取代反应制得。例如:

---

① 硫醇的英文命名是于相应的烃后加"thiol"作词尾,硫酚的英文命名则以"thio"作词头连在酚名之前。

$$RX + KSH \longrightarrow RSH + KX$$

$$RSH \xrightarrow{NaOH} RSNa \xrightarrow{R'X} RSR'$$

物 理 性 质

正像醇、酚、醚可以看作是水的烃基衍生物一样,硫醇、硫酚和硫醚可以看作是硫化氢的烃基衍生物,这些含硫有机物与相应的含氧有机物在性质上的区别,也正像硫化氢与水的区别一样。例如,硫化氢的相对分子质量比水大,但硫化氢在常温下是气体(沸点 $-60.7\ ℃$),而水是沸点 $100\ ℃$ 的液体。这显然是由于硫的电负性比氧弱得多,硫化氢分子间没有缔合所致。基于同样道理,硫醇的沸点比相应的醇低得多,而与同分异构的硫醚相近,如乙硫醇沸点为 $37\ ℃$,甲硫醚的沸点为 $38\ ℃$,而乙醇的沸点为 $78.5\ ℃$。由于硫醇难与水形成氢键,所以硫醇比相应的醇在水中的溶解度低,乙醇可与水任意混溶而乙硫醇在水中的溶解度仅为 $1.5\ g/100\ mL$。此外,低级硫醇有毒,并有极难闻的气味,在空气中含量极微便可察觉,所以在煤气中常混入少量低级硫醇,以便在煤气泄漏时能及时发现。

化 学 性 质

1. 硫醇、硫酚的酸性

硫醇和硫酚的酸性比相应的醇或酚强。硫醇显弱酸性,可溶于稀氢氧化钠溶液中。如乙醇的 pK_a 为 17,而乙硫醇的 pK_a 为 9.5,苯酚的 pK_a 为 10,苯硫酚的 pK_a 为 7.8。

$$RSH + NaOH \longrightarrow RSNa + H_2O$$

硫醇、硫酚的酸性比醇、酚强是由于硫的价电子在第三层,与氢原子的 1s 轨道的重叠程度较差,所以 S—H 键比 O—H 键容易解离。而由电负性来考虑,对酸性的影响却是相反的,但它并不能抵消由于原子轨道重叠程度较差而产生的影响。

硫醇、硫酚的重金属盐如砷、汞、铅、铜等盐类,都不溶于水。

$$2\ RSH + HgO \longrightarrow (RS)_2Hg\downarrow + H_2O$$

这些重金属盐所以能引起人畜中毒,是由于这些重金属离子能与机体内某些酶中的巯基结合,而使酶丧失其正常的生理功能所致。也正是利用硫醇能与重金属离子形成稳定的不溶性盐的性质,可以向机体内注入含有巯基的化合物作为重金属盐类中毒的解毒剂。在医药上常用的是二巯基丙醇 $CH_2\text{—}CH\text{—}CH_2$,叫作巴尔(BAL),BAL 可以与重金属结合,而阻止它们与机体中
$\quad\quad\quad\quad\quad\quad\quad\ \ |\quad\quad |\quad\quad |$
$\quad\quad\quad\quad\quad\quad\quad\ \ SH\quad SH\quad OH$
酶结合,或在中毒时间不长的情况下可以夺取已与机体内酶结合的重金属离子,形成稳定的络盐

而从尿中排出。

$$\begin{array}{c}CH_2-CH-CH_2 \\ | \quad | \quad | \\ OH \quad SH \quad SH\end{array} + Cl_2As-CH=CH-Cl \longrightarrow \begin{array}{c}CH_2-CH-CH_2 \\ | \quad | \quad | \\ OH \quad S \quad S \\ \quad \diagdown \diagup \\ \quad As-CH=CH-Cl\end{array} + 2\ HCl$$

(BAL)　　　　　（路易斯毒气）[①]

2. 氧化

硫醇和硫酚都容易被氧化，碘、过氧化氢，以至空气中的氧气都能将硫醇或硫酚氧化，产物是二硫化物。这一点也说明 S—H 键比 O—H 键弱，醇在氧化时，不得过氧化物，而是与羟基相连的碳上的氢被氧化：

$$R-SH \xrightleftharpoons[[H]]{[O]} \underset{\text{二硫化物}}{R-S-S-R}$$

二硫化物又可被还原为硫醇或硫酚，硫醇与二硫化物间的这种相互转化，是生物体内非常重要的氧化还原过程。例如，硫辛酸与二氢硫辛酸之间的相互转化，以及胱氨酸与半胱氨酸（见第十五章）之间的相互转化都属这类氧化还原过程。

$$\underset{\substack{\text{硫辛酸}\\(\text{lipoic acid})}}{\underset{S-S}{\diagup\diagdown}(CH_2)_4COOH} \xrightleftharpoons[[O]]{[H]} \underset{\substack{\text{二氢硫辛酸}\\(\text{dihydrolipoic acid})}}{\underset{HS\ SH}{\diagup\diagdown}(CH_2)_4COOH}$$

二硫化物比过氧化物要稳定得多。与二硫化物相应的过氧化物 R—O—O—R 是存在的，但它们不是由醇直接氧化得到的。

在强氧化剂（如硝酸）作用下，硫醇或硫酚可被氧化为磺酸：

$$RSH + 3\,[O] \longrightarrow \underset{\text{磺酸}}{R-SO_3H}$$

二硫化物在强氧化剂作用下也能被氧化为磺酸：

$$R-S-S-R + 6\,[O] \longrightarrow 2\,R-SO_3H$$

硫醚氧化则得亚砜或砜：

$$R-S-R \xrightarrow{[O]} \underset{\text{亚砜}}{R-\overset{O}{\overset{\|}{S}}-R} \xrightarrow{[O]} \underset{\text{砜}}{R-\overset{O}{\underset{\|}{\overset{\|}{S}}}-R}$$

[①] 第二次世界大战时德国使用一种含 As 的毒气，叫作路易斯毒气（Lewisite），为此英国研制了解毒剂即二巯基丙醇，被叫作 British Anti-Lewisite，其缩写即为 BAL。

二甲亚砜简称 DMSO(dimethyl sulfoxide)，是极为有用的溶剂，既能溶解有机物，又能溶解无机物。由于其结构特点，分子具有极大的偶极矩：

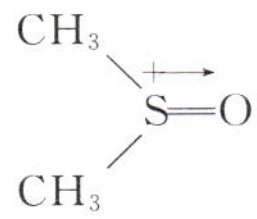

$$\underset{CH_3}{\overset{CH_3}{\diagdown}}S=O$$

所以它是一种极性很强的溶剂，可以溶解极性有机物。但它不同于水、醇等质子性溶剂，它不具有能形成氢键的氢，所以 DMSO 属于非质子传递溶剂或叫非质子性溶剂。由结构式可以看出，氧暴露在分子的外部，它可以通过未共用电子对使正离子溶剂化，从而溶解离子化合物，两个甲基则起着溶解非极性有机物的作用。DMSO 极易穿透皮肤，从而将溶于其中的其他物质带入体内，故使用时应十分小心。

自然界的含硫化合物

硫醇在自然界分布很广，多存在于生物组织和动物的排泄物中。例如，动物大肠内的某些蛋白质受细菌分解可以产生甲硫醇；黄鼠狼利用硫醇的臭气作为防御武器，当遭到袭击时，它可以分泌出 3-甲基-1-丁硫醇等；洋葱中含有正丙硫醇；大蒜中含有多种含硫化合物，它们构成了大蒜的特殊气味。例如，蒜素是氧化二烯丙基二硫化物，蒜氨酸可看做是半胱氨酸的衍生物：

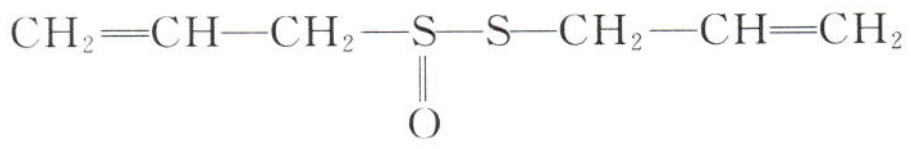

$$\underset{O}{\overset{\parallel}{CH_2=CH-CH_2-S-S-CH_2-CH=CH_2}}$$
蒜素(allicin)

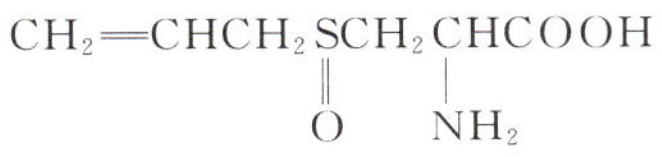

$$\underset{O\quad NH_2}{\overset{\parallel}{CH_2=CHCH_2SCH_2CHCOOH}}$$
蒜氨酸(alliin)

蒜素是对皮肤有刺激性的油状液体，对酸稳定，对热碱不稳定，对许多革兰氏阳性和阴性细菌以及某些真菌都有很强的抑制作用，用做农业杀虫、杀菌剂，也可用于医药。据报道大蒜中的许多含硫化合物有杀菌、消炎、降血脂、降血压、降血糖及防癌等作用。

二、磺 酸

磺酸是含硫的高价氧化物。

物 理 性 质

磺酸相当于硫酸中一个羟基被烃基取代的衍生物。芳香磺酸都是固体，它们的性质与硫酸有相似处。如磺酸与硫酸是一样强的酸，有极强的吸湿性，不溶于一般的有机溶剂而易溶于水。由于磺酸的强酸性，在有机合成中常用它代替硫酸作酸性催化剂。由于磺酸易溶于水，所以在合成染料分子中，常引入磺酸基以增加染料的水溶性。

化 学 性 质

1. 磺酸基中羟基的取代反应

羧基中的羟基被卤素、氨基、烷氧基取代，可生成一系列羧酸的衍生物。磺酸基中的羟基也可被这些基团取代，形成一系列磺酸的衍生物。例如，磺酸与三氯化磷作用，则磺酸中的羟基被氯取代，生成磺酰氯：

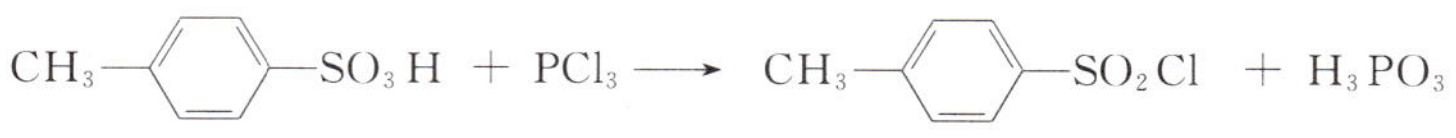

$$CH_3-C_6H_4-SO_3H + PCl_3 \longrightarrow CH_3-C_6H_4-SO_2Cl + H_3PO_3$$

对甲苯磺酸　　　　　　　　对甲苯磺酰氯

磺酰氯与氨或胺作用，可以得到磺酰胺。

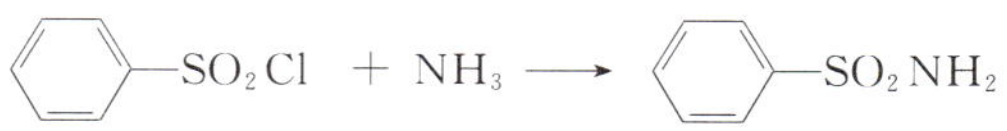

$$C_6H_5-SO_2Cl + NH_3 \longrightarrow C_6H_5-SO_2NH_2$$

苯磺酰胺

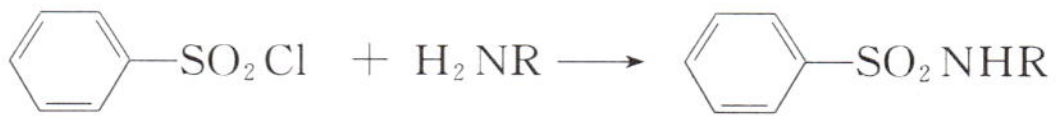

$$C_6H_5-SO_2Cl + H_2NR \longrightarrow C_6H_5-SO_2NHR$$

N-烷基苯磺酰胺

2. 磺酸基的取代反应

芳香磺酸中的磺酸基可以被—H、—OH 等基团取代。如苯磺酸与水共热，则磺酸基被氢取代而得苯：

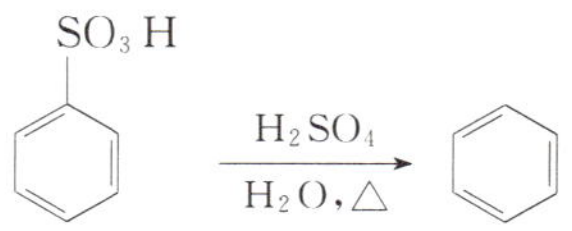

$$C_6H_5-SO_3H \xrightarrow[H_2O, \triangle]{H_2SO_4} C_6H_6$$

这实际是磺化反应的逆反应。

苯磺酸钠与固体氢氧化钠共熔，则磺酸基被羟基取代而得酚：

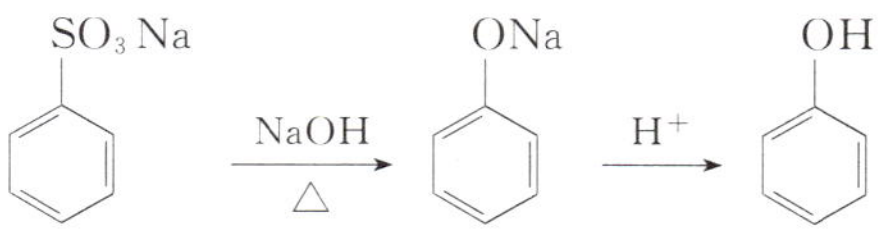

$$C_6H_5-SO_3Na \xrightarrow[\triangle]{NaOH} C_6H_5-ONa \xrightarrow{H^+} C_6H_5-OH$$

这是比较古老的由苯制取苯酚的方法，至今仍有沿用。

磺胺类药物

对氨基苯磺酰胺是 20 世纪 30 年代开始使用的一种磺胺药。在青霉素问世之前，磺胺类药物（sulfa drugs）是最广泛使用的抗生素；当时合成的有上千种，其中有几种有很好的抗菌效果。

所有这些磺胺药都具有对氨基苯磺酰胺的基本骨架，它们的抗菌作用是由于对氨基苯磺酰胺干扰了细菌生长所必需的叶酸的合成所致。因为细菌需要对氨基苯甲酸来合成叶酸，而对氨基苯磺酰胺在分子的大小、形状及某些性质上与对氨基苯甲酸十分相似，细菌将其误认为对氨基苯甲酸而被细菌吸收，但它不是叶酸中的组成部分，所以叶酸的合成受阻，从而使细菌因缺乏叶酸而停止生长。

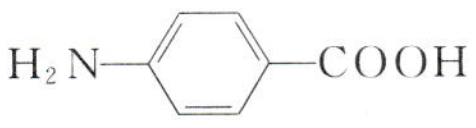

$H_2N-\!\!\!\bigcirc\!\!\!-COOH$　　　　　$H_2N-\!\!\!\bigcirc\!\!\!-SO_2NH_2$

对氨基苯甲酸　　　　　　　　对氨基苯磺酰胺
(p-aminobenzoic acid)　　　$\begin{pmatrix}p\text{-aminobenzenesulfonamide}\\ \text{sulfanilamide}\end{pmatrix}$

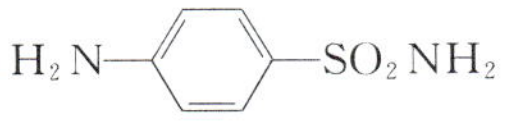

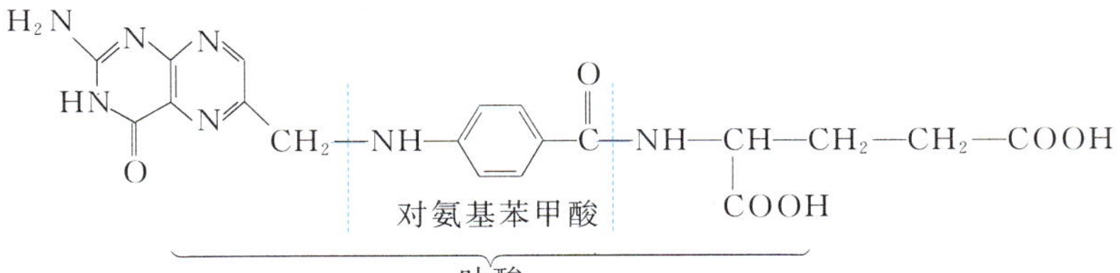

叶酸
(folic acid)

叶酸对于人也是一种必需的维生素，但它不是在体内合成的，而是由食物中摄取的，所以服用磺胺药物对人不会造成叶酸缺乏症。

离子交换树脂

苯乙烯与二乙烯苯共聚形成的交联聚合物是一种不溶于水的，具有相当硬度的高聚物。在聚合过程中把它们制成很小的小球。

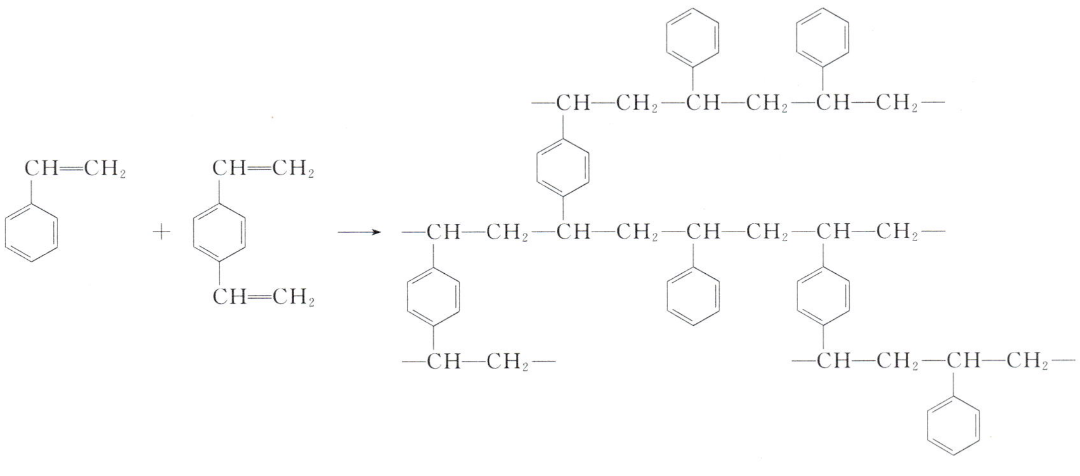

由于在上述交联聚合物形成的小球上有许多"挂"在碳链上的苯环，在这些苯环上可以通过亲电取代反应引进某些活性基团，如磺酸基、氨基等，形成带有官能团的不溶于水的高聚物小球，官能

团上的阳离子或阴离子可以与水中的阳离子或阴离子进行交换,这种物质就叫作离子交换树脂。

含有磺酸基的叫作阳离子交换树脂,因为磺酸基中的氢离子是以离子键与磺酸根结合的,所以将这样的树脂浸入水中,氢离子很容易移入水中,而水中的其他阳离子可以取代树脂上氢离子的位置从而平衡磺酸根的负电性,这就是离子交换。因为进行交换的是阳离子,又由于磺酸是强酸,所以磺酸型离子交换树脂属于强酸型阳离子交换树脂。其离子交换反应可以下式表示:

$$\sim\!\!-SO_3^-H^+ + Na^+Cl^- \overset{H_2O}{\rightleftharpoons} \sim\!\!-SO_3^-Na^+ + H^+Cl^-$$

如果在共聚物上引入氯甲基(氯甲基化)后,再与三甲胺反应,即得季铵型阴离子交换树脂:

$$\sim\!\!\!\bigcirc \longrightarrow \sim\!\!\!\bigcirc\!\!-CH_2Cl \xrightarrow{(CH_3)_3N} \sim\!\!\!\bigcirc\!\!-CH_2N^+(CH_3)_3 \xrightarrow{OH^-} \sim\!\!\!\bigcirc\!\!-CH_2N^+(CH_3)_3$$
$$Cl^- \qquad\qquad OH^-$$

这种树脂中的阴离子(OH^-)可以与水溶液中的其他阴离子交换。例如:

$$\sim\!\!\!\bigcirc\!\!-CH_2N^+(CH_3)_3 + H^+Cl^- \overset{H_2O}{\rightleftharpoons} \sim\!\!\!\bigcirc\!\!-CH_2N^+(CH_3)_3 + H^+OH^-$$
$$OH^- \qquad\qquad\qquad\qquad Cl^-$$

季铵碱是强碱,所以这一类属于强碱型阴离子交换树脂。

普通水中总含有许多无机盐,而在实验室或工业上常常需用无离子水,无离子水的制备可以将普通水先通过装有强酸型阳离子交换树脂的柱子,则水中的金属离子与树脂中的 H^+ 交换而进入树脂中,流出的水中便含有酸;然后将含有酸的水再通过装有强碱型阴离子交换树脂的柱子,则阴离子被除去,流出的便是无离子水。

当树脂的交换能力饱和后,如磺酸型树脂已全部转化为磺酸盐,即不能再与溶液中的金属离子交换。这时可以用酸处理,既洗去金属离子,又恢复氢型,这个过程叫作再生。阴离子交换树脂也可按同样道理用碱进行再生。

除强酸型、强碱型离子交换树脂外,还有弱酸型、弱碱型离子交换树脂。例如,含有—COOH 或 $-CH_2N(CH_3)_2$ 的离子交换树脂。此外还有氧化还原型、螯合型离子交换树脂等。

离子交换树脂的用途极广,如工业用水的软化、海水淡化、工业废水的处理、提取稀有元素、分离氨基酸等天然产物、催化有机反应,以及用于医药等方面。由于它的用途广,效果好,因此是目前高分子化学领域中的重要研究课题之一。

Ⅱ. 含磷有机化合物

磷和氮是同族元素,就像硫与氧的关系一样,对应于含氮的有机化合物,也有一系列含磷的有机化合物。

磷化氢 PH_3 中的氢被烃基取代,则得到与胺相应的下列四种衍生物:

$$\text{RPH}_2 \qquad \text{R}_2\text{PH} \qquad \text{R}_3\text{P} \qquad [\text{R}_4\text{P}]^+\text{I}^-$$
一级膦　　　　二级膦　　　　三级膦　　　　四级鏻化合物

上述化合物中，磷原子与碳原子直接相连。"膦"（音 lìn）字表示含有磷-碳键的化合物，在表示相当于季铵类化合物的含磷化合物时用"鏻"字。

磷酸分子中的氢被烃基取代的衍生物是磷酸酯。例如：

$$\underset{\text{OH}}{\overset{\overset{\displaystyle O}{\|}}{\text{HO}-\text{P}-\text{OH}}} \qquad \text{ROP(OH)}_2 \qquad (\text{RO})_2\text{POH} \qquad (\text{RO})_3\text{P}=\text{O}$$

磷酸　　　　　　磷酸烷基酯　　　　磷酸二烷基酯　　　　磷酸三烷基酯
(phosphoric acid)　(alkylphosphate)　(dialkylphosphate)　(trialkylphosphate)

磷酸酯中，与碳原子相连的是氧，而不是磷。

磷酸中的—OH 被烃基取代的衍生物，叫膦酸。例如：

$$\text{RP(OH)}_2 \qquad \text{R}_2\text{POH}$$
（上有 =O）

烷基膦酸　　　　二烷基膦酸

磷酸中三个—OH 被烃基取代的衍生物叫氧化三烃基膦或三烃基氧化膦。

$$\text{R}_3\text{P}=\text{O}$$

氧化三烷基膦（三烷基氧化膦）

有机磷化合物和有机氮化合物在性质上的区别，与含硫和含氧有机化合物间的区别类似，如胺有碱性，而膦则几乎没有碱性，它们不能使石蕊试纸变蓝（石蕊变色范围的 pH 为 5～8）；膦比胺容易被氧化，在空气中就能被氧化为膦酸或氧化膦。

一切生物体中都有含磷有机化合物，而且在生命过程中起着非常重要的作用。生物体中的磷不是以膦的形式存在，而是以磷酸单酯、二磷酸单酯或三磷酸单酯的形式存在的。

磷酸　　　　　　二磷酸(焦磷酸)　　　　　三磷酸
　　　　　　　　(diphosphoric acid)　　　(triphosphoric acid)

二磷酸和三磷酸相当于磷酸的酸酐。

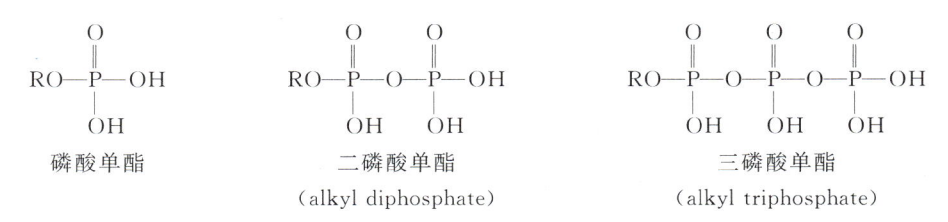

磷酸单酯　　　　二磷酸单酯　　　　　三磷酸单酯
　　　　　　　(alkyl diphosphate)　　(alkyl triphosphate)

上述各式中的 R 多为比较复杂的基团，如糖类；三种磷酸酯中都有可以解离的氢，所以这些磷酸酯在水溶液中多以负离子形式存在，其解离程度决定于介质的酸度。

$$\text{RO}-\underset{\underset{\text{OH}}{|}}{\overset{\overset{\text{O}}{\|}}{\text{P}}}-\text{OH} \rightleftharpoons \text{RO}-\underset{\underset{\text{OH}}{|}}{\overset{\overset{\text{O}}{\|}}{\text{P}}}-\text{O}^- + \text{H}^+ \rightleftharpoons \text{RO}-\underset{\underset{\text{O}^-}{|}}{\overset{\overset{\text{O}}{\|}}{\text{P}}}-\text{O}^- + \text{H}^+$$

某些三磷酸单酯是生化反应中极为重要的物质,这些酯在特定酶的作用下可以水解,水解时放出能量,供给机体各种不同的需要。例如,三磷酸腺苷水解为二磷酸腺苷时,由于发生 P—O 键断裂而放出能量,在生化中将这样的键叫"高能键"(high energy bond)。

$$\text{腺苷}-\text{O}-\underset{\underset{\text{OH}}{|}}{\overset{\overset{\text{O}}{\|}}{\text{P}}}-\text{O}-\underset{\underset{\text{OH}}{|}}{\overset{\overset{\text{O}}{\|}}{\text{P}}}-\text{O}-\underset{\underset{\text{OH}}{|}}{\overset{\overset{\text{O}}{\|}}{\text{P}}}-\text{OH} + \text{H}_2\text{O} \rightleftharpoons \text{腺苷}-\text{O}-\underset{\underset{\text{OH}}{|}}{\overset{\overset{\text{O}}{\|}}{\text{P}}}-\text{O}-\underset{\underset{\text{OH}}{|}}{\overset{\overset{\text{O}}{\|}}{\text{P}}}-\text{OH} + \text{H}_3\text{PO}_4 + \text{能量}$$

三磷酸腺苷(ATP)   二磷酸腺苷(ADP)
(adenosine triphosphate)   (adenosine diphosphate)

应该指出的是在物理化学中如果说一个键的能量高是指这个键很稳定,也就是键能高,或说键的强度大。但在生化中所说的"高能键",并不是指它的强度,而是说在某些生物化学反应中它可以放出能量。一般磷酸酯水解时放出的能量为 8～16 kJ/mol,而含高能键的磷酸酯水解时可放出 33～54 kJ/mol 的能量。许多生化过程,如光合作用、肌肉收缩和蛋白质的合成等,都需要依赖这些能量来完成。

有机磷化合物不仅与生命化学有关,而且在工农业生产上都有极为广泛的用途。许多含磷的有机化合物可分别用做某些金属的萃取剂、纺织品的防皱剂、塑料制品的阻燃剂、润滑油的添加剂及农药、医药等,有些有机磷化合物是有机合成中非常有用的试剂,所以有机磷化学在化学领域中无论在理论上还是在应用上都是相当重要的一个研究方向。有机磷农药则是有机磷化学研究的方面之一。

有机磷农药简介

最早使用的农药是植物性杀虫剂如除虫菊酯、鱼藤酮等,此后发展了无机制剂,如一些砷化物、波尔多液等。第二次世界大战后,由于增产粮食的需要,有机农药的研究在一些国家迅速发展起来。

农药就其应用范围分为杀虫剂、杀菌剂、杀鼠剂、除草剂和植物生长调节剂等。从化学结构的角度来说,则涉及的化合物类型很广,其中一大类就是有机磷农药。

在第二次世界大战中,德国法西斯研究战争毒剂,合成了一些剧毒的有机磷化合物,如沙林 $\left[\text{sarin}, (\text{CH}_3)_2\text{CHO}-\underset{\underset{\text{CH}_3}{|}}{\overset{\overset{\text{O}}{\|}}{\text{P}}}-\text{F}\right]$ 等,被用来作为杀人武器,这些化合物的毒性是由于它们能抑制胆碱酯酶的正常生理功能所致。此后人们合成了数以万计的有机磷化合物,筛选其中杀虫效力高而对人畜毒性小的化合物作为农业杀虫剂使用。之后又发展了有机磷杀菌剂、除草剂等。

有机磷农药品种多,作用范围广;一般在使用后降解较快,不会在环境中长期积存,但有些品种的降解产物也是有毒的。不少有机磷杀虫剂毒性很强,可通过皮肤及呼吸道进入机体内,在生产及使用过程中很易使人畜中毒以致死亡,所以许多高毒性有机磷杀虫剂已被禁止或限制使用,现在已出现了一些高效低毒的品种。

目前使用的有机磷杀虫剂有膦酸酯类、磷酸酯类、硫代磷酸酯类及磷酰胺 $\left[\begin{array}{c}O\\\|\\(RO)_2PNHR'\end{array}\right]$ 类等。其中以磷酸酯类及硫代磷酸酯类较多。

1. 敌百虫 $\left[\begin{array}{c}O\\\|\\(CH_3O)_2PCHCCl_3\\|\\OH\end{array}\right]$

敌百虫属于膦酸酯类杀虫剂,它的化学名称是 O,O-二甲基-(1-羟基-2,2,2-三氯乙基)膦酸酯,可以由三氯化磷、甲醇和三氯乙醛合成。

敌百虫纯品为白色结晶,熔点 81 ℃,易溶于水和多种有机溶剂,在中性和酸性溶液中比较稳定,在碱性水溶液中可以转化为敌敌畏,继而水解失效。

敌百虫对昆虫有较强的胃毒作用,也兼有触杀作用,为应用范围较广的有机磷杀虫剂。敌百虫对人畜毒性较低,残效期较短。对大白鼠口服致死中量 LD_{50}(或称半数致死量)为 560~630 mg/kg 体重。

2. 敌敌畏 $\left[DDVP, (CH_3O)_2\overset{O}{\overset{\|}{P}}OCH=CCl_2\right]$

敌敌畏的化学名称为 O,O-二甲基-O-(2,2-二氯乙烯基)磷酸酯。

敌敌畏为无色油状液体,微溶于水,能溶于多种有机溶剂。敌敌畏的挥发性很强,在 20 ℃时,挥发度可达 145 mg/m³。有胃毒、触杀及熏蒸作用。杀虫范围广,作用快,对双翅目、鳞翅目、鞘翅目昆虫及螨类都有很好的防治效果。由于敌敌畏易挥发及易水解,所以残效期较短。对大白鼠口服致死中量 LD_{50} 为 56~80 mg/kg 体重。

3. 对硫磷 $\left[1605, (C_2H_5O)_2\overset{S}{\overset{\|}{P}}O-\!\!\left\langle\!\!\bigcirc\!\!\right\rangle\!\!-NO_2\right]$

1605 为硫代磷酸酯类化合物。化学名称为 O,O-二乙基-O-对硝基苯基硫代磷酸酯。

1605 为淡黄色油状液体,工业品呈红棕色或暗褐色,有大蒜气味,难溶于水,而易溶于多种有机溶剂。

1605 具胃毒、触杀及熏蒸作用,杀虫范围广,作用较快,施药后几十分钟开始生效。但对人畜毒性很高,且对胆碱酯酶的抑制作用有累积性,对大白鼠口服 LD_{50} 为 3.6~13 mg/kg 体重。使用时必须特别注意避免吸入及与皮肤接触。1605 主要用于防治蚜虫、红蜘蛛等,由于长期使用,有些昆虫已产生抗药性。

4. 久效磷 $\left[(CH_3O)_2\overset{O}{\overset{\|}{P}}-O-\overset{CH_3}{\underset{\|}{C}}=CH-\overset{O}{\overset{\|}{C}}-NH-CH_3\right]$

化学名称为 O,O-二甲基-O-(2-甲氨基甲酰-1-甲基乙烯基)磷酸酯。纯品为白色固体，熔点 54～55 ℃。工业品为红棕色黏稠液体。

久效磷为高效、内吸性、广谱性杀虫剂，残效期较长，对防治抗性棉蚜、棉红蜘蛛特别有效，大白鼠口服 LD_{50} 为 16～21 mg/kg 体重。

对硫磷及久效磷已被联合国粮农组织和环境规划署列为限制或禁用农药之列。我国农业部规定，这两种农药不得用于蔬菜、果树、茶叶及中草药上，已从 2007 年全面禁止使用。

5. 乐果 $\left[(CH_3O)_2\overset{S}{\overset{\|}{P}}-S-CH_2-\overset{O}{\overset{\|}{C}}-NHCH_3\right]$

化学名称为 O,O-二甲基-S-甲氨基甲酰甲基二硫代磷酸酯。

乐果工业品为白色结晶，熔点 52 ℃，有恶臭，对昆虫有触杀和内吸作用，对大白鼠口服 LD_{50} 为 250 mg/kg 体重，残效期较短。乐果为中等毒性杀虫剂。杀虫谱较广，可用于防治蔬菜、果树、茶、桑、棉、油料作物和粮食作物的多种害虫和叶螨。

6. 马拉硫磷 马拉松，或马拉赛昂或 4049，$\left[(CH_3O)_2\overset{S}{\overset{\|}{P}}-S-\overset{}{\underset{}{CH}}-\overset{O}{\overset{\|}{C}}-O-C_2H_5 \atop \qquad\qquad\qquad CH_2-\underset{\|}{\underset{O}{C}}-O-C_2H_5\right]$

化学名称为 O,O-二甲基-S-(1,2-二乙氧羰基乙基)二硫代磷酸酯。为无色油状液体，微溶于水，对昆虫有胃毒和触杀作用，药效高，杀虫范围广，对人畜毒性较低，对大白鼠口服 LD_{50} 为 1 000～1 375 mg/kg 体重。

7. 草甘膦 $\left[HOCCH_2NHCH_2\overset{O}{\overset{\|}{P}}(OH)_2\right]$ (左侧 $\overset{O}{\|}$)

草甘膦也叫镇草宁，化学名称为 N-膦酰甲基甘氨酸；为白色固体，熔点 230 ℃（分解），在 25 ℃ 时 100 g 水中可溶解 1.2 g，不溶于一般有机溶剂；对大白鼠口服 LD_{50} 为 4 873 mg/kg 体重。

草甘膦为广谱性内吸传导型除草剂，能被植物的叶、茎等绿色部位吸收后转移至地下茎与根，通过干扰植物体内氨基酸的合成而使整棵植株死亡，用于防治深根多年生杂草。可用于橡胶园、果园、垦荒地及铁路、公路等地除草。由于草甘膦为非选择性除草剂，所以施用时不可喷及作物的叶片等绿色部位。

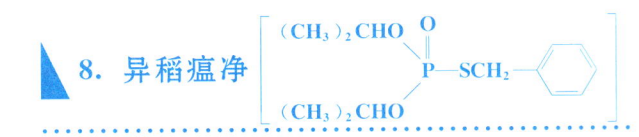

8. 异稻瘟净 $\left[\begin{array}{c}(CH_3)_2CHO\\(CH_3)_2CHO\end{array}\!\!\!>\!\!\!\overset{O}{\underset{}{P}}\!\!-SCH_2\!-\!\!\!\bigcirc\right]$

化学名称为 O,O-二异丙基-S-苄基硫代磷酸酯。为淡黄色液体,沸点 126 ℃/5.3 Pa,对人畜毒性较低,对小白鼠口服 LD_{50} 为 600 mg/kg 体重。

异稻瘟净为内吸性杀菌剂,通过植物根部及较低的鞘部吸收后,被输送至秆、叶及穗。主要用于防治稻瘟病,对水稻某些其他病害也有效。由于异稻瘟净在水中有一定的溶解度(18 ℃时在 1 L 水中溶解 1 g),所以撒布于水田中使用效果最好。

习　题

13.1 指出下列各物质属于哪一类化合物:

a. (1,4-二硫六元环)   b. $Cl-\!\!\bigcirc\!\!-SO_2NHCH_3$ c. CH_3SOCH_3

d. $CH_3-\!\!\bigcirc\!\!-SO_3H$ e. $\bigcirc\!\!-SH$ f. $CH_3-\!\!\bigcirc\!\!-SH$

g. $\bigcirc\!\!-SO_2-\!\!\bigcirc$ h. $C_2H_5-S-S-C_2H_5$ i. $CH_3S-\!\!\bigcirc$

j. $CH_3\overset{S}{\overset{\|}{C}}OH$ k. $CH_3\overset{O}{\overset{\|}{O}}P(OH)_2$ l. $(\bigcirc)_3P$

m. $C_6H_5\overset{O}{\overset{\|}{P}}(OH)_2$ n. (葡萄糖-6-焦磷酸结构)   o. $(C_2H_5O)_2\overset{O}{\overset{\|}{P}}OH$

13.2 将下列化合物按酸性增强的顺序排列:

a. $\bigcirc\!\!-OH$ b. $\bigcirc\!\!-SH$ c. $\bigcirc\!\!-SH$ d. $\bigcirc\!\!-SO_3H$

13.3 写出下列反应的主要产物:

a. $\begin{array}{c}SCH_2CH(NH_2)COOH\\|\\SCH_2CH(NH_2)COOH\end{array}\xrightarrow{[H]}$

b. $\bigcirc\!\!-SH\ +\ KOH\longrightarrow$

c. $CH_3CH_2CH_2CH_2SH\xrightarrow{HNO_3}$

d. $\bigcirc\!\!-S-S-\!\!\bigcirc\xrightarrow{HNO_3}$

e. 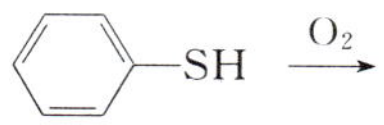 $\text{C}_6\text{H}_5\text{—SH} \xrightarrow{\text{O}_2}$

f. 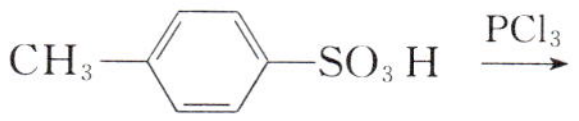 $\text{CH}_3\text{—C}_6\text{H}_4\text{—SO}_3\text{H} \xrightarrow{\text{PCl}_3}$

g. $\text{CH}_3(\text{CH}_2)_4\text{CH}_2\text{SH} \xrightarrow{\text{NaOH}}$

13.4 离子交换树脂的结构特点是什么？举例说明什么叫阴离子交换树脂，什么叫阳离子交换树脂。

13.5 磷酸可以形成几种类型的酯？以通式表示。

13.6 由指定原料及其他无机试剂写出下列合成路线。

　　a. 由 $\text{CH}_3\text{CH}_2\text{CH}_2\text{CH}_2\text{OH}$ 合成 $\text{CH}_3\text{CH}_2\text{CH}_2\text{SO}_2\text{CH}_2\text{CH}_2\text{CH}_2\text{CH}_3$

　　b. 由 $\text{CH}_3\text{—C}_6\text{H}_5$ 合成 $\text{CH}_3\text{—C}_6\text{H}_4\text{—SO}_2\text{NH—C}_6\text{H}_4\text{—CH}_3$

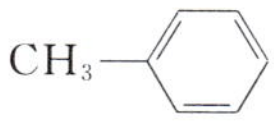

第十四章 糖类

糖类(saccharide)曾被称为碳水化合物(carbohydrate),是自然界存在最多的一类有机化合物。例如,葡萄糖、蔗糖、淀粉、纤维素都属于糖类。从化学结构的特点来说,它们是多羟基的醛、酮,或多羟基醛、酮的缩合物。由于最初发现的这一类化合物都是由碳、氢、氧三种元素组成,而且分子中氢和氧的比例为 2∶1,它们都可以用 $C_n(H_2O)_m$ 这样一个通式来表示,所以便将这类物质叫作碳水化合物。但后来发现有些化合物,如鼠李糖($C_6H_{12}O_5$,rhamnose),根据它的结构和性质应该属于碳水化合物,但组成并不符合上面通式;而有些化合物,如乙酸($C_2H_4O_2$),虽然分子式符合上述通式,但从结构及性质讲,则与碳水化合物完全不同。因此"碳水化合物"这一名词并不十分恰当,已不再使用。

植物和某些微生物有一种"固定"空气中二氧化碳的能力。在日光的作用下,通过叶绿素的催化作用,它们可以将空气中的二氧化碳和水转化为相对分子质量较大的糖类,这就是光合作用:

$$6\ CO_2 + 6\ H_2O \xrightarrow[\text{叶绿素}]{\text{日光}} C_6H_{12}O_6 + 6\ O_2$$

植物通过光合作用将太阳能转化为键能储存于糖类中,并放出氧气。

糖类是一切生物体维持生命活动所需能量的主要来源,但是动物不能由二氧化碳自行合成糖类,而必须由食物中摄取。动物从空气中吸收了氧,将食物中的糖类经过一系列生化反应逐步氧化为二氧化碳和水,并放出能量供机体生长及活动所需。动物与植物就是这样互相依赖的有机体,它们通过如下的循环维持了二氧化碳与氧气的平衡:

$$6\ CO_2 + 6\ H_2O \xrightleftharpoons[\text{动物呼吸作用}]{\text{植物光合作用}} C_6H_{12}O_6 + 6\ O_2$$

随着物质的平衡,能量还是不断地在地球上消耗着,生命活动需要的能量,归根到底是从太阳供给的。二氧化碳和氧气的循环必须不断地由太阳输入辐射能才能永远维持。所以可以说,地球上一切生物体的能量来源都是太阳,没有太阳就不能维持生命,没有太阳也不会出现生命。

糖类除作为能量的来源外,还有许多其他的生理作用。例如,构成植物的支撑组织、作为机体中其他有机物的合成原料,等等。

糖类常根据它能否水解和水解后生成的物质分为以下三类：

（1）单糖(monosaccharide)　不能水解的多羟基醛酮。

（2）低聚糖(oligosaccharide)　低聚糖也叫寡糖，是由2～10个分子的单糖缩合成的物质，能水解为两分子单糖的叫双糖（或二糖），水解产生三个或四个单糖的则叫三糖或四糖。在低聚糖中以双糖最常见。

（3）多糖(polysaccharide)　一分子多糖水解后可产生几百以至数千个单糖，它们相当于由许多单糖形成的高聚物，所以也叫高聚糖，属于天然高分子化合物。

糖类物质多用俗名。

自然界的糖类物质绝大部分是D型的。什么叫作D型，这是在讨论糖类化合物的结构与性质前首先需要解决的问题。

相对构型与绝对构型

已知乳酸有两种构型，可以分别用两个投影式表示。由不同来源也确实得到了两种乳酸，它们的比旋光度相同而旋光方向相反，但是左旋的乳酸是哪一种构型的，右旋的又应该用哪个投影式表示？1951年以前，在还没有实验方法可以测定分子中基团在空间的排列状况时，为了避免混淆，便以甘油醛为标准做了人为的规定。甘油醛有如下两种构型：

$$
\begin{array}{cc}
\text{CHO} & \text{CHO} \\
\text{H}\!\!-\!\!\!\!\!-\!\!\text{OH} & \text{HO}\!\!-\!\!\!\!\!-\!\!\text{H} \\
\text{CH}_2\text{OH} & \text{CH}_2\text{OH} \\
\text{D-(+)-甘油醛} & \text{L-(−)-甘油醛} \\
(\text{I}) & (\text{II})
\end{array}
$$

人为地规定右旋甘油醛的构型以（I）式表示，左旋甘油醛的构型就是（II）式。把（I）式，即手性碳原子上的羟基是投影在右边的，叫作D型，相反的（II）式叫作L型。这样甘油醛的一对对映体的全名应写为D-(+)-甘油醛和L-(−)-甘油醛。D和L分别表示构型，而＋和－则表示旋光方向。这样书写的名称既表明了甘油醛的旋光方向，又指出了分子的空间构型。

在人为规定了甘油醛的构型的基础上，就可以通过一定的化学方法，将其他旋光化合物与甘油醛联系起来，以确定其他旋光化合物的构型。例如，将右旋甘油醛的醛基氧化为羧基；将—CH_2OH还原为甲基，就得到乳酸。这样得到的乳酸的构型应该和D-(+)-甘油醛相同，因为在上述氧化及还原的步骤中与手性碳原子相连的任何一个键都没有发生断裂，所以与手性碳原子相连的基团的排列顺序不会改变。因此这个乳酸应该具有如下的构型：

$$
\begin{array}{c}
\text{COOH} \\
\text{H}\!\!-\!\!\!\!\!-\!\!\text{OH} \\
\text{CH}_3
\end{array}
$$

这样得到的乳酸，经测定其旋光方向为左旋的，所以说左旋乳酸是D型的，那么，右旋乳酸即为L型：

$$\begin{array}{cc} \text{COOH} & \text{COOH} \\ \text{H}\!-\!\!\!-\!\!\!-\!\text{OH} & \text{HO}\!-\!\!\!-\!\!\!-\!\text{H} \\ \text{CH}_3 & \text{CH}_3 \end{array}$$

D-(−)-乳酸   L-(+)-乳酸

由于这种构型是人为规定的，并不是实际测出的，所以叫作相对构型。

旋光活性物质的旋光方向与构型之间没有固定的关系，一个 D 型的化合物，可以是左旋的，也可以是右旋的。

1951 年，用 X 射线衍射的方法，确定了右旋酒石酸铷钠盐的构型，发现其构型与以甘油醛为标准确定的构型恰好相同。这样，凡是以前通过化学方法与甘油醛相联系而确定的其他旋光化合物的构型便是正确的绝对构型。用这种旋光化合物之间相互转化的方法确定构型时，必须不发生与手性碳原子相连的键的断裂。

由于以 D 及 L 表示构型的方法只适用于具有 $\text{H}\!-\!\overset{\overset{R}{|}}{\underset{\underset{R'}{|}}{C}}\!-\!\text{Y}$ 结构的化合物，即只考虑一个手性碳原子的构型。式中的 Y 相当于甘油醛中的 —OH。对于含多个手性碳原子的化合物，用这种方法表示构型时，如果选择的手性碳原子不同，往往会得出相反的结果，因此近年来便采用了 R，S 标记法，可以逐个地表示每一个手性碳的构型。但是用 D，L 表示构型，对于糖类及氨基酸是非常方便的，因此这两类化合物的构型仍用 D，L 表示。

Ⅰ．单　　糖

单糖根据它所含羰基结构的不同分为醛糖（aldose）和酮糖（ketose）两类。自然界的单糖以含五个或六个碳原子的为最普遍，各按所含碳原子的数目及羰基结构叫作某醛糖或某酮糖。例如：

$$\begin{array}{ccc}
\text{CHO} & \text{CH}_2\text{OH} & \text{CHO} \\
| & | & | \\
*\text{CHOH} & \text{C}\!=\!\text{O} & *\text{CHOH} \\
| & | & | \\
*\text{CHOH} & *\text{CHOH} & *\text{CHOH} \\
| & | & | \\
\text{CH}_2\text{OH} & \text{CH}_2\text{OH} & *\text{CHOH} \\
& & | \\
& & \text{CH}_2\text{OH} \\
\text{丁醛糖} & \text{丁酮糖} & \text{戊醛糖} \\
(\text{aldotetrose}) & (\text{ketotetrose}) & (\text{aldopentose})
\end{array}$$

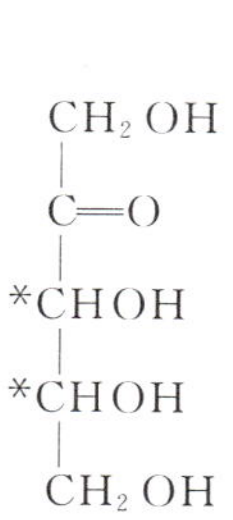

$$\begin{array}{c}CH_2OH\\|\\C=O\\|\\{}^*CHOH\\|\\{}^*CHOH\\|\\CH_2OH\end{array}\qquad\begin{array}{c}CHO\\|\\{}^*CHOH\\|\\{}^*CHOH\\|\\{}^*CHOH\\|\\CH_2OH\end{array}\qquad\begin{array}{c}CH_2OH\\|\\C=O\\|\\{}^*CHOH\\|\\{}^*CHOH\\|\\{}^*CHOH\\|\\CH_2OH\end{array}$$

  戊酮糖   己醛糖   己酮糖
  (ketopentose) (aldohexose) (ketohexose)

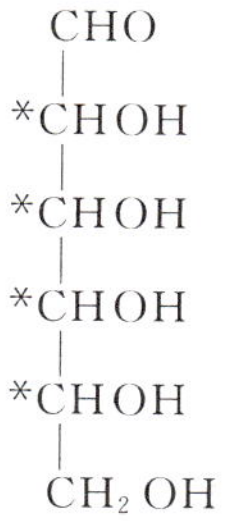

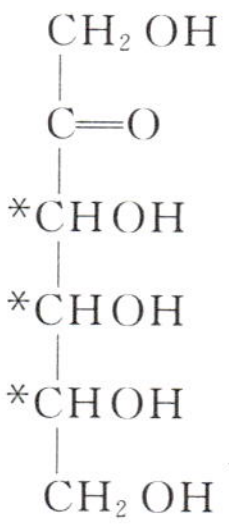

相应的醛糖和酮糖互为同分异构体。

单糖的构型

  单糖分子中都含有手性碳原子,所以都有旋光异构体。例如,丁醛糖分子中含两个不相同的手性碳原子,所以有 4 种旋光异构体,戊醛糖有 8 种旋光异构体,己醛糖则有 16 种旋光异构体。这些醛糖都可以由甘油醛以逐步增加碳原子的方法导出。例如,D-甘油醛与 HCN 加成后即可增加一个碳原子,得到羟基腈,将氰基水解为羧基,经转化为内酯后再还原成醛基即得丁醛糖。

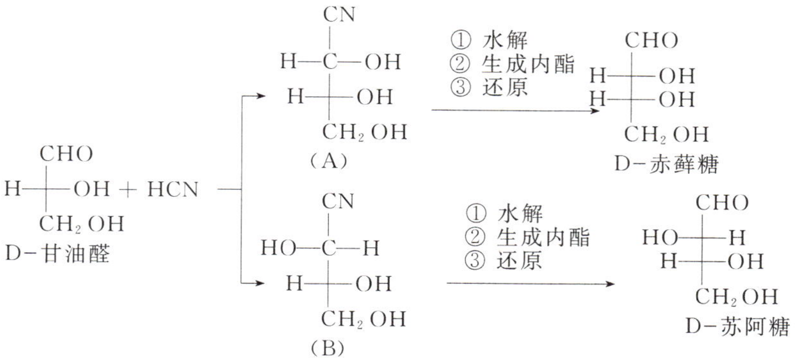

  在 HCN 与羰基加成时,⁻CN 可以由羰基所处的平面的两侧向羰基碳原子进攻,所以就形成(A)与(B)两种不同的产物。(A)与(B)的区别就在于新生成的手性碳原子(即原羰基的碳原子)的构型相反,而原来的手性碳原子的构型是相同的,所以经水解、酯化、还原的最终产物是两种丁醛糖。它们分别叫作 D-赤藓糖与 D-苏阿糖,它们互为非对映异构体。

  由 D-赤藓糖或 D-苏阿糖用如上的增长碳链的方法,各可以导出两个 D-戊醛糖(共四个非对映异构体)。然后由四个 D-戊醛糖又可导出八个 D-己醛糖。在本章某些部分为简便明了起见,在构型式中将手性碳原子上的 H 省略,以一短横线代表手性碳原子上的羟基。由 D-甘油醛导出的所有丁醛糖、戊醛糖及己醛糖如表 14-1 所示。

表 14-1 醛糖的 D 型异构体

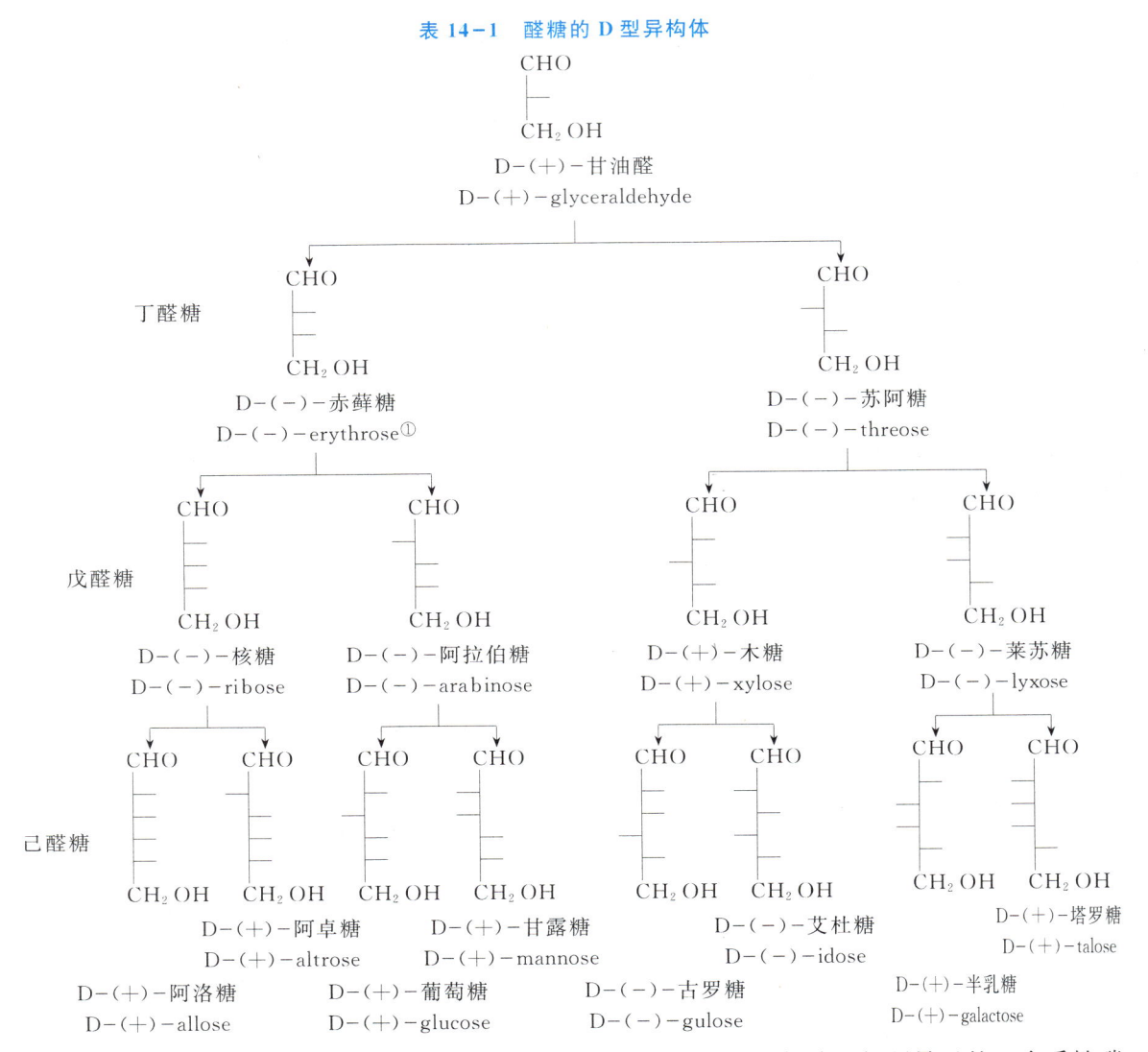

```
              CHO
              |
              CH₂OH
          D-(+)-甘油醛
       D-(+)-glyceraldehyde
```

丁醛糖

```
         CHO                              CHO
         |                                |
         CH₂OH                            CH₂OH
      D-(-)-赤藓糖                      D-(-)-苏阿糖
     D-(-)-erythrose①                  D-(-)-threose
```

戊醛糖

```
    CHO        CHO           CHO        CHO
    |          |             |          |
    CH₂OH      CH₂OH         CH₂OH      CH₂OH
  D-(-)-核糖  D-(-)-阿拉伯糖  D-(+)-木糖  D-(-)-莱苏糖
  D-(-)-ribose D-(-)-arabinose D-(+)-xylose D-(-)-lyxose
```

己醛糖

```
  CHO   CHO   CHO   CHO   CHO   CHO   CHO   CHO
  |     |     |     |     |     |     |     |
  CH₂OH CH₂OH CH₂OH CH₂OH CH₂OH CH₂OH CH₂OH CH₂OH
      D-(+)-阿卓糖  D-(+)-甘露糖  D-(-)-艾杜糖  D-(+)-塔罗糖
      D-(+)-altrose D-(+)-mannose D-(-)-idose  D-(+)-talose
 D-(+)-阿洛糖   D-(+)-葡萄糖    D-(-)-古罗糖    D-(+)-半乳糖
 D-(+)-allose  D-(+)-glucose   D-(-)-gulose   D-(+)-galactose
```

在糖类物质中仍然沿用 D,L 表示构型的方法,这种方法只考虑与羰基相距最远的一个手性碳原子的构型。由于上述各糖都可由 D-甘油醛用增长碳链的方法导出,而在这些糖中,与醛基相距最远的一个手性碳原子就相当于 D-甘油醛中的手性碳原子,所以这些糖都属 D 型。对于酮糖也是按同样方法确定构型。例如,下面各结构式中括出的碳原子的构型是相同的,它们都是 D 型糖。

```
                              CH₂OH
               CHO            |
               |              C=O
     CHO       (CHOH)ₙ        (CHOH)ₘ
     |         |              |
   H-|-OH    H-|-OH         H-|-OH
     |         |              |
     CH₂OH     CH₂OH          CH₂OH
  D-甘油醛    D-某醛糖        D-某酮糖
```

---

① 绝大部分糖类化合物的英文名称的结尾为"ose",而且多用俗名。

表 14-1 中所列两个丁醛糖之间、四个戊醛糖之间或八个己醛糖之间都互为非对映异构体。它们各自的对映异构体则分别是由 L-甘油醛按同样方法导出的各相应的 L 型糖。例如,D-葡萄糖的对映异构体是 L-葡萄糖:

$$
\begin{array}{c}
\text{CHO} \\
\text{CH}_2\text{OH} \\
\text{D-葡萄糖}
\end{array}
\qquad
\begin{array}{c}
\text{CHO} \\
\text{CH}_2\text{OH} \\
\text{L-葡萄糖}
\end{array}
$$

所以己醛糖的十六种旋光异构体共组成八对对映异构体。

自然界的酮糖可以看成是由赤藓酮糖开始,在酮基下面逐个增加—CHOH 单位导出的。例如,D 型酮糖可由 D-赤藓酮糖导出,见表 14-2。

表 14-2 酮糖的 D 型异构体

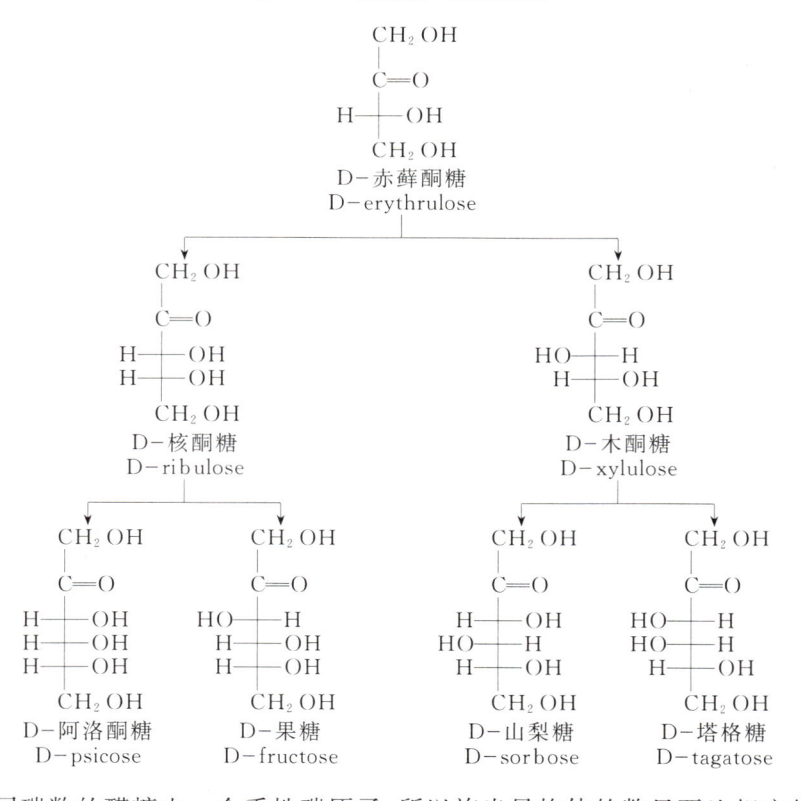

$$
\begin{array}{c}
\text{CH}_2\text{OH} \\
\text{C}=\text{O} \\
\text{H}——\text{OH} \\
\text{CH}_2\text{OH} \\
\text{D-赤藓酮糖} \\
\text{D-erythrulose}
\end{array}
$$

D-核酮糖 D-ribulose 　　　　　D-木酮糖 D-xylulose

D-阿洛酮糖 D-psicose 　　D-果糖 D-fructose 　　D-山梨糖 D-sorbose 　　D-塔格糖 D-tagatose

酮糖比含同碳数的醛糖少一个手性碳原子,所以旋光异构体的数目要比相应的醛糖少,己酮糖只有八种旋光异构体,组成四对对映。D-果糖是自然界分布最广的酮糖,含七个碳原子的 D-景天庚酮糖是光合作用中很重要的物质。

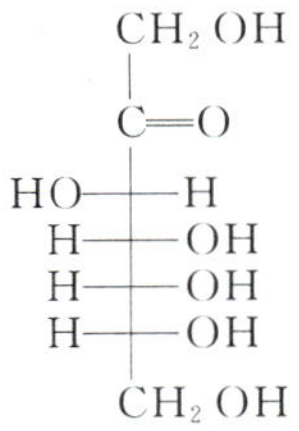

$$\begin{array}{c}
CH_2OH \\
| \\
C=O \\
HO-|-H \\
H-|-OH \\
H-|-OH \\
| \\
CH_2OH
\end{array}$$

D-景天庚酮糖(sedoheptose 或 sedoheptulose)

单糖的环形结构

虽然通过许多化学反应证明单糖为多羟基的醛或酮,但在它们的红外光谱中却找不到羰基的特征吸收峰。经过物理及化学方法证明结晶状态的单糖并不是像前面结构式表示的链状的多羟基醛酮,而是以环形的半缩醛或半缩酮存在的,这是由于单糖分子中同时存在羰基和羟基,因而在分子内便能由于生成半缩醛(或半缩酮)而构成环:

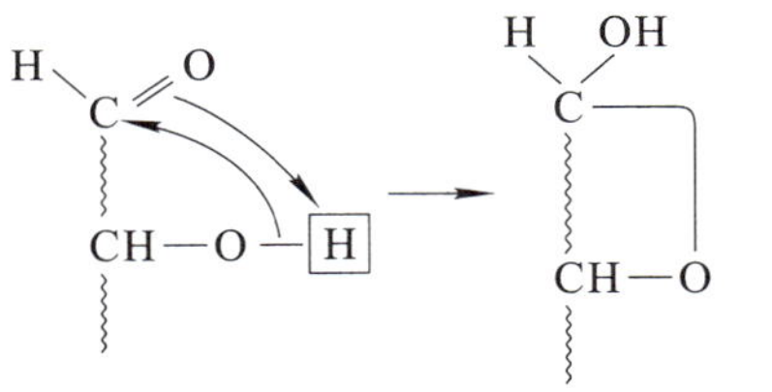

环形半缩醛

即碳链上一个羟基中的氢原子加到羰基的氧上,羟基中的氧与羰基的碳原子连接成环。对于己醛糖来说,分子中有五个羟基,究竟哪一个与羰基生成半缩醛? 也就是构成的环是由几个原子组成的? 通过一些试验证明在一般情况下,形成的都是六元环,也就是第五个碳原子上的羟基与羰基形成半缩醛。例如,D-葡萄糖就可以形成下面两种环形半缩醛:

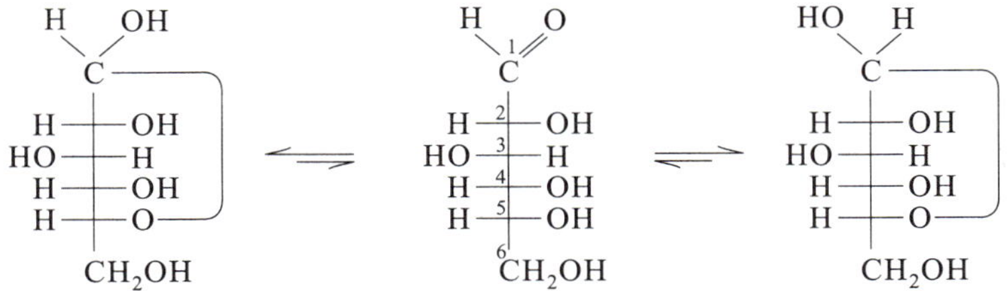

α-D-(+)-吡喃葡萄糖　　　　D-(+)-葡萄糖①　　　　β-D-(+)-吡喃葡萄糖
(α-D-(+)-glucopyranose)　　　　　(链式)　　　　　　　(环形半缩醛式)
(环形半缩醛式)

D-葡萄糖由醛式转变为半缩醛式时,就相当于羰基与 HCN 的加成一样,C^1 由 sp^2 杂化状态转化为 sp^3 杂化状态,必然形成一个新的手性碳原子。因此对于 C^1 来说,就可以有两种构型,

---

① 按 R,S 标记法,链式 D-葡萄糖的系统名称应叫作 $(2R,3S,4R,5R)$-2,3,4,5,6-五羟基己醛。

这就是上述 α-D-葡萄糖与 β-D-葡萄糖两种环形半缩醛,它们是非对映异构体,因为它们的区别只在于 C^1 的构型相反,而其他碳原子的构型相同。新形成的手性碳原子上的羟基(即半缩醛的羟基,也叫苷羟基)与 C^5(即决定糖类的构型的碳原子)上的羟基在碳链的同侧的叫 α 式,新形成的羟基与 C^5 上的羟基在碳链的反侧的叫 β 式。在乙醇溶液中结晶可得 α-D-葡萄糖。其比旋光度 $[\alpha]_D$ 为 $+112°\cdot cm^2\cdot g^{-1}$,而如用吡啶作溶剂结晶,则得 β-D-葡萄糖,$[\alpha]_D = +18.7°\cdot cm^2\cdot g^{-1}$。

将 α 或 β 两种异构体中的任意一种,如 α-D-葡萄糖溶于水中,便有少量 α-D-葡萄糖转化为醛式,并且 α-D-葡萄糖与醛式之间可以相互转化,但当醛式转化为环形半缩醛时,即 C^1 由 sp^2 杂化变成 sp^3 杂化,则不仅能生成 α-D-葡萄糖,也能生成 β-D-葡萄糖。经过一定时间以后,α 式、β 式及醛式三种异构体达成平衡,形成一个互变平衡体系。在此体系中,α-D-葡萄糖约占 37%,β-D-葡萄糖约占 63%,而醛式仅占 0.1%。如将 β-D-葡萄糖溶于水,经过一段时间后,也形成如上比例的三种异构体的互变平衡体系。在此互变平衡体系中,醛式虽然含量极少,但 α 式与 β 式之间的互变必须通过醛式才能完成。

半缩醛式葡萄糖分子中的环是由五个碳原子与一个氧原子形成的六元环,它和杂环化合物中的吡喃环相当,所以把六元环形的糖叫吡喃糖(pyranose)。

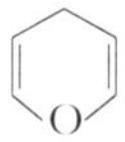

吡喃(pyran)

果糖的结晶也是吡喃型的,有 α 及 β 两种异构体,在水溶液中同样存在环式和链式的互变平衡体系,而且平衡混合物中除有两种吡喃型果糖外,还有两种五元环形异构体:

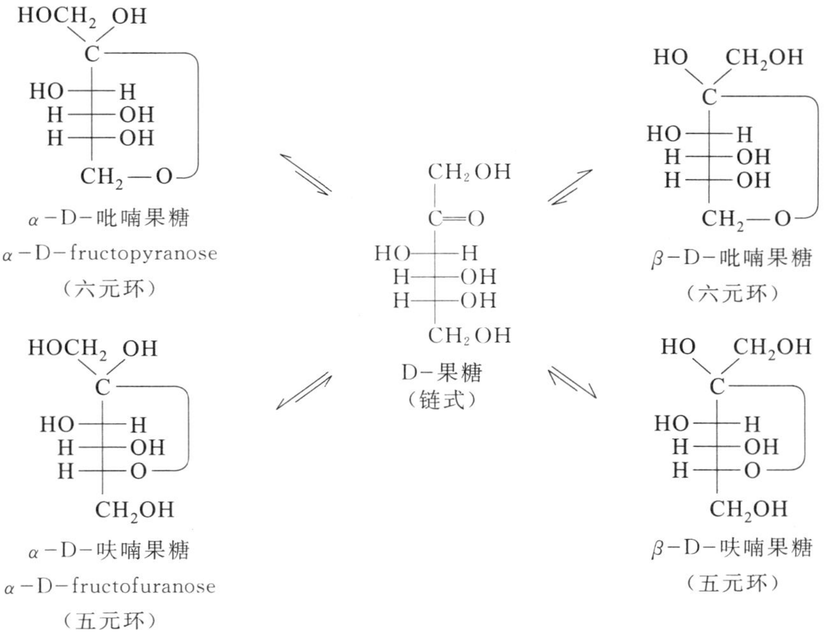

α-D-吡喃果糖
α-D-fructopyranose
(六元环)

β-D-吡喃果糖
(六元环)

D-果糖
(链式)

α-D-呋喃果糖
α-D-fructofuranose
(五元环)

β-D-呋喃果糖
(五元环)

上述五元环是由四个碳原子和一个氧原子构成的,它和杂环化合物中的呋喃环相当,所以把五元环形的糖叫作呋喃糖(furanose)。

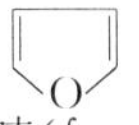

呋喃(furan)

在糖类的环形结构中，只有形成半缩醛（或缩醛）的碳原子的构型相反的两种异构体，叫异头物(anomer)，如 α-D-吡喃葡萄糖与 β-D-吡喃葡萄糖即为异头物。

上面所写的糖类的各种环形结构式（即 Fischer 投影式），不能反映出原子和基团在空间的相互关系。所以应把环形结构写成透视式。下面以 D-葡萄糖为例，说明透视式的书写步骤：（Ⅰ）表示葡萄糖的分子模型按碳链垂直放置时，四个手性碳上的羟基或氢分别在碳链的左边或右边，将碳链放成水平后，如（Ⅱ），则氢原子和羟基便分别在碳链的上下两侧。然后将碳链在水平位置向后弯成如（Ⅲ），将 $C^2、C^3、C^4$ 上的氢原子省略，并将 C^5 按箭头所指，绕 $C^4—C^5$ 键轴逆时针旋转 120°则成（Ⅳ）。这样（Ⅳ）中，C^5 上的羟基与羰基处于同一平面，如果 C^5 羟基中的氧按弯箭头 A 所指，由此平面的上方与羰基连接成环，则 C^1 上新形成的羟基便在环面的下方（Ⅴ）；反之，如按弯箭头 B 所指由羰基平面的下方与羰基碳原子相连，则新形成的羟基便在环面的上方（Ⅵ），这就形成 α 及 β 两种异构体。

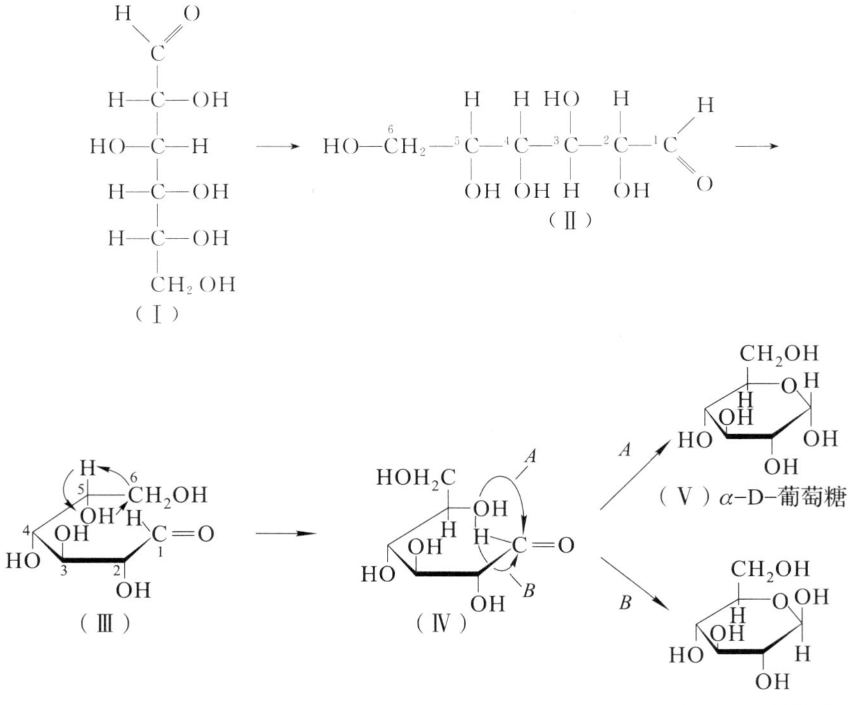

（Ⅴ）α-D-葡萄糖

（Ⅵ）β-D-葡萄糖

以透视式［或称哈武斯(Haworth)式］表示时，α 式或 β 式异构体的确定仍是以 C^1 上半缩醛的羟基与决定构型的碳原子(C^5)上的羟基在未成环时的相对位置为标准，而不管在成环时，C^5 上的羟基虽然已经转动了一定角度。因此在以 Haworth 式表示糖类的结构时，如将六元环中的氧写在右上角，则 D 型糖类中半缩醛羟基向下的为 α 式，反之则为 β 式；或说半缩醛羟基与 C^5 上的—CH_2OH 在环的同侧的为 β 式，反之为 α 式。

果糖的吡喃型和呋喃型异构体的透视式为

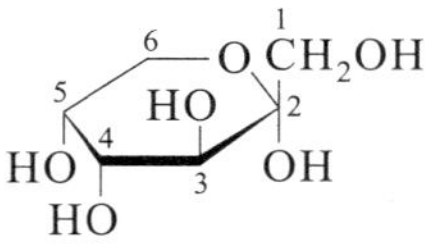

α-D-吡喃果糖 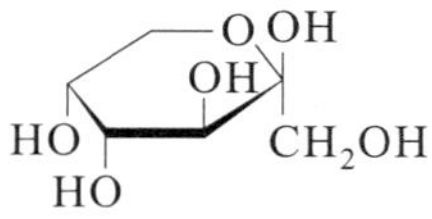   β-D-吡喃果糖 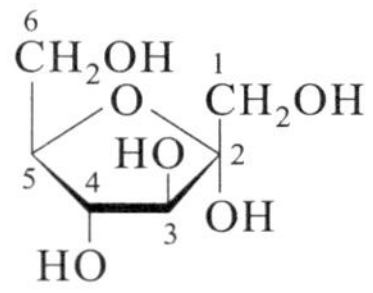   α-D-呋喃果糖 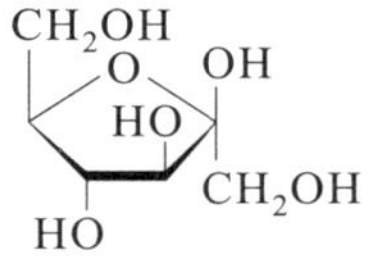   β-D-呋喃果糖

为了清楚简便，在书写透视式时，也常将环中碳原子上的氢省略。

实际透视式仍不能真实地反映出环形半缩醛式的三维空间结构，因为六元环并不是平面形的。环己烷有船型和椅型两种构象，但以椅型比较稳定。在吡喃糖中，虽然六元环中有一个是氧原子，但环的形状与环己烷是相似的，因此吡喃环的优势构象也是椅型。

和环己烷有两种椅型构象一样，吡喃环也可以有如下的（Ⅰ）与（Ⅱ）两种椅型构象，它们之间可以相互转换，转换以后，a 键变成 e 键，e 键变成 a 键。

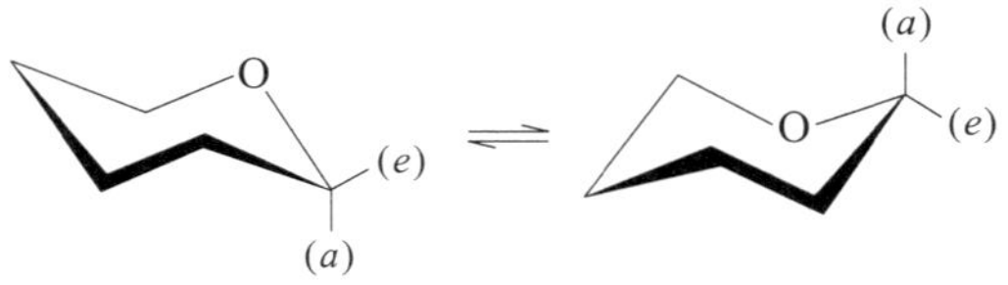

（Ⅰ）   （Ⅱ）

对于吡喃葡萄糖来说，如果以上述（Ⅰ）式构象存在时，α-D-葡萄糖中 C^1 上半缩醛的羟基以 a 键与环相连，而 β-D-葡萄糖中 C^1 上半缩醛的羟基则以 e 键与环相连；但无论是 α 式或 β 式，其他碳原子上的羟基或—CH_2OH 等较大的基团都以 e 键与环相连：

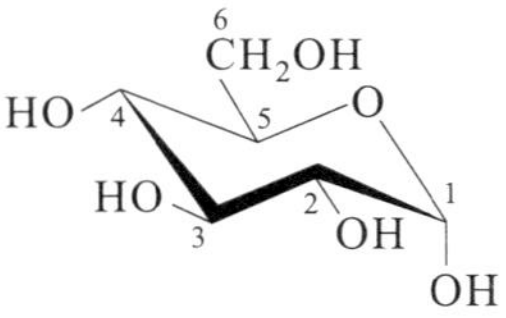

α-D-葡萄糖 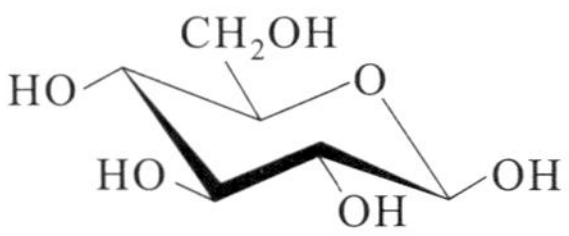   β-D-葡萄糖

但如转换成（Ⅱ）式构象，则除 C^1 外，其他碳原子上的羟基或—CH_2OH 等较大的基团便都以 a 键与环相连，故 D-吡喃葡萄糖的优势构象为（Ⅰ）式。而且在（Ⅰ）式中，又以 β-异构体更稳定：

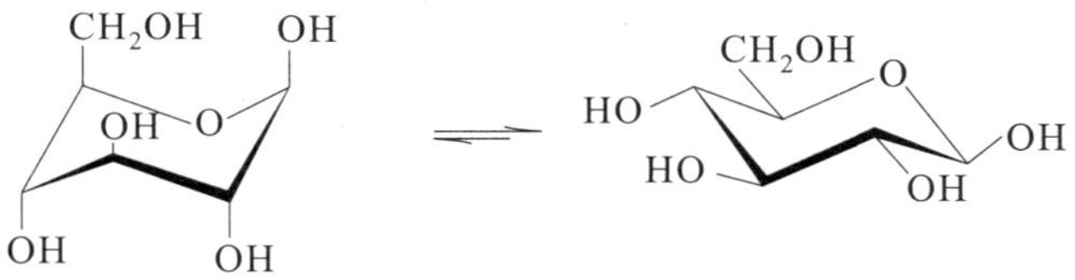

β-D-吡喃葡萄糖

一般说来，最大基团—CH_2OH 以 e 键与环相连是较稳定的构象，如 β-D-甘露糖，β-D-半乳糖。但当—CH_2OH 占据 e 键，而其他所有四个—OH 都必须处于 a 键时，则可能以（Ⅱ）式为优势构象，即多个—OH 都占据 e 键，而使—CH_2OH 占据 a 键，如 α-艾杜糖。

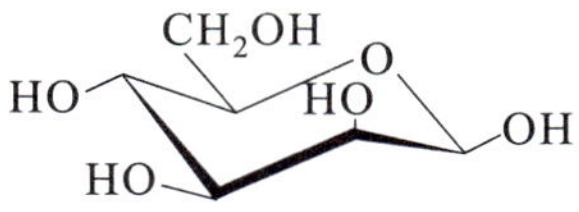

β-D-甘露糖 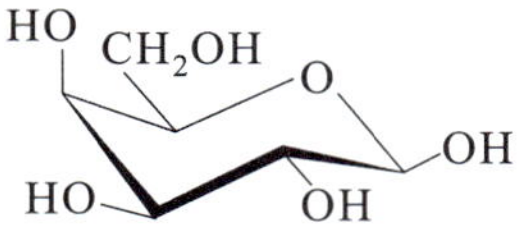　　　　　　β-D-半乳糖

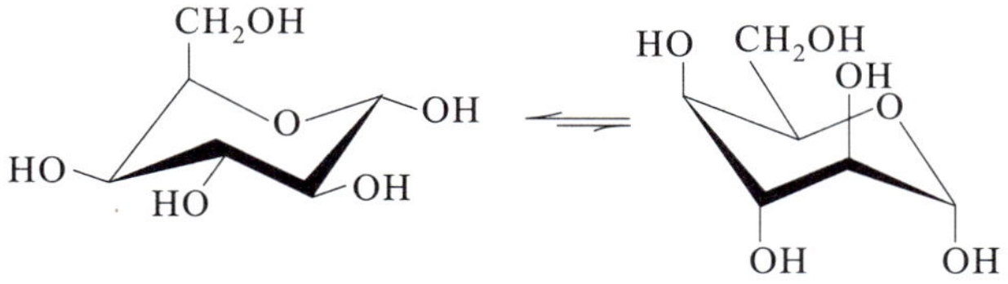

α-D-艾杜糖

在己醛糖中，只有 β-D-葡萄糖中所有较大基团都以 e 键与环相连，这可能就是在所有自然界的糖类中，葡萄糖存在最多的一个原因。

吡喃果糖的椅型构象为

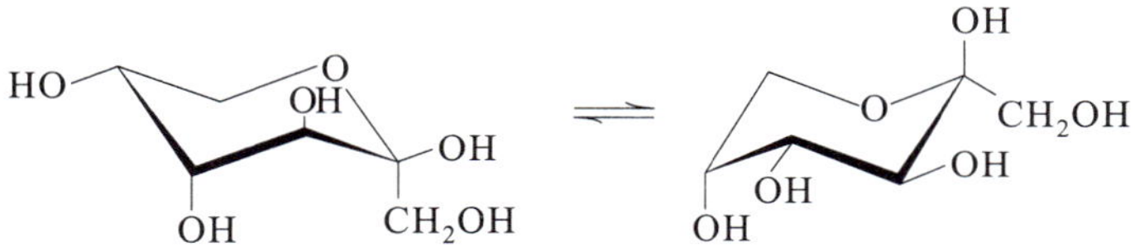

β-D-吡喃果糖

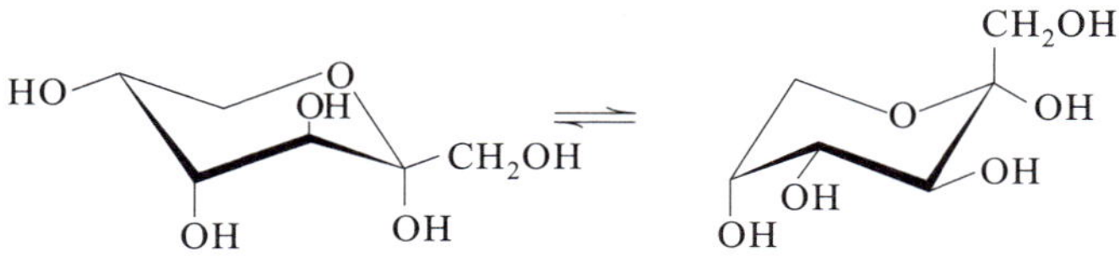

α-D-吡喃果糖

物 理 性 质

单糖都是无色结晶，有甜味，在水中溶解度很大，常能形成过饱和溶液——糖浆。由于单糖溶于水后，即产生环式与链式异构体间的互变，所以新配成的单糖溶液在放置过程中其旋光度会逐渐改变，但经过一定时间，几种异构体达成平衡后，旋光度就不再变化了，这种现象叫作变旋现象(mutarotation)。例如，新配成的 α-D-葡萄糖溶液的比旋光度是 $+112°\cdot cm^2\cdot g^{-1}$，在放置过程中，比旋光度逐渐下降，但降至 $+52.7°\cdot cm^2\cdot g^{-1}$ 以后则不再改变，而新配成的 β-D-葡萄糖的水溶液的比旋光度为 $+18.7°\cdot cm^2\cdot g^{-1}$，经放置后，旋光度逐渐上升，同样至 $+52.7°\cdot cm^2\cdot g^{-1}$ 后即不再变化，这时说明溶液中三种异构体已达成平衡。

几种重要单糖的环形半缩醛式异构体的比旋光度，以及水溶液中平衡混合物的比旋光度见表 14-3。

表 14-3 某些糖的物理常数

名称	比旋光度 $[\alpha]_D/(° \cdot cm^2 \cdot g^{-1})$			糖脎熔点/℃
	α 式	β 式	平衡混合物	
戊糖				
D-阿拉伯糖	-55.4	-175	-103	160
D-核糖	—	—	-23.7	160
D-木糖	+93.6	-20	+18.8	163
己糖				
D-葡萄糖	+112	+18.7	+52.7	210
D-甘露糖	+29.9	-16.3	+14.5	210
D-半乳糖	+150.7	+52.8	+80.2	186
D-果糖	—	-133.5	-92	210
双糖				
麦芽糖	—	+112	+136	206
乳糖	+85	—	+55.4	200
纤维二糖	—	+14	+35	208
蔗糖	+66.5			—

化 学 性 质

单糖分子中的醇羟基显示醇的一般性质,如能成酯、成醚等,单糖的磷酸酯是生物代谢过程中很重要的物质。

单糖在水溶液中是以链式和环式平衡存在的,某些在水溶液中进行的反应,如与土伦试剂、苯肼等作用时,其中链式异构体参与反应,而环式异构体就继续不断地变为链式,最后全部生成链式异构体的衍生物。

1. 氧化

醛与酮的主要区别在于后者不被土伦试剂氧化,但当酮的 α-碳原子上连有羟基时,也能与土伦试剂作用,所以酮糖与醛糖都能还原土伦试剂。此外,醛糖或酮糖还能还原本尼迪特(Benedict)试剂。本尼迪特试剂是硫酸铜、碳酸钠和柠檬酸钠的混合液,呈蓝色,其中的铜离子可被醛糖或酮糖还原为红棕色的氧化亚铜沉淀,柠檬酸钠的作用是与铜形成络离子,防止在碱性溶液中生成氢氧化铜沉淀。常将单糖的这种性质叫作还原性。有还原性的糖类叫还原糖(reducing sugar)。糖类与本尼迪特试剂的反应可被用来测定血液和尿中葡萄糖的含量。

在不同条件下，单糖可被氧化为不同产物。例如，D-葡萄糖用硝酸氧化可得 D-葡萄糖二酸[①]，而用溴水氧化则只氧化醛基而得葡萄糖酸。

$$
\begin{array}{c}
\text{COOH} \\
\text{H}\!-\!\text{OH} \\
\text{HO}\!-\!\text{H} \\
\text{H}\!-\!\text{OH} \\
\text{H}\!-\!\text{OH} \\
\text{CH}_2\text{OH} \\
\text{D-葡萄糖酸} \\
\text{(gluconic acid)}
\end{array}
\xleftarrow{\text{Br}_2\text{-H}_2\text{O}}
\begin{array}{c}
\text{CHO} \\
\text{H}\!-\!\text{OH} \\
\text{HO}\!-\!\text{H} \\
\text{H}\!-\!\text{OH} \\
\text{H}\!-\!\text{OH} \\
\text{CH}_2\text{OH} \\
\text{D-葡萄糖}
\end{array}
\xrightarrow{\text{HNO}_3}
\begin{array}{c}
\text{COOH} \\
\text{H}\!-\!\text{OH} \\
\text{HO}\!-\!\text{H} \\
\text{H}\!-\!\text{OH} \\
\text{H}\!-\!\text{OH} \\
\text{COOH} \\
\text{D-葡萄糖二酸} \\
\text{(glucaric acid)}
\end{array}
$$

酮糖不被溴水氧化，所以用溴水可以区别酮糖与醛糖。

糖醛酸是醛糖中末端的羟甲基被氧化为羧基的产物，如 D-葡萄糖醛酸[②]：

$$
\begin{array}{c}
\text{CHO} \\
\text{H}\!-\!\text{OH} \\
\text{HO}\!-\!\text{H} \\
\text{H}\!-\!\text{OH} \\
\text{H}\!-\!\text{OH} \\
\text{COOH}
\end{array}
$$

D-葡萄糖醛酸(glucuronic acid)

糖醛酸很难用化学方法由糖类来制备，但在生物代谢过程中，在特殊酶的作用下糖类的某些衍生物可被氧化为糖醛酸。D-葡萄糖醛酸有很重要的意义，因为生物体中含羟基的有毒物质是以 D-葡萄糖醛酸苷(葡糖苷酸，glucuronide)的形式由尿中排出体外的。

2. 还原

用催化氢化或硼氢化钠等还原剂，可将糖类中羰基还原成羟基，产物叫糖醇[③]，实际为多元醇。葡萄糖醇(glucitol)或称山梨醇(sorbitol)存在于许多水果中。

$$
\begin{array}{c}
\text{CHO} \\
| \\
(\text{CHOH})_n \\
| \\
\text{CH}_2\text{OH}
\end{array}
\xrightarrow{\text{H}_2/\text{Pt}}
\begin{array}{c}
\text{CH}_2\text{OH} \\
| \\
(\text{CHOH})_n \\
| \\
\text{CH}_2\text{OH}
\end{array}
$$

糖醇(alditol)

3. 成脎反应

单糖与苯肼作用，首先羰基与苯肼生成苯腙，但在过量苯肼的存在下，α-羟基能继续与苯肼反应，产物叫作脎(osazone)。

---

① 英文糖二酸总称 aldaric acid，具体的糖二酸将相应糖类名词尾的"ose"改为"aric"再加 acid 构成。糖酸总称 aldonic acid，具体的糖酸将相应糖名词尾的"ose"改为"onic"，再加 acid 构成。

② 英文糖醛酸总称 uronic acid，具体名称为将相应糖类名词尾的"ose"改为"uronic"，再加 acid 构成。

③ 糖醇总称 alditol，具体名称为将相应糖类名词尾的"ose"改为"itol"。

$$\begin{array}{c}\text{CHO}\\|\\\text{CHOH}\\|\\(\text{CHOH})_n\\|\\\text{CH}_2\text{OH}\end{array} \xrightarrow{\text{C}_6\text{H}_5\text{NHNH}_2} \begin{array}{c}\text{CH}=\text{NNHC}_6\text{H}_5\\|\\\text{CHOH}\\|\\(\text{CHOH})_n\\|\\\text{CH}_2\text{OH}\end{array} \xrightarrow{\text{过量 C}_6\text{H}_5\text{NHNH}_2} \begin{array}{c}\text{CH}=\text{NNHC}_6\text{H}_5\\|\\\text{C}=\text{NNHC}_6\text{H}_5\\|\\(\text{CHOH})_n\\|\\\text{CH}_2\text{OH}\end{array} + \text{C}_6\text{H}_5\text{NH}_2 + \text{NH}_3$$

脎

$$\begin{array}{c}\text{CH}_2\text{OH}\\|\\\text{C}=\text{O}\\|\\(\text{CHOH})_n\\|\\\text{CH}_2\text{OH}\end{array} \xrightarrow{\text{C}_6\text{H}_5\text{NHNH}_2} \begin{array}{c}\text{CH}_2\text{OH}\\|\\\text{C}=\text{NNHC}_6\text{H}_5\\|\\(\text{CHOH})_n\\|\\\text{CH}_2\text{OH}\end{array} \xrightarrow{\text{过量 C}_6\text{H}_5\text{NHNH}_2} \begin{array}{c}\text{CH}=\text{NNHC}_6\text{H}_5\\|\\\text{C}=\text{NNHC}_6\text{H}_5\\|\\(\text{CHOH})_n\\|\\\text{CH}_2\text{OH}\end{array}$$

脎

由以上反应可以看出，无论醛糖或酮糖，反应都发生在 C^1 及 C^2 上，其他碳原子不参与反应。因此，含碳原子数相同的单糖，如果只是 C^1、C^2 两个碳原子的羰基不同或构型不同，而其他碳原子的构型完全相同时，它们与苯肼反应都将得到同样的脎。例如，D-葡萄糖、D-甘露糖及 D-果糖与过量苯肼反应的产物是相同的，因为这三个单糖在虚线以下部分的构型是完全相同的：

D-葡萄糖　　　　D-甘露糖　　　　D-果糖

糖脎都是黄色结晶，不同的糖脎结晶形状不同，成脎所需时间不同，并各有一定的熔点，所以成脎反应可用做糖类的定性鉴定。

4. 差向异构化（epimerization）

含多个手性碳原子的旋光异构体中，只有一个手性碳原子的构型相反，而其他手性碳原子的构型完全相同的，叫作差向异构体（epimer）。例如，D-葡萄糖和 D-甘露糖，它们第二个碳原子的构型相反，叫作 2-差向异构体。

用碱的水溶液处理单糖时，能形成某些差向异构体的平衡体系。例如，用稀碱处理 D-葡萄糖，就得到 D-葡萄糖、D-甘露糖和 D-果糖三种物质的平衡混合物，这种转化是通过烯醇式中间体完成的，所以这种反应也叫烯醇化（enolization）。

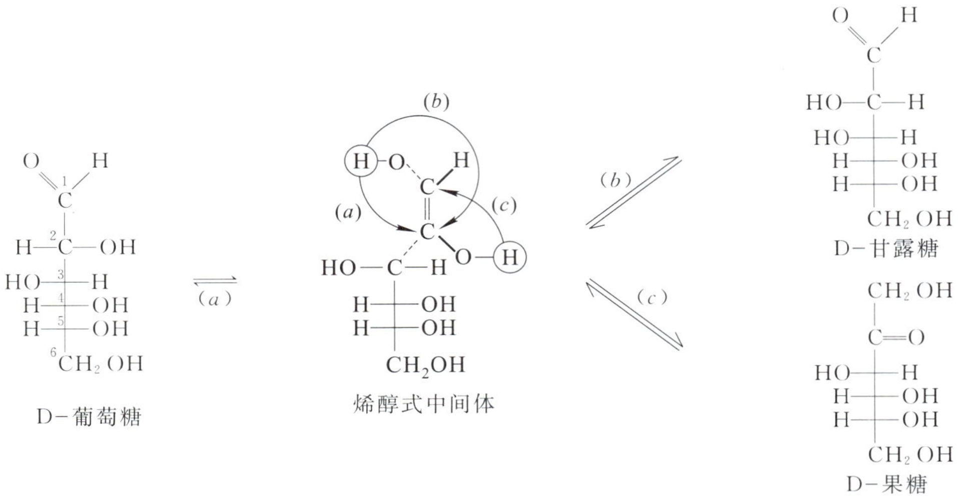

$$\text{D-葡萄糖} \xrightleftharpoons[]{(a)} \text{烯醇式中间体} \xrightleftharpoons[(c)]{(b)} \begin{array}{c}\text{D-甘露糖} \\ \text{D-果糖}\end{array}$$

碱可以催化羰基的烯醇化,所以用碱处理 D-葡萄糖则生成烯醇式中间体,从而使 C^2 失去手性。在此烯醇式中间体中,如使 C=C 形成的平面垂直于纸面,粗线连接的氢与羟基伸向纸前,虚线连接的羟基与碳链伸向纸后。由于烯醇式中间体与 D-葡萄糖之间成互变平衡体系,所以当 C^1 羟基上的氢转回 C^2 时,如果由左面[按(a)所指]加到 C^2 上,则 C^2 上的羟基便在右面,即仍然得到 D-葡萄糖;但当 C^1 羟基上氢原子由右面[即(b)所指]加到 C^2 上,则 C^2 上羟基便转至左面,产物便是 D-甘露糖。这种在一个含多个手性中心的分子中,只使一个手性中心的构型发生转化的作用叫差向异构化。

由形成的烯醇式中间体可以看出,C^2 羟基上的氢原子也同样可以转移到 C^1 上,即如(c)所指,这样得到的产物便是 D-果糖。

用稀碱处理 D-甘露糖或 D-果糖,也得到同样的平衡混合物。酮糖之所以可被土伦试剂氧化,是由于反应是在碱性溶液中进行的,酮糖可以通过烯醇化转化为醛糖。

生物代谢过程中某些糖类的衍生物的相互转化是通过烯醇式中间体进行的。

实际上由 D-葡萄糖转化为 D-甘露糖的过程是第二个碳原子的外消旋化。

5. 莫利施(Molisch)反应

在糖类的水溶液中加入 α-萘酚的乙醇溶液,然后沿试管壁小心地注入浓硫酸,不要摇动试管,则在两层液面之间能形成一个紫色环。所有的糖类(包括单糖、低聚糖及多糖)都有这种颜色反应,这是鉴别糖类物质常用的方法。糖类还可以与其他一些酚类在酸的作用下显颜色反应。

6. 形成缩醛

半缩醛可以与醇形成缩醛,半缩醛式的糖类也可以与醇形成缩醛。例如,D-葡萄糖在无水氯化氢存在下,可与一分子甲醇作用形成缩醛。由于单糖只与一分子甲醇作用便可形成缩醛,所以这也是单糖以环形半缩醛存在的证据之一。

在糖化学中,把这种缩醛总称为糖苷(glycoside)[①],上述葡萄糖与甲醇形成的缩醛叫甲基葡萄糖苷(methyl glucoside)。

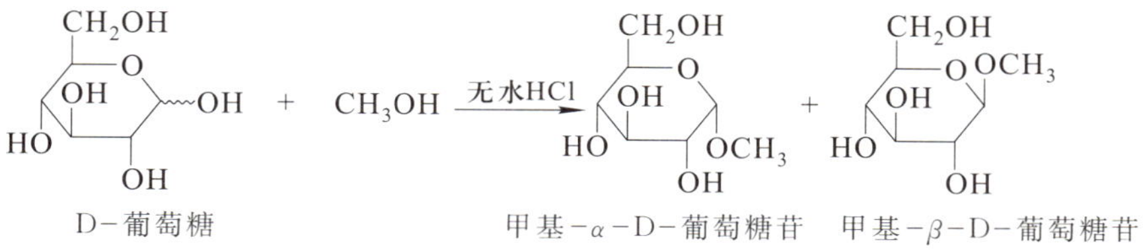

D-葡萄糖 + CH₃OH —无水HCl→ 甲基-α-D-葡萄糖苷 + 甲基-β-D-葡萄糖苷

半缩醛环的大小的测定

1. 甲基化法

糖类分子中除半缩醛羟基外,还有许多醇羟基,它们可以进行甲基化而成醚。醇的甲基化是要在碱的作用下进行的(如威廉逊合成),而糖类对碱是很敏感的,所以要使糖类分子中的醇羟基进行甲基化,首先必须将糖类转化为苷,也就是使它形成缩醛,然后再以硫酸二甲酯等进行甲基化:

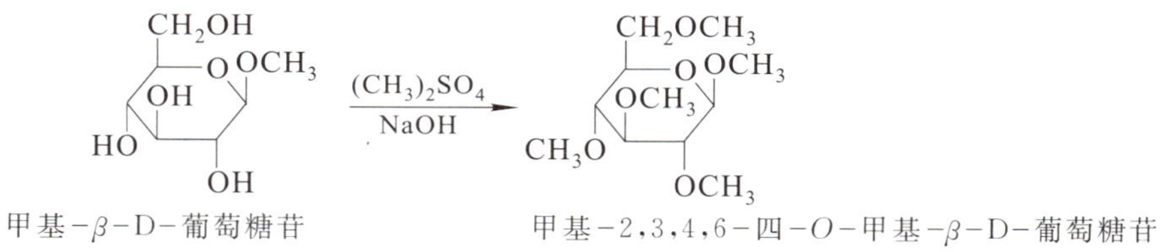

甲基-β-D-葡萄糖苷 —(CH₃)₂SO₄ / NaOH→ 甲基-2,3,4,6-四-O-甲基-β-D-葡萄糖苷

反应产物分子中除 C^5 外,每个碳原子上都有一个甲氧基,但这些甲氧基的性质是不同的,以稀酸水解,只能除去 C^1 上的甲氧基:

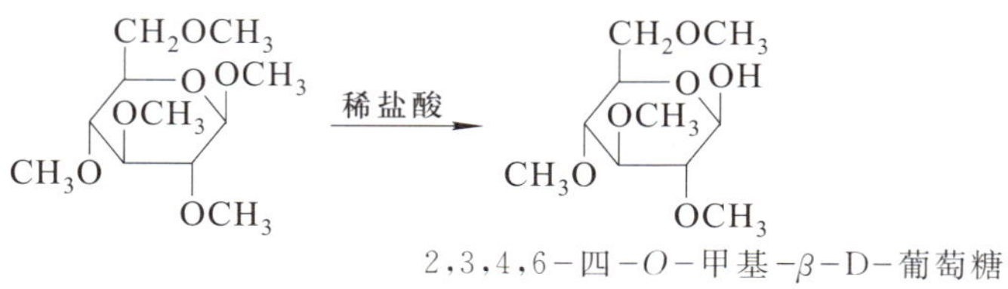

—稀盐酸→ 2,3,4,6-四-O-甲基-β-D-葡萄糖

糖类的甲基化可用来测定环型半缩醛中成环的原子数。例如,上述 2,3,4,6-四-O-甲基-β-D-葡萄糖分子中又恢复了半缩醛羟基,所以它在水溶液中便以环-链互变平衡体系存在。在链式异构体中有一个未被甲基化的羟基,它可以被氧化,如以强氧化剂氧化,便可发生碳链的断裂:

[①] 英文糖苷的总称是 glycoside,具体的名称是将相应糖类名词尾的"ose"中的"e"改为 ide 构成

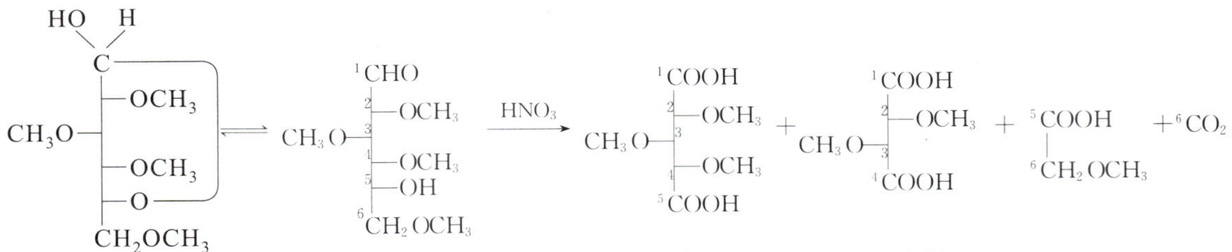

（Ⅰ）　　　　（Ⅱ）

（Ⅰ）和（Ⅱ）是氧化的两个主要产物，很显然，它们是2,3,4,6-四-*O*-甲基葡萄糖分子中 C^4—C^5 间及 C^5—C^6 间键断裂的产物。只有未被甲基化的自由羟基才可能在氧化剂作用下，先被氧化为酮基，进而于酮基的两侧断裂。由此可以说明 C^5 是不带有甲氧基的，也就是参与构成环形半缩醛的，从而证明葡萄糖的环形半缩醛是六元环。用上述方法不仅可以证明各种单糖的环形结构，还可推断双糖以至多糖分子中所含单糖的连接方式。

2. 高碘酸法

单糖分子中有多个相邻的羟基，所以可与高碘酸作用。例如，将 α-D-葡萄糖转化为甲基葡萄糖苷后，再以 HIO_4 氧化，产物是一分子甲酸和一分子二醛，将此二醛酸性水解，则得甘油醛与乙二醛：

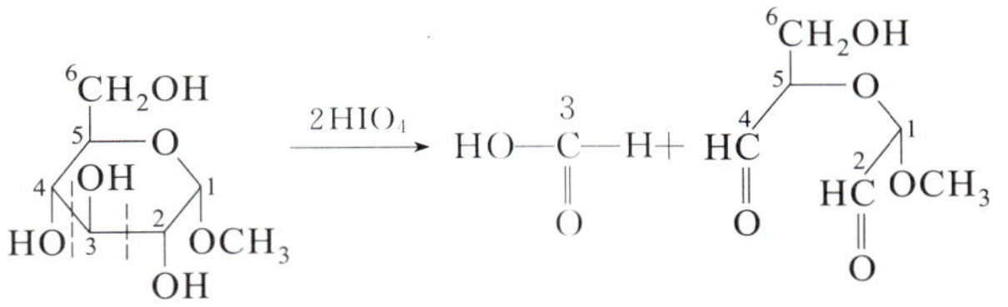

α-D-甲基葡萄糖苷

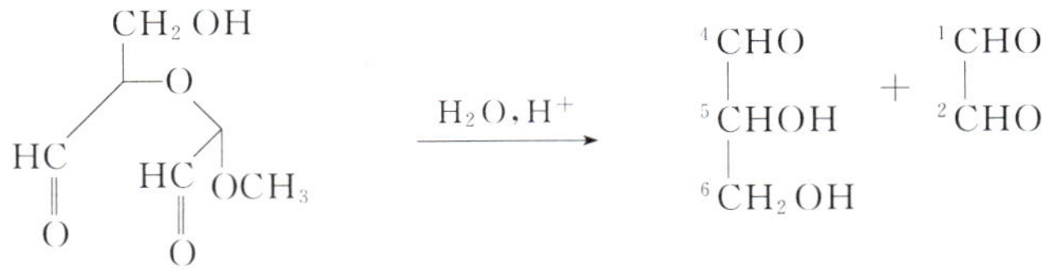

所以说明 α-D-葡萄糖形成的是六元环，如果形成的是五元环，则氧化、水解所得不是以上产物。

重要的单糖及其衍生物

1. D-核糖及D-2-脱氧核糖

它们是极为重要的戊糖，常与磷酸及某些杂环化合物结合而存在于核蛋白中，是核糖核酸及脱氧核糖核酸的重要组分之一（见第十七章嘌呤及其衍生物一节）。它们的环式和链式异构体的结构式如下：

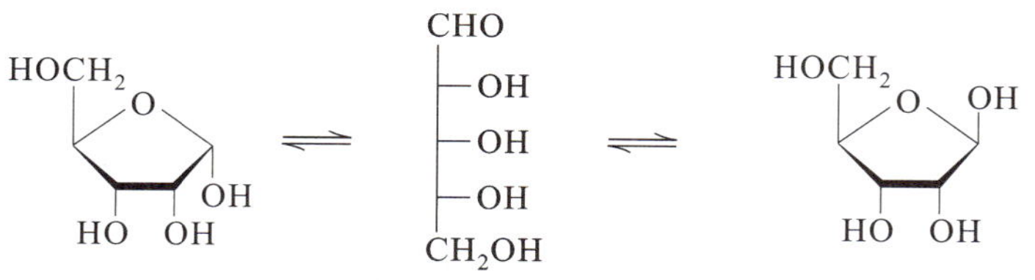

α-D-核糖　　D-核糖　　β-D-核糖

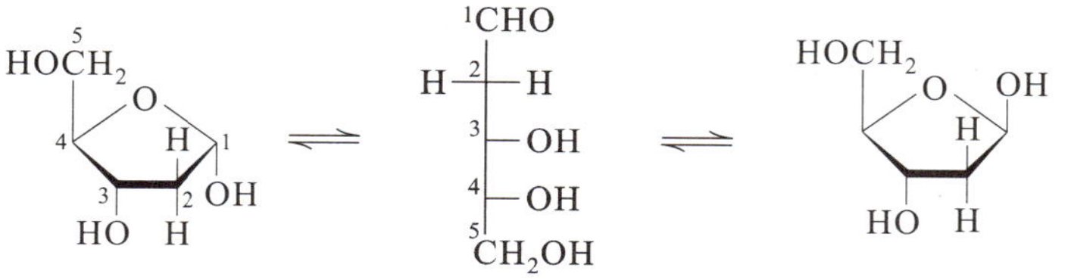

α-D-2-脱氧核糖　　D-2-脱氧核糖　　β-D-2-脱氧核糖
（D-2-deoxyribose）

2. D-葡萄糖

D-葡萄糖是自然界分布最广的己醛糖，存在于葡萄等水果，以及动物的血液、淋巴液、脊髓液等中，为无色结晶，甜度约为蔗糖的 70%，易溶于水，稍溶于乙醇，不溶于乙醚和烃类。葡萄糖以多糖或糖苷的形式存在于许多植物的种子、根、叶或花中。将纤维素或淀粉等物质水解可得葡萄糖。由于 D-葡萄糖是右旋的，在商品中，常以"右旋糖(dextrose)"代表葡萄糖。

葡萄糖在医药上用做营养剂，并有强心、利尿、解毒等作用；在食品工业中用于制糖浆、糖果等。

3. D-果糖

果糖是甜度最大的单糖。因为它是左旋的，所以常叫左旋糖(levulose)。存在于水果和蜂蜜中，为无色结晶，易溶于水，可溶于乙醇及乙醚中。

菊科植物根部储藏的糖类——菊粉——是果糖的高聚体。工业上用酸或酶水解菊粉是制取果糖的一种方法。

果糖能和间苯二酚的稀盐酸溶液发生颜色反应，呈现红色，这是酮糖共有的反应。

4. D-半乳糖

半乳糖是许多低聚糖如乳糖、棉籽糖等的组分，也是组成脑髓的重要物质之一，并以多糖的形式存在于许多植物的种子或树胶中。

半乳糖是无色结晶，从水溶液中结晶时含有一分子结晶水，能溶于水及乙醇，用于有机合成及医药上。

半乳糖的一些衍生物广泛分布于植物界。例如，半乳糖醛酸是植物黏液及果胶的主要组分；石花菜胶(也叫琼脂)的主要组分之一是半乳糖衍生物的高聚体。

5. D-甘露糖

甘露糖在自然界主要以高聚体的形式存在于核桃壳、椰子壳等果壳中，将这些物质用稀硫酸水解即得甘露糖。甘露糖为无色结晶，味甜而略带苦味，易溶于水，微溶于乙醇而几乎不溶于乙醚。

6. 维生素 C

维生素 C 不属于糖类，但它是由 D-葡萄糖来制备的，而且在结构上可以看成是不饱和的糖酸内酯，所以常将维生素 C 当作单糖的衍生物。

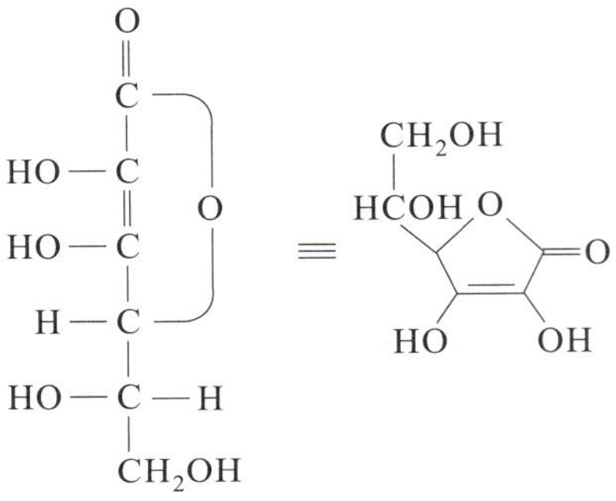

维生素C(vitamin C)
(L-抗坏血酸，L-ascorbic acid)

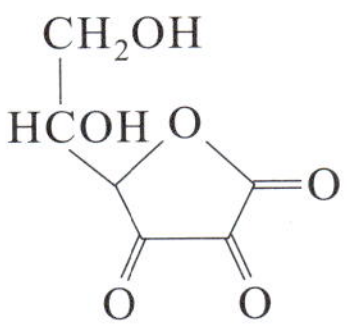

L-去氢抗坏血酸

维生素 C 是可溶于水的无色结晶，L 型，$[\alpha]_D = +24° \cdot cm^2 \cdot g^{-1}$。烯醇式羟基上的氢显酸性。

维生素 C 存在于新鲜蔬菜和水果中，在柠檬、橘子、番茄等中含量较多。饮食中如果缺乏维生素 C 便会出现牙龈出血、伤口难于愈合等症状，这就叫作坏血病。所以在医药上常把维生素 C 叫作 L-抗坏血酸。它可加速血液凝固，增加对感染的抵抗力。

维生素 C 中两个烯醇式羟基极易被氧化，产物是 L-去氢抗坏血酸。维生素 C 和维生素 E（见第八章醇一节）一样是很好的天然抗氧化剂。在生物体中某些自由基能促使细胞老化或引起癌变，而维生素 C（及维生素 E）可阻止由这些自由基引起的氧化反应。

7. 氨基己糖 (aminosugar)

大多数天然氨基糖是己醛糖分子中第二个碳原子上的羟基被氨基取代的衍生物，而且多数情况下，其氨基是被乙酰化的，如 2-乙酰氨基-2-脱氧-D-葡萄糖是甲壳质（也叫几丁质）的基本组成单位（甲壳质是由 2-乙酰氨基-2-脱氧-D-葡萄糖形成的像纤维素一样的高聚体）。2-乙酰氨基-2-脱氧-D-半乳糖是软骨素中所含多糖的基本单位之一。2-氨基-2-脱氧-D-葡萄糖存在于几丁质、黏蛋白及黏多糖中，它有保护及修复关节软骨的功能，是治疗及预防骨性关节炎的辅助药物。链霉素分子中含有 2-甲氨基-2-脱氧-L-葡萄糖。

2-乙酰氨基-2-脱氧-D-葡萄糖　　　2-乙酰氨基-2-脱氧-D-半乳糖　　　2-氨基-2-脱氧-D-葡萄糖
(2-acetamino-2-D-deoxyglucose)　(2-acetamino-2-D-deoxygalactose)　(2-amino-2-D-deoxyglucose)

甲壳质(虾壳、蟹壳及昆虫等外骨骼的主要成分)　　　　链霉素(R=—NHCH₃)
(chitin)　　　　　　　　　　　　　　　　　　　　　(streptomycin)

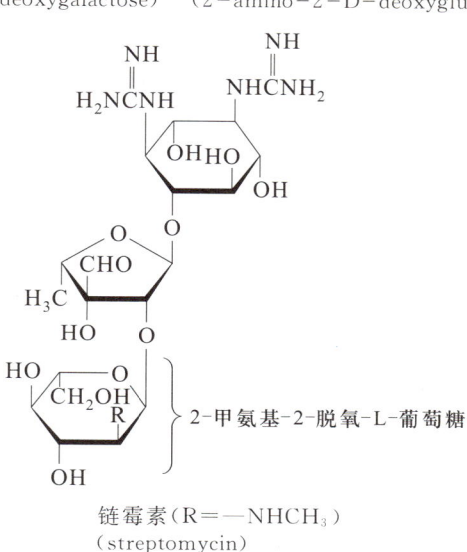

2-甲氨基-2-脱氧-L-葡萄糖

Ⅱ. 糖 苷

糖类的半缩醛羟基与其他含羟基的化合物如醇、酚等形成的缩醛(或缩酮)叫作糖苷(glycoside),过去也把它叫作甙(音 dài)。

缩醛是稳定的,糖苷也相当稳定,糖苷在水溶液中不能再转化为链式,因此糖苷没有变旋现象和还原性,不因碱的作用而发生差向异构化,也不能与苯肼成脎,它在酸或酶的作用下,可以水解为糖类和其他含羟基的化合物,这些含羟基的化合物叫作配基或苷元(aglycone)。

糖苷类物质广泛存在于自然界,尤其植物中更多。例如,杨树皮中的水杨苷,是由 β-D-葡萄糖和水杨醇形成的苷:

水杨苷(salicin)　　　　　　水杨醇(salicyl alcohol)

存在于蔓越橘或梨树叶中的熊果苷是对苯二酚和 β-D-葡萄糖形成的苷：

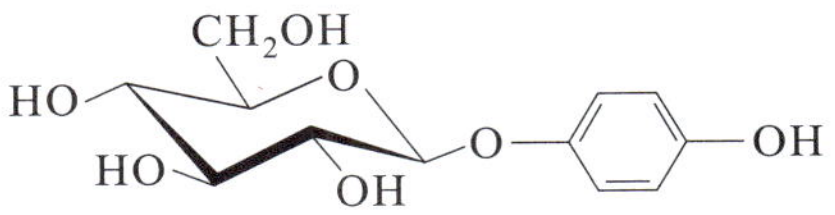

熊果苷（arbutin）

植物中的某些色素，如花色素，是由糖类和杂环化合物形成的苷（见第十七章苯并吡喃的衍生物一节）。中药苦杏仁及桃仁中含有苦杏仁苷，是由龙胆二糖和苦杏仁腈组成的：

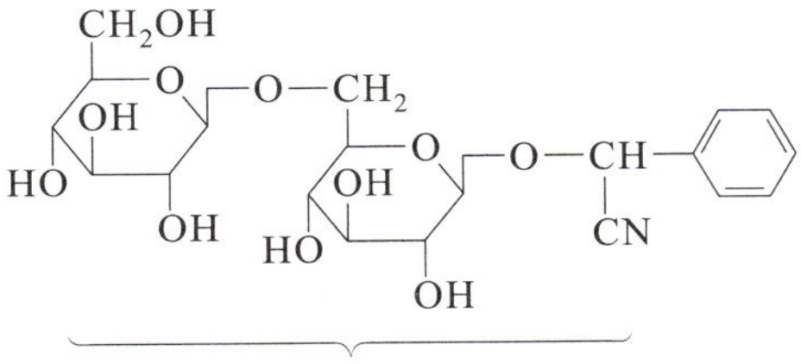

龙胆二糖（gentiobiose）
苦杏仁苷

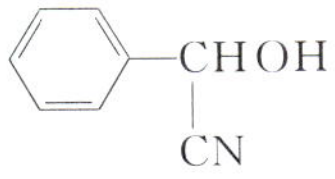

苦杏仁腈

苦杏仁是有毒的，因为在消化道中它可被水解而放出氢氰酸，所以必须限制用量。此外在木薯及其他一些植物中也含有这类能产生氢氰酸的糖苷，所以木薯在食用前，必须经过特殊处理以除去氢氰酸。

蜈蚣等多足虫类动物的毒腺中也含有能放出氢氰酸的糖苷，当它受到袭击时，便分泌一种酶来水解这种糖苷，而放出氢氰酸，它放出的氢氰酸的量足以杀死一只老鼠。

近年来一致认为过量食用蔗糖是有害的，特别是对糖尿病、肥胖病、高血压病等患者更为不利，因此人们需要低热量、高甜度的蔗糖代用品。目前已作为商品生产的甜味剂之一的甜菊苷（或称甜菊糖，stevioside），是由三分子葡萄糖与一分子二萜醇酸（甜菊醇）形成的苷：

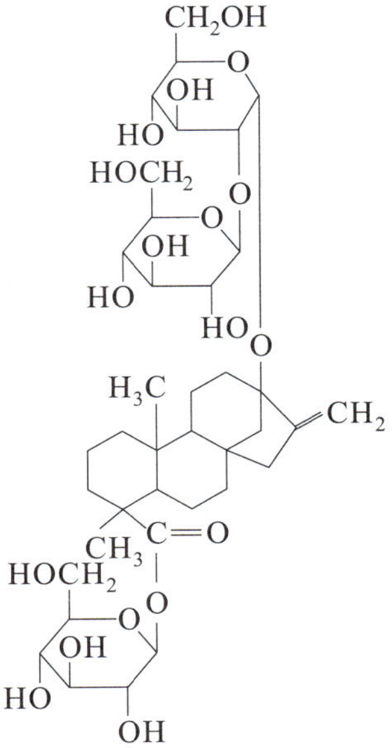

甜菊苷（stevioside）

甜菊苷是由菊科植物甜叶菊中提取出的一种无色固体,易溶于水,有旋光性,对酸及热都比较稳定;比蔗糖约甜 300 倍。但被一些国家禁用,因为怀疑它有致癌的可能。

上述各种糖苷中,连接糖类与非糖体的原子是氧,叫作含氧糖苷。自然界还存在一类很重要的物质叫作含氮糖苷,就是连接糖类和非糖体的是氮原子。例如,核酸中的核苷,它是由核糖或 2-脱氧核糖与含氮杂环化合物形成的氮糖苷类化合物,将在第十七章中讨论。

可用于食品中的甜味品除蔗糖、葡萄糖等糖类物质外,还有两类:一类是糖醇类甜味剂如木糖醇、山梨醇等,甜味低于蔗糖,产生的热量也低于蔗糖,但较安全。另一类是高强度甜味剂,除甜菊糖外,还有许多,如人们熟知的糖精是于 1885 年商品化的第一个合成甜味剂,曾被广泛使用,但自从 1997 年加拿大进行的一项大鼠喂养试验证实摄入大量的糖精钠可以导致雄性大鼠膀胱癌后,美国等发达国家规定,在食物中使用糖精时,必须在标签上注明"使用本产品可能对健康有害,本产品含有可以导致实验动物癌症的糖精"的警示。甜蜜素在 20 世纪 50 年代广泛使用,由于动物试验显示,大量时可使小白鼠产生肝癌,故已被一些国家禁用。安赛蜜多用于饮料中。阿斯巴甜是一个二肽的甲酯,于 20 世纪 80 年代开始使用,由于分子中含有苯丙氨酸,所以患有苯丙酮酸尿症的人不可食用。三氯蔗糖是 1998 年被认证的甜味剂,它并不是蔗糖的衍生物,而是半乳糖代替了蔗糖分子中的葡萄糖部分的产物,比蔗糖甜 600 倍。三氯蔗糖是一种非营养性甜味剂,已广泛应用于饮料、食品、医药等行业。作为化学合成甜味剂,三氯蔗糖的安全性也备受人们关注,在过去的 20 年里,已有超过 100 项有关三氯蔗糖安全性的研究,其结果表明,一般人群在限量内将三氯蔗糖作为食品成分使用是安全的。世界卫生组织在 1990 年确定的摄入量为每日 15 mg/kg 体重以内。

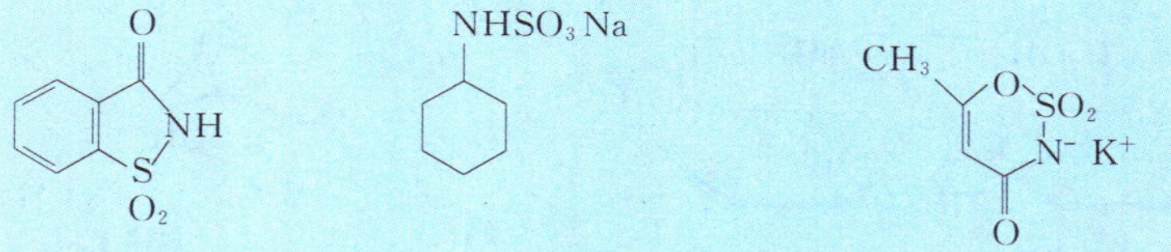

糖精
(saccharin)

甜蜜素
(cyclamate)

安赛蜜
(acesulfame potassium)

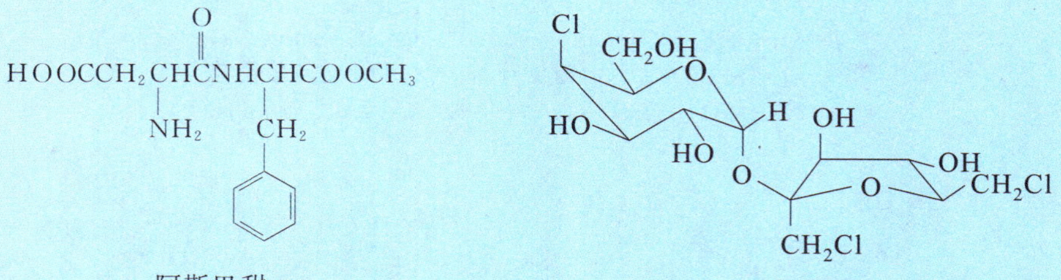

阿斯巴甜
(aspartame)

三氯蔗糖
(sucralose)

Ⅲ. 双　　糖

糖苷是单糖与醇、酚等含羟基的化合物形成的缩醛,如果含羟基的化合物是另一分子单糖,这样形成的物质就是双糖(disaccharide)。双糖是低聚糖中最重要的一类,可以看作是由两分子单糖失水形成的化合物,能被水解为两分子单糖。双糖的物理性质和单糖相似:能成结晶,易溶于水,并有甜味。自然界存在的双糖可分为还原性双糖与非还原性(nonreducing)双糖两类。

还原性双糖

还原性双糖可以看作是由一分子单糖的半缩醛羟基与另一分子单糖的醇羟基失水而成的。这样形成的双糖分子中,有一个单糖单位形成苷,而另一单糖单位仍保留半缩醛羟基,可以开环形成链式。所以这类双糖具有一般单糖的性质:有变旋现象和还原性,并能与苯肼成脎。因此这类双糖就叫还原性双糖。比较重要的还原性双糖有以下几个:

1. 麦芽糖和纤维二糖

麦芽糖和纤维二糖都是由两分子葡萄糖彼此以第一和第四个碳原子通过氧原子相连而成的还原性双糖,区别仅在于成苷的葡萄糖单位中半缩醛羟基的构型不同。

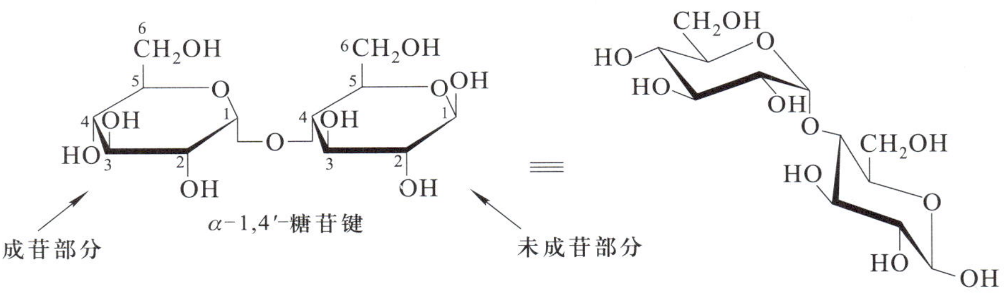

$\beta-(+)-$麦芽糖(maltose 或 malt sugar 或 corn sugar)
$4-O-(\alpha-D-$吡喃葡萄糖苷基$)-\beta-D-$吡喃葡萄糖
$[4-O-(\alpha-D-glucopyranosyl)-\beta-D-glucopyranose]$

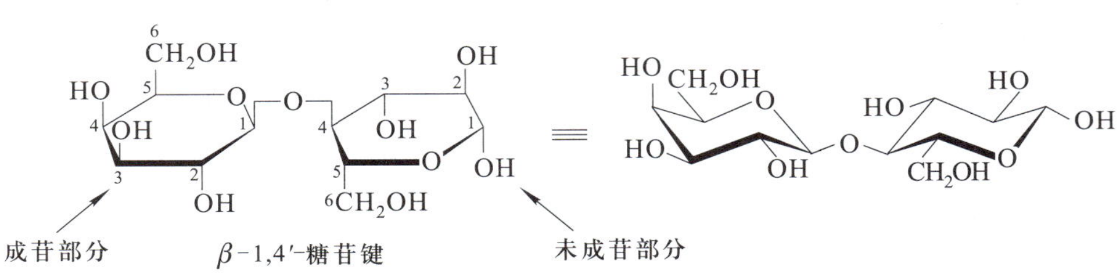

$\beta-(+)-$纤维二糖(cellobiose)
$4-O-(\beta-D-$吡喃葡萄糖苷基$)-\beta-D-$吡喃葡萄糖
$[4-O-(\beta-D-glucopyranosyl)-\beta-D-glucopyranose]$

麦芽糖中,成苷的葡萄糖单位的半缩醛羟基是 α 式的,这样与另一分子葡萄糖的 C^4 形成的键叫 $\alpha-1,4'-$糖苷键,而组成纤维二糖的两个葡萄糖单位是以 $\beta-1,4'-$糖苷键相连的(加撇号表示 4 位与 1 位不在同一个单糖中)。

麦芽糖和纤维二糖分别是淀粉和纤维素的基本组成单位,在自然界并不以游离状态存在。用 β-淀粉酶水解淀粉,或用稀酸小心水解纤维素,可以分别得到麦芽糖和纤维二糖。它们都有 α 和 β 两种异构体,决定于未成苷的单糖单位的半缩醛羟基的构型。

麦芽糖是饴糖的主要成分,甜度约为蔗糖的 40%,用做营养剂和培养基等。

2. 乳糖

乳糖是由半乳糖和葡萄糖以 β-1,4'-糖苷键形成的双糖,成苷的部分是半乳糖。

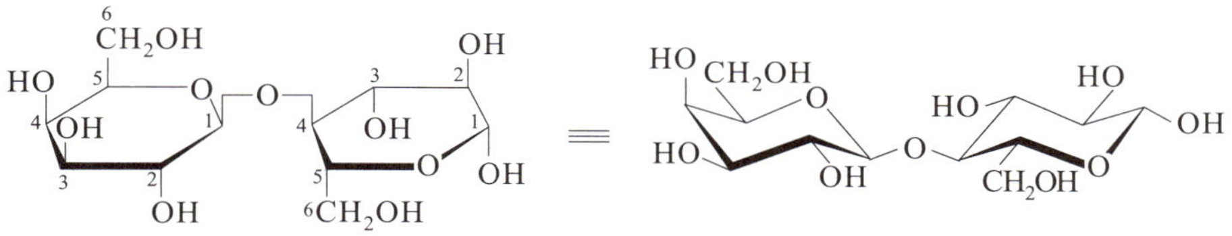

β-(+)-乳糖(lactose)
4-O-(β-D-吡喃半乳糖苷基)-β-D-吡喃葡萄糖
[4-O-(β-D-galactopyranosyl)-β-D-glucopyranose]

乳糖存在于哺乳动物的乳汁中,在人乳中的含量为 5%~8%,在牛乳中含 4%~5%,由牛乳制干酪时可以得到乳糖,甜度约为蔗糖的 70%。乳糖是双糖中水溶度较小,而且没有吸湿性的一个,用于食品及医药工业。

> 双糖需经过酶水解为单糖后才能被人体吸收。乳糖需要乳糖酶才能被水解,而有些人肠道内缺乏乳糖酶,如果饮用牛奶后,未被水解的乳糖进入大肠便会引起腹胀、腹痛或腹泻。

非还原性双糖

非还原性双糖相当于由两个单糖的半缩醛羟基失水而成的,两个单糖都成为苷,这样形成的双糖就没有变旋现象和还原性,也不与苯肼作用。

蔗糖是在自然界分布最广而且也最重要的非还原性双糖,它是由 α-D-葡萄糖的 C^1 和 β-D-果糖的 C^2 通过氧原子连接而成的双糖,分子中不再含有半缩醛羟基。

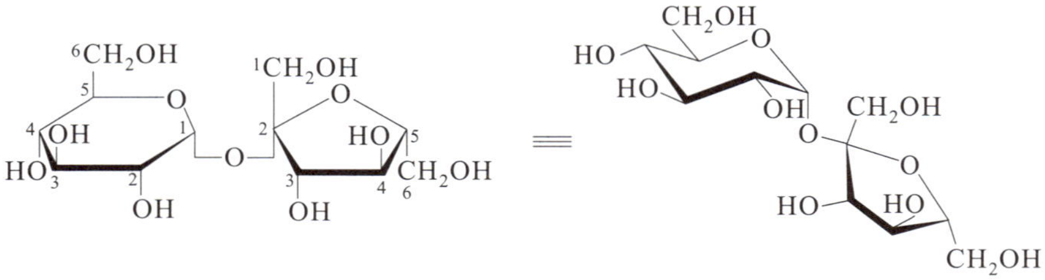

(+)-蔗糖(sucrose)
2-O-(α-D-吡喃葡萄糖苷基)-β-D-呋喃果糖苷
[2-O-(α-D-glucopyranosyl)-β-D-fructofuranoside]

在所有光合植物中都含有蔗糖。在甜菜和甘蔗中含量最多,甜味仅次于果糖。蔗糖是右旋糖,其水溶液的比旋光度为 $+66.5°\cdot cm^2\cdot g^{-1}$,将蔗糖水解后得到等量的葡萄糖和果糖的混合物,由于 D-葡萄糖的比旋光度为 $+52.7°\cdot cm^2\cdot g^{-1}$,而 D-果糖的比旋光度为 $-92°\cdot cm^2\cdot g^{-1}$,故而水解混合物的旋光方向为左旋的,所以常将蔗糖的水解产物叫作转化糖。蜂蜜的主要组分就是转化糖。

海藻糖也是自然界分布较广的一个非还原性双糖,它分布于藻类、细菌、真菌、酵母、地衣及某些昆虫中,它是由两个 α-D-葡萄糖的 C^1 通过氧原子连接成的双糖,分子中没有半缩醛羟基。

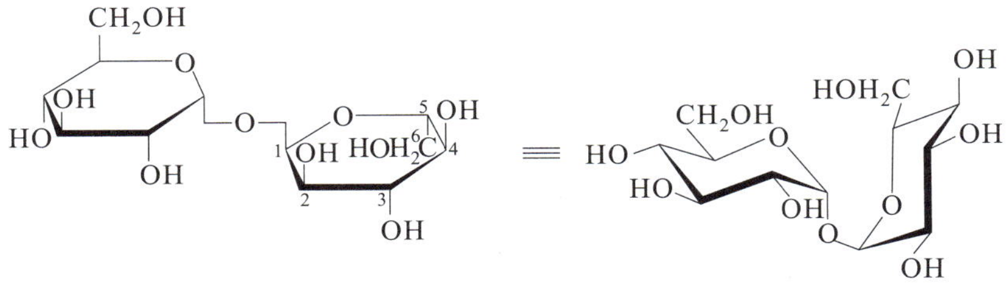

(+)-海藻糖
α-D-吡喃葡萄糖苷基-α-D-吡喃葡萄糖苷

Ⅳ. 多　　糖

多糖是一类天然高分子化合物,是由数百以至数千个单糖以糖苷键相连形成的高聚体。自然界组成多糖的单糖有戊糖或己糖、醛糖或酮糖,或是一些单糖的衍生物,如糖醛酸、氨基糖等。自然界存在的多糖的组分大都是很简单的,如某些多糖只由一种单糖组成,淀粉和纤维素就都是完全由葡萄糖组成的。

多糖与单糖及低聚糖在性质上有较大的区别。多糖没有还原性和变旋现象,也没有甜味,而且大多不溶于水,个别的能与水形成胶体溶液。

多糖在自然界分布很广。植物的骨架——纤维素,植物储藏的养分——淀粉,动物体内储藏的养分——糖原,以及昆虫的甲壳,植物的黏液、树胶等许多物质,都是由多糖构成的。多糖不是一种单一的化学物质,而是聚合程度不同的物质的混合物。

> 人口腔中的细菌含有一种酶,它可将蔗糖转化成叫作葡聚糖(dextran)的多糖,这种多糖是由葡萄糖主要通过 α-1,3'-和 α-1,6'-糖苷键联结成的,一部分牙菌斑是由这种多糖形成的。所以吃糖对牙齿健康是有害的。

1. 淀粉(starch)

淀粉是植物体中储藏的养分,多存在于种子与块茎中。用 β-淀粉酶水解淀粉可以得到麦芽糖,在酸的作用下,能够彻底水解为葡萄糖。所以可以将淀粉看作是麦芽糖的高聚体。

淀粉是白色无定形粉末,由直链淀粉(amylose)与支链淀粉(amylopectin)两部分组成。这两部分在结构与性质上有一定区别,它们在淀粉中占的比例随植物的品种而异。

直链淀粉在淀粉中的含量为 10%～30%,相对分子质量比支链淀粉小(相对分子质量的大小与淀粉的来源及分离提纯的方法有关),是由葡萄糖以 α-1,4′-糖苷键结合而成的链状化合物,可被 β-淀粉酶水解为麦芽糖。

直链淀粉的结构式

直链淀粉并不是如上的直线形分子,而是呈逐渐弯曲的形式[见图 14-1(a)],并借分子内氢键卷曲成螺旋状。直链淀粉遇碘显蓝色。碘与淀粉之间并不是形成了化学键,而是碘分子钻入了螺旋当中的空隙[见图 14-1(b)]。碘分子与淀粉之间借助于范德华力联系在一起,形成一种络合物,这种络合物呈深蓝色。

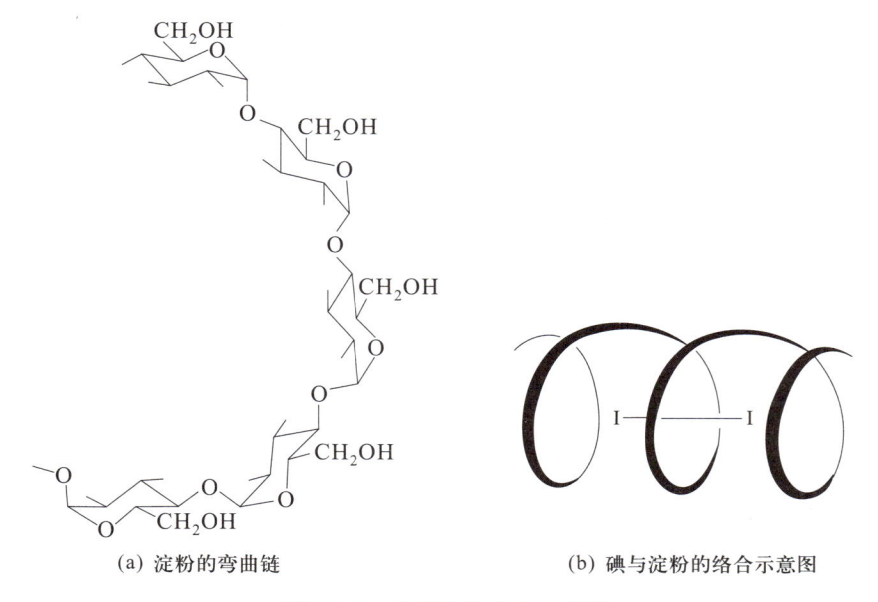

(a) 淀粉的弯曲链　　(b) 碘与淀粉的络合示意图

图 14-1　直链淀粉结构示意图

支链淀粉在淀粉中的含量为 70%～90%,支链淀粉也是由葡萄糖组成的,但葡萄糖的连接方式与直链淀粉有所不同,葡萄糖分子之间除以 α-1,4′-糖苷键相连外,还有以 α-1,6′-糖苷键相连的:

支链淀粉的结构式

所以支链淀粉是带有分支的,相隔 20~25 个葡萄糖单位有一个分支。用 β-淀粉酶水解支链淀粉时,只有外围的支链可被水解为麦芽糖。图 14-2 为支链淀粉结构示意图。

淀粉经热处理或在酸的作用下的部分水解产物叫作糊精,不同方法处理得到不同的糊精,它们的分子比淀粉小,但仍是多糖。糊精的用途很广,如黏合剂及纸张、布匹的上胶剂等。

淀粉经某种特殊酶的作用可形成环糊精。环糊精是由 6 个、7 个、8 个或更多一些的葡萄糖以 α-1,4'-糖苷键形成的环状寡糖;由 6 个,7 个或 8 个葡萄糖构成的分别叫作 α-、β-或 γ-环糊精。环糊精的形状与冠醚相似,其分子由吡喃型葡萄糖通过 α-1,4'-糖苷键联结成好似一个圆筒,其作用也与冠醚相似,环糊精作为主体,筒中的空隙可以容纳某些客体。与冠醚的不同处之一是环糊精的外围是亲水的,而圆筒的内部却是

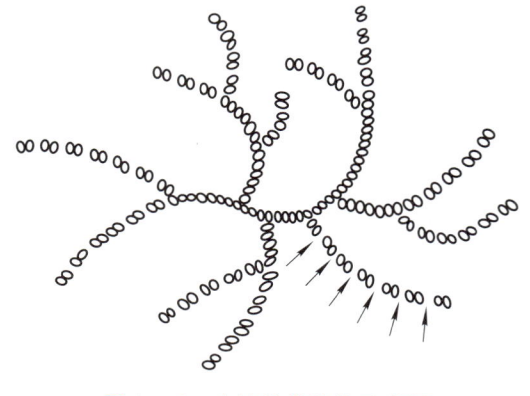

图 14-2 支链淀粉结构示意图
每一个圆圈代表一个葡萄糖单位,∞代表麦芽糖单位,箭头所指处为可被 β-淀粉酶水解的部分

亲油的，具疏水性，所以它可以容纳一定大小的非极性分子或某些分子的非极性部分。这样，原来不溶于水或其他极性溶剂的分子，由于钻入了环糊精的空穴中，便可被环糊精顺利地带入水中。例如，抗癌药之一、难溶于水的卡铂，便是这样被带入血液中而发挥其药效的。

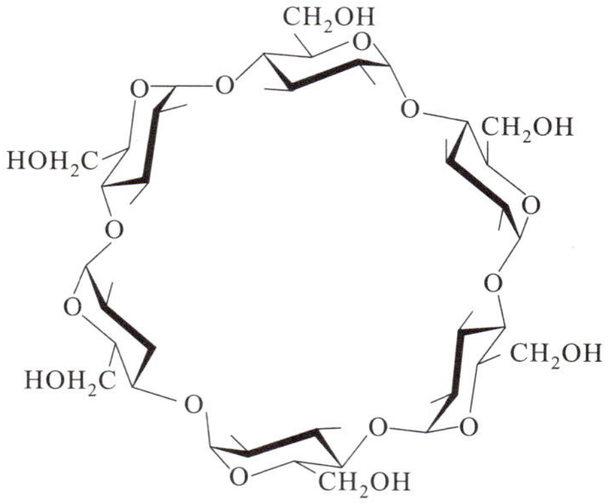

α-环糊精（cyclodextrin） 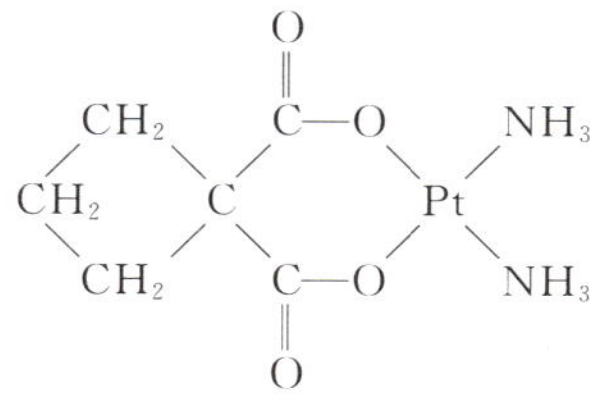　　　　卡铂（carboplatin）

除此之外，环糊精还可应用于有机合成中，如可以催化某些反应，并使某些反应具有立体或区域选择性等；在生物化学中用于酶的研究。

2. 糖原（glycogen）

糖原是动物体内储藏的糖类，也叫作动物淀粉，主要存在于肝和肌肉中，因此有肝糖原和肌糖原之分。

糖原也是由葡萄糖组成的，结构与支链淀粉相似，但分支程度比支链淀粉要高，也就是分支点之间的间隔比支链淀粉分支点间的间隔要短。

糖原是无色粉末，溶于水呈乳色，遇碘显棕至紫色。

糖原是动物体能量的主要来源，葡萄糖在动物血液中的含量较高时，就结合成糖原储存于肝中，当血液中含糖量降低时，糖原就分解为葡萄糖供给机体以能量。

3. 纤维素（cellulose）

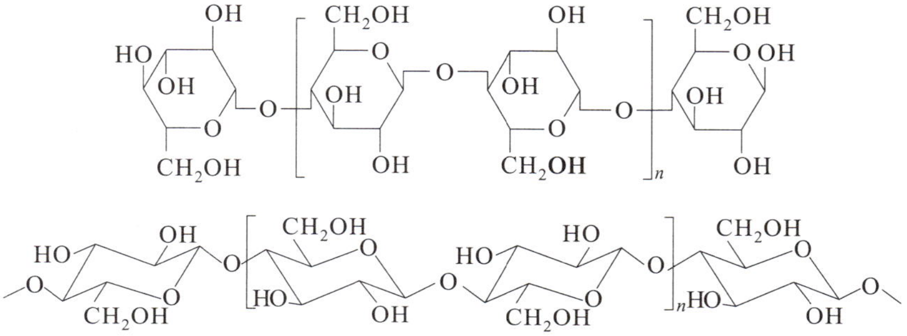

纤维素的结构式

纤维素是植物细胞壁的主要组分,构成植物的支持组织,也是自然界分布最广的多糖。棉花是含纤维素最高的物质,含量高达98%,其次是亚麻和木材。木材中含纤维素约为50%。另外50%为半纤维素、木质素、脂肪、无机盐和树脂等。

纤维素是纤维二糖的高聚体,将纤维素用酸彻底水解也得到D-葡萄糖。

纤维素和直链淀粉一样,是没有分支的链状分子,但由于连接葡萄糖单位的是 β-1,4'-糖苷键,它不卷成螺旋状,这样纤维素分子的链和链之间便能借分子间氢键像麻绳一样拧在一起(见图14-3),形成坚硬的、不溶于水的纤维状高分子,构成理想的植物细胞壁。

图14-3 扭在一起的纤维素链示意图

淀粉酶只能水解 α-1,4'-糖苷键,而不能水解 β-1,4'-糖苷键,因此,纤维素虽然同样由葡萄糖组成,但不能作为人的营养物质,而在食草动物如马、牛、羊等的消化道中存在一些微生物,这些微生物能分泌出可以水解 β-1,4'-糖苷键的酶,所以纤维素对于这些动物是有营养价值的。

纤维素不溶于水和一般常用的有机溶剂。

纤维素的用途很广,除可用来制造各种纺织品和纸张外,并可制成人造丝、人造棉、玻璃纸、无烟火药、火棉胶、赛璐珞制品及电影胶片等许多有用的物质。

纤维素分子中的羟基与硝酸生成的酯叫硝酸纤维素,俗称硝化纤维。含氮量较高的(即与硝酸酯化程度较高的)俗称火棉,它容易燃烧和爆炸,是无烟火药的主要原料;含氮量较低的叫胶棉,也容易燃烧,其乙醇-乙醚溶液就是一般封瓶口用的火棉胶(或称珂罗酊)。火棉胶与樟脑等一起加热就得赛璐珞。赛璐珞是一种坚韧的塑料,有热塑性,可制成玩具、钢笔杆等各种用品。

纤维素与乙酸酐生成的纤维素乙酸酯,俗称醋酸纤维。将醋酸纤维溶于丙酮中,经过细孔或窄缝压入热空气中,丙酮挥发后,醋酸纤维就形成细丝或薄片,这就是人造丝或电影胶片的片基。

在纤维素分子中引入某些酸性或碱性官能团后可得所谓纤维素离子交换剂,多用于分离天然产物,效果很好。例如,纤维素分子中羟基上的氢原子被 N,N-二乙氨基乙基取代生成的醚,简称 DEAE 纤维素,即可用于分离蛋白质或核酸等复杂的天然高分子化合物。

$$纤维素—O—CH_2CH_2N(C_2H_5)_2$$
DEAE 纤维素

4. 半纤维素(hemicellulose)

半纤维素不是纤维素,而是与纤维素、木质素共存于植物细胞壁中的一大类多糖,组成半纤维素的单糖有很多种,很大一部分是戊醛糖,如木糖、阿拉伯糖等。

习 题

14.1 指出下列结构式所代表的是哪一类化合物(如双糖、吡喃戊醛糖……)。指出它们的构型(D 或 L)及糖苷键类型。

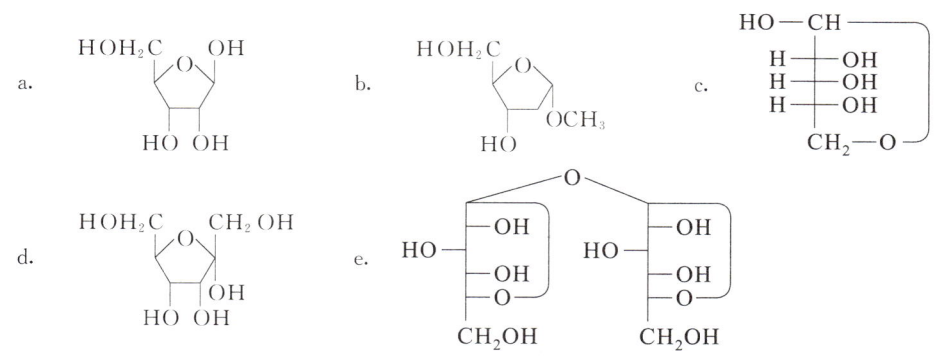

14.2 写出上题中 a~d 的各结构的异头物,并注明 α 或 β。

14.3 a. 写出下列各六碳糖的吡喃环式及链式异构体的互变平衡体系。
　　（ⅰ）D-甘露糖　　（ⅱ）D-葡萄糖　　（ⅲ）D-果糖　　（ⅳ）D-半乳糖
　　b. 写出下列五碳糖的呋喃环式及链式异构体的互变平衡体系。
　　（ⅰ）D-核糖　　（ⅱ）D-脱氧核糖
　　c. 写出下列双糖的吡喃环式结构式,指出糖苷键的类型,并指出哪一部分单糖可以形成开链式。
　　（ⅰ）蔗糖　　（ⅱ）麦芽糖　　（ⅲ）纤维二糖　　（ⅳ）乳糖

14.4 以 R,S 标出下列化合物中手性碳的构型。
　　a. L-甘油醛　　　　　b. D-赤藓糖

14.5 写出只有 C_5 的构型与 D-葡萄糖相反的己醛糖的开链投影式及名称,以及 L-甘露糖、L-果糖的开链投影式。

14.6 将下列化合物成哈武斯式:

　　a. 　　　　　b. 　　　　　c. α-D-吡喃阿卓糖

14.7 将下列化合物结构的书面表达式改写成费歇尔投影式:

14.8 下列化合物哪个有变旋现象？为什么？

f. 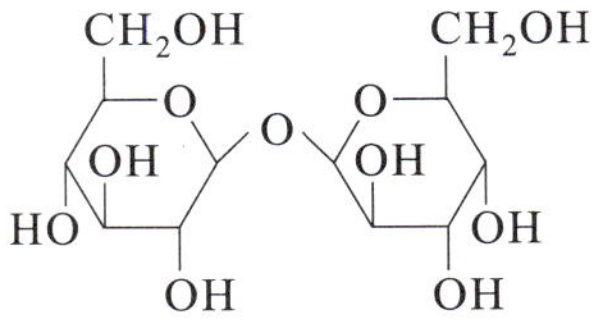 [结构式：两个吡喃糖通过糖苷键连接]

14.9 下列化合物中，哪个能还原本尼迪特溶液，哪个不能，为什么？

a. 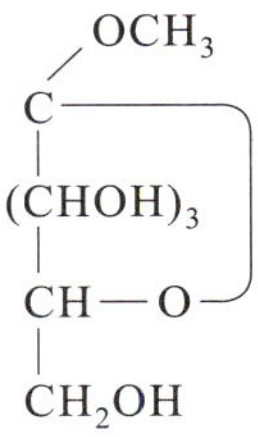 [结构式：C(OCH₃)—(CHOH)₃—CH—O—CH₂OH 环状]
b. CH₂OH—C(=O)—CH₂OH
c. [结构式：C(=O)—(CHOH)₃—CH—O—CH₂OH 环状]
d. 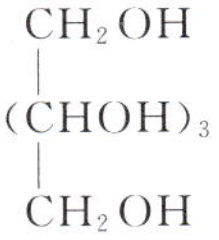 CH₂OH—(CHOH)₃—CH₂OH

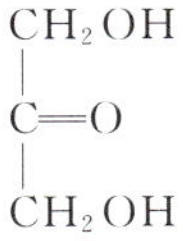

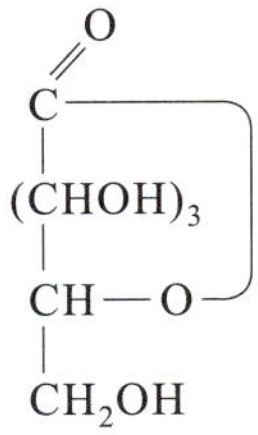

14.10 哪些 D 型己醛糖以 HNO_3 氧化时可生成内消旋糖二酸？写出投影式及名称。

14.11 三个单糖和过量苯肼作用后，得到同样晶形的脎，其中一个单糖的投影式如下所示，写出其他两种异构体的投影式。

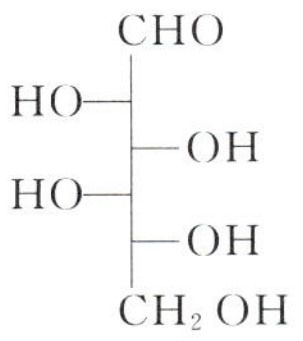

```
    CHO
HO——
HO——
  ——OH
  ——OH
   CH₂OH
```

14.12 用简单化学方法鉴别下列各组化合物。
 a. 葡萄糖和蔗糖　　b. 纤维素和淀粉　　c. 麦芽糖和淀粉　　d. 葡萄糖和果糖
 e. 甲基-β-D-吡喃甘露糖苷和 2-O-甲基-β-D-吡喃甘露糖

14.13 写出下列反应的主要产物或反应物：

a. 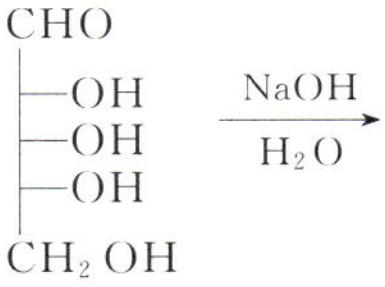
```
   CHO
——OH
——OH      NaOH
——OH   ———————
   CH₂OH    H₂O
```

b. 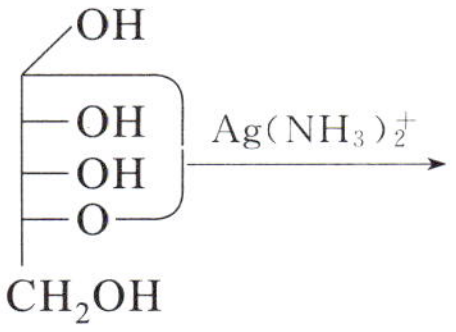
```
   OH
——OH
——OH     Ag(NH₃)₂⁺
——O    ———————→
   CH₂OH
```

c. 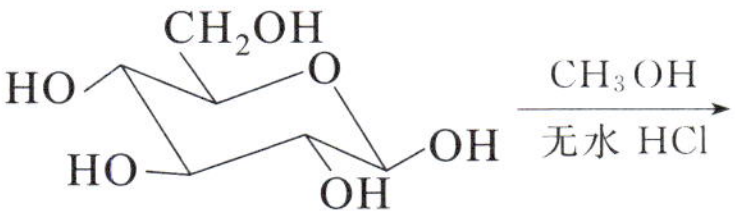 [吡喃糖结构] $\xrightarrow[\text{无水 HCl}]{CH_3OH}$

d. β-麦芽糖 $\xrightarrow{Br_2-H_2O}$

e. α-纤维二糖 $\xrightarrow{Ag(NH_3)_2^+}$

f. (某个 D 型丁糖) $\xrightarrow[\triangle]{HNO_3}$ 内消旋酒石酸

g. $\xrightarrow{H^+}$ [结构式：HOH₂C-呋喃环-=O, HO OH]

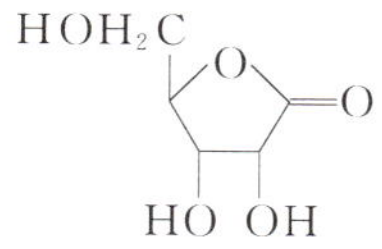

14.14 写出 D-甘露糖与下列试剂作用的主要产物：
a. Br_2-H_2O　　　　　b. HNO_3　　　　　c. C_2H_5OH＋无水 HCl
d. 由 c 得到的产物与硫酸二甲酯及氢氧化钠作用
e. $(CH_3CO)_2O$　　　f. $NaBH_4$　　　　　g. HCN，再酸性水解
h. 催化氢化　　　　　　i. 由 c 得到的产物与稀盐酸作用
j. HIO_4

14.15 如果葡萄糖形成的环形半缩醛是五元环，则用甲基化法及高碘酸法测定时，各应得到什么产物？写出反应式。

14.16 某双糖能发生银镜反应，可被 β-糖苷酶（只水解 β-糖苷键）水解。将此双糖中的羟基全部甲基化后，再用稀酸水解，得到 2,3,4-三-O-甲基-D-甘露糖及 2,3,4,6-四-O-甲基-D-半乳糖，写出此双糖的结构式。

14.17 D-苏阿糖和 D-赤藓糖是否能用 HNO_3 氧化的方法来区别？说明原因。

14.18 将葡萄糖还原只得到葡萄糖醇 A，而将果糖还原，除得到 A 外，还得到另一糖醇 B，为什么？A 与 B 是什么关系？

14.19 纤维素以下列试剂处理时，将发生什么反应？如果可能的话，写出产物的结构式或部分结构式。
a. 过量稀硫酸加热　　　b. 热水
c. 热碳酸钠水溶液　　　d. 过量硫酸二甲酯及氢氧化钠

14.20 写出甲壳质（几丁）用下列试剂处理时所得产物的结构式。
a. 过量稀盐酸加热　　　b. 稀氢氧化钠水溶液加热

14.21 D-葡萄糖醛酸广泛存在于动植物中，其功能之一是可以在肝中与含羟基的有毒物质生成水溶性的葡糖苷酸（glucuronide），从而由尿中排出。写出 β-D-葡萄糖醛酸与苯酚结合成的葡糖苷酸的结构式。

第十五章 氨基酸、多肽与蛋白质

Ⅰ. 氨 基 酸

分子中含有氨基的羧酸，叫作氨基酸（amino acid）。有芳香氨基酸与脂肪氨基酸：

$$CH_3-CH-COOH$$
$$\qquad |$$
$$\qquad NH_2$$

α-氨基丙酸

$$CH_2-CH_2-COOH$$
$$|$$
$$NH_2$$

β-氨基丙酸

$$CH_2-CH_2-CH_2-COOH$$
$$|$$
$$NH_2$$

γ-氨基丁酸

邻氨基苯甲酸（芳香氨基酸）

脂肪族氨基酸根据分子中氨基与羧基的相对位置，分为 α-氨基酸、β-氨基酸和 γ-氨基酸等。

至今在自然界中发现的氨基酸已有 200 余种，其中绝大部分是脂肪族 α-氨基酸，而且绝大部分是 L 型的。在这些氨基酸中分布最广的有 20 多种，它们是蛋白质的基本组成单位。本节将重点讨论的就是 α-氨基酸。

在 20 多种常见的氨基酸分子中，除氨基与羧基外，有的还含有羟基、巯基、芳香环或杂环等。个别的氨基酸，如脯氨酸分子中的氮原子是以亚氨基的形式存在于环中的（见表 15-1）。

天然氨基酸常根据分子中所含氨基与羧基的数目分为中性氨基酸、酸性氨基酸和碱性氨基酸三类。所谓中性氨基酸是指分子中氨基和羧基的数目相等，但氨基的碱性与羧基的酸性并不是恰好抵消的，所以它们并不是真正中性的物质。分子中氨基或胍基、咪唑基等碱性基团的数目多于羧基的叫碱性氨基酸，反之则是酸性氨基酸。

表 15-1 常见氨基酸及其等电点

结构式	中文俗名（缩写符号）	英文俗名	系统命名	等电点（20℃）
中性氨基酸				
$CH_2(NH_2)COOH$	甘氨酸(Gly)	glycine	氨基乙酸	5.97
$CH_3CH(NH_2)COOH$	丙氨酸(Ala)	alanine	2-氨基丙酸	6.02
$CH_2(OH)CH(NH_2)COOH$	丝氨酸(Ser)	serine	2-氨基-3-羟基丙酸	5.68
$CH_2(SH)CH(NH_2)COOH$	半胱氨酸(Cys)	cysteine	2-氨基-3-巯基丙酸	5.02
$\begin{array}{l} S-CH_2CH(NH_2)COOH \\ \mid \\ S-CH_2CH(NH_2)COOH \end{array}$	胱氨酸(Cys-Cys)	cystine	双-3-硫代-2-氨基丙酸	4.60（30℃）
$CH_3CH(OH)CH(NH_2)COOH$	苏氨酸(Thr)	threonine	2-氨基-3-羟基丁酸	6.53
$(CH_3)_2CHCH(NH_2)COOH$	缬氨酸(Val)	valine	3-甲基-2-氨基丁酸	5.96
$CH_3SCH_2CH_2CH(NH_2)COOH$	蛋氨酸(Met)	methionine	2-氨基-4-甲硫基丁酸	5.74
$(CH_3)_2CHCH_2CH(NH_2)COOH$	亮氨酸(Leu)	leucine	4-甲基-2-氨基戊酸	5.98
$CH_3CH_2CH(CH_3)CH(NH_2)COOH$	异亮氨酸(Ile)	isoleucine	3-甲基-2-氨基戊酸	6.02
C₆H₅—$CH_2CH(NH_2)COOH$	苯丙氨酸(Phe)	phenylalanine	3-苯基-2-氨基丙酸	5.48
HO—C₆H₄—$CH_2CH(NH_2)COOH$	酪氨酸(Tyr)	tyrosine	2-氨基-3-(对羟苯基)丙酸	5.66
⌬N–COOH (吡咯烷)	脯氨酸(Pro)	proline	吡咯啶-2-甲酸	6.30
HO-吡咯烷-COOH	羟基脯氨酸(Hyp)	hydroxyproline	4-羟基吡咯啶-2-甲酸	5.83
吲哚-$CH_2CH(NH_2)COOH$	色氨酸(Trp)	tryptophan	2-氨基-3-(β-吲哚)丙酸	5.89
酸性氨基酸				
$HOOCCH_2CH(NH_2)COOH$	天冬氨酸(Asp)	aspartic acid	2-氨基丁二酸	2.77
$HOOCCH_2CH_2CH(NH_2)COOH$	谷氨酸(Glu)	glutamic acid	2-氨基戊二酸	3.22
碱性氨基酸				
$H_2N-C(=NH)-NH(CH_2)_3CH(NH_2)COOH$	精氨酸(Arg)	arginine	2-氨基-5-胍基戊酸	10.76
$H_2N(CH_2)_4CH(NH_2)COOH$	赖氨酸(Lys)	lysine	2,6-二氨基己酸	9.74
咪唑-$CH_2CH(NH_2)COOH$	组氨酸(His)	histidine	2-氨基-3-(5-咪唑)丙酸	7.59

天然氨基酸多用俗名，即根据其来源或性质命名，如天冬氨酸最初是由天冬的幼苗中发现的；甘氨酸是由于具有甜味而得名的。

氨基酸的构型

常见的组成蛋白质的各种氨基酸,除甘氨酸外,都有手性碳原子,而且连接羧基与氨基的 α-碳原子的构型都是相同的 L 型。氨基酸的构型是与乳酸相联系的(也就是由甘油醛导出的),即将氨基酸看作乳酸中的羟基被氨基取代的产物。L-乳酸及 L-丙氨酸的构型如下:

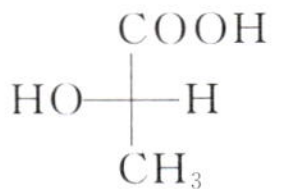

$$
\begin{array}{cc}
\text{COOH} & \text{COOH} \\
\text{HO}\!-\!\!\!-\!\!\!-\!\text{H} & \text{H}_2\text{N}\!-\!\!\!-\!\!\!-\!\text{H} \\
\text{CH}_3 & \text{CH}_3 \\
\text{L-乳酸} & \text{L-丙氨酸}
\end{array}
$$

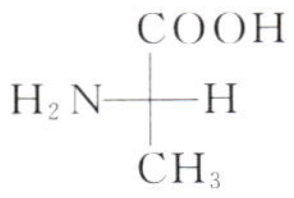

其他氨基酸的构型都取决于 α-碳原子,因此所有的 L-氨基酸都可以用如下通式表示:

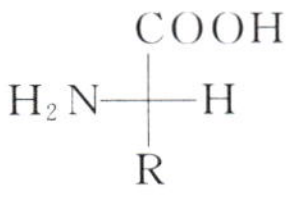

$$
\begin{array}{c}
\text{COOH} \\
\text{H}_2\text{N}\!-\!\!\!-\!\!\!-\!\text{H} \\
\text{R}
\end{array}
$$

R 可以是 CH_3-,CH_3CH-,$HOCH_2-$,$HSCH_2-$,…例如,L-苏氨酸的构型式是
$\qquad\qquad\quad\;\;\; |$
$\qquad\qquad\quad\;\; CH_3$

$$
\begin{array}{c}
\text{COOH} \\
\text{H}_2\text{N}\!-\!\!\!-\!\!\!-\!\text{H} \\
\text{H}\!-\!\!\!-\!\!\!-\!\text{OH} \\
\text{CH}_3
\end{array}
$$

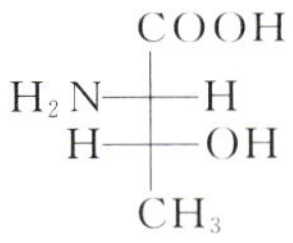

用 D,L 标记法表示氨基酸的构型,是以距羧基最近的手性碳原子为标准,而糖类的构型是以距羰基最远的手性碳原子为标准。

物 理 性 质

氨基酸是无色结晶,易溶于水而难溶于非极性有机溶剂,加热至熔点(一般在 200 ℃ 以上)则分解。这些性质与一般的有机物是有较大区别的。

化 学 性 质

氨基酸具有氨基和羧基的典型反应,如氨基可以烃基化、酰基化,可与亚硝酸作用;羧基可以成酯或酰氯或酰胺等。有些氨基酸分子中还含有羟基、巯基等其他官能团,还可以发生它们特有的反应。此外,由于分子中同时具有碱性的氨基与酸性的羧基,所以还有氨基酸所特有的性质。

1. 两性

氨基酸分子中既含有氨基,又含有羧基,所以氨基酸与强酸强碱都能成盐,实际上氨基酸本身就能形成内盐(inner salt),常叫作两性离子(zwitter ion)或偶极离子(dipolar ion):

$$R-\underset{\underset{NH_3^+}{|}}{CH}-\overset{\overset{O}{\|}}{C}-O^-$$

内盐(两性离子或偶极离子)

氨基酸的高熔点(实际为分解点)、难溶于非极性有机溶剂等性质说明氨基酸在结晶状态是以两性离子存在的。

由于氨基酸是两性离子,所以在水溶液中实际是—COO^-作为碱,由 H_2O 中夺取 H^+ 形成正离子(Ⅰ),而—NH_3^+ 作为酸给出 H^+ 形成负离子(Ⅱ)。所以氨基酸在水溶液中形成如下的平衡体系:

$$HO^- + R-\underset{\underset{NH_3^+}{|}}{CH}COOH \underset{}{\overset{H_2O}{\rightleftharpoons}} R-\underset{\underset{NH_3^+}{|}}{CH}-COO^- \underset{}{\overset{H_2O}{\rightleftharpoons}} R-\underset{\underset{NH_2}{|}}{CH}COO^- + H_3O^+$$

(Ⅰ)　　　　　　　　　两性离子　　　　　　　(Ⅱ)
正离子　　　　　　　　　　　　　　　　　　　负离子

但—COO^-结合质子的能力与—NH_3^+ 给出质子的能力不是完全相同的,也就是上述正离子(Ⅰ)与负离子(Ⅱ)的量是不等的,所以中性氨基酸水溶液的 pH 不等于 7,一般略小于 7,也就是负离子(Ⅱ)要多些;所以加入一些酸则可使正离子(Ⅰ)增加。如果加入适量的酸,便有可能使正、负离子(Ⅰ)和(Ⅱ)的量相等:

$$R-\underset{\underset{NH_3^+}{|}}{CH}-COOH \underset{OH^-}{\overset{H^+}{\rightleftharpoons}} R-\underset{\underset{NH_3^+}{|}}{CH}-COO^- \underset{H^+}{\overset{OH^-}{\rightleftharpoons}} R-\underset{\underset{NH_2}{|}}{CH}-COO^-$$

(Ⅰ)　　　　　　　　　　　　　　　　　　(Ⅱ)

这时溶液的 pH 便是该氨基酸的等电点。酸性氨基酸水溶液的 pH 必然小于 7,所以必须加入较多的酸才能使正、负离子量相等。反之,碱性氨基酸水溶液中正离子较多,则必须加入碱,才能使负离子量增加。所以碱性氨基酸的等电点必然大于 7。

由于各氨基酸分子中所含基团不同,所以每一个氨基酸中氨基与羧基的解离程度各异,因此不同的氨基酸等电点不同(见表 15-1)。

氨基酸在强酸性溶液中主要以正离子存在,这样,在电场中氨基酸正离子将移向阴极。反之,在强碱性溶液中氨基酸主要以负离子存在,在电场中则移向阳极。在等电点时,除两性离子外,正、负离子量恰好平衡,这时在电场中,观察不到氨基酸向任何一极移动。

各种氨基酸在其等电点时,溶解度最小,因而用调节等电点的方法,可以分离氨基酸的混合物。

2. 与亚硝酸的作用

氨基酸中的氨基可以与亚硝酸作用放出氮气：

$$\text{R—CH—COOH} + \text{HNO}_2 \longrightarrow \text{R—CH—COOH} + \text{N}_2\uparrow + \text{H}_2\text{O}$$
$$\quad\quad|\quad\quad\quad\quad\quad\quad\quad\quad\quad\quad\quad\quad|$$
$$\quad\text{NH}_2\quad\quad\quad\quad\quad\quad\quad\quad\quad\quad\text{OH}$$

反应是定量完成的，测定放出氮气的量，便可计算分子中氨基的含量。这个反应叫作范斯莱克 (van Slyke) 氨基测定法。

3. 与甲醛作用

甲醛能与氨基酸中的氨基作用，使氨基酸的碱性消失，这样就可以用碱来滴定羧基的含量。

$$\text{R—CH—COOH} + \text{HCHO} \longrightarrow \text{R—CH—COOH} + \text{H}_2\text{O}$$
$$\quad\quad|\quad\quad\quad\quad\quad\quad\quad\quad\quad\quad\quad\quad|$$
$$\quad\text{NH}_2\quad\quad\quad\quad\quad\quad\quad\quad\quad\quad\text{N}=\text{CH}_2$$

4. 络合性能

氨基酸中的羧基可以与金属成盐，同时氨基的氮原子上又有未共用电子对，可以与某些金属离子形成配价键。因此氨基酸能与某些金属离子形成稳定的络合物。例如，与 Cu^{2+} 能形成蓝色络合物结晶，可用以分离或鉴定氨基酸。

$$\begin{array}{c}\text{H}_2\\ \text{N}\quad\text{O}\\ \text{R—CH}\quad\quad\text{C}=\text{O}\\ \quad\quad\text{Cu}\\ \text{O}=\text{C}\quad\quad\text{CH—R}\\ \text{O}\quad\text{N}\\ \text{H}_2\end{array}$$

5. 氨基酸的受热反应

与羟基酸的受热反应类似，不同的氨基酸在加热情况下，产物随氨基与羧基的距离而异。 α-氨基酸受热时，两分子 α-氨基酸的羧基与氨基两两失水形成哌嗪二酮的衍生物。

$$\begin{array}{c}\text{O}\quad\quad\quad\quad\text{NH}_2\\ \|\quad\quad\quad\quad\quad|\\ \text{CH}_3\text{—CH—C—OH} + \text{HO—C—CH—CH}_3\\ \quad|\quad\quad\quad\quad\quad\quad\quad\|\\ \text{NH}_2\quad\quad\quad\quad\quad\text{O}\end{array} \xrightarrow{\triangle} \begin{array}{c}\text{O}\\ \|\\ \text{C}\\ \text{CH}_3\text{—HC}\quad\text{NH}\\ \quad\quad\quad\quad\quad\quad\\ \text{HN}\quad\text{CH—CH}_3\\ \text{C}\\ \|\\ \text{O}\end{array}$$

3,6-二甲基-2,5-哌嗪二酮

β-氨基酸受热时则失氨而形成 α,β-不饱和酸。

$$R-CH(NH_2)-CH_2-COOH \xrightarrow{\triangle} R-CH=CH-COOH + NH_3$$

γ-或 δ-氨基酸受热则分子内氨基与羧基失水形成内酰胺(lactam)。

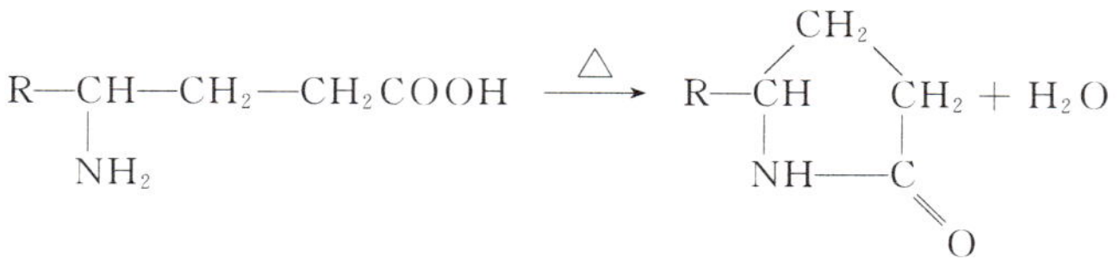

$$R-CH(NH_2)-CH_2-CH_2COOH \xrightarrow{\triangle} \text{γ-内酰胺} + H_2O$$

γ-氨基酸　　　　　　　　　　　γ-内酰胺

$$R-CH(NH_2)-CH_2-CH_2-CH_2-COOH \xrightarrow{\triangle} \text{δ-内酰胺} + H_2O$$

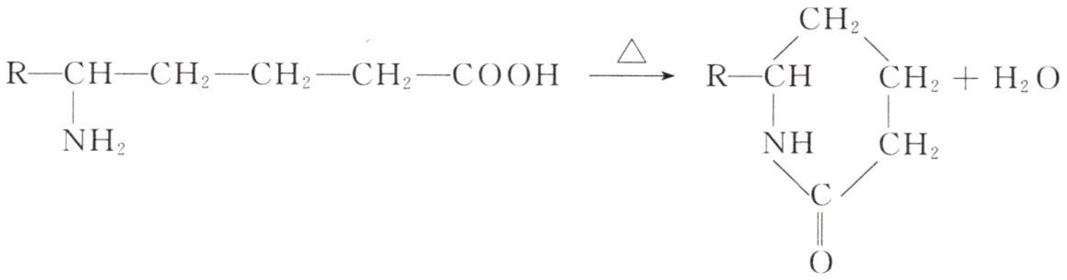

δ-氨基酸　　　　　　　　　　　δ-内酰胺

当氨基与羧基距离更远时,受热后则多个分子间的氨基与羧基失水生成聚酰胺。

$$n\ H_2N-(CH_2)_m-COOH \xrightarrow{\triangle} H_2N-(CH_2)_m-C(O)\left[NH-(CH_2)_m-C(O)\right]_{n-2}NH-(CH_2)_m-COOH$$

聚酰胺(polyamide)

由 ω-氨基己酸形成的聚酰胺叫作尼龙-6。尼龙-6 和第十二章中讲到的尼龙-66 是产量最大的两种聚酰胺,除用于制纺织品外,也可用于制降落伞、渔网、绳索及其他生活用品。

6. 茚三酮反应

α-氨基酸与茚三酮水溶液一起加热,能生成紫色的有色物质。这是 α-氨基酸特有的反应,常被用于 α-氨基酸的定性或定量测量。

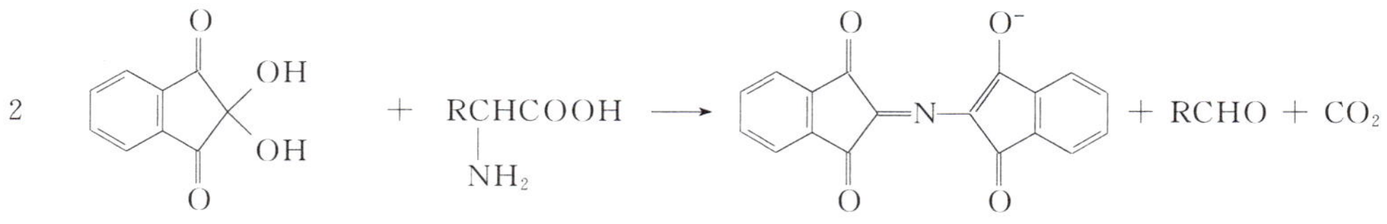

$$2\ \text{(水合)茚三酮(ninhydrin)} + RCH(NH_2)COOH \longrightarrow \text{紫色} + RCHO + CO_2$$

脯氨酸与羟基脯氨酸的 α-氨基是在环中的仲氨基,不与茚三酮发生同样反应。

7. 失羧作用

将 α-氨基酸小心加热或在高沸点溶剂中回流,可失去二氧化碳而得胺。例如,赖氨酸失羧后便得戊二胺(尸胺)：

$$H_2NCH_2CH_2CH_2CH_2CHCOOH \xrightarrow{\triangle} H_2NCH_2CH_2CH_2CH_2CH_2NH_2 + CO_2$$
$$\quad\quad\quad\quad\quad\quad\quad\quad |$$
$$\quad\quad\quad\quad\quad\quad\quad NH_2$$
$$\quad\quad\quad\text{赖氨酸} \quad\quad\quad\quad\quad\quad\quad\quad\quad \text{戊二胺}$$

细菌或动植物体内的脱羧酶作用于上述氨基酸，也能发生同样反应。尸胺及腐胺(见第十二章胺)都是细菌作用于蛋白质的产物。因为蛋白质中都含有相应的氨基酸。

▎8. 失羧和失氨作用

α-氨基酸受某些微生物中酶的作用，同时失羧、失氨而得醇。例如，亮氨酸在这种作用下能转化为异戊醇。

$$(CH_3)_2CHCH_2CHCOOH + H_2O \xrightarrow{\text{酶}} (CH_3)_2CHCH_2CH_2OH + CO_2 + NH_3$$
$$\quad\quad\quad\quad\quad |$$
$$\quad\quad\quad\quad NH_2$$
$$\quad\quad\text{亮氨酸} \quad\quad\quad\quad\quad\quad\quad\quad\quad \text{异戊醇}$$

用发酵法制乙醇时，发酵液中的杂醇油就是这样生成的。

个别 α-氨基酸举例

游离的氨基酸在自然界很少见，而主要是以聚合体的形式——多肽或蛋白质等——存在于动植物体中。氨基酸可用合成方法或由某些蛋白质水解来制取。许多氨基酸被用做营养补充剂或药物。

▎1. 甘氨酸(H_2NCH_2COOH)

甘氨酸是无色结晶，有甜味。它是最简单的且没有手性碳原子的氨基酸，存在于多种蛋白质中，也以酰胺的形式存在于胆酸(见第十六章)和谷胱甘肽(见下节多肽)中。

苯甲酸是一种常用的食品防腐剂，在体内它与甘氨酸的氨基作用形成酰胺，即马尿酸，然后经尿液排出体外。

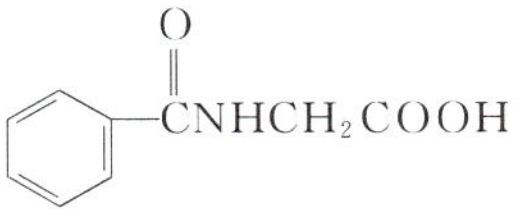

$$\text{C}_6\text{H}_5\text{CONHCH}_2\text{COOH}$$

马尿酸(hippuric acid)

在植物中分布很广的甜菜碱，可以看作是甘氨酸的三甲基内盐，在甜菜中含量较多。

$$(CH_3)_3N^+CH_2COO^-$$

甜菜碱(betaine)

2. 半胱氨酸和胱氨酸

它们多存在于蛋白性的动物保护组织(如毛发、角和指甲等)中,并可通过氧化还原而相互转化:

$$2 \ HSCH_2CHCOOH \underset{2H}{\overset{-2H}{\rightleftharpoons}} \begin{matrix} & NH_2 \\ & | \\ S-CH_2CHCOOH \\ | \\ S-CH_2CHCOOH \\ | \\ NH_2 \end{matrix}$$

$$\begin{matrix} | \\ NH_2 \end{matrix}$$

半胱氨酸　　　　　　　胱氨酸

它们都可由头发水解制得。在医药上半胱氨酸可用于肝炎、锑剂中毒或放射性药物中毒的治疗。胱氨酸有促进机体细胞氧化还原机能、增加白细胞和阻止病原菌发育等作用,并可用于脱发、皮脂溢皮炎、指甲变脆等症的辅助治疗。

3. 色氨酸
$$\left[\begin{matrix} & & CH_2CHCOOH \\ & & | \\ & N & NH_2 \\ & H & \end{matrix} \right]$$

色氨酸是动物生长所不可缺少的氨基酸,它存在于大多数蛋白质中。色氨酸在动物大肠中能因细菌的分解作用而产生粪臭素。色氨酸也是植物幼芽中所含生长素 β-吲哚乙酸的来源。色氨酸在医药上有防治癞皮病的作用。

粪臭素(skatole)　　　　　　　β-吲哚乙酸

4. 谷氨酸
$$\left[\begin{matrix} HOOCCH_2CH_2CHCOOH \\ | \\ NH_2 \end{matrix} \right]$$

谷氨酸是难溶于水的结晶。L-(-)-谷氨酸的单钠盐就是味精,工业上可由糖类物质发酵或由植物蛋白水解制取。D-谷氨酸是无味的。

$$HOOCCH_2CH_2CH-COONa$$
$$|$$
$$NH_2$$

谷氨酸单钠

5. 蛋氨酸
$$\left[\begin{matrix} CH_3SCH_2CH_2CHCOOH \\ | \\ NH_2 \end{matrix} \right]$$

蛋氨酸在生物甲基化中起着重要的作用。可由酪蛋白水解制得,用做抗脂肪肝药物。

Ⅱ. 多　　肽

多官能团的化合物往往容易形成二聚体、三聚体、四聚体以至高聚物。如单糖分子间失水可以形成双糖、三糖、多糖等；氨基酸也有同样的性能，氨基酸分子间的氨基与羧基失水，以酰胺键（—$\overset{\text{O}}{\underset{\|}{\text{C}}}$—NH—，或称肽键，peptide bond 或 peptide linkage）相连而成的化合物叫作肽（peptide）。由两个氨基酸缩合而成的叫二肽，由三个氨基酸缩合而成的叫三肽，由较多的氨基酸缩合成的叫作多肽（polypeptide）。

$$\text{H}_2\text{N}-\overset{R^1}{\underset{}{\text{CH}}}-\overset{O}{\underset{\|}{\text{C}}}-\text{NH}-\overset{R^2}{\underset{}{\text{CH}}}-\text{COOH}$$

二肽（dipeptide）

$$\text{H}_2\text{N}-\overset{R^1}{\underset{}{\text{CH}}}-\overset{O}{\underset{\|}{\text{C}}}-\text{NH}-\overset{R^2}{\underset{}{\text{CH}}}-\overset{O}{\underset{\|}{\text{C}}}-\text{NH}-\overset{R^3}{\underset{}{\text{CH}}}-\text{COOH}$$

三肽（tripeptide）

最简单的就是由两分子氨基酸形成的二肽。例如，由甘氨酸与丙氨酸形成的二肽可有以下两种：

$$\text{H}_2\text{N}-\text{CH}_2-\overset{O}{\underset{\|}{\text{C}}}-\text{NH}-\overset{CH_3}{\underset{}{\text{CH}}}-\text{COOH} \qquad \text{H}_2\text{N}-\overset{CH_3}{\underset{}{\text{CH}}}-\overset{O}{\underset{\|}{\text{C}}}-\text{NH}-\text{CH}_2-\text{COOH}$$

（Ⅰ）　甘氨酰-丙氨酸，简写为甘-丙（Gly-Ala）　　　（Ⅱ）　丙氨酰-甘氨酸，简写为丙-甘（Ala-Gly）

它们的区别在于（Ⅰ）中的肽键是由甘氨酸的羧基与丙氨酸的氨基形成的，而（Ⅱ）中的肽键则是由丙氨酸的羧基与甘氨酸的氨基生成的。这样在（Ⅰ）中甘氨酸部分保留有游离氨基，以"N 端"（Nterminal）表示；丙氨酸部分保留有游离羧基，以"C 端"（Cterminal）表示。在（Ⅱ）中，丙氨酸有 N 端，而甘氨酸有 C 端。（Ⅰ）与（Ⅱ）的结构是不同的。

多肽的命名是以含 C 端的氨基酸为母体，把肽链中其他氨基酸名称中的酸字改为酰字，将含 N 端的氨基酸写在最前，然后按它们在链中的顺序依次排列至最后含 C 端的氨基酸，所以（Ⅰ）应叫作甘氨酰-丙氨酸，（Ⅱ）则叫作丙氨酰-甘氨酸。又如：

$$\text{HOOC}-\underset{\underset{\text{NH}_2}{|}}{\text{CH}}-\text{CH}_2-\text{CH}_2-\overset{O}{\underset{\|}{\text{C}}}-\text{NH}-\underset{\underset{\underset{\text{SH}}{|}}{\text{CH}_2}}{\overset{|}{\text{CH}}}-\overset{O}{\underset{\|}{\text{C}}}-\text{NH}-\text{CH}_2-\text{COOH}$$

谷氨酰-半胱氨酰-甘氨酸（俗称谷胱甘肽，glutathione），简写为谷-半胱-甘（Glu-Cys-Gly）

两个不同的氨基酸组成二肽时就有两种连接方式，组成肽的氨基酸的数目增多，则理论上的连接方式也随之增多，由三种不同氨基酸形成的三肽就可能有 6 种，四肽可有 24 种，六肽可有 720 种。

多肽类物质在自然界存在很多，它们在生物体中起着各种不同的作用。例如，存在于大部分细胞中的谷胱甘肽,参与细胞的氧化还原过程。存在于垂体后叶腺中的催产素是由八种氨基酸组成的多肽类激素,分子中两个半胱氨酰基通过 S—S 键连接起来构成环。在缩写式中三个 —NH$_2$ 分别表示谷氨酸及天冬氨酸中不与氨基相连的碳上的羧基及甘氨酸 C 端羧基均为酰胺(—CONH$_2$)。催产素中各氨基酸的连接顺序的缩写式及结构式如下:

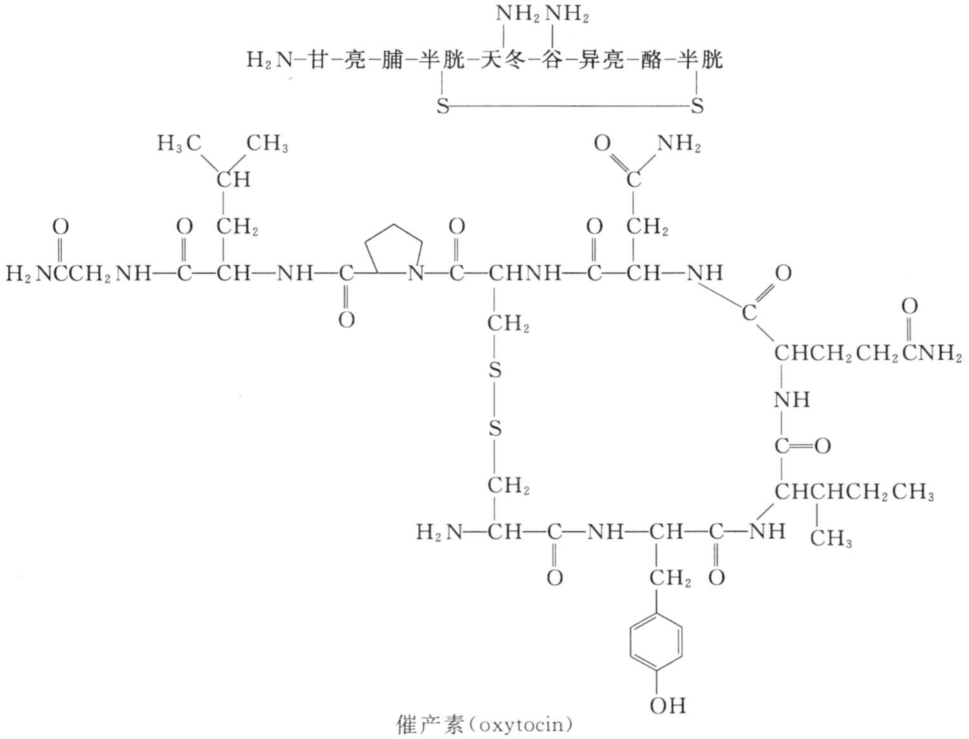

$$\text{H}_2\text{N-甘-亮-脯-半胱-天冬-谷-异亮-酪-半胱}\overset{\text{NH}_2\ \text{NH}_2}{\underset{\text{S}\text{———}\text{S}}{|\quad\quad|}}$$

催产素(oxytocin)

胰腺中分泌的胰岛素①(insulin)是由 51 个氨基酸组成的多肽类激素,它是控制糖类正常代谢必需的物质,是由 21 个氨基酸组成的 A 链与 30 个氨基酸组成的 B 链,通过两个—S—S—键连接形成的。绝大部分哺乳动物的胰岛素的结构差别很小。例如,与牛胰岛素相比,人胰岛素的 A 链中第 8,第 10 及 B 链中第 30 三个氨基酸分别为苏氨酸、异亮氨酸及苏氨酸。

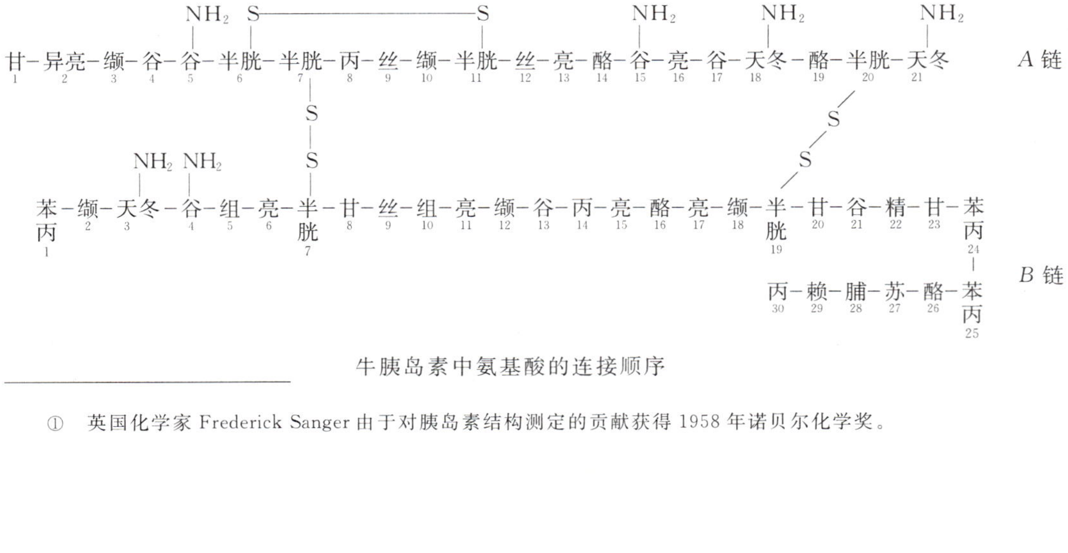

甘-异亮-缬-谷-谷-半胱-半胱-丙-丝-缬-半胱-丝-亮-酪-谷-亮-谷-天冬-酪-半胱-天冬　A 链
1　2　3　4　5　6　7　8　9　10　11　12　13　14　15　16　17　18　19　20　21

苯丙-缬-天冬-谷-组-亮-半胱-甘-丝-组-亮-缬-谷-丙-亮-酪-亮-缬-半胱-甘-谷-精-甘-苯丙
1　2　3　4　5　6　7　8　9　10　11　12　13　14　15　16　17　18　19　20　21　22　23　24

丙-赖-脯-苏-酪-苯丙　B 链
30　29　28　27　26　25

牛胰岛素中氨基酸的连接顺序

---

① 英国化学家 Frederick Sanger 由于对胰岛素结构测定的贡献获得 1958 年诺贝尔化学奖。

多肽结构的测定

确定一个天然多肽的结构是相当复杂的工作。首先必须知道它是由哪些氨基酸组成的,这可以将多肽在稀盐酸中回流,彻底水解为游离的氨基酸,然后通过层析或氨基酸分析仪,来确定其组分及相对含量。

在确定了组成多肽的氨基酸的种类及相对含量后,通过相对分子质量测定可以确定各种氨基酸的分子数。但是要确定这些氨基酸在多肽分子中的排列顺序却是相当复杂的工作。

确定氨基酸排列顺序常用的方法就是端基标记法。由于任何多肽都有 N 端及 C 端,如果选择一个适当的试剂使之与 N 端或 C 端作用,然后将肽链水解,则含有此试剂的氨基酸必是链端的氨基酸,这就叫作端基标记法。

1. 2,4-二硝基氟苯(简称 DNFB,dinitrofluorobenzene)法(Sanger 法)

DNFB 为标记 N 端的试剂,使多肽与 2,4-二硝基氟苯作用后,再将肽链水解,则 N 端的氨基酸便生成黄色的 N-(2,4-二硝基苯基)氨基酸,通过纸层析便可确定 N 端是哪一种氨基酸。

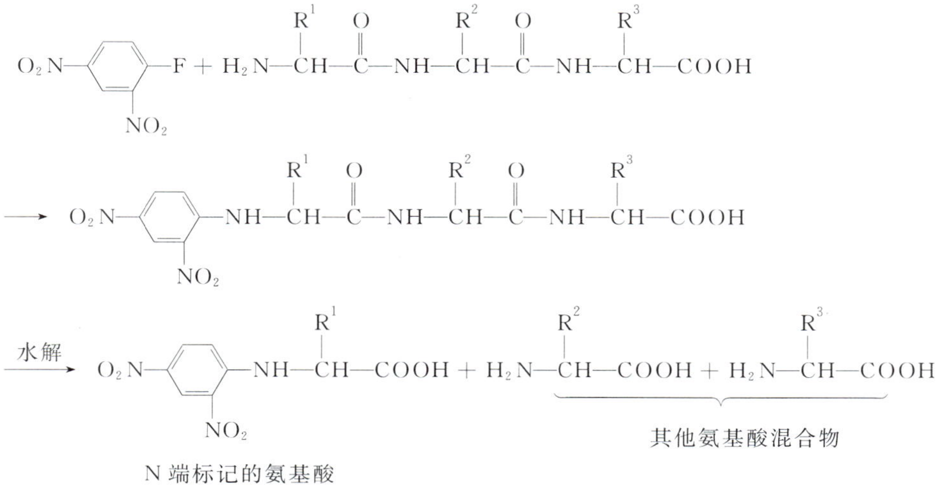

$$O_2N\text{-}C_6H_3(NO_2)\text{-}F + H_2N\text{-}CH(R^1)\text{-}CO\text{-}NH\text{-}CH(R^2)\text{-}CO\text{-}NH\text{-}CH(R^3)\text{-}COOH$$

$$\longrightarrow O_2N\text{-}C_6H_3(NO_2)\text{-}NH\text{-}CH(R^1)\text{-}CO\text{-}NH\text{-}CH(R^2)\text{-}CO\text{-}NH\text{-}CH(R^3)\text{-}COOH$$

$$\xrightarrow{水解} \underbrace{O_2N\text{-}C_6H_3(NO_2)\text{-}NH\text{-}CH(R^1)\text{-}COOH}_{\text{N 端标记的氨基酸}} + \underbrace{H_2N\text{-}CH(R^2)\text{-}COOH + H_2N\text{-}CH(R^3)\text{-}COOH}_{\text{其他氨基酸混合物}}$$

2. 异硫氰酸酯(phenyl isothiocyanate)法(或称 Edman 法或 Edman degradation)

异硫氰酸苯酯也是标记 N 端的试剂,末端氨基与异硫氰酸酯中的碳进行亲核加成得到标记的肽,将产物小心水解,则末端氨基酸与标记试剂环化,形成苯乙内酰硫脲而从多肽链上分离下来。经与标准样品比较,便可确定是哪种氨基酸。

$$\underset{\text{异硫氰酸苯酯}}{\bigcirc\!\!\!\!-\!N\!=\!C\!=\!S} + H_2\ddot{N}CH\!\!\underset{R^1}{\overset{}{-}}\!\!CO\!-\!NHCH\!\!\underset{R^2}{\overset{}{-}}\!\!CO\!\sim\!\sim \xrightarrow{OH^-}$$

$$\bigcirc\!\!\!\!-\!NH\!-\!\underset{\ddot{S}}{\overset{S}{C}}\!-\!NHCH\!\!\underset{R^1}{\overset{}{-}}\!\!CO\!\mid\!-\!NH\!-\!CH\!\!\underset{R^2}{\overset{}{-}}\!\!CO\!\sim\!\sim \xrightarrow{\text{稀酸}}$$

苯乙内酰硫脲
[N-phenylthiohydantoin(PTH)]

$+\ H_2N-\overset{R^2}{\underset{}{C}}HCO\sim\sim$

经多次重复,可将氨基酸逐个由肽链上分离下来。

此外,某些特定的酶只水解含有自由羧基的酰胺键,这样便可由多肽的 C 端将氨基酸逐个水解。

要确定一个多肽的结构,只用端基标记法是不能解决问题的,因为它并不像上面讲的那样简单。必须配合部分水解法,即将多肽水解为一些较小的片段。用端基标记法将每一个片段中氨基酸的排列顺序确定后,再逐步确定整个多肽中氨基酸的排列顺序。

许多蛋白水解酶有高度的选择性,它们往往只水解一种特殊的肽键。例如,糜蛋白酶只水解由精氨酸或赖氨酸的羧基形成的酰胺键,假如用它水解甘氨酰-精氨酰-亮氨酰-丙氨酸时,则只得到甘氨酰-精氨酸及亮氨酰-丙氨酸两种组分,而不会水解出其他的片段。其他的蛋白水解酶则能水解其他氨基酸间形成的肽键。这样,利用不同的酶,就可将肽链水解为较小的片段。

多肽的合成

确定多肽的结构是相当复杂而艰巨的工作。例如,胰岛素结构的测定用了近十年的时间。而按照特定的氨基酸排列顺序合成一个多肽,则是更为复杂而艰巨的工作。因为氨基酸分子中可能发生反应的活性基团较多,要使反应按照人们设想的方向进行,即只希望氨基酸 A 中的氨基与氨基酸 B 中的羧基形成酰胺键,而不是以 A 中的羧基与 B 中的氨基或是两分子 A 或两分子 B 形成酰胺键,而且也不希望分子中除氨基与羧基以外的其他活性基团发生反应,则必须将不希望发生反应的基团加以保护,保护的方法是选择适当的试剂与之反应,使其失去原有的反应性能,在合成肽以后再用一定的方法将保护基除去。

在合成中可由某一氨基酸开始,保护其氨基,由 C 端缩合引申;也可以保护其羧基,使其由 N 端缩合引申。保护氨基或羧基的方法很多。例如,常用的保护氨基的试剂之一是氯甲酸苄酯(或称苄氧甲酰氯),它与氨基酸发生如下反应:

$$\underset{\substack{\text{氯甲酸苄酯}\\\text{(benzyl chloroformate)}}}{C_6H_5CH_2OCOCl} + H_2NCHR^1COOH \longrightarrow C_6H_5CH_2OCONHCHR^1COOH$$

然后将反应产物中的羧基活化，活化羧基的方法也很多。例如，与亚硫酰氯作用可将羧基转化为酰氯，再与另一分子氨基酸作用，便形成 N 端带有保护基的二肽。

$$C_6H_5CH_2OCONHCHR^1COOH \xrightarrow{SOCl_2} C_6H_5CH_2OCONHCHR^1COCl$$

$$C_6H_5CH_2OCONHCHR^1COCl \xrightarrow{H_2NCHR^2COOH} \underset{\text{N 端带有保护基的二肽}}{C_6H_5CH_2OCONHCHR^1CO-NHCHR^2COOH}$$

如果使上面 N 端带有保护基的二肽再与亚硫酰氯作用后，与第三分子氨基酸作用，则得带有保护基的三肽，最后苄氧碳酰（$C_6H_5CH_2OCO-$）保护基可用催化氢化的方法除去。

$$\underset{\text{N 端带有保护基的三肽}}{C_6H_5CH_2OCO-NHR} \xrightarrow{H_2/Pt} C_6H_5CH_3 + CO_2 + \underset{\text{三肽}}{H_2N-R}$$

在以上每一步反应中，都需将所得产物分离、提纯，所以多肽的合成是一项艰巨而耗时的工作；而且产品的收率随着分离提纯等操作而逐步下降，最终所需多肽的收率极低。20 世纪 60 年代，麦瑞费尔德（R B Merrifield，美国）发展了固相合成多肽①的方法（solid-phase peptide synthesis），大大地缩短了合成所需的时间并提高了收率。这个方法简单说来，是在由聚苯乙烯做成的固体小球（树脂）上进行的合成。在小球的苯环上带有氯甲基（$-CH_2Cl$），这种小球不溶于大多数溶剂（见十三章离子交换树脂一节）。

将欲合成的多肽中的第一个氨基酸的氨基保护起来，使其羧基与氯甲基反应成酯，从而将这第一个氨基酸"固定"在树脂上；除去 N 端保护基后，再加入第二个 N 端被保护，而 C 端被活化的氨基酸，便形成 N 端带有保护基的二肽。重复以上步骤，便可合成多肽。在上述每一步反应后，可用适当溶剂洗去多余的试剂及副产物（因为它们未与树脂结合），而无须分出每一步得到的中间体。至所需多肽形成后，再用化学方法将其由树脂上分离下来。上述步骤可简单表示如下，其中 P 表示保护基：

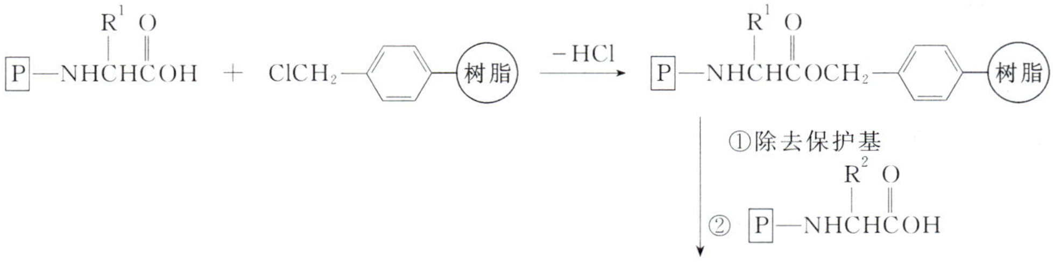

―――

① R B Merrifield 由于发展了固相合成多肽的方法获得 1984 年诺贝尔化学奖。

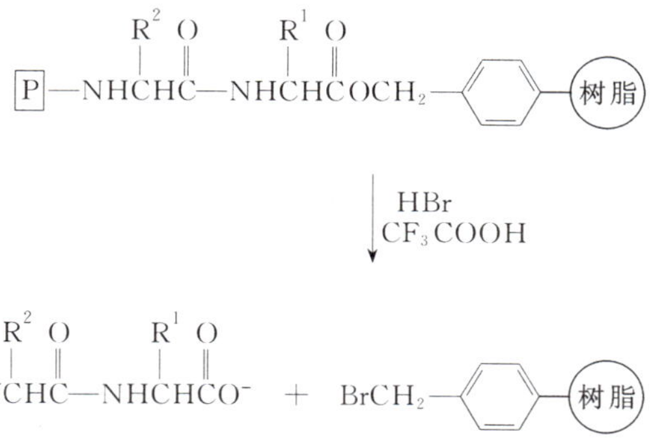

$$\boxed{P}-NHCHC \overset{R^2}{\underset{O}{|}} -NHCHCOCH_2 \overset{R^1}{\underset{O}{|}} -\!\!\!\left\langle \right\rangle\!\!\!-\text{树脂}$$

$$\downarrow \begin{array}{c}\text{HBr}\\ \text{CF}_3\text{COOH}\end{array}$$

$$\overset{+}{H_3}NCHC\overset{R^2}{\underset{O}{|}} -NHCHCO^- \overset{R^1}{\underset{O}{|}} + BrCH_2-\!\!\!\left\langle \right\rangle\!\!\!-\text{树脂}$$

用上述方法合成了由 124 个氨基酸组成的核糖核酸酶(ribonuclease)，耗时仅 6 周，收率 17%。全部合成包括 369 个化学反应，亦即每步反应的收率大于 99%。

固相合成虽然是合成技术上的一个突破，但多肽的合成仍有许多实际困难。在多肽合成中，要保护不欲使之反应的基团，选择的保护剂必须是易于与被保护的基团作用，而不与氨基酸分子中可能存在的其他活性基团反应，并且在形成肽以后又易于除去。此外，还必须考虑在除去保护基的反应条件下，不能影响其他的活性基团和已形成的酰胺键。再者，由于绝大部分氨基酸都是有旋光活性的，而且多肽的生理活性与分子的立体形状有密切关系，因此在合成中必须注意在任何一个反应条件下都不可发生构型的转化或外消旋化。在多肽的合成中要满足上面这许多严格的要求是相当困难的，所以合成相对分子质量较大，而又具有与天然产物同样生理活性的多肽以至蛋白质至今仍是一项极具挑战性的工作。

Ⅲ. 蛋 白 质

蛋白质是存在于一切细胞中的高分子化合物之一，它们在机体中承担着各种各样的生理作用与机械功能。例如，肌肉、毛发、蚕丝、指甲、角、某些激素、酶、血清、血红蛋白等都是由不同的蛋白质构成的。它们供给机体营养，执行保护机能，负责机械运动，控制代谢过程，输送氧气，防御病菌的侵袭，传递遗传信息，等等。因此可以说蛋白质是生命的全能高分子化合物。

蛋白质也是由氨基酸以酰胺键形成的高分子化合物，从这一点来说，它与多肽没有区别，但一般是将相对分子质量在 10 000 以上(实际上没有严格的界限)的叫作蛋白质。每一种蛋白质都有其特定的构象(或说立体形状)。蛋白质分子中氨基酸的连接顺序只是蛋白质最基本的结构，叫作一级结构，而其特殊的构象叫作蛋白质的二级结构、三级结构或四级结构。

由于肽链不是直线形的，价键之间有一定角度，而且分子中又含有许多酰胺键，因此一条肽链可以通过一个酰胺键中羰基的氧与另一酰胺键中氨基的氢形成氢键而绕成螺旋形，叫作 α 螺旋(α helix)，这是蛋白质的一种二级结构(见图 15-1)。

蛋白质的另一种二级结构是由链间的氢键将肽链拉在一起形成"片"状，叫作 β 折叠片(β pleated sheet)(见图 15-2)。

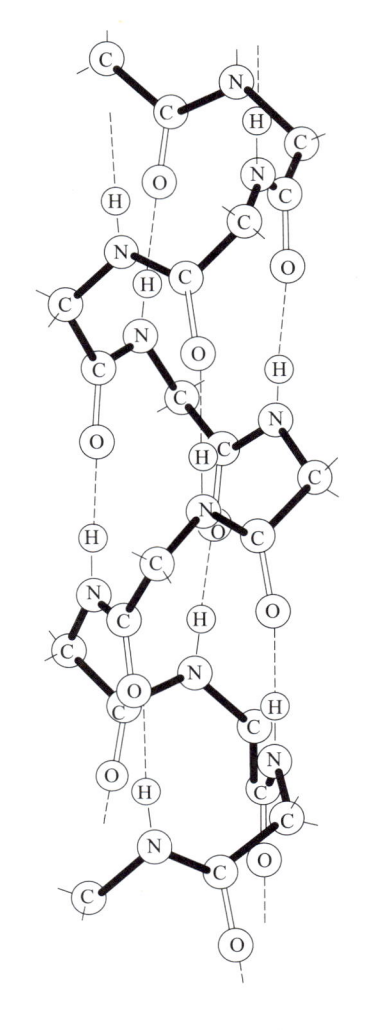

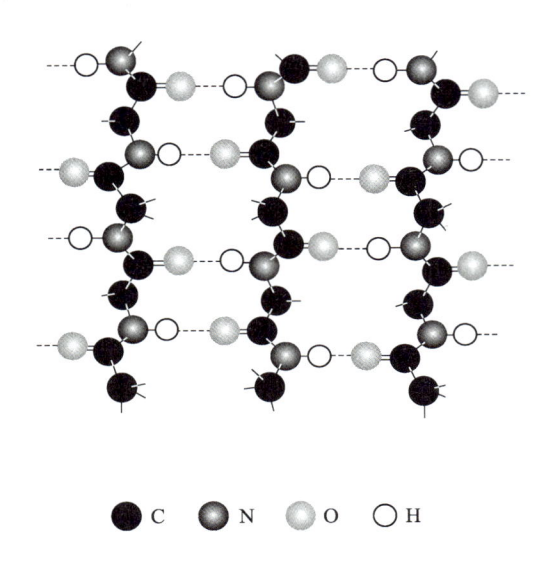

图 15-1　α 螺旋示意图　　　　　图 15-2　β 折叠片示意图

螺旋形的肽链相互扭在一起或卷曲成其他形状，则构成所谓三级结构，如核糖核酸酶为由 124 个氨基酸组成，肽链中第 26，40，58，65，72，84，95 及 110 号氨基酸都是半胱氨酸，它们通过 —S—S— 键相连（见图 15-3）。

蛋白质的立体形状在很大程度上是决定于它的一级结构的，也就是说决定于它是由哪些氨基酸组成的，以及氨基酸的排列顺序。因为蛋白质分子所以能够像图 15-3 中那样卷曲或折叠成一种相当稳定的立体形状，必须有某种力量将链与链间，或链中的某些片段联系在一起。这种力量便是由组成肽链的氨基酸所含的各种基团间相互作用形成的。例如，二级结构的形成主要是靠氢键。但肽链中除含有可构成氢键的酰胺键外，由于各氨基酸中还可能含有羟基、巯基、游离的氨基与羧基及烃基等；这些基团之间可以借助于氢键、—S—S—键、静电引力，以及色散力等将肽链或链中的某些部分联系在一起（见图 15-4），从而使得每种蛋白质各有其特定的稳定构象。正是这种特定的构象赋予蛋白质以某种特殊的生理活性。一旦这种构象遭到破坏（并不是蛋白质被水解）其活性就完全消失，这就叫作蛋白质的变性。

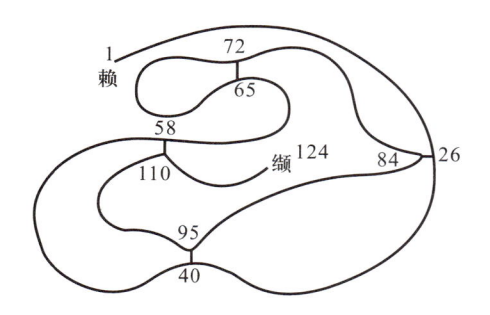

图 15-3　核糖核酸酶的三级结构示意图

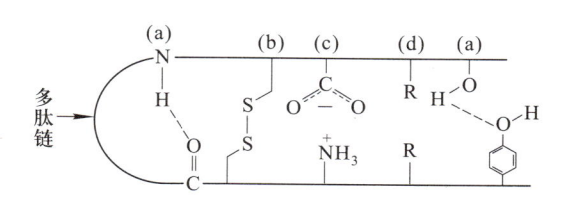

图 15-4　维持蛋白质空间构象的各种键或作用力
(a) 氢键;(b) S—S 桥;(c) 静电引力;(d) 色散力

习　题

15.1　下列氨基酸溶于水后,其溶液是酸性的或碱性的还是近乎中性的?

　　a. 谷氨酸　　　　b. 谷氨酰胺($H_2NOCCH_2CH_2CHCOOH$)　　c. 亮氨酸
　　　　　　　　　　　　　　　　　　　　　　　　　　　 |
　　　　　　　　　　　　　　　　　　　　　　　　　　　NH_2

　　d. 赖氨酸　　　e. 丝氨酸

15.2　写出下列氨基酸分别与过量盐酸或过量氢氧化钠水溶液作用的产物。

　　a. 脯氨酸　　　b. 酪氨酸　　　c. 丝氨酸　　　d. 天冬氨酸

15.3　用简单化学方法鉴别下列各组化合物:

　　a. $CH_3CHCOOH$　　$H_2NCH_2CH_2COOH$　　$C_6H_5NH_2$
　　　　 |
　　　　NH_2

　　b. 苏氨酸　　丝氨酸

　　c. 乳酸　　丙氨酸

15.4　写出下列各氨基酸在指定的 pH 介质中的主要存在形式。

　　a. 缬氨酸在 pH 为 8 时　　　b. 赖氨酸在 pH 为 13 时

　　c. 丝氨酸在 pH 为 1 时　　　d. 谷氨酸在 pH 为 3 时

15.5　写出下列反应的主要产物:

　　a. $CH_3CHCO_2C_2H_5 + H_2O \xrightarrow[\triangle]{HCl}$
　　　　 |
　　　　NH_2

　　b. $CH_3CHCO_2C_2H_5 + (CH_3CO)_2O \longrightarrow$
　　　　 |
　　　　NH_2

　　c. $CH_3CHCONH_2 + HNO_2$(过量)$\longrightarrow$
　　　　 |
　　　　NH_2

　　d. $CH_3CHCONHCHCONHCH_2COOH + H_2O \xrightarrow{H^+}$
　　　　 |　　　　　　|
　　　　NH_2　　$CH_2CH(CH_3)_2$

e. $\underset{\underset{NH_2}{|}}{CH_3CHCOOH} + CH_3CH_2COCl \longrightarrow$

f. 亮氨酸 $+ CH_3OH(过量) \xrightarrow{HCl}$

g. 异亮氨酸 $+ CH_3CH_2I(过量) \longrightarrow$

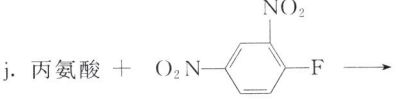

h. 丙氨酸 $\xrightarrow{\triangle}$

i. 酪氨酸 $\xrightarrow{Br_2-H_2O}$

j. 丙氨酸 $+ \underset{}{O_2N\text{-}C_6H_3(NO_2)\text{-}F} \longrightarrow$

k. $NH_2CH_2CH_2CH_2CH_2COOH \xrightarrow{\triangle}$

l. $\underset{\underset{NH_2 \cdot HCl}{|}}{CH_2COOH} + SOCl_2 \longrightarrow$

15.6 某化合物分子式为 $C_3H_7O_2N$,有旋光活性,能分别与 NaOH 或 HCl 成盐,并能与醇成酯,与 HNO_2 作用时放出氮气,写出此化合物的结构式。

15.7 由 3-甲基丁酸合成缬氨酸,产物是否有旋光性? 为什么?

15.8 下面的化合物是二肽、三肽还是四肽? 指出其中的肽键、N 端及 C 端氨基酸,此肽可被认为是酸性的、碱性的还是中性的?

$$(CH_3)_2CHCH_2\underset{\underset{NH_2}{|}}{CH}CONH\underset{\underset{CH_2CH_2SCH_3}{|}}{CH}CONHCH_2CO_2H$$

15.9 写出下列化合物的结构式:
 a. 甘氨酰-亮氨酸　　　b. 脯氨酰-苏氨酸　　　c. 赖氨酰-精氨酸乙酯
 d. 脯-亮-丙—NH_2　　e. 天冬-天冬-色

15.10 命名下列肽,并给出简写名称。

 a. $H_2N\underset{\underset{CH_2OH}{|}}{CH}CONH\underset{\underset{CH_2CH(CH_3)_2}{|}}{CH}CONH\underset{\underset{CH(OH)CH_3}{|}}{CH}CO_2H$

 b. $HOOCCH_2CH_2\underset{\underset{NH_2}{|}}{CH}CONH\underset{\underset{CH_2C_6H_5}{|}}{CH}CONH\underset{}{CH}COOH$

15.11 将催产素结构式中各氨基酸用虚线分割开。

15.12 某多肽以酸水解后,再以碱中和水解液时,有氨气放出。由此可以得出有关此多肽结构的什么信息?

15.13 某三肽完全水解后,得到甘氨酸及丙氨酸。若将此三肽与亚硝酸作用后再水解,则得乳酸、丙氨酸及甘氨酸。写出此三肽的可能结构式。

15.14 某九肽经部分水解,得到下列一些三肽:丝-脯-苯丙,　甘-苯丙-丝,　脯-苯丙-精,　精-脯-脯,脯-甘-苯丙,　脯-脯-甘及苯丙-丝-脯。以简写方式排出此九肽中氨基酸的顺序。

# 第十六章 类脂化合物

除糖类和蛋白质外,类脂化合物也是维持正常生命活动不可缺少的物质。

"类脂化合物"(lipids)是生物化学家习惯采用的名称,它包括油脂、蜡、磷脂、萜类及甾(音 zāi)族化合物等结构不同的物质,所以这种归类方法不是基于化学结构上的共同点,而只是由于它们在物态及物理性质上与油脂类似,亦即它们都是不溶于水而溶于非极性或弱极性有机溶剂中的由生物体中取得的物质。油脂、蜡和磷脂都属于酯类,因此它们都能被水解,水解产物中都含有脂肪酸。萜类和甾族化合物在结构上看来完全不同,但它们在生物体内却是由同样的原始物质生成的;这两类化合物的立体化学、化学性质、合成方法都比较复杂,而且用途也很广,所以已发展成两个专门的研究领域。

Ⅰ. 油　脂

油脂指的是猪油、牛油、花生油、豆油和桐油等动植物油。

由动物或植物中取得的油脂都是多种物质的混合物,其主要成分是三分子高级脂肪酸与甘油形成的酯:

$$\begin{array}{l} CH_2-O-\overset{O}{\overset{\|}{C}}-R^1 \\ CH-O-\overset{O}{\overset{\|}{C}}-R^2 \\ CH_2-O-\overset{O}{\overset{\|}{C}}-R^3 \end{array}$$

此外,油脂中还含有少量游离脂肪酸、高级醇、高级烃、维生素及色素等。

组成甘油酯的脂肪酸绝大多数是含偶数碳原子的直链羧酸,仅在个别油脂中发现带有支链、脂环或羟基的脂肪酸。已经由油脂中分出的有 C_4 至 C_{26} 范围内的各种饱和脂肪酸和 C_{10} 至 C_{24}

的各种不饱和脂肪酸。

组成油脂的各种饱和脂肪酸中,以软脂酸(十六酸)的分布最广,它含于绝大部分油脂中;其次是月桂酸(十二酸)、肉豆蔻酸(十四酸)和硬脂酸(十八酸),动物脂肪中含硬脂酸较多,低于12个碳原子的饱和脂肪酸比较少见(见表16-1)。至目前为止,仅在奶油中发现有丁酸,在某些脂肪中含有少量的己酸和癸酸。高于18个碳原子的脂肪酸分布虽广,但含量较少。

表 16-1 油脂中的某些饱和脂肪酸

结 构 式	俗 名		系 统 命 名	熔点/℃
$CH_3(CH_2)_{10}COOH$	月桂酸	lauric acid	十二(烷)酸 dodecanoic acid	44.0
$CH_3(CH_2)_{12}COOH$	肉豆蔻酸	myristic acid	十四(烷)酸 tetradecanoic acid	58.0
$CH_3(CH_2)_{14}COOH$	软脂酸(棕榈酸)	palmitic acid	十六(烷)酸 hexadecanoic acid	63.0
$CH_3(CH_2)_{16}COOH$	硬脂酸	stearic acid	十八(烷)酸 octadecanoic acid	69.0~70.0
$CH_3(CH_2)_{18}COOH$	花生酸	arachidic acid	二十(烷)酸 eicosanoic acid	75.5
$CH_3(CH_2)_{22}COOH$		lignoceric acid	二十四(烷)酸 tetracosanoic acid	84.15

组成油脂的各种不饱和脂肪酸中,最常见的是烯酸,以含 16 和 18 个碳原子的烯酸分布最广,如棕榈油酸、油酸、亚油酸和亚麻酸等(见表16-2)。这些不饱和酸,由羧基开始,第一个双键的位置大都在 C^9 和 C^{10} 之间,而且几乎所有双键都是顺式的。桐油酸的三个双键是共轭的,蓖麻油酸和晁模酸则分别是含有羟基和脂环的高级脂肪酸。含一个以上双键的高级脂肪酸叫作多不饱和脂肪酸。亚油酸和亚麻酸是人类饮食中不可缺少的。

表 16-2 油脂中的某些不饱和脂肪酸

结 构 式	俗 名	系 统 名*	熔点/℃
$CH_3(CH_2)_5CH=CH(CH_2)_7COOH$	棕榈油酸 (palmitoleic acid)	(9Z)-十六碳烯酸 (9Z)-hexadecenoic acid	0.5
$CH_3(CH_2)_7CH=CH(CH_2)_7COOH$	油酸 (oleic acid)	(9Z)-十八碳烯酸 (9Z)-octadecenoic acid	4.0
$CH_3(CH_2)_4CH=CHCH_2CH=CH(CH_2)_7COOH$	亚油酸 (linoleic acid)	(9Z,12Z)-十八碳二烯酸 (9Z,12Z)-octadecadienoic acid	-12.0
$CH_3CH_2CH=CHCH_2CH=CHCH_2CH=CH(CH_2)_7COOH$	亚麻酸 (linolenic acid)	(9Z,12Z,15Z)-十八碳三烯酸 (9Z,12Z,15Z)-octadecatrienoic acid	-11.3
$CH_3(CH_2)_3(CH=CH)_3(CH_2)_7COOH$	桐油酸 (eleostearic acid)	(9Z,11E,13E)-十八碳三烯酸 (9Z,11E,13E)-octadecatrienoic acid	49.0
$CH_3(CH_2)_5CH(OH)CH_2CH=CH(CH_2)_7COOH$	蓖麻油酸 (ricinoleic acid)	[R-(Z)]-12-羟基-9-十八碳烯酸 [R-(Z)]-12-hydroxy-9-octadecenoic acid	5.5
⌳—$(CH_2)_{12}COOH$	晁模酸 (chaulmoogric acid)	2-环戊烯-1-十三烷酸 2-cyclopentene-1-tridecanoic acid	68.5

续表

结 构 式	俗 名	系 统 名*	熔点/℃
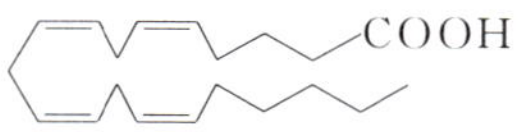 ~~~~COOH	花生四烯酸 (arachidonic acid)	(5Z,8Z,11Z,14Z)-二十碳四烯酸 (5Z,8Z,11Z,14Z)-eicosatetraenoic acid	-49.5
~~COOH	(EPA)	(5Z,8Z,11Z,14Z,17Z)-二十碳五烯酸 (5Z,8Z,11Z,14Z,17Z)-eicosapentaenoic acid	-50.0

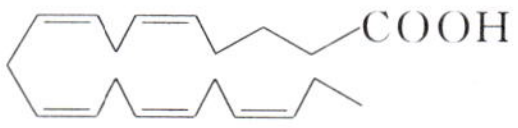

* 过去在命名上述高级烯酸时,常用"Δ"代表双键,将双键的位置写在"Δ"的右上角,如亚麻酸可以表示为 $\Delta^{9,12,15}$-十八碳三烯酸,Δ 读作 delta。

如果甘油酯分子中所含三个高级脂肪酸是相同的,这类甘油酯叫作简单甘油酯,反之,则是混合甘油酯。一般油脂多为混合甘油酯,甘油酯的命名与酯相同。例如:

$$\begin{array}{l} CH_2-O-\overset{O}{\overset{\|}{C}}-(CH_2)_{16}CH_3 \\ CH-O-\overset{O}{\overset{\|}{C}}-(CH_2)_{16}CH_3 \\ CH_2-O-\overset{O}{\overset{\|}{C}}-(CH_2)_{16}CH_3 \end{array}$$

三硬脂酸甘油酯(或甘油三硬脂酸酯)

如果甘油酯中的三个脂肪酸是不同的,则以 α,α′和 β 分别表示它们的位置:

$$\begin{array}{l} \alpha\ \ CH_2-O-\overset{O}{\overset{\|}{C}}-(CH_2)_{16}CH_3 \\ \beta\ \ CH-O-\overset{O}{\overset{\|}{C}}-(CH_2)_{14}CH_3 \\ \alpha'\ \ CH_2-O-\overset{O}{\overset{\|}{C}}-(CH_2)_7CH=CH(CH_2)_7CH_3 \end{array}$$

α-硬脂酸-β-软脂酸-α′-油酸甘油酯

天然油脂是由多种不同的脂肪酸形成的混合甘油酯的混合物。例如,组成牛油的脂肪酸有己酸、辛酸、癸酸、月桂酸、肉豆蔻酸、软脂酸、硬脂酸及油酸等。

物 理 性 质

一般说来,不饱和脂肪酸或是碳数较少的脂肪酸的含量较高的甘油酯在室温时是液体,叫做油,如棉籽油中组成甘油酯的饱和脂肪酸含量约为 25%,而不饱和脂肪酸的含量约占 75%。在室温下呈半固态的叫脂肪,如牛油,在组成它的甘油酯中,饱和脂肪酸的含量较高,为 60%~70%,而不饱和脂肪酸只占 30%~40%。

不饱和脂肪酸含量高的甘油酯在室温所以呈液态,与不饱和酸中 C=C 的构型有关。因为天然油脂中的不饱和酸大都是顺式的,所以其碳链不能像饱和酸那样呈锯齿形的"直"链,而是弯成一定角度:

$$CH_3 \cdots \cdots COOH$$
十六酸

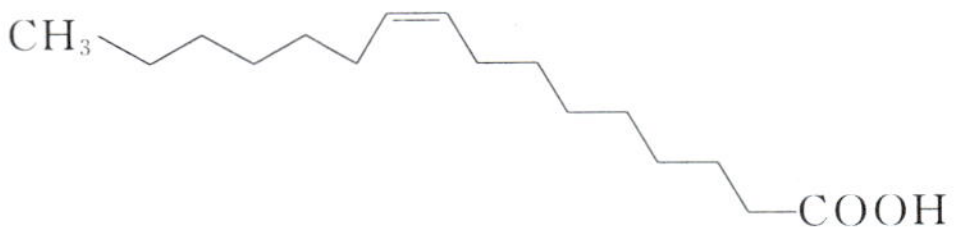

$$CH_3 \cdots \cdots COOH$$
顺-9-十六碳烯酸

这样,羧酸的链与链间就不能紧密接触。分子之间接触面小,则分子间的作用力就小,所以油的"熔点"就低。

油脂的相对密度都小于 1,不溶于水,易溶于乙醚、氯仿、丙酮、苯及热乙醇中。由于天然油脂都是混合物,所以没有恒定的沸点和熔点。

化 学 性 质

1. 皂化

将油脂用氢氧化钠(或氢氧化钾)水解,就得到脂肪酸的钠盐(或钾盐)和甘油。高级脂肪酸的钠盐就是肥皂。"皂化"就是由此而得名的。此后,"皂化"这个名词便被扩大用于酯的碱性水解反应。

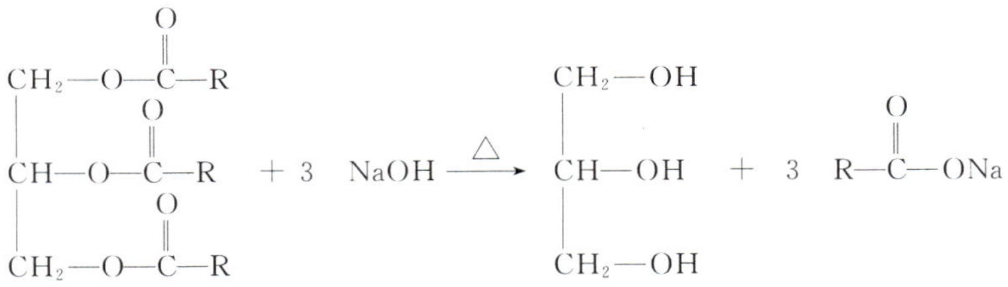

$$\begin{array}{c} CH_2-O-\overset{O}{\underset{\|}{C}}-R \\ CH-O-\overset{O}{\underset{\|}{C}}-R \\ CH_2-O-\overset{O}{\underset{\|}{C}}-R \end{array} + 3\ NaOH \xrightarrow{\triangle} \begin{array}{c} CH_2-OH \\ CH-OH \\ CH_2-OH \end{array} + 3\ R-\overset{O}{\underset{\|}{C}}-ONa$$

过去肥皂都是由天然油脂皂化制得的。随着石油工业及石油化工的发展,可以将高级烷烃在催化剂作用下氧化为高级脂肪酸,用这种合成脂肪酸制取肥皂,可节约大量天然油脂。

油脂不仅在碱的作用下可被水解,在酸或某些酶的作用下,也同样能被水解。

使 1 g 油脂完全皂化所需要的氢氧化钾的质量(单位:mg),叫作皂化值。根据皂化值的大小,可以判断油脂中所含脂肪酸的平均相对分子质量。皂化值越大,脂肪酸的平均相对分子质量越小。

2. 加成

含不饱和脂肪酸的油脂,分子里的碳-碳双键可以和氢、碘等进行加成。

（1）氢化　含不饱和脂肪酸的油脂，在催化剂作用下可以加氢，加氢的结果是液态的油转化为半固态的脂肪，所以氢化也叫"油脂的硬化"。植物油部分氢化可制成人造黄油供食用，以防止由动物油中摄入胆固醇。与一般植物油相比，氢化后的油不易酸败。氢化过程中部分顺式不饱和脂肪酸会转化成反式不饱和脂肪酸。近年报道，后者也能增加患心血管疾病的风险。

（2）加碘　通过一定量的油脂所能吸收的碘的数量，可以判断其中所含脂肪酸的不饱和程度。一般将 100 g 油脂所能吸收的碘的质量（单位：g），叫作"碘值"。碘值大，表示油脂中不饱和酸的含量高，或不饱和程度高。由于碘和碳-碳双键的加成作用较慢，所以测定时常用氯化碘（ICl）或溴化碘（IBr）代替碘，其中的氯原子或溴原子能使碘活化。

3. 干性

某些油在空气中放置，能形成一层干燥而有韧性的薄膜，这种现象叫作干化，具有这种性质的油叫干性油。干化的化学本质还不十分清楚，一般认为是由氧引起聚合所致；当组成油的不饱和脂肪酸中含有处于共轭体系的碳-碳双键，其干性就好。桐油中的桐油酸与亚麻油中的亚麻酸都是十八碳三烯酸，而桐油是最好的干性油，因为桐油酸的三个碳-碳双键是共轭的（见表 16-2），它在桐油中的含量高达 79%。过去的油漆等涂料就是在干性油中加入颜料等物质制成的。由于高分子化学及工业的发展，自 20 世纪中期以来，出现了性能较好的，可用做涂料的合成树脂，至今已基本不再用油脂来制备油漆等涂料。

4. 酸败

油脂在空气中放置过久，便会产生难闻的气味，这种变化叫作酸败，酸败是由空气中氧气、水分或霉菌的作用引起的。油脂中的不饱和酸受空气中氧气的作用可以氧化断裂，产生碳链较短的羧酸。饱和酸在同样情况下虽然不发生氧化断裂，但能因霉菌的影响发生 β-氧化作用，即羧酸中的 β-碳原子被氧化为羰基，生成 β-酮酸，β-酮酸进一步分解则产生酮或羧酸（见第十一章乙酰乙酸及其酯一节）。所产生的这些羧酸等常带有不愉快的气味。

Ⅱ. 肥皂及合成表面活性剂

肥皂的组成及乳化作用

日常使用的肥皂的主要成分是高级脂肪酸钠。加入香精及染料可制成香皂，在熔融状态吹入空气可制成浮于水面的肥皂。

高级脂肪酸的钾盐不能凝成硬块，叫作软皂。软皂可用做医药上的乳化剂，如消毒用的煤酚皂溶液就是约含 50% 甲苯酚的软皂溶液。

肥皂所以能除去油垢,是由高级脂肪酸钠的分子结构决定的。高级脂肪酸钠分子的一端是—COO⁻ Na⁺,它是极性的易溶于水的基团,叫作亲水基(hydrophilic group),它使肥皂具有水溶性;而较长的烃基部分则是不易溶于水而易溶于非极性物质的基团,叫作亲油基或疏水基(hydrophobic group)。一个既具有亲水基,又有亲油基的分子叫两亲(amphipathic)分子,肥皂分子在水中时,许多分子的烃基链彼此靠色散力绞在一起,形成一个球形而将—COO⁻ Na⁺部分露在球面上,这样肥皂就形成了许多外面被亲水基包着的小球,叫作胶束(micelle),分散在水中[见图16-1(a)]。如果在肥皂水溶液中加入一些油,搅动后油被分散成细小的颗粒,肥皂分子的烃基就溶入油中,而羧基部分被留在油珠外面,这样每一个细小的油珠外面都被许多肥皂的亲水基包围着而悬浮于水中,这种现象叫作乳化[见图16-1(b)]。具有这种作用的物质叫作乳化剂,为表面活性剂中的一类。肥皂的去垢作用就是乳化所致。

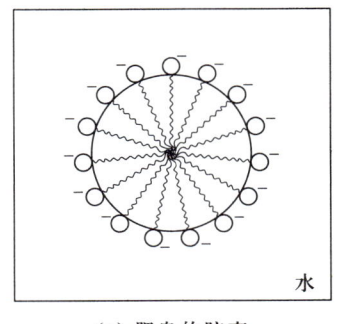

(a) 肥皂的胶束　　　　　(b) 肥皂的乳化作用

图 16-1　肥皂乳化作用示意图

～～～O⁻ = RCOO⁻

肥皂是弱酸盐,遇强酸后便游离出高级脂肪酸而失去乳化剂的效能,因而肥皂不能在酸性溶液中使用。肥皂也不能在硬水中使用,因为在含有 Ca^{2+},Mg^{2+} 的硬水中,肥皂便转化为不溶性的高级脂肪酸的钙盐或镁盐,而不能再起乳化剂的作用。因此肥皂的应用有一定的限制。近年来,根据肥皂分子结构的两亲特点,合成了许多具有表面活性作用的物质,这些物质就叫作合成表面活性剂。

合成表面活性剂举例

表面活性剂是能降低液体表面张力的物质,从结构的角度来说,表面活性剂分子中必须含有亲水基和疏水基。就其用途可分为乳化剂、润湿剂、起泡剂、洗涤剂和分散剂等。

根据结构特点,合成表面活性剂分为离子型表面活性剂及非离子型表面活性剂。离子型表面活性剂又分阴离子型和阳离子型两类。

1. 阴离子型表面活性剂

阴离子表面活性剂在水中生成带有疏水基的阴离子。例如,肥皂就属于这一类型,它的疏水基 R 包含于阴离子 RCOO⁻中。日常使用的合成洗涤剂如烷基磺酸钠、烷基苯磺酸钠和烷基硫酸酯的钠盐（俗称烷基硫酸钠）等都属阴离子表面活性剂。它们在水中都能生成 RSO_3^-、$ROSO_3^-$ 等带有疏水基的阴离子。

$$CH_3(CH_2)_{10}CH_2OSO_3^-Na^+$$
十二烷基硫酸钠

$$RSO_3^-Na^+$$
烷基磺酸钠

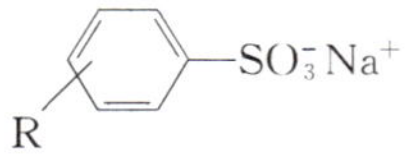

烷基苯磺酸钠

这类合成表面活性剂可用作起泡剂、润湿剂和洗涤剂等，如十二烷基硫酸钠是牙膏中的起泡剂。洗衣粉主要是烷基苯磺酸钠。

这一类化合物都是强酸强碱盐，它们的水溶液呈中性。而且它们的钙、镁盐一般在水中溶解度较大，所以它们可在酸性溶液或硬水中使用。

直链烷基可被生物降解，带有支链的则不被降解。为减少对河流、湖泊等的污染，合成表面活性剂中的长链烷基应该是直链的。

2. 阳离子型表面活性剂

阳离子表面活性剂在水中生成带疏水基的阳离子，属于这类的主要为季铵盐，也有某些含硫或含磷的化合物。

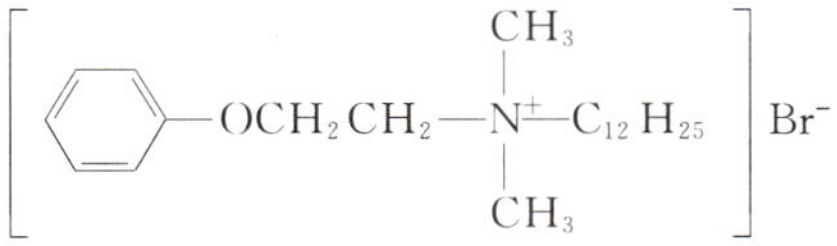

溴化二甲基苯氧乙基十二烷基铵（度米芬）

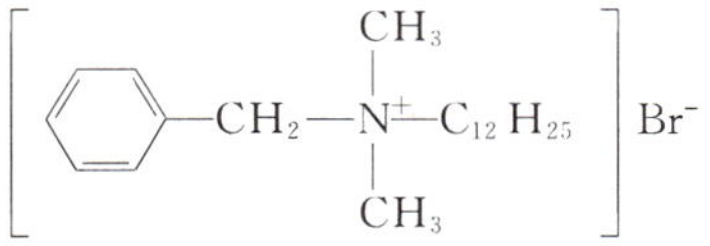

溴化二甲基苄基十二烷基铵（新洁尔灭）

上述化合物可以使病原微生物细胞的表面张力降低，从而使细胞破裂或溶解而死亡，所以可作局部杀菌剂及消毒剂，如新洁尔灭可用于外科手术时的皮肤及器械消毒。度米芬则为预防及治疗口腔炎、咽炎的药物。

正是由于季铵盐的这种亲水与疏水结构的特点，所以有些季铵盐，如溴化四丁基铵等是极好的相转移催化剂。

3. 非离子型表面活性剂

高级醇或烷基酚与多个环氧乙烷的聚合产物烷基聚乙二醇醚，或聚氧乙烯烷基酚醚，属于非离子型表面活性剂。

$$C_{12}H_{25}O(CH_2CH_2O)_nH$$
烷基聚乙二醇醚

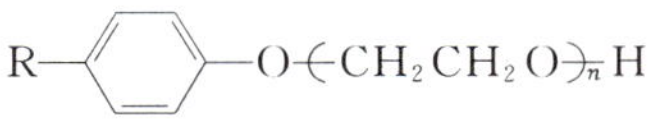

聚氧乙烯烷基酚醚

$R=C_8\sim C_{10}$ 烷基
$n=6\sim 12$

这一类表面活性剂在水中不形成离子，分子中的聚醚部分含有许多能与水形成氢键的氧原子，所以是亲水基，而烷基或烷基苯基则为疏水基。这一类化合物是黏稠液体，与水极易混溶，可作洗涤剂、乳化剂、润湿剂等。

Ⅲ. 蜡

蜡(wax)存在于许多海生浮游生物中,也是某些动物羽毛、毛皮或植物的叶及果实的保护层。

蜡的主要组分是高级脂肪酸的高级饱和一元醇酯,其中的脂肪酸和醇大都在十六碳以上,并且也都含偶数碳原子,最常见的酸是软脂酸和二十六酸,最常见的醇则是十六醇、二十六醇及三十醇。

蜡比油脂硬而脆,稳定性大,在空气中不易变质,难于皂化。

蜡和石蜡的物态、物性相近,而化学组成完全不同,石蜡是由石油中得到的含二十个碳以上的高级烷烃。

蜡中除高级脂肪酸的高级醇酯外,还含有少量游离高级脂肪酸、高级醇和烃。根据来源,分为动物蜡与植物蜡,后者的熔点较高。几种重要的蜡见表16-3。

表 16-3 几种重要的蜡

名 称	熔点/℃	主 要 组 分
虫蜡	81.3~84.0	$C_{25}H_{51}COOC_{26}H_{53}$
蜂蜡	62.0~65.0	$C_{15}H_{31}COOC_{30}H_{61}$
鲸蜡	42.0~45.0	$C_{15}H_{31}COOC_{16}H_{33}$
巴西棕榈蜡	83.0~86.0	$C_{25}H_{51}COOC_{30}H_{61}$ 等

虫蜡也叫白蜡,为我国特产,是寄生于女贞树上的白蜡虫的分泌物,主要产地是四川。它的熔点高、硬度大。蜂蜡是由工蜂腹部的蜡腺分泌出来的蜡,是建造蜂窝的主要物质。鲸蜡是由抹香鲸的头部取得的。巴西棕榈蜡是巴西蜡棕叶气孔中的渗出物。蜡一般用做上光剂、鞋油、地板蜡、蜡纸、药膏的基质。此外羊毛脂也常属于蜡的范围之内,它是附着于羊毛上的油状分泌物。为由多种不同的高级脂肪酸与高级醇(包括甾醇)形成的酯的复杂混合物。由于它容易吸收水分,并有乳化作用,故多用于化妆品中。

Ⅳ. 磷 脂

磷脂(phospholipid)是一类含磷的类脂化合物,是构成细胞膜的基本成分,广泛存在于动物的脑、肝、蛋黄、植物的种子及微生物中。有卵磷脂、脑磷脂、神经鞘磷脂等。

卵磷脂和脑磷脂的母体结构都是磷脂酸(Ⅰ),即甘油分子中的三个羟基有两个与高级脂肪酸形成酯,另一个与磷酸形成酯。大部分磷脂的结构可以用(Ⅱ)式表示,不同的磷脂其区别在于 R,即磷脂酸中磷酸部分的一个羟基,分别与胆胺(氨基乙醇)或丝氨酸或胆碱或环己六醇等分子中的一个羟基结合成酯。磷脂有手性,其甘油部分的 C^2 均为 R 构型。

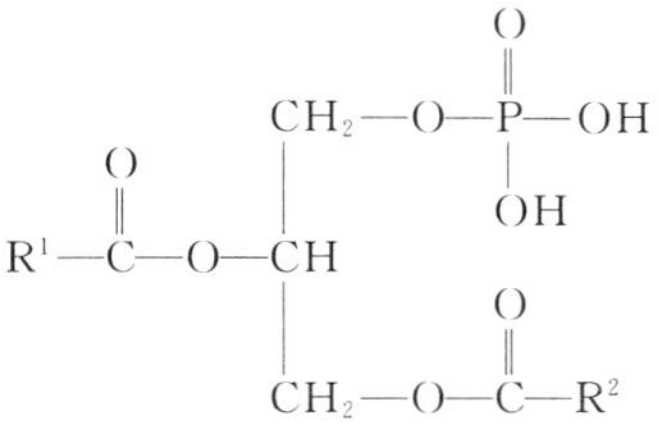

$$
\begin{array}{cc}
\text{(Ⅰ) 磷脂酸} & \text{(Ⅱ)} \\
\text{(phosphatidic acid)} &
\end{array}
$$

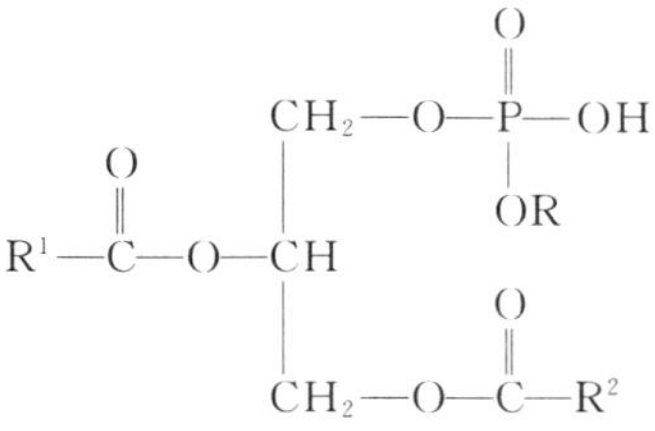

R = —CH$_2$CH$_2$NH$_2$,—CH$_2$CHCOOH,—CH$_2$CH$_2$N$^+$(CH$_3$)$_3$OH$^-$, [环己六醇] 等
         　　　　　　　　　　|
         　　　　　　　　　NH$_2$

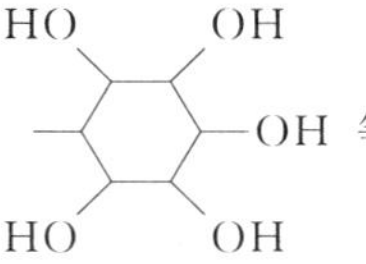

由于磷脂分子中磷酸部分还有一个可以解离的氢,而且 R 中又多带有碱性基团,所以这些磷脂以偶极离子的形式存在。例如:

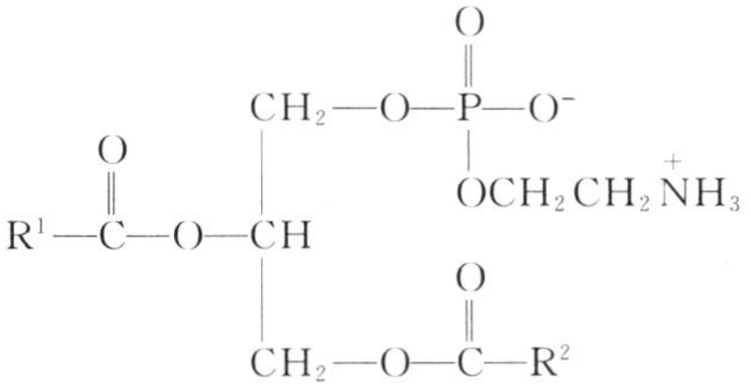

脑磷脂(cephalin) 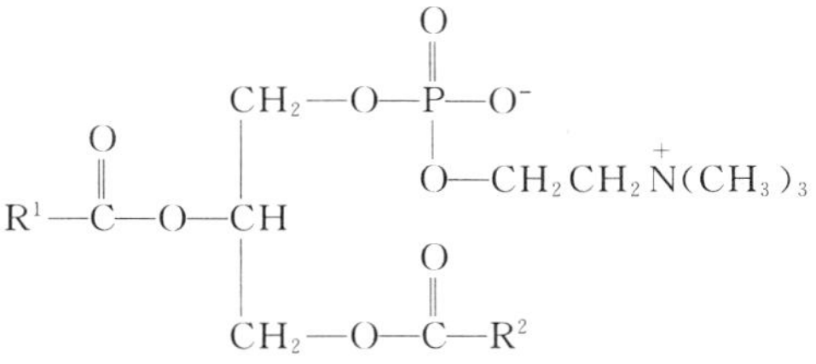　　　　　　　　卵磷脂(lecithin)

上述磷脂类在结构上的共同点是分子中同时具有疏水基与亲水基。分子中酰基部分的长碳链为疏水基,而偶极离子部分为亲水基。正是由于这种结构特点,使得磷脂类化合物在细胞膜中起着重要的生理作用。

另一类重要的磷脂是(神经)鞘脂类(sphingolipid),它们是(神经)鞘氨醇的衍生物,如其中的(神经)鞘磷脂:

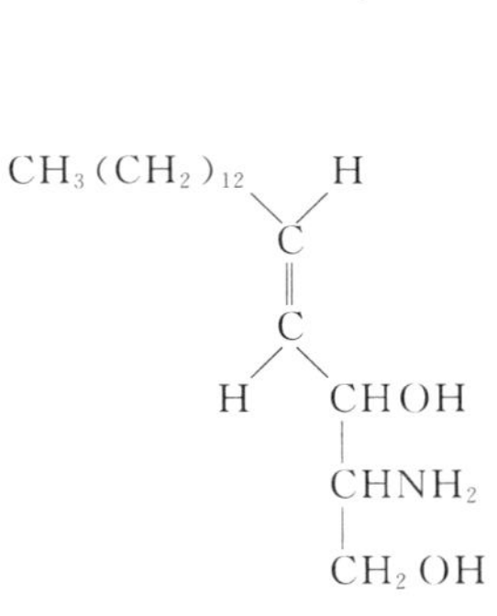

(神经)鞘氨醇(sphingosine) 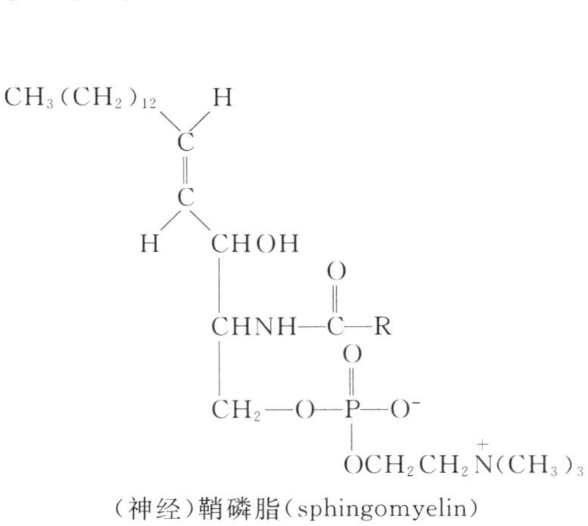　　　　　　　(神经)鞘磷脂(sphingomyelin)

鞘磷脂中的 RCO— 来自于软脂酸、硬脂酸、二十四酸或二十四碳烯酸。(神经)鞘磷脂是神经纤维外膜的主要组分之一。

V. 萜类化合物

萜类化合物(terpenoid 或 terpene)广泛分布于动植物界,如植物香精油中的某些组分,植物及动物中的某些色素等,它们的共同点是,分子中的碳原子数都是 5 的整数倍,如下列化合物都可被虚线分割成若干个五个碳原子的部分：

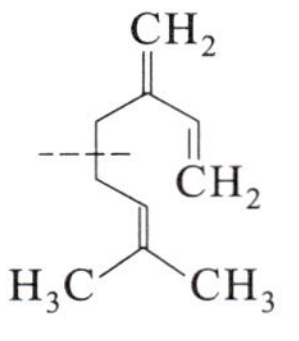

月桂烯(C_{10})
(存在于月桂树果实中)

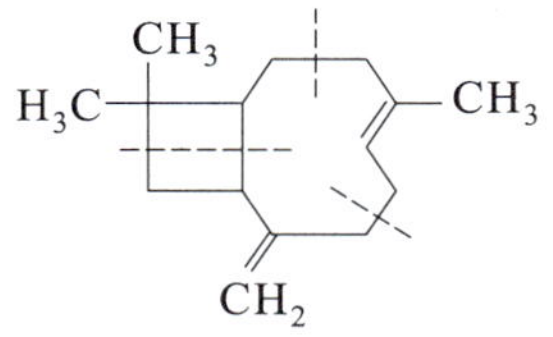

石竹烯(C_{15})
(存在于丁香油中)

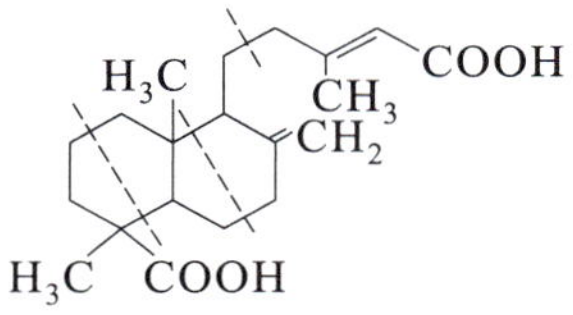

玛瑙酸(C_{20})

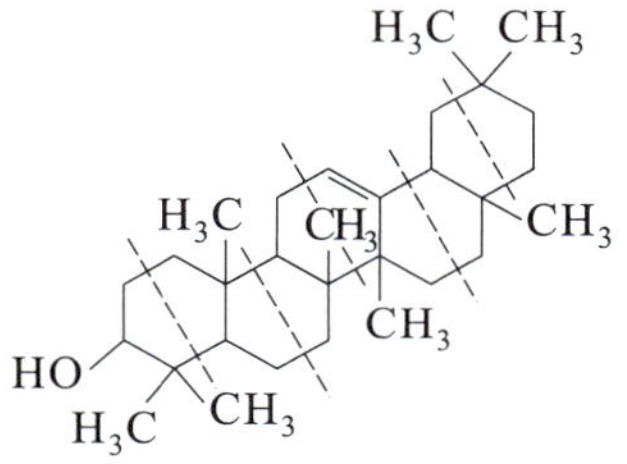

香树素(C_{30})或脂檀素

含偶数碳原子的天然高级脂肪酸是由若干个乙酰单位连接起来的,这一点从高级脂肪酸的碳架是很容易看出来的。但是像上面这样一些萜类化合物的碳架却比较复杂,虽然在生物体中它们是由若干个乙酰单位联结而成的,但却更容易把它们看成是由若干个含五个碳原子的异戊二烯单位组成的：

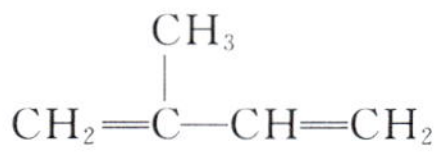

$$CH_2=C(CH_3)-CH=CH_2$$

异戊二烯
(isoprene)

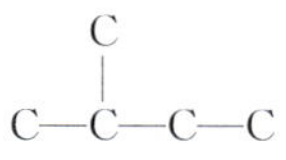

头 尾
异戊二烯单位

它们可以看成是由若干个异戊二烯单位主要以头尾相连结合而成的,这种结构特点叫作萜类化合物的异戊二烯规则(isoprene rule)。若干个异戊二烯单位可以相连成链,也可以连接成环。萜类化合物常根据组成分子的异戊二烯单位的数目分为

单萜(monoterpene)	两个异戊二烯单位	C_{10}
倍半萜(sesquiterpene)	三个异戊二烯单位	C_{15}
二萜(双萜)(diterpene)	四个异戊二烯单位	C_{20}
三萜(triterpene)	六个异戊二烯单位	C_{30}
四萜(tetraterpene)	八个异戊二烯单位	C_{40}

天然橡胶虽然也是异戊二烯的聚合体,但不属于萜类化合物,萜类化合物所包括的是异戊二烯的低聚体。而天然橡胶则是异戊二烯的高聚体。

萜类化合物分子中常含有碳-碳双键或羟基、羰基、羧基等官能团。许多萜类化合物能与亚硝酰氯(NOCl)、溴或氯化氢等生成结晶形的加成物,因此可用于萜类化合物的分离和鉴定。某些萜类化合物如双环萜等,在酸的作用下容易发生碳架的重排。

单 萜

单萜是由两个异戊二烯单位组成的化合物,是某些植物香精油的主要组分。香精油是由植物的叶、花或果实中取得的一些挥发性较高并有香气的物质。松节油是自然界存在最多的一种香精油。将松树干割开,就有黏稠的松脂流出,松脂是松香和松节油构成的混合物。松脂经水蒸气蒸馏,挥发性的松节油即被蒸出,残留物便是不挥发的松香。松节油是多种单萜的混合物,它不溶于水,比水轻,是常用的溶剂,在医药上可用做扭伤时的擦剂。

单萜又根据它们的碳架分成开链萜、单环萜和双环萜三类。

1. 开链萜

开链萜是由两个异戊二烯单位结合成的开链化合物,它们具有如下的碳架:

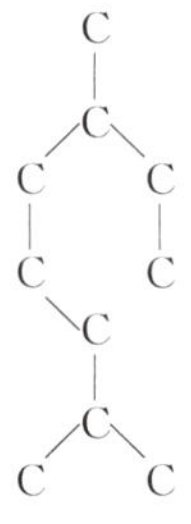

```
        C
        |
    C   C
    |   |
    C   C
        |
        C
        |
    C   C
        |
        C
```

其中许多是珍贵的香料,如橙花醇、香叶醇、柠檬醛等,它们都是含氧的化合物:

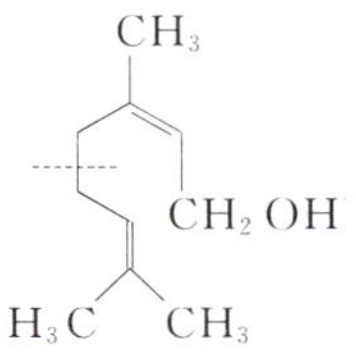

橙花醇
沸点 226～227 ℃

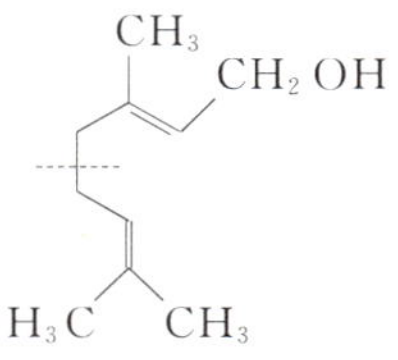

香叶醇
(牻牛儿醇)
沸点 230 ℃

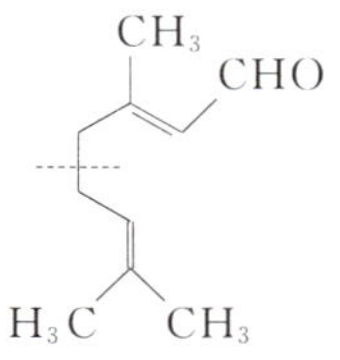

α-柠檬醛
(牻牛儿醛或香叶醛)
沸点 228 ℃

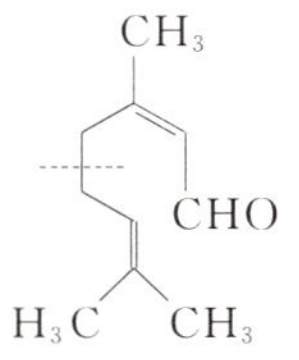

β-柠檬醛
(橙花醛)
沸点 103 ℃/1 596 Pa

橙花醇和香叶醇互为几何异构体，橙花醇的香气比香叶醇柔和而优雅。它们存在于玫瑰油、橙花油、香茅油等中，为无色有玫瑰香气的液体，用于配制香精。

蒸馏香茅属植物柠檬草，可以得到柠檬草油。柠檬草油的主要组分是柠檬醛，含量可达85%。柠檬醛是 α-柠檬醛和 β-柠檬醛两种几何异构体的混合物，它们也存在于由新鲜柠檬果皮压榨而得的柠檬油中，含量为3%~5%，有很强的柠檬香气，用于配制柠檬香精，或作合成维生素A的原料。

当蜜蜂发现食物时，为通知其他蜜蜂而分泌出的昆虫信息素就是香叶醇。

2. 单环萜

这一类化合物的分子里都含有一个六元碳环，其中比较重要的化合物是具有对蓋烷碳架的薄荷醇及苧烯。对蓋烷按下列顺序编号。

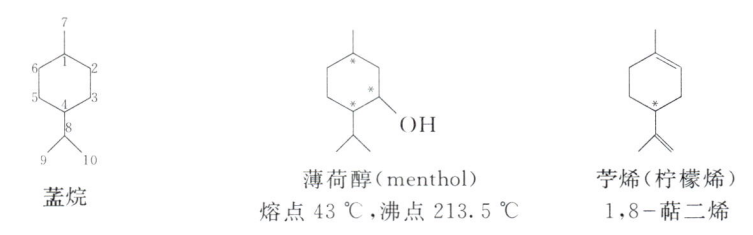

蓋烷　　薄荷醇（menthol）　　苧烯（柠檬烯）
　　　　熔点 43 ℃，沸点 213.5 ℃　　1,8-萜二烯

开链萜在一定条件下可以环化生成单环萜。

苧烯含一个手性碳原子，有一对对映异构体，左旋体存在于松针油、薄荷油中，右旋体存在于柠檬油、橙皮油中，外消旋体则存在于香茅油中，它们都是有柠檬香气的无色液体，用做香料、溶剂或合成橡胶的原料。

薄荷醇俗名薄荷脑，是由薄荷的茎和叶经水蒸气蒸馏所得的薄荷油的主要成分，薄荷醇含量随薄荷产地而异，最高可达 90%。

薄荷醇中有三个不相同手性碳原子，有四对外消旋体，分别叫作（±）-薄荷醇、（±）-新薄荷醇、（±）-异薄荷醇及（±）-新异薄荷醇，它们的气味各异。自然界存在的是左旋薄荷醇。合成产品是几种异构体的混合物。

薄荷醇的稳定构象式为

即三个较大的取代基都以 e 键与环相连，而在其他几对旋光异构体中，至少有一个较大基团以 a 键与环相连。

薄荷醇为低熔点固体，有芳香、清凉气味，有杀菌和防腐作用，并有局部止痛止痒的效力。用于医药、化妆品及食品工业中，如制清凉油、牙膏、糖果等。

3. 双环萜

双环萜（或二环萜）的骨架是由一个六元环分别和三元环、四元环或五元环共用两个或两个以上碳原子构成的,这类化合物属于桥环化合物①,它们都有两个桥头碳原子,即结构式中用黑点标出的碳。这一类化合物,由于桥的限制,使得某些分子中的一个六元环只能以船型存在。

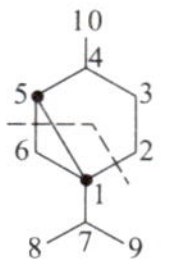

苧烷
4-甲基-1-异丙基二环[3.1.0]己烷

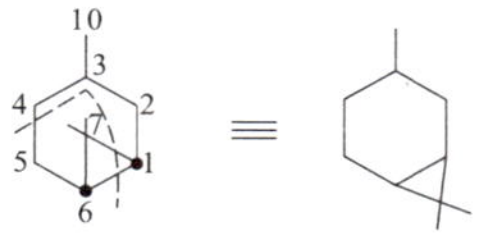

蒈烷
3,7,7-三甲基二环[4.1.0]庚烷

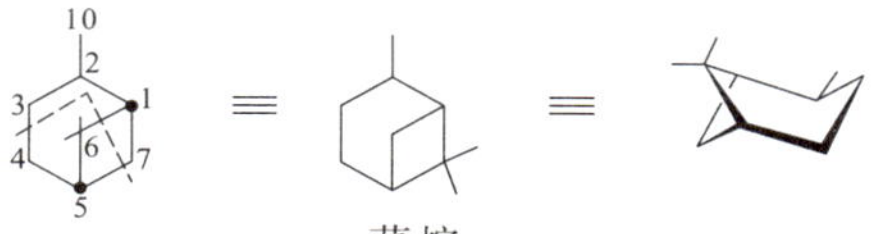

蒎烷
2,6,6-三甲基二环[3.1.1]庚烷

菠烷(旧称茨烷)
1,7,7-三甲基二环[2.2.1]庚烷

系统命名桥环化合物的方法是(1)将环编号,编号时是由一个桥头碳原子开始,先绕最长的桥至另一桥头,再绕次长的桥回至起始桥头,再编最短的桥。如有取代基时,应使取代基号数尽可能小。(2)按组成两个环的碳数叫二环某烷(或烯),在"环"与"某烷"间加一方括号。(3)括号内以数字由大至小,依次注明每个桥上的碳原子数,数字之间以圆点(不是逗号)分开。

自然界存在较多也较重要的双环萜是蒎烷和菠烷的衍生物。例如:

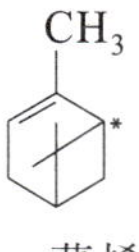

α-蒎烯
(α-pinene)
(沸点156 ℃)

β-蒎烯
(沸点164 ℃)

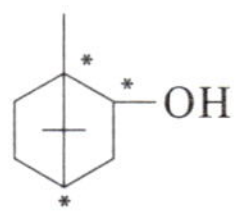

菠醇(2-茨醇)
(borneol)
(熔点208 ℃,沸点212 ℃)
(1,7,7-三甲基二环[2.2.1]庚-2-醇)

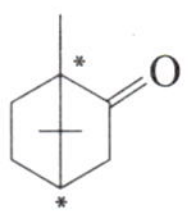

樟脑(茨酮)
(camphor)
(熔点179 ℃,沸点209 ℃)

蒎烯有 α 及 β 两种异构体,共存于松节油中。α-蒎烯为松节油的主要成分,也是自然界存在最多的一个萜类化合物,在松节油中的含量可达 80%。α-及 β-蒎烯均为不溶于水的油状液体。可用做漆、蜡等的溶剂。α-蒎烯也是合成冰片、樟脑及其他萜类化合物的重要原料。

菠醇又名冰片或龙脑,存在于多种植物精油中,为无色片状结晶,有清凉气味,难溶于水。用

---

① 两个或两个以上的环,共用两个或两个以上的碳原子形成的环系叫桥环化合物,如果将一个桥环化合物转化为开链化合物,需要断裂两个键的,叫二环化合物,需要断裂三个键的则叫三环化合物。环间共用的叔碳原子叫桥头碳原子。二环化合物有两个桥头碳原子。从一个桥头碳原子到另一个桥头碳原子之间的键,或碳原子,或碳链叫作桥。

于医药、化妆品工业及配制香精。

莰醇氧化即得莰酮。莰酮俗称樟脑。樟脑主要存在于樟树中,我国台湾和日本是樟树的主要产地。将樟树的干、枝、叶等切碎,用水蒸气蒸馏可得樟脑原油,其中除含樟脑外,还含有黄樟素、桉树脑、樟脑烯及丁香酚等。

樟脑有两个不相同手性碳原子,理论上应有两对对映异构体,但由于碳桥只能在环的一侧,所以桥的存在限制了桥头两个碳原子的构型,因此樟脑只有一对对映体:

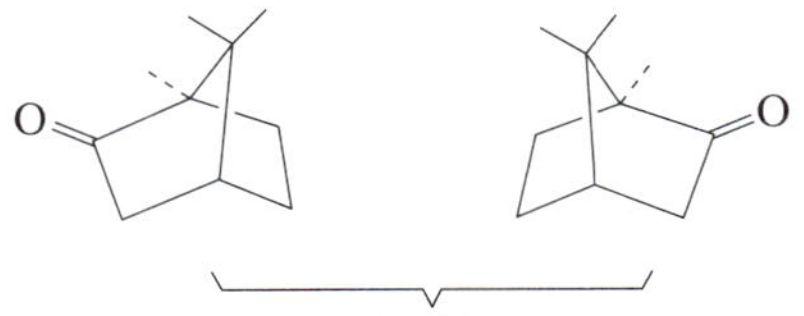

(±)-樟脑

存在于樟树中的樟脑是右旋体,为无色闪光结晶,易升华,有愉快香气,难溶于水而易溶于有机溶剂。樟脑的气味有驱虫的作用,可用做衣物的防蛀剂;也是制备无烟火药及赛璐珞的原料之一,并可用于医药。

倍 半 萜

倍半萜是三个异戊二烯单位的聚合体,如法尼醇及山道年都属倍半萜。

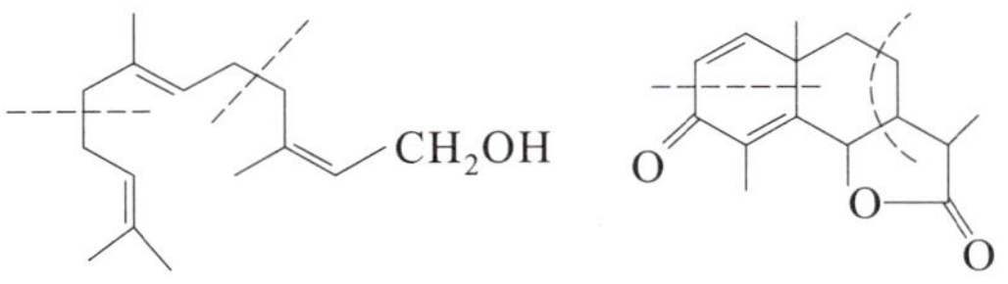

法尼醇　　　　　　山道年

法尼醇也叫金合欢醇,为无色黏稠液体,沸点 125 ℃/66.5 Pa,有铃兰香气,存在于玫瑰油、茉莉油、金合欢油及橙花油等中,但含量都很低,是一种珍贵的香料,用于配制高档香精。

山道年是由山道年花蕾中提取出的无色结晶,熔点 170 ℃,不溶于水易溶于有机溶剂,分子中有一个内酯环,可被碱水解为山道年酸盐而溶于碱液中。曾是医药上常用的驱蛔虫药,其作用是使蛔虫麻痹而被排出体外。山道年对人也有相当的毒性。

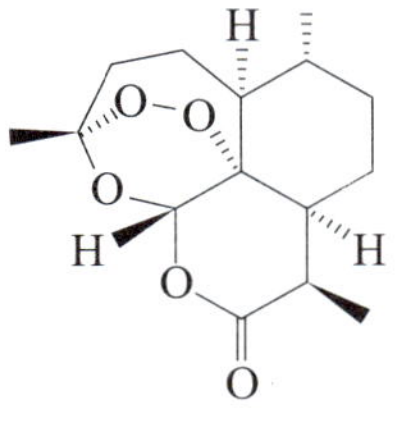

青蒿素

青蒿素(artemisinin)属倍半萜内酯,为无色针状晶体,熔点 156～157 ℃,具有良好的抗疟疾和抗肿瘤作用。20 世纪 60 年代末,我国科学家屠呦呦成功从中草药中分离出青蒿素并应用于疟疾的治疗,因此获得了 2015 年的诺贝尔生理学或医学奖。这是中国科学家在中国本土进行的科学研究首次获诺贝尔科学奖。

二　萜

二萜是四个异戊二烯单位的聚合体,广泛分布于动植物界。例如:

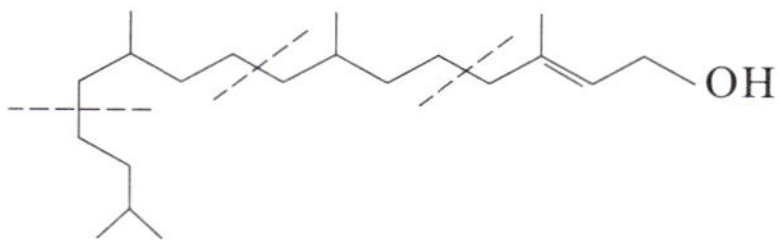

叶绿醇(phytol)

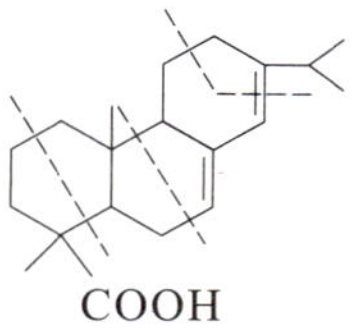

松香酸
(熔点 174 ℃)

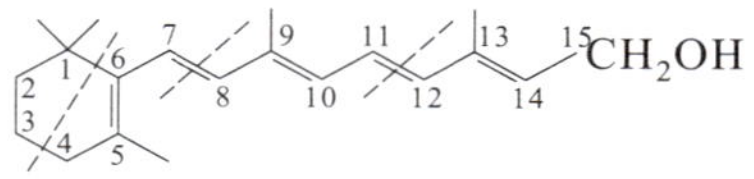

维生素 A(A_1)(vitamin A 或 retinol)
(熔点 64 ℃)

叶绿醇是叶绿素的一个组成部分。用碱水解叶绿素可得叶绿醇。叶绿醇是合成维生素 K_1 及维生素 E 的原料。

松香酸是松香的主要组分,为黄色结晶,不溶于水而易溶于乙醇、乙醚、丙酮等有机溶剂。松香酸的钠盐或钾盐有乳化剂的作用,加在肥皂中可以增加肥皂的泡沫。松香酸还用于造纸上胶、制清漆、制药等。

维生素 A 有 A_1 及 A_2 两种,它们是生理作用相同结构相似的物质,叫作同功物。维生素 A_2 的生理活性只有维生素 A_1 的 40%。通常将维生素 A_1 就叫作维生素 A。

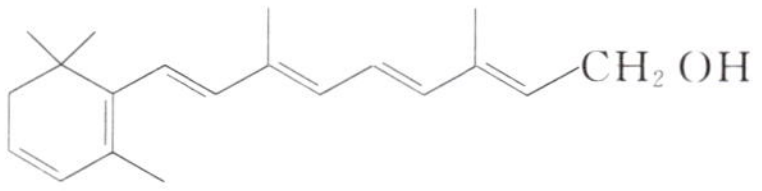

维生素A_2

维生素 A 主要存在于奶油、蛋黄、鱼肝油等中。维生素 A 是淡黄色结晶,不溶于水而易溶于有机溶剂,受紫外光照射后则失去活性,在空气中易被氧化。

维生素 A 为哺乳动物正常生长和发育所必需的物质,体内缺乏维生素 A 则发育不健全,并能引起眼角膜硬化症,初期的症状就是夜盲。

维生素 A 是全反式的构型,它在视网膜杆细胞中经氧化作用生成相应的醛,叫作视黄醛

(retinal)，视黄醛在酶的作用下，C^{11} 的双键异构化为顺式，分子便弯曲成一定形状，这种形状刚好与视蛋白（opsin）的特定构型吻合，从而结合成视网膜杆细胞中的光敏色素——视紫红质（rhodopsin）。眼睛对光的反应实际上是视紫红质的光化学变化过程。

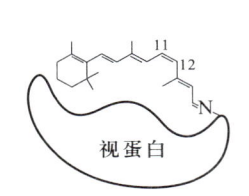

视黄醛的顺式构型，与视蛋白的
构型相吻合，结合成视紫红质

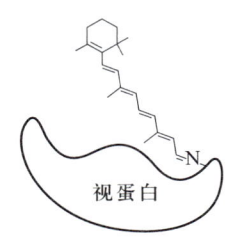

视黄醛的反式构型，与视蛋白的
构型不相吻合

视紫红质受光的作用，C^{11} 又异构化为反式，分子呈线形则不再与视蛋白的空间构型完全吻合，从而与视蛋白分离，并同时传递给大脑以视觉。然后在体内酶的催化下，C^{11} 又异构化为顺式，再与视蛋白结合重新生成视紫红质。这就是视网膜杆细胞中的视觉循环。由此可见，组成有机体的分子在结构上的微小变化，都能对机体产生极大的影响。

三　萜

角鲨烯是很重要的三萜，在自然界分布很广，大量存在于鲨鱼的肝中，也存在于酵母、麦芽、橄榄油中，为不溶于水的油状液体。角鲨烯的结构特点是中心对称的，在分子中心处的两个异戊二烯单位是以尾-尾相连的，它相当于由两分子法尼醇去掉两个羟基连接而成的。

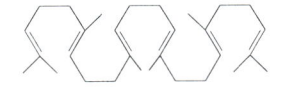

角鲨烯（squalene）

角鲨烯是羊毛甾醇生物合成的前身。而羊毛甾醇是其他甾族化合物生物合成的前身。

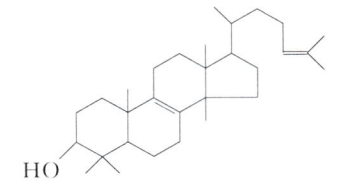

羊毛甾醇（lanosterol）

羊毛甾醇在生物体中是由角鲨烯经氧化、脱氢及甲基重排形成的四环三萜（见Ⅶ），但分子中碳架的连接方式不完全符合经典的异戊二烯规则，因此有时不把它归为萜类化合物。

四 萜

四萜在自然界分布很广,这一类化合物的分子中都含有一个较长的碳-碳双键的共轭体系,所以它们都是有颜色的物质,多带有由黄至红的颜色,因此也常把它们叫作多烯色素。

这类化合物中最早发现的一个是由胡萝卜中取得的,定名为胡萝卜素。以后又发现了许多结构与胡萝卜素类似的色素,所以这一类物质又叫类胡萝卜素(carotenoid)。它们大多难溶于水,而易溶于有机溶剂;遇浓硫酸或三氯化锑的氯仿溶液都显深蓝色,这两个颜色反应常用来作为这类化合物的定性鉴定。

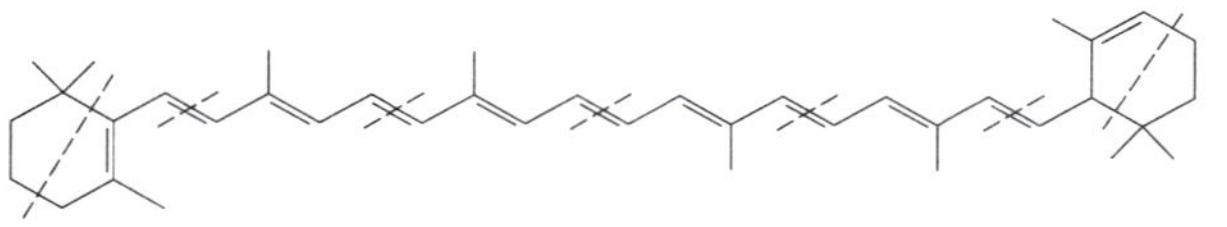

α-胡萝卜素(α-carotene) 熔点 188 ℃

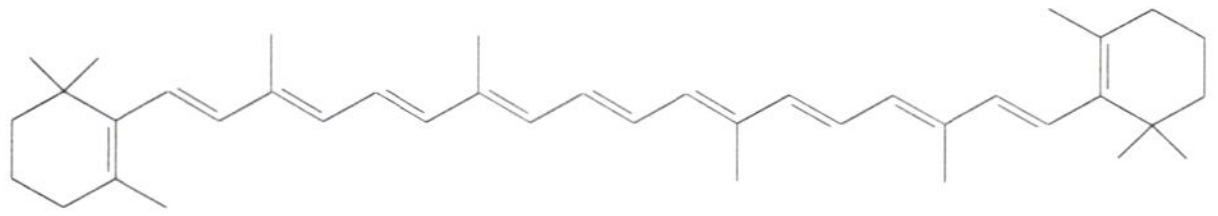

β-胡萝卜素 熔点 184 ℃

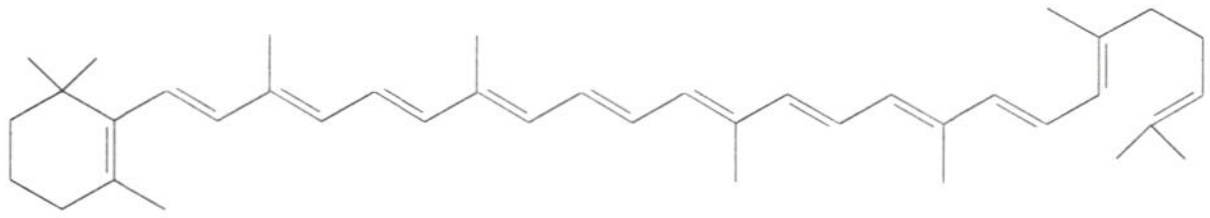

γ-胡萝卜素 熔点 178 ℃

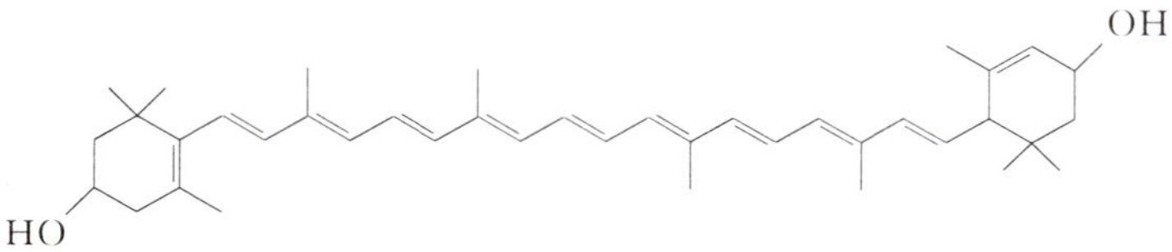

叶黄素(xanthophyll)

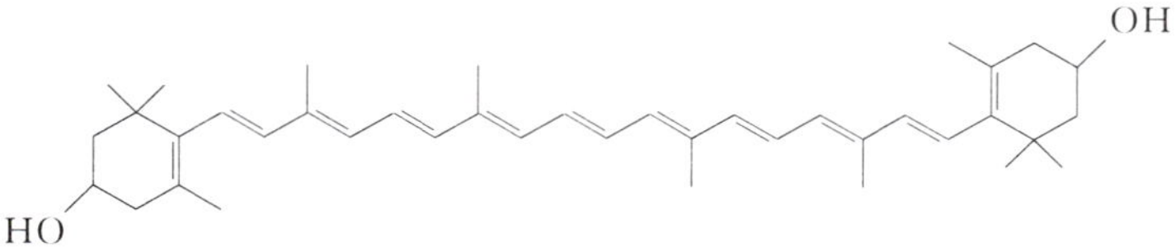

玉米黄质(zeaxanthin)

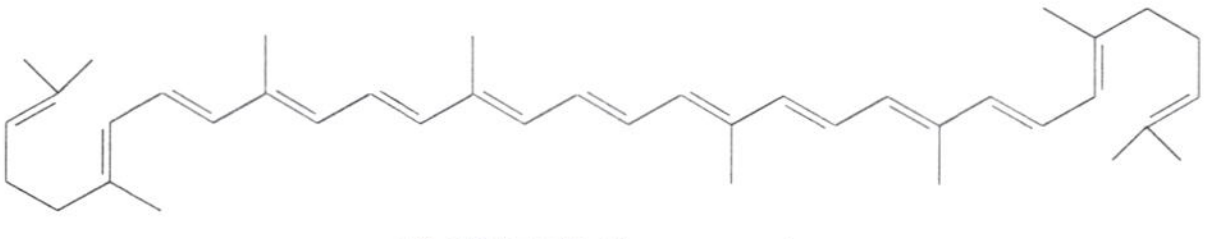

番茄红素(lycopene)

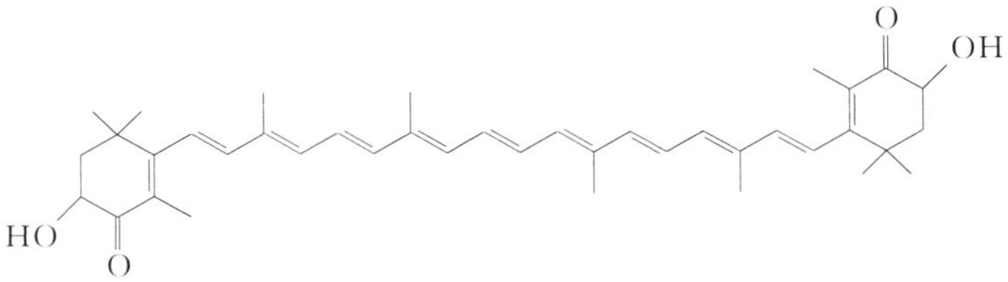

虾青素(astaxanthin)

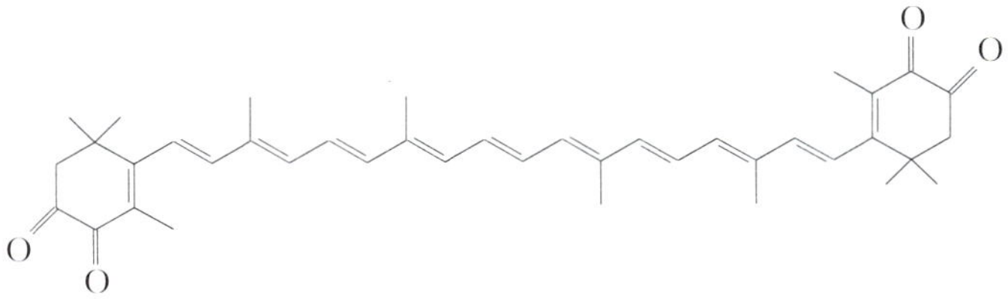

虾红素(astacin)

类胡萝卜素化合物的结构特点是,在分子中间部分的两个异戊二烯单位是以尾-尾相连的。这类化合物中存在多个碳-碳双键,理论上可能的顺反异构体是很多的,但自然界存在的这一类化合物绝大多数是全反式的构型,因为全反式的构型最稳定。

胡萝卜素不仅含于胡萝卜中,也广泛存在于植物的叶、花、果实(如杏、甘薯、杧果等),以及动物的乳汁和脂肪中,有 α-、β-、γ-等异构体,以 β-异构体含量最高,α-异构体次之,γ-异构体含量极少。三种异构体在结构上的区别只在于分子的一端,α- 与 β- 异构体的区别是一端环中双键的位置不同,而 γ-异构体的一端没有环。

在动物体中胡萝卜素可以转化为维生素 A。所以将胡萝卜素称作维生素 A 原,它的生理作用也与维生素 A 相同。作为维生素 A 原,α-胡萝卜素的活性只有 β-异构体的一半。胡萝卜素易被氧化而失去活性,光能催化氧化。有些事实表明,大量食用含 β-胡萝卜素的蔬菜等,可降低癌症的发病率。

叶黄素及玉米黄质分别是 α-和 β-胡萝卜素的二羟基衍生物,它们都是黄色色素,在自然界分布极广。二者互为双键位置异构体,并共存于许多植物中,后者为黄玉米的色素。叶黄素在树叶中通常被深色的叶绿素掩盖,只有秋天叶绿素分解后,才显出其本色。

番茄红素是胡萝卜素的异构体,是开链萜,存在于番茄、西瓜及其他一些果实中,为洋红色结晶。近年研究表明,番茄红素能增强免疫力,减少心血管疾病,并有防癌的功效。

虾青素是广泛存在于甲壳类动物和腔肠动物体内的一种多烯色素,最初是由龙虾壳中发现的。虾青素在动物体内与蛋白质结合存在,能被空气氧化成虾红素。

Ⅵ. 甾族化合物

甾族化合物也叫类固醇化合物(steroid),是广泛存在于动植物界的一类很重要的天然产物。这类化合物的结构特点是,它们都含有一个由环戊烷与氢化菲并联的骨架,四个环分别以 A、B、C、D 表示。环上的碳原子按如下顺序编号:

环戊烷并氢化菲(甾烷)

几乎所有这类化合物在 C^{10} 及 C^{13} 处都有一个甲基,叫作角甲基,在 C^{17} 上连有一些不同取代基。"甾"字中的"田"表示四个环,"巛"表示 C^{10},C^{13} 及 C^{17} 上的三个取代基。

在上述环戊烷并氢化菲的结构中,有 6 个手性碳原子,理论上应该有 $2^6=64$ 种旋光异构体,但由于这些手性碳都是处于两环共用的位置,从而限制了它们在空间的构型,因此异构体的数目大大减少。以两环并联的十氢化萘为例,两环之间可能有两种并联方式:

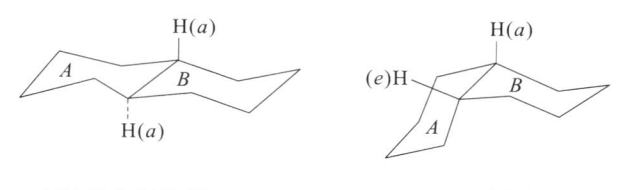

(Ⅰ)反十氢化萘   (Ⅱ)顺十氢化萘

在(Ⅰ)中,并联的两个碳原子上的氢处于环的两侧,所以叫作反十氢化萘,而在(Ⅱ)中,并联的两个碳原子上的氢处于环的同侧,叫作顺十氢化萘。

如果将一个环看成是另一个环上的两个取代基,在反十氢化萘中,这两个取代基都处 e 键,而在顺十氢化萘中,这两个取代基一个是 e 键,一个是 a 键,所以反式应为优势构象。

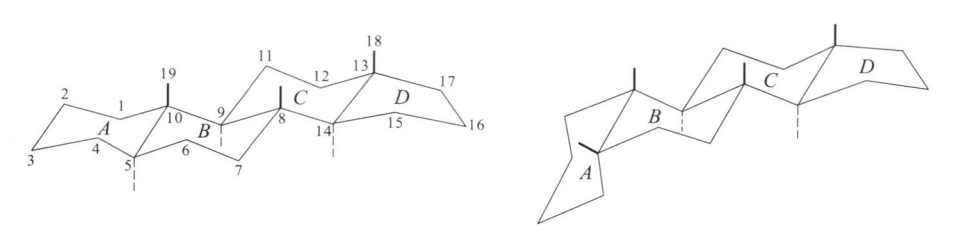

(Ⅲ) A,B 反式(5α 系)   (Ⅳ) A,B 顺式(5β 系)

环戊烷并氢化菲是由四个环并联的,所以每两个环间都可以有如十氢化萘的顺反两种构型,但实际自然界的甾族化合物中的 B,C 及 C,D 环之间,绝大多数是以反式并联的,只有 A,B 两环间存在顺反两种构型,而多数天然甾族化合物中的 A,B 环也是反式并联的。

由于环间多以反式并联,所以四个环大体构成一个平面。由上述(Ⅲ),(Ⅳ)两个构象式可以看出,角甲基都位于环面的上方,这两个角甲基便被用作环上其他取代基的构型的参考标准。如果其他取代基与甲基在环面的同侧,则以 β 表示,反之则以 α 表示。例如,将此规定用于上述(Ⅲ),(Ⅳ)二式中 C^5 上氢的构型,则(Ⅲ)中 C^5 的氢应以 α 表示,(Ⅳ)中 C^5 的氢则以 β 表示。因此将 A,B 两环以反式并联的,叫作 α 系,以顺式并联的则为 β 系。

为书写简便,常用如下的平面式。用粗线或实线表示 H 或其他取代基在环面上方;用虚线表示 H 或其他取代基在环面下方。构型不清楚的则以波线($\sim\!\sim\!\sim$)表示:

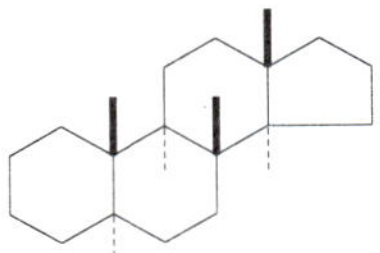

A,B 反式(5α 系) 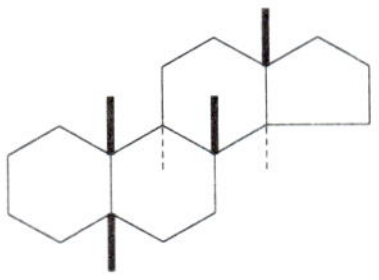　　　　A,B 顺式(5β 系)

由自然界取得的重要甾族化合物多用俗名。

1. 胆固醇（cholesterol）

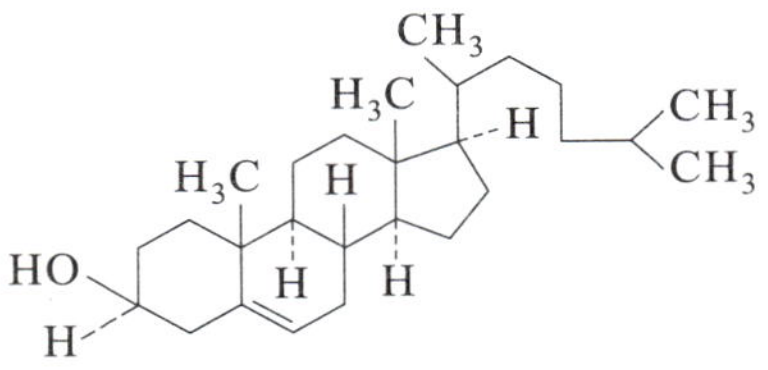

胆固醇的结构式 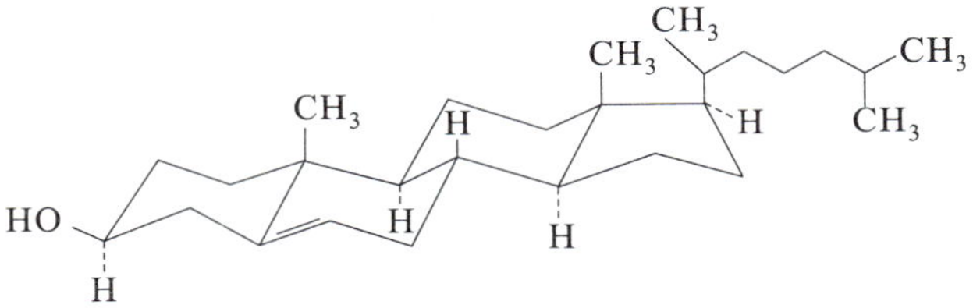　　　　胆固醇的优势构象式

胆固醇是最早发现的一个甾族化合物，为无色或略带黄色的结晶，熔点 148.5 ℃，在高度真空下可升华，微溶于水，而易溶于热乙醇、乙醚、氯仿等有机溶剂。胆固醇有 8 个手性中心，理论上应有 256 种立体异构体，但自然界存在的只是一种。胆结石几乎完全是由胆固醇组成的，胆固醇的名称也是由此而来的。

胆固醇在机体中是由四环三萜羊毛甾醇形成的，二者在结构上的区别是相差三个甲基。胆固醇与羊毛甾醇虽然都是由萜类化合物衍生而来，但胆固醇只含有 27 个碳原子，不能分成若干个异戊二烯单位，因此它不属于萜类化合物。

胆固醇在人体肝中可被生物合成，它是体内其他甾族化合物生物合成的前身。胆固醇存在于人体几乎所有组织中，以脑及脊髓中最多。胆固醇的生物功能尚不完全清楚，但人体中胆固醇含量过高可引起动脉硬化，导致心脏病。

胆固醇在肝中被合成后，被输送至身体各个部位，然后再被送回肝去合成其他甾族化合物。胆固醇在体内的运行是由脂蛋白（磷脂＋蛋白质）携带进行的。将胆固醇由肝中带至其他组织细胞的，叫低密度脂蛋白（low-density lipoprotein，简写为 LDL）；将胆固醇带回肝的，叫高密度脂蛋白（HDL）。如果 LDL 多，则带出的胆固醇多，而 HDL 少则带回肝的胆固醇少，这样，多余的胆固醇便在动脉壁上积存，导致动脉硬化、变窄，影响心脏的血液供应。所以确定心脏病的可能因素之一是测定 LDL 及 HDL 的水平。经验表明，HDL 高则罹患心脏病的可能性低。

2. 7-脱氢胆固醇、麦角固醇和维生素 D

7-脱氢胆固醇也是一种动物固醇，存在于人体皮肤中，经紫外光照射，B 环开环而转化为维生素 D_3，所以维生素 D_3 也叫作胆钙化甾醇（cholecalciferol）：

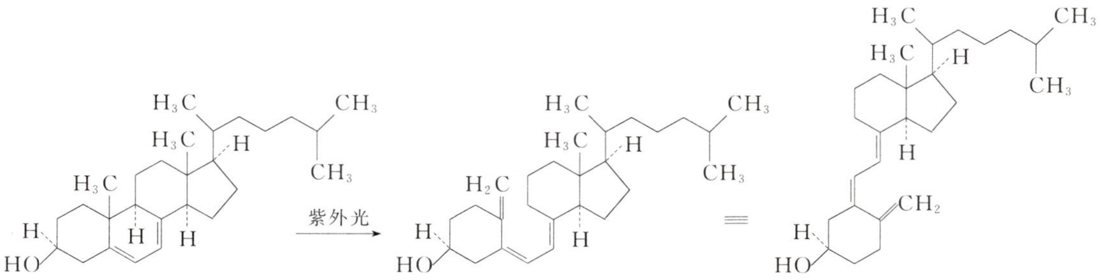

7-脱氢胆固醇(7-dehydrocholesterol) $\xrightarrow{\text{紫外光}}$ 维生素 D_3　熔点 82～83 ℃

因此多晒日光是获得维生素 D_3 的最简易方法。

麦角固醇含于酵母及某些植物中，属于植物固醇，与 7-脱氢胆固醇相比，在 C^{17} 的侧链上多一个甲基和一个双键。麦角固醇经紫外光照射时，B 环开环形成维生素 D_2，所以维生素 D_2 也叫作麦角钙化甾醇(ergocalciferol)。

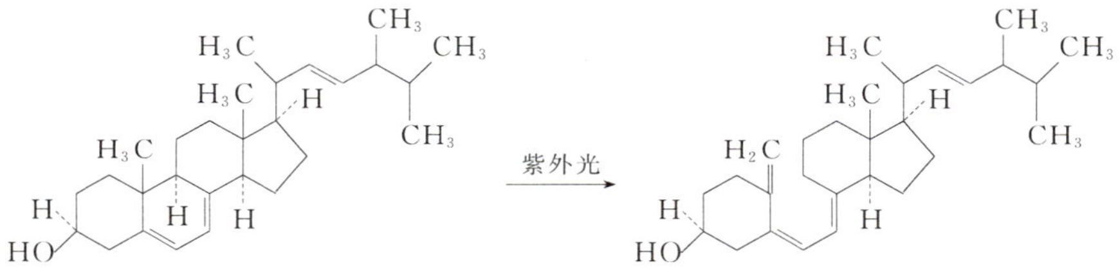

麦角固醇(ergosterol) $\xrightarrow{\text{紫外光}}$ 维生素 D_2　熔点115～117 ℃

维生素 D 实际上不属于甾族化合物，只是它可以由某些甾族化合物生成。

> 众所周知，维生素 D 是促进人体吸收钙的关键物质，但维生素 D 本身并不具备这种生理功能，而是它分别在肝及肾中进行两次羟基化后的产物，才能增加肠道对钙的吸收，促进骨骼钙化。缺乏维生素 D 时，则只能吸收摄入钙量的 10% 左右，从而导致软骨病。但维生素 D 过量也是有害的，因为它可导致软组织钙化。

3. 胆酸

在大部分脊椎动物的胆汁中含有几种结构与胆固醇类似的酸，其中最重要的是胆酸。

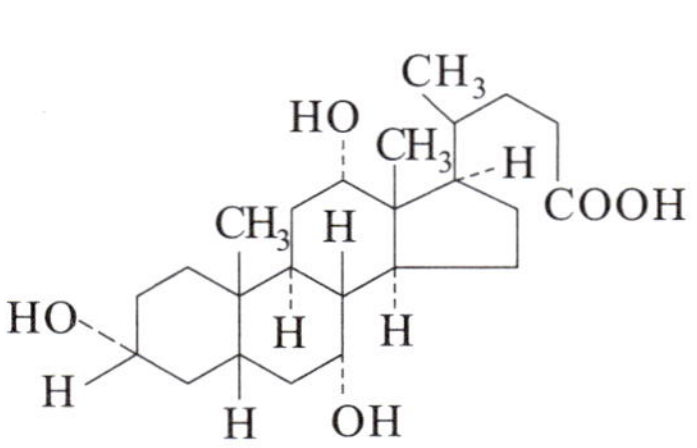

胆酸(cholic acid)的结构式 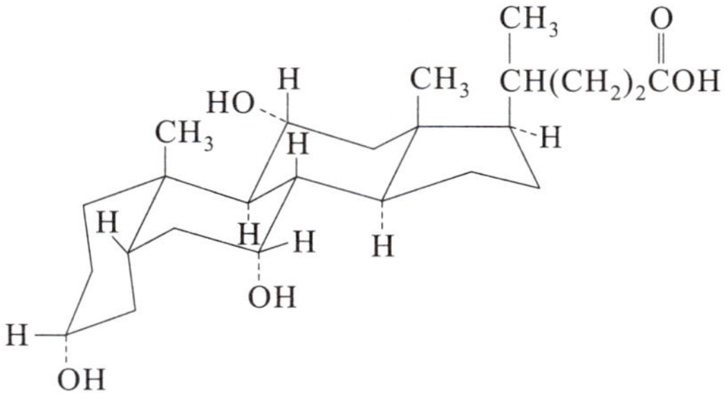　　　胆酸的优势构象式

胆酸在胆汁中大多和甘氨酸或牛磺酸($H_2NCH_2CH_2SO_3H$)的钠盐结合成酰胺存在,可以下式表示:

$$\underbrace{R-\overset{O}{\underset{\|}{C}}-}_{\text{胆酸}}NH-CH_2-COO^-\ Na^+$$

上述结构中具有一个疏水基—R 及一个亲水基—$COO^-\ Na^+$,所以胆酸的生理作用是使脂肪乳化,而便于被机体消化吸收。

用示踪原子已经证明,胆酸在机体中是由胆固醇形成的。

4. 甾族激素

甾族激素(类固醇激素)根据来源分为肾上腺皮质激素(adrenal cortical steroid)及性激素(sex hormone)两类。它们在结构上的特点是 C^{17} 上没有长的碳链。

(1) 肾上腺皮质激素　肾上腺皮质激素是产生于肾上腺皮质部分的一类激素,已分离出的有 30 余种,熟知的有皮质醇、可的松[①]等。它们的结构有许多类似处,如在 C^{17} 上都有 $-\overset{\underset{\|}{O}}{\underset{}{C}}CH_2OH$ 基团,C^3 为酮基,C^4-C^5 间有双键,C^{11} 上常带有含氧的基团。

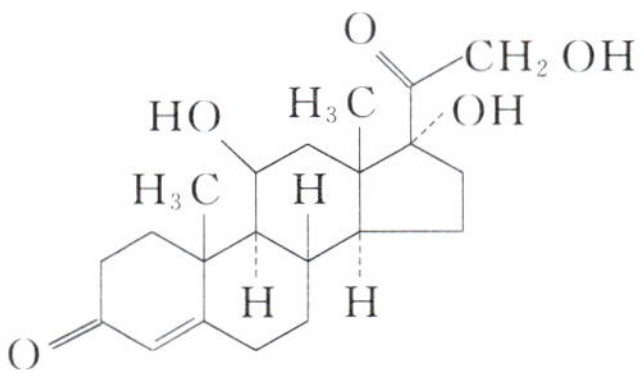

皮质醇(cortisol)
(氢化可的松)

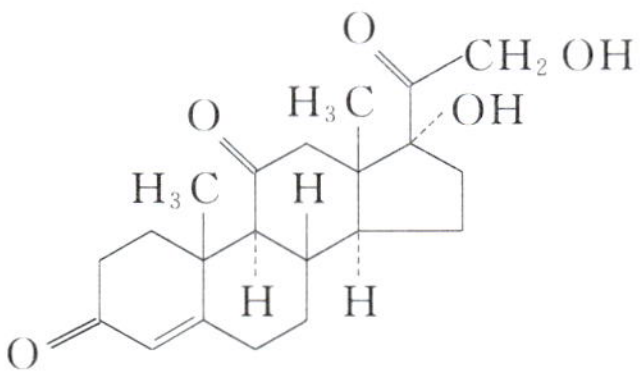

可的松(cortisone)

肾上腺皮质激素有多种生理功能,其中最重要的是调节无机盐的代谢,保持体液中电解质的平衡,以及调节糖类、脂肪及蛋白质的代谢。可的松有抗炎及抗过敏的功效,在医药上用于治疗类风湿关节炎、气喘及皮肤炎症。

(2) 性激素　性激素分为雄性激素和雌性激素两类,它们是性腺(睾丸或卵巢)的分泌物。有促进动物发育及维持第二性征(如声音、体形等)的作用。它们的生理作用很强,很少量就能产生极大的影响。

---

① Robert Burns Woodward(美国)测定了青霉素、土霉素等 10 余种天然产物的结构。合成了胆固醇、可的松等 20 余种复杂有机物,被誉为现代有机合成之父,获得 1965 年诺贝尔化学奖。

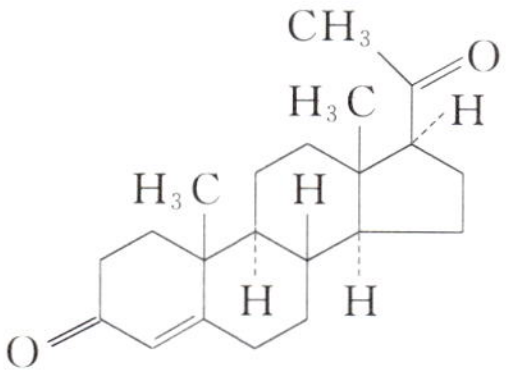

孕甾酮(progesterone)
(无色或淡黄色结晶，
熔点127～131 ℃)

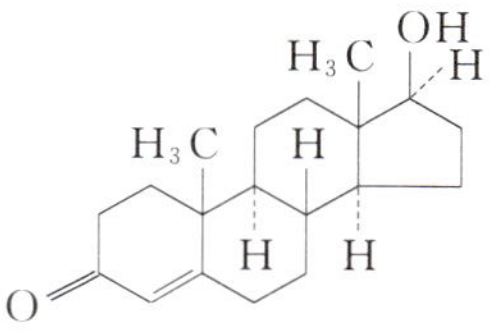

睾酮(testosterone)
(无色结晶，熔点151～156 ℃)

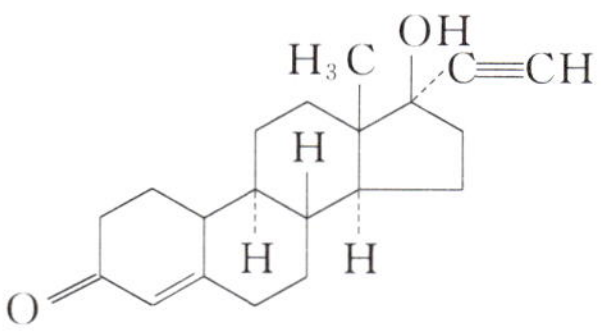

炔诺酮(norethindrone)
(白色或类白色的结晶性粉末，
熔点203～204 ℃)

孕甾酮与睾酮的结构极为相似，区别只在于 C^{17} 上所连的基团，前者为乙酰基，后者为羟基，但它们的生理作用则全然不同。

孕甾酮也叫黄体酮，是雌性激素之一，它的生理作用是抑制排卵，并使受精卵在子宫中发育。医药上用于防止流产。炔诺酮为人工合成的黄体制剂，其作用比黄体酮强，为 20 世纪 60 年代以来使用的一种口服避孕药。

5. 强心苷、蟾毒与皂角苷

这是一类以配基的形式与糖类结合成苷存在于动植物体中的甾族化合物。

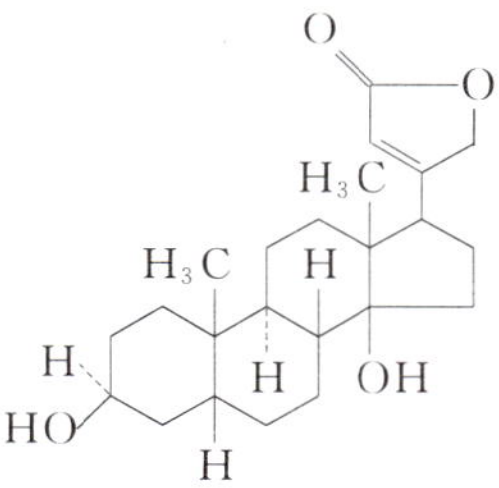

毛地黄毒配基

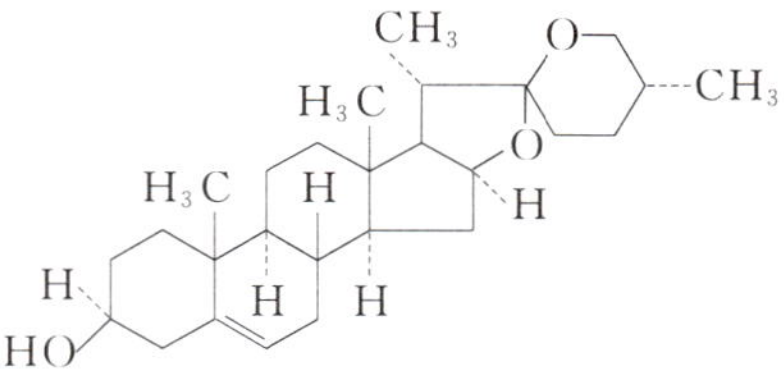

薯蓣皂苷配基

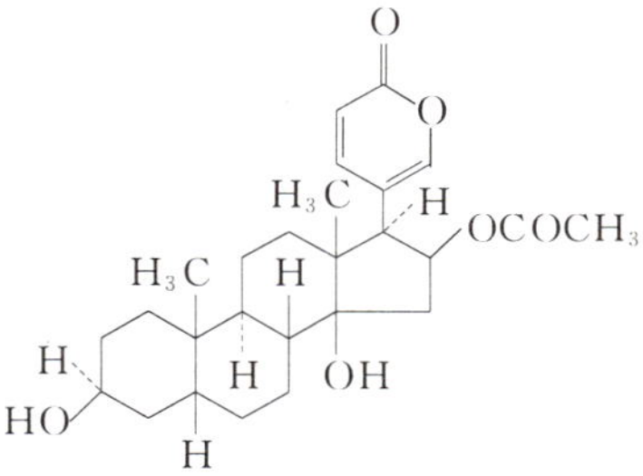

蟾毒配基

例如，存在于玄参科或百合科植物中的强心苷能使心跳减慢，强度增加，在医药上用做强心剂。但这类化合物有剧毒，用量较大则能使心脏停止跳动。最重要的强心苷是由紫花毛地黄中得到的毛地黄毒苷。将毛地黄毒苷水解，则得糖类与几种甾族化合物，毛地黄毒配基就是其中之一。

蟾蜍的腮腺分泌出一种物质，叫作蟾毒，它与强心苷有相似的生理作用。蟾毒是一个比较复杂的分子，其中的甾族部分叫蟾毒配基。

皂荚、薯蓣、桔梗、远志等植物中含有一类糖苷，它们能与水形成胶体溶液，经振荡后能产生泡沫，有乳化剂的作用。例如，皂荚水即可用来洗衣服，所以这类物质就叫皂角苷，其中非糖体部分(配基)为三萜或甾族化合物。薯蓣皂苷配基便是其中之一，是合成甾族激素类药物，如氢化可的松、醋酸泼尼松、氟轻松及黄体酮等的重要原料。

Ⅶ. 萜类与甾族化合物的生物合成

所谓生物合成（biosynthesis）是指复杂的有机物在生物体内的形成过程。多方研究证明，生物体中十分复杂的有机物都是由比较简单的小分子形成的，而且许多在结构上看来没有任何共同之处的复杂化合物，往往是由同样的原始物质生成的。正像油脂中的高级脂肪酸是在乙酰辅酶 A 的参与下，由多个乙酰基生成的一样，萜类及甾族化合物也是在酶的作用下，由乙酰基经过一系列复杂的生化过程生成的。下面仅由有机反应的角度简单表示其生成过程：三分子的乙酰辅酶 A，通过类似于酯缩合及羟醛缩合反应形成 3－甲基－3，5－二羟基戊酸，后者经磷酸化形成焦磷酸酯，再脱去一分子焦磷酸及 CO_2 形成异戊二烯焦磷酸酯（Ⅰ）及（Ⅱ）两种异构体。

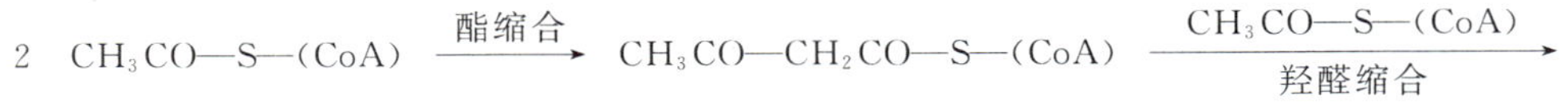

2　CH₃CO—S—(CoA)
酯缩合
CH₃CO—CH₂CO—S—(CoA)
CH₃CO—S—(CoA)
羟醛缩合

乙酰辅酶 A

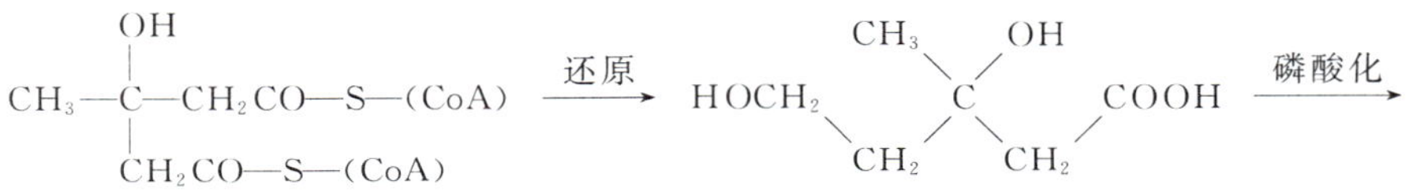

还原
磷酸化

3－甲基－3，5－二羟基戊酸

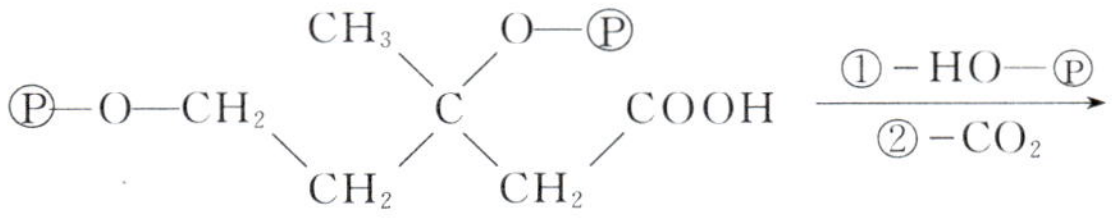

①－HO—Ⓟ
②－CO₂

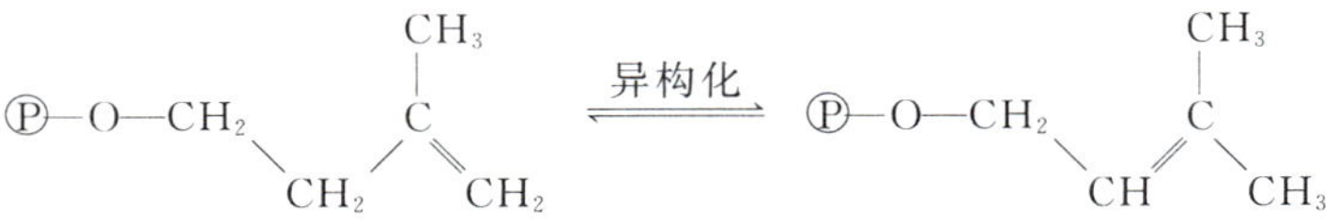

异构化

（Ⅰ）　　　　（Ⅱ）

（Ⅱ）失去 $\bar{O}$—Ⓟ 生成碳正离子（Ⅲ）：

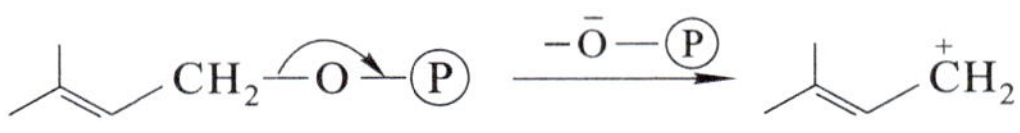

（Ⅱ）　　　　（Ⅲ）

（Ⅰ）与（Ⅲ）进行类似于异丁烯二聚的反应，再消除 H^+（见第三章烯烃部分）生成（Ⅳ），（Ⅳ）经水解便得单萜：

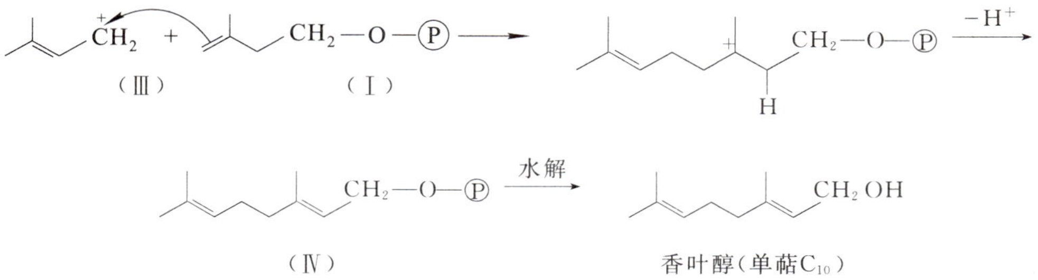

(Ⅳ)再失去O—Ⓟ生成碳正离子后继续与(Ⅰ)重复以上类似步骤则得(Ⅴ),(Ⅴ)水解得倍半萜。由(Ⅴ)重复以上类似步骤可得(Ⅵ),(Ⅵ)水解得二萜。但三萜及四萜则不再是由逐步增加(Ⅰ)生成的,而是分别由两分子(Ⅴ)或两分子(Ⅵ)以尾-尾相连缩合而成。

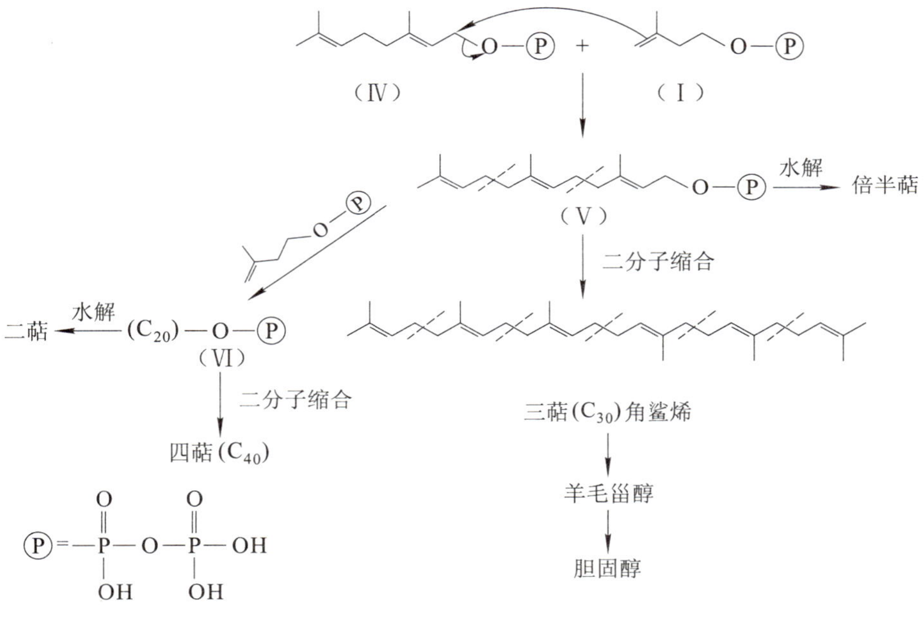

由角鲨烯形成羊毛甾醇的过程是通过形成碳正离子,然后关环及重排而成:反应起始于角鲨烯的环氧化生成(Ⅰ),然后经质子化开环产生碳正离子(Ⅱ)。(Ⅱ)经过一系列的电子转移关环形成碳正离子(Ⅲ),再经 H^- 及 CH_3^- 的转移生成碳正离子(Ⅳ),最后脱去 H^+ 而得羊毛甾醇。

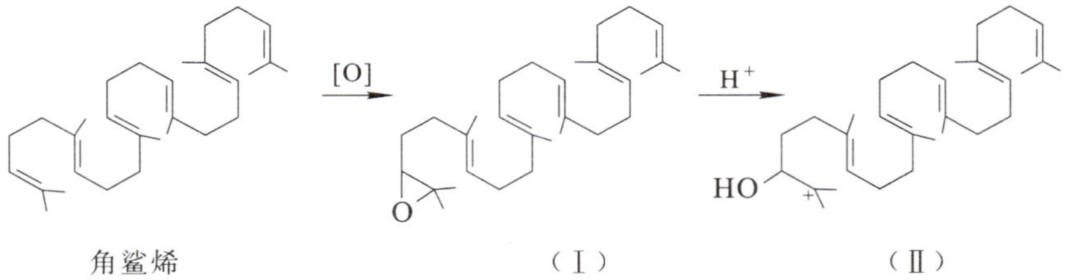

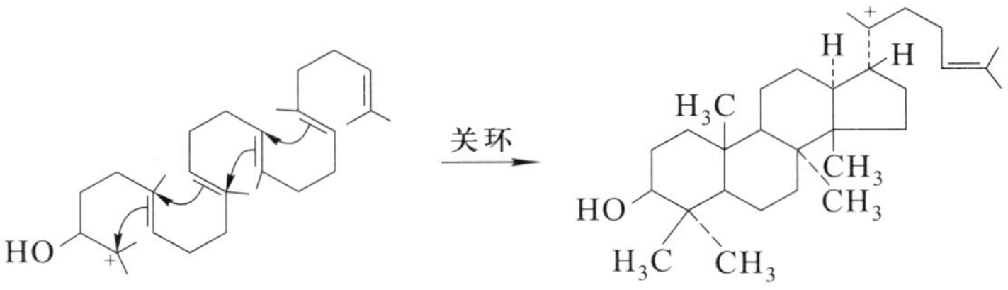

上述一系列过程都是在酶的作用下完成的。

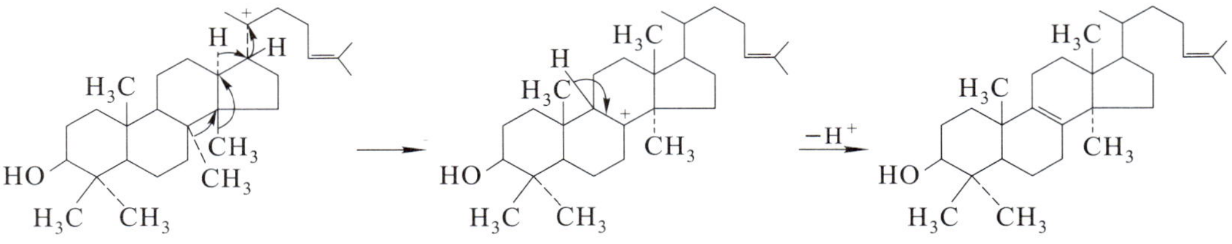

习　题

16.1 写出下列化合物的结构式：
　　a. 三乙酸甘油酯　　b. 硬脂酸　　　c. 软脂酸　　　d. 油酸
　　e. 亚油酸　　　　　f. 亚麻酸　　　g. 桐油酸　　　h. 樟脑
　　i. 薄荷醇　　　　　j. 胆固醇　　　k. 维生素 D_3　　l. 维生素 A_1

16.2 比较油脂、蜡和磷脂的结构特点，写出它们的一般结构式。它们属于哪一类有机化合物？

16.3 用化学方法鉴别下列各组化合物：
　　a. 硬脂酸和蜡　　　　　　b. 三油酸甘油酯和三硬脂酸甘油酯
　　c. 亚油酸和亚麻子油　　　d. 软脂酸钠和十六烷基硫酸钠
　　e. 花生油和柴油

16.4 写出由三棕榈油酸甘油酯制备表面活性剂十六烷基硫酸钠的反应式。

16.5 在巧克力、冰激凌等许多高脂肪含量的食品中，以及医药或化妆品中，常用卵磷脂来防止发生油和水分层的现象，这是根据卵磷脂的什么特性？

16.6 下列化合物哪个有表面活性剂的作用？

　　a. $CH_3(CH_2)_5CH(CH_3)(CH_2)_3OSO_3K$　　　b. $CH_3(CH_2)_{16}CH_2OH$

　　c. $CH_3(CH_2)_{16}COOH$　　　　　　　　　　d. 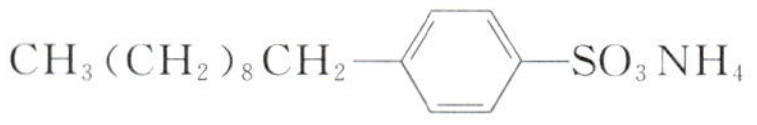 $CH_3(CH_2)_8CH_2-\!\!\!\!\bigcirc\!\!\!\!-SO_3NH_4$

16.7 一未知结构的高级脂肪酸甘油酯，有旋光活性。将其皂化后再酸化，得到软脂酸及油酸，其摩尔比为 2:1。写出此甘油酯的结构式。

16.8 鲸蜡中的一个主要成分是十六酸十六醇酯，它可被用做肥皂及化妆品中的润滑剂。怎样以三软脂酸甘油酯为唯一的有机原料合成它？

16.9 由某种树叶中取得的蜡的分子式为 $C_{40}H_{80}O_2$,它的结构应该是下列哪一个？为什么？

a. $CH_3CH_2CH_2COO(CH_2)_{35}CH_3$ b. $CH_3(CH_2)_{16}COO(CH_2)_{21}CH_3$

c. $CH_3(CH_2)_{15}COO(CH_2)_{22}CH_3$

16.10 脑苷脂是由神经组织中得到的一种鞘糖脂。如果将它水解,将得到哪些产物？

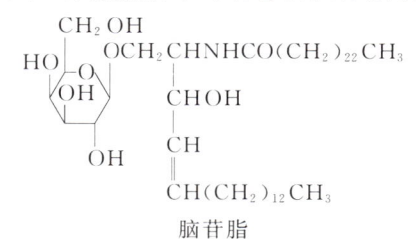

脑苷脂结构：含半乳糖基，$OCH_2CHNHCO(CH_2)_{22}CH_3$，$CHOH$，$CH=CH(CH_2)_{12}CH_3$

16.11 下列 a~d 四个结构式应分别用(1)~(4)哪一个名称表示？

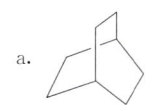

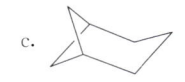

a. (双环结构) b. (双环结构) c. (双环结构) d. (双环结构)

(1) 双环[4.2.0]辛烷   (2) 双环[2.2.1]庚烷

(3) 双环[3.1.1]庚烷   (4) 双环[2.2.2]辛烷

16.12 下列化合物中的取代基或环的并联方式是顺式还是反式？

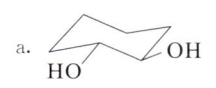

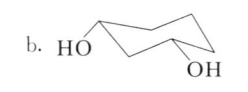

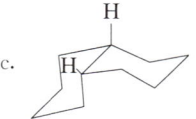

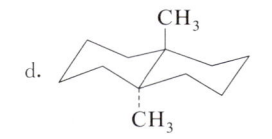

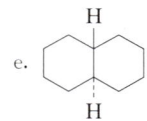

a. HO—环—OH   b. HO—环—OH   c. H—十氢萘—H

d. CH_3/CH_3 十氢萘   e. H/H 十氢萘   f. CH_3/CH_3 十氢萘

16.13 划分出下列各化合物中的异戊二烯单位,并指出它们各属哪类萜(如单萜、双萜……)。

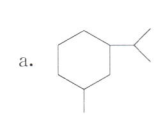

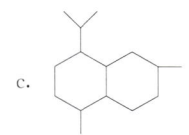

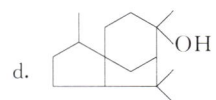

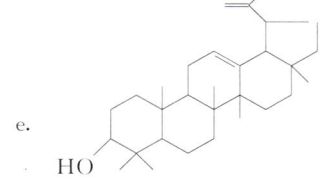

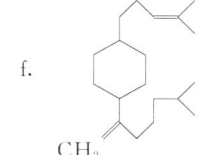

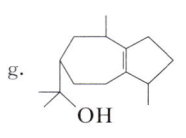

a. (单环结构)   b. (双环结构)   c. (十氢萘结构)   d. (含OH双环结构)

e. HO—(五环三萜结构)   f. (含CH_2环结构)   g. (含OH双环结构)

h. (大环结构)   i. O=(双环结构)   j. (双环结构)

16.14 写出薄荷醇的另三种立体异构体的椅型构型(只写占优势的构象不必写出对映体)。

16.15 写出甾族化合物的基本骨架,并标出碳原子的编号顺序。

16.16 维生素 A 与胡萝卜素有什么关系,它们各属哪一类萜?

16.17 某单萜 A,分子式为 $C_{10}H_{18}$,催化氢化后得分子式为 $C_{10}H_{22}$ 的化合物。用高锰酸钾氧化 A,得到 $CH_3COCH_2CH_2COOH$,CH_3COOH 及 CH_3COCH_3。推测 A 的结构。

16.18 香茅醛是一种香原料,分子式为 $C_{10}H_{18}O$,它与土伦试剂作用得到香茅酸 $C_{10}H_{18}O_2$。以高锰酸钾氧化香茅醛得到丙酮与 $HO_2CCH_2CH(CH_3)CH_2CH_2CO_2H$。写出香茅醛的结构式。

16.19 如何分离雌二醇及睾酮的混合物?(二者均为固体)

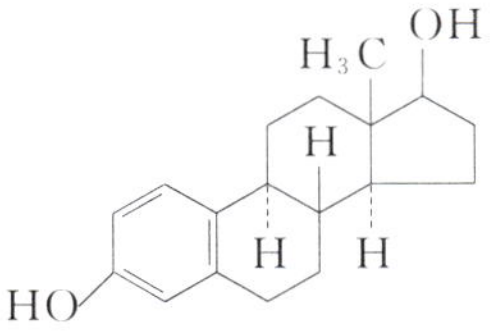

雌二醇 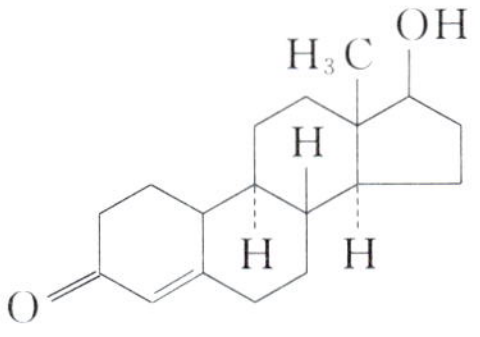   睾酮

16.20 完成下列反应式:

a.  [结构] + 2 HCl ⟶

b. 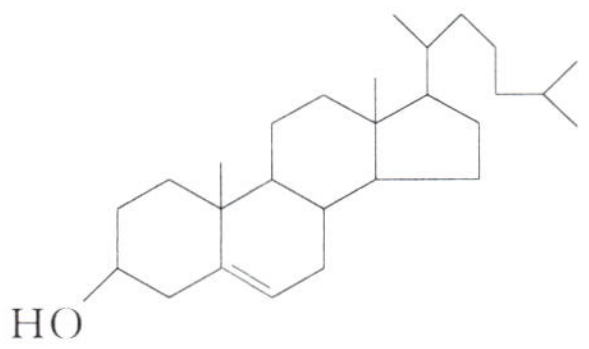 [结构] + Br₂ ⟶

c.  [柠檬醛] + CH_3COCH_3 $\xrightarrow{\text{稀 OH}^-}$ (假紫罗兰酮)

d. 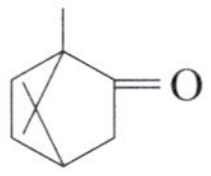 [结构] $\xrightarrow{H_2/Pt}$ $\xrightarrow{(CH_3CO)_2O}$

16.21 在 16.20(c)中得到的假紫罗兰酮,在酸的催化下可以关环形成紫罗兰酮的 α- 及 β- 两种异构体,它们都可用于调制香精,β-紫罗兰酮还可用做制备维生素 A 的原料。写出由假紫罗兰酮关环的机理。

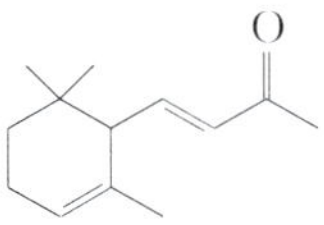

α-紫罗兰酮   β-紫罗兰酮

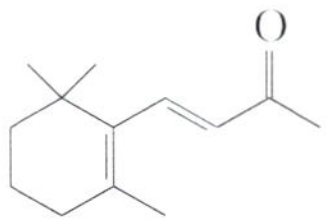

第十七章 杂环化合物

在环状化合物中,组成环的原子除碳原子外,还有其他元素的原子时,这类化合物就叫杂环化合物。除碳以外的其他原子叫杂原子。最常见的杂原子是氧、硫和氮。例如:

| 氮丙啶 aziridine | 噁噻烷 oxathietane | 噻吩 thiophene | 四氢噻吩 tetrahydrothiophene |

| 四氢呋喃 tetrahydrofuran | 噻唑 thiazole | 噁唑 oxazole | 四唑 tetrazole |

| 2H-吡喃 2H-pyran | 4H-吡喃 4H-pyran | 吡啶 pyridine | 吗啉 morpholine |

| 哌嗪 piperazine | 噻吩并呋喃 thienofuran | 氧杂茚满 coumaran | 喹啉 quinoline |

以上所列只是一小部分杂环化合物的母体。在杂环化合物中,成环的原子数,环中杂原子的种类(除 O,S,N 外,还可以是 B,P,Si 等多种原子)和数目,环系的饱和程度等各不相同,同时还有单环或稠环体系及由它们衍生的许多化合物,由此可见杂环化合物的种类和数目是很多的。按定义,在前面一些章节中曾经遇到的内酯、内酐、交酯、内酰胺等,也应属于杂环化合物,但这些化合物的性质与相应的开链化合物相同,而且很容易开环形成开链化合物,因此一般不将这些化合物归入杂环化合物中讨论。一般杂环化合物是指那些环系构成了环闭共轭体系的杂环,它们

具有不同程度的芳香性，它们与不具环闭共轭体系的杂环化合物在性质上有较大区别。

在天然产物中有很大一部分是杂环化合物，许多杂环化合物的结构相当复杂，而且有很重要的生理作用。杂环化合物无论在理论研究或实际应用方面都很重要，在有机化学领域内，有关杂环化合物的研究工作占了相当大的比例。本章只能简单地讨论少数几个环系的一些与生物关系密切的杂环化合物。

分类和命名

杂环化合物的种类很多，有单环，也有与芳香环或其他杂环并联成的稠环。环中的杂原子可以是一个、两个或更多个，而且可以是相同的或是不同的。一般最常见的杂环是五元杂环或六元杂环。

杂环化合物的中文命名有两种方法。一种是按外文名词音译，并以一口字旁表示是环状化合物，如"呋喃"、"噻吩"、"吡咯"等，分别读作"夫南"、"塞分"、"比络"。另一种方法是以相应于杂环的碳环命名，也就是将杂环看作是相应的碳环化合物中碳原子被杂原子代替而成的产物。下面括号中的名称就是按照这种命名方法命名的。按照音译得来的名称与结构之间没有联系，而后一种方法则能反映出结构特点。但一般习惯采用的还是音译的名称。根据1980年中国化学会颁布的《有机化学命名原则》，只对无特定名称的杂环才采用以其相应的碳环作母体的命名方法，所以下面列出的环系，一般不采用括号中的名称。

1. 五元杂环

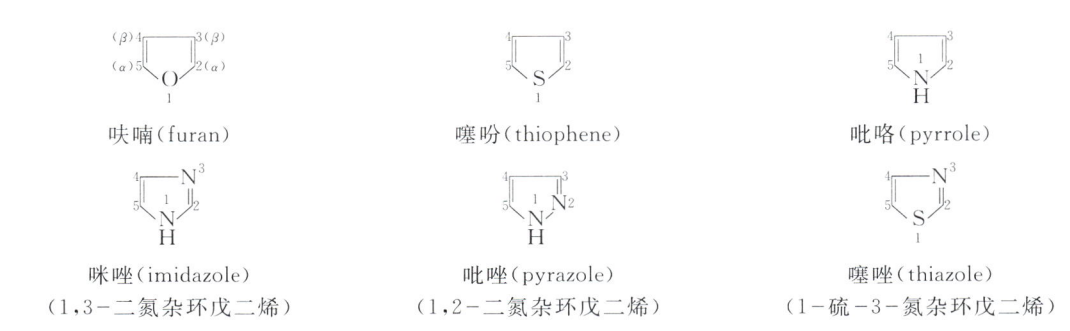

呋喃(furan)　　　　噻吩(thiophene)　　　　吡咯(pyrrole)

咪唑(imidazole)　　　　吡唑(pyrazole)　　　　噻唑(thiazole)
(1,3-二氮杂环戊二烯)　　(1,2-二氮杂环戊二烯)　　(1-硫-3-氮杂环戊二烯)

相应于上述各杂环的碳环是环戊二烯，按照第二种命名方法，上述杂环就叫某杂环戊二烯。

单杂环编号时总是以杂原子为1，如环中有两个相同杂原子，则由带取代基（或H）的一个杂原子开始，如果环中有两个或几个不同的杂原子，则按照 O→S→N 的顺序编号，杂原子号数应最小，如噻唑则以S为1。有时也常以 α,β 表示不同碳原子的位置，与杂原子相邻的为 α。

2. 六元杂环

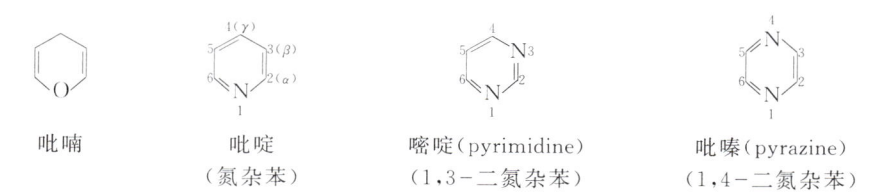

吡喃　　　吡啶（氮杂苯）　　　嘧啶(pyrimidine)（1,3-二氮杂苯）　　　吡嗪(pyrazine)（1,4-二氮杂苯）

相应于吡喃的母体碳环是 1,4-环己二烯；而相应于吡啶、嘧啶、吡嗪的碳环则是苯。

3. 稠杂环

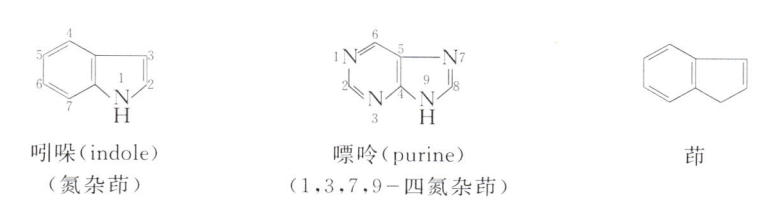

吲哚(indole)（氮杂茚）　　　嘌呤(purine)（1,3,7,9-四氮杂茚）　　　茚

相应于吲哚、嘌呤的母体碳环是茚，而相应于苯并吡喃、喹啉、异喹啉及蝶啶的母体碳环是萘。

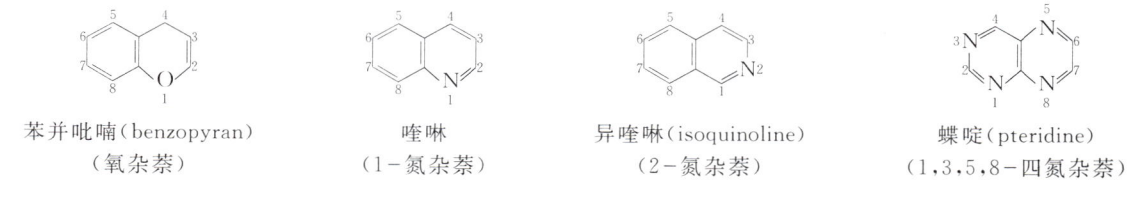

苯并吡喃(benzopyran)（氧杂萘）　　　喹啉（1-氮杂萘）　　　异喹啉(isoquinoline)（2-氮杂萘）　　　蝶啶(pteridine)（1,3,5,8-四氮杂萘）

稠杂环常有其特定的编号方法，如嘌呤、蝶啶等。

几种重要环系的结构与性质

1. 呋喃、噻吩、吡咯、吡啶的结构

呋喃分子呈平面形，氧原子为 sp^2 杂化状态，其未成对电子分别与两个碳原子形成两个 σ 键，余下的两对未共用电子中的一对以垂直于环平面的 p 轨道与四个碳原子上的 p 轨道平行重叠，形成一个环闭的共轭体系，这个共轭体系是由五个 p 轨道，六个 p 电子组成的。其 p 电子数与苯环上的 p 电子数相同，符合休克尔规则。

呋喃　　　吡咯　　　吡啶

吡咯中的氮原子以三个 sp² 杂化轨道分别与碳及氢形成三个 σ 键,余下的一对未共用电子以 p 轨道与碳原子的四个 p 轨道共轭,同样形成六电子的 π 键。

吡啶中的氮原子也是 sp² 杂化状态,但各轨道中电子的分布与吡咯中的氮原子有所不同,三个未成对电子中,两个各占一个 sp² 杂化轨道,另一个占据未杂化的 p 轨道,因此在吡啶中,氮原子的情况与碳原子一样,它分别以两个 sp² 杂化轨道与相邻的两个碳原子结合成单键,余下一个电子以 p 轨道参与环系的共轭;氮原子上的未共用电子对占据的是一个 sp² 杂化轨道,它与环共平面,不参与环系的共轭,如图 17-1。

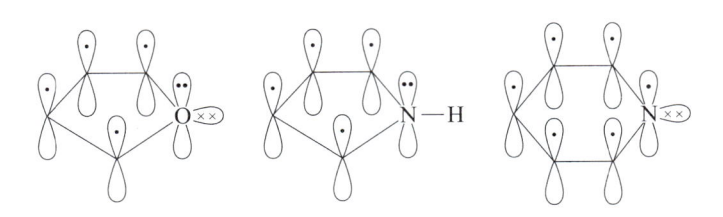

图 17-1 呋喃、吡咯、吡啶原子轨道示意图
圆点表示参加共轭的电子,叉号表示未参加共轭的电子,其轨道与环共平面

噻吩的情况与呋喃相似,即硫原子上的未共用电子对之一与四个碳上的 p 轨道共轭,形成六电子的 π 键。

其他一些环系如咪唑、噻唑、嘧啶等的电子结构与上述几个环系类似,同样具有环闭的六电子 π 体系。

以上这些杂环在结构上与苯相似,即其环中原子构成一个环闭的共轭体系,分子呈平面形,在此平面的上、下两侧有环状离域的 π 电子云,共轭体系中的 p 电子数都符合休克尔规则,所以具有这种结构特点的杂环,叫作芳香杂环。

2. 呋喃、噻吩、吡咯、吡啶的性质

(1) 亲电取代反应 由于上述环闭共轭体系的结构特点,又由于呋喃、噻吩、吡咯环中杂原子的一对未共用电子参与了环系共轭,对环上碳原子呈现给电子性,所以呋喃、噻吩、吡咯更容易进行某些亲电取代反应。例如,吡咯与碘的碘化钾溶液作用,很容易得到四碘代吡咯,而不是一元取代的产物。

噻吩在室温就能与浓硫酸发生磺化反应:

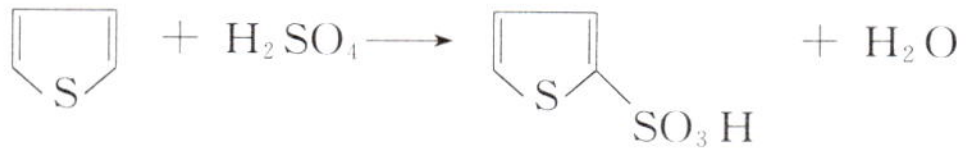

$$\text{（噻吩）} + H_2SO_4 \longrightarrow \text{（噻吩-SO}_3\text{H）} + H_2O$$

由煤焦油所得的粗苯中总含有噻吩,由于噻吩（沸点 84 ℃）与苯的沸点相近,所以用分馏的方法很难除去,但可以利用噻吩比苯容易磺化的特点,将含噻吩的苯与浓硫酸一起振荡,噻吩即被磺化而溶于浓硫酸中,从而可与苯分离。这是制备无噻吩苯的常用方法。

呋喃、噻吩、吡咯的亲电取代反应都发生在 α 位,当两个 α 位都有取代基时,第三个取代基才进入 β 位。

呋喃和吡咯对酸都很敏感,强酸可以使呋喃或吡咯开环而形成聚合物,因此呋喃和吡咯不能像苯那样用一般的方法进行硝化或磺化而必须用特殊的硝化剂或磺化剂。噻吩则对酸比较稳定。

吡啶环中氮原子的未共用电子对没有参与环系的共轭,对环系不呈现给电子效应,且由于氮原子的电负性大于碳原子,所以环上的电子密度因向氮原子转移而降低。根据量子力学的计算,吡啶分子中有效电荷分布为

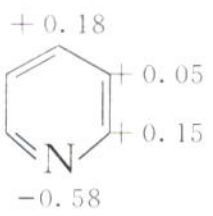

$$\text{吡啶:} \quad +0.18, +0.05, +0.15, -0.58$$

因此吡啶比苯难于发生亲电取代反应。例如,使吡啶硝化需要 300 ℃ 以上的高温,取代基主要进入 β 位。

$$\text{（吡啶）} + HNO_3 \xrightarrow[370\ ℃]{\text{浓 } H_2SO_4} \text{（3-硝基吡啶）}$$

反应条件要求如此之高,除上述原因之外,还由于在反应中吡啶首先与 H^+ 结合成盐,而使环带正电性,更不利于亲电试剂的进攻。

也正是由于吡啶环上电子密度低,所以吡啶容易发生亲核的取代反应或加成反应（见下节维生素 PP）。

（2）氧化　呋喃、吡咯对氧化剂都很敏感,它们在空气中就能被氧化。而吡啶对氧化剂却相当稳定。如以高锰酸钾氧化 γ-苯基吡啶,得到的是 γ-吡啶甲酸,而不是苯甲酸:

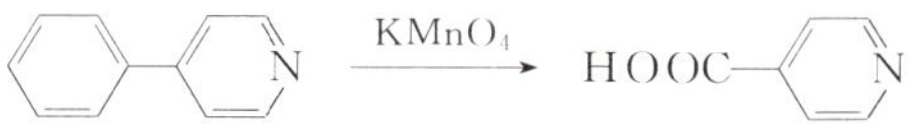

$$\text{γ-苯基吡啶} \xrightarrow{KMnO_4} \text{HOOC—（吡啶）}$$
γ-苯基吡啶　　　　　　　γ-吡啶甲酸

说明了吡啶环比苯环还要难于被氧化。

（3）还原　呋喃、噻吩和吡咯都很容易被还原为饱和的环系。

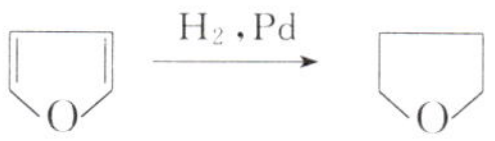

$$\text{（呋喃）} \xrightarrow{H_2, Pd} \text{四氢呋喃}$$

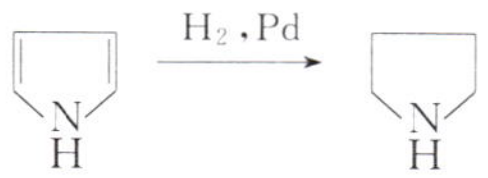

$$\text{（吡咯）} \xrightarrow{H_2, Pd} \text{四氢吡咯}$$

大多数催化剂都能被含硫化合物"毒化"而失去活性，所以噻吩不能用催化氢化的方法还原。但在化学还原剂的作用下，可被部分还原为二氢衍生物。例如：

$$\text{噻吩} \xrightarrow{Na+C_2H_5OH} \text{2,5-二氢噻吩} + \text{2,3-二氢噻吩}$$

由此说明，上述五元杂环同时具有共轭烯烃的性质，可以进行1,4-加成或1,2-加成。

吡啶不像五元杂环那样容易被还原，而且不呈现共轭烯烃的性质，催化氢化时，得到六氢吡啶：

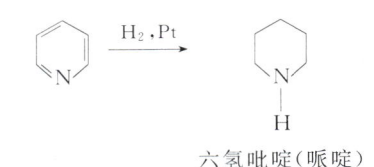

$$\text{吡啶} \xrightarrow{H_2, Pt} \text{六氢吡啶（哌啶）}$$

（4）吡咯及吡啶的碱性　含氮化合物碱性的强弱取决于氮原子上未共用电子对与H^+结合的能力。在吡咯分子中，氮原子上的未共用电子对由于参与了环系的共轭，因而失去与H^+结合的能力，同时由于这种共轭作用，使氮原子上电子密度相对降低，从而氮原子上的氢能以H^+的形式解离，所以吡咯不但不显碱性反而显弱酸性，它能与氢氧化钠或氢氧化钾成盐，而不与稀酸或弱酸成盐。

吡啶中氮原子上的未共用电子对未参与环系的共轭，因此吡啶显碱性，可与酸成盐。

与生物有关的杂环及其衍生物举例

1. 呋喃及 α-呋喃甲醛

呋喃为无色有特殊气味的液体，沸点31.4 ℃，不溶于水而易溶于乙醇、乙醚。可由糠酸（α-呋喃甲酸）加热脱羧而成。用做有机合成的原料。

α-呋喃甲醛是呋喃的重要衍生物之一，俗名糠醛。

用稀酸（盐酸或硫酸）处理米糠、玉米芯、高粱秆或花生壳等农业副产品，其中所含多聚戊糖便水解为戊糖，后者在酸的作用下失水环化而成糠醛。

$$\begin{array}{c} \text{CHO} \\ | \\ (\text{CHOH})_3 \\ | \\ \text{CH}_2\text{OH} \end{array} \xrightarrow[\triangle]{\text{稀酸}} \text{糠醛} + 3H_2O$$

戊醛糖　　　　　　糠醛

由戊糖制备糠醛的反应说明，杂环化合物可以由开链化合物合成。

纯净的糠醛是无色液体，沸点161.7 ℃，在光、热及空气中，很快变为黄色、褐色，以至黑色，并产生树脂状聚合物。

糠醛是不含α-氢的醛，其化学性质与苯甲醛相似，能发生康尼查罗反应及一些芳香醛的缩合反应，生成许多有用的化合物，因此糠醛是有机合成的有用原料，可用于制造酚醛树脂、医药（如呋喃西林、痢特灵等）、农药等。

2. 吡咯、叶绿素、血红素及维生素 B_{12}

吡咯存在于煤焦油和骨焦油中，是无色液体，沸点 131 ℃，在空气中因氧化而迅速变黑。在微量无机酸存在下易聚合成暗红色树脂状物。

吡咯的许多衍生物广泛分布于自然界，如叶绿素、血红素等，它们都是有重要生理作用的细胞色素，叫作卟啉（porphyrin）类化合物。

叶绿素和血红素具有相同的基本骨架——卟吩。卟吩是由四个吡咯环的 α-碳原子通过次甲基(—CH=)相连而成的复杂共轭体系，所以叶绿素、血红素等都有颜色。卟吩呈平面形，在四个吡咯环中间的空隙里四个氮原子可以分别以共价键及配价键与不同的金属离子结合，在叶绿素中结合的是镁，而血红素中结合的是铁；同时四个吡咯环的 β 位还各有不同的取代基。

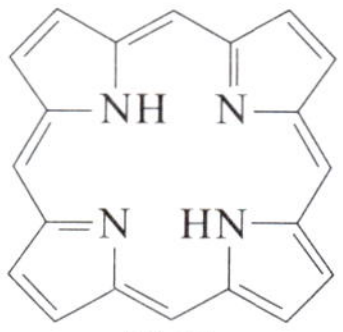

卟吩
（porphine）

叶绿素是含于植物的叶和茎中的绿色色素，它与蛋白质结合存在于叶绿体中，是植物进行光合作用所必需的催化剂，植物通过叶绿素吸收了太阳能才能进行光合作用。

叶绿素是叶绿素 a 和叶绿素 b 两种物质的混合物，它们在植物中的比例是 3∶1。其区别在于环Ⅱ上的 R 不同。

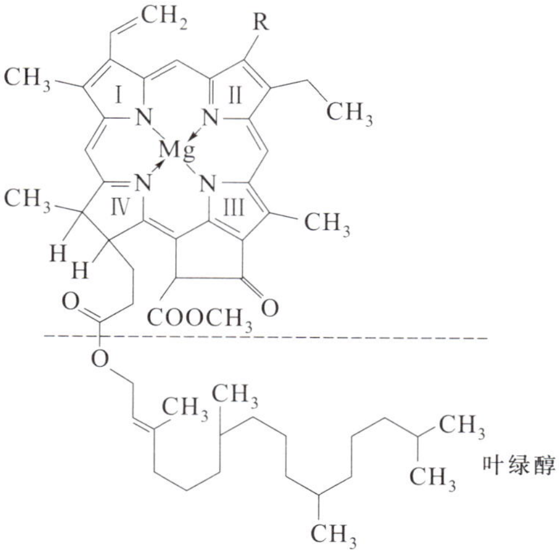

叶绿素 a：R＝CH_3
叶绿素 b：R＝CHO

叶绿醇

叶绿素（chlorophyll）

叶绿素 a 是蓝黑色结晶，熔点 150～153 ℃，其乙醇溶液呈蓝绿色，并有深红色荧光。叶绿素 b 是深绿色粉末，熔点 120～130 ℃，乙醇溶液呈绿或黄绿色，有红色荧光。二者都易溶于乙醇、乙醚、丙酮、氯仿等，而难溶于石油醚；都有旋光活性。

叶绿素可作食品、化妆品及医药上的无毒着色剂。

血红素是棕色针状结晶,有深紫色光泽,微溶于醋酸,极不稳定。血红素以游离状态存在于某些病理状态下的组织及正常组织中。血红素作为辅基与蛋白质结合成血红蛋白存在于红细胞中。血红素与蛋白质是通过分子中心的铁以配价键与蛋白质中组氨酸的咪唑环上的氮结合的,其第六配价键可与 O_2 或 CO_2 结合,在机体中将 O_2 带至细胞中,将 CO_2 由细胞中带出。CO 分子的大小、形状与 O_2 相似,但与血红蛋白的结合能力比 O_2 强很多,所以吸入 CO 后,即阻止了血红蛋白与 O_2 的结合,从而导致缺氧死亡。

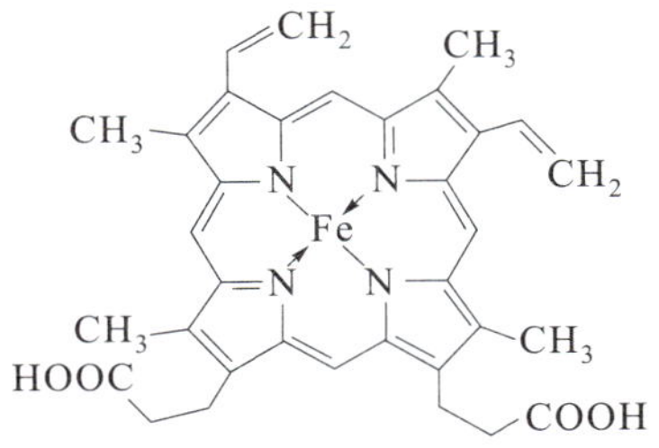

血红素(heme)

叶绿素及血红素[①]都可用人工方法合成。

维生素 B_{12}[②]含有类似于卟吩的环系,但其中两个吡咯环间少了一个次甲基,这种环系叫咕啉(corrin)。维生素 B_{12} 是天然产物中结构最复杂的化合物之一,但不属于高分子化合物。

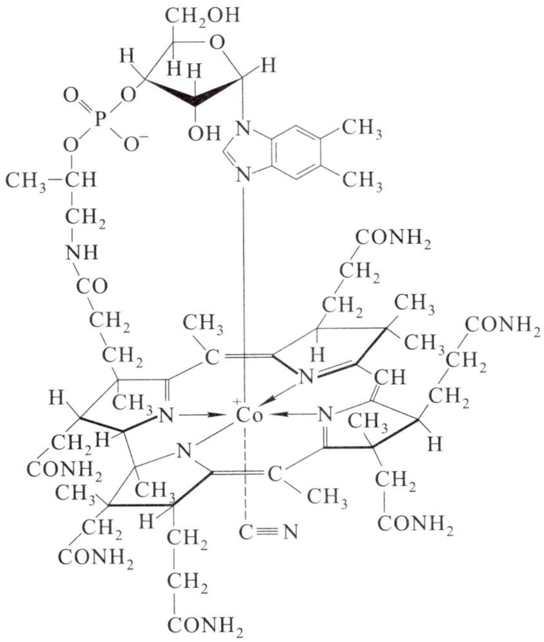

维生素 B_{12}

---

① Hans Fischer(德国)证明了血红素与叶绿素在结构上的关系,合成了氯化血红素,并接近完成叶绿素的合成,从而获得 1930 年诺贝尔化学奖。

② Dorothy Crowfoot Hodgkin(英国)由于在维生素 B_{12} 结构测定上的贡献获 1964 年诺贝尔化学奖。

维生素 B_{12} 又名氰钴胺素（cyanocobalamine），存在于动物肝中，为暗红色针状结晶，是抗恶性贫血的药物。

早在 1926 年就发现动物的肝可以医治恶性贫血，从而生物化学家便开始了对肝中能医治恶性贫血的有效成分的研究，但由于它在肝中含量太少，而且它对强酸、强碱、高温都很敏感，在提纯过程中极易分解，所以在较长时期内没有什么进展，直至 1948 年才分离得到了纯的暗红色维生素 B_{12} 的结晶，自此关于维生素 B_{12} 的结构又成为有机化学的研究对象之一，至 1954 年用 X 射线衍射的方法才确定了维生素 B_{12} 的上述结构式。此后又经过了十余年时间及近百名科学工作者的努力于 1972 年完成了维生素 B_{12} 的全合成。维生素 B_{12} 的发现、提取至全合成是医学、生物化学、无机化学、有机化学、生理学以至物理学工作者共同努力的结果。它的研究过程很好地说明了对生物体中任何一部分作用机制的研究必须多种学科互相配合才能完成。

3. 吡啶、维生素 PP、维生素 B_6 及雷米封

吡啶含于煤焦油中，是一个叔胺，呈弱碱性；为无色液体，沸点 115.5 ℃，极臭。它能与水任意混合，又能溶于乙醇、乙醚、苯、石油醚等许多极性或非极性有机溶剂中，并能溶解氯化铜、氯化锌、氯化汞、硝酸银等许多无机盐类，因此是非常有用的溶剂。同时也是合成某些杂环化合物的原料。

维生素 PP、维生素 B_6 及雷米封都是吡啶的重要衍生物。

维生素 PP 是 B 族维生素之一，它参与机体的氧化还原过程，能促进组织新陈代谢，降低血中胆固醇，体内缺乏维生素 PP 能引起糙皮病，所以维生素 PP 也叫抗糙皮病维生素。

维生素 PP 包括 β-吡啶甲酸及 β-吡啶甲酰胺两种物质：

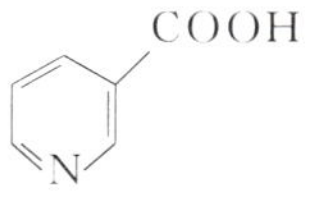

β-吡啶甲酸，熔点 236～237 ℃
烟酸（niacin）或尼可酸（nicotinic acid）

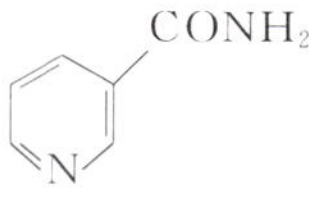

β-吡啶甲酰胺，熔点 128～131 ℃
烟酰胺（niacinamide）
或尼可酰胺（nicotinamide）

二者的生理作用相同，它们都是白色结晶，对酸、碱、热等都比较稳定，存在于肉类、肝、肾、花生、米糠及酵母等中。

β-吡啶甲酰胺是辅酶 I 的一个重要组分，辅酶 I 是烟酰胺腺嘌呤二核苷酸，简称 NAD^+：

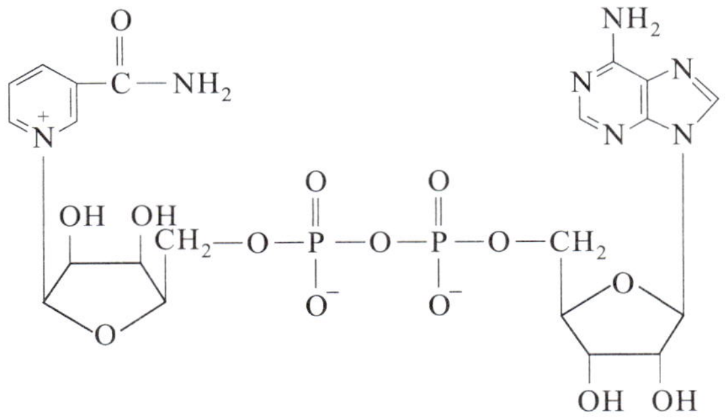

烟酰胺腺嘌呤二核苷酸
NAD⁺
(nicotinamide adenine dinucleotide)

NAD⁺是生物氧化过程中很重要的辅酶，它可以使底物脱去氢，将羟基氧化为羰基，如将乙醇氧化为乙醛。由于NAD⁺的氧化作用是发生于吡啶环上的，所以可将NAD⁺简写为如下形式：

NAD⁺ 简写式
（氧化型）
+ CH₃CH₂OH →（乙醇脱氢酶）→ CH₃CHO + NADH（还原型）+ H⁺

实际上是乙醇中氢以负离子形式对吡啶环 γ 位进行亲核加成，形成NADH。NAD⁺及NADH的氧化还原反应可以下式表示：

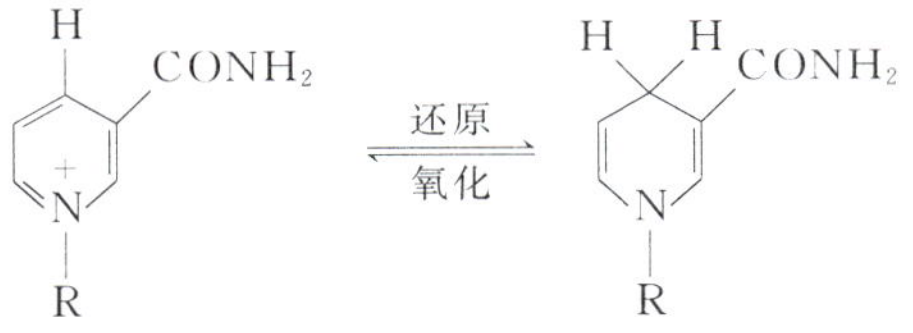

NAD⁺ ⇌（还原/氧化）NADH

此氧化及还原反应有立体专一性，即酶可识别乙醇前手性碳上的前 R 氢及前 S 氢；也可识别乙醛分子的 re 面或 si 面。

维生素 B_6 包括吡哆醇、吡哆醛与吡哆胺：

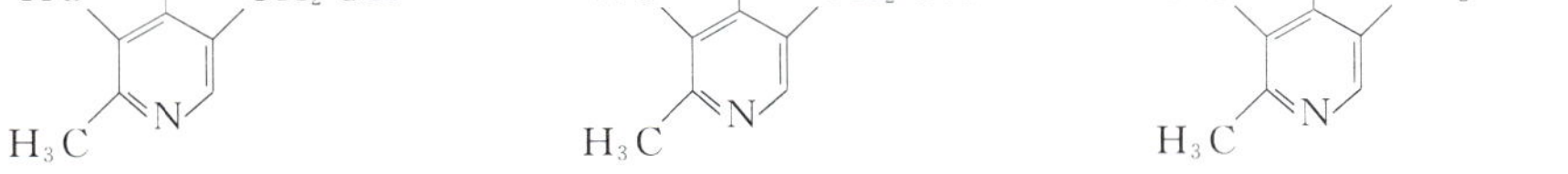

吡哆醇(pyridoxine)   吡哆醛(pyridoxal)   吡哆胺(pyridoxamine)

维生素 B_6 在自然界分布很广，存在于蔬菜、鱼、肉、谷物、蛋类等中，它们参与生物体中的转氨作用，是维持蛋白质正常代谢必要的维生素。

雷米封是异烟酰肼的俗名，是抗结核药物：

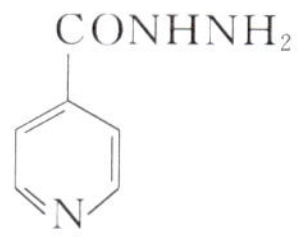

$$\text{异烟酰肼}$$
（结构：4-吡啶基-CONHNH$_2$）

雷米封的结构与 β-吡啶甲酰胺相似，其作用是干扰结核菌正常利用 β-吡啶甲酰胺而使其不能生长繁殖。

4. 维生素 B$_1$

维生素 B$_1$ 是嘧啶的重要衍生物之一。

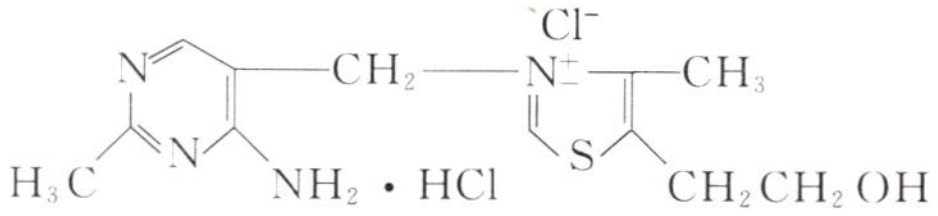

维生素 B$_1$（盐酸硫胺素，thiamine hydrochloride）

维生素 B$_1$ 的骨架是由嘧啶及噻唑环通过亚甲基联结成的，维生素 B$_1$ 在医药上叫作硫胺素，常用的是它的盐酸盐或硝酸盐，为白色结晶，易溶于水，对酸稳定，pH 大于 5.5 则分解。维生素 B$_1$ 是维持糖类的正常代谢必需的物质，体内缺乏维生素 B$_1$ 时，可引起多发性神经炎、脚气病及食欲不振等。维生素 B$_1$ 存在于米糠、麦麸、瘦肉、绿叶、花生、豆类、酵母等中。

5. 吲哚及 β-吲哚乙酸

吲哚属于稠杂环，存在于煤焦油中，为无色片状结晶，熔点 52.5 ℃，有粪便气味，与 β-甲基吲哚（粪臭素）共存于粪便中。纯吲哚的极稀溶液有愉快香气，因此纯吲哚及粪臭素均可用于配制香精，但浓度必须适当。

吲哚和吡咯相似，有弱酸性。

β-吲哚乙酸是存在于自然界的许多吲哚衍生物之一，是广泛存在于植物幼芽中的植物生长素。色氨酸是其生物合成的前身。

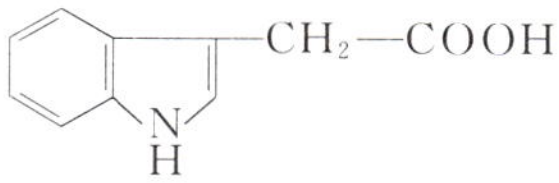

β-吲哚乙酸（indoleacetic acid）

β-吲哚乙酸是无色结晶，熔点 164 ℃，微溶于水和氯仿，易溶于乙酸乙酯，在中性或酸性溶液中不稳定。其钾盐、钠盐或铵盐在水溶液中比较稳定，一般使用它的盐类作为植物生长调节剂。

低浓度的 β-吲哚乙酸能促进植物生长，其主要作用是能加速插枝作物的生根，但浓度较高时则抑制作物的生长。

6. 花色素

花色素(cyanidin)是一类重要的植物色素,它们与糖类结合成苷存在于花或果实中,叫花色苷(anthocyanin)。用酸水解花色苷即得糖类及花色素的锌盐。花色素具有 2-苯基苯并吡喃的骨架,在 3,5,7,3′,4′,5′ 等处常带有羟基。

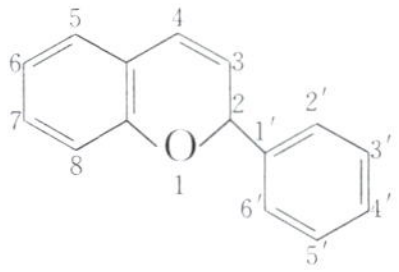

2-苯基苯并吡喃

花色苷的颜色随介质的 pH 及环境中不同金属离子而改变,所以同一种花色苷在不同的花中,或是同一种花由于种植的土壤不同,都能显出不同的颜色。例如,花青苷在 pH 7~8 时呈淡紫色,pH<3 时呈红色,pH>11 则呈蓝色。颜色的改变是由于在不同介质中结构发生变化所致。玫瑰的红色及矢车菊的蓝色都是由花青苷构成的。

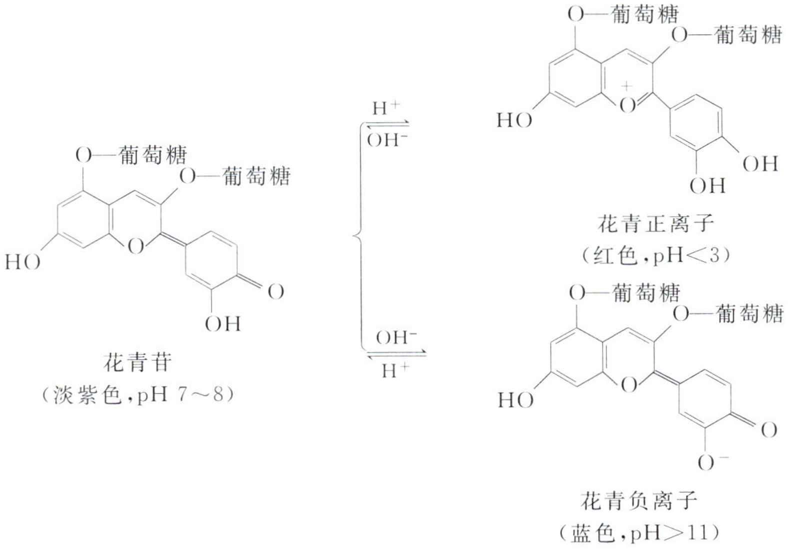

花青苷
(淡紫色,pH 7~8)

花青正离子
(红色,pH<3)

花青负离子
(蓝色,pH>11)

各种花色苷的区别就在于苯并吡喃环及与之相连的苯环上羟基的位置与数目,以及与之成苷的糖类不同。花色素也是由两个碳的乙酰单位形成的。花色素、叶绿素、类胡萝卜素等都是安全的食品着色剂。

7. 嘌呤及核酸

嘌呤是嘧啶和咪唑并联的稠环体系,它有(Ⅰ)和(Ⅱ)两种互变异构体:

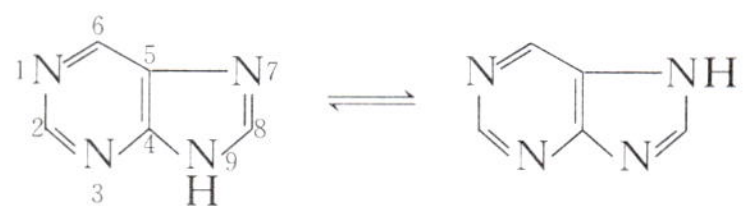

(Ⅰ) ⇌ (Ⅱ)

嘌呤是无色结晶,熔点 216~217 ℃,易溶于水,水溶液对石蕊呈中性,但能分别与酸或碱形成盐。

嘌呤本身不存在于自然界,但它的氨基及羟基衍生物却广泛分布于动植物中。如尿酸是 2,6,8-三羟基嘌呤,它是鸟类和爬虫类动物体中蛋白质代谢的最终产物,正常人的尿中只含少量尿酸。人体内如果嘌呤代谢紊乱,便会使血尿酸增高,而引起痛风性关节炎。

(烯醇式) ⇌ (酮式)

尿酸(uric acid)
(2,6,8-三羟基嘌呤)

尿酸最初是由尿结石中发现的,为白色结晶,难溶于水,有弱酸性。尿酸有以上两种互变异构体。在许多含氮杂环中,与氮原子相邻的碳上连有羟基、氨基或巯基时,常有如上的互变异构现象。

核酸(nucleic acid)是除蛋白质及多糖以外的又一类有重要生理作用的天然高分子化合物,它们存在于所有细胞中。核酸与生物的生长、繁殖、遗传变异有着极为密切的关系。

核酸是由多个核苷酸(nucleotide)组成的高分子化合物,核苷酸是由一分子戊糖和一分子含氮杂环组成的氮糖苷(核苷,nucleoside)的磷酸酯。组成核苷酸的戊糖是 D-核糖及 D-脱氧核糖。含氮杂环是以下五种嘌呤或嘧啶的衍生物,括号中的英文字母为通用的简写。

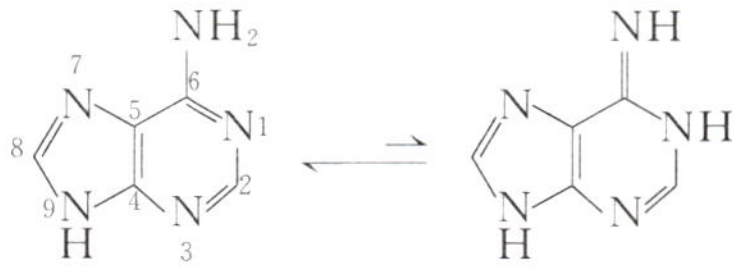

腺嘌呤
adenine(A)

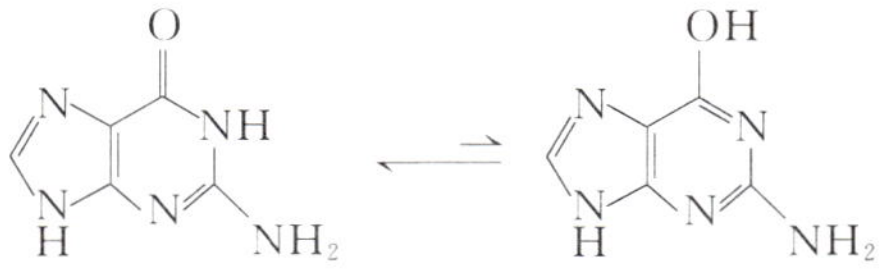

鸟嘌呤
guanine(G)

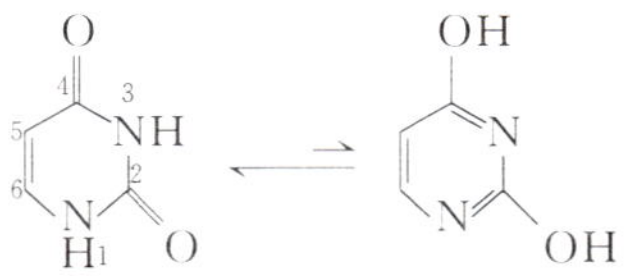

尿嘧啶
uracil(U)

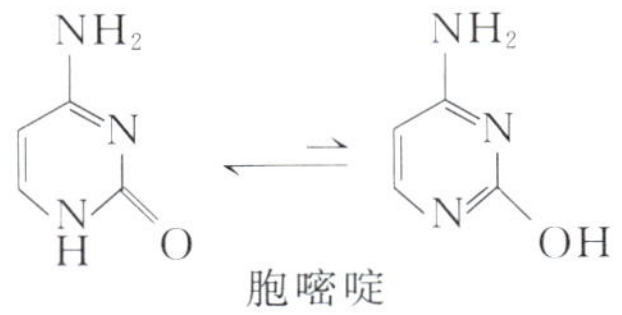

胞嘧啶

cytosine(C)

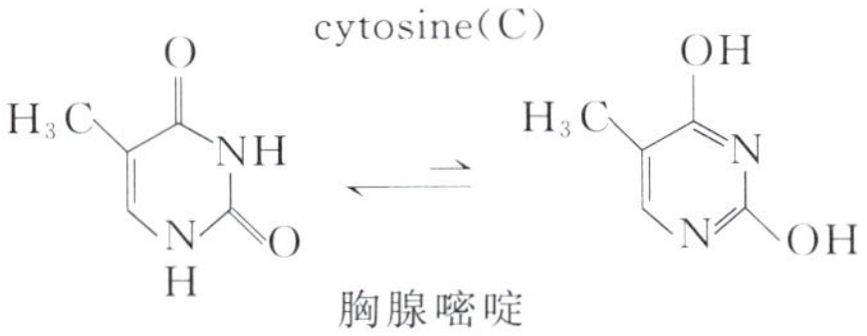

胸腺嘧啶

thymine(T)

上述嘌呤及嘧啶的衍生物，都有互变异构体，哪一种异构体占优势则决定于溶液的 pH，在生理系统中主要以左方异构体的形式存在。它们与糖类形成核苷时，嘌呤衍生物以 N^9，嘧啶衍生物以 N^1 分别与糖类中的 C^1 以 β-糖苷键相连。例如：

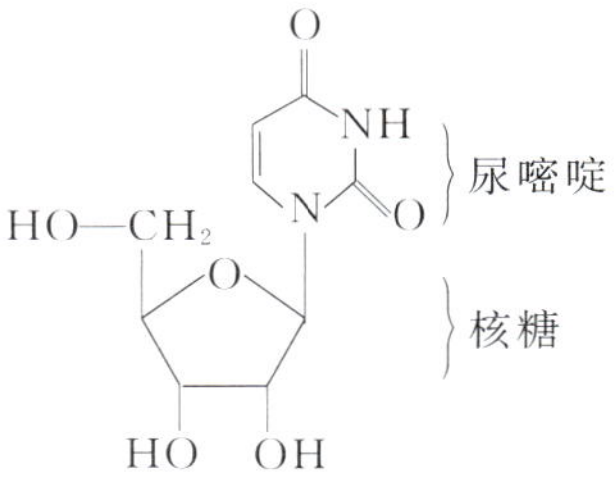

尿(嘧啶核)苷

uridine

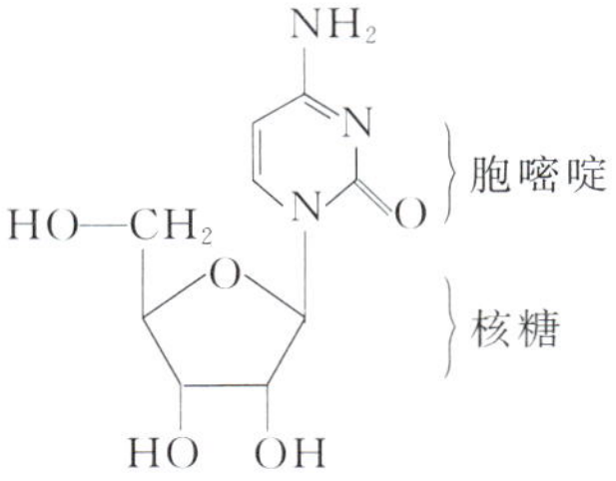

胞(嘧啶核)苷

cytidine

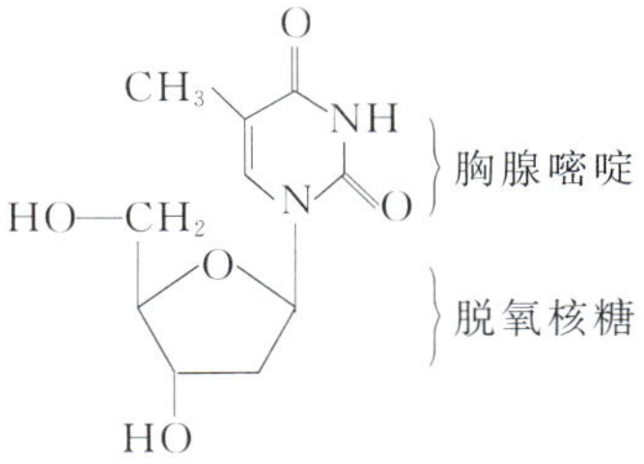

脱氧胸(腺嘧啶核)苷

deoxythymidine

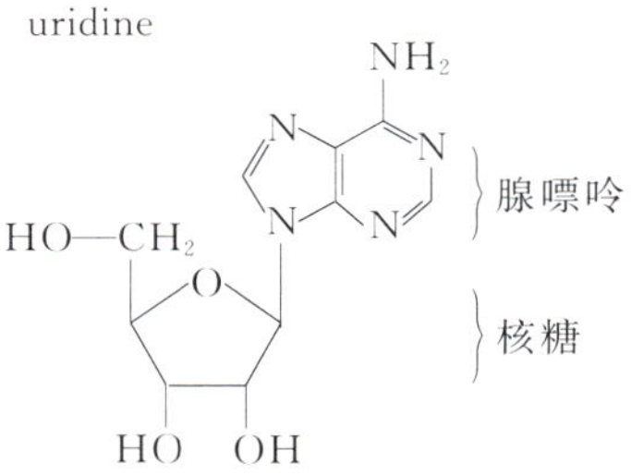

腺(嘌呤核)苷

adenosine

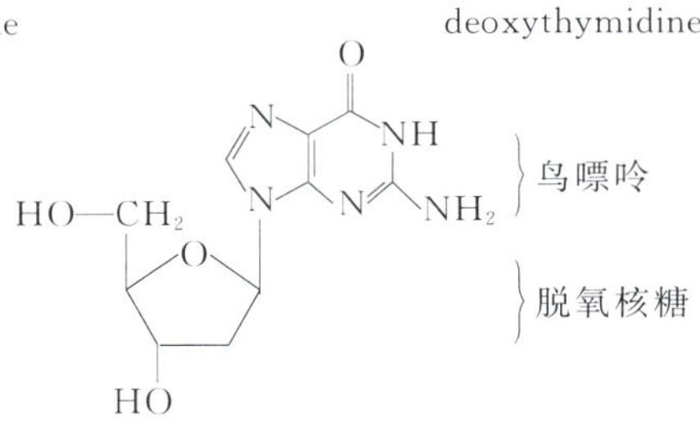

脱氧鸟(嘌呤核)苷

deoxyguanosine

核苷可以看作是糖类中半缩醛羟基与杂环中氮原子上的氢失去水形成的，所以也叫作氮糖苷。核糖腺苷酸就是核苷酸中的一种，它是腺苷的磷酸酯，在生物化学中简称 AMP。

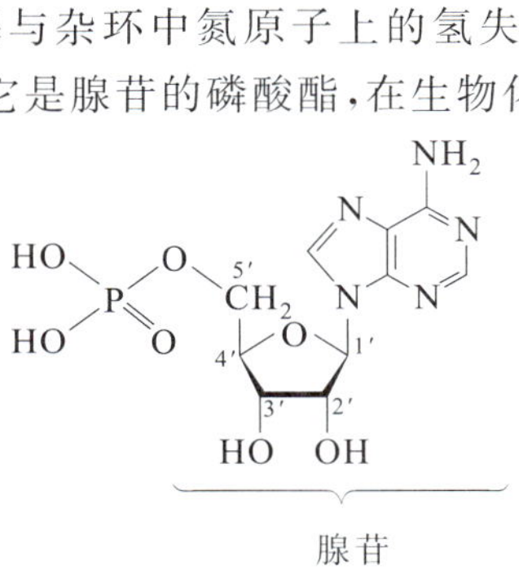

腺苷-5′-磷酸酯(AMP，adenosine monophosphate)

核酸就是由多个核苷通过磷酸分别连接两分子糖类中 C^3 及 C^5 形成的高分子化合物,如图 17-2 所示。

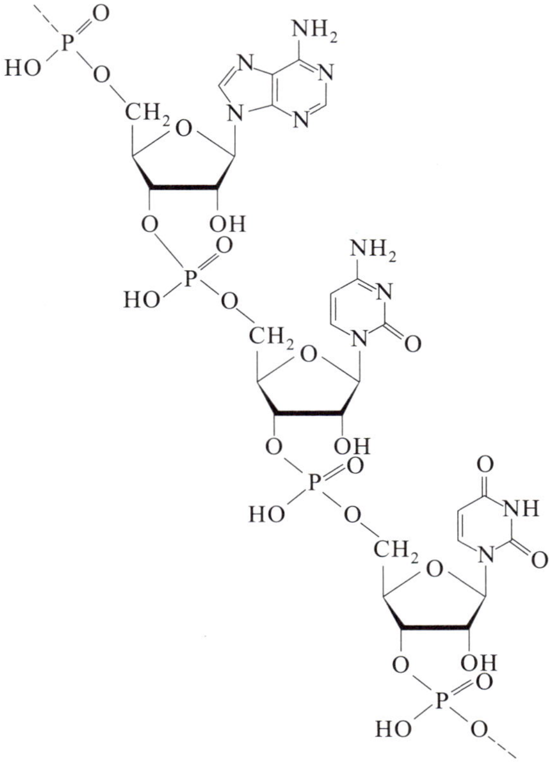

图 17-2 核糖核酸的部分结构示意

每一种核酸中所含的糖类是相同的,所以根据其中所含的糖类将核酸分为核糖核酸(RNA, ribo-nucleic acid)及脱氧核糖核酸(DNA, deoxyribonucleic acid)两大类。每一类中不同核酸的区别只在于含氮杂环(在生化中叫作碱基)的种类及排列次序不同。

8. 维生素 B_2 及叶酸

维生素 B_2 及叶酸属于蝶啶的衍生物。

维生素 B_2 又名核黄素,其骨架结构叫作异咯嗪,也可看作是苯并蝶啶,在 7,8 位有两个甲基,10 位的氮原子与核糖醇相连。维生素 B_2 是生物体内氧化还原过程中传递氢的辅酶,其加氢与脱氢过程发生于 N^1 及 N^5 上:

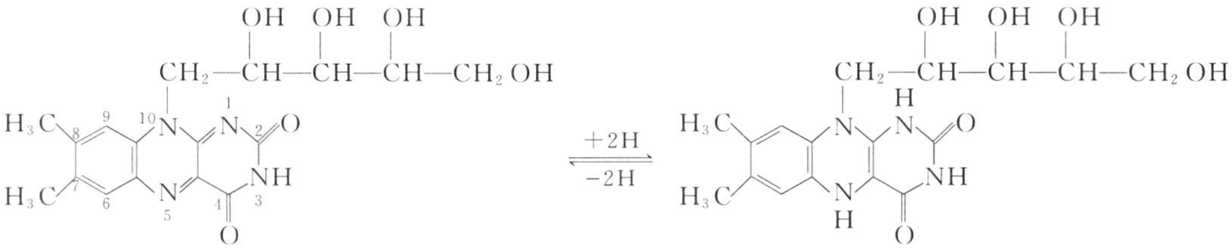

维生素 B_2 (riboflavin)

维生素 B_2 在自然界分布很广,存在于小米、大豆、酵母、绿叶菜、肉、肝、蛋、乳等食物中。维生素 B_2 为黄色结晶,熔点 280 ℃(分解),微溶于水和乙醇,水溶液有黄绿色荧光。维生素 B_2 对碱敏感,于暗处对酸稳定。体内缺乏维生素 B_2 时则患口腔炎、角膜炎、结膜炎等症。

叶酸也是 B 族维生素之一,广泛存在于蔬菜、肝、肾、酵母等中,为黄色片状结晶,不易溶于水和乙醇。叶酸参与体内嘌呤及嘧啶环的生物合成。体内缺乏叶酸易患巨幼细胞性贫血症。

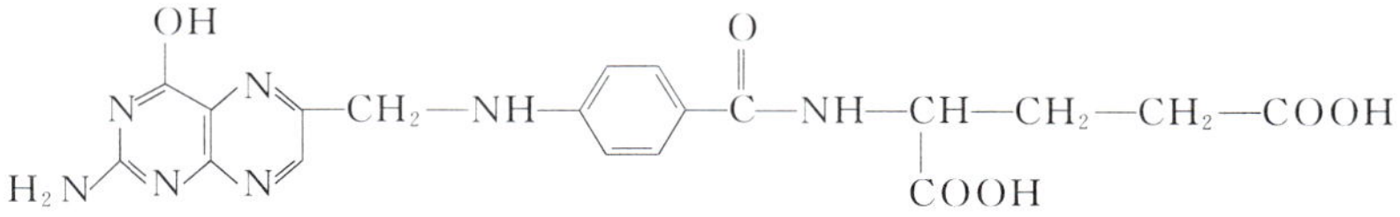

叶酸(folic acid)

生 物 碱

生物碱(alkaloid)是指一类存在于生物体中的结构复杂并具很强生理作用的含氮碱性有机物。由于它们主要存在于植物中,所以也常叫作植物碱,至今分离出的生物碱已有数千种。一种植物中可以含有多种生物碱,同一科的植物所含生物碱的结构往往是相似的。

氨基酸是生物碱合成的前身。

生物碱对于植物本身有什么作用还不清楚,但它对人类是很重要的,因为许多生物碱对人有很强的生理作用,是非常有效的药物,尤其我国使用中草药的历史已有数千年之久。例如,当归、甘草、贝母、常山、麻黄、黄连等许多草药中的有效成分都是生物碱。对生物碱的结构与性质的研究为寻找优良的药物开辟了新的途径。因此它是世界各国都在注意的问题。

大多数生物碱都是结构复杂的多环化合物,分子中大都含有含氮的杂环。生物碱多与酸如乳酸、酒石酸、苹果酸、柠檬酸、草酸、琥珀酸、乙酸、磷酸等结合成盐存在于植物的不同器官中,也有少数以游离碱、糖苷、酯或酰胺的形式存在。

生物碱大多为固体,难溶于水,而能溶于乙醇等有机溶剂。大部分生物碱具旋光性。许多试剂能与生物碱生成不溶性的沉淀或发生颜色反应,这些试剂叫作生物碱试剂,可以用它们检出生物碱。

与生物碱能生成沉淀的试剂有丹宁、苦味酸、磷钨酸、磷钼酸、碘化汞钾(HgI_2+KI)等。它们可以使生物碱由水溶液中沉淀出来。能与生物碱产生颜色反应的有硫酸、硝酸、甲醛及氨水等。

生物碱常根据其基本骨架或杂环来分类,而根据它所来源的植物来命名。

1. 烟碱

烟草中含有 10 余种生物碱,烟碱是其中之一,它是结构比较简单的生物碱,以苹果酸盐及柠檬酸盐的形式存在。

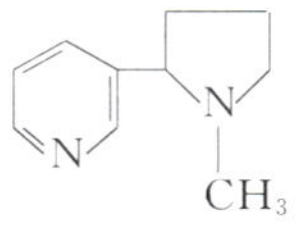

烟碱(nicotin)

烟碱又名尼古丁,属于吡啶族生物碱。它是无色能溶于水的液体,沸点 246 ℃,天然存在的是左旋体。烟碱有剧毒,少量对中枢神经有兴奋作用,能增高血压,量大时能抑制中枢神经系统,使心脏麻痹以致死亡。(+)-烟碱的毒性比(−)-烟碱小得多。烟碱可用做农用杀虫剂。

2. 颠茄碱

颠茄碱也叫阿托品,它是含于许多茄科植物,如颠茄、曼陀罗、天仙子等中的一种生物碱:

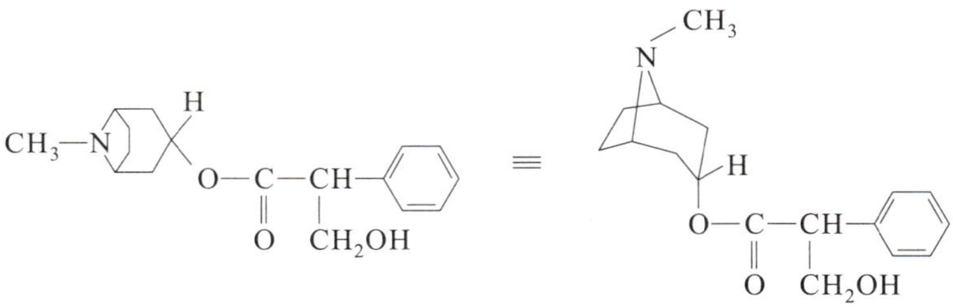

颠茄碱(atropine)

分子中所含氮杂环叫托烷(或莨菪烷),属于托烷族(莨菪族)生物碱。

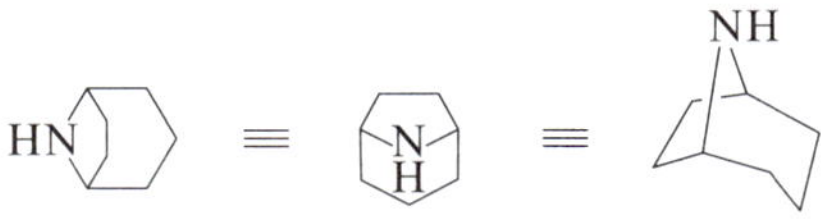

托烷

颠茄碱是白色结晶,熔点 114～116 ℃,难溶于水,易溶于乙醇,有苦味。医药上用做抗胆碱药,能抑制汗腺、唾液、泪腺、胃液等多种腺体的分泌并能扩散瞳孔,用于医治平滑肌痉挛、胃和十二指肠溃疡病;也可用做有机磷及锑剂中毒的解毒剂。

3. 麻黄碱

麻黄碱是含于草药麻黄中的一种生物碱,又叫麻黄素。它是一个仲胺,不具含氮杂环,结构与肾上腺素相似。

(—)-麻黄碱(ephedrine)　　　　(＋)-假麻黄碱(pseudoephedrine)

麻黄碱分子中含两个不相同手性碳原子,应有两对对映异构体,其中一对叫麻黄碱,一对叫假麻黄碱,天然存在的是(—)-麻黄碱及(＋)-假麻黄碱。前者的生理作用最强。我国出产的麻黄含(—)-麻黄碱最多,质量最好。

麻黄碱为无色结晶,易溶于水和氯仿、乙醇、乙醚等有机溶剂。麻黄碱的生理作用也与肾上腺素相似,有兴奋交感神经、增高血压、扩张气管的作用,可用于支气管哮喘症。

4. 金鸡纳碱

金鸡纳碱俗称奎宁,是存在于金鸡纳树皮中的一种主要生物碱,分子中含有喹啉环,属于喹啉族生物碱。

金鸡纳碱(quinine)

奎宁是无色结晶,微溶于水,易溶于乙醇、乙醚等有机溶剂。奎宁能抑制分瓣疟原虫的繁殖并有退热作用,早在300多年前人们就知道用金鸡纳树皮医治疟疾。奎宁对恶性疟原虫无效,并有引起耳聋的副作用。

5. 喜树碱

喜树碱是由我国的喜树中提取出的喹啉族生物碱,自然界存在的是右旋体。喜树碱为黄色结晶,在紫外光照射下显蓝色荧光,有抗白血病及抗癌的作用。

喜树碱(camptothecin)

6. 吗啡碱

罂粟科植物鸦片中含有 20 余种生物碱,其中含量最多的是吗啡。吗啡是 1817 年被提纯的第一个生物碱,但它的结构至 1952 年才确定。

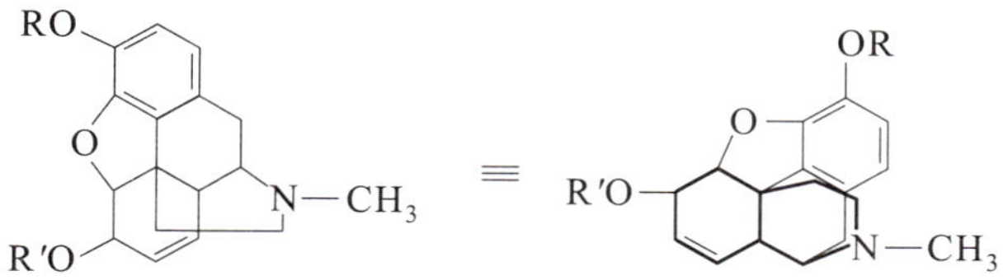

$$R = R' = H \qquad 吗啡(morphin)$$
$$R = CH_3, R' = H \qquad 可待因(codeine)$$
$$R = R' = -COCH_3 \qquad 海洛因(heroin)$$

吗啡属于异喹啉族生物碱,是微溶于水的结晶,有苦味。吗啡对中枢神经有麻醉作用,有极快的镇痛效力,是医药上使用的局部麻醉剂。但它是一种成瘾性药物,因此必须严格控制使用。

可待因是吗啡的甲基醚,与吗啡有同样的生理作用,成瘾性较吗啡差,用于镇咳。存在于大麻中的毒品海洛因是吗啡的二乙酰基衍生物。

罂粟碱也是存在于鸦片中的异喹啉族生物碱。在医药上可用做平滑肌松弛剂及脑血管扩张剂。

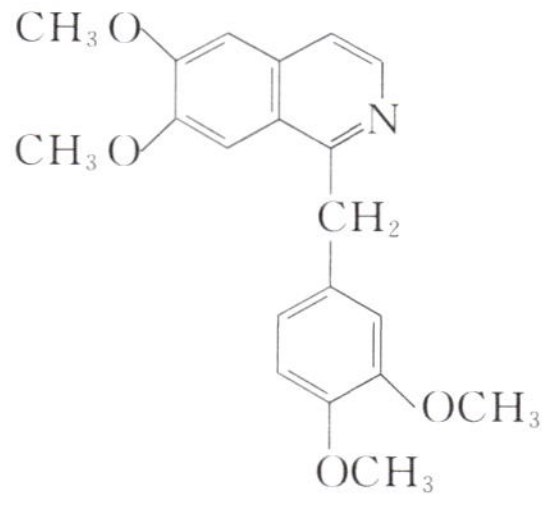

罂粟碱(papaverine)

7. 小檗碱

小檗碱是存在于黄檗、黄连中的一种异喹啉族生物碱,又名黄连素。西药中使用的是黄连素的盐酸盐,为黄色结晶,味极苦,是抑制痢疾杆菌、链球菌及葡萄球菌等的抗菌药物。

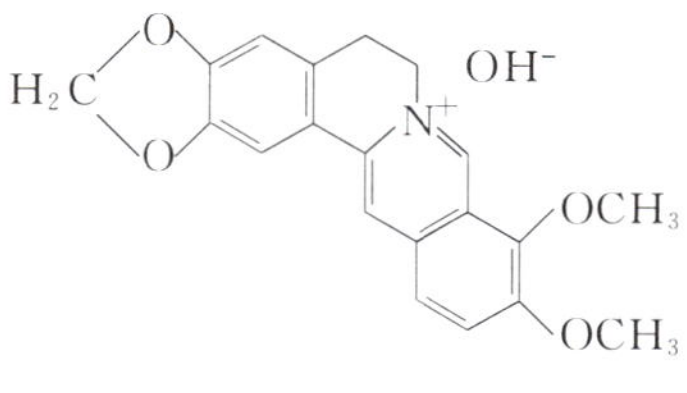

小檗碱(berberine)

8. 咖啡碱

咖啡碱(咖啡因)是存在于咖啡、茶叶中的一种生物碱,属于嘌呤族生物碱。

咖啡碱(caffeine)   可可碱(theobromine)

咖啡碱是白色针状结晶,有苦味,能溶于热水;有兴奋中枢神经的作用,并能止痛和利尿。因此咖啡及茶一直被人们当作饮料。可可碱存在于可可豆及茶叶等中,也有与咖啡碱相似的生理作用。

习　　题

17.1　命名或写出结构式。

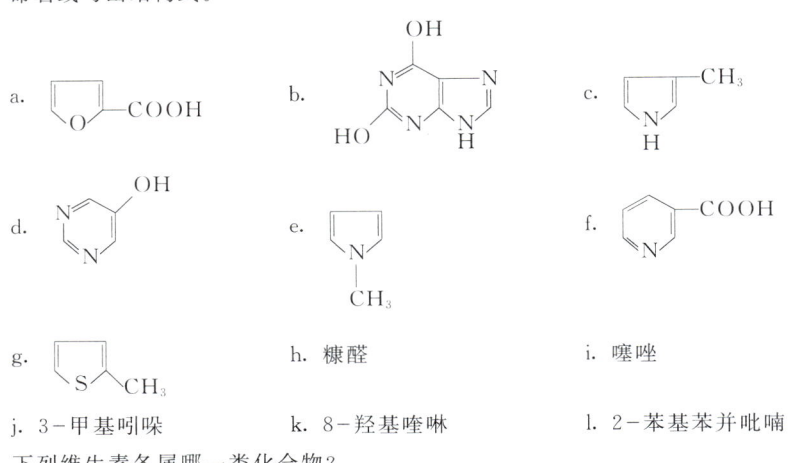

a. （呋喃-2-甲酸）　b. （含 OH 的嘌呤）　c. （3-甲基吡咯）

d. （5-羟基嘧啶）　e. （1-甲基吡咯）　f. （烟酸，吡啶-3-甲酸）

g. （2-甲基噻吩）　h. 糠醛　i. 噻唑

j. 3-甲基吲哚　k. 8-羟基喹啉　l. 2-苯基苯并吡喃

17.2　下列维生素各属哪一类化合物?

　　a. 维生素 A　　b. 维生素 B_1、B_2、B_6、B_{12}　　c. 维生素 PP

　　d. 维生素 C　　e. 维生素 D　　f. 维生素 K　　g. 叶酸

17.3　从结构的角度来说,你所学过的生物体中有颜色的物质有哪几类?

17.4　下列化合物哪个可溶于酸,哪个可溶于碱,或既溶于酸又溶于碱?

a. （烟碱）　b. （腺嘌呤）

c. （吗啡）　d. （吲哚）

17.5　写出下列化合物的互变平衡体系。

a. 腺嘌呤　　b. 鸟嘌呤　　c. 尿嘧啶　　d. 胞嘧啶　　e. 胸腺嘧啶　　f. 尿酸

17.6　核苷与核苷酸的结构有什么区别?

17.7　写出尿嘧啶与脱氧核糖形成的核苷酸。

17.8　水粉蕈素是由一种蘑菇中分离出的有毒核苷,其系统名为 9-β-D-呋喃核糖基嘌呤。写出水粉蕈素的结构式。

17.9　5-氟尿嘧啶是一种抗癌药物,在医药上叫作 5-Fu。写出其结构式。

17.10　写出下列反应的产物:

a.  呋喃 + $(CH_3CO)_2O$ $\xrightarrow{BF_3}$　　（BF_3 是一种温和的 Lewis 酸）

b.  噻吩 + 浓 H_2SO_4 $\xrightarrow{室温}$

c. 吡啶 + HBr $\longrightarrow$

d. 吡啶 + CH_3CH_2Br $\longrightarrow$

e. 呋喃-CHO $\xrightarrow{浓 NaOH}$

f. 呋喃-CHO + CH_3COCH_3 $\xrightarrow{稀 OH^-}$

g. 吡咯 + KOH $\longrightarrow$

h. 4-甲基喹啉 $\xrightarrow{KMnO_4, \Delta}$

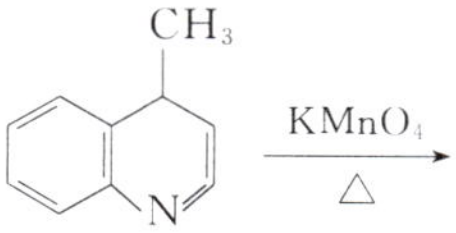

17.11　为什么吡咯不显碱性而噻唑显碱性?

17.12　写出由 4-甲基吡啶合成雷米封的反应式。

17.13　怎样鉴别下列各组化合物?

a. 苯与噻吩　　b. 吡咯与四氢吡咯　　c. 吡啶与苯

17.14　什么叫作生物碱,它们大多属于哪一类化合物,有什么用途?

17.15　古柯碱也叫柯卡因,是一种莨菪族生物碱,有止痛作用,但有成瘾性。如果将它用盐酸水解,将得到什么产物?

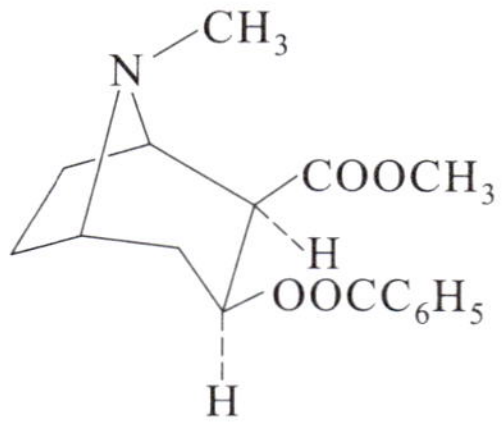

古柯碱

17.16 马钱子碱是一种极毒的生物碱,分子中哪个氮碱性强?

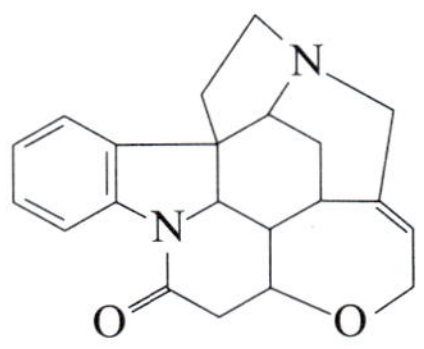

马钱子碱

第十八章 分子轨道理论简介

量子力学与原子轨道

20 世纪 20 年代发展了关于描述微观物质运动状态的理论，就是波动力学，或叫量子力学，这个理论是原子结构和分子结构的现代概念的理论基础。量子力学需要有微分方程、矩阵代数，以及波动理论等的基础。这里不可能也无须讨论它的复杂的数学运算，而只是定性地引用其中对于了解共价键所必需的一些结论。

1926 年，薛定谔（Schrödinger）基于电子有粒子及波的二象性，提出了以波的形式描述分子或原子中电子运动状态的数学表示式，即波动方程。波动方程有一系列的解，这些解叫作波函数，通常将描述原子或分子中电子运动状态的波函数以 ϕ 或 ψ 表示，通过波函数可以计算原子核外一定区域内电子出现的概率。并在解波动方程得到波函数的同时，也得到相应于每一个波函数，即相应于每一个电子运动状态的能量，或说电子所处的能级。

对于化学家来说，常把单电子波函数叫作轨道。同时为了能直观叙述，常用如图 18-1 的一些图形表示不同的原子轨道。根据几个不同的量子数，可以导出原子核外的 s，p，d，f 等不同轨道的形状、分布及能量。对于多电子原子来说，原子核外的电子按照能量最低原理、鲍里（Pauli）原理及洪特（Hund）规则分别填入上述不同的轨道。

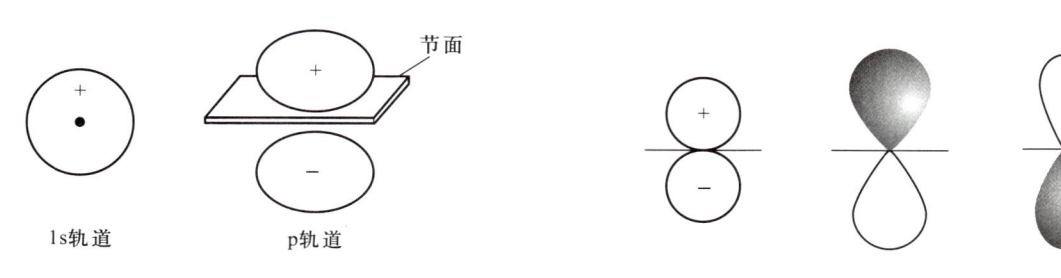

图 18-1　s 与 p 轨道的形状

图 18-2　p 轨道的几种表示方法

将波的特点应用于电子的波性时,其相似点是电子波也有位相及节点而且可以相互加强或抵消。如图 18-1 所示,1s 轨道的波函数 ϕ 的符号为"+"。p 轨道由相同的两瓣组成,根据量子力学计算,两瓣为压扁了的球形,但常习惯用两个球形或"胖"、"瘦"不同的"8"字形来表示,如图 18-2 所示;这两瓣分别以"+","-"标记,当中被一节面分开,原子核位于节面上。

必须指出的是符号的"+"或"-"与电荷无关,与电子出现的概率大小也无关,而只是波函数的一个符号,表示不同的位相。例如,对于 p 轨道来说,无论在符号为"+"或"-"的部分,电子出现的概率是相同的。但"+"与"-"的意义在由原子轨道组合成分子轨道时是十分重要的,在一定情况下,只有符号相同,即位相相同,才能组合成键。有时可用不同颜色或其他方法代表不同的位相,相同的位相则用相同的颜色或相同的表示方法(见图 18-2)。

在主量子数相同的电子层中,轨道的节面越多,能量越高。

"电子云"这个术语,是用统计学的方法描述电子在核外空间出现概率的一种形象化的名词。电子出现概率大的地方,叫作电子云的密度大。

共价键的理论

了解共价键形成的理论,对于了解分子的性质,如分子的光谱性质、相对稳定性、化学反应的进程和立体化学等是十分重要的。

共价键是怎样形成的,分子中的电子处于怎样的能量状态,这些问题也应通过量子力学来理解,同时常采用近似法来简化数学计算。用来阐明共价键的本质而采用的近似方法不止一种,目前最常用的有两种,即价键法及分子轨道法。

1. 价键法(valence bond theory,简称 VB 法)

价键法是将量子力学对氢分子处理的结果推广到其他分子体系,而形成的一种量子力学的近似方法。

价键法认为相邻原子间形成的键是由这两个原子各由一个自旋相反的电子形成的原子轨道重叠而成的,原子轨道重叠程度越高,形成的共价键越稳定。以上两点导致了共价键有饱和性与方向性。

由于原子轨道重叠的方式不同,共价键有 σ 键与 π 键之分。

为了说明某些多原子分子所表现的某些性质及它们的立体形状,如碳的四价及甲烷的四面体形结构等,在价键法的基础上又发展了关于轨道杂化的理论。

在前面几章中关于烷烃、烯烃、炔烃等的结构都是用价键法来处理的。

但价键法有一定的局限性,如它不能解释氧分子的顺磁性,共轭体系的特性等,而分子轨道法则能较好地说明这些问题。

2. 分子轨道法(molecular orbital theory,简称 MO 法)

分子轨道法认为,在分子中,组成分子的所有原子的电子,不再只从属于相邻的原子,而是分布于整个分子内的不同能级的分子轨道中,这就像孤立的原子以原子核为中心有不同能级的原子轨道一样;所不同的是,分子轨道是以分子中所有的原子核为中心的。

通过量子力学计算,可以知道一个分子有多少分子轨道,它们的相对能量关系如何,以及电子如何分布于这些轨道中。

分子轨道的导出最常采用的近似方法叫作原子轨道的线性组合法(linear combination of atomic orbitals,简称 LCAO 法),所谓原子轨道的线性组合就是由原子轨道函数相加或相减而导出分子轨道。一个分子的分子轨道数目等于组成该分子的所有原子的原子轨道数目的总和;在这些分子轨道中,其中部分分子轨道的能量低于孤立原子轨道的能量,叫做成键轨道,而另一些分子轨道,其能量高于孤立原子轨道的能量,叫作反键轨道。

例如,氢分子由两个氢原子组成,每个氢原子有一个原子轨道,分别以 ϕ_A, ϕ_B 表示。如以波函数 ψ 表示分子轨道,则氢分子应有两个分子轨道 ψ_1 及 ψ_2:

$\psi_1 = N_1(\phi_A + \phi_B)$　　成键轨道　(bonding orbital)

$\psi_2 = N_2(\phi_A - \phi_B)$　　反键轨道　(antibonding orbital)

其中,N_1,N_2 为归一化系数。

由两个原子轨道函数相加所得的分子轨道叫成键轨道,它的能量低于孤立原子轨道的能量。两个原子轨道函数相减所得的是反键轨道,它的能量高于原子轨道的能量。氢分子的分子轨道可以图 18-3 表示。

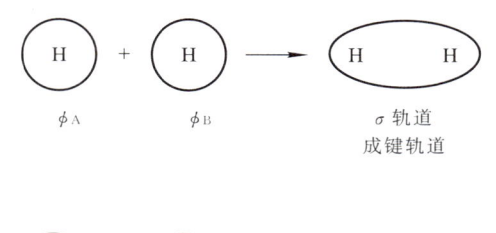

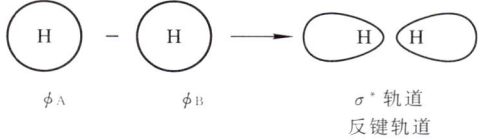

图 18-3　氢分子的分子轨道

原子轨道相加,表示成键组合中,波函数 ϕ 的符号相同,就相当于波的位相相同,表示核间重叠区相互加强,通常就叫作两个轨道的最大重叠,组合成成键轨道。原子轨道相减则表示成键组合中波函数 ϕ 的符号相反,位相相反,表示重叠区互相抵消,或说两个轨道没有重叠,也就是在两个核间出现节面,电子在两个核之间出现的概率为零,因此核间的斥力较大,这就组成反键轨道。反键轨道由于有节面,所以能量高于成键轨道。

总的说来,两个原子轨道 ϕ_A 及 ϕ_B 只有在满足下列三条原则时,才能组合成能量比孤立原子轨道的能量低的稳定的分子轨道。这三条原则是:(1) 最大重叠;(2) 能量相近;(3) 轨道对称性相同。

所谓轨道的对称性相同,指的是轨道的位相相同才能有效地成键。这可以简单地以氟化氢的形成说明。氟化氢是由氢的 1s 轨道与氟的一个 p 轨道组成的,如果按图 18-4(a)所示,氢的

1s 轨道与氟的 p 轨道的"＋"瓣重叠,可以成键,而如按图 18-4(b)所示,氢的 1s 轨道与氟的 p 轨道的"＋","－"两瓣重叠的结果是相互抵消,而无重叠,即不能成键。所以,位相相同是成键的基础。

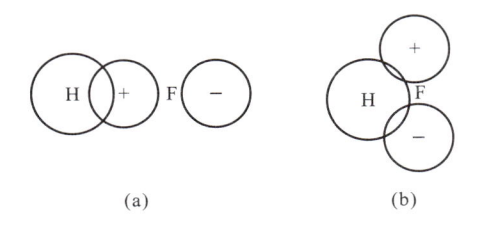

图 18-4 氟化氢分子形成示意图

分子轨道也同样有 σ 轨道与 π 轨道之分,氢分子的两个分子轨道都是 σ 轨道。反键轨道以右上标加"＊"表示。如氢分子中的成键轨道为 σ 轨道,反键轨道以 σ^* 表示。成键轨道中的电子能将原子拉在一起,或说使原子间结合加强,电子如进入反键轨道,则使原子间结合减弱。

分子中的电子也遵循能量最低原理、鲍里原理及洪特规则分布于分子轨道中。所以在基态时,氢分子中的两个电子位于成键轨道中。

通常用分子轨道能级图来表示分子中各分子轨道的能量及电子分布(见图 18-5)。

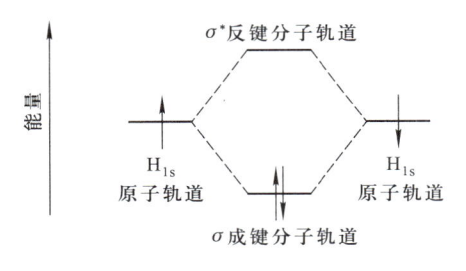

图 18-5 氢分子轨道能级图

除成键轨道及反键轨道外,还有另一种类型的轨道,叫作非键轨道(nonbonding orbital),顾名思义,电子如占据非键轨道,则对原子间的成键作用既不加强也不减弱,也就是对成键不起作用。例如,未共用电子对所占据的轨道就是非键轨道。

对于氢以外的原子(第二周期及其他周期的原子)组成的分子来说,分子轨道的数目将很多,但决定分子化学行为的主要是原子外层的价电子,因此计算分子轨道时,只需考虑由原子的外层价电子组成的分子轨道。对于有机化合物来说,由未经杂化的 p 轨道组成的 π 分子轨道常是主要研究的对象,因为这些 π 分子轨道常赋予化合物以特殊的性质。

由量子力学可以计算出不同分子的分子轨道的形状及各轨道的能量。以下将只引用计算的结果画出几个典型的分子的 π 轨道形状、空间分布、相对能量及轨道中的电子数。

(1) 乙烯　乙烯有两个未参与杂化的 p 轨道,所以有两个 π 分子轨道,一个是成键 π 轨道,另一个是反键 π 轨道,以 π^* 表示。在 π^* 轨道中,两个碳原子核间出现节面,所以能量高于 π 轨道。它们的形状如图 18-6 所示,图中虚线表示非键轨道的能量。在基态时,两个电子都在成键轨道中。如果分子吸收了频率适当的光,则 π 轨道中的一个电子便跃迁至 π^* 轨道中,这样分子便处在一个能量较高的状态,叫作激发态,激发态是不稳定的。

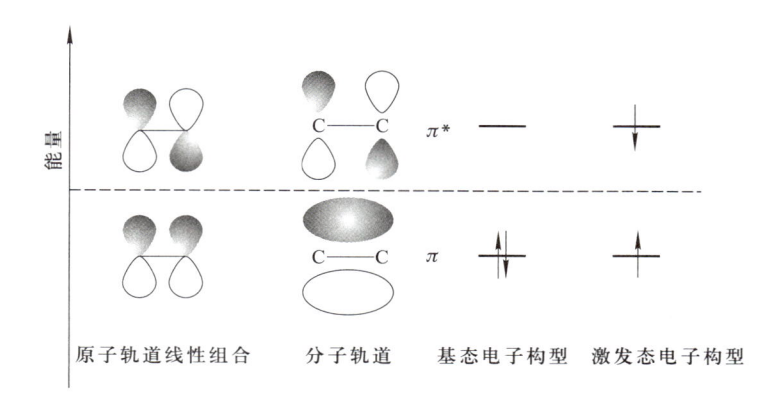

图 18-6　乙烯的 π 及 π^* 轨道

(2) 1,3-丁二烯　1,3-丁二烯中四个 p 轨道组成四个 π 分子轨道,分别以 $\psi_1,\psi_2,\psi_3,\psi_4$ 表示。ψ_1 及 ψ_2 为成键轨道,在基态时 ψ_1 及 ψ_2 中各有一对电子,ψ_3 及 ψ_4 是空着的。这四个 π 分子轨道及它们的能量关系如图 18-7 所示。

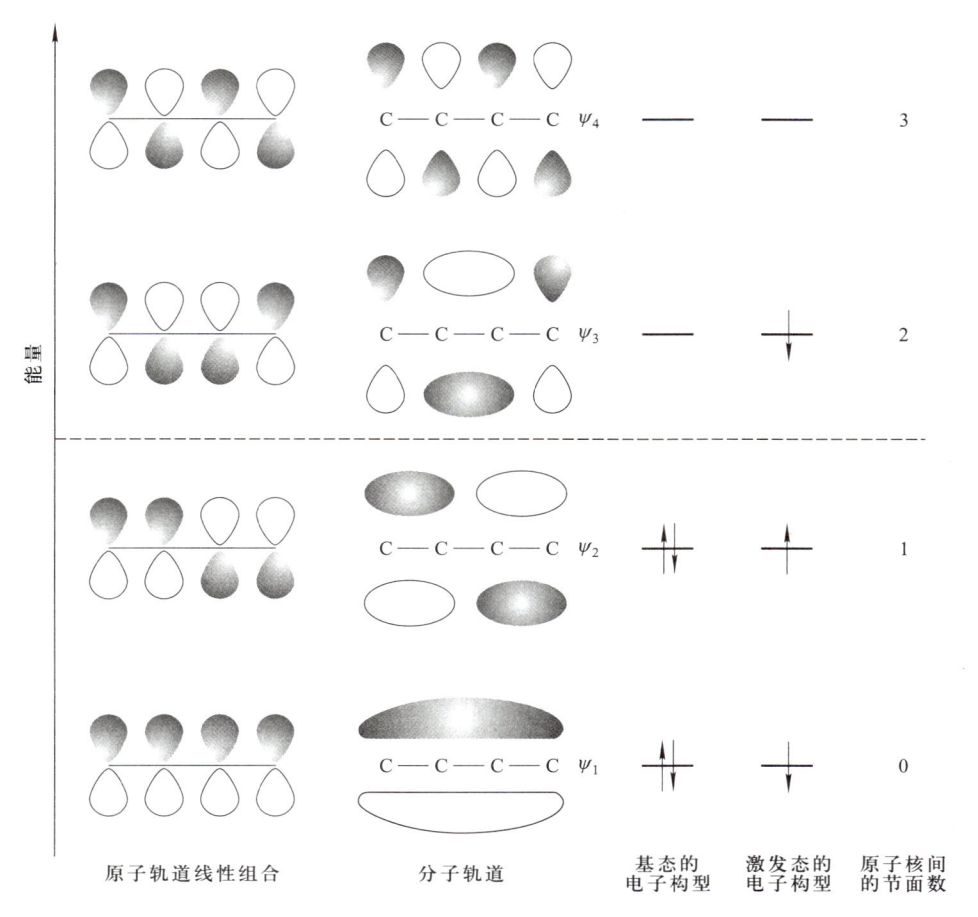

图 18-7　1,3-丁二烯的 π 及 π^* 轨道

ψ_1 是包括了四个原子在内的离域轨道,它决定了共轭体系的稳定性;ψ_2 与两个孤立的 π 轨道相似,但能量比两个孤立的 π 轨道低。四个 π 分子轨道中,在碳原子核之间的节面数逐渐增加,能量逐渐增高。当分子吸收了频率适当的光时,可将一个电子激发至 ψ_3 中。

(3) 苯 苯分子中有六个 p 轨道,组成六个 π 分子轨道,其中有三个成键 π 轨道(见图 18-8),每个轨道中有一对电子。能量最低的是 ψ_1,它包括了全部六个碳原子。ψ_2 及 ψ_3 所包括的碳原子不同,但能量相同,这种轨道叫简并轨道。ψ_1,ψ_2 及 ψ_3 合在一起,使电子密度均匀分布于六个碳原子上,所以总的结果是苯分子的电子密度完全平均化。

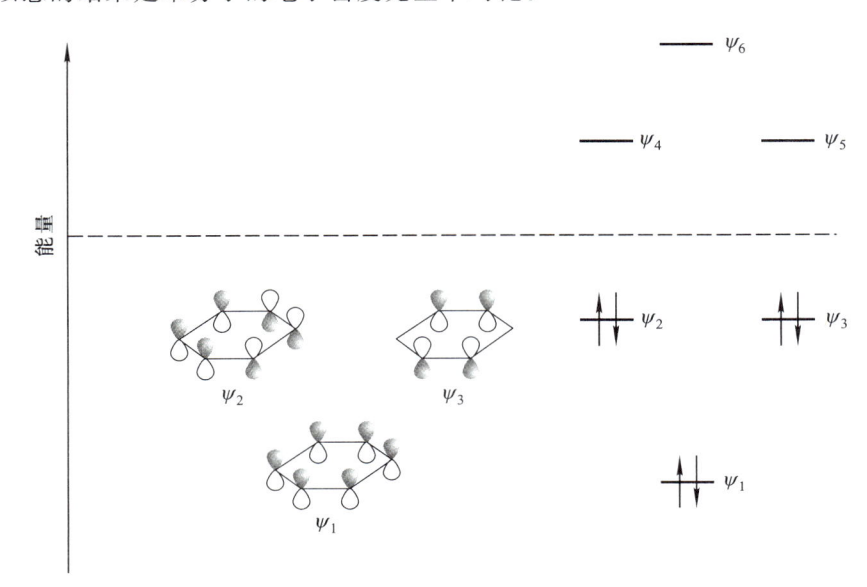

图 18-8 苯的 π 成键轨道及基态时的电子构型

苯分子的这种特殊电子构型与惰性气体的稳定电子构型相似,它赋予苯以特殊的稳定性。凡是一个平面形环状化合物,在环平面的上、下两侧有环形离域的 π 电子云(环闭的共轭体系),并且含有的 π 电子数能填满和苯类似的分子轨道,即一个能量最低的成键轨道和两个能量稍高的成键轨道,则该化合物就有芳香性。

分子轨道对称性与协同反应的关系

在第三章中讲到的双烯合成反应,就其机理讲为协同反应,它属于按协同机理进行的周环反应的一种。所谓协同反应就是在反应过程中,电子的协同重新组织,即键的断裂与形成是同时发生的。周环反应又分几类,双烯合成则属于周环反应中的环加成反应。

双烯合成是很早就被发现的反应,由于它有不同于离子型或游离基型反应的特点,分离不出中间体,因此长期被认为是无机理的反应。自 1965 年 Woodward 和 Hoffmann 提出了"分子轨道对称守恒"原理后,使这类反应的过程得到了很好的解释,其中心思想是,协同反应的进程是受分子轨道的对称性控制的,由分子轨道的对称性可以判断反应能否进行,按什么方式进行,以及反应中的立体化学问题等。这是将分子轨道理论应用于研究有机反应的一项很重要的成就,它涉及的反应及理论都很广,在这里不可能全面深入地讨论,而只是通过1,3-丁二烯与乙烯的双烯合成(环加成)反应,来简单地说明分子轨道的对称性与协同反应的关系。

产物环己烯分子中的两个 σ 键是由反应物中的 π 电子形成的,也就是这两个 σ 键是由1,3-丁二烯与乙烯的分子轨道重叠的结果。但究竟是哪两个轨道进行重叠?如前所述,1,3-丁二烯有四个 π 分子轨道——ψ_1、ψ_2、ψ_3 及 ψ_4。在基态时,四个电子分别占有 ψ_1 及 ψ_2。ψ_2 的能量比 ψ_1 高,叫作最高占据轨道,以 HOMO(highest occupied molecular orbital)表示。这个轨道中的电子是被核拉得较松的电子,也就是反应中最容易被推出去的电子,这就像原子反应中,参加反应的总是能级最高的价电子一样,所以 HOMO 也可以叫作分子的"价"轨道。1,3-丁二烯的 ψ_3 在基态时没有电子,其能量低于 ψ_4,所以叫作最低未占据轨道,以 LUMO(lowest unoccupied molecular orbital)表示。HOMO 及 LUMO 叫作分子的前沿轨道。对于乙烯来说,由 p 电子组成的 π 分子轨道有两个,即 π 及 π^* 轨道,π 轨道为 HOMO,π^* 为 LUMO。

1,3-丁二烯与乙烯分子中的 HOMO 都已各有两个电子,所以发生环加成时,必然是一个分子的 HOMO 与另一分子的空轨道重叠,而 LUMO 是空轨道中能量最低的,所以环加成反应必然是一分子反应物的 HOMO 与另一分子反应物的 LUMO 重叠,电子由 HOMO 流入 LUMO 而成键,对于1,3-丁二烯与乙烯的环加成反应来说,有两种重叠的可能,即1,3-丁二烯的 HOMO(ψ_2)与乙烯的 LUMO(π^*)重叠;或反之,乙烯的 HOMO(π)与1,3-丁二烯的 LUMO(ψ_3)重叠。

1,3-丁二烯与乙烯进行环加成反应,必然是1,3-丁二烯的 C^1 及 C^4 分别与乙烯的两个碳原子结合,所以1,3-丁二烯的构象必须是 s-顺式。由图18-9(a)可以看出,1,3-丁二烯的 ψ_2(HOMO)与乙烯的 π^*(LUMO)的对称性是匹配的,即位相相同的瓣可以重叠。反之,由图18-9(b)可以看出,乙烯的 π(HOMO)与1,3-丁二烯的 ψ_3(LUMO)的对称性也是匹配的。所以无论按哪一种组合方式,一个分子的 HOMO 与另一分子的 LUMO 都可按虚线连接的位相相同的瓣重叠而成键。由于反应物分子轨道对称性的相互匹配,所以这类双烯合成反应一般很容易进行;不需任何催化剂,有时只需稍稍加热即可顺利反应。

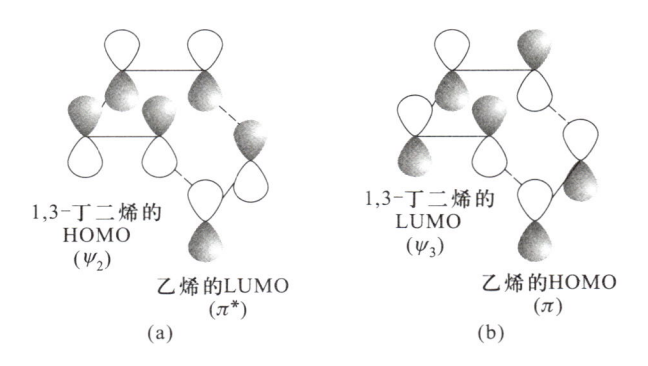

图 18-9　1,3-丁二烯与乙烯环加成反应中前沿轨道的位相

部分习题参考答案或提示

以下答案有的是作为解题示范,有的只作提示。对于合成、鉴别、分离等习题常不止一种解法,故所给答案只是其中的一种方法。

第二章 饱和脂肪烃(烷烃)

2.2 示范:b.

$$\begin{array}{c} H\ H\ H\ H \\ | \ | \ | \ | \\ H-C^1-C^2-C^2-C^2-H \\ | \ | \ | \ | \\ H\ H\ H\ H \\ | \\ H-C^2-C^1-H \\ | \ | \\ H\ H \end{array}$$

己烷(正己烷)

2.3 提示:两种。

2.4 提示:其中 4 个命名有误。

2.5 提示:共 9 种异构体。

2.10 提示:各两种。

2.12 提示:在一对构象式中,固定任一构象,旋转另一构象式中的 C^2-C^3 键,考察 C^2、C^3 上所连基团是否能与被固定的构象重叠。

第三章 不饱和脂肪烃

3.2 提示:其中 3 个命名有误。

3.3 提示:包括顺反异构体共 6 种异构体。

3.5 示范:a. $(CH_3)_2CHCH_2OH$

3.10 提示:共 3 个。

3.12

$$\begin{array}{c} \text{1-己烯} \\ \text{正己烷} \end{array} \xrightarrow[\text{或}KMnO_4]{Br_2-CCl_4} \begin{array}{c} \xrightarrow{\text{无反应}} \text{正己烷} \\ \xrightarrow{\text{褪色}} \text{1-己烯} \end{array}$$

3.13 $H_3CHC=CHCH_3$ $H_2C=CHCH_2CH_3$ 或 $\diagup\!\!\!\diagdown\!\!\!=\!\!\!\diagdown$

3.15

$$\underset{CH_3}{\overset{CH_3}{C}}=CHCH_2CH_2CH_2\underset{CH_3}{\overset{CH_3}{C}} \xrightarrow{H^+} \underset{CH_3}{\overset{CH_3}{C}}=CHCH_2CH_2CH_2\overset{+}{\underset{CH_3}{\overset{CH_3}{C}}}$$

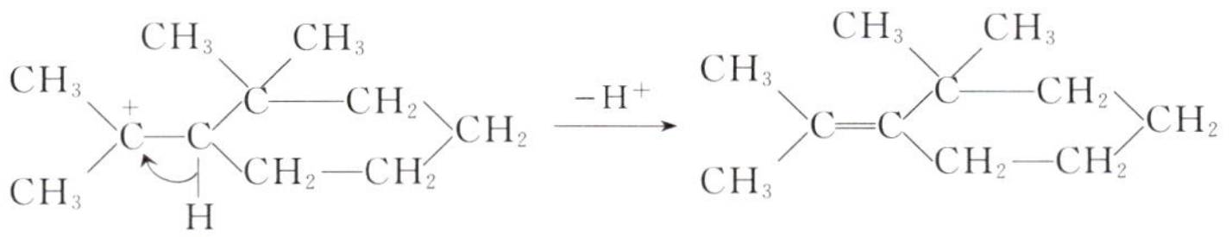

[反应式图：碳正离子 −H⁺ → 烯烃]

3.16 提示：有两种可能的结构。

3.20 a. 示范：

	Br_2-CCl_4	$Ag(NH_3)_2^+$
正庚烷	无反应	无反应
1,4-庚二烯	Br_2 的红棕色褪去	无反应
1-庚炔	Br_2 的红棕色褪去	有白色沉淀

3.21 d. 提示：双烯合成反应。

3.22 A. $CH_3CHCH_2C\equiv CH$
              $|$
              CH_3

3.23 A. $CH_3CH_2CH_2CH_2C\equiv CH$，B. $CH_3CH=CH-CH=CH-CH_3$

第四章 环烃

4.1 提示：包括顺反异构共 6 种（不含下一章中将讲的对映异构）。

4.2 提示：共 8 种。

4.7 a. 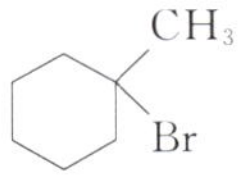 1-甲基-1-溴环己烷 e. 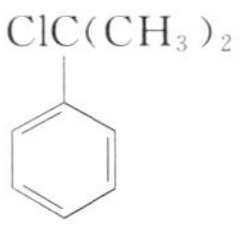 异丙苯基氯 (ClC(CH₃)₂-C₆H₅) f. $CH_3\overset{O}{\underset{\|}{C}}CH_2CH_2CH_2CHO$

h. 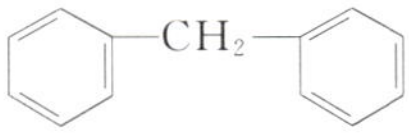 二苯甲烷 (C₆H₅CH₂C₆H₅) k. 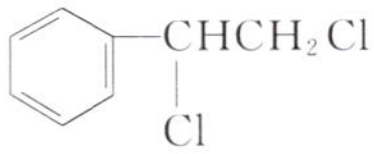 苯基-CHCH₂Cl 基 Cl

4.8 反-1-甲基-3-异丙基环己烷：

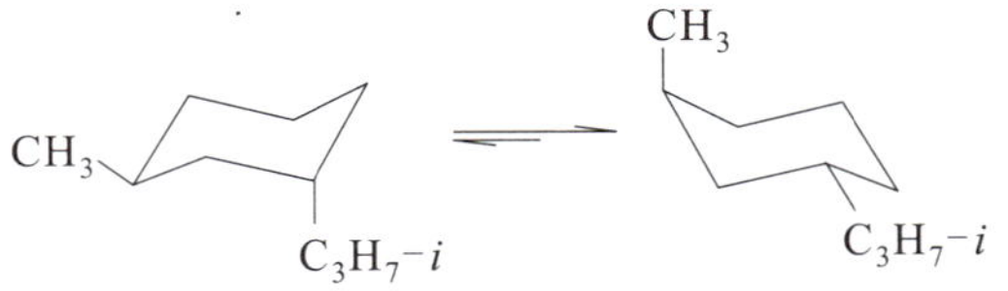

[两个椅式构象互变图]

4.10 b。

4.11
a. 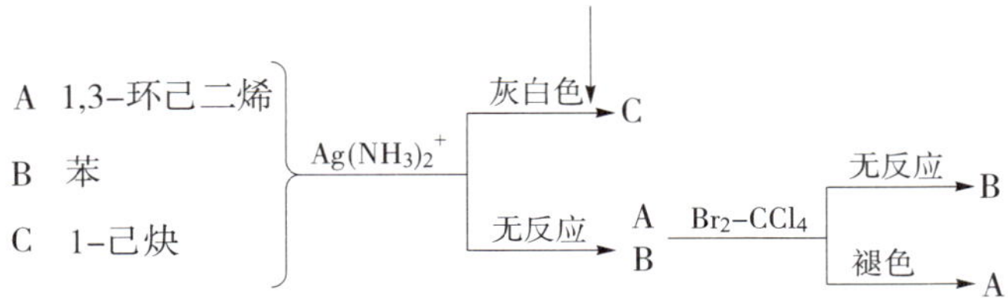 A 1,3-环己二烯, B 苯, C 1-己炔
  $Ag(NH_3)_2^+$ → 灰白色 → C；无反应 → A,B；Br_2-CCl_4 → 褪色 → A，无反应 → B

b. A 环丙烷, B 丙烯
  $KMnO_4$ → 无反应 → A；褪色 → B

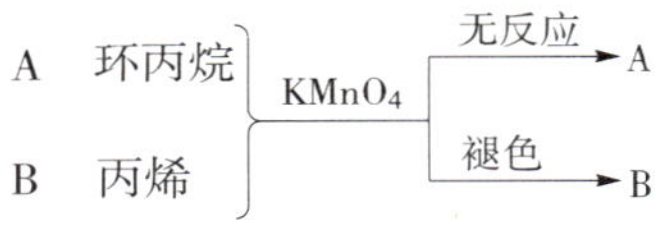

4.14 可能结构式有 5 个。

4.15 A：

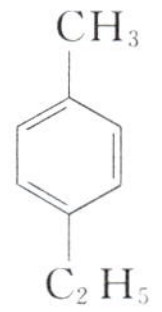

（对甲基乙苯结构：苯环上对位连CH₃和C₂H₅）

4.16 （1,3-二溴苯结构）

4.17

A. 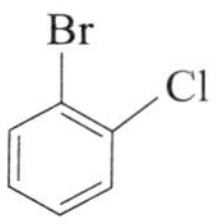 （邻位-Br,Cl） B. 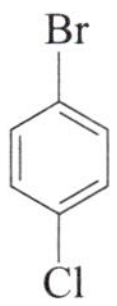 （对位-Br,Cl） C. 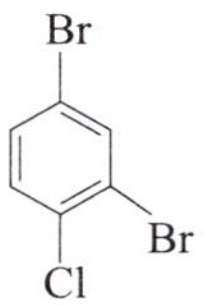 （2,4-Br,Cl） D. 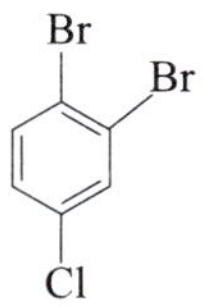 （2,3-Br,Cl）

第五章 旋光异构

5.4 提示：a,b,c,e,f,h,i,l 有旋光异构体。

5.7 提示：其结构式为 $CH_3CH_2\underset{\underset{CH_3}{|}}{C}HCOOH$ 。

5.9 b。

5.10 提示：a. 对映异构体　　b. 相同分子　　c. 非对映异构体　　d. 非对映异构体
　　　　e. 官能团位置异构体　　f. 相同分子　　g. 顺反异构体　　h. 相同分子

5.13 提示：有 5 个手性碳。

5.14 a,d。

第六章 卤代烃

6.2 提示：包括对映异构体共 11 种。

6.3 提示：包括旋光异构体共 13 种。

6.4 c. 提示：最后一步为双烯合成反应。

　　f. 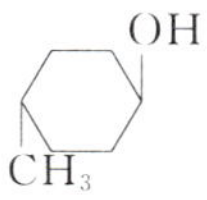 （1-甲基-环己醇结构）

　　g. 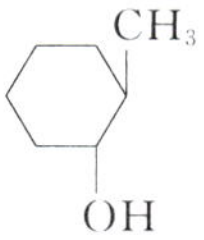 （顺式和反式1-甲基环己-1-醇）＋

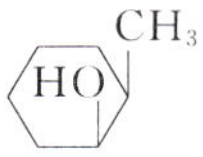

　　j. $(CH_3)_2C = CH_2$

6.8 A：$CH_3CH_2\underset{\underset{Br}{|}}{C}HCH_3$

6.10 提示：$\overset{CH_3}{\underset{H}{\overset{|}{\underset{|}{C_2H_5\cdots C}}}}-Br$　（S）-2-溴丁烷

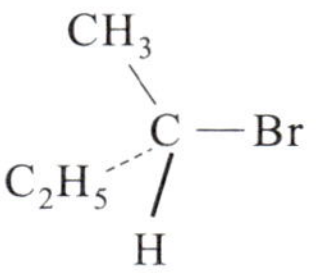

6.12

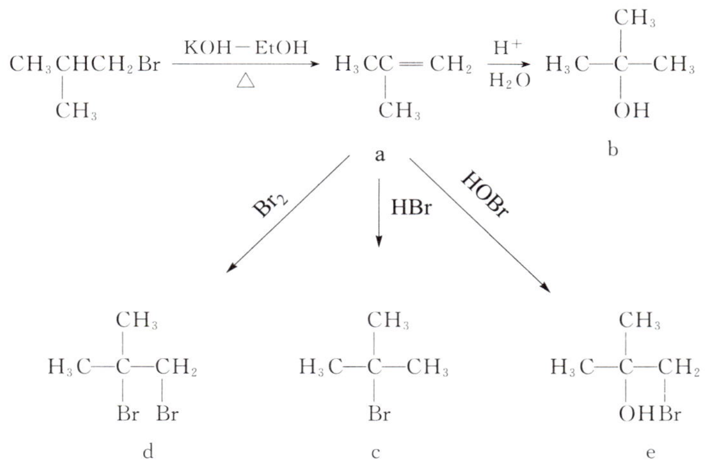

$CH_3CHCH_2Br \xrightarrow[\triangle]{KOH-EtOH} H_3CC=CH_2 \xrightarrow[H_2O]{H^+} H_3C-C-CH_3$
（带有 CH_3 取代基及 OH）

a: $H_3CC=CH_2$ 中间体，CH_3
b: $(CH_3)_3C-OH$

a 经 Br_2、HBr、HOBr 分别得到 d、c、e：

d: $H_3C-C(CH_3)-CH_2$ 带 Br, Br
c: $H_3C-C(CH_3)-CH_3$ 带 Br
e: $H_3C-C(CH_3)-CH_2$ 带 OH, Br

6.13 A $BrCH_2CH_2CH_3$ B $H_2C=CHCH_3$ C $CH_3CHBrCH_3$

第七章 光谱法在有机化学中的应用

7.6 提示：由分子式及谱图表明为带有苯环的化合物。

7.9 a. 全反式 $CH_3(CH=CH)_{11}CH_3$ > 全反式 $CH_3(CH=CH)_{10}CH_3$ > 全反式 $CH_3(CH=CH)_9CH_3$

b. 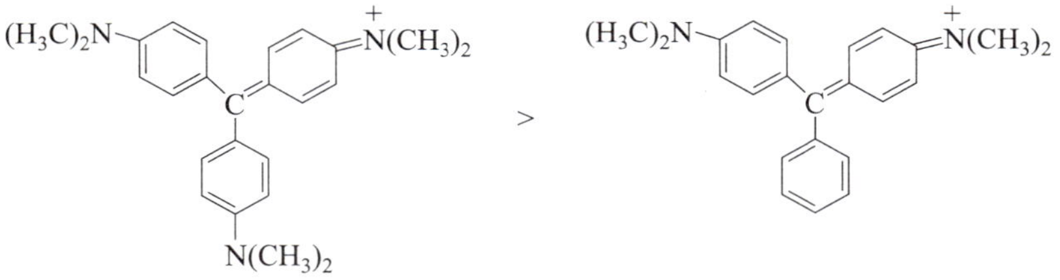 [结构式1: 三个对位二甲氨基苯基取代的碳正离子] > [结构式2: 两个对位二甲氨基苯基和一个苯基取代的碳正离子]

c. 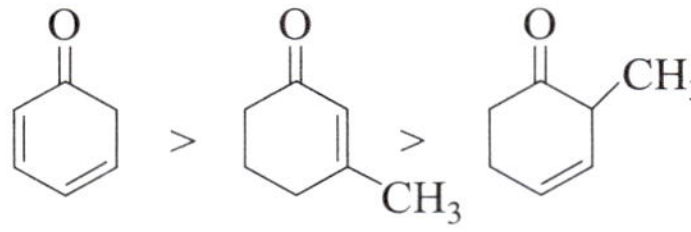 [环己二烯酮] > [3-甲基环己烯酮] > [6-甲基环己烯酮]

d. 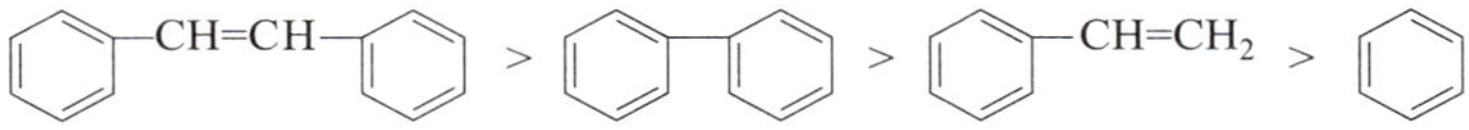 [$C_6H_5CH=CHC_6H_5$] > [联苯] > [$C_6H_5CH=CH_2$] > [苯]

7.13 提示：不能。

7.17 提示：首先看 A，B，C 的 ^1H NMR 谱各应有几组峰，然后再看裂分情况是否与谱图符合。

7.19 提示：由分子式及两个谱图均表明为带有苯环的化合物。

7.20 提示：应有两组峰。

7.21 提示：A 的结构式为 $CH_3^{(a)}CH^{(b)}CH_3^{(a)}$，中间 C 上连 Br。

第八章 醇、酚、醚

8.2 提示：含立体异构体则醇有 11 种，醚有 7 种。

8.5 f. 提示：$CH_2=CH_2 \longrightarrow$ 环氧乙烷（CH_2-CH_2 with O bridge）。

8.6 a. Ag(NH$_3$)$_2^+$ b. FeCl$_3$ c. 浓 H$_2$SO$_4$ 和 K$_2$Cr$_2$O$_7$ d. 浓 H$_2$SO$_4$

8.8

8.9 c. ICH$_2$CH$_2$CH$_2$CH$_2$CHI   g.
          |
          CH$_3$

（环戊基结构，含 CH$_3$ 和两个 OH）

8.10 用 NaOH 水溶液萃取洗涤除去叔丁基酚

8.11 c 为 CH$_3$—C(CH$_3$)(OH)—CH(OH)—CH$_3$

8.12 a. IR   b. ^{1}H NMR   c. ^{1}H NMR 或 IR   d. ^{1}H NMR

第九章 醛、酮、醌

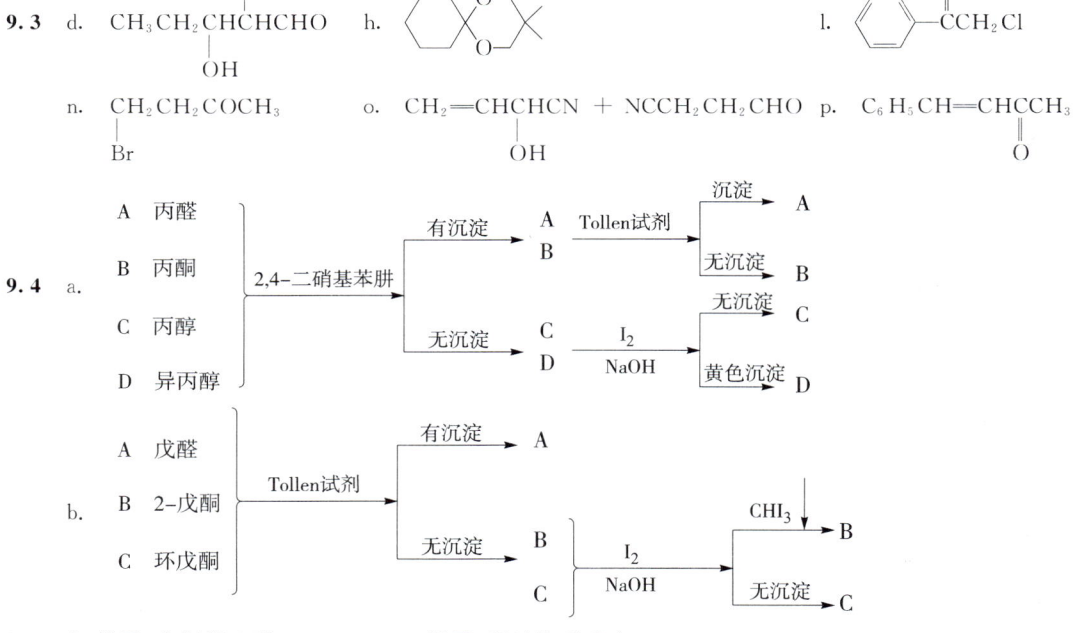

9.3 d. CH$_3$CH$_2$CH(OH)CH(CH$_3$)CHO   h. （螺环缩酮结构）   l. C$_6$H$_5$COCH$_2$Cl

n. CH$_2$(Br)CH$_2$COCH$_3$ o. CH$_2$=CHCH(OH)CN + NCCH$_2$CH$_2$CHO   p. C$_6$H$_5$CH=CHCOCH$_3$

9.4 a.
```
A 丙醛 ┐                    ┌ 有沉淀 A ┐ Tollen试剂 ┌ 沉淀   A
B 丙酮 │ 2,4-二硝基苯肼      │         B │           └ 无沉淀 B
C 丙醇 │ ──────────────→   │         
D 异丙醇┘                   └ 无沉淀 C ┐ I$_2$      ┌ 无沉淀 C
                                      D │ NaOH      └ 黄色沉淀 D
```

b.
```
A 戊醛 ┐                  ┌ 有沉淀 A
B 2-戊酮│ Tollen试剂       │                    ┌ CHI$_3$↓  B
C 环戊酮┘ ──────────→    └ 无沉淀 B ┐ I$_2$    │
                                    C │ NaOH   └ 无沉淀    C
```

9.5 d. 提示：先制得乙醛。   e. 提示：通过格氏反应。
       f. 提示：需保护醛基。

9.7

$$\text{C}_6\text{H}_5\text{CH}_3 \xrightarrow[\text{光}]{\text{Cl}_2} \text{C}_6\text{H}_5\text{CH}_2\text{Cl} \xrightarrow[\text{Et}_2\text{O}]{\text{Mg}} \text{C}_6\text{H}_5\text{CH}_2\text{MgCl} \xrightarrow[\text{②H}^+]{\text{①HCHO}} \text{C}_6\text{H}_5\text{CH}_2\text{CH}_2\text{OH}$$

$$\text{C}_6\text{H}_6 \xrightarrow[\text{Fe}]{\text{Br}_2} \text{C}_6\text{H}_5\text{Br} \xrightarrow[\text{Et}_2\text{O}]{\text{Mg}} \text{C}_6\text{H}_5\text{MgBr} \xrightarrow{\text{环氧乙烷}} \text{C}_6\text{H}_5\text{CH}_2\text{CH}_2\text{OMgBr} \xrightarrow{\text{H}_3\text{O}^+} \text{C}_6\text{H}_5\text{CH}_2\text{CH}_2\text{OH}$$

9.8 d. 2-羟基环己基甲醛 (OH, CHO on cyclohexane)

9.11 2-甲基环十三酮

9.12 E: CH_3COCH_3

9.15 $\text{CH}_3\text{CH}_2\text{COCH}_3$

9.17 对氯苯乙酮 (4-Cl-C$_6$H$_4$-COCH$_3$)

9.19 丙酮

第十章 羧酸及其衍生物

10.2 酸性排序 g＞a＞b＞c＞f＞e＞h＞d

10.3
a. 邻苯二乙酸 (1,2-C$_6$H$_4$(CH$_2$COOH)$_2$)
e. 2-茚酮
h. $\text{CH}_3\text{CH}_2\text{COCH}(\text{CH}_3)\text{COOC}_2\text{H}_5$
j. $\text{CH}_3\text{CH}_2\text{COOH} + \text{CO}_2$
k. 2-溴环己基甲酸
o. 2-氧代环戊基甲酸乙酯
p. 烟酸根 $+ \text{NH}_3\uparrow$
q. 乙内酰脲 (hydantoin)

10.4
a. KMnO$_4$ b. FeCl$_3$
c. Br$_2$ 或 KMnO$_4$ d. ①FeCl$_3$ ②2,4-二硝基苯肼或 I$_2$/NaOH

10.5
c. 提示：产物是 α-羟基酸。
d. 提示：先氧化。
e. 提示：先加 HBr。
h. 提示：先氧化。
j. 提示：先进行 α-氯化。

10.6

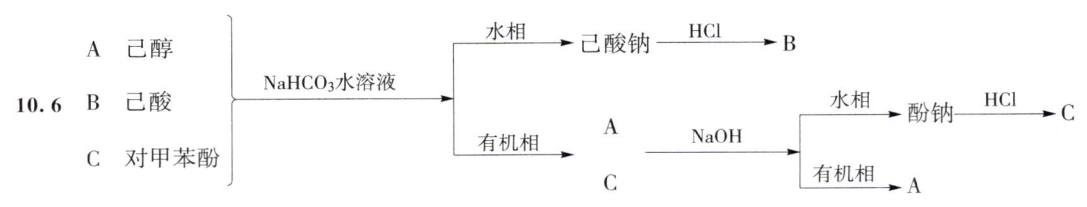

```
      A  己醇
10.6  B  己酸       ──NaHCO₃水溶液──→  水相 → 己酸钠 ──HCl──→ B
      C  对甲苯酚                        有机相 → A,C ──NaOH──→ 水相 → 酚钠 ──HCl──→ C
                                                              有机相 → A
```

10.7 共 7 种异构体。

10.8 D: $HOCH_2CH_2CH_2CH_2OH$。

10.9 a. IR b. ^1H NMR c. ^1H NMR d. IR 或 ^1H NMR

第十一章 取代酸

11.2 a.

```
A  CH₃CH₂CH₂COCH₂COOCH₃
B  邻羟基苯甲酸 (水杨酸)
C  CH₃CH(OH)COOH
```
──FeCl₃──→ 显色 A,B ──Na₂CO₃──→ 溶解，有气体放出 B；无变化 A
           不显色 C

b. 滴加三氯化铁溶液，后者显色。

11.3 a. $CH_3COCH_2CH_3$ d. 2-丙基环戊酮 e. $CH_3COCH(CH_3)_2$ l. 六氢邻苯二甲酸酐

11.4 a. $CH_3COCH_3 \rightleftharpoons CH_3C(OH)=CH_2$

c. $CH_3COCH_2CHO \rightleftharpoons CH_3C(OH)=CHCHO + CH_3COCH=CHOH$

11.5 b. 2-甲氧羰基环己酮 ──①$NaOC_2H_5$ ②$ClCH_2COCH_3$──→ 1-(2-氧丙基)-2-甲氧羰基环己酮 ──①稀OH^- ②H^+,Δ──→ 2-(2-氧丙基)环己酮

d. 提示：通过丙二酸酯合成。

第十二章 含氮化合物

12.1 提示：共 9 种。

12.4 示范：b. $(CH_3)_2NH \cdots\cdots \underset{H}{N}(CH_3)_2$。

12.6 提示：$(\pm)$-$CH_3CH_2CH(NH_2)CH_3$ + $(+)$-$HOOCCH(OH)CH(OH)COOH$ ⟶

$(+)$-$CH_3CH_2CH(NH_3^+)CH_3 \cdot {}^-OOCCH(OH)CH(OH)COOH$-$(+)$ +

$(-)-CH_3CH_2\overset{|}{\underset{CH_3}{C}}H\overset{+}{N}H_3 \cdot \overset{-}{O}OCCH\text{—}CHCOOH-(+)$
$\phantom{(-)-CH_3CH_2\overset{|}{\underset{CH_3}{C}}H\overset{+}{N}H_3 \cdot \overset{-}{O}OCCH}\underset{OH}{|}\underset{OH}{|}$

12.7 d. 内酰胺　　j. N-取代酰胺　　k. α-氨基酮

12.8 a、b、c、d、e

12.9 d. 提示：先增长碳链。

f. 提示：先制成苯胺及间硝基溴苯。

12.11

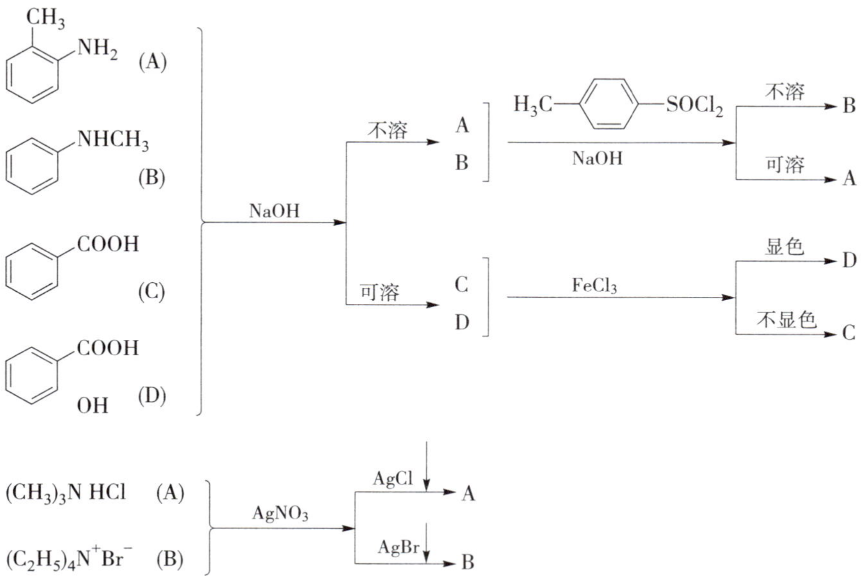

12.13

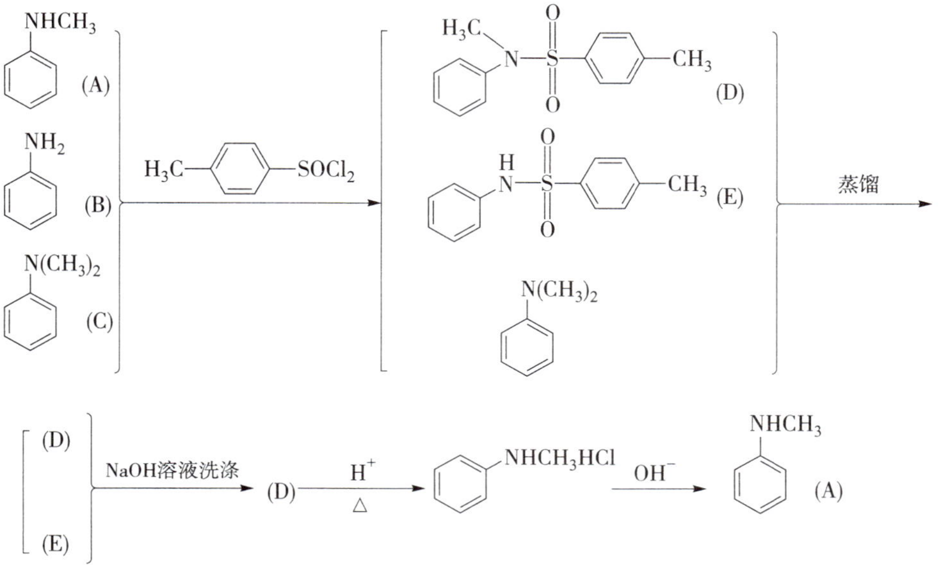

12.14 碱性 e＞d＞b＞c＞a

12.15

$$\left.\begin{array}{l}\text{C}_6\text{H}_5\text{CH}_2\text{NH}_2 \\ \text{C}_6\text{H}_5\text{CH}_2\text{OH} \\ \text{4-CH}_3\text{C}_6\text{H}_4\text{OH}\end{array}\right\} \xrightarrow{\text{HCl-H}_2\text{O}}$$

水层 ($\text{C}_6\text{H}_5\text{CH}_2\text{NH}_2 \cdot \text{HCl}$) $\xrightarrow{\text{NaOH}}$ $\text{C}_6\text{H}_5\text{CH}_2\text{NH}_2$

有机层 ($\text{C}_6\text{H}_5\text{CH}_2\text{OH}$ + 4-$\text{CH}_3\text{C}_6\text{H}_4\text{OH}$) $\xrightarrow{\text{NaOH-H}_2\text{O}}$

水层 (4-$\text{CH}_3\text{C}_6\text{H}_4\text{ONa}$) 有机层 ($\text{C}_6\text{H}_5\text{CH}_2\text{OH}$)

再分别进行分离提纯。

12.16 提示：根据分子式及与亚硝酸作用放出氮气说明 A 为脂肪伯胺。B 能进行碘仿反应表明含有 $\text{CH}_3\text{C}\!\!=\!\!\text{O}$— 或 $\text{CH}_3\text{CH(OH)}$— 基团。

第十三章 含硫和含磷有机化合物

13.2 a,c,b,d

13.6 a. 提示：合成硫醚再氧化。

第十四章 碳水化合物

14.1 b. 甲基-α-D-2-脱氧呋喃戊醛糖苷。

c. β-D-吡喃戊醛糖。

e. 双糖，两个单糖均为 D 型，1,1′-糖苷键。

14.5 L-甘露糖：

$$\begin{array}{c}\text{CHO}\\ \text{H}\!-\!\!\!-\!\text{OH}\\ \text{H}\!-\!\!\!-\!\text{OH}\\ \text{HO}\!-\!\!\!-\!\text{H}\\ \text{HO}\!-\!\!\!-\!\text{H}\\ \text{CH}_2\text{OH}\end{array}$$

14.7 b.

$$\begin{array}{c}\text{HO}\\ |\\ \text{CH}\\ |\!\!-\!\text{OH}\\ |\!\!-\!\text{OCOCH}_3\\ |\!\!-\!\text{O}\\ \text{CH}_2\text{OH}\end{array}$$

14.8 a,b,f.

14.9 b 能，b 为酮糖，而 a 为糖苷，c 为糖内酯，d 为多元醇。

14.10 D-阿洛糖 D-半乳糖

14.11

```
  CHO              CHO
  |                |
  |—OH         和  C=O
  |                |
  |—OH             |—OH
  |                |
  CH₂OH            CH₂OH
```

14.12 a. Bendict 试剂   b. I₂   c. I₂   d. Br₂—H₂O   Tollen 试剂

14.13 a.
```
  CHO             CHO              CH₂OH
  |—OH     NaOH   HO—|             C=O
  |—OH   ⇌        |—OH      ⇌      |—OH
  |—OH    H₂O     |—OH             |—OH
  CH₂OH           CH₂OH            CH₂OH
```

d. (吡喃糖结构)   g.
```
COOH
|—OH
|—OH
|—OH
CH₂OH
```

14.15 甲基化法的产物：

$$\begin{array}{c}COOH\\|\\CH_3O—|\\|\\COOH\end{array},\quad \begin{array}{c}COOH\\|—OCH_3\\|\\COOH\end{array},\quad \begin{array}{c}COOH\\|—OCH_3\\|\\CH_2OCH_3\end{array},\quad \begin{array}{c}COOH\\|\\CH_2OCH_3\end{array}$$

高碘酸法的产物：HCHO,
```
CHO
|
CHOH ,
|
CHO
```
CHO

14.17 提示：可以。

14.21 提示：D-葡萄糖醛酸的透视式为 (吡喃糖环结构，含COOH) 。

第十五章　氨基酸、多肽与蛋白质

15.1 b. 谷氨酰胺的结构式为 $H_2NOCCH_2CH_2CHCOOH$
　　　　　　　　　　　　　　　　　　　　　　　$\quad\quad\quad\quad\quad\quad\quad\ |$
　　　　　　　　　　　　　　　　　　　　　　　$\quad\quad\quad\quad\quad\quad\ NH_2$ 。

15.2 b. HO—⟨C₆H₄⟩—CH₂CHCOOH ，NaO—⟨C₆H₄⟩—CH₂CHCOONa
　　　　　　　　　　　　　| |
　　　　　　　　　　 NH₃⁺Cl⁻   NH₂

15.3 b. 提示：其中一个有碘仿反应。

15.4 b. $H_2N(CH_2)_4CHCOO^-$
　　　　　　　　　　　$\quad\quad\quad\ |$
　　　　　　　　　　　$\quad\quad\ NH_2$

15.5 c. CH₃CH(OH)COOH   g. CH₃CH₂CH(CH₃)CH(N⁺(CH₂CH₃)₃)COOH · I⁻   i. (3,5-二溴-4-羟基苯基)CH₂CH(NH₂)COOH · HBr

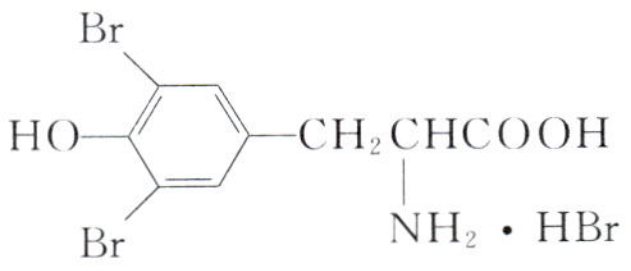

15.6 CH₃CH(NH₂)COOH

15.7 CH₃CH(CH₃)CH₂COOH $\xrightarrow[Cl_2]{P}$ CH₃CH(CH₃)CHClCOOH $\xrightarrow{NH_3}$ CH₃CH(CH₃)CH(NH₂)COOH

15.10 a. 丝氨酸－甘氨酸－亮氨酸，简写为：丝－甘－亮

　　　　 b. 谷氨酸－苯丙氨酸－苏氨酸，简写为：谷－苯丙－苏

15.12 含—CONH₂ 或精氨酸。

15.13 丙－甘－丙 或 丙－丙－甘

15.14 精－脯－脯－甘－苯丙－丝－脯－苯丙－精

第十六章　类脂化合物

16.3 提示：a. 用 NaOH 或 KOH，b. 用 Br₂—CCl₄，d. 用 Ca(OH)₂。

16.4 提示：经皂化，加氢，还原，酯化等过程。

16.10 其中一个产物为 HOCH₂CH(NH₂)CH(OH)CH=CH(CH₂)₁₂CH₃

16.11 d.（1）

16.13 示范：

a. 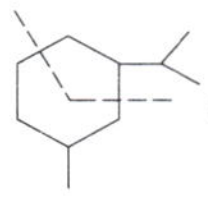 （结构式），单萜　　j. 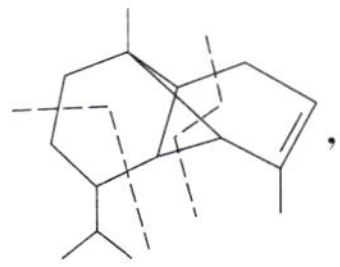 （结构式），倍半萜

16.14 提示：薄荷醇 （结构式）

16.17 （结构式）

16.21 （反应式：烯醛 $\xrightarrow{H^+}$ 碳正离子中间体 $\rightarrow$ 环化产物）

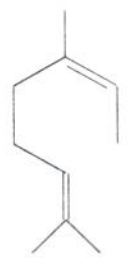

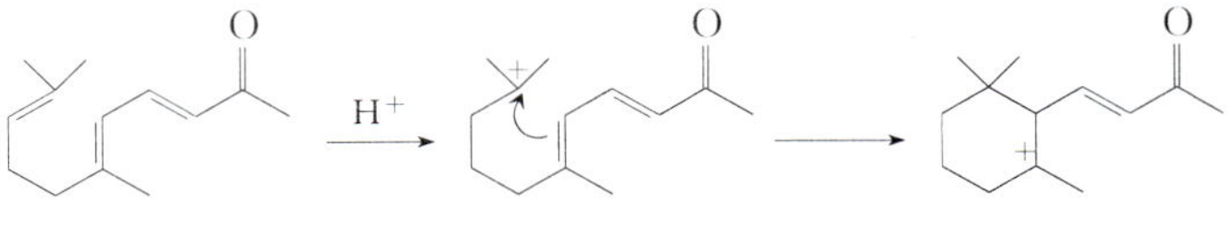

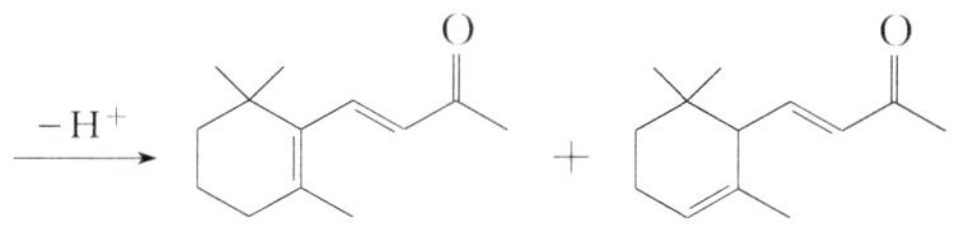

$\xrightarrow{-H^+}$ [2,6,6-trimethyl-1-cyclohexenyl-but-3-en-2-one] + [2,6,6-trimethyl-2-cyclohexenyl-but-3-en-2-one]

第十七章 杂环化合物

17.8 [adenosine structure: adenine attached to ribose with HOCH₂, OH, OH groups]

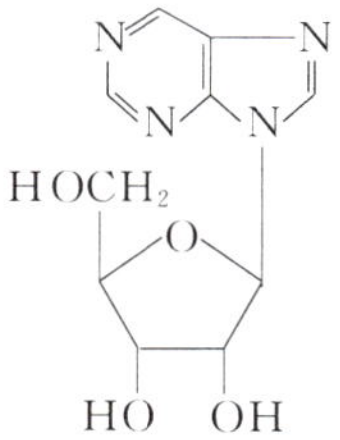

17.10 a.  [furan-2-yl-COCH₃] d. 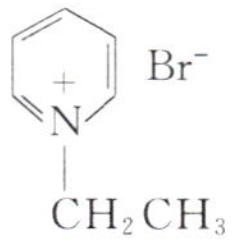 [N-ethyl pyridinium Br⁻] f. 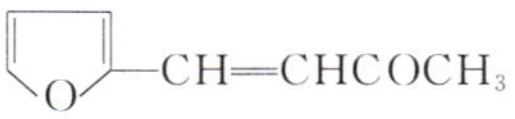 [furan-CH=CHCOCH₃] h. 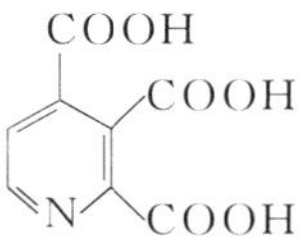 [pyridine-2,3,4-tricarboxylic acid]

17.12 [4-methylpyridine] $\xrightarrow{KMnO_4}$ [isonicotinic acid, COOH] $\xrightarrow{SOCl_2}$ [isonicotinoyl chloride, COCl] $\xrightarrow{H_2NNH_2}$ [isonicotinohydrazide, CONHNH₂]

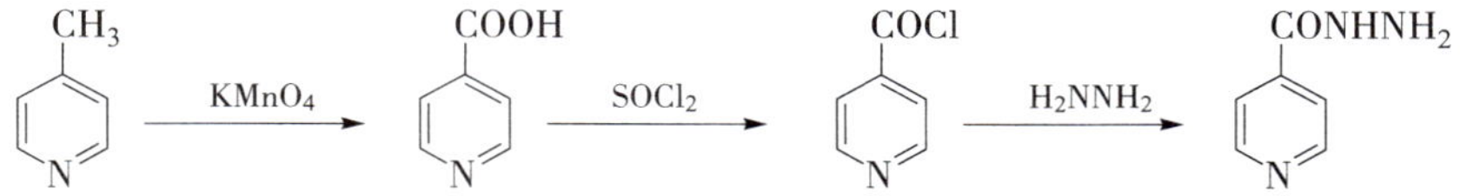

17.13 c. 吡啶能与水混溶。

17.15 提示：有三种产物。

索引

本索引按中文名词的汉语拼音字母顺序排列。编排索引的另一目的是介绍英文名称,故有些名词后未注页数;又由于已有可供查找一般内容的比较详细的目录,因此索引中没有编排次条目。

a
 阿拉伯糖 arabinose 278
 阿洛糖 allose 278
 阿洛酮糖 psicose 279
 阿司匹林 Aspirin 227
 阿斯巴甜 aspartame 295
 阿卓糖 altrose 278

ai
 艾杜糖 idose 278

an
 桉树脑 cineole(eucalyptole) 159
 安赛蜜 acesulfame potassium 295
 氨基 amino group 298
 ω-氨基己酸 ω-aminocaproic acid 311
 氨基己糖 aminohexose 292
 氨基脲 semicarbazide 172
 氨基葡萄糖 glucosamine 292
 氨基酸 amino acid 306
 氨基糖 aminosugar 292
 氨解 ammonolysis 211,244
 胺 amine 239

ao
 螯合环 chelate ring 154

ba
 巴豆醇 crotonyl alcohol 175
 巴豆醛 crotonaldehyde 169,175
 巴豆酸 crotonic acid 195
 巴尔 BAL 262
 巴西棕榈蜡 carnauba wax 330

ban
 半胱氨酸 cysteine 263,307,311,320
 半乳糖 galactose 278,283
 半缩醛 semiacetal(hemiacetal) 173
 半纤维素 hemicellulose 302

bao
 胞嘧啶 cytosine 364
 胞嘧啶核苷 cytidine 364
 饱和烃 saturated hydrocarbon 12

bei
 倍半萜 sesquiterpene 333,336

ben
 苯 benzene 60,61,62,378
 苯胺 aniline 75,76,238
 苯丙氨酸 phenylalanine 295,307
 苯并吡喃 benzopyran(e) 353,362
 苯并芘 benzo(a)pyrene 80
 苯酚 phenol 150,151,152,153,154,155
 苯磺酸 benzene sulfonic acid 67
 苯磺酰胺 benzene sulfonamide 245
 苯磺酰氯 benzene sulfonyl chloride 245
 苯甲醇(苄醇) benzyl alcohol 61,139
 苯甲醚 anisole 153,158
 苯甲醛 benzaldehyde 168
 苯甲酸 benzoic acid 184,195,205,312

苯甲酰胺　benzamide(benzoyl amide)　208
苯甲酰氯　benzoyl chloride　208
苯肼　phenylhydrazine　172,285
苯乙内酰硫脲　N-phenylthiohydantoin　316
苯乙酮　acetophenone　169
苯乙烯　styrene　61
苯腙　phenylhydrazone　286

bi
　BHT butylated hydroxytoluene　157
　比旋光度　specific rotation　86
　吡啶　pyridine　351
　吡啶甲酸(烟酸)　nicotinic acid　359
　吡啶甲酰胺(烟酰胺)　nicotinamide (nicotinic amide)　359
　吡哆胺　pyridoxamine　360
　吡哆醇　pyridoxiol (pyridoxol)　360
　吡哆醛　pyridoxal　360
　吡咯　pyrrole　353
　吡喃　pyran　352
　吡喃糖　pyranose　281
　蓖麻油酸　ricinoleic acid　324

bian
　变性　denaturation　320
　变旋现象　mutarotation　284

biao
　表面活性剂　surfactant(surface active agent)　327

bing
　丙氨酸　alanine　307
　丙醇　propanol(propyl alcohol)　140
　丙二酸　malonic acid(propandioic acid)　197,232
　丙二酸酯　malonic ester　232
　丙二烯　allene(propadiene)　50,93
　丙基　propyl group　15
　丙炔　propyne　43
　丙三醇(甘油)　glycerin(glycerol;1,2,3-propanetriol)　139,148
　丙酸　propionic acid(propanoic acid)　197
　丙酮　acetone(propanone)　184
　丙酮酸　pyruvic acid　224
　丙烷　propane　12
　丙烯　propene(propylene)　31,36
　丙烯腈　acrylonitrile　46
　丙酰胺　propionamide　216

bo
　波长　wavelength　117
　波动力学　wave mechanics　373
　波函数　wave function　373
　波数　wavenumber　118
　莰醇(冰片或苋醇)　borneol　335
　莰烷　bornane　335
　伯　primary　14
　伯胺　primary amine　173,211
　伯醇　primary alcohol　138
　薄荷醇　menthol　334

bu
　α,β-不饱和羰基化合物　α,β-unsaturated carbonyl compound　180
　不饱和烃　unsaturated hydrocarbon　31
　不对称分子　asymmetric molecule　87
　不对称合成　asymmetric synthesis　95
　不对称伸缩振动　asymmetric stretching vibration　119

cao
　草甘膦　glyphosate[N-(phosphonomethyl)glycine]　272

cha
　差向异构化　epimerization　287
　差向异构体　epimer　287

chan
　蟾毒(蟾蜍毒素)　toad poison　345
　蟾毒配基　bufotalin　345

chao
　晁模酸　chaulmoogric acid　324

cheng
　橙花醇　nerol　333
　成键轨道　bonding orbital　375

chi
　赤型　erythro　94
　赤藓糖　erythrose　277
　赤藓酮糖　erythrulose　279

chong
　重氮化　diazotization　246
　重氮化合物　diazonium compound　236
　重氮盐　diazonium salt　246

重叠式构象　eclipsed conformation　20
重排　rearrangement　143,333
重结晶　recrystallization　8
虫蜡　insect wax　330

chou
　稠环芳香烃　fused polycyclic aromatic hydrocarbon　63,76
　稠杂环　fused heterocycle　353
　臭氧　ozone　41
　臭氧化　ozonization　41
　臭氧化物　ozonide　41

chu
　除虫菊酯　pyrethrin　214

chuan
　船型　boat form　56

chun
　醇　alcohol　138
　醇解　alcoholysis　210
　醇钠（镁）　sodium(magnesium)alkoxide　141
　醇酸　alcoholic acid(hydroxy acid)　206

ci
　磁场　magnetic field　124
　次卤酸　hypohalous acid　39
　次序规则　sequence rule　14,89

cu
　醋酸纤维　cellulose acetate　302

cui
　催产素　oxytocin(ocytocin)　315
　催化　catalyze　35
　催化剂　catalyst　35
　催化氢化　catalytic hydrogenation　35

da
　大黄素　emodin　188

dan
　单键　single bond　12
　丹宁　tannin　227
　单糖　monosaccharide　275,276,277,280
　单体　monomer　42
　单萜　monoterpene　333
　胆固醇　cholesterol　342
　胆碱　choline　249
　胆酸　cholic acid　343

蛋氨酸　methionine　313
蛋白质　protein　319

deng
　等电点　isoelectric point　307,309
　等同氢　equivalent hydrogen　130

di
　DDT　dichlorodiphenyltrichloroethane　113
　低场　downfield　125
　低聚糖　oligosaccharide　275
　敌百虫　Dipterex　270
　敌敌畏　dichlorovos(dichlorvos)　270
　涤纶　terylene　207
　缔合　association　140

dian
　颠茄碱（阿托品）　atropine　367
　碘仿　iodoform　104
　碘值　iodine value(iodine number)　327
　电负性　electronegativity　3
　电离常数　ionization constant　197
　电子密度　electron density　64
　电子跃迁　electronic transition　376
　电子云　electron cloud　2
　淀粉　starch　298
　靛蓝　indigo　253

die
　蝶啶　pteridine　353,365

ding
　丁胺　butyl amine　242
　丁醇　butyl alcohol(butanol)　148
　1,4-丁二胺（腐胺）　1,4-butanediamine, tetramethylenediamine(putrescine)　242
　丁二酸　succinic acid(butanedioic acid)　206
　丁二烯　butadiene　47,377
　丁基　butyl group　15
　丁醛　butyraldehyde　168
　丁醛糖　aldotetrose　276
　丁酸　butyric acid(butanoic acid)　195
　丁酮　butanone(methyl ethyl ketone)　176
　丁酮糖　ketotetrose　276
　丁烯　butene　31
　丁烯二酸　butene dioic acid　195

丁香酚　eugenol　155
定位规律,定位效应　orientation effect　72

du
度米芬　domiphenbromide　329
杜仲胶　gutta percha　51

duan
端基标记法　terminal residue analysis　316

dui
对氨基苯磺酸　p-aminobenzenesulfonic acid (sulfanilic acid)　253
对氨基苯磺酰胺　p-aminobenzenesulfonamide(sulfanilamide)　265
对氨基苯甲酸　p-aminobenzoic acid　266
对苯二酚　hydroquinone　152,156
对苯二甲酸　terephthalic acid(p-phthalic acid)　206
对苯醌单肟　p-quinone oxime　187
对苯醌双肟　p-quinone dioxime　187
对称(性)　symmetry　87
对称面　plane of symmetry　87
对称伸缩振动　symmetric stretching vibration　119
对称因素(对称要素)　symmetry element　87
对称中心　center of symmetry　87
对称轴　axis of symmetry　87
对硫磷　parathion　270
对蓋烷　menthane　334
对位　para-
对位交叉式构象　staggered conformation(或 anti conformation)　21
对映(异构)体　enantiomer　88

duo
多巴　dopa　248
多巴胺　dopamine　248
多环芳香烃　polycyclic aromatic hydrocarbon　62
多聚甲醛　paraformaldehyde　182
多卤代烃　polyhalohydrocarbon(poly-halogenohydrocarbon)　112
多羟基醛　polyhydroxy aldehyde　274
多羟基酮　polyhydroxy ketone　274
多肽　polypeptide　315
多糖　polysaccharide(polyose)　298
多烯色素　polyene pigment　339
多元醇　polyatomic alcohol(polyol)　146
多元酸　polyatomic acid(polyacid)

en
蒽　anthracene　79
蒽醌　anthraquinone　186

er
二苯醚　diphenyl ether　158
二苯乙烯(䓬)　stilbene　63
二氟二氯甲烷　dichlorodifluoro methane　103
二级结构　secondary structure　319
二级碳原子(仲碳原子)　secondary carbon atom　14
二甲胺　dimethylamine　240
二甲苯　xylene　61,120
二甲苯麝香　musk xylol(musk xylene)　238
二甲基甲酰胺　dimethyl formamide　208
二甲亚砜　dimethyl sulfoxide　264
二聚　dimerization　39
二磷酸(焦磷酸)　diphosphoric acid(pyrophosphoric acid)　268
二磷酸腺苷(ADP)　adenosine diphosphate　269
二硫代羧酸　dithio acid　261
二硫化物　disulfide　261
二氯甲烷　methylene chloride(dichloromethane)　103
二萜　diterpene　333
二烷基膦酸　dialkyl phosphonic acid　268
二象性　duality(dual property)　373
2,4-二硝基苯肼　2,4-dinitrophenylhydrazine　173
2,4-二硝基苯腙　2,4-dinitrophenylhydrazone　173
二氧六环　dioxane　162
二乙烯苯　divinylbenzene　266
二元羧酸　dicarboxylic acid　195,197,198

fa
发酵　fermentation　205
法尼醇(金合欢醇)　farnesol　336

fan
番茄红素　lycopene　339
反丁烯二酸　fumaric acid　207
反键轨道　antibonding orbital　375
反时针方向　counterclockwise　86
反式加成　anti addition　36,97
反应机理　reaction mechanism　24
范德华力　van der Waals force　5

fang
　芳香烃　aromatic hydrocarbon　61
　芳香性　aromaticity　61
　芳香族化合物　aromatic compound　61
fei
　非等同氢　nonequivalent hydrogen　131
　非对映异构体　diastereomer(diastereoisomer)　91
　非还原性糖　nonreducing sugar　296
　非键轨道　nonbonding orbital　376
　非手性　achiral　94
　非质子性溶剂　aprotic solvent　264
　菲　phenanthrene　79
　菲醌　phenanthraquinone　79
　费歇尔投影式　Fischer projection formula　90
　沸点　boiling point　5
fen
　分子轨道　molecular orbital　374
　分子间力　intermolecular force　5
　分子内的　intramolecular　154
　酚　phenol　149
　酚醛树脂　phenol formaldehyde resin(商品名 PF 树脂)　182
　酚酸　phenolic acid　222
　酚酞　phenophthalein　254
　粪臭素　skatole　313
feng
　砜　sulfone　261
　蜂蜡　beeswax　330
fu
　呋喃　furan　351,352,353,354
　呋喃甲醛　furfural　356
　呋喃糖　furanose　281
　氟利昂　freon　114
　辅酶 A　coenzyme A　211
　辅酶 Q　ubiquinone　188
　腐胺(1,4-丁二胺)　putrescine　242
　傅氏烷基化　Friedel-Crafts alkylation　67
　傅氏酰基化　Friedel-Crafts acylation　68
gan
　干性油　drying oil　327
　甘氨酸　glycine　312
　甘露糖　mannose　278
　甘油醛　glyceraldehyde　275,276,277,278
gang
　刚果红　congo red　254
gao
　高场　upfield　125
　高碘酸　periodic acid　145,290
　高分子化合物　high molecular compound　41,298
　高聚物　high polymer　266,275
　睾酮　testosterone　345
ge
　隔离双烯　isolated diene　47
　格氏试剂　Grignard reagent　107
gei
　给电子基团　electron donating group　74,184
geng
　庚二酸　pimelic acid　202
　庚基　heptyl group
　庚酸　enanthic acid(heptanoic acid)　215
　庚烷　heptane　15
　庚烯　heptene　33
gong
　共轭双键　conjugated double bond　48
　共轭双烯　conjugated diene　47
　共轭体系　conjugated system　47
　共轭效应　conjugative effect　48
　共价键　covalent bond　2,365
gou
　构象　conformation　19,56,283
　构型　configuration　89,275
　构型的转化　inversion of configuration　110
　构造异构体　constitutional isomer　13
gu
　古罗糖　gulose　278
　谷氨酸　glutamic acid　313
　谷胱甘肽　glutathione　314
gua
　胍　guanidine　218
guan
　官能团　functional group
　冠醚　crown ether　163
guang
　光合作用　photosynthesis　269,357

光谱学　spectroscopy　117
光气　phosgene　216
胱氨酸　cystine　313

gui
　癸基　decyl group
　癸酸　capric acid　198,324
　癸烷　decane　22
　癸烯　decene　120

guo
　果糖　fructose　279
　过渡态　transition state　25
　过氧化物　peroxide　161

hai
　海藻糖　trehalose　298

he
　核磁共振　nuclear magnetic resonance(NMR)　124
　核苷　nucleoside　359
　核苷酸　nucleotide　359
　核黄素　riboflavin　365
　核酸　nucleic acid　362
　核糖　ribose　278
　核糖核酸　ribonucleic acid(RNA)　319
　核酮糖　ribulose　279

hong
　红外光谱法　infrared spectroscopy(IR)　118
　红外谱图　IR spectrum　118

hu
　胡萝卜素　carotene　339
　糊精　dextrin　300
　互变异构(现象)　tautomerism　230

hua
　花青苷　cyanin　362
　花色苷　anthocyanin　362
　花色素　cyanidin(e)　362
　花生四烯酸　arachidonic acid　204
　花生酸　arachidic acid(arachic acid)　324
　化学键　chemical bond　2
　化学位移　chemical shift　125

huan
　还原　reduction　26,175,188,200,238,286
　还原性糖　reducing sugar　296
　环丙烷　cyclopropane　54

环丁烷　cyclobutane　55
环糊精　cyclodextrin　300
环己醇　cyclohexanol　139,140
环己六醇　inositol　149
环己酮　cyclohexanone　168
环己烷　cyclohexane　56
环己烯　cyclohexene　54
环加成　cycloaddition　378
环醚　cyclic ether　162
环炔烃　cycloalkyne　54
环烷烃　cycloalkane　54
环戊烷　cyclopentane　56
环戊烷并氢化菲　perhydrocyclopentanophenanthrene　341
环烯烃　cycloalkene　54
环氧乙烷　ethylene oxide(epoxy ethane)　162

huang
　磺胺类药物　sulfa drugs　265
　磺酸　sulfonic acid　264
　磺酸基　sulfonic group　266
　磺化　sulfonation　67
　黄葵内酯　ambrettolide　225
　黄连素(小檗碱)　berberine　369

hui
　茴香醇(对甲氧基苯甲醇)　anisalcohol　159
　茴香醚(苯甲醚)　anisole　158
　茴香脑　anethole　159

hun
　混合醚　unsymmetrical ether(mixed ether)　159

huo
　火棉　guncotton　302

ji
　基态　ground state　376
　激发态　excited state　376
　肌醇六磷酸　phytic acid　149
　肌醇六磷酸钙镁　phytin　149
　极化　polarize　36
　极性　polarity　4,21
　几何异构体　geometrical isomer　58
　几何异构现象　geometrical isomerism　58
　己醇　hexanol　140
　1,6-己二胺　hexamethylenediamine　249

己二酸　adipic acid　197
己基　hexyl group
己醛糖　aldohexose　277
己炔　hexyne　120
己酸　caproic acid(hexanoic acid)　197
己酮糖　ketohexose　277
己烷　hexane　22
己烯　hexene　34
季铵碱　quaternary ammonium hydroxide　236
季铵类化合物　quaternary ammonium compound　240
季铵盐　quaternary ammonium salt　240

jia

加成反应　addition reaction　35，171
甲胺　methylamine　248
甲苯　toluene　61
甲苯酚　cresol　156
甲醇　methyl alcohol(methanol)　147
甲基　methyl group
甲基丙烯酸甲酯　methyl methacrylate　184
甲基橙　methyl orange　253
3-甲基胆蒽　3-methylcholanthrene　80
甲基紫　methyl violet　255
甲壳质　chitin　292
甲硫醇　methyl mercaptan(methanthiol)　261
甲硼烷　borane　40
甲醛　formaldehyde　167
甲酸　formic acid　195
甲烷　methane　12
甲状腺素　thyroxine　112
价电子　valence electron
假麻黄碱　pseudoephedrine　368

jian

间苯二酚　resorcinol　150
键长　bond length　3
键的极性　polarity of bonds　4
键角　bond angle　3
键能　bond energy　3

jiang

降莰烷　norbornane　55

jiao

交联　cross-linking　182

胶束　micelle　328
焦棓酚（1，2，3-苯三酚）　pyrogallol　150
角鲨烯　squalene　338
角张力　angle strain　56

jie

节面　nodal plane　374
节点　nodal point　374
结构　structure
结晶紫　crystalline violet　255

jin

金刚胺　amantadine　248
金刚烷　adamantane　60
金鸡纳碱　quinine　368
金霉素　aureomycin　214
金属炔化物　alkynide　46

jing

腈　nitrile　106
精氨酸　arginine　307
鲸蜡　spermaceti wax　330
肼　hydrazine　172
景天庚酮糖　sedoheptose(sedoheptulose)　279
镜像　mirror image　87

jiu

久效磷　monocrotophos　271
酒石酸　tartaric acid　226

ju

菊粉　inulin　291
聚丙烯　polypropylene(PE)　41
聚合　polymerization　41
聚集双烯　cumulated diene　47
聚氯乙烯　polyvinyl chloride(PVC)　114
聚四氟乙烯　teflon[商品名]（polytetrafluoroethylene）　114
聚酰胺　polyamide　311
聚乙烯　polyethylene　41
聚酯　polyester　207

jun

均苯三酚　phloroglucinol　152
均裂　homolytic cleavage，homolysis　7

ka

咖啡碱　caffeine　369
卡铂　carboplatin　301

kai
  开链化合物 open chain compound 8
  蒈烷 carane 335
kan
  莰酮 camphor,2-camphanone,2-bornanone 335
  莰烷 camphane 335
kang
  抗坏血酸 ascorbic acid 292
  抗生素 antibiotics 214
ke
  柯卡因 cocaine 371
  可待因 codeine 101,369
  可的松 cortisone 344
  可极化性 polarizability 110
  可见光 visible light 117
kong
  孔雀(石)绿 malachite green 255
ku
  枯烯(异丙苯) cumene 61
  苦杏仁苷 amygdalin 294
kui
  喹啉 quinoline 351
kun
  醌 quinone 167
la
  蜡 wax 330
lai
  莱苏糖 lyxose 278
  赖氨酸 lysine 307
lan
  蓝移 hypsochromic shift 124
  篮烷 basketane 55
lao
  酪氨酸 tyrosine 307
le
  乐果 rogor 271
lei
  雷米封 rimifon 359
  类脂化合物 lipid 323
li
  离子键 ionic bond 2
  离子交换树脂 ion exchange resin 248

离域的 delocalized 64
立方烷 cubane 55
沥青 asphalt 82
立体化学 stereochemistry 85
立体选择反应 stereoselective reaction 95
立体选择性 stereoselectivity 97
立体专一反应 stereospecific reaction 95
lian
  连锁反应 chain reaction 25
  联苯 biphenyl 62
  链霉素 streptomycin 292
liang
  两性离子 zwitter ion 309
  亮氨酸 leucine 307
  量子力学 quantum mechanics 355
lie
  裂分 split 128
lin
  邻苯二酚 catechol 152
  邻苯二甲酸 phthalic acid 195
  邻苯二甲酸二丁酯 dibutyl phthalate 206
  邻苯二甲酸二辛酯 diisooctyl phthalate 206
  邻苯二甲酸酐 phthalic anhydride 205
  邻苯二甲酰亚胺 phthalimide 213
  邻苯醌 o-quinone 154
  邻二醇 1,2-diol 145
  邻位交叉式构象 gauche conformation 21
  磷酸二烷基酯 dialkylphosphate 142,268
  磷酸三烷基酯 trialkylphosphate 142,268
  磷酸烷基酯 alkyl phosphate 142,268
  磷酸酯 phosphate 142,268
  磷脂 phosphatide,phospholipid 330
  磷脂酸 phosphatidic acid 330
  膦 phosphine 268
  膦酸酯 phosphonate 270
liu
  硫醇 mercaptan(thiol) 261
  硫代羧酸 thioic acid(thiocarboxylic acid) 261
  硫酚 phenyl mercaptan(thiophenol) 261
  硫醚 thioether 261
  硫醛 thioaldehyde 261
  硫酸二甲酯 dimethyl sulfate 142

硫酸酯　sulfate　142
硫酮　thioketone(thione)　261
硫辛酸　lipoic acid　263
六六六　1,2,3,4,5,6-hexachlorocyclohexane　68
六亚甲基四胺　hexamethylene tetramine (hexamine, urotropine)　183

long
龙胆二糖　gentiobiose　294
龙胆紫　gentian violet　255

lu
卤醇　halohydrin
卤化　halogenation　66,154,201
卤代酸　halo acid　203
卤代烃　halo hydrocarbon　103
α-卤代酮　α-haloketone　177
卤代烷　alkyl halide(haloalkane)　103
卤仿反应　haloform reaction　177

lü
氯苯　chlorobenzene　10,105
氯化　chlorination　23
氯仿　chloroform　104
氯化苄　benzyl chloride　104
氯甲基化　chloromethylation　267
氯甲酸苄酯　benzyl chloroformate　317
氯甲酸酯　chloroformate　216
氯甲烷　methyl chloride　103
氯乙烯　vinyl chloride　75,105
氯霉素　chloromycetin　94

luan
卵磷脂　lecithin　330

luo
α螺旋　αhelix　319

ma
麻黄碱　ephedrine　367
马拉硫磷　malathion　271
马尿酸　hippuric acid(benzoyl glycine)　312
马钱子碱　strychnine　372
马氏规律　Markovnikov's rule　37
玛瑙酸　agathic acid　327
吗啡碱　morphia(morphine)　369

mai
麦角固醇　ergosterol　342
麦芽糖　maltose　296

mao
毛地黄毒配基　digitoxigenin　345

mei
酶　enzyme
煤焦油　coal tar(coal tar oil)　81

mi
咪唑　imidazole　352
醚　ether　158
嘧啶　pyrimidine　353

mian
面内不对称弯曲振动　118
　　asymmetric in-plane bending vibration
面内对称弯曲振动　118
　　symmetric in-plane bending vibration

ming
命名　nomenclature

mo
摩尔吸收系数　molar absorptivity　123
茉莉内酯　jasmine lactone(jasmolactone)　225
茉莉酮　jasmone　181

mu
木糖　xylose　278
木酮糖　xylulose

nai
萘　naphthalene　77
萘酚　naphthol　156
萘醌　naphthaquinone　186
萘乙酸　naphthylacetic acid　195

nao
脑磷脂　cephalin　331

nei
内酰胺　lactam　311
内消旋体　mesomer　92
内盐　inner salt　309
内酯　lactone　224

ni
尼可尔棱镜　Nicol prism　85
尼龙　nylon　249

niao
鸟嘌呤　guanine　363
尿(嘧啶核)苷　uridine　364

尿嘧啶　uracil　363
尿素　urea(carbamide)　217
尿酸　uric acid　363

ning
柠檬醛　citral　336
柠檬酸　citric acid　226
苧烯　limonene　334

niu
牛磺酸　taurine　344

ou
偶氮化合物　azo compound　236
耦合　coupling　128
耦合常数　coupling constant　129
偶极矩　dipole moment　4
偶极离子　dipolar ion　309
偶极-偶极作用　dipole-dipole interaction　5
偶联反应　coupling reaction　251

pa
帕金森综合征　248

pai
π 键　π bond　32,35,43,64,354
哌嗪二酮　piperazinedione　310
蒎烷　pinane　335
蒎烯　pinene　335

peng
硼氢化　hydroboration　40

pi
皮质醇(氢化可的松)　cortisol　344

pian
偏振光　polarized light　85

piao
嘌呤　purine　362

pin
频率　frequency　117

ping
平伏键　equatorial bond　57
苹果酸　malic acid　197
屏蔽　shielding　125

pu
脯氨酸　proline　306
卟吩　porphin(e)　357
卟啉　porphyrin　357

葡萄糖　glucose　291
葡萄糖二酸　glucaric acid　286
葡萄糖苷　glucoside　289
葡萄糖醛酸　glucuronic acid　286
葡萄糖酸　gluconic acid　286

qi
漆酚　urushiol　155
歧化反应　disproportionation　179
汽油　gasoline　27

qian
前列腺素　prostaglandin　204
前手性　prochirality　98
前手性碳原子　prochiral carbon　98
茜红　alizarin　188

qiang
强心苷　cardiac glycoside　345
羟胺　hydroxylamine　172
羟基　hydroxyl group　40
羟基脯氨酸　hydroxy proline　307
羟基腈(氰醇)　cyanohydrin(cyanhydrin)　171
α-羟基醛　α-hydroxy aldehyde　146
羟基酸　hydroxy acid　171
羟醛缩合　aldol condensation　178
α-羟基酮　α-hydroxy ketone　146

qin
亲电加成　electrophilic addition　37
亲电取代　electrophilic substitution　66
亲电试剂　electrophile　69
亲核加成　nucleophilic addition　171
亲核取代　nucleophilic substitution　105
亲核试剂　nucleophile　36
亲水基　hydrophilic group　328
亲油基　lipophilic group　328

qing
青霉素　penicillin　344
青蒿素　artemisinin　336
氢化　hydrogenation　45
氢键　hydrogen bond　5

qiu
巯基　mercapto(sulfhydryl group)　262

qu
取代反应　substitution reaction　66

qu

去屏蔽　deshielding　125

去甲肾上腺素　norepinephrine　248

quan

醛　aldehyde　167

醛糖　aldose　276

que

炔诺酮　norethindrone　345

炔烃　alkyne　43

ran

染料　dyestuff　250

ren

壬基　nonyl group

壬酸　pelargonic acid（nonanoic acid）　195

壬烷　nonane　17

rong

溶剂　solvent

溶解度　solubility

熔点　melting point

rou

肉豆蔻酸（十四酸）　myristic acid　324

肉桂醛　cinnamaldehyde　168

肉桂酸　cinnamic acid　195

ru

乳化　emulsify　327

乳化剂　emulsifying agent(emulgent)　327

乳酸　lactic acid　225

乳糖　lactose　297

ruan

软骨素　chondroitin　292

软脂酸　palmitic acid　324

sai

噻吩　thiophen(e)　352

噻唑　thiazole　352

赛璐珞　celluloid　302

san

三苯甲烷　triphenyl methane　63

三氟氯溴乙烷　halothane　114

三级碳原子（叔碳原子）tertiary carbon atom　13

三甲胺　trimethyl amine　240

三键　triple bond

三聚甲醛　trioxane　182

三聚乙醛　paraldehyde　183

三磷酸　triphosphoric acid　268

三磷酸单酯　triphosphoric acid monoester　268

三磷酸腺苷（ATP）adenosine triphosphate　269

三氯甲烷　trichloromethane　113

三氯乙醛　chloral　183

三氯蔗糖　sucralose　295

三萜　triterpene　338

三硝基甲苯（TNT）　trinitro toluene　237

三硝酸甘油酯（硝化甘油）　glycerine trinitrate

（nitroglycerin）　238

三溴乙烷　tribromoethane　128

三硬脂酸甘油酯　glyceryl tristearate　325

se

色氨酸　tryptophan(e)　313

色谱法　chromatography　99

色散力　dispersion forces　5

sha

脎　osazone　286

杀虫剂　insecticide　68

shan

山道年　santonin　336

山梨醇　sorbitol　286

山梨糖　sorbose　279

she

麝香草酚　thymol　155

麝香酮　muscone　191

shen

伸缩振动　stretching vibration　119

（神经）鞘氨醇　sphingosine　331

（神经）鞘磷脂　sphingomyelin　331

肾上腺素　adrenalin(epinephrine)　248

肾上腺皮质激素　adrenal cortical hormone　344

sheng

升华　sublime　8

生色团　chromophore　252

生物合成　biosynthesis　338

生物碱　alkaloid　366

shi

尸胺(1,5-戊二胺)　cadaverine　242

十二烷　dodecane　22

十氢化萘　decalin　55

石花菜胶　agar(agar-agar)　291

石墨　graphite　80

石墨烯　graphene　80

石油　petroleum　81

视蛋白　opsin　338

视黄醛　retinal　338

视紫红质　rhodopsin　338

shou

手性　chirality　87

手性分子　chiral molecule　87

手性碳原子　chiral carbon　88

手性中心　chiral center　94

shu

叔　tertiary　13

叔胺　tertiary amine　239

叔醇　tertiary alcohol　138

叔丁基　tertiary butyl

疏水基　hydrophobic group　328

鼠李糖　rhamnose　274

薯蓣皂苷配基　diosgenin　345

曙红　eosin　256

shuang

双分子机理　bimolecular mechanism　108

双键　double bond

双糖　disaccharide　295

双烯烃　diene　47

双烯合成　diene synthesis　49

shui

水合氯醛　chloral hydrate　183

水解　hydrolysis　210

水杨醇　salicyl alcohol　293

水杨苷　saligenin（salicoside）　293

水杨醛　salicylaldehyde　150

水杨酸　salicylic acid　227

水杨酸甲酯　methyl salicylate　227

shun

顺丁烯二酸　maleic acid　207

顺丁烯二酸酐　maleic anhydride　69

顺反异构　cis－trans isomerism　33

顺时针方向　clockwise　86

顺式　cis－

顺乌头酸　cis－aconitic acid　226

si

丝氨酸　serine　307

四级磷化合物（磷鎓，鏻）
　　phosphonium compound　268

四级碳原子（季碳原子）　quaternary carbon atom
　　14

四甲基硅烷　tetramethylsilane　125

四氯化碳　carbon tetrachloride　113

四面体　tetrahedron　4

四氢呋喃　tetrahydrofuran　162

四萜　tetraterpene　339

song

松节油　turpentine　333

松香　rosin　333

松香酸　abietic acid　337

su

苏阿糖　threose　278

苏氨酸　threonine　307

苏型　threo－　94

速率决定步骤　rate determining step　25

suan

酸败　rancidity　327

酸酐　acid anhydride　199

酸性　acidity

蒜氨酸　alliin　264

蒜素　allicin　264

suo

羧基　carboxy(l)　194

羧酸　carboxylic acid　194

羧酸衍生物　carboxylic acid derivatives　208

缩氨脲　semicarbazone　173

缩二脲　biuret　217

缩合　condensation　172

缩醛　acetal　288

ta

塔格糖　tagatose　279

塔罗糖　talose　278

tai

肽　peptide　312

tan

C_{60}　buckminster fullerene　80

碳负离子　carbanion　8

碳水化合物　carbohydrate　274
碳酸衍生物　carbonic acid derivatives
碳酸酯　carbonate　216
碳正离子　carbocation　8
tang
羰基　carbonyl　171
羰基化合物　carbonyl compound　146
糖醇　alditol(glycitol)　280
糖二酸　aldaric acid (glycaric acid)　286
糖苷　glycoside　293
糖苷配基　aglycon(e)　293
糖精　saccharin　295
糖醛酸　uronic acid (glycuronic acid)　299
糖脎(或脒)　osazone　285
糖酸　aldonic acid(glyconic acid)　286
糖原　glycogen　298
tian
天冬氨酸　aspartic acid　307
甜菜碱　betaine　312
甜菊糖　stevioside　294
甜蜜素　cyclamate　295
tie
萜　terpene　332
萜类化合物　terpenoid　332
ting
烃　hydrocarbon　12
tong
同分异构现象　isomerism　12
同系列　homologous series　12
同系物　homolog (homologue)　12
酮　ketone　167
酮麝香　musk ketone　238
酮式　keto form　363
酮糖　ketose　276
桐油酸　elaeostearic acid　324
tou
头孢菌素　cephalosporin　214
投影式　projection formula　90
透过率　transmittance　119
tuo
托烷　tropane　367
脱氨(失氨)　deamination　312

脱氢　dehydrogenation　145
脱氢胆固醇　dehydrocholesterol　342
脱水　dehydration　144
脱羧(失羧)　decarboxylation　201
脱氧核糖　deoxyribose　290
脱氧核糖核酸　deoxyribonuleic acid(DNA)　395
脱氧鸟(嘌呤核)苷　deoxyguanosine　364
脱氧胸(腺嘧啶核)苷　deoxythymidine　364
wa
瓦尔登转化　Walden inversion　110
wai
外消旋混合物　racemic mixture　110
外消旋化　racemization　110
外消旋体的拆分
　　resolution of racemic modification　98
wan
弯曲振动　bending vibration　118
烷基　alkyl group　1
烷基化　alkylation　244
烷基膦酸　alkyl phosphonic acid　268
烷基硫酸氢酯　alkyl hydrogen sulfate (alkyl hydro-sulfate)　38
烷烃　alkane (paraffin)　12
烷氧基　alkoxy group
wei
威廉逊合成　Williamson synthesis　106
维生素 A　vitamin A(axerophthol, retinol)　337
维生素 B_1(硫胺素)　vitamin B_1(thiamine)　361
维生素 B_{12}(氰钴胺素)　vitamin B_{12}(cyanocobal-amine)　357
维生素 B_2(核黄素)　vitamin B_2(riboflavin)　365
维生素 B_6　vitamin B_6　359
维生素 C(抗坏血酸)　vitamin C(ascorbic acid)　292
维生素 D_2　vitamin D_2(ergocalciferol, calciferol)　342
维生素 D_3　vitamin D_3(cholecalciferol)　342
维生素 E(生育酚)　vitamin E(tocopherol)　155
维生素 K_1　vitamin K_1(phylloquinone, 2-methyl-3-phytyl-1,4-naphthoquinone)　188
维生素 PP　vitamin PP (nicotinic acid, nicotinamide)　359

位相　phase　374
wo
肟　oxime　173
wu
五倍子酸　gallic acid　227
戊醇　amyl alcohol　140
戊二酸　glutaric acid　195
戊醛　valeraldehyde　168
戊醛糖　aldopentose　276
戊酸　valeric acid　195
戊酮　pentanone　168
戊酮糖　ketopentose　277
戊烷　pentane　9,22
戊烯　pentene(amylene)　31
xi
席夫碱(西佛碱)　Schiff base　173
吸电子基团　electron withdrawing group　203
吸收度　absorbance　125
烯丙醇　allyl alcohol　138
烯丙基正离子　allyl cation　115
烯丙型卤代烃　allylic halide　109
烯醇　enol　46
烯醇化　enolization　177
烯醇式　enol form　177
烯烃　alkene(olefin)　30
洗涤剂　detergent　328
喜树碱　camptothecin　368
xia
虾红素　astacin　340
虾青素(虾黄质)　astaxanthin　340
xian
纤维二糖　cellobiose　296
纤维素　cellulose　301
酰胺　amide　200
酰基　acyl group　244
酰基化　acylation　244
酰卤　acyl halide　199
腺苷-5′-磷酸酯　adenosine monophosphate(AMP)　364
腺嘌呤　adenine　363
腺(嘌呤核)苷　adenosine　364
xiang

相似相溶　like dissolves like　6
香草醛　vanillin　181
香叶醇　geraniol　333
向红移(红移)　bathochromic shift　123
xiao
消除反应　elimination reaction　106
硝化　nitration　66
硝基　nitro group　66
硝基苯　nitrobenzene　66
硝酸纤维素　cellulose nitrate　302
硝酸酯　nitrate　236
xie
协同反应　concerted reaction　8,49,378
缬氨酸　valine　307
xin
辛基　octyl
辛酸　caprylic acid　214
辛烷　octane　29
辛烷值　octane number　39
新　neo-
新洁尔灭　neogermine　329
新戊烷　neopentane　13
信息素　pheromone　1,28,42,159
xing
性激素　sex hormone　344
xiong
胸腺嘧啶　thymine　364
熊果苷　arbutin　294
xiu
莤烷　thujane　330
休克尔规则　Hückel's rule　66
溴苯　bromobenzene　66,103
溴醇　bromohydrin　39
溴丁烷　butyl bromide　96
溴甲烷　methyl bromide　104
溴鎓离子　bromonium ion　35
xuan
旋光活性物质　optically active substance　86
旋光活性　optical activity　86
旋光仪　polarimeter　86
旋光异构体　optical isomer　92
旋光异构现象　optical isomerism　93

xue
　　血红素　heme　359
ya
　　亚胺　imine　173
　　亚氨基　imino group　239
　　亚砜　sulfoxide　261
　　亚甲基蓝　methylene blue　256
　　亚硫酸　sulfurous acid　261
　　亚麻酸　linolenic acid　324
　　亚硝胺　nitrosamine, nitrosoamine　247
　　亚硝基化合物　nitrosocompound　236
　　亚硝酸酯　nitrous acid ester　236
　　亚油酸　linoleic acid　324
yan
　　烟碱（尼古丁）　nicotine　367
　　烟酰胺腺嘌呤二核苷酸　nicotinamide adenine dinucleotide(NAD)　359
yang
　　羊毛甾醇　lanosterol　338
　　羊毛脂　lanolin　330
　　𬭩离子　oxonium ion　161
　　𬭩盐　oxonium salt　161
　　氧化　oxidation　23, 40, 68, 79, 145
　　氧化胺　amine oxide　243
　　氧化剂　oxidant
　　氧化三烷基膦　phosphine oxide　268
ye
　　叶醇　leaf alcohol　140
　　叶黄素　phytoxanthin (xanthophyll)　339
　　叶绿醇　phytol　337
　　叶绿素　chlorophyll　337
　　叶酸　folic acid　366
yi
　　一级碳原子（伯碳原子）　primary carbon atom　13
　　胰岛素　insulin　315
　　乙胺　ethyl amine　240
　　乙苯　ethyl benzene　61
　　乙醇　ethyl alcohol　147
　　乙二醇　ethylene glycol　148
　　乙二酸　oxalic acid　205
　　乙基　ethyl
　　乙醚　ethyl ether　158
　　乙硼烷　diborane　40
　　乙醛　acetaldehyde　168
　　乙醛酸　glyoxalic acid　228
　　乙炔　acetylene　43
　　乙炔化铜　cuprous acetylide　46
　　乙炔化物　acetylide　46
　　乙炔化银　silver acetylide　46
　　乙酸　acetic acid　195
　　乙酸苯酯　phenyl acetate　215
　　乙酸苄酯　benzyl acetate　125
　　乙酸丁酯　butyl acetate　209
　　乙酸乙酯　ethyl acetate　209
　　乙烷　ethane　12
　　乙烯　ethylene　30
　　乙烯利　ethrel　42
　　2-乙酰氨基-2-脱氧半乳糖　2-acetamino-2-deoxygalactose　292
　　乙酰胺　acetamide　208
　　乙酰胆碱　acetylcholine　212
　　乙酰辅酶A　acetyl-CoA　212
　　乙酰氯　acetyl chloride　68
　　乙酰乙酸　acetoacetic acid　212
　　乙酰乙酸乙酯　ethyl acetoacetate　212
　　椅型　chair form　56
　　异丙苯　cumene　61
　　异丙醇　isopropylalcohol　140
　　异丙醇铝　aluminum isopropoxide　175
　　异丙基　isopropyl　14
　　异稻瘟净　kitazin-p（商品名）　272
　　异丁烷　isobutane　13
　　异丁烯　isobutene　31
　　异构化　isomerization　44
　　异构体　isomer　7
　　异喹啉　isoquinoline　353
　　异亮氨酸　isoleucine　307
　　异裂　heterolytic cleavage, heterolysis　7
　　异硫氰酸酯　isothiocyanate　316
　　异咯嗪　isoalloxazine　365
　　异柠檬酸　isocitric acid　222
　　异头物　anomer　282
　　异戊二烯　isoprene　50, 332
　　异戊烷　isopentane　13

异辛烷　isooctane　39

yian

衍生物　derivative

yin

引发　initiation　24

吲哚　indole　361

吲哚乙酸　indole acetic acid　361

（水合）茚三酮　ninhydrin　311

ying

罂粟碱　papaverine　369

硬脂酸　stearic acid　324

you

油酸　oleic acid　324

油脂　fats and oils　323

游离基　free radical　8

有机化合物　organic compound　1

有机化学　organic chemistry　1

右旋　dextrorotatory　86

诱导效应　inductive effect　74

yu

愈创木酚　guaiacol　155

玉米黄质　zeaxanthin　339

yuan

元素有机化合物　elementary organic compound　107

原子轨道　atomic orbital　373

原子轨道线性组合　linear combination of atomic orbitals(LCAO)　374

yue

月桂醛　lauraldehyde　168

月桂酸　lauric acid　324

yun

孕甾酮　progesterone　345

za

杂化　hybridization　17

杂化轨道　hybrid orbital　17

杂环化合物　heterocyclic compound　351

zai

甾族化合物　steroid　340

zao

皂化　saponification　326

皂化值　saponification value (number)　326

皂角苷　saponin　345

zhang

张力　strain　56

zhe

β折叠片　βpleated sheet　320

蔗糖　sucrose　298

zhi

芝麻酚　sesamol　155

支链　side chain

支链淀粉　amylopectin　299

直链淀粉　amylose　299

直立键　axial bond　57

脂肪酸　fatty acid　197

脂环族化合物　alicyclic compound　9

脂环烃　alicyclic hydrocarbon　54

脂肪族化合物　aliphatic compound　9

指示剂　indicator　253

指纹区　finger print region　119

酯化　esterification　142

酯缩合　ester condensation　212

质谱（分析）法　mass spectroscopy　9,117

质子化　protonation　141

致癌烃　carcinogenic hydrocarbon　80

致钝　deactivate　73

致活　activate　73

zhong

仲　secondary　13

仲胺　secondary amine　239

仲醇　secondary alcohol　138

仲丁基　secondary butyl group　14

zhou

周环反应　pericyclic reaction　378

zhu

助色基　auxochrome　253

zi

紫外光　ultraviolet light　117

紫外谱图　UV spectrum　118

自旋偶合　spin coupling　128

zong

棕榈油酸　palmitoleic acid　324

腙　hydrazone　173

zu

组氨酸　histidine　307

zui

最低未占据轨道　lowest unoccupied molecular orbital(LUMO)　379

最高占据轨道　highest occupied molecular orbital (HOMO)　379

zuo

左旋　levorotatory　86

郑重声明

高等教育出版社依法对本书享有专有出版权。任何未经许可的复制、销售行为均违反《中华人民共和国著作权法》,其行为人将承担相应的民事责任和行政责任;构成犯罪的,将被依法追究刑事责任。为了维护市场秩序,保护读者的合法权益,避免读者误用盗版书造成不良后果,我社将配合行政执法部门和司法机关对违法犯罪的单位和个人进行严厉打击。社会各界人士如发现上述侵权行为,希望及时举报,本社将奖励举报有功人员。

反盗版举报电话　(010)58581999　58582371　58582488
反盗版举报传真　(010)82086060
反盗版举报邮箱　dd@hep.com.cn
通信地址　北京市西城区德外大街4号　高等教育出版社法律事务与版权
　　　　　管理部
邮政编码　100120

防伪查询说明

用户购书后刮开封底防伪涂层,利用手机微信等软件扫描二维码,会跳转至防伪查询网页,获得所购图书详细信息。也可将防伪二维码下的20位密码按从左到右、从上到下的顺序发送短信至106695881280,免费查询所购图书真伪。

反盗版短信举报

编辑短信"JB,图书名称,出版社,购买地点"发送至10669588128

防伪客服电话

(010)58582300